NOUVELLES SUITES

A

BUFFON,

FORMANT,

avec les œuvres de cet auteur,

UN COURS COMPLET D'HISTOIRE NATURELLE,

Collection

accompagnée de Planches.

PARIS

A LA LIBRAIRIE ENCYCLOPÉDIQUE DE RORET,

Rue Hautefeuille, N.° 10 bis.

POURRAT Frères, Rue des Petits Augustins, N.° 5.

HISTOIRE NATURELLE

DES

INSECTES.

NÉVROPTÈRES.

PARIS. — IMPRIMERIE DE FAIN ET THUNOT,
IMPRIMEURS DE L'UNIVERSITÉ ROYALE DE FRANCE,
Rue Racine, 28, près de l'Odéon.

HISTOIRE NATURELLE

DES

INSECTES.

NÉVROPTÈRES.

PAR M. P. RAMBUR,

DOCTEUR EN MÉDECINE.

OUVRAGE ACCOMPAGNÉ DE PLANCHES.

PARIS.

LIBRAIRIE ENCYCLOPÉDIQUE DE RORET,
RUE HAUTEFEUILLE, 10 BIS.

1842.

PRÉFACE.

L'ouvrage sur les insectes Névroptères que j'offre aux entomologistes, n'est pas le résultat d'études de prédilection sur cet ordre d'insectes ; chargé par un éditeur de composer cette œuvre, qui n'est qu'une petite partie d'une entreprise scientifique de librairie, remarquable par la réunion des collaborateurs distingués auxquels elle est confiée, j'ai dû chercher à la mettre au niveau de la science et à la rapprocher, autant que possible, de celles de mes savants collègues.

Attiré, dès ma plus tendre enfance, par le charme de l'Histoire naturelle en général, mes loisirs avaient surtout été remplis par l'étude des plantes et des insectes ; et, parmi ces derniers, les Lépidoptères surtout, par leurs admirables métamorphoses, avaient fixé au plus haut degré mon attention et ma curiosité ; car la vue d'une Chrysalide de Lépidoptère, étant encore enfant, détermina pour toujours, chez moi, le goût de l'Histoire naturelle. Mais, dans cette collection scientifique, cette partie était déjà confiée à un de mes amis, dont la supériorité dans la connaissance des Lépidoptères est bien connue de tous les entomologistes. C'est donc presque à contre-cœur que j'entrepris cet ouvrage, puisque la partie des insectes, dont il traite, était justement celle que j'aimais le moins et que j'avais le moins étudiée.

Lorsqu'on me confia ce travail, déjà auparavant un entomologiste distingué s'en était chargé ; mais cette partie ne pouvant être aussi restreinte qu'on l'avait pensé d'abord, et la même personne, qui venait de terminer les Orthoptères, devant aussi publier les Hémiptères, auxquels on accordait aussi plus d'extension, on me demanda alors de vouloir bien me charger des Névroptères ; ceci expli-

que pourquoi il y eut plusieurs planches faites à l'avance,
et dont je parlerai plus tard à cause de leur mauvaise
exécution. Je dois dire aussi que je n'eusse peut-être pas
entrepris cet ouvrage, sans la complaisance de M. Audinet-Serville, qui me confia, avec la plus grande libéralité, cette partie de sa collection, la plus nombreuse en
exotiques de toutes celles de Paris, sans en excepter le
Musée national.

Lorsque j'entrepris ce travail, non-seulement je ne
possédais que très-peu de Névroptères, mais encore les
collections parisiennes étaient extrêmement pauvres en
espèces européennes, et ces espèces, généralement mal
classées, n'étaient nullement déterminées; il me fallait
donc d'abord aller à la recherche de ces insectes, et en
outre, commencer cette partie de la science par l'*a, b, c*,
c'est-à-dire commencer à déterminer avec Linné et Fabricius.

Une des sections, dans cet ordre d'insectes, qui fixa le
plus mon attention, fût celle des Libellules des auteurs,
dont l'étude, en France, avait été tellement négligée,
que les ouvrages de Linné et Fabricius étaient les seuls
à consulter; on ne reconnaissait encore que deux agrions
européens, le *Virgo* et le *Puella*, avec leurs variétes;
genre dont les espèces nombreuses composent cependant
une famille parfaitement circonscrite. Les Æschnides
étaient confondus avec les Gomphides; et leurs espèces,
ordinairement confondues sous les noms d'*Æschna grandis* et *forcipata*; ou bien le genre *Petalura*, de Leach,
qui avait été formé sur un insecte de l'Océanie, très-près
des *Æschna* (parmi lesquels le place à tort M. Burmeister), était appliqué, on ne sait pourquoi, aux *Gomphus*,
nom sous lequel plusieurs ont été publiés; tandis que le
véritable *Petalura* était méconnu. Pour les Libellules, la
plupart étaient désignées sous le nom de *Vulgata*; il faut
le dire, les genres *Æschna* et *Libellula* n'étaient même
pas bien séparés dans les collections les mieux classées.

Cependant, à cette époque, deux ouvrages distingués pouvaient servir de guide : le premier, celui de Vander-Linden, comprenant ses premières monographies, et qui, par la clarté de ses descriptions, doit tenir le premier rang ; ensuite, celui de M. de Charpentier, où il y a beaucoup d'espèces de décrites, mais dont l'auteur n'a pas tenu compte des premiers travaux de Vander-Linden, et dont les descriptions, pénibles et diffuses, rendent la détermination difficile, ouvrage cependant remarquable et philosophique, en ce que l'auteur a donné, le premier, une série de figures assez bonnes, représentant les appendices de l'extrémité abdominale des mâles. Au reste, un certain nombre d'espèces, dont quelques-unes fort répandues, n'étaient pas mentionnées dans ces ouvrages ou étaient confondues. En 1840, M. de Selys publia une monographie des Libellulidées d'Europe, fort bien faite, et contenant beaucoup plus d'espèces que les ouvrages précédents, et auxquelles j'en ai ajouté plusieurs, surtout dans les Agrionides ; peut-être pourrait-on reprocher à l'auteur de ne s'être pas assez appuyé soit pour les genres, soit pour les espèces, sur des caractères organiques, et d'avoir donné des figures peu exactes et moins bonnes que celles de M. de Charpentier. Cet ouvrage avait été précédé de la continuation des éléments d'entomologie de M. Burmeister, contenant les Névroptères, ouvrage de premier ordre ; mais dans lequell'auteur ne respecte pas toujours assez la priorité des noms, et où, abusant d'un purisme ridicule, il modifie ou change les termes génériques adoptés depuis longtemps, ou faits, d'après des règles que lui seul n'adopte pas (1). Peu familier avec la langue allemande, je regrette beaucoup de n'avoir pas pu profiter entièrement de cet ou-

---

(1) On ne comprend pas pourquoi M. Burmeister change en *um* la terminaison en *a*, reproduite des noms grecs terminés en *α*, *ατος*, puisque les Latins ont conservé une déclinaison semblable.

vrage remarquable, qui m'a cependant été d'un grand
secours, et quoique dans sa classification, M. Burmeister
suive parfois un ordre inverse du mien, nous nous sommes souvent trouvés d'accord sur les mêmes points.

Un autre ouvrage remarquable, celui de M. Pictet sur
les Phryganides, m'a beaucoup aidé pour cette famille difficile, et encore peu connue ; mais l'auteur ayant surtout
pour but, dans cet ouvrage, l'étude des larves, sous le rapport de l'organisation et des mœurs, la partie méthodique
se trouve peut-être un peu négligée, et les caractères des
genres ne paraissent pas toujours assez rigoureusement
exprimés. Son genre *Hydropsyché*, par exemple, forme
deux divisions bien distinctes, et les caractères qu'il donne
de l'une ne peuvent convenir à l'autre ; mais celui de ses
genres où il est difficile qu'il ne s'en trouve pas d'autres
confondus est le G. *Rhyacophila* ; les 30 espèces qu'il figure et décrit, et dont la plupart est indéterminable, ne
peuvent certainement pas toutes présenter les caractères
du genre ; au reste, cet ouvrage a beaucoup avancé la
science. M. Boyer de Fonscolombe a aussi décrit et figuré
dans les Annales de la Société entomologique de France,
les Libellulides des environs d'Aix, mais les petites espèces
(Agrionides), n'ont pas été bien déterminées. Je regrette
beaucoup de n'avoir pu me procurer la Monographie de
M. Klug sur les Panorpides, le nouvel ouvrage de M. Charpentier sur les Libellulides, dont j'ai connu les nouveaux
genres, d'après M. Burmeister (1), et un mémoire de M. de
Selys sur plusieurs Libellula, inséré dans la Revue zoologique de la Société Cuvierienne, et dont j'ai eu connaissance trop tard.

Trois classifications principales dominent toutes les
autres, et, sans différer beaucoup, me paraissent avoir

---

(1) Il paraît que M. de Charpentier a de nouveau méconnu une
partie des travaux faits avant lui, et l'on pourrait reprocher à M. Burmeister d'avoir montré une préférence fort peu légitime dans l'adoption
de noms de genres et d'espèces, qui sont loin d'avoir la priorité.

presque une égale valeur, et toutes quelques défauts que je dois discuter. La première, celle de Latreille, serait peut-être, à mon avis, la meilleure (1) s'il n'eût intercalé au milieu les Termites et les Psocides, et rompu un peu les rapports naturels dans les petites divisions. Il aurait donc dû commencer par les *Termes* et les *Psocus*; il a eu tort de séparer les Némoptères des Myrméléons, par les genres *Bittacus, Panorpa* et *Boreus*; car le genre *Nemoptera* devra former une famille bien distincte des Panorpides, et, se rapprochant davantage des Myrméléontides; il a également eu tort de séparer de ces derniers, les *Nymphes* qui ont un peu plus de rapports avec eux que les Hémérobes, qui s'en rapprochent cependant; de plus, il n'aurait pas dû séparer les Raphidies des Semblides par les *Mantispa*, qui ont plus de rapports avec les Hémérobides, tandis que dans les Semblides, les *Corydalis*, comme l'avait bien vu Linné, ne sont que de grandes Raphidies exotiques. M. Burmeister commet la même faute; il rapproche, avec raison, les Mantispa des Hémérobes; mais il met, entre les *Corydalis* et les *Raphidia*, la famille des Panorpides. Latreille termine par les Perla *Nemura* et *Phryganea*: j'ai suivi son exemple.

M. Pictet, qui a modifié à peu près à la même époque que M. Burmeister la classification de Latreille, ne me paraît pas cependant l'avoir beaucoup améliorée. Il commence par les *Termes* et *Psocus*, mais je crois qu'il a tort de mettre après, les Nemoures et les Perles, qui les séparent des Subulicornes. Je crois comme lui que les ODONATA (Libellules), ont quelques rapports avec les Myrméléontides, mais il a tort d'éloigner de ces derniers les *Nymphes* et de les placer près des *Corydalis*; du reste, il en rapproche

____

(1) J'ai dit à tort (page 1) que ma classification s'éloignait plus de celle de Latreille que de celle de MM. Pictet et Burmeister, elle diffère un peu des trois; mais se rapproche peut-être davantage de celle de Latreille.

avec raison les Raphidies, après lesquelles il place à tort les *Mantispa*, qui sont séparées des Hémérobides par six genres, et il commet selon moi une plus grande faute, en plaçant après les *Mantispa*, les Némoptères, qui non-seulement sont très-éloignés des Myrméléontides, mais qui se trouvent exclus de la famille des Planipennes, qu'il a violentée en y introduisant les Semblides. Après les Panopartes, M. Pictet termine par les Phryganides : mais quels rapports peut-il trouver entre une *Phryganea* et un *Boreus* ? qui n'est peut-être qu'un Orthoptère, près des *Acheta*, un Grillon à bouche prolongée.

La classification de M. Burmeister me paraît supérieure à celle de M. Pictet, et si elle n'est pas beaucoup plus naturelle elle est plus ingénieuse ; ainsi, tout en rapprochant les Perlides des Subulicornes, il fait suivre les Phryganides après les premières, qui semblent se continuer d'une manière naturelle avec les Sialides (mes Semblides), mais il sépare à tort les Raphidies des *Corydalis* par les Panorpides ; en faisant abstraction de ce petit défaut, l'ensemble des groupes se lie très-heureusement, et quoique je n'aie pas adopté la manière de voir de M. Burmeister, je ne prétends point donner ma classification comme meilleure. Je la présente telle qu'elle a été suivie dans mon ouvrage, mais je suis loin de croire qu'elle ne pourrait être modifiée ; ainsi, les Éphémérides et les Panorpides ne se lient en aucune manière, et peut-être eût-il mieux valu, à l'exemple de MM. Pictet et Burmeister, rapprocher des premiers les Perles et les Némoures, dont les larves sont aquatiques, et qui, à l'état parfait, ne se servent pas de leur bouche, mais j'aurais tout à fait interverti l'ordre que je m'étais proposé de suivre. J'ai un peu sacrifié les rapports généraux de la série aux rapports naturels des groupes ; ainsi, mon groupe le plus nombreux, celui des Planipennes, me semble tout à fait homogène, et s'il y avait une famille dont les rapports ne fussent pas immédiats, ce serait celle des Panorpides, mais avec quelle autre a-t-elle plus de rapports? Mes Semblides me paraissent tout à fait homogènes, de telle sorte qu'il me semble impossible de rien séparer (1), mais aussi de n'y rien ajouter, et je suis le seul, après Linné, qui y ai réuni les Raphidies, dont les rapports ont été méconnus depuis ce créateur de la science; elles auraient peut-être dû former le type de la famille, si le mot de Semblides n'eût été depuis longtemps établi par Fabricius, et dont M. Burmeister a fait, selon moi, une fausse application.

Si l'on considère que, dans aucun ordre d'insectes, la nature ne se prête d'une manière tout à fait satisfaisante à une série continue, qui n'existe réellement pas, on sera obligé d'en conclure qu'il est plus important de bien circonscrire les groupes de familles, dans leurs rapports mutuels, en cherchant après à les lier le mieux possible entre eux, mais l'on ne doit pas être surpris de ne pas toujours y parvenir, car il serait ridicule de vouloir mieux faire que la nature; un seul doute me reste, n'aurai-je pas mieux fait de chercher à intercaler les Trichoptères dans la série, à l'exemple de M. Burmeister? mais alors, comme lui, j'eusse été obligé d'éloigner de beaucoup les Planipennes des Libellules, dont les rapports, surtout dans le système alaire, quoique un peu éloignés, n'en sont pas moins certains. D'ailleurs, les Phryganides ont certainement des rapports avec les Perlides; ces dernières avec les Semblides, que personne n'a éloignées des Planipennes.

On pourra facilement, d'après le tableau suivant, comparer ces diverses classifications, ainsi que la mienne; je n'ai pas toujours donné tous les genres qui ne sont pas indispensables pour juger l'ensemble.

---

(1) Le seul genre *Dilar* semble au premier coup d'œil s'éloigner des autres genres de cette famille, mais la forme de ses antennnes pectinées d'un seul côté, caractère qui ne se retrouve dans aucune autre famille de Névroptères, à ma connaissance, le rapproche du *G. corydalis.*

CLASSIFICATION DES NÉVROPTÈRES.

De LATREILLE.

Iʳᵉ famille. **SUBULICORNES.**

Libellula.
Ephemera.

IIᵉ famille. **PLANIPENNES.**

1. PANORPATES. . . { *Nemoptera. Bittacus. Panorpa. Boreus.* }
2. MYRMELEONIDES. { *Myrmeleo. Ascalaphus.* }
3. HEMEROBIUS. . . { *Hemerobius. Nymphes. Semblis. Corydalis. Chauliodes. Sialis.* }
4. TERMITINES. . . { *Mantispa. Raphidia. Termes. Psocus.* }
5. PERLIDES. . . . { *Perla. Nemoura.* }

IIIᵉ famille. **PLICIPENNES.**

Sericostoma. Phryganea. Mystacida. Psychomia.

De M. PICTET.

TERMITINES.
Termes. Psocus.

PERLIDES.
Perla. Nemoura.

SUBULICORNES.
Ephemera. Libellula.

[PLANIPENNES]

MYRMELEONIDES.
Myrmeleon. Ascalaphus.

HEMEROBIUS.
Hemerobius. Osmylus. Nymphes. Corydalis. Chauliodes. Sialis. Raphidia. Mantispa.

PANORPATES.
Nemoptera. Bittacus. Panorpa. Boreus.

PHRYGANIDES.
Phryganea. Mystacide. Trichostoma. Sericostoma. Rhyacophila. Hydropsyche. Psychomia. Hydroptila.

De M. BURMEISTER.

[CORRODENTIA]
TERMITINA. *Termes.*
EMBIDÆ. *Olygotoma. Embia. | Olyntha.*
CONIOPTERYGIDÆ. *Coniopteryx.*
PSOCINA. *Troctes. Psocus. Thyrsophorus.*

[SUBULICORNIA]
EPHEMERINA.
LIBELLULINA. *Agrion. Calopteryx. Diastatomma. Æschna. Libellula.*

[PLECOPTERA]
SEMBLODEA. *(Nemura.) Semblis. Perla.*

[TRICHOPTERA]
PHRYGANODEA.? *Hydroptila. Psychomia. Rhyacophila. Hydropsyche. Philopotamus. Mystacides. Trichostomum. Limnophilus. Phryganea.*

[PLANIPENNIA]
SIALIDÆ. *Sialis. Chauliodes. Corydalis.*
PANORPINA. *Boreus. Bittacus. Panorpa.*
RHAPHIDIODEA. *Rhaphidia. Mantispa.*
MEGALOPTERA. HEMEROBIDÆ. MYRMELEONTIDÆ.

De l'AUTEUR.

[CORRODANTS]
TERMITIDES. *Termes.*
EMBIDES. *Embia.*

[PSOCIDES]
CONYOPTERYGIDES.
PSOCIDES. *Psocus. Thyrsophorus.*

[SUBULICORNES]

ODONATA.
LIBELLULIDES. (12 genr.)
GOMPHIDES. (7 genr.)
ÆSCHNIDES. (3 genr.)
AGRIONIDES. (11 genr.)

AGNATHES.
EPHEMERIDES.

[PLANIPENNES]
PANORPIDES. (3 genr.)
NEMOPTERIDES.
MYRMELEONTIDES. (14 genr.)
NYMPHIDES.
HEMEROBIDES. (6 genr.)
MANTISPIDES.

[SEMBLIDES]
Raphidia. Corydalis. Nevromus. Chauliodes. ? Dilar. Semblis.

[PERLIDES]
Pteronarcys. Perla. Leptomeres. Nemura.

[TRICHOPTERES]
PHRYGANIDES.
Limnephilides. (5 genr.)
Trichostomides. (6 genr.)
Hydroptilides.
Chimarrhides.
Hydropsychides. (5 genr.)
Mystacidides. (2 genr.)

La méthode étant la clef d'un ouvrage d'histoire naturelle, j'ai cherché à la rendre la plus claire possible, et j'ai fait en sorte de ne pas trop multiplier les divisions ; ordinairement il y en a trois avant d'arriver au genre, et souvent moins ; j'ai rendu aux tribus et aux familles leur véritable valeur, en plaçant les premières avant les secondes. Au reste, ces premières divisions me semblent bien moins importantes que les genres, et elles varient souvent selon le caprice des auteurs ; aussi ne se distinguent-elles pas d'une manière aussi rigoureuse. Il n'en est pas de même du genre qui ne doit comprendre qu'un groupe d'espèces ayant entre elles les plus grands rapports, et présentant toutes un ou plusieurs caractères organiques communs. Le genre n'est pas une coupe tout à fait naturelle, mais plus ou moins arbitraire, c'est pourquoi certains auteurs les multiplient beaucoup, tandis que d'autres les restreignent ; il est évident qu'ils sont d'autant meilleurs, que les espèces qu'ils comprennent réunissent le plus possible de caractères communs ; mais, comme je l'ai dit plus haut, ils ne peuvent être complétement naturels, car les premières et les dernières espèces ressemblent toujours plus ou moins à celles des genres les plus voisins ; il arrive même souvent qu'il est très-difficile de faire des coupes génériques bien tranchées (1).

Il ne faut pas se faire illusion, la classification n'est pas la science, n'est pas l'histoire naturelle, elle n'est qu'un moyen factice pour arriver à la connaissance des différents êtres qui se trouvent dans la nature. Certes c'est un progrès heureux de l'avoir basée sur des rapports plus ou moins

---

(1) C'est ce qui existe dans une grande partie des Lépidoptères nocturnes, pour les genres desquels les auteurs ont réellement *fait semblant* de donner des caractères ; quelques-uns même ont tellement méconnu le principe de la science, qu'ils ont caractérisé ces genres d'après les larves : autant vaudrait décrire un Lépidoptère sur une chenille !.....

naturels (quoique quelquefois insuffisants) ; mais la science
est surtout la connaissance de l'être qu'on appelle espèce, l'histoire naturelle est cette connaissance , et celle des rapports
nombreux d'organisation et de mœurs que les espèces présentent entre elles. Il ne faut donc pas reculer devant le mot
espèce, il faut chercher à le comprendre ; toute la science est
là ; c'est s'en écarter que de dire comme certains naturalistes
qu'on ne doit faire des espèces qu'à *son corps défendant*,
et de se lamenter sur le nombre de celles qui se trouvent
dans les catalogues. Je suis convaincu qu'on n'a pas
reconnu toutes celles qui existent dans les collections , ou
que beaucoup sont encore confondues sous le même nom.
Si nous ne pouvons reconnaître les modifications presque
infinies de la nature , nous ne devons nous en prendre qu'à
la faiblesse de notre intelligence ; mais vouloir les borner et
les restreindre , c'est une petitesse d'esprit, c'est s'éloigner
de toute étude philosophique , c'est vouloir abaisser la nature à son niveau , mais non chercher à la comprendre. Il
y a bien plus d'inconvénients de confondre une espèce, que
de présenter une variété, comme une espèce ; en effet, dans
le premier cas il se trouve un être omis, méconnu, qui cependant, tout en offrant de très-grands rapports d'organisation et de mœurs avec les espèces voisines , présente
aussi quelques différences, qui lui sont. propres , et qui
constituent sa spécialité ; c'est un très-minime anneau de
la grande chaîne, qui nécessairement unit, ou se lie d'une
manière intime avec ceux qui lui sont proches ; c'est un
passage, une nuance de rapports qui nous échappe ; c'est
un fait de moins dans la science. Dans le second cas, c'est
un être étudié sous plus de rapports ; c'est un fait de plus
dans la science. Ici la science s'est enrichie, là il y a igno-
rance ; et, qu'importe qu'on ait donné un nom à cette variété, puisqu'elle mérite être notée, l'étude des variétés
n'est-elle pas le complément nécessaire de l'histoire de
l'espèce ; mais l'erreur reconnue, il n'y a qu'un nom de
trop, le fait reste. On me dira ce que vous appelez espèce,

nous l'appelons variété, et nous l'avons noté; mais il est évident que si cet être eût été suffisamment étudié dans tous ses caractères, on en aurait fait une espèce. Je ne chercherai pas à définir l'espèce, on a dit que c'était un être qui dans ses générations successives présentait toujours les mêmes caractères d'organisation, et il faut ajouter dans les mêmes localités et les mêmes circonstances extérieures; car il y a des variétés qui dans certaines localités et circonstances, présentent des différences constantes, et qui pourtant ne paraissent pas des espèces, ce sont des modifications locales que la sagacité de l'observateur doit reconnaître; mais quelquefois la chose est difficile : c'est dans ce cas surtout qu'il vaut beaucoup mieux les présenter comme des espèces (1), car en agissant ainsi on sera porté davantage à les étudier sous tous leurs rapports. Les espèces sont certainement dues à une différence des localités ou des circonstances extérieures. Ainsi les espèces enfouies dans la terre et qui ont été détruites par les cataclysmes, sont toujours différentes des nôtres, et les espèces sont généralement différentes aussi, selon les divers points de la terre; mais il est impossible de comprendre pourquoi, et à quelle époque la nature a mis pour ces êtres un terme dans leur modification et les a constitués espèces ; et quoique bien certainement il ne paraisse plus s'en former, il est cependant certains insectes qui semblent à peine limités dans leur

---

(1) Certaines localités peuvent quelquefois influer d'une manièreremarquable sur les espèces; ainsi, dans les îles de Corse et de Sardaigne, qui ne sont que la même chaîne interrompue, des insectes du continent qui se présentent toujours sous leur véritable type dans la plus grande partie de l'Europe, ont éprouvé dans ces îles, dont certains points ne sont pas à cinquante lieues en mer, une modification telle, que l'observateur se demande avec doute si ce ne sont pas des espèces réelles; ainsi notre *Vanessa urticæ* est devenue *V. ichnusa*; mais aussi la larve se nourrit d'une nouvelle espèce d'*Urtica*. Les *Satyrus megera*, *semele*, se sont modifiés en *Sat. tigelius*, *aristeus*. Chez les uns la modification est plus prononcée que chez d'autres.

modification. Ainsi, dans les coléoptères hétéromères, quel naturaliste serait assez habile pour séparer nettement ou avec certitude, toutes les espèces des genres *Erodius*, *Pimelia*, *Tentyria?* puisqu'il suffit d'une distance de quelques lieues pour trouver déjà des modifications dans quelques-uns de ces insectes, de manière à faire douter si ce sont des espèces ou des variétés. Loin de reculer devant ces difficultés de la spécialité, il faut les aborder, et noter au moins ce que notre perspicacité nous aura fait découvrir. Je n'ai point fait autant d'espèces que j'ai pu, suivant l'expression fausse (1) d'un entomologiste parisien, mais j'ai fait mon possible pour reconnaître avec certitude les espèces existantes que j'ai eues à ma disposition, et pour en transmettre la connaissance aux autres. Je n'ai pas craint pour cela de m'appesantir sur les détails les plus minutieux, tels que ceux surtout des différentes pièces composant les parties génitales, ou de celles qui plus éloignées coopèrent cependant à l'accouplement; car lorsque les autres parties de l'être ne présentent pas de modifications assez sensibles pour nous, les parties de la génération doivent en offrir; là est le *criterium* spécifique; j'en ai fait usage avec beaucoup d'avantages, principalement dans les Odonata (Libellulides). Au reste, on pourra s'assurer que toutes ces espèces sont établies sur des caractères organiques, mais il faut bien faire attention que les caractères spécifiques ou génériques varient d'une manière étonnante, pour l'importance, selon les tribus, les familles; et pour les espèces, selon les genres. Ainsi le plus grand défaut des systèmes, ce qui les fait toujours crouler par la base, est l'exclusion ou la préférence absolue pour certaines parties pour certains organes; l'observation ne peut rien admettre de semblable (2);

____

(1) M. Lefebvre a voulu me désigner, en m'attribuant ces mots dans un mémoire sur une espèce nouvelle d'Ascalaphide.

(2) Je suis tellement opposé à tout système basé sur un seul organe dans une série quelconque d'insectes, que je ne puis m'empêcher de relever

tantôt dans un groupe la couleur est plus constante que la forme (les Noctuelides parmi les Lépidoptères en offrent un exemple frappant); tantôt les antennes, les palpes dans un groupe, présentent des caractères, qui sont nuls dans un autre; ici des différences dans les rugosités, les poils, la ponctuation, entraînent des différences spécifiques certaines, là au contraire ces modifications, variables à l'infini, n'ont aucune valeur : une ligne, un point, un poil, peuvent quelquefois être d'une importance plus grande dans certaines espèces que la forme du corps dans d'autres; en effet, quelle est la famille ou la tribu où il ne se trouve pas quelques-uns de ces êtres, véritables protées, et auxquels la nature a donné une latitude presque sans bornes dans la variation de leurs formes, ces espèces sont la pierre d'achoppement des observateurs vulgaires; de ces gens habitués à crier contre les

---

ici une critique assez amère de M. Alexandre Lefebvre, sur une prétendue classification des Lépidoptères d'après les nervures des ailes, que j'aurais eu l'intention de faire; critique d'autant plus bizarre, qu'elle me suppose une intention que je n'ai pas eue (Faune de l'Andalousie, 1re livraison des Lépidoptères, tirée à part), et que l'auteur se donne de cette manière beau jeu pour combattre une chimère sortie de son cerveau. Il est vrai que j'ai fait presque le premier une assez heureuse application des nervures des ailes dans certains genres de Lépidoptères diurnes, surtout lorsque je ne trouvais pas de caractères plus importants. D'après cela, M. Lefebvre s'est imaginé que j'avais empiété sur ses travaux futurs ou passés, concernant le même sujet, et partant toujours de son idée fixe, que j'ai voulu faire un système; il me reproche de ne l'avoir pas étendu à tous les genres, même de n'avoir pas noté les différents rameaux ou ramuscules : mais c'est justement ceci qui était opposé à mes idées, et que je n'ai pas voulu faire. Lorsque je trouve un caractère méilleur, je laisse les nervures; car je prends des caractères dans tous les organes et sans exclusion. Pourquoi l'auteur ne m'a-t-il pas critiqué sur l'emploi des onglets des tarses, qui m'ont aussi bien servi que les nervures pour mes caractères (dans lequel j'ai montré qu'on avait commis une erreur grave, en supposant que plusieurs familles de Lépidoptères avaient les onglets bifides, tandis que les Piérides seulement se trouvent dans ce cas). Du reste, le champ de l'étude est libre,

prétendus faiseurs d'espèces., ils ne manquent jamais de se laisser prendre aux apparences grossières de ces modifications, au milieu desquelles cependant un œil exercé et scrutateur sait démêler un type constant.

La nature déjoue donc tous nos systèmes, nos règles, nos lois établies *à priori*, bornons-nous à la suivre dans ses détails et ses modifications infinies, et n'établissons rien qu'*à posteriori*, si nous voulons nous appuyer sur des bases certaines.

Peut-être me reprochera-t-on d'avoir omis des citations ou d'avoir trop restreint parfois la synonymie, mais les ouvrages entomologiques sont si nombreux, qu'il devient impossible de se les procurer tous et même de les connaître tous; les descriptions d'espèces isolées sont dispersées dans tant de recueils qu'il serait difficile d'en avoir toujours connaissance, et en outre j'ai omis généralement les citations

---

heureux celui qui y place le plus de jalons ! Je vais montrer que je n'ai rien pu prendre à M. Lefebvre, par la bonne raison qu'il n'a jamais fait d'application semblable. En effet, le seul travail de M. Lefebvre antérieur au mien, sur les nervures des ailes, a rapport à la division du genre *Satyrus*, où se trouve le *Galathea*. M. Lefebvre, pensant que les espèces difficiles de cette division pourraient être distinguées par la forme et la position d'une ligne traversant l'aréole discoïdale, a figuré l'aile d'une espèce avec ses nervures, auxquelles il donna des noms, sans aucune idée d'application. Bien plus, par fatalité, l'auteur n'a même pas atteint le but qu'il se proposait; le caractère qu'il donne est un caractère de groupe et non d'espèce; son idée est une erreur entomologique, qui en a produit d'autres; en effet, la var. *Pherusa* est rapportée à la *Psyche*, tandis qu'elle appartient à l'*Arge* ou *Amphitrite*, et l'espèce qu'il nomme *d'Arcet*, qu'il rapporte à l'*Herta*, est l'*Hylata*, espèce bien distincte, qui n'appartient même pas au même groupe : on voit que l'application n'est pas heureuse. A l'appui de sa critique, M. Lefebvre donne des images d'ailes que chacun peut étudier avec plus de certitude dans la nature : ce que Dalman, du reste, avait fait avant lui .dans son travail remarquable sur les Lépidoptères de Suède; mais ceci n'a rapport ni à l'application, ni à la philosophie entomologique.

douteuses, et il y en a un grand nombre. On pourrait aussi me reprocher de n'avoir adopté qu'une faible partie des espèces décrites par M. Burmeister, mais ses descriptions sont tellement courtes qu'il m'a été le plus souvent impossible de les déterminer; du reste, ceux qui seront plus heureux que moi, pourront rétablir la priorité des noms. J'en dirai autant pour l'excellent ouvrage de M. Pictet sur les Phryganides, il m'a été impossible de déterminer la plus grande partie des espèces, mais c'est une difficulté inhérente au sujet, aussi peut-on reprocher à l'auteur d'avoir trop étendu sa synonymie.

Je dois noter plusieurs planches que je n'ai pas fait faire, et dont l'exécution est très-mauvaise ou inexacte, quoiqu'elles aient été retouchées ; ce sont les planches 8ᵉ, moins la figure 2; pl. 9ᵉ, moins la figure 4; pl. 10ᵉ, moins les fig. 3, 4, 6, 7; pl. 12ᵉ dont je n'ai même pas cité la première figure.

Il me reste à remercier les entomologistes, qui, par leur concours bienveillant, ont bien voulu m'aider dans mon travail, en mettant à ma disposition leurs collections; je dois placer en première ligne M. Audinet-Serville, dont la riche collection a presque servi de base à mon ouvrage; M. le comte Dejean, dont la libéralité en cela est bien connue ; M. de Fonscolombe, à Aix, qui m'a adressé ce qu'il possédait de Névroptères ; M. le professeur Graells, qui m'a envoyé plusieurs espèces importantes ou nouvelles de Madrid et de Barcelone ; M. Milne-Edwards, professeur d'entomologie au musée national, qui a bien voulu me communiquer les espèces qui m'étaient nécessaires, et surtout M. Blanchard, aide-naturaliste, qui a facilité, autant que possible, ces communications ; M. Enjubeault et M. Blisson, du Mans, qui m'ont abandonné avec générosité les espèces qui étaient à ma convenance ; M. Marchal, qui m'a communiqué un assez grand nombre d'espèces exotiques, dont la plupart de l'île de France, où il a résidé ; et surtout mon ami M. Graslin,

lépidoptérologiste distingué, qui a recueilli pour moi beaucoup d'espèces intéressantes dans les environs de Château-
du-Loir ; M. Pierret fils, un de nos premiers lépidoptérologistes ; M. Gené , professeur au Musée de Turin , qui a
bien voulu me communiquer toutes les espèces prises par
lui en Sardaigne ; je ne dois pas oublier MM. Duponchel,
Bouteiller et Langeland , qui m'ont aussi procuré diverses
espèces de Névroptères.

HISTOIRE NATURELLE

DES

NÉVROPTÈRES.

———◆◆◆———

Les Névroptères se distinguent des autres ordres
par leurs quatre ailes qui sont semblables, le plus
souvent transparentes, membraneuses, avec des
nervures très-souvent réticulées; leur bouche est
ordinairement munie de mandibules et de mâchoires.

Ils se composent de plusieurs sections, ou tribus,
quelquefois tellement différentes les unes des autres,
que quelques-unes ont été érigées en ordres, et qu'il
devient impossible de réunir les généralités qui les
concernent (1).

Je divise cet ordre en sept sections ou tribus, dont
la disposition est différente de celle de Latreille,

---

(1) Peut-être même, à l'exemple de M. Burmeister, eût-il été plus
naturel de les réunir aux Orthoptères et de ne former qu'un seul ordre;
car il est des tribus, telles que les Termitides, Psocides, qui ont des
rapports évidents avec les Orthoptères.

mais qui se rapprochent des dernières classifications de
MM. Pictet et Burmeister, et dont voici le tableau :

Sections.

NÉVROPTÈRES. Insectes dont les deux sexes sont toujours capables de se reproduire, ne vivant pas en familles ; ailes jamais caduques.

— Vivant en familles, composées d'individus dont une grande partie n'est jamais apte à se reproduire ; ailes articulées avant la base, caduques. . . . . **CORRODANTS.**

— Plus de trois articles aux tarses.
   — Deux ou trois articles aux tarses. . . . . **PSOCIDES.**

— Ailes semblables, les inférieures n'étant pas pliées ; membrane de l'aile jamais bien sensiblement velue ni la marge longuement ciliée.
   — Antennes plus ou moins longues, composées d'articles toujours assez nombreux.
      — Antennes très-courtes, sétiformes, composées au plus de 6 à 7 articles. **SUBULICORNES.**
      — Pas d'ocelles, ou avec celles-ci, la bouche avancée en bec, ou avec les hanches antérieures cornues chez les mâles. . . . . **PLANIPENNES.**
      — Trois ocelles, ou sans celles-ci, le quatrième article des tarses dilaté. . . . . **SEMBLIDES.**

— Ailes inférieures plus larges, pliées.
   — Ailes roulées, glabres. . . . **PERLIDES.**
   — Ailes en toit, velues. . . . **TRICHOPTÈRES.**

TROISIÈME SECTION (1).

SUBULICORNES (SUBULICORNIA),
Latreille.

Elle contient deux tribus : les ODONATA de Fabricius (Libellules *Latreille*) et les ÉPHÉMÉRIDES.
La première ne comprend que des insectes essentiellement rapaces, ayant des mandibules et des

---

(1) J'ai cru devoir commencer par cette section, dont la première tribu a été traitée avec plus de développement que les autres.

mâchoires très-fortement dentées ; tandis que ceux de la seconde ont ces organes rudimentaires ou incomplets.

PREMIÈRE TRIBU.

ODONATA, *Fabricius.*

LIBELLULA , *Linné.*

Les insectes qui la composent ont ordinairement la tête très-grosse , et dont les yeux comprennent la majeure partie ; elle s'articule sur une saillie antérieure du prothorax , qui s'avance profondément dans la cavité de sa face postérieure , et s'appuie latéralement sur deux sortes de condyles , sur lesquels elle glisse ; ce qui lui donne une très-grande mobilité. Les mandibules et les mâchoires sont très-développées et très-souvent cachées , au moins en grande partie , par les lèvres et les palpes labiaux , qui sont fortement dilatés et aplatis ; les maxillaires sont tout à fait nuls. Il y a trois yeux lisses. Les ailes sont à peu près d'égale longueur , ayant presque toujours une partie plus ou moins opaque et colorée, formant une tache vers le bord antérieur du sommet ; elles sont allongées et fortement réticulées. Les mâles ont les parties génitales externes sous le deuxième segment de l'abdomen , et l'extrémité anale est munie de trois à quatre appendices plus ou moins développés. Les tarses se composent de trois articles, dont le dernier est muni d'onglets très-forts , ayant une dentelure avant leur sommet. Leurs larves , toujours aquatiques , ne subissent que des demi-métamorphoses.

La tête , dont la forme est variable selon les familles et même les genres , peut être divisée en quatre parties principales, savoir : les yeux, la partie antérieure ou *face*, et la partie supérieure, quelquefois presque nulle, les yeux devenant contigus dans une grande étendue (genre *Æschna*); la face postérieure ne présente qu'une très-large et profonde excavation qui reçoit la partie antérieure du thorax. Les yeux occupent les côtés et sont très-souvent contigus supérieurement (presque toutes les Libellulides, les Æschnides), parfois dans une petite étendue, d'autres fois à peu près dans toute leur largeur (genre *Zyxomma,* partie du genre *Æschna*); ils ont souvent une forme ovalaire ; d'autres fois ils sont assez écartés l'un de l'autre (genre *Gomphus*), et alors plus courts ; souvent aussi ils se trouvent très-éloignés (Agrionides), d'une forme presque arrondie, et paraissent comme pédicellés ; ils sont finement réticulés, mais leur réseau est souvent beaucoup plus large dans leur partie supérieure (Libellulides, Æschnides). La partie antérieure, ou *face*, s'étend depuis les ocelles jusqu'au-dessous de la tête ; elle comprend une portion frontale, les deux lèvres, et les parties externes de la bouche. La portion frontale, souvent très-saillante (déprimée dans les Agrionides), est ordinairement échancrée supérieurement ; elle présente, à peu près vers son milieu, un sillon ou suture transverse qui la divise en deux parties, et qui peut s'appeler *suture frontale :* la partie supérieure sera le *front* proprement dit, et l'inférieure l'*épistome*. Ces deux parties sont relativement variables selon les genres ; ainsi le front est large et l'épistome très-étroit dans le genre *Gomphus*. Celui-ci présente inférieurement un bord échancré en croissant, qui s'articule avec la pièce supérieure du labre ; les côtés sont un peu relevés et saillants, et présentent un bord plus ou moins arrondi, qui couvre l'ouverture d'une cavité qui existe dessous : dans les Agrionides ces parties sont très-différentes, le bord inférieur de l'épistome n'est pas échancré et ses angles ne sont pas relevés. Le *labre* ou lèvre supérieure est plus étroit que la face, un peu arrondi sur les côtés, et à son bord inférieur, qui est quelquefois échancré et divisé en deux par un sillon. La *lèvre*, ou lèvre inférieure, qui diffère beaucoup selon les familles, se compose de trois parties principales : une médiane, souvent très-courte, simple, presque demi-circulaire (Libellulides); d'autres fois allongée, bifide, qui est la véritable lèvre ; et deux latérales, qui sont les *palpes labiaux ;* ils sont composés de deux ou trois articles, dont le premier basilaire, soudé; le moyen souvent excessivement large, foliacé (Libellulides), et alors recouvrant avec le labre la bouche et presque entièrement les mandibules ; d'autres fois beaucoup plus étroit et éloigné de celui du côté opposé (Agrionides) : le dernier souvent complétement nul (Libellulides), ou, quand il existe, étroit, linéaire. Au-dessous de la lèvre se trouve une pièce qui s'étend jusqu'à l'articulation occipitale, c'est le *menton*. Latéralement on remarque une sorte de coude qui est produit par l'articulation de la première pièce du *maxillaire* avec la seconde ; sur celle-ci s'articulent la mâchoire et le deuxième palpe maxillaire (division externe de la mâchoire); la mâchoire est très-forte et armée de dents très-longues, ordinairement au nombre de cinq, ressemblant à des épines, et dont la plus grande forme l'extrémité ; le second palpe maxillaire (1) est à peu près de la longueur

______

(1) Le nom de division externe des mâchoires est mal choisi pour désigner cet organe qui est tout à fait indépendant de celles-ci : on doit le considérer comme un palpe.

des mâchoires, assez épais; les mandibules sont très-épaisses, courtes, allongées à leur sommet, qui est trifide; elles ont sur leur bord interne, qui est large, des dentelures ayant la forme des molaires des mammifères carnassiers; elles sont unies à leur base et disposées de manière à imiter la forme de la lettre Z. Au milieu de la bouche on remarque une sorte de langue membraneuse, élargie et arrondie à son extrémité. La partie supérieure varie beaucoup selon la grandeur des yeux qui peuvent l'envahir presque entièrement (genre *Anax*); elle se compose d'une portion antérieure le plus souvent saillante, autour de laquelle se trouvent les ocelles, et que je nommerai *vertex*; d'une portion moyenne souvent absorbée par les yeux, et d'une portion postérieure qui prendra le nom d'*occiput*. Le vertex, qui est saillant dans un grand nombre d'espèces (Libellulides, Æschnides), est comprimé d'avant en arrière, convexe postérieurement; il peut être entier, échancré, bifide, ou tout à fait déprimé (Agrionides, Gomphides), et ne se distinguant pas des parties environnantes (1). Les ocelles sont placées une de chaque côté de la base, et la troisième, qui est ordinairement la plus grosse, sur le milieu et en avant; elles paraissent mieux organisées pour la vision que chez les autres insectes. La portion moyenne se trouve entre le vertex et l'occiput; elle est réduite à un triangle très-petit dans les genres *Cordulia, Libellula*; à peu près nulle dans les genres *Anax, Æschna, Cordulegaster*; transverse, étroite et linéaire chez les *Gomphus*; paraissant nulle, ou non distincte du vertex, chez les Agrionides. L'occiput est situé postérieure-

---

(1) Il fournit de très-bons caractères pour la distinction des espèces.

ment entre les yeux ; sa face postérieure fait partie de l'excavation occipitale, et est souvent divisée par une ligne enfoncée ; il est le plus souvent triangulaire, avec sa pointe antérieure plus ou moins allongée, en forme de coin ; presque carré chez les *Gomphus* ; linéaire ou transverse chez les Agrionides ; quelquefois élevé ou saillant, et même élevé en pointe (genre *Phenes*). La grande excavation postérieure est circonscrite latéralement par une portion de la tête qui s'unit aux yeux postérieurement, et forme un bord très-épais, souvent sinueux à son union avec les yeux, quelquefois renflé, d'autres fois très-large, surtout antérieurement (Agrionides); ou il s'étend largement entre le vertex, l'occiput et les yeux, et contribue à faire paraître ceux-ci pédicellés : je le désignerai sous le nom de *bord postérieur*.

La forme du thorax varie sensiblement selon les familles ; il est plus ou moins carré, et fortement déprimé antérieurement, fortement rétréci et grêle dans sa division antérieure, qui est le prothorax, et qui se trouve en partie cachée dans l'excavation postérieure de la tête. Le dessus du prothorax est divisé en trois parties ou lobes, séparés par un sillon plus ou moins profond ; l'antérieur forme un bord élevé, arrondi ; le moyen est convexe, transverse, échancré antérieurement ou divisé par un sillon, séparé du postérieur par une ligne enfoncée ; celui-ci, qui offre souvent de bons caractères pour la distinction des espèces, et qui semble quelquefois n'être qu'une dépendance du précédent, varie extrêmement pour la forme dans la série des espèces, tantôt n'étant qu'un simple rebord, tantôt bilobé, trilobé ; tantôt seulement saillant, presque en triangle, ou obtus : il s'appellera *lobe posté-*

rieur. Les deux autres parties du thorax sont unies intimement et ont presque la forme d'un carré plus ou moins allongé, déprimé antérieurement et postérieurement en dessus et en dessous ; ce qui lui donne, vu latéralement, un peu la forme d'un losange. La face supérieure semble être rejetée vers la partie postérieure, de sorte que la partie déclive en avant, peut être considérée comme la face antérieure au bas de laquelle s'articule le prothorax. Immédiatement au-dessus de cette articulation se remarque une échancrure transverse, plus ou moins large et profonde selon les espèces ; je l'appellerai *échancrure mésothoracique ;* elle est triangulaire dans les Agrionides. Du milieu du bord supérieur de cette échancrure l'on voit partir une ligne élevée en crête, divisée supérieurement et formant une saillie en avant de cette division ; on peut la nommer *aréte mésothoracique ;* les deux divisions de son sommet se continuent avec le bord de deux espèces de *sinus* placés en avant des ailes ; ils peuvent prendre le nom de *sinus antéalaires ;* leur bord, qui est élevé, est souvent assez fortement dentelé antérieurement (*L. ferruginea*), et échancré postérieurement vers le sommet (*Anax azureus*) ; les côtés présentent deux sutures transverses, qui, chez les Agrionides, sont presque longitudinales ; on peut les appeler *première* et *deuxième suture latérale ;* la première se trouve presque sur le milieu du mésothorax, la deuxième unit les côtés de celui-ci au métathorax ; elles sont souvent marquées de brun ou de noir ; inférieurement entre les deux sutures l'on voit un stigmate. La partie supérieure comprend l'espace inter-alaire, qui se compose du *tergum* du mésothorax et du métathorax : on y remarque plusieurs petites saillies arrondies.

L'abdomen est très-long, grêle, très-souvent renflé à la base, et ce renflement occupe ordinairement les trois premiers segments ; sa forme est généralement triangulaire ou cylindrique. Il se compose de dix articles bien distincts, dont le dernier doit être considéré comme une dépendance du neuvième, mais qui est très-important à cause des appendices plus ou moins grands dont il est chargé ; lorsqu'il est trigone, le bord latéral forme une sorte d'arête qui se trouve un peu au-dessous du quart inférieur des arceaux supérieurs ; ce sera l'*arête latérale ;* à l'union des arceaux inférieurs ou abdominaux avec les supérieurs, il y a encore un bord saillant qui est largement interrompu à chaque segment par une partie membraneuse ; c'est l'*arête abdominale.* La partie dorsale produit aussi une ligne saillante, qui peut prendre le nom d'*arête dorsale.* Les arceaux abdominaux, dont l'étendue est à peine du cinquième de la circonférence, sont aussi divisés par une arête plus ou moins sensible. Ces arêtes, bien visibles dans le genre *Libellula,* peuvent disparaître en partie ou entièrement, surtout la dorsale et les latérales (genre *Gomphus,* Agrionides) ; d'autres fois (genre *Anax*) il en apparaît une surnuméraire au-dessus de la latérale ; de sorte qu'en comptant la *sous-ventrale,* l'abdomen présente huit arêtes ou lignes en relief. Le premier segment, ordinairement assez étroit et court chez les Libellulides, contribue au gonflement basilaire ; dans les Æschna l'arceau abdominal de ce segment est beaucoup plus large. Le deuxième segment est toujours le plus épais et le plus saillant en dessous, surtout chez les mâles, où il devient d'une grande importance, en ce qu'il est le siége des parties

génitales, et peut souvent offrir des caractères certains
pour la distinction des espèces, lorsque même, comme
dans une grande partie des *Libellula*, les appendices
anals deviennent nuls sous ce rapport. Ce segment présente quelquefois sur les côtés une saillie ou tubercule
plus ou moins prononcé, comprimé, souvent dentelé
(genres *Gomphus*, *Æschna*, *Cordulia*). En dessous,
la base est souvent aplatie, rarement convexe, quelquefois excavée ; elle s'élève parfois en avant du pénis
en un bord saillant qui peut être divisé ou même prolongé en deux pointes (*L. cancellata*), ou en une
seule (*L. rubicunda*) ; le reste du dessous de ce segment contient l'armure copulatrice, dont les pièces
sont disposées ainsi qu'il suit : (*Gomphus forcipatus* (1)) après le bord de la base, un petit appendice
de chaque côté, qui est ici assez allongé, bifide, et
qui s'articule sur les côtés de ce bord, très-variable
pour la forme, disparaissant souvent ou se confondant
avec les angles du bord ; un peu après, un autre appendice plus grand, placé sur les côtés de la gaîne du
pénis, paraissant protéger celui-ci, et qui a reçu le
nom d'*hameçon*, que je lui conserve. Cette pièce,
excessivement variable pour la forme, mais constante,
offre des caractères certains pour la détermination des
espèces, surtout dans le grand genre *Libellula* ; elle
est quelquefois simple, mais le plus souvent divisée
en deux branches, dont l'interne est crochue ; elle est
moins variable et moins importante dans les Agrionides, où les appendices anals deviennent très-carac-
téristiques. Au milieu, en avant des deux hameçons,

---

(1) J'ai pris cette espèce pour type, ces parties étant très-développées
chez les *Gomphus*.

se voit la gaîne du pénis, faite en forme de gouttière,
pour recevoir la partie dorsale de cet organe : ici elle
est très-saillante et renflée à son extrémité, d'autres
fois très-courte, quelquefois peu visible. Enfin, après
la gaîne et au milieu, se trouve le pénis dont la base,
ici très-renflée, s'articule à la base du troisième segment, quoiqu'il s'avance presque jusqu'au bord antérieur du second. Sa forme, qui est singulière et com-
pliquée, varie selon les familles et même les espèces.
Il s'avance d'abord horizontalement entre les hameçons
jusqu'à sa gaîne ; puis se recourbe sur lui-même de
manière que son extrémité vient s'appuyer sur sa
base, où elle est souvent reçue dans une petite excavation. Il est composé de trois pièces principales, articulées, dont la basilaire plus épaisse, la moyenne
presque cylindrique, et la dernière en partie membraneuse à l'extrémité et renflée, très-longue chez les
Agrionides, où elle porte quelquefois des appendices
membraneux, se terminant ici en une espèce de cornet
adossé à une partie membraneuse blanchâtre ; quelquefois aussi elle est garnie de petites pointes ou de
petits crochets ; le pénis, à l'exception de sa base, est
ordinairement caché entre les autres pièces (1). Dans

---

(1) L'organe sécréteur du sperme, comme l'a bien vu M. Rathke,
est situé vers la partie postérieure de l'abdomen. Il consiste en deux
gros vaisseaux un peu flexueux qui s'étendent à peu près dans les deux
tiers postérieurs de chaque côté du ventre ; ils semblent libres à leur
extrémité antérieure, qui ne paraît pas atteindre la base du pénis ; leur
extrémité postérieure s'ouvre dans une vésicule arrondie, à parois fer-
mes, située dans le neuvième segment, sous lequel elle a une petite ouverture recouverte par deux petites valves. Les vaisseaux sont plus
minces à leurs extrémités ; ils sont blanchâtres, très-mous et remplis d'un
liquide contenant une matière qui paraît être graisseuse et des masses
d'animalcules spermatiques en forme d'épingle obtuse : c'est probablement dans ces vaisseaux que le liquide spermatique commence à s'élabo-

les Agrionides, un peu après le pénis, on voit encore un petit appendice de chaque côté. Le second segment présente en outre, le long de la base du pénis, un prolongement plus ou moins saillant, souvent arrondi et élargi vers son extrémité, quelquefois nul (*Gomphus, Æschna*), d'autres fois très-long (*Cordulia ænea*), toujours bien sensible chez les Libellulides ; je l'appellerai *lobule génital.* Outre le bord postérieur des segments, qui est un peu élevé, il existe en dessus, sur celui-ci, à peu près vers son milieu, une ligne élevée, qui paraît constante dans beaucoup d'espèces (Libellulides, Æschnides) ; quelquefois après cette ligne on en voit une autre moins sensible (*Anax*). Le troisième segment présente aussi quelquefois une ligne semblable (*L. ferruginea*) ; d'autres fois même d'autres segments présentent des lignes élevées ; ainsi dans la *L. viridula*, le troisième segment, outre la ligne élevée du milieu, en présente deux autres ; le quatrième en présente aussi trois, et le cinquième une

---

rer, et les zoospermes que j'ai mentionnés ne sont pas encore parfaits ; la vésicule séminale contient une matière blanchâtre, épaisse, remplie de zoospermes en forme de navette ou plutôt de radis longs. Cette matière doit être véritablement la liqueur spermatique ; mais il paraît très-difficile de concevoir de quelle manière l'insecte peut féconder les œufs de la femelle. Je ne puis adopter que la verge ne soit qu'un organe excitateur de celui de la femelle ; je ne conçois pas davantage que le mâle retire son pénis du vagin de la femelle pour que celle-ci puisse porter son extrémité abdominale par-dessus sa tête et l'appliquer contre l'ouverture de la vésicule séminale : dans la position du mâle qui tient la femelle accrochée par son prothorax, la chose paraît impossible, et malgré l'examen le plus attentif de l'accouplement de ces insectes, je n'ai observé rien de semblable. Une seule explication me paraît probable, quelque singulière qu'elle soit : le mâle, tout en tenant la femelle et sans être accouplé, ne peut-il pas rapprocher son extrémité abdominale de son pénis, l'imprégner de sperme, et le porter ensuite dans l'organe de la femelle ? J'ai en effet plusieurs fois vu les mâles exécuter de pareils mouvements sans avoir pu cependant vérifier ma supposition.

seule, médiane. Généralement le bord postérieur des segments et les lignes élevées longitudinales sont denticulées ; le bord antérieur est le plus souvent à peine sensible. Dans les femelles, le dessous des premiers segments ne diffère pas des autres; mais la partie postérieure du huitième, en dessous, est le siége des parties génitales, qui peuvent, dans ce sexe, offrir de bons caractères spécifiques : l'ouverture de la vulve est située sous le bord postérieur de ce segment; elle est limitée par la base du pénultième et par un bord inférieur qui est toujours plus ou moins saillant, formant quelquefois un angle presque droit avec l'abdomen (*L. vulgata, ferruginea*); quelquefois très-allongé et creusé en gouttière, et placé tout à fait à angle droit (*Cordulia metallica*); d'autres fois étant fortement prolongé, il est ou bifide ou bilobé (*L. rubicunda, depressa*); il est divisé quelquefois en deux lanières (*L. Carolina*); d'autres fois prolongé en une longue pointe creusée en gouttière et horizontale (*Uracis quadra*). Cette longue pointe peut être divisée en deux jusqu'à la base, et imiter un peu deux valves serrées l'une contre l'autre (*Cord. annulatus*); lorsque le bord vulvaire est évasé et écarté de l'abdomen, la partie correspondante du segment suivant est fortement déprimée et excavée de manière à produire une large ouverture où les œufs s'amassent en masse. Chez les *Æschna* et les Agrionides la vulve est différemment organisée; dans les premiers le bord vulvaire se prolonge en deux pointes, qui sont enveloppées par deux valves appliquées exactement, et ayant à l'extrémité un petit appendice articulé, terminé par un petit pinceau de poils; dans les seconds l'organisation est à peu près la même, mais les valves ne portent pas de pinceau.

Le dernier segment, que je ne considère que comme une dépendance du neuvième, porte les appendices qui terminent l'abdomen de ces insectes, ainsi que l'ouverture anale. Ces appendices, quelquefois variables dans certains genres (*Cordulia*, *Gomphus*), restent presque constamment les mêmes dans les espèces si nombreuses du genre *Libellula*, où ils ne diffèrent guère que par la grandeur ; mais ils diffèrent beaucoup selon les familles et les genres : étant des organes de préhension chez les mâles, ils avortent en partie ou deviennent presque nuls chez les femelles, où ils n'ont plus d'usage. Ces appendices paraissent toujours être au nombre de trois, excepté chez les Agrionides où il y en a quatre; mais quelquefois l'inférieur est divisé de manière à en faire paraître quatre (genre *Gomphus*). Dans les Libellulines les deux supérieurs sont ordinairement en forme de massue aiguë : on les nomme *styles* ; l'inférieur est en triangle allongé, toujours légèrement échancré ou bimucroné à l'extrémité, rarement quadrilatère et largement échancré ou bifide (*Diastatops tincta*); je le nomme *pièce sous-stylaire* ou appendice inférieur; chez la femelle il disparaît complétement. Dans les *Æschna* les supérieurs sont souvent foliacés, lancéolés, surtout chez les femelles, où ils restent assez grands. Chez les Agrionides, tantôt ils sont en forme de pince arrondie, tantôt presque cylindriques et droits, ou courts et en forme de tubercules, et il arrive souvent que les supérieurs soient plus courts que les inférieurs : ces derniers ne correspondent point à l'inférieur des trois premières familles; il a disparu ici, mais les valves anales forment ces deux appendices en se prolongeant; les appendices dans les Æschnides, Gomphides et

Agrionides présentent par leur forme des caractères spécifiques certains.

Le bord latéral des septième, huitième et neuvième segments est quelquefois dilaté sur les côtés et un peu rabattu (*Gomphus*, *Cordulia œnea*), de sorte que le ventre se trouve déprimé dans cette partie et largement excavé ; d'autres fois le huitième seulement est dilaté (*L. cærulescens*), et quelquefois le neuvième chez les femelles. L'ouverture anale, se trouve située entre trois pièces terminales, dont la supérieure, un peu conique dans les femelles, ayant sur les côtés les deux premiers appendices, paraît n'être que l'appendice inférieur des mâles ; les deux inférieures sont aplaties, obtuses et triangulaires, ressemblant à des valves, surtout dans les *Æschna* et les Agrionides. Chez ces derniers elles forment les appendices inférieurs, tandis que la pièce supérieure (pièce sous-stylaire ou appendice inférieur des autres familles) n'est plus que rudimentaire ou nulle ; ces deux caractères suffiraient pour distinguer nettement les Agrionides des trois autres familles.

Les jambes se composent comme à l'ordinaire de quatre parties, sans compter les hanches : le trochanter, la cuisse, le tibia et le tarse. Le premier s'articule à la cuisse d'une manière oblique ; il est un peu étranglé dans son milieu, et paraît être formé de deux parties, dont celle qui s'articule à la hanche est la plus épaisse. Les cuisses varient beaucoup en longueur selon les genres et les espèces ; les antérieures sont les plus courtes et les postérieures les plus longues ; elles sont presque cylindriques ou un peu élargies, plus ou moins arrondies sur la face supérieure, ayant une dépression en dessous qui est bordée de poils roides et de petites épines, et sur laquelle se pose le tibia dans la flexion; elles ont souvent aussi de petites arêtes longitudinales ciliées de petites épines. Les tibias, tantôt plus courts que les cuisses, tantôt plus longs, surtout dans les Agrionides, ont inférieurement, de chaque côté, une arête latérale portant une rangée d'épines bien plus longues que celle de la cuisse, ressemblant à des poils; ils ont en outre deux côtes dorsales non épineuses peu marquées chez les *Æschna* et les Agrionides, mais assez saillantes chez les *Gomphus*, pour former entre elles une sorte de gouttière; ils sont à peu près d'égale grosseur partout. Les tarses sont courts, composés de trois articles, dont le premier est le plus court et le dernier le plus long; ils sont épineux sur les côtés; les onglets sont grands, peu courbés, ayant à leur bord interne une dent quelquefois vers le milieu, d'autres fois plus près de l'extrémité; ce qui les fait paraître bifides : il n'existe pas de pelote entre eux.

Les ailes sont grandes, allongées, étroites, ordinairement presque semblables, souvent aussi complétement semblables; elles sont étendues et horizontales, ou relevées et contiguës pendant le repos, mais jamais croisées; elles ont un bord antérieur ou *costal*, un bord postérieur ou interne, un bord *abdominal* aux inférieures, qui sont presque toujours dilatées à la base, un sommet et une base. Leur surface est plus ou moins finement réticulée par des nervures et nervules, dont plusieurs placées longitudinalement, plus sensibles que les autres, et partant de la base, retiendront seules le nom de *nervures;* elles sont toujours au nombre de cinq : la première, qui est peu distincte du bord antérieur (*Æschna azurea*), avec lequel elle se confond toujours au sommet, où elle se continue avec le bord postérieur, prend le nom de *nervure costale* ou première nervure. Le bord antérieur présente souvent une petite dilatation à la partie antérieure de sa base, qui est peu sensible chez les Agrionides, et à peu près vers son milieu, la nervure costale se trouve divisée par une sorte d'articulation qu'on peut appeler *point cubital*, qui par sa position présente des caractères de familles; ainsi, dans les trois premières familles (Libellulides, Gomphides, Æschnides), il est placé au milieu, sur les ailes supérieures, et un peu plus près de la base aux inférieures; mais chez les Agrionides il est toujours ou presque toujours placé plus près de la base que de l'extrémité, et la partie qui se trouve entre lui et l'attache de l'aile ne forme le plus souvent que le tiers de la longueur, ou même beaucoup moins; dans ce point la nervure costale est interrompue, et chaque extrémité se recourbe, surtout celle de la portion externe, ce qui est bien visible en dessous, pour former une nervure transverse (*nervule cubitale*), courte, qui se recourbe vers l'extrémité en traversant deux ou trois rameaux(1). La portion interne de la nervure costale peut s'appeler *portion humérale*, et l'espace qui se trouve après, *espace huméral* ou *premier espace costal ;* la seconde ou l'externe, *portion cubitale*, et l'espace qui se trouve après, *espace cubital* ou *deuxième espace costal ;* celui-ci est divisé en deux avant l'extrémité, par une tache quadrilatère ou un peu en losange, plus ou moins allongée, variable pour la grandeur et un peu pour la forme, quelquefois irrégulière et dilatée ou s'étendant au delà de

---

(1) Cette nervule divise antérieurement l'aile en deux parties, dont l'interne est l'*humérale* et l'externe la *cubitale*.

l'espace cubital, le plus souvent bornée de chaque côté par une nervule plus ou moins oblique; cette tache, pre que toujours régulière, le plus souvent constante, quelquefois seulement visible chez les femelles (genre *Calopteryx*), très-rarement nulle (quelques *Macrosoma, Microstigma*), variable pour la couleur, a reçu différents noms, *stigma, stigmate, parastigma; j'adopterai celui de *pterostigma*, formé par M. Burmeister. Les deux espaces sont traversés par un nombre de nervules très-variable, souvent réduit à deux pour l'huméral, chez une grande partie des Agrionides. La nervure qui vient après la costale s'arrête à la cubitale : on peut l'appeler *sous-costale* ou deuxième nervure humérale; la troisième peut prendre le nom de *médiane* ou troisième nervure humérale; elle borne un second espace qu'on peut appeler *deuxième espace huméral;* mais après la cubitale elle devient la *deuxième radiale*, et borne le premier espace radial et le côté postérieur du pterostigma, en se continuant jusqu'au sommet de l'aile; celle qui vient après prendra le nom de *sous-médiane* ou quatrième nervure humérale; elle borne un espace large, mais court, qui peut prendre le nom de *basilaire :* il n'est jamais traversé par des nervules; celle qui le borne extérieurement donne naissance à deux nervures secondaires, quelquefois réunies avant leur naissance, dont la seconde passe par l'angle externe du triangle et constitue le *deuxième rameau courbe moyen.* La première fournit le *premier rameau courbe moyen* et trois autres rameaux principaux, dont l'antérieur borne le *deuxième espace radial*, et les deux autres constituent les *deux rameaux courbes antérieurs;* enfin la cinquième nervure, qu'on peut appeler *postérieure*, après un court trajet, s'unit à la

précédente dans les Libellulides, à l'angle interne du
triangle, ou se rend à l'angle postérieur (Æschnides);
elle borne un espace assez court, que l'on peut nommer *espace médian*. A l'extrémité de ces deux nervures on remarque un espace triangulaire, qui, aux
ailes supérieures des Libellulides, a son sommet tourné
vers le bord postérieur, et sa base vers le bord costal;
on l'appelle le *triangle;* de son sommet, partent
les deux rameaux courbes postérieurs, dont le dernier
est quelquefois peu sensible; son côté interne forme le
côté d'un autre triangle, rarement régulier (*Gomphus*),
et dont il vaut mieux ne pas tenir compte; son côté
externe, qui dans cette famille en est l'hypoténuse,
borne des séries longitudinales d'aréoles, nommées
aréoles discoïdales, qui sont plus ou moins nombreuses, et peuvent servir à faire des divisions;
malheureusement elles sont souvent irrégulières, et
en outre variables dans la même espèce; elles sont
contenues entre les rameaux courbes postérieurs et les
moyens. La base du triangle est étroite et paraît formée par l'extrémité de la nervure sous-médiane qui, à
l'angle externe, s'unit à la deuxième ligne courbe
moyenne, qui elle-même semble d'autres fois former
la base. Dans cette famille, le triangle des inférieures
est petit et disposé tout différemment; sa base regarde
la base de l'aile, et son sommet l'extrémité. Cette
disposition des deux triangles fait distinguer au premier coup d'œil une Libellulide. Dans une partie des
Gomphides (genre *Gomphus*), ils sont à peu près
comme chez les Libellulides; mais dans les autres ils
sont presque comme chez les Æschnides. Chez ces
derniers les triangles sont presque semblables, ayant
leur base vers celle de l'aile et leur sommet tourné vers

son extrémité. Chez les Agrionides le triangle disparaît tout à fait ; mais au-dessus de l'aréole allongée
qui le remplace, dans la plupart des genres, à l'exception des *Calopteryx*, il existe une aréole presque
triangulaire ou ayant quatre côtés qui peut offrir un
caractère spécifique ou de genre. Outre les nervures
courbes, il en est quelques autres accidentelles et qui
ne sont pas constantes. Dans les Agrionides, à l'exception des cinq nervures qui partent de la base, la disposition du réseau est très-différente et variable ; il y
a beaucoup plus d'aréoles quadrilatères, les nervules
étant le plus souvent perpendiculaires aux nervures ;
le plus souvent aussi les quatre ailes sont parfaitement
semblables. Le bord postérieur de l'aile est formé par
une légère nervure qui se continue presque jusqu'à
l'attache de l'aile et s'unit à la nervure postérieure ;
mais, dans la plupart des Agrionides, ce bord disparaît avant la base, qui se trouve réduite aux cinq nervures fortement rapprochées ; de sorte que l'aile se
trouve comme pédicellée. Dans les autres familles la
base de ce bord présente une petite frange, surtout
sensible aux ailes inférieures, que je nomme *membranule*, et à laquelle on a donné plus d'importance
qu'elle n'en a réellement ; elle peut offrir des caractères
spécifiques ; les ailes inférieures sont plus larges que
les supérieures, surtout vers la base, où elles sont
quelquefois fortement dilatées ; de sorte qu'elles présentent, en cet endroit, un bord abdominal et un
angle anal très-arrondi dans les *Libellula*, les femelles des Gomphides et Æschnides ; mais dans les
mâles des espèces de ces deux dernières familles le
bord abdominal est souvent sinué, et l'angle anal
saillant, quelquefois comme crochu. Ces caractères

ne sont pas constants et varient selon les espèces.

Les larves sont toujours aquatiques, et ressemblent un peu à l'insecte parfait; leur tête est plus aplatie, et leurs yeux, sur lesquels on aperçoit les traces du réseau, sont moins saillants et plus éloignés l'un de l'autre. Les parties frontales saillantes sont déprimées; leurs mandibules et leurs mâchoires ressemblent à celles de l'insecte; mais ce qu'il y a de plus curieux dans leur bouche, c'est la grandeur et la conformation de la lèvre inférieure qui peut se développer et saisir une proie à distance, l'animal n'ayant que fort peu d'agilité. Le menton sur lequel elle s'articule, en formant avec lui un coude très-saillant, lorsqu'elle est pliée, est lui-même très-allongé et rabattu sous le prothorax, pour donner à la lèvre, qui est très-développée et plus longue que la tête, la facilité de s'appliquer sur la bouche; mais pour saisir sa proie, l'animal l'étend et l'ouvre subitement, de manière qu'elle peut atteindre à une certaine distance au delà de la tête, en ne formant plus qu'une ligne droite avec le menton qui est ramené en avant. Dans les Gomphides, Æschnides, et surtout chez les Agrionides, les palpes labiaux portent une ou plusieurs épines aiguës ou allongées, dont celles d'un côté s'entre-croisent avec celles du côté opposé, et qui restent en totalité ou en partie chez l'insecte parfait; la lèvre, en se repliant, porte la proie à la bouche. Dans les Libellulides, la lèvre, à l'aide du second article des palpes, fortement dilaté et triangulaire, forme un véritable masque qui couvre complétement la bouche jusqu'au front; le deuxième article des palpes est dentelé en scie, de manière qu'un côté s'engrène parfaitement dans l'autre : c'est entre ces deux scies que

la proie est retenue. Il est donc facile, en examinant
une larve, de reconnaître la famille à laquelle elle
appartient. L'abdomen est beaucoup plus court que
chez l'insecte, quelquefois épineux sur les côtés, vers
l'extrémité; les différentes pièces anales sont repré-
sentées par des appendices piquants, dont trois principaux plus allongés, et qui paraissent pouvoir servir
de défenses ; c'est entre ces pièces que l'air est absorbé
par l'anus, qui, dans d'autres circonstances, éjacule
un jet de liquide mêlé de bulles d'air. Chez les Agrionides ces trois principales pièces sont aplaties, molles
et beaucoup plus longues, ainsi que l'abdomen. Les
rudiments d'ailes sont appliqués sur la partie dorsale.
Les pattes, quelquefois velues, sont inermes; leurs
tarses, qui ont aussi trois articles, portent des onglets
simples.

La larve, pour se métamorphoser, quitte l'eau et
va se fixer sur une tige, et l'insecte sort par la partie
dorsale qui s'entr'ouvre ; les ailes, promptement dé-
ployées, sont plusieurs heures à acquérir leur soli-
dité, et elles ont d'abord une teinte blanchâtre. Les
couleurs du corps sont le plus souvent différentes
après la métamorphose de ce qu'elles seront par la
suite; ordinairement plus vives, plus jaunes, elles
s'obscurcissent plus ou moins après; la poussière glauque ou bleuâtre, qui couvre presque entièrement
l'abdomen de quelques espèces, ou seulement quelques
segments chez les mâles, ou un peu le dessous de cette
partie du corps chez les femelles, n'est complétement
produite qu'après un ou deux jours; ce qui n'empêche pas que l'accouplement se fasse quelquefois avant
que ce changement de coloration soit complet.

De même que sa larve, l'insecte parfait est carnas-

sier, et son extrême agilité facilite singulièrement sa
voracité, qu'il exerce pendant la rapidité de son vol
sur les insectes ailés plus petits que lui ; il n'avale pas
sa proie à mesure qu'il la déchire avec ses mâchoires
et ses mandibules ; mais à l'aide de la lèvre inférieure,
de ses palpes et de sa langue, il forme de sa proie une
espèce de bol alimentaire qu'il avale après l'avoir suffisamment trituré.

L'accouplement se fait dans les airs, quelquefois
sur les végétaux, dans les Agrionides ; le mâle volant
vivement au-dessus de la femelle, la saisit par le
prothorax avec ses appendices anals, et l'entraîne
rapidement avec lui ; bientôt la femelle aidant à
l'accouplement, que le mâle ne pourrait effectuer
seul, replie son abdomen sous sa poitrine, et en
applique l'extrémité au-devant des parties génitales
du mâle ; dans cette posture, où ils restent assez longtemps, le mâle se pose sur quelque plante. La génération accomplie (elle paraît durer une ou plusieurs
heures), la femelle dépose ses œufs simplement sur
l'eau ou sur les plantes immergées en se tenant un peu
au-dessus et par un mouvement brusque, ou reposée
sur les plantes, et en plongeant son abdomen dans l'eau ;
elle paraît les placer isolément, mais comme ils se trouvent quelquefois en paquet ou masse dans l'ouverture
vulvaire, ils doivent être déposés ainsi ; quelquefois
pendant cette opération le mâle tient encore la femelle
en volant. Le nombre des œufs doit être considérable,
et peut, dans certaines espèces, être évalué à plusieurs
milliers. Les larves paraissent rester près d'une année
pour acquérir leur grandeur ; l'apparition de l'insecte
parfait varie beaucoup selon les espèces ; quelques-unes
se rencontrent pendant presque toute la belle saison.

Cette tribu se compose de quatre familles, dont le tableau suivant présente les principaux caractères.

<table>
<tr><td></td><td></td><td></td><td align="right">Familles.</td></tr>
<tr><td rowspan="4">ODONATA.</td><td rowspan="4">Trois articles aux palpes labiaux ou lobes latéraux de la lèvre inférieure.</td><td>Palpes labiaux de deux articles. . . . . .</td><td>LIBELLULIDES.</td></tr>
<tr><td rowspan="3">Yeux à peine contigus ou très-éloignés l'un de l'autre.</td><td>Yeux largement contigus. . . . .</td><td>ÆSCHNIDES.</td></tr>
<tr><td>Yeux à peine contigus ou éloignés l'un de l'autre. . . . .</td><td>GOMPHIDES.</td></tr>
<tr><td>Yeux très-éloignés l'un de l'autre ou pédicellés. . . . .</td><td>AGRIONIDES.</td></tr>
</table>

PREMIÈRE FAMILLE.

LIBELLULIDES.

LIBELLULA, *Fabricius, Latreille*, etc. — LIBELLULA et ÆSCHNA, *Charpentier.*

Tête ayant les yeux presque toujours contigus (le seul genre *Diastatops* excepté), se touchant dans une étendue très-variable, quelquefois paraissant presque nulle, ou séparés par un prolongement extrêmement mince de l'occiput; celui-ci est triangulaire et épais, avec une ligne enfoncée postérieurement. Vertex le plus souvent complétement séparé de l'occiput, toujours assez élevé, presque en forme de coin, séparé du sommet du front par une profonde rainure; un stemmate est placé sur chacun de ses côtés, le plus souvent près de la base, et le troisième antérieurement sur le milieu de la base. Antennes insérées dans la direction des stemmates, mais jamais sur une ligne qui passerait au-dessous du dernier. Bouche à peu près complétement fermée par le second article des palpes maxillaires, qui forme une pièce très-large, presque carrée, venant toucher sur le milieu de la bouche celle du côté opposé, et dont le bord libre présente à son angle interne une petite pointe ou épine qu'on ne doit pas considérer comme le dernier article qui a complétement disparu. Lèvre inférieure, au-dessus de laquelle se joignent les palpes, réduite à une très-petite étendue, le plus souvent plus large que longue, et à peu près quatre ou cinq fois plus petite que le second article des palpes. Mâchoires larges à la base ayant six longues dents, dont une terminale. Pattes ayant des cils, ou épines, médiocrement longs. Styles cylindriques variant pour la longueur. Pièce sous-stylaire ayant la forme d'un triangle plus ou moins allongé, bimucroné ou plus ou moins échancré à l'extrémité, rarement presque carrée et largement échancrée. Il y a le plus souvent sur l'abdomen cinq arêtes longitudinales, dont une sur le dos et quatre en dessous, mais jamais plus; le second segment, en dessous, présente toujours un angle postérieur en forme de lobule, qui est plus ou moins saillant (lobule génital), et protége le pénis. Ailes supérieures ayant un triangle à peu près rectangle dont l'hypoténuse, ou le côté le plus grand, regarde l'extrémité; la pointe est tournée vers le bord postérieur, et la base vers la côte; celui des inférieures est plus petit, ayant sa pointe tournée vers le sommet. La forme du triangle des supérieures, qui varie un peu pour la largeur de la base, et qui même devient équilatérale dans certaines *Cordulia*, varie cependant peu pour la forme; angle anal des inférieures rarement saillant chez les mâles.

Cette famille, dont le genre *Libellula* forme la plus grande partie, est répandue dans tout l'univers, et il devient très-difficile d'apprécier le nombre des espèces, si l'on considère que celles d'Europe sont encore mal connues, et se sont trouvées beaucoup plus nombreuses qu'on ne le supposait. Je l'ai partagée en douze genres, qui, quoique assez faciles à distinguer, ne présentent pas toujours des caractères très-importants; mais les espèces du genre *Libellula* étant très-nombreuses, on ne peut trop les diviser.

Voici le tableau de ces genres :

LIBELLULIDES.

Triangle bien distinct des autres aréoles; base formée par une seule nervule.

 Abdomen lorsqu'il est renflé, l'étant seulement dans ses trois premiers segments.

  Yeux contigus dans une étendue beaucoup moins grande que leur largeur.

   Yeux n'ayant pas de prolongement au bord po-térieur.

    Yeux contigus.

     Nervure costale entière.

      Bord vulvaire n'atteignant pas l'anus. Échancrure antérieure du thorax médiocre.

    Yeux écartés.

   Yeux ayant un prolongement au bord postérieur.

    Partie humérale des ailes supérieures n'étant pas deux fois aussi longue que la cubitale jusqu'au ptérostigma.

    Prolongement des yeux renflé en forme de grain.

Caractère	Genres.
Triangle à peine distinct des autres aréoles, ayant sa base formée par deux nervules.	NANNOPHYA.
Abdomen renflé à la base dans ses cinq ou six premiers segments.	ACISOMA.
Yeux contigus dans un espace à peu près aussi grand que leur largeur.	ZYXOMMA.
Bord vulvaire dépassant l'anus. Mésothorax fortement échancré.	URACIS.
Aréoles en nombre ordinaire.	LIBELLULA.
Aréoles très-nombreuses.	POLYNEVRA.
Nervure costale échancrée.	PALPOPLEVRA.
Yeux écartés.	DIASTATOPS.
Partie humérale des ailes au moins 2 fois aussi longue que la cubitale jusqu'au ptérostigma.	MACROMIA.
Triangle sans nervule.	DIDYMOPS.
Triangle traversé par 2 nervules.	EPITHECA.
Prolongement des yeux non renflé en forme de grain.	CORDULIA.

Genre NANNOPHYA, *mihi*.

Lèvre inférieure triangulaire; stemmates latéraux situés vers les angles du sommet du vertex, celui du milieu très-peu enfoncé, presque aussi saillant que le sommet du front, celui-ci déprimé, très peu saillant. Ailes ayant le réseau très-simple et très-large, de sorte que le triangle se distingue à peine des autres aréoles, et se trouve être une des plus petites, ayant sa base composée de deux nervules qui se coupent à angle obtus; une seule rangée d'aréoles discoïdales (mais paraissant y en avoir deux par la disposition du triangle). Espace huméral n'étant pas sensiblement plus long que le radial jusqu'au ptérostigma, traversé par cinq nervules et le radial par quatre. Nervure du milieu de la base (dans les autres espèces de la famille, de l'angle externe) du triangle, se dirigeant vers l'attache de l'aile, n'étant pas bien sensiblement plus longue que la base du triangle n'est large.

J'ai formé ce genre sur la plus petite espèce de Libellulide connue et dont je n'ai vu que la femelle; elle est remarquable par le petit nombre d'aréoles qui divisent les ailes.

NANNOPHYA PYGMÆA, *mihi*. (Pl. 2, fig. 1, *a*.)

Flavo nigroque variegata; thorace antice, lateribus fascia lineolisque duabus, abdomine segmentorum margine fasciaque antica nigris; alis brevibus, posticis basi flavicantibus. ♀.

N'ayant pas deux centim. de long et à peine trois d'envergure. Tête assez grosse; face ayant le front jaune, peu saillant, la partie inférieure de la lèvre supérieure, l'inférieure et les lobes latéraux, qui sont très-grands, noirs; vertex large, médiocrement élevé, jaune; occiput jaune.

Thorax noir antérieurement et en dessus, avec quelques petites taches jaunes sur le prothorax, ayant sur les côtés, qui sont jaunes, une bande quelquefois interrompue inférieurement et deux petites taches allongées noires; poitrine en partie noire; prothorax ayant un bord très-saillant en forme d'écaille arrondie. Abdomen cylindrique, roussâtre en dessus; premier segment noir en dessus; les autres ayant le bord postérieur, une bande antérieure transverse, élargie en dessus, noirs; avant cette bande, le bord antérieur du segment est jaune en dessus et latéralement; dessus des derniers segments presque entièrement noir; milieu du dessous noir; pénultième ayant le bord vulvaire très-saillant, prolongé et courbé en gouttière, comme chez la femelle de la *Vulgata*. Pattes noires, tachées de jaune sur la face externe des hanches. Ailes courtes, réseau à mailles très-larges; les postérieures larges, lavées de jaunâtre à la base; membranule très-petite, d'un blanc un peu obscur; ptérostigma médiocre, roussâtre, avec la bordure très-épaisse, noirâtre.

De la collection de M. Serville; sans indication de patrie.

Genre ACISOMA, *mihi*.

Tête presque comme dans le genre *Libellula;* yeux à peine contigus; bouche plus saillante que la partie frontale; lèvre inférieure courte, large; stemmates latéraux situés vers les angles supérieurs du vertex. Échancrure mésothoracique très-large. Abdomen renflé dans ses 2e, 3e, 4o, 5e et 6e segments, puis très-grêle, surtout dans le mâle. Ailes ayant le réseau large, et deux rangées d'aréoles discoïdales.

Ce genre est établi sur deux espèces présentant une anomalie dans la forme de l'abdomen; celui-ci se trouve renflé à la base dans un nombre plus considérable de segments que dans les autres espèces, chez lesquelles le renflement basilaire ne m'a jamais paru dépasser les trois ou quatre premiers segments; les ailes antérieures ont leur triangle sans nervules; l'espace huméral est traversé par sept à huit nervules; le ptérostigma est assez grand.

1. ACISOMA PANORPOIDES, *mihi*. (Pl. 2, fig. 2, *b.*)

Flavum, lineis punctisque numerosis nigris; alis hyalinis, pterostigmate flavo; abdomine postice nigro.

Près de cinq centim. d'envergure et trois et demi de long. Face d'un jaune pâle, un peu bleuâtre ou verdâtre supérieurement, où l'on voit sur les côtés un point noir qui touche aux yeux; vertex entier, jaune, entouré de noirâtre; occiput très-grand, jaune, noirâtre antérieurement où il est élevé, ayant une ligne enfoncée, peu sensible postérieurement; yeux contigus; bord postérieur jaune, avec deux bandes noires à la partie supérieure. Thorax un peu comprimé, épais de haut en bas, jaune, un peu verdâtre sur les côtés, avec trois ou quatre lignes principales sinuées et quelques petits traits noirs; il y a aussi antérieurement plusieurs lignes ou traits de la même couleur. Abdomen médiocrement long, très-gonflé dans sa moitié antérieure, se rétrécissant presque subitement et devenant extrêmement mince, surtout avant l'extrémité, ce qui lui donne l'apparence de celui des Panorpes, jaune ou d'un jaune un peu ver-

dâtre, ayant le bord des segments, une grande partie du bord latéral ,
une bande maculaire dorsale , une ligne ou bande avant les côtés , plus
ou moins interrompue , une série de taches comme géminées au-dessous
des côtés , les bords du dessous du ventre et les trois derniers segments
noirs ; la partie gonflée chez le mâle un peu moins longue que chez la
femelle; styles du mâle jaunes en dessus , noirâtres en dessous, assez
longs, peu rétrécis à la base ; pièce sous-stylaire large , recourbée , à
bords rabattus, ayant son extrémité fortement recourbée, comme un peu
crochue ou bifide , noire ; chez la femelle , bord vulvaire mince , arrondi,
peu saillant , formant une excavation qui est continuée par les bords du
pénultième segment , celui-ci élargi de haut en bas ; styles assez longs, co-
lorés comme chez le mâle. Pattes variées de noir et de jaune. Ailes transparentes , avec le réseau assez clair , ayant deux rangées de nervures
discoïdales aux antérieures , et le ptérostigma jaune.

Se trouve au Bengale?

2. ACISOMA ASCALAPHOIDES , *mihi.* (Pl. 2, fig. 3, *c.*)

*Rufescens; thorace fascia dorsali , abdomine fasciis duabus
septem maculis postice majoribus flavis , linea dorsali ventralique
et apice late nigris.*

Cinq centim. et demi d'envergure et un peu plus de trois de longueur ;
ressemblant à la précédente. Tête ayant la face d'un jaune roussâtre ,
avec la bouche plus saillante que le front, celui-ci peu échancré, vertex
peu élevé , un peu échancré , obscur; occiput assez grand, triangulaire.
Thorax d'un brun roux, avec une ligne dorsale jaune , bordée de brun
roussâtre , les côtés ayant des taches ou nuances jaunâtres. Abdomen
renflé dans l'espace de six segments au moins , comprimé postérieurement
d'une teinte roussâtre sur les côtés de la partie renflée , qui est bordée
de brunâtre sur les quatre premiers segments, ayant en dessus une double
série de taches jaunes qui vont en s'élargissant d'avant en arrière; la
dernière , placée sur le sixième segment , plus petite que la précédente , quelquefois suivie d'une autre plus petite ; ces taches sont séparées en dessus , à partir du second segment , par une ligne noire qui va
en s'élargissant et qui envahit, avec une bande abdominale , les quatre
derniers segments; bord vulvaire étroit , un peu saillant , cilié ; styles
noirs , velus , plus longs que le dernier segment. Pattes noirâtres , roussâtres à la base des cuisses, avec les tibias fortement ciliés d'épines ,
un peu dilatés. Ailes transparentes , ayant un peu de jaune roussâtre à la
base ; ptérostigma assez allongé, d'un jaune roussâtre pâle , deux rangées
d'aréoles discoïdales.

Je ne connais pas le mâle. Elle se trouve à Madagascar, et m'a été
donnée par M. Barthélemy, directeur du Musée de Marseille,

Genre ZYXOMMA, *mihi*.

Tête grosse, ayant la face très-étroite; yeux très-développés, comme chez les *Æschna*, contigus dans une étendue égale à peu près à leur plus grande largeur. Thorax très-raccourci antérieurement, presque globuleux; lobe postérieur du prothorax petit, court, entier, en croissant large. Les trois premiers segments de l'abdomen formant une vésicule comprimée; les suivants très-grêles.

J'ai fait ce genre sur un seul individu mâle, dont l'abdomen manque en grande partie, et qui paraît avoir des rapports avec les espèces suivantes. Il y a trois rangées d'aréoles discoïdales, et le triangle est traversé par une nervule.

ZYXOMMA PETIOLATUM, *mihi*. (Pl. 2, fig. 4, *d*.)

Villosum, fusco-rufum; thorace brevi, crasso; abdomine in medio gracillimo basi vesiculoso; alis dilute subfuligineis, apice basique tenuiter fuligineis.

De la taille de la *Cyanescens*. Tête très-grosse, ayant les yeux très-largement contigus, comme chez les *Æschna;* face d'un jaune roussâtre, fortement ponctuée, d'un roux obscur supérieurement où elle est un peu échancrée; vertex d'un roux obscur, peu élevé, très ponctué, pas sensiblement échancré; occiput très-petit, très-étroit antérieurement où il est un peu élevé, roux, avec une ligne enfoncée postérieurement: sa partie postérieure est presque de niveau, avec le bord postérieur qui est roussâtre. Thorax velu, très-court, épais, raccourci antérieurement, roussâtre, d'un roux brunâtre en dessus; lobe postérieur du prothorax très-petit, court, demi circulaire. Abdomen d'un brun roussâtre, ayant la base vésiculeuse, formée par les trois premiers segments qui sont resserrés, après cette base excessivement grêle, filiforme (les cinq derniers anneaux manquent), roussâtre en dessous, d'un brun obscur en dessus, où il semble y avoir une bande noirâtre qui se dilate sur le bord des segments. Pattes roussâtres. Ailes très-légèrement teintes de fuligineux qui devient obscur à l'extrémité, ptérostigma d'un brun roux, base un peu tachée de brun roux, formant aux inférieures une petite tache divisée; triangle traversé par une nervule, douze nervules au premier espace costal, trois rangées d'aréoles discoïdales.

Collection de M. Serville, et indiquée de Bombay.

Genre URACIS, *mihi.*

Tête ordinaire; échancrure mésothoracique très-prononcée; base du pénis renflée; bord vulvaire prolongé en une longue pointe canaliculée dépassant l'anūs, accompagné d'un prolongement semblable du segment suivant, qui présente une petite carène pour s'engrener dedans. Base des ailes inférieures évidée, membranule à peu près nulle.

J'ai formé ce genre sur une seule espèce qui présente, dans les parties génitales de la femelle, une organisation fort singulière, et qui semble la rapprocher de la *Cordulia metallica*, quoique dans le reste elle ne diffère que très-peu des vraies Libellules. Les ailes présentent trois rangées d'aréoles discoïdales, et le triangle est traversé par une nervule.

URACIS QUADRA, *mihi.* (Pl. 2, fig. 5, *e.*)

Rufa vel nigricans; abdomine maculis nigris; ano in fœmina longe cornuto; alis hyalinis apice fuscis.

A peu près de la taille de la *Vulgata*. Tête petite, ayant la face rousse, avec des parties plus obscures, échancrée au sommet; vertex assez fortement bimucroné, échancré; occiput assez avancé, roux, jaune postérieurement. Thorax ayant une forte et large échancrure antérieurement, d'un gris roux avec des lignes brunes sur les côtés; lobe postérieur du prothorax abaissé, entier, peu large. Abdomen trigone, d'un gris roussâtre, avec une tache noire placée de chaque côté, sur chaque segment un peu obliquement, moins visible vers la base; bord vulvaire chez la femelle se prolongeant en une longue corne pointue, dépassant l'extrémité abdominale, accompagnée en dessous par une seconde corne fournie par le segment suivant et qui la dépasse un peu; la première est canaliculée ou en forme de gouttière fermée à l'extrémité, et présente une petite saillie sur chaque bord, un peu après le milieu; la seconde est carénée en dessus et s'engrène avec l'autre; il y a vers la base de la carène deux petits styles obtus, ces deux pièces sont obtuses à l'extrémité; le mâle, dont la teinte est uniforme et très-obscure, présente des pièces anales comme à l'ordinaire et noires. Pattes d'un roux obscur, surtout aux tarses et à l'extrémité des cuisses, plus obscures chez le mâle. Ailes transparentes, les postérieures elliptiques ou évidées à la base, arrondies au bord postérieur après la base, l'extrémité des quatre d'un brun roux; ptérostigma assez grand, large, d'un brun roux, treize à quatorze nervules au premier espace huméral.

Collection de M. Serville, où elle est indiquée de Buénos-Ayres et de Surinam.

Genre LIBELLULA, *Linné.*

Ce genre présente surtout les caractères de la famille, et il comprend à lui seul la plus grande partie des espéces qui la composent.

Tête ayant les yeux plus ou moins contigus, mais toujours dans un espace beaucoup plus étroit que leur largeur, légèrement échancrés à leur bord postérieur. Abdomen plus ou moins renflé à la base, seulement dans les trois premiers segments. Triangle bien marqué, plus ou moins large; bord costal entier, réseau plus ou moins serré, mais non extrêmement serré. Onglets bifides, ayant une dent beaucoup plus courte que l'autre.

Les espéces de ce genre étant très-nombreuses, je suis obligé, pour faciliter leur détermination, de les diviser en différents groupes, basés surtout sur le nombre de rangées d'aréoles discoïdales, de nervules traversant les espaces costaux et sur les couleurs, quoique ces divisions paraissent quelquefois déranger l'ordre naturel.

Premier groupe. — *L. Carolina.* L. 11 espèces.

Styles plus longs que les deux derniers segments; pièce sous-stylaire au moins moitié plus petite; styles des femelles quelquefois plus longs. Ailes postérieures fortement dilatées vers la base, ptérostigma très-petit.

A. Quatre rangées d'aréoles discoïdales; tache basilaire fuligineuse plus ou moins grande; bord vulvaire longuement bilobé.

B. Styles plus longs chez les femelles que chez les mâles, bord vulvaire non bilobé; trois rangées d'aréoles discoïdales, tache basilaire des postérieures jaunâtre ou nulle.

A.

1. LIBELLULA CAROLINA, *Linné.*

Villosa, rufa; abdomine postice maculis duabus nigris; alis hyalinis, posticis ad basim latissimis, fascia latissima fusco-rufa, interius emarginata.

Linn., *Syst. nat.*, p. 904, n° 17. — *Amœn. Acad.* 6, p. 411, n° 85. — Fabr., *Ent. syst.* II, p. 382, n° 41. — Drur., p. 113, pl. 48, fig. 1. — Géer, *Ins.* III, p. 556, n° 1, tab. 26, fig. 1. — Burm., Andb. der ent. II, pag. 852, n° 26.

Un peu plus de neuf centim. d'envergure et de cinq de long. Tête grosse, ayant la face roussâtre, avec le bord de la lèvre supérieure un peu noirâtre, et le sommet du front échancré et d'un bleu violet; vertex assez élevé, coupé presque carrément, avec ses angles un peu en pointe, convexe postérieurement; occiput médiocre, assez enfoncé entre les yeux, à peine échancré postérieurement, jaune; bord postérieur roux ou un peu rougeâtre. Thorax velu, roussâtre avec quelques marques de linéaments noirs; prothorax en partie noirâtre, ayant le lobe postérieur peu saillant et entier. Abdomen roux renflé à la base, un peu rétréci dans son milieu avec une large tache noire sur les deux antépénultièmes segments; styles du mâle très-longs, courbés et rétrécis à la base où ils sont roussâtres, noirs dans le reste de leur longueur, denticulés en dessous avant leur milieu; pièce sous-stylaire moitié au moins plus courte qu'eux, rétrécie vers l'extrémité qui est presque pointue; styles de la femelle presque aussi longs que ceux du mâle, droits; bord vulvaire très-prolongé formant une écaille largement et profondément bilobée, ayant une espèce de côte qui se continue dans la longueur des lobes, n'atteignant pas le bord postérieur du pénultième segment. Pattes noirâtres, ayant la base et le côté supérieur des antérieures roux. Ailes transparentes, avec une grande partie des nervures rousses, les postérieures très-fortement élargies à la base, qui est occupée par une bande très-large, partant avant la seconde nervure et atteignant quelquefois le bord postérieur; cette bande a une profonde échancrure intérieurement, et est lacérée extérieurement; membranule blanchâtre, ptérostigma roux, très-petit, surtout aux inférieures: supérieures ayant quelquefois un peu de roux à la base; sur la grande tache des inférieures le réseau des nervures plus serré qu'ailleurs; triangle traversé par une nervule.

De la collection de M. Serville; indiquée de l'Amérique septentrionale.

2. LIBELLULA VIRGINIA, *mihi*.

Villosa, rufâ; abdomine postice maculis tribus nigris; alis hyalinis, posticis ad basim latissimis, fascia latissima fusco - rufa, interius emarginata, pterostigmate parvo ♂.

Géer, III, p. 556, pl. 26, fig. 1, *L. Chinensis?*

Ressemblant extrêmement à la *Carolina*, et n'en étant peut-être qu'une variété; un peu plus grande. Thorax ayant sur les côtés des rudiments de lignes noires plus marqués, et une tache de la même couleur à la partie antérieure et inférieure; base des ailes supérieures ayant un peu plus de jaune, grande tache des inférieures un peu plus étroite, ne commençant qu'après la troisième nervure, plus largement échancrée à son bord interne, bordée de jaune roussâtre, qui teint la place de l'échancrure, et très-légèrement une grande partie des ailes; tache ordinaire un peu plus longue, membranule obscure. Pièce sous-stylaire moins longue que chez la *Carolina*, plus rétrécie vers son extrémité, qui est canaliculée en dessous : les trois derniers segments du ventre presque entièrement noirs, ainsi que les pattes ; hameçons ayant la forme d'un cornet grêle, replié en dedans, aminci à sa base ainsi qu'à son extrémité qui est pointue, et un peu crochue.

De la collection de M. Serville, et indiquée de l'Amérique septen·trionale.

Un individu en très-mauvais état, et appartenant au Musée, me semble représenter la femelle de cette espèce ; les ailes ont une teinte d'un jaune roussâtre, plus sensible à la base ; sur celle des inférieures il y a une grande tache beaucoup moins foncée que chez le mâle, se confondant un peu avec la teinte jaune roux, très-fortement échancrée à son bord interne, et faite un peu comme chez la *Basilaris*, mais allant à peu près jusqu'au bord postérieur ; le triangle est traversé par deux nervules ; le bord vulvaire se prolonge au delà du pénultième segment en deux lobes un peu divergents, plus étroits vers leur extrémité, élevés longitudinalement dans leur milieu. Sans indication de patrie.

3. LIBELLULA INCERTA, *mihi*.

Villosa, rufa; abdomine postice maculis tribus nigris; alis hyalinis albido subvariegatis, posticis ad basim latissimis, fascia lata fusco-rufa ♂.

Ressemblant beaucoup à la *Carolina*, et n'en étant peut-être qu'une variété. Tête ayant la face jaune, avec le sommet du front d'un bleu violet métallique ; lèvre supérieure noirâtre. Thorax et abdomen comme dans la *Carolina*, et de plus une tache noire sur le dernier segment. Ailes nuancées de blanchâtre, les postérieures moins larges à la base, avec la bande beaucoup plus étroite, surtout antérieurement où elle commence immédiatement après la nervure costale, beaucoup moins échancrée intérieurement, et l'échancrure plus rapprochée de la base ; ptérostigma un peu plus long.

Je n'ai vu que le mâle ; ancienne collection Latreille.

4. LIBELLULA MAURICIANA, *mihi*.

Villosa, rufa; abdomine postice maculis tribus nigris; alis hyalinis, posticis ad basim latissimis, fascia lata, subabbreviata, fusco-rufa ♀.

Ressemblant beaucoup à la *Carolina*. Tête ayant la face jaune, avec l'angle postérieur des lobes latéraux, la lèvre inférieure et les bords du labre noirâtres ; sommet du front bordé postérieurement de bleu obscur, vertex légèrement échancré. Thorax d'un jaune roussâtre avec quelques marques noirâtres sur les côtés. Abdomen roux, ayant une tache en dessus, sur les trois derniers segments, et une grande partie du dessous noirs; styles et pattes noirs. Ailes transparentes, les supérieures ayant un peu de jaune roussâtre à la base, les postérieures un peu moins larges à la base que chez la *Carolina*, ayant une large bande d'un brun roux, n'allant pas jusqu'au bord postérieur, fortement déchirée extérieurement, échancrée intérieurement, partant de la dernière nervure; mémbranule brune aux supérieures, blanchâtre aux inférieures; bord vulvaire extrême-ment prolongé, divisé jusqu'à sa base en deux lobes, qui sont aussi longs que le pénultième segment, larges, un peu sinués à leurs bords, un peu divariqués.

Prise par M. Marchal à l'île de France.

5. LIBELLULA BASILARIS, *Beauvois.*

Villosa, flavo-rufa; abdomine postice lineisque subtus nigris; alis hyalinis, posticis ad basim latis, basi flava, maculaque lunata .fusco-rufa.

Beauv. *Ins. Afr.* et *Am.* Nevr., pl. 2, n° 1. — Burm. *Handb. der Ent.*, II, pag. 852, n° 27. *L. chinensis.*

Ressemblant beaucoup à la *Carolina*, mais un peu plus petite. Tête grosse, ayant la face d'un jaune rouge avec la lèvre inférieure, le bord inférieur des lobes latéraux, et le bord de la lèvre supérieure noirs; som-met du front assez fortement échancré, noir postérieurement; vertex grand, assez élevé, presque carré, d'un jaune roux, noir à sa base anté-rieurement; occiput médiocrement grand, jaune avec une ligne enfoncée postérieurement; bord postérieur roux. Thorax d'un jaune roussâtre, avec quelques taches noires sur les côtés et la poitrine; prothorax ayant le lobe postérieur simple, peu avancé, non cilié. Abdomen d'un jaune roux, ayant une tache sur les trois derniers segments, le bord latéral et une ligne latérale en dessous noirs; extrémité abdominale comme chez la *Carolina*. Pattes noires, rousses à la base des cuisses. Ailes transparentes, les posté-rieures élargies vers la base, mais moins que dans la *Carolina*, avec le bord abdominal largement lavé de jaune, et une tache irrégulière et en croissant, quelquefois divisée en deux, d'un brun roux, commençant après la dernière nervure; membranule blanchâtre, ptérostigma petit, roux, plus petit aux ailes inférieures; triangle traversé par une nervule.

Du Sénégal; indiquée d'Oware par Beauvois. M. Marchal m'a com-muniqué une variété, chez laquelle la tache basilaire est foncée et largement divisée; la couleur jaune forme une tache assez vive, qui ne va pas jusqu'à l'angle anal; le bord vulvaire est plus profondément divisé que chez la *Carolina*; les lobes sont plus allongés, plus étroits, plus divariqués, et n'atteignent pas tout à fait le bord postérieur du pénultième segment; de Madagascar.

6. LIBELLULA SIMILATA, *mihi.*

Flavo-rufescens; fronte supra obscure cœrulea; thorace strigis fuscis ; abdomine postice subtus , segmentorum marginibusque nigris ♀.

Ressemblant beaucoup à la *Basilaris*, mais un peu plus grande. Tête ayant supérieurement le front en grande partie couvert par une tache d'un bleu violacé brillant, très-foncé, descendant un peu sur les côtés. Thorax marqué de trois lignes irrégulières d'un brun bleuâtre. Abdomen ayant les articulations des segments élargies sur les côtés avec le dessus des deux pénultièmes, et la plus grande partie du dessus du dernier, une grande partie du dessous, à l'exception des deux derniers noirs; styles noirs, grêles, pointus, presque aussi longs que les trois derniers segments; bord vulvaire dépassant le pénultième segment, très profondément bilobé; lobes divergents, arrondis à l'extrémité, ayant une élévation longitudinale courbe très-prononcée, épaisse. Ailes ayant les nervures brunes, les postérieures avec une tache basilaire, comprenant les trois quarts de la largeur, arrondie postérieurement, un peu sinuée extérieurement, ayant une échancrure étroite intérieurement, n'étant pas sensiblement entourée de jaune roussâtre, commençant antérieurement à la seconde nervure, d'un brun rouge, quelquefois noirâtre; membranule des supérieures noirâtre, celle des inférieures d'un blanchâtre un peu obscur; la tache des ailes inférieures n'est pas séparée en deux comme chez la *Basilaris;* triangle traversé par une nervule. Pattes d'un noir un peu bleuâtre.

Je n'ai vu que la femelle de cette espèce, dont j'ignore la patrie.

7. LIBELLULA BINOTATA, *mihi.*

Villosa, rufa; abdomine postice maculis duabus vel tribus nigris; alis hyalinis, posticis ad basim latis , fascia abdominali angusta, fusco-rufa ♂.

Ressemblant beaucoup à la *Carolina*. Tête rousse, d'un bleu moins obscur au sommet. Ailes postérieures bien moins larges à la base, ayant une petite bande d'un brun roux au bord abdominal, encore plus étroite que dans l'*Abdominalis*, n'allant pas jusqu'à l'angle anal, n'étant pas échancrée à son bord intérieur, et commençant à la quatrième nervure; triangle traversé par deux nervules.

Des deux individus que j'ai sous les yeux, l'un est de la couleur de la *Carolina*, l'autre est d'une teinte très-obscure, avec des lignes et des laches d'un noir violet sur les côtés du thorax. L'abdomen est noirâtre. Il est indiqué du Brésil dans la collection de M. Serville. Je n'ai vu que le mâle, dont les hameçons semblent différer des autres espèces.

8. LIBELLULA ABDOMINALIS, *mihi.*

Villosa, rufa; abdomine postice maculis duabus vel tribus nigris; alis hyalinis, posticis ad basim latis, fascia fusco-rufa.

Burm., *Handb. der Ent.* II, p. 852, n° 2. *L. Basalis.*

Ressemblant beaucoup à la *Carolina*, et n'étant peut-être qu'une variété de l'*Incerta*. Tête ayant la face rousse, sans marque bleue au sommet. Thorax et abdomen comme chez la *Carolina*. Ailes postérieures beaucoup moins larges à la base, ayant une bande au bord abdominal d'un roux brunâtre, quatre ou cinq fois moins large, avec une légère échancrure intérieurement, ne commençant qu'à la quatrième nervure; styles de la femelle un peu plus courts que chez le mâle et différant à peine pour la forme; bord vulvaire bilobé, ses lobes plus allongés que dans la *Carolina*, aussi longs que le pénultième segment, se touchant dans leur longueur, très-larges et presque tronqués à leur extrémité, ayant une ligne élevée peu sensible. Triangle des ailes antérieures traversé par une nervule.

De l'ancienne collection Latreille, et indiquée des Antilles; et de celle de M. Serville, où un individu est indiqué de l'Amérique septentrionale, et l'autre de Cuba. Chez ce dernier la tache ne va pas jusqu'au bord postérieur; un autre à peu près semblable est indiqué de la Guadeloupe dans la collection de M. Marchal.

9. LIBELLULA STYLATA, *mihi.*

Villosa, rufo-ferruginea; thorace lateribus lineis tribus nigro-cœruleis; abdomine postice maculisque lateralibus nigris; alis hyalinis, posticis ad basim latis, fascia abdominali nigro-rufa.

Ressemblant beaucoup à la *Carolina*. Tête ayant la lèvre supérieure noire et le sommet du front d'un bleu violet. Thorax roux, avec trois lignes d'un noir bleu sur les côtés. Abdomen rouge, ayant les trois derniers segments en dessus, le bord postérieur des autres qui se dilate sur les côtés, une tache sur plusieurs, et une partie du dessous noirs; styles très-longs; pièce sous-stylaire près de trois fois plus courte. Pattes noires. Ailes transparentes, les postérieures bien moins larges à la base que dans la *Carolina*, ayant sur le bord abdominal une tache assez large, d'un brun roux obscur, ne traversant pas toute l'aile, commençant antérieurement après la première nervure, un peu divisée après la troisième; triangle traversé par une ou deux nervules.

De la collection de M. Serville, où elle est indiquée de Bombay. Je

n'ai vu que le mâle. Elle ne diffère de la *Binotata* que parce que la
tache des ailes postérieures est plus large, moins longue, et commence
plus près du bord costal.

Les *L. virginia, incerta, abdominalis, binotata, mauriciana, simi-
lata* et *stylata*, pourraient bien n'être que des variétés de la *Carolina*;
mais n'ayant pas toujours vu les deux sexes de chaque espèce; de plus,
la plupart étant en mauvais état, j'ai cru, vu la différence de largeur
des ailes postérieures et d'autres différences notables dans le bord vulvaire des femelles, et en me basant sur la tache des ailes postérieures,
pouvoir porter les espèces à neuf, nombre qui devra peut-être être
réduit plus tard.

B.

10. LIBELLULA VIRIDULA, *Beauvois.*

*Villosa, flavo-rufescens; thorace subtus maculis nigris; abdomine
flavo vel rubido, supra postice maculis tribus, subtus lineolis
nigris; alis hyalinis, posticis ad basim latis, macula basali api-
calique sæpe nulla flaveolis.*

Pal. Beauv., *Ins. Afr.* Nevr., pl. 3, fig. 4. — Descript. de l'Égypte,
Nevropt., pl. 1, fig. 4.

A peu près de la taille de la *Carolina*, ou un peu plus petite. Tête
ayant la face jaune avec le bord de la lèvre supérieure un peu brunâtre,
sommet du front fortement échancré; vertex assez élevé, coupé presque
carrément; occiput médiocrement grand, assez avancé entre les yeux,
ayant une ligne légèrement enfoncée à sa face postérieure qui est
brunâtre; bord postérieur jaune avec deux taches rousses transverses.
Thorax d'un jaune roussâtre, plus jaune sur les côtés avec quelques
nuances obscures et quelques taches noires sur la poitrine. Abdomen un
peu renflé à la base, légèrement triangulaire, d'un jaune plus ou moins
roux ou rougeâtre, sur lequel tranche le bord des segments qui sont bruns,
ayant une ligne dorsale qui forme trois taches sur les trois derniers segments, et sur la plupart des autres, deux points, souvent peu sensibles, noirs,
dessous ayant une ligne longitudinale de traits noirs, dont les deux premiers sont courbés en arc; dessus ayant quelquefois deux séries longitudinales de taches jaunes allongées; styles du mâle longs, en massue, courbés à la base, qui est jaune, noirâtres dans le reste, hérissés, terminés
par une pointe fine, dentelés en dessous dans leur milieu; pièce sous-stylaire près de moitié plus courte, assez étroite, lancéolée, jaune, terminée
par deux petites pointes tournées en haut; styles de la femelle plus épais
et plus longs que ceux du mâle, de la même couleur, droits, presque cylindriques, terminés par une pointe fine, hérissés, point de saillie ni prolongement autour de la vulve; bord génital du second segment chez les
mâles bilobé. Pattes grêles, noires, jaunes sur les hanches, la base des

cuisses, leur côté externe et celui des tibias. Ailes transparentes, les postérieures assez fortement élargies vers la base avec une tache jaunâtre sur le bord abdominal, variable pour la grandeur, mais paraissant assez constante, l'extrémité des mêmes ailes offrant une petite tache roussâtre qui manque souvent; membranule blanche; ptérostigma petit, d'un jaune roux, celui des ailes inférieures plus petit.

Se trouvant communément au Sénégal; elle est aussi indiquée de l'île de France, Cuba, Oware et d'Égypte.

11. LIBELLULA TILLARGA, *Fabricius.*

Rufa; capite magno, oculis nec obliquis; alis latis, anticis lineis obsoletis, posticis macula magna dilute fuligineis, macula alba adjacente.

Fabr. *Ent. syst.*, Suppl., p. 285, n° 25,26.—Burm. *Handb. der Ent.* II, p. 852, n° 22.—Beauv. *Ins. Afr.* et *Am. Nevr.*, pl. 2, n° 2, *L. Pallida.*

Ressemblant à la *Viridula*, mais plus petite. Tête grosse, ayant la face étroite, pas plus large ou plus étroite au sommet qu'en bas, roussâtre; front un peu rougeâtre, assez fortement échancré; vertex large, peu élevé, coupé carrément au sommet; occiput assez long, peu avancé, de niveau postérieurement avec le bord des yeux; stemmates très-petits, bord postérieur jaune. Thorax roussâtre, raccourci antérieurement; lobe postérieur du prothorax peu saillant, tout à fait demi-circulaire, entier. Abdomen peu renflé à la base, un peu atténué vers l'extrémité chez le mâle, roux; styles longs. Pattes grêles, rousses, devenant plus obscures vers les tarses. Ailes larges, les premières ayant l'espace sous-costal, le postérieur, une portion du médian et un peu la base jaunâtres; les postérieures ayant les mêmes espaces et après la base une tache assez grande plus foncée, qui part du bord costal allant jusqu'au delà du milieu de l'aile et ne dépassant pas la nervule cubitale, bordée extérieurement par une nuance blanche; cette tache peut disparaître en grande partie; ptérostigma petit, d'un roux obscur; triangle étroit, traversé par une nervule, dix à onze nervules au premier espace costal.

Indiquée d'Oware par Beauvois; elle m'a été donnée comme venant de Madagascar. Elle se trouve aussi à Madras, Maurice, etc.

Deuxième groupe. — *L. Variegata*, L. 11 espèces.

Ailes postérieures plus ou moins dilatées vers la base; trois à cinq rangées d'aréoles discoïdales; ptérostigma petit. Ailes plus ou moins colorées, ordinairement variées de jaune ou de brun roux.

A. Ailes presque entièrement brunes; cinq rangées d'aréoles discoïdales. *L. Fenestrina.*

B. Ailes en partie colorées d'une seule teinte; trois rangées d'aréoles; neuf nervules au premier espace huméral; ptérostigma très-petit, étroit. *L. Disparata.*

C. Ailes variées de jaune et de brun; ptérostigma petit; quatre à cinq rangées d'aréoles discoïdales; onze.à quatorze nervules au premier espace huméral.

A.

12. LIBELLULA FENESTRINA , *mihi.*

Flavo-rufescens; alis dilute fusco-rufescentibus, macula apicali, anticis macula media et alia postica obsoleta, posticis media et aliis ad basim reticulatis, hyalinis.

De la grandeur de la *Flaveola*, mais les ailes plus courtes. Tête ayant la face jaune. Corps jaune avec des nuances rousses. Ailes d'un brun roux pâle, ayant un reflet violet plus ou moins doré, le sommet des quatre, une tache un peu au delà du milieu, une autre peu sensible postérieurement et en s'approchant de la base aux supérieures, et plusieurs autres à la base des inférieures réticulées, transparentes, bord posté-rieur un peu transparent; ptérostigma couleur de l'aile; triangle réticulé (5, 6 aréoles).

Décrit d'après un individu femelle très-incomplet de la collection de M. Serville.

B.

13. LIBELLULA DISPARATA , *mihi.*

Fusco-œnea; thorace lateribus, abdomine ad basim lateribus rufis; alis hyalinis, anticis strigis duabus fluvidis, posticis ad basim dilatatis, basi latissime fusca.

Ayant de cinq et demi à sept centimètres d'envergure et un peu plus de trois de long. Tête ayant la face jaune obscur avec la partie infé-rieure et le labre noirs; partie supérieure et vertex d'un bleu métal-lique; vertex grand, large à la base, médiocrement élevé, légèrement échancré au sommet, qui est un peu rétréci avec deux petites pointes très-courtes et peu sensibles; occiput grand et avancé entre les yeux, roux obscur. Thorax d'un vert métallique un peu obscur, avec trois ban-des rousses sur les côtés, dessus ayant aussi des parties rousses; pro-thorax ayant le lobe postérieur triangulaire. Abdomen comprimé, court, d'un vert métallique noirâtre, avec le dessous à la base et les côtés sur les trois ou quatre premiers segments roux; femelle ayant les styles courts. Pattes noirâtres ou d'un brun un peu roussâtre. Ailes transparentes, les su-

périeures ayant deux petites taches allongées à la base, jaunâtres, les postérieures, fortement dilatées à la base, qui est couverte par une large tache
d'un brun un peu roux, ayant un reflet d'un bleu verdâtre ou d'un violet
métallique, occupant toute la largeur de l'aile, plus étroite postérieurement, s'étendant antérieurement sur le bord costal, quelquefois jusqu'au
delà de la nervule cubitale; membranule d'un blanchâtre obscur; ptérostigma très-petit, noirâtre, un peu plus court sur les postérieures; trois
rangées d'aréoles discoïdales.

J'ai réuni sous le même nom plusieurs individus présentant entre
eux quelques différences, mais qui ne m'ont pas paru suffisantes pour
former plus d'une espèce; pour l'envergure ils varient de près de
deux centimètres; tantôt les ailes sont transparentes, tantôt elles ont
une teinte un peu roussâtre, et quelquefois les nervures sont bordées
de brun roussâtre; d'autres fois les ailes ont une teinte un peu blanchâtre; les deux lignes de la base des supérieures peuvent manquer,
et la large tache d'un brun-violet bleuâtre ou roussâtre qui occupe
toute la base des inférieures peut s'étendre antérieurement jusqu'au
delà de la nervule cubitale ou s'arrêter à trois millimètres avant; ordinairement elle s'étend obliquement jusqu'au bord postérieur; d'autres
fois, comme chez un individu noté de Syrie par Latreille, elle s'en approche très-près sans le toucher. Le triangle est large, traversé par deux
nervules. Chez le mâle les styles sont assez longs; la pièce sous-stylaire,
un tiers moins longue, est large, un peu arrondie sur ses bords, subitement rétrécie à l'extrémité, qui est obtuse et peu échancrée. De
l'île de France.

14. LIBELLULA COGNATA, *mihi.*

*Nigro-cuprea vel cœrulescens; alis fusco-violaceis vel subaureis,
apice late vel latissime hyalinis; posticis dilatatis, pterostigmate
parvo, nigro.*

Fabr., *Ent. syst.*, II, p. 379, n° 26, *L. Fluctuans?*

Près de cinq centim. d'envergure et trois de long : ressemblant à la *Disparata.* Tête ayant la face d'un jaune obscur, avec une tache noire sur la
lèvre supérieure et le sommet du front d'un bleu noirâtre. Thorax velu,
d'un noir plus ou moins bronzé, un peu roussâtre en dessous; prothorax
ayant le lobe postérieur triangulaire, un peu arrondi. Abdomen comprimé
chez la femelle, un peu triangulaire dans le mâle, d'un noir très-légèrement bleuâtre ou violâtre, un peu roux sur les côtés de la base; prolongements anals ordinaires. Pattes noirâtres, grêles, assez longuement
ciliées d'épines. Ailes assez larges, les postérieures dilatées à la base,
d'un brun à reflet violet, un peu doré en dessous et quelquefois en
dessus, ayant l'extrémité plus ou moins largement transparente, quelquefois jusqu'au tiers interne de l'aile ou au delà; ptérostigma petit,

noir ; quatre rangées d'aréoles discoïdales, membranule obscure ; triangle large, traversé par deux nervules.

Elle m'a été donnée par M. Barthélemy, comme venant de Madagascar.

D'après M. Burmeister, la *Fluctuans* de Fabricius s'appliquerait à la *Sophronia* de Drury ou à une des espèces qui se trouvent à côté ; mais les mots, *corpus parvum*, de la description fabricienne indiquent que l'auteur a décrit une espèce près de la *Cognata*, si ce n'est elle, d'autant plus qu'il la compare pour la grandeur à la *Dimidiata* et à l'*Equestris*.

C.

15. LIBELLULA MARCIA, *Drury*.

Viridi-œnea ; alis flavidis, anticis maculis duabus apiceque, posticis latissimis, maculis tribus, fasciis duabus remotis basalibus apiceque fusco-rufis.

Drur., *Ill.* II, tab. 45, fig. 3. — Fabr. *Ent. syst.* II, p. 376, n° 11. *L. Murcia.* — Burm., *Handb. der Ent.* II, p. 2, pag. 353, n° 29.

Ressemblant beaucoup à la *Splendida*, et n'en étant peut-être qu'une variété dont les taches sont très-réduites. Thorax d'un vert cuivreux, un peu roussâtre en dessus, et sur les côtés postérieurement. Ailes grandes, légèrement lavées de jaune roussâtre, les antérieures ayant une tache costale sur le milieu, une autre discoïdale avant la base, un petit point plus intérieur et le sommet, les postérieurs très-larges à la base, avec deux bandes longitudinales, plus courtes que dans la *Splendida*, une tache costale, une discoïdale, une médiane peu sensible, une autre avant le sommet, et celui-ci d'un brun roussâtre pâle, à reflet violâtre ; l'espace basilaire entre les deux bandes est jaune, ainsi que le bord postérieur correspondant ; la teinte est aussi plus foncée à la base des supérieures.

Décrite d'après un individu très-détérioré et appartenant au Musée.

16. LIBELLULA PHYLLIS, *Sulzer*.

Gracilis, villosa, viridi-œnea; abdomine brevi, compresso ; alis dilute flavidis, apice strigulaque costali fuscis, basi flavis ; posticis dilatatis, maculis duabus basilaribus, remotis fusco-viridibus.

Sulz., *Abgek. Gesch. der Insect.*, tab. 24, fig. 2.—Burm. *Handb. der Ent*, II, p. 873, n° 28.

De la taille de la *Depressa*, mais beaucoup plus mince. Tête petite,

ayant la face jaune, avec la lèvre inférieure, le sommet du front et le vertex
d'un bleu métallique; vertex médiocrement élevé, large à la base, rétréci
au sommet, ponctué, avec les deux angles formant une petite saillie.
Thorax grêle, velu, d'un vert métallique, avec trois bandes jaunes, transverses en dessus, renfermant l'insertion des ailes; lobe postérieur du
prothorax entier, étroit, assez saillant. Abdomen grêle, comprimé, assez
court, d'un vert obscur métallique, un peu roux sur les côtés à la base ; styles
de la femelle très-courts, bord vulvaire un peu élevé et saillant. Pattes de
la couleur du thorax. Ailes grandes, transparentes, un peu jaunâtres ou
roussâtres, les postérieures très-élargies à la base, ayant leur sommet et
un trait costal bruns; base jaune, surtout aux inférieures où l'on voit
une tache antérieure, basilaire, quelquefois divisée, et une autre vers
l'angle anal d'un brun bleuâtre, qui devient quelquefois d'un bleu mé-
'tallique brillant, surtout à la première, membranule blanchâtre; ptérostigma d'un brun roux, de la même grandeur aux quatre ailes, triangle
traversé par deux nervules.

Habite la côte Malaise.

17. LIBELLULA SPLENDIDA, *mihi.*

*Obscure viridi-ænea; alis flavo-rufis, anticis maculis tribus, pos-
ticis fasciis duabus maculaque et apicibus fusco-rufis ♂.*

Un peu plus grande que la *Variegata.* Face jaune, avec le sommet,
les deux lèvres et une portion de la base des lobes latéraux d'un bleu
noirâtre, un peu métallique; vertex d'un bleu obscur, presque carré, à
peine échancré, médiocrement élevé; occiput de la même couleur, médiocre, déprimé postérieurement, avec une ligne enfoncée; bord postérieur noirâtre. Thorax velu, d'un vert cuivreux, ayant antérieurement
une bande roussâtre; lobe postérieur du prothorax étroit, assez saillant,
presque lancéolé, entier. Abdomen un peu trigone, peu renflé à la base,
atténué dans son milieu, d'une couleur plus obscure que le thorax, un
peu velu vers la base; styles assez longs. Pattes couleur de poix, avec le
trochanter roussâtre. Ailes très-grandes, d'un jaune roussâtre, les antérieures ayant une tache discoïdale après la base, une médiane qui part
de la côte, sans aller jusqu'au bord postérieur, une troisième arrondie
avant le sommet et celui-ci, les postérieures très-élargies vers la base,
ayant deux bandes longitudinales occupant la moitié interne de la longueur de l'aile, dont l'antérieure costale, la postérieure très-sinuée, se
touchant antérieurement et comprenant entre elles une large bande jaune,
une tache arrondie, un petit point avant le sommet, et celui-ci d'un
brun roussâtre; ptérostigma noir, plus grand que chez la *Variegata,*
les deux nervures antérieures des premières ailes et leurs nervules entre la
tache médiane et la base un peu tachées de brun roussâtre.

De la collection de M. Marchal, et indiquée de Chine.

18. LIBELLULA VARIEGATA, *Linné.*

Viridi-œnea ; alis fusco-rufis flavo variegatis, anticis parte dimi-
dia externa, posticis latissimis apice hyalinis.

Linn. *Syst. Nat.*, II, p. 903, n° 11.—Fabr., *Ent. syst.*, II, p. 376, n° 10.
L. Indica. — Burm., *Handb. der Ent.*, II , pag. 853 , n° 31.— Fabr.,
Mant. Ins., I , p. 337, n° 14. *L. Histrio.*—Drur., *Ins.* , II, tab. 46,
fig. 1, *Lib. Arria.*—Guer. *Icon. du Règn. An.* Ins., pl. 65, fig. 2. – Griff.
Anim. kingd., XV, pl. 94, fig. 1.

Ayant à peu près sept centim. d'envergure et trois et demi de long. Tête
ayant la face jaune avec la lèvre inférieure, la supérieure et le vertex d'un
bleu métallique. Thorax d'un vert cuivreux ; lobe postérieur du prothorax
entier, presque lancéolé. Abdomen grêle, comprimé , à peine renflé à la
base, de la même couleur, avec une grande partie du dessous couvert
d'une poussière blanchâtre et les côtés de la base un peu roux ; styles
courts dans la femelle, bord vulvaire un peu saillant. Pattes noirâtres avec
les hanches rousses. Ailes d'un brun roussâtre, les antérieures ayant la moitié
externe transparente , et sur la partie obscure une bande jaune marginale postérieure, qui s'étend à la base et au bord antérieur, et se prolonge
dans le milieu en forme de tache ; les postérieures, qui sont très-larges,
ayant le sommet transparent et plusieurs taches jaunes, savoir : une bande
qui s'étend du bord abdominal jusque près du milieu de l'aile, le bord
postérieur communiquant avec la bande et sur lequel s'appuient trois taches, dont l'interne ne formant qu'un angle, une tache presque médiane,
antérieure , s'étendant jusqu'au milieu de la largeur de l'aile, qui est
quelquefois marqué de blanchâtre ; enfin plus extérieurement un gros point
ou tache arrondie placée sur le disque ; quelquefois les taches jaunes sont
si larges qu'elles semblent être la couleur du fond ; membranule blanchâtre ; ptérostigma petit, noir ; triangle traversé par deux nervules.

De la collection de M. Serville , où elle est indiquée des Indes.
M. Marchal m'a communiqué deux individus de Chine , chez lesquels
la partie colorée s'étend un peu sur la portion transparente des ailes
antérieures, et les deux taches jaunes externes des postérieures se touchent largement, tandis que le point ou dernière tache tend à disparaître ; les taches postérieures sont plus étroites et l'extrémité transparente presque nulle : je ne pense pas, cependant, qu'elle puisse former
une espèce. Celle figurée par Drury est une autre variété où la teinte
jaune roussâtre domine, et où le noir est réduit à deux taches sur les
supérieures et à trois sur les inférieures, dont une grande vers le sommet, et deux basilaires longitudinales, se touchant un peu à leur sommet,
dont la postérieure très-sinueuse. Dans celle décrite par Fabricius la

bande postérieure touche la tache qui est vers le sommet aux inférieures. Ces variétés sont de Chine et constituent peut-être une espèce;
alors elle prendrait le nom d'*Arria* de Drury.

19. LIBELLULA GRAPHIPTERA, *mihi*.

*Viridi-œnea ; abdomine basi maculis lateralibus flavis; alis fla-
vo-rufescentibus, fasciis duabus, anticis macula, posticis latis duabus fusco-cœruleis.*

De la grandeur de la *Ferruginea*. Tête ayant la face jaune avec la lèvre
supérieure et le sommet d'un bleu métallique. Thorax d'un vert cuivreux
avec quelques taches jaunes en dessus et en dessous; lobe postérieur du
prothorax assez saillant, étroit, presque lancéolé, entier. Abdomen de la
même couleur, ayant trois taches jaunes sur le côté des premiers segments;
styles assez longs. Pattes d'un vert noirâtre avec les hanches jaunes. Ailes
d'un jaune roussâtre, les postérieures larges, ayant deux bandes transverses sinuées, une tache aux premières, deux aux secondes, d'un bleu
obscur ou d'un brun roux bleuâtre; la bande médiane envoie vers la base
un prolongement linéaire, et aux inférieures, la seconde tache, qui est en
forme de bande, est divisée à son extrémité qui produit alors une autre tache
le plus souvent distincte; membranule un peu obscure, ptérostigma assez
grand, d'un brun roussâtre, un peu bleuâtre; triangle traversé par deux
nervules.

De la collection de M. Serville, où elle est indiquée de la Nouvelle-
Hollande.

20. LIBELLULA EPONINA, *Drury*.

*Rufa ; alis flavo-rufescentibus, prioribus maculis duabus, posticis
tribus baseos fasciisque duabus fusco-rufis.*

Drur., Ill. II, pl. 47, fig. 2, p. 86.—Burm., *Handb. der Ent.* II, p. 2,
pag. 858, n° 30.

Cette espèce n'est certainement pas l'*Eponina* de Fabricius. Corps
d'un brun roux, avec deux lignes noires sur l'abdomen. Ailes d'un
jaune roussâtre, ayant deux bandes transverses sur le milieu, deux taches
vers la base des supérieures, trois à celle des inférieures d'un brun roux.
(Décrite d'après la figure de Drury.)

De Boston.

21. LIBELLULA CAMILLA, *mihi.*

Flavo-rufescens, nigro maculata; alis flavo-rufescentibus, antict macula ad basim, fasciis duabus apiceque, posticis latis, maculis duabus basalibus, fasciis duabus, interna sæpe divisa, apiceque fusco-rufis.

De la taille de la *Variegata.* Tête ayant la face jaune, avec des parties plus obscures. Thorax un peu velu, d'un jaune roux, plus jaune sur les côtés, avec quelques marques noirâtres; lobe postérieur du prothorax large, légèrement échancré. Abdomen d'un jaune roux, presque trigone, avec deux bandes latérales noires, qui se réunissent sur les derniers segments, mais qui ne sont pas sensibles sur les premiers, dessus de ceux-ci noirâtres; extrémité abdominale ayant deux styles jaunes et la pièce sous-stylaire presque aussi longue qu'eux, étroite, pointue, à peine échancrée à l'extrémité. Pattes noires, jaunâtres à la base. Ailes d'un jaune roussâtre, plus jaune à la base; les supérieures ayant une tache près de la base, deux aux postérieures, deux bandes transverses et le sommet d'un brun roux; réseau serré; postérieures larges, ayant quelquefois leur bande interne séparée en deux taches; membranule blanchâtre; ptérostigma grand, roux; triangle traversé par deux nervules et une troisième divisant le premier ou le deuxième espace.

De la collection de M. Serville, et indiquée de la Caroline.

22. LIBELLULA LUCILLA, *mihi.*

Alis flavescentibus : fasciis subtribus nigris.

Fabr. *Ent. syst.* II, p. 382, n° 39, *L. Eponina.* — Coqueb., III, *Icon.* pl. 17, fig. 1, p. 69. Habitat in Carolina, Mus. Dom. Bosc.

De taille moyenne. Tête et thorax jaunâtres. Abdomen cylindrique, avec une ligne dorsale et une latérale, surtout visibles à la base, jaunâtres. Ailes grandes, d'un jaunâtre roussâtre, les antérieures ayant une tache à la base et deux bandes dans le milieu, les postérieures ayant trois bandes à la base, dont deux interrompues, et un peu le sommet des quatre bruns; ptérostigma blanc. Pattes noires. (Texte de Fabricius.)

Cette description ne peut convenir ni à la figure de Drury, ni à aucune des espèces que je viens de décrire. La figure de Coquebert, qui doit représenter l'individu décrit par Fabricius, offre quelques petites différences : ailes d'un jaune roussâtre, plus foncées à la base, ayant deux taches médianes, une bande avant le sommet, et celui-ci une tache après la base aux premières, une bande et une tache postérieure basilaires aux secondes brunes; ptérostigma grand, jaune.

Tʀᴏɪsɪèᴍᴇ ɢʀᴏᴜᴘᴇ. — *L. Sabina*, Drury. 4 espèces.

Abdomen vésiculeux à la base, surtout dans les mâles, puis fortement rétréci. Ailes non tachées, trois rangées d'aréoles discoïdales, onze à quatorze nervules au premier espace costal.

23. LIBELLULA SABINA, *Drury*.

Flava, nigro variegata; abdomine basi ampullaceo; alis hyalinis, pterostigmate flavo.

Drur. I, p. 114, pl. 48, fig. 4. — Fabr., *Ent. syst.*, suppl., p. 284, 14-15. *L. Gibba.*

Un peu moins de sept centim. d'envergure, et un peu moins de six de long. Tête ayant la face jaune, avec une ligne brune sur le front, où l'on remarque une très-grande impression bilobée, ayant un petit bord saillant; partie supérieure échancrée, bordée postérieurement par une ligne noire qui descend le long des yeux; vertex assez élevé, bifide, jaune, avec une ligne noirâtre sur les côtés; occiput large, avancé; yeux contigus seulement dans une petite portion, bord postérieur jaune, avec une bande noire qui occupe le sommet et le borde ensuite en dedans. Thorax jaune, rayé de noir, dont trois lignes antérieures, trois latérales principales, et deux autres moins marquées; lobe postérieur assez saillant, presque bilobé, légèrement échancré, cilié. Abdomen très-gonflé et vésiculeux à la base dans l'espace des trois premiers segments; cette partie un peu comprimée, ensuite déprimée et grêle, puis se dilatant vers l'extrémité où il est de nouveau très-comprimé, jaune, avec cinq lignes sur la base, puis une bande dorsale, fortement étranglée sur les 4, 5 et 6e segments, et ensuite envahissant entièrement les 7, 8e et la plus grande partie ou même entièrement le neuvième, dernier, et anus jaunes; la bande dorsale se dilate souvent sur l'articulation des segments, de manière à former une bande circulaire; bord latéral de l'antépénultième segment, chez la femelle, un peu dilaté, formant en dedans une sorte de gouttière de chaque côté; bord vulvaire échancré, avec ses côtés courbés en forme de pince; segment suivant ayant les bords un peu dilatés, un peu roulés en dessous, avec le milieu formant une carène élargie et déprimée postérieurement. Jambes noires, avec une bande interne, jaune dans le mâle à la face interne des cuisses; chez la femelle, cuisses antérieures jaunes, avec une bande à la face antérieure, une grande partie de la face supérieure des tibias et des tarses aux quatre antérieures noires. Ailes transparentes, ayant la nervule costale antérieurement, et quelques nervules jaunes; douze à treize nervules au premier espace costal; ptérostigma jaune; membranule grande, d'un

brun roussâtre, bordée extérieurement par un peu de jaune roussâtre ;
triangle traversé par une nervule.

Collection de M. Serville, et indiquée de Bombay.

24. LIBELLULA CLATHRATA, *mihi*.

*Flava ; abdomine basi ampullaceo, nigro clathrato ; alis hyalinis,
pterostigmate flavo ♀.*

De la taille de la *Sabinia*, à laquelle elle ressemble. Tête ayant la face
jaune, ainsi que le vertex, qui est échancré ; occiput petit, très-avancé ;
yeux à peine contigus. Prothorax jaune, ayant trois lignes antérieures et
deux latérales fines, noires, espace interalaire ayant aussi des linéaments
noirs, lobe postérieur du prothorax assez élevé, large, à peine échancré,
cilié, avec une tache noirâtre sur l'échancrure. Abdomen long, assez
grêle, déprimé à la base dans ses trois premiers segments ; partie vésiculeuse plus allongée que chez la *Sabina*, à peine élargie de haut en bas
postérieurement ; base ayant trois lignes, les bords et deux taches en
dessous, à l'extrémité du troisième segment, une grande partie du dessous, les côtés, une bande dorsale qui s'unit avec eux par une tache
allongée, noirs ; ces bandes laissent en dessus, de chaque côté, sur les 4,
5, 6 et 7ᵉ segments, une tache jaune, allongée, un point semblable en
avant de la tache, sur les 6 et 7ᵉ, elles sont confluentes sur les 8 et 9ᵉ, le
10ᵉ est jaune, avec une tache noire, bifide, qui se prolonge sur le
bord antérieur, ayant en dessous deux lignes rousses longitudinales, les
styles noirs, jaunes à la base en dessous, bord latéral de l'antépénultième segment pas sensiblement dilaté ; bord vulvaire comme chez
la *Sabina*, ayant les côtés plus écartés ; bords latéraux du suivant un
peu dilatés, rabattus en devant, milieu formant une saillie allongée beaucoup moins en carène que chez la *Sabina*; cuisses jaunes, avec une
bande noire externe et une autre peu marquée sur la face supérieure ;
tarses et tibias noirs, ces derniers ayant une ligne externe jaune. Ailes
transparentes, avec les nervules costales antérieurement, et un assez
grand nombre d'autres nervules jaunes ; ptérostigma assez grand, jaune,
onze à douze nervules sur le premier espace costal, membranule brune,
blanchâtre à la base, triangle traversé par une nervule.

D'après un individu femelle venant du Sénégal.

* 25. LIBELLULA BREMII, *mihi*. (Pl. 3, fig. 1. a.)

*Flavo fuscoque variegata ; thorace flavo, lineis fuscis ; abdo-
mine basi, ampullaceo ; gracili, elongato, stylis longis ; alis hya
linis, pterostigmate flavo.*

Descript. de l'Égypte, *Nevropt.*, pl. 1, fig. 8. ♀.

Plus grande que la *Cærulea*, et surtout beaucoup plus longue. Tête

petite, ayant la face jaune inférieurement, avec la lèvre inférieure
et une petite portion des lobes brunâtres, plus pâle supérieurement ;
front échancré, et noir postérieurement, circonscrit par une ligne
un peu saillante ; vertex assez élevé, bifide, noir, jaune au sommet ;
occiput très-avancé entre les yeux, élevé, noirâtre, avec une tache jaune
postérieure qui s'avance un peu en dessus ; yeux étroits, à peine contigus. Thorax d'un jaune plus ou moins obscur, ayant antérieurement
trois bandes brunes dont la moyenne plus large, et sur les côtés, deux
lignes noires ; il est couvert par parties, et surtout postérieurement en
dessous, d'une poussière bleue, qui peut-être le couvre entièrement
comme chez la *Cœrulea*, lorsqu'elle a vécu quelque temps après l'éclosion ; espace inter-alaire varié de brun et de jaune, avec un point bleu
sur l'attache de chaque aile. Abdomen très-long, grêle, surtout chez le
mâle, noirâtre en dessus, avec quelques parties et le dessous couverts
de poussière bleue ; base fortement renflée et vésiculeuse, un peu
comprimée, avec une tache sur le bord postérieur du premier segment,
une sur le bord antérieur du second, ensuite deux autres postérieurement et quatre sur le troisième ; il y a en outre une autre tache
sur les côtés du premier et du second ; les suivants ont une tache
linéaire presque aussi longue qu'eux, divisée à la base sur les quatrième
et cinquième jusqu'au huitième ; le dernier en offre aussi une sur les côtés ;
ces taches sont d'un jaune roux ; l'extrémité en dessous est en grande partie de cette couleur ; styles du mâle assez longs, très-peu courbés à la
base, en grande partie jaunes en dessus, noirs dans le reste ; pièce sous-
stylaire à peu près moitié moins longue, et presque aussi large que longue,
tronquée à l'extrémité, qui est un peu échancrée, jaune ; chez la femelle,
bord latéral de l'antépénultième segment n'étant pas dilaté, bord vulvaire
à peine distinct, bord latéral du segment suivant dilaté, roulé en dedans ;
styles droits, cylindriques, plus longs que chez le mâle, presque aussi
longs que les deux derniers segments, le dernier en dessus présentant un
enfoncement transversal. Pattes noires, avec la face interne des cuisses
antérieures d'un blanc bleuâtre ; femelle ayant les cuisses jaunes, avec
une bande noire sur la face antérieure, et une autre sur la face postérieure des quatre dernières ; tibias noirs, ayant une ligne externe jaune ;
tarses noirs. Ailes grandes, transparentes, ayant dix à onze nervules au
premier espace costal ; triangle allongé, très-étroit, traversé par une
nervule ; ptérostigma jaune ; nervure costale jaune en avant, ainsi que
les nervules du second espace huméral et quelques autres ; femelle
ayant les nervules un peu bordées de brun roussâtre, ce qui donne une
légère teinte aux ailes.

Cette libellule, qui s'éloigne beaucoup des autres espèces européennes,
a été prise dans l'île de Sicile, et je la dois à l'obligeance du marquis
de Brème ; la femelle a été rapportée d'Égypte par M. Beauvois, et appartient au Muséum.

26. LIBELLULA VESICULOSA, *Fabricius.*

Flava; abdomine supra maculis magnis alternis, subtusque fasciis tribus nigris, ano flavo.

Fabr. , *Ent. syst.*, II, p. 377, n° 12. — Burm., *Handb. der Ent.*, II, p. 877, n° 54. ♂. ♀ ?

A peu près neuf centim. d'envergure et près de sept de long. Tête ayant la face jaune, avec le front échancré très-large et saillant; vertex étroit, assez élevé, bifide, jaune; occiput jaune, très-large, avancé; yeux contigus dans un petit espace. Thorax jaune, sans marques noires. Abdomen jaune, très-renflé à la base, fortement rétréci après, se rélargissant un peu ensuite, déprimé; bord postérieur du troisième segment en dessus, une tache postérieure sur chacun, et une ligne près du bord antérieur, les trois derniers, à l'exception de l'anus, les lignes dorsales et latérales et trois bandes en dessous noirs; extrémité anale jaune; bord vulvaire un peu saillant, le segment qui vient ensuite présente une petite carène dans son milieu; styles cylindriques, obscurs; pièce sous-stylaire courte, large; les deux sexes ne diffèrent pas, et M. Burmeister prétend à tort que la femelle est entièrement d'une couleur testacée; elle est annelée de noir comme le mâle. Pattes ayant les cuisses jaunes, avec une ligne sur la face supérieure des antérieures, la face inférieure des postérieures, la plus grande partie des intermédiaires, à l'exception d'une partie de la face supérieure, les tibias et les tarses noirs. Ailes transparentes; ptérostigma d'un jaune roussâtre un peu obscur; triangle étroit, traversé par une nervule; quinze nervules au premier espace costal; membranule noire, un peu bordée de jaune aux inférieures.

Collection de M. Serville, et indiquée de Cayenne; de la Guyane dans celle du Muséum.

QUATRIÈME GROUPE. — *L. Quadrimaculata,* L. 1 espèce.

Styles plus longs que les deux derniers segments de l'abdomen chez les mâles. Ailes postérieures non élargies, quatre rangées d'aréoles discoïdales, quatorze nervules au premier espace costal; ailes tachées de brun roux sur les nervules cubitales et sur la base des postérieures.

* 27. LIBELLULA QUADRIMACULATA, *Linné.*

Villosa, flavo-rufa; thorace lateribus flavicantibus nigro-lineatis; abdomine attenuato, postice fusco, maculis lateralibus flavis; alis

*ad basim antice flavis, macula media costali interdumque apicali,
posticis macula basilari nigro-rufis.*

Linn., *Syst. Nat.* II, p. 901, n°1.—Fabr., *Ent. syst.* II, p. 373, n° 1.—
Ejusd., p. 375, n° 5, *L. Quadripunctata ?*—Schæff. I, tab. 9, fig. 13.—
Harr. *An exp.*, tab. 46, fig. 1. — Vill., *Ent. Linn.*, III, p. 1. n° 1. —
Oliv., *Encycl.* VII, p. 559, n° 1. — Mull., *Faun. Friedr.*, 531.— Panz.,
Faun. Germ., p. 88, n° 19. — Latr., *Hist.*, XIII, p. 11.—Latr., *Gener.*,
III, p. 181.—Vanderl., *Monogr.*, p. 9, n° 3.—Charp., *Hor. Ent.*, p. 41.
Sel., *Monogr. Lib.*, p. 32, n° 1.—Fonscol., *Ann. Soc. Ent.*, VI, p. 133,
n° 2. — Burm., *Handb. der Ent.*, II, p. 861, n° 79. — Blanch., *Hist.
Ins.*, p. 56, n° 2.—Geoffr., *Ins.*, II, p. 24, n° 6, la *Françoise.*

Elle a près de neuf centimètres d'envergure, et plus de cinq de longueur. Corps velu, d'un jaune roussâtre. Tête ayant le front d'un blanc
sale ou jaunâtre, ou un peu verdâtre, avec le sommet échancré, et noir
postérieurement ; bouche noire au centre, jaune sur les côtés ; lèvre supérieure ayant deux taches jaunes ; vertex élevé, carré, verdâtre, très-légèrement échancré ; occiput jaunâtre, grand ; bord postérieur très-velu,
noir, avec des taches jaunes. Thorax d'un jaune roux un peu obscur en
dessus, noirâtre en dessous, avec quelques taches jaunes dont deux postérieures plus larges ; côtés jaunes ayant des lignes noires placées sur
les sutures, dont deux se prolongent jusqu'à la base des ailes. Abdomen
un peu conique, surtout chez la femelle, où il est très-épais à la base,
cette base d'un jaune roux dans une grande étendue, le reste noir, avec
de petites taches fauves et bifides en dessous, et une bande maculaire
jaune sur les côtés, s'arrêtant au pénultième segment, qui quelquefois est
un peu taché ; styles du mâle assez longs, en forme de massue, ayant
en dessous un bord dentelé ; pièce sous-stylaire moitié plus courte qu'eux,
un peu courbée, médiocrement large, terminée par deux petites pointes ;
chez la femelle, styles plus courts, moins en massue, fléchis à la base.
Pattes noires avec les hanches marquées de jaune. Ailes transparentes,
avec une tache jaune antérieure à la base, qui se prolonge quelquefois au
delà du milieu, ayant, de plus, une tache sur le milieu du bord costal, et
une autre basilaire aux postérieures, d'un noir roux ; taches cubitales disparaissant quelquefois presque complétement ; ptérostigma grand, noir,
accompagné quelquefois d'un peu de brun roux ; membranule blanche.
La *Quadripunctata* de Fabricius ne paraît pas différer de cette espèce qui
varie beaucoup ; quelquefois les ailes sont en grande partie lavées de jaune
roussâtre, ou seulement le bord costal ; d'autres fois la tache cubitale
est très-grande ou double ; triangle traversé par deux nervules, quelquefois par trois, rarement par une seule.

Très-commune pendant l'été le long des mares des bois, à Meudon,
Montmorency, etc. Femelle assez rare.

CINQUIÈME GROUPE. — *L. Depressa*, L. 2 espèces.

Deuxième segment de l'abdomen ayant un prolongement fourchu chez les mâles. Ailes ayant trois à quatre rangées d'aréoles discoïdales, quatorze nervules au premier espace costal, et à la base
une tache noirâtre.

28. LIBELLULA TRIMACULATA (1), *Geer.*

Rufescens; alis hyalinis, macula basali elongata fasciaque
maxima, media, (mas) fascia media minori apiceque (fœmina)
fuscis; abdomine maculis lateralibus flavis.

Geer, *Insect.*, III, p. 556, n° 2, tab. 26, fig. 23.—Burm., *Handb. der*
Ent. II, p. 861, n° 78. ♂.—Drur. I, p. 112, pl. 47, n° 4. *L. Lydia.*—
Fabr. *Ent. syst.*, II, p. 374, n° 3, et p. 374, n° 4. *L. Bifasciata* ♀.—
Ejusd., p. 378, n° 22. *L. Serva?* — Petiv. *Gaz.* dec. 2, pl. 15, fig. 1.

De la taille de la *Depressa*. Tête ayant le front roux avec le sommet
canaliculé et rugueux; vertex roux, élevé, bimucroné; occiput rouge,
médiocrement large; bord postérieur noirâtre avec deux taches jaunes.
Thorax roux, ayant sur les côtes deux lignes jaunes plus ou moins visibles, et inférieurement, des apparences de taches noirâtres. Abdomen
d'un roussâtre obscur, avec une série de taches jaunes bordées de noir,
et placées obliquement sur les côtés, dont les premières forment une
bande sur la base, dessous présentant aussi des taches jaunes arrondies
moins visibles que les précédentes, entourées de noirâtre extérieurement;
le noir qui borde les taches jaunes latérales du dessus forme souvent
des lignes obliques; bord vulvaire, échancré, épais, non saillant;
styles courts, un peu plus longs que le dernier segment. Pattes noires,
à l'exception des cuisses et des hanches. Ailes transparentes, ayant une tache allongée à la base, une bande transverse médiane, très-large chez le
mâle, sinuée à son côté interne avec un prolongement vers la tache basilaire, le sommet, seulement chez la femelle, noirs; menbranule blanchâtre; ptérostigma grand, noir; mâle adulte ayant le dessus de l'abdomen et d'une partie du thorax couvert d'une poussière bleuâtre, et
aux ailes postérieures une tache blanche située derrière la base de la tache
basilaire; triangle traversé par deux nervules.

De l'Amérique septentrionale. Collection de MM. Serville et Marchal. De Géer l'indique de Pensylvanie.

---

(1) J'ai conservé le nom de *Lydia* à la seconde des deux espèces auxquelles Drury l'avait appliqué.

* 29. LIBELLULA DEPRESSA, *Linn.*

Villosa, crassa, flavo-rufa; abdomine supra in mare cœruleo; alis hyalinis, anticis fascia longitudinali, posticis macula triangulari fusco-rufis, pterostigmate nigro.

Linn., *Syst. Nat.*, II, 902, n° 5. — Fabr., *Ent. syst.*, II, p. 373, n° 2. —Schæff., I, tab. 52, fig. 1; et II, tab. 106, fig. 1. — Roesel., II, *Ins. aquat.*, Cl. 2, tab. 6, et tab. 7, fig. 3. — Vill., *Ent. Linn.*, III, p. 4, n° 5. — Oliv., *Encycl.*, VII, p. 560, n° 10. — Panz, *Faun. Germ.*, fasc. 88, n° 32. — Latr., *Hist. Nat. Crust. et Ins.*, XIII, p. 12, n° 3. —Vanderl. *Monogr.*, p. 7, n° 1.—Chap., *Hor. Ent.*, p. 40. — Sel., *Mon.*, p. 34, n° 2.—Fonscol., *Ann. Soc. Ent.*, VI, p. 13, n° 11.—Burm., *Handb. der Ent.*, II, p. 860, n° 72. — Blanch., *Hist. Ins.*, p. 56, n° 1. — Geoffr., *Hist. Ins.*, II, p. 225, n° 8, *la Philinte*, et n° 7, *l'Éléonore*. — Réaum., *Mém.*, VI, tab. 35, fig. 1.

Très-large et très-épaisse, velue, ayant huit centimètres d'envergure, et de quatre et demi à cinq de longueur. Tête ayant la face d'un jaune obscur marquée de brun bleuâtre, chez le mâle; front assez fortement échancré au sommet; vertex médiocrement élevé, échancré, ses angles formant deux pointes courtes; occiput assez grand, un peu gibbeux, divisé par une ligne enfoncée postérieurement, s'avançant entre les yeux; bord postérieur jaune avec une ou deux marques noirâtres. Thorax très-velu, d'un jaune roussâtre plus ou moins obscur, ayant antérieurement deux bandes d'un blanc jaunâtre un peu obscur, bordées extérieurement par une ligne noirâtre, et au milieu, une ligne élevée noire. Abdomen velu, surtout à la base, qui est un peu renflée, très-large, un peu triangulaire, d'un jaune roux chez la femelle, d'un blanc bleuâtre en dessus, chez le mâle, et d'un roux obscur en dessous, et à la base; chez ce sexe, on voit sur les côtés, en dessus, deux à quatre taches jaunes, et en dessous, trois ou quatre joignant le bord latéral; les premières sont placées sur les 3, 4, 5 et 6e segments; les autres, sur les 7, 8, 9 et 10e; ces taches peuvent être plus ou moins nombreuses; dans la femelle, il y en a cinq à six en dessus, et trois à cinq en dessous; elles sont plus ou moins visibles, quelquefois d'un jaune vif, d'autres fois un peu rousses; elles sont souvent séparées par un petit trait noir plus ou moins large, et formant quelquefois une tache qui fait suite avec le bord latéral des segments qui est noir; bord supérieur également noir, souvent dilaté sur les deux avant-derniers segments; dans ce sexe, il y a parfois un peu de poussière glauque sur le dessus, à l'exception des premiers segments de la base; extrémité abdominale du mâle comme dans les précédentes; styles assez courts, en massue épaisse, pointus, assez fortement dentés en dessous; pièce sous-stylaire assez large, plus courte qu'eux avec les bords très-rabattus, creusés en dessus, courbée, surtout à l'extrémité, qui est bifide; styles de la femelle très-courts. Pattes moitié jaunes ou rousses et moitié noires. Ailes transparentes, les postérieures larges, ayant une bande longitudinale à la base, aux premières, et une tache triangulaire aux secondes, d'un roux noirâtre, avec un espace plus clair après la nervure médiane; membranule blanche, large aux inférieures; ptérostigma médiocre, noir, triangle traversé par deux nervules.

Commune au printemps et en été, vivant isolée ou par couple, presque toujours plus ou moins éloignée des eaux.

SIXIÈME GROUPE. — *L. Lydia*, Drury. 8 espèces.

Bord de l'antépénultième segment dilaté chez les femelles. Ptérostigma très-grand, trois à quatre rangées d'aréoles discoïdales, seize à vingt nervules au premier espace costal.

A. Ailes plus ou moins tachées de brun ou de brun roussâtre.

B. Ailes sans tache apparente ou ayant un peu de jaunâtre à la base et sur le bord costal.

A.

30. LIBELLULA PULCHELLA, *Drury.*

Brunnea; thorace lateribus macula lineolaque flavis; abdomine fascia laterali lineolisque subtus biseriatim dispositis flavis ; alis hyalinis, macula basali, alia media, tertiaque apicali fusco-rufis ♂.

Drury, I, p. 115, pl. 48, fig. 5. — Fabr., *Ent. syst.*, II, p. 380, n° 29, *L. Versicolor.*—Burm., *Handb. der Ent.*, II, p. 862, n° 81, *L. Bifasciata* (1). —Blanch., *Hist. Ins.*, p. 58, n. 9.

Plus grande que la *Quadrimaculata*. Tête ayant la face jaune, avec la lèvre supérieure et le sommet d'un brun bleuâtre. Thorax grisâtre ayant deux bandes latérales brunes, une petite tache et une ligne jaunes. Abdomen trigone, atténué à l'extrémité, pas sensiblement renflé à la base,

---

(1) M. Burmeister adopte le nom de *Bifasciata* de Fabricius, qui, selon moi, s'applique à la *Trimaculata* ♀ de De Géer, et rejette le nom de *Pulchella* de Drury, qui est plus ancien; mais si la priorité des noms n'est pas adoptée exclusivement, il n'y a plus d'histoire naturelle. On conçoit, du reste, que M. Burmeister ayant donné le nom de *Pulchella* à une autre espèce, n'ait pas conservé la nomenclature de Drury; il paraît d'ailleurs qu'il a confondu la *Trimaculata* femelle avec la *Pulchella.*

d'un brun roux, noirâtre en dessus vers l'extrémité, pâle à la base, ayant
deux bandes latérales et deux séries de traits en dessous, jaunes ; extrémité abdominale comme dans les précédentes. Ailes transparentes, ayant
une tache basilaire longitudinale, une médiane touchant à la côte et une
troisième apicale d'un brun roux ; ptérostigma grand et noir ; membranule blanchâtre ; triangle traversé par trois ou quatre nervules.

De l'Amérique septentrionale.

31. LIBELLULA MACULATA, *mihi.*

*Flavo-rufescens; alis hyalinis vel subflavescentibus, linea baseos
et interdum posticis fascia, macula media ad costam fasciaque ad
apicem fusco-rufis, pterostigmate magno* ♀.

Je ne pense pas que la *Bifasciata* de Fabricius se rapporte à cette
espèce, mais à la femelle de la *Trimaculata* de De Géer, d'autant plus qu'il
cite la *Pulchella* de Drury, qui a de grands rapports avec cette dernière,
mais qui est différente de la *Maculata*. De la taille de la *Quadrimaculata*, mais un peu moins épaisse ; tout entière d'un jaune roussâtre.
Thorax velu, ayant sur les côtés deux bandes d'un blanc jaunâtre. Abdomen moins renflé à la base que chez la *Quadrimaculata*, moins atténué à l'extrémité, qui présente en dessus, à partir du bord postérieur du
sixième segment, une bande noire qui disparaît avant la fin du dernier ;
bord vulvaire un peu saillant et redressé en dessous ; styles très-petits et
ne dépassant pas beaucoup le dernier segment. Pattes noires avec une
grande partie des cuisses rousse. Ailes à peu près transparentes ou
très-légèrement teintes de jaune roussâtre, les premières ayant l'extrémité de l'intervalle entre les deux dernières nervures, et le commencement
de celui entre les deux premiers rameaux courbes moyens, les secondes,
une ou deux bandes allongées, dont la postérieure peut disparaître, et
toutes une tache médiane partant de la côte et allant jusqu'au milieu de
l'aile, une bande transverse vers le sommet, partant du milieu du
ptérostigma, et ce dernier d'un brun roux ; sommet roussâtre ; triangle
traversé par deux nervules.

Je ne connais que la femelle de la collection de M. Serville, et indiquée de l'Amérique septentrionale.

32. LIBELLULA LYDIA, *Drury.*

*Flavo-rufa; thorace antice rufo, lateribus flavidis inferius nigro
marginatis ; abdomine rufescenti vel flavo, linea laterali fasciaque
dorsali nigris ; alis hyalinis apice fusco-rufis, pterostigmate maximo,
linea basali aliaque costali sæpe divisa nigris.*

Drury, II, p. 85, pl. 47, n° 1.

Plus grande que la *Quadrimaculata*, mais ayant les ailes et le corps

proportionnément plus longs. Tête grosse, ayant la face jaune inférieurement, d'un jaunâtre un peu obscur et peu saillante supérieurement; sommet fortement échancré, ayant une bordure noire qui descend un peu sur
les côtés; bord interne des lobes latéraux noir, une ligne semblable traversant la lèvre inférieure au bord supérieur de laquelle elle se dilate;
vertex élevé, assez fortement échancré, presque bifide, noir; occiput assez
avancé, jaunâtre. Thorax ayant la partie antérieure rousse, bordée de
noir postérieurement; côtés d'un blanc mat un peu verdâtre, bordés inférieurement, à l'exception de la partie postérieure, d'une bande noire
très-sinueuse, résultant de plusieurs taches réunies, traversés un peu au
delà du milieu par une ligne noire qui n'est guère sensible que dans son
milieu, où elle est élargie; métathorax noir sur ses côtés, d'un roux obscur dans son milieu, avec le lobe postérieur peu élevé, à peu près demi-
circulaire, entier. Abdomen large chez la femelle, déprimé et presque
tronqué, trigone et atténué chez le mâle, d'un blanc roussâtre ou jaune,
ayant le bord latéral et une bande dorsale qui s'arrête avant le premier
segment s'élargissant beaucoup postérieurement, une bande latérale basilaire se joignant à la base du premier segment en dessus avec celle du
côté opposé, disparaissant sur le troisième, noirs; la bande noire dorsale
est bordée par une bande d'un blanc jaunâtre; milieu du ventre noirâtre;
bord vulvaire saillant fortement relevé, fortement rétréci, échancré, ayant
ses bords saillants renflés, avec une petite élévation dans son milieu; bord
antérieur du segment suivant un peu saillant, cilié, donnant naissance à une
crête longitudinale, à la base de laquelle il y a une petite saillie avec les
bords latéraux un peu dilatés, rabattus en dedans; styles courts, obliques,
cylindriques ou un peu rétrécis vers la base. Pattes ayant les tarses et les
tibias, le tiers externe des faces supérieure et externe des cuisses antérieures, le tiers externe des autres cuisses noirs, le reste roussâtre. Ailes
transparentes, grandes (neuf centim. à neuf et demi d'envergure), avec le
sommet d'un noir roussâtre, dépassant un peu l'extrémité du ptérostigma,
qui est très-grand, un trait basilaire et une petite tache sur la nervule
cubitale noirs; quelquefois le trait et les petites taches disparaissent;
d'autres fois la petite tache forme une ligne qui s'avance vers le ptérostigma et qui paraît parfois être séparée en deux; triangle traversé par
deux nervules.

Collection de MM. Serville et Marchal. De l'Amérique septentrionale.

33. LIBELLULA MADAGASCARIENSIS, *mihi*.

Nigro-rufescens vel fusco rufa; abdomine cœruleo; alis parte di-
midia interna fusco-fuliginea, externa hyalina (mas) hyalinis,
thorace fascia dorsali flava (fœmina).

Burm., *Handb. der Ent.*, II, p. 861, n° 76. *L. Luctuosa?*

Près de dix centim. d'envergure et près de six et demi de long. Tête médiocre avec la face d'un roux obscur, ayant la lèvre supérieure noirâtre et le front qui est assez fortement échancré d'un bleu violet plus ou moins obscur ; vertex assez petit, fortement échancré, bifide, noir ; occiput assez avancé avec une ligne enfoncée postérieurement ; bord postérieur roux. Thorax d'un roux noirâtre un peu velu ; lobe postérieur du prothorax peu avancé. Abdomen trigone, à peine renflé à la base, peu atténué postérieurement, bleu ciel en dessus, d'un roux obscur en dessous avec les bords latéraux et le bord postérieur des segments noirâtres ; extrémité abdominale comme à l'ordinaire. Ailes postérieures assez larges, les quatre ayant la moitié interne d'un brun roussâtre, et l'externe transparente ; ptérostigma grand, noir, membranule très-petite, noirâtre. Pattes noires, avec les cuisses un peu rousses, surtout la face externe des antérieures. La partie brune des ailes varie pour la largeur qui peut dépasser la nervule cubitale, et qui quelquefois ne l'atteint pas, principalement aux supérieures, où elle laisse souvent quelques espaces clairs, surtout au bord antérieur : femelle très-différente ; teinte générale d'un brun roux, avec une bande jaune dorsale sur le thorax. Abdomen large, surtout postérieurement, ayant le bord des segments, et l'arête dorsale noirs, une teinte brune sur le milieu des derniers segments avec l'antépénultième court et fortement dilaté, formant un angle obtus un peu arrondi, le précédent ayant un petit prolongement à l'extrémité des deux arêtes du dessous ; bord vulvaire rétréci, non saillant. Ailes ayant une très-légère teinte roussâtre, avec le sommet d'un brun roux ; ptérostigma semblable, un peu moins grand que chez la *Macrostigma* ; membranule petite, d'un brun roux ; triangle ayant deux nervules.

Les deux sexes m'ont été donnés par M. Barthélemy, comme venant de Madagascar.

B.

34. LIBELLULA MACROSTIGMA, *mihi.*

Tota rufo-cœruleo-subviolacea (mas), vel rufa ; thorace supra linea, lateribus quatuor flavis ; alis hyalinis, apice tenuiter subinfuscatis.

Burm., *Handb. der Ent.* II, p. 856, n° 51. *L. Discolor ?*

Neuf centim. d'envergure, et un peu plus de cinq et demi de long. Tête grosse, ayant la face roussâtre, plus foncée sur le milieu de la bouche, jaune sur les côtés ; sommet du front échancré, assez fortement saillant ; vertex assez large, peu élevé, très-rétréci à son sommet, qui est bifide, roux ; occiput peu avancé, ayant une ligne postérieure enfoncée ; bord postérieur roux supérieurement, jaune inférieurement, avec une bande rousse. Thorax roux, ayant une ligne dorsale et trois ou quatre lignes latérales jaunes ; lobe postérieur du prothorax peu élevé, presque demi-

circulaire, entier. Abdomen assez épais, trigone, caréné en dessus, roux ,
ayant une ligne dorsale roussâtre, peu visible, et une autre latérale et
basilaire ; on voit en dessus l'apparence de bandes noirâtres plus marquées sur les derniers segments, et en dessous le milieu du ventre et une
ligne de la même couleur peu visibles ; bord latéral de l'antépénultième
segment, chez la femelle assez fortement dilaté ; bord vulvaire un peu
saillant, échancré, pas sensiblement renflé sur les bords , formant une petite cavité ; segment suivant saillant dans son milieu, avec ses bords latéraux un peu renflés en dedans ; styles un peu plus longs que le dernier,
aigus, un peu obliques. Pattes d'un roux obscur, pâles à la face
inférieure des cuisses antérieures. Ailes transparentes, avec le sommet
légèrement teint de brun roussâtre ; triangle traversé par une seule nervule ; ptérostigma très-grand , d'un brun roux ; membranule petite , brunâtre. Cette description est faite d'après la femelle. Le mâle en diffère
par le sommet du front et le vertex, qui sont d'un violet cuivreux, par une
teinte générale d'un bleu violâtre un peu roussâtre, qui probablement peut
devenir tout à fait bleue.

Cette espèce, qui est très-répandue, habite la Guadeloupe , la Martinique, Cayenne , Cuba.

35. LIBELLULA FLAVIDA, *mihi.*

Favo-rufa; thorace linea supra , maculisque duabus lateralibus
magnis, flavis; alis hyalinis margine antico flavo, apice fuscis ♀ .

Un peu plus petite que la *Lydia* à laquelle elle ressemble beaucoup,
mais ayant l'abdomen plus court, et le bord costal des ailes jaune.
Tête ayant la face d'un jaune roussâtre , plus pâle inférieurement ;
vertex assez élevé, échancré ; occiput avancé, un peu élevé. Thorax roux,
ayant une bande en dessus, qui occupe toute sa longueur, et deux grandes
taches latérales jaunes , le dessous d'un roussâtre très-pâle ; lobe postérieur du prothorax demi-circulaire, entier , peu élevé. Abdomen large,
court, d'un jaune roussâtre , avec une ligne dorsale qui s'arrête au premier segment, et une ligne latérale élargie antérieurement où elle se rapproche un peu de la supérieure et semble se continuer sous les ailes d'un
brun roux ; bords latéraux de l'antépénultième segment assez fortement
dilatés ; bord vulvaire fortement relevé, saillant , échancré , formant un
demi-cercle, ayant les bords renflés et un peu creusés en dessus ; bord du
segment suivant un peu élevé, un peu renflé, cilié, donnant naissance à
une crête longitudinale qui en occupe le milieu , offrant à sa base ,
qui est plus mince, deux petits appendices, et ayant les bords latéraux très-dilatés ; extrémité anale très-obtuse ; styles courts, très-écartés
à leur naissance , très-rapprochés à leur extrémité, légèrement coniques,
moins longs que dans la *Lydia.* Jambes ayant les cuisses roussâtres, avec

une partie du bord antérieur, les tibias et les tarses noirâtres. Ailes assez larges, transparentes, avec le bord costal et la marge antérieure d'un jaune roux, et l'extrémité d'un brun roussâtre, à partir du milieu du ptérostigma, celui-ci jaune, avec le tiers externe brun ; la couleur du bord marginal, étant plus foncée à la base, forme une ligne peu distincte aux supérieures et deux aux inférieures.

Décrit d'après un individu femelle de la collection de M. Marchal.

36. LIBELLULA COSTALIS, *mihi.*

Rufescens; abdomine fascia dorsali nigra antice subnulla; alis margine antico apiceque flavo-rufescentibus, pterostigmate magno, flavo vel rubro.

Cette espèce est nommée *Junia* dans la collection de M. Serville, mais la *Junia* de Drury est un *Æschna;* ayant huit centim. d'envergure et six de long. Tête grosse, avec la face roussâtre, plus pâle inférieurement ; front échancré supérieurement ; vertex élevé, étroit, un peu échancré ; occiput élevé antérieurement. Thorax roussâtre, ayant l'espace interalaire, une ligne antérieure et deux bandes latérales jaunes, plus ou moins marquées ; lobe postérieur du prothorax petit, demi-circulaire. Abdomen trigone, pas sensiblement renflé à la base, un peu atténué dans son milieu, roussâtre, avec une bande dorsale noirâtre, très-étroite ou peu sensible antérieurement ; prolongements de l'extrémité à peu près comme dans les autres ; bord vulvaire fortement relevé et échancré, avec ses côtés vésiculeux, formant une cavité profonde ; bord latéral dilaté, bord antérieur du pénultième saillant, donnant naissance à une crête qui occupe toute sa longueur et va en s'élargissant postérieurement, sur les côtés de laquelle il y a une excavation ; styles peu allongés, se rapprochant à leur extrémité. Pattes en partie rousses, avec la face interne des quatre cuisses postérieures et les tibias d'un roux obscur et les tarses noirâtres. Ailes transparentes ou un peu lavées de roussâtre, un peu brunâtres au sommet, et la marge antérieure d'un jaune roussâtre ; nervures de cette partie rousses ou rougeâtres ; ptérostigma grand (six millim.), jaune ou rouge, bordé de noir ; triangle traversé par deux nervules.

Indiquée de l'Amérique septentrionale.

37. LIBELLULA ANGUSTIVENTRIS, *mihi.*

Cærulea, vel fusco-rufa; alis hyalinis, pterostigmate magno, fulvo; abdomine lineari gracili, triquetro ♂.

Plus grande que la *Cærulescens* et surtout beaucoup plus longue, paraissant devoir être entièrement couverte d'une poussière bleue (couleurs très-altérées). Tête grosse, ayant la face roussâtre inférieurement, d'un brun bleuâtre supérieurement, où elle est fortement échancrée ; vertex peu élevé, échancré, presque bifide ; occiput peu avancé, un peu élevé antérieurement. Thorax d'un brun bleuâtre obscur, avec des marques et deux bandes antérieures rousses ; prothorax ayant le lobe postérieur large, médiocrement élevé, entier. Abdomen long, très-grêle, trigone, peu renflé à la base, noirâtre ; styles grêles. Pattes d'un brun roussâtre obscur, un peu roussâtres à la base et sur la face externe des antérieures ; pièce antérieure des parties génitales avancée en pointe obtuse, ainsi que le lobe génital. Ailes longues, avec le réseau bien marqué, transparentes, ayant le sommet très-légèrement obscurci ; ptérostigma grand (près de six millim.), d'un jaune roux ; membranule petite, d'un blanc un peu jaunâtre ; triangle allongé, traversé par deux nervules : la femelle m'est inconnue.

Habite le Sénégal.

SEPTIÈME GROUPE. — *L. Brachialis*, Beauvois. 4 espèces.

Bords de l'antépénultième segment de l'abdomen dilatés, base fortement renflée chez le mâle ; ailes ayant trois à quatre rangées d'aréoles discoïdales, treize à dix-sept nervules au premier espace costal.

38. LIBELLULA CONTRACTA, *mihi.*

Fusco-rufa; thorace flavo fuscoque variegato ; abdomine nigro maculis flavis, in mare cæruleo, post basim maxime attenuato.

De la taille de la *Cærulescens.* Tête ayant la face d'un jaune roux avec une grande partie des lobes, la lèvre inférieure, le bord de la lèvre supérieure, et une grande partie du front d'un noir bleuâtre ; chez la femelle il n'y a guère qu'une bande frontale, mais qui s'unit avec une bordure noire postérieure, de manière à ne laisser sur le sommet que deux taches fauves ; vertex fortement bifide. Thorax jaune, avec des bandes noires, plus ou moins confluentes sur les côtés, ou noir avec des taches et des bandes jaunes ; quatre taches sur l'espace interalaire ; lobe postérieur du prothorax assez large, élevé, légèrement échancré ou un peu bilobé. Abdomen vésiculeux à la base après laquelle il est fortement étranglé, surtout chez le mâle où il est trigone, déprimé, avec les arêtes très-saillantes ; noir chez la femelle, avec des taches jaunes, savoir, en dessus : une sur le premier et le commencement du second segment, puis par paires, deux sur la fin des premier, second, troisième, quatrième et cinquième ; en dessous il y a d'autres taches, de sorte qu'ensemble elles forment un anneau interrompu ; le troisième segment a une tache de plus sur les côtés, et deux très-petites en dessus antérieurement ; il y en a aussi sur les côtés à la base. Mâle ayant tout l'abdomen, les côtés et le dessus du thorax bleus; appendices de l'extrémité comme à l'ordinaire; styles de la femelle et dernier segment en grande partie jaunes; bord vulvaire, à peine prolongé, échancré. Pattes noires, ayant la face postérieure des cuisses antérieures d'un jaune roux. Ailes très-légèrement teintes de fuligineux, avec la base souvent un peu tachée de jaune aux postérieures, surtout chez la femelle; ptérostigma roux chez cette dernière, noirâtre dans l'autre sexe; quinze à seize nervules au premier espace costal; membranule petite, brune; triangle traversé par une nervule.

Le mâle de la collection de MM. Marchal et Serville, et indiqué de l'île de France; la femelle de Madagascar.

39. LIBELLULA COARCTATA, *mihi*.

Fusco-rufa; abdomine basi inflato, post basim maxime attenuato, triquetro, annulis tribus maculisque flavo-rufis.

De la taille de la *Cyanescens* ou un peu plus grande, se rapprochant pour la forme de la *Lydia*. Tête assez grosse, ayant la face roussâtre, avec les bords de la bouche et une partie du front d'un brun roux; vertex élevé, fortement bifide; occiput assez avancé. Thorax roussâtre, ayant deux bandes brunes vers la partie antérieure, et quelques autres latérales peu marquées, entre lesquelles il y a une ou deux bandes jaunes, plus ou moins visibles; lobe postérieur du prothorax large, assez élevé, cilié, presque échancré dans son milieu, roussâtre. Abdomen assez grêle, renflé, vésiculeux à la base, avec les parties génitales saillantes, très-fortement atténué, surtout dans le mâle, après la base, puis se rélargissant insensiblement, avec l'extrémité un peu atténuée, cette partie complétement trigone et à arêtes saillantes; base roussâtre, traversée par des lignes brunes, une double tache roussâtre à la base du quatrième segment, dans son milieu un anneau de la même couleur, un peu interrompu; le cinquième et le sixième présentant une bande circulaire roussâtre bien marquée, seulement interrompue par le bord latéral et dorsal; le septième en présentant quelquefois une, mais peu marquée ou tout à fait invisible; étant même sur le cinquième et le sixième divisée quelquefois de chaque côté en deux taches, par une ligne brune; bien marquées en dessous et formant cinq larges taches divisées par la partie brune du bord des segments; prolongements de l'extrémité comme à l'ordinaire chez les mâles; chez la femelle, cette extrémité beaucoup plus large, avec le bord latéral de l'antépénultième article fortement dilaté vers son bord postérieur; bords du segment suivant un peu dilatés, roulés en cornet, avec le milieu saillant. Jambes rousses, ayant les tarses, l'extrémité des tibias antérieurs, la face antérieure des quatre cuisses antérieures et l'articulation fémoro-tibiale des postérieures noirâtres. Ailes transparentes, à réseau assez bien marqué; base ayant l'apparence d'une tache roussâtre; ptérostigma d'un roux obscur; membranule brune: triangle traversé par une nervule.

Collection de MM. Serville et Marchal; rapportée de l'île de France par ce dernier.

40. LIBELLULA BRACHIALIS, *Beauvois.*

Flavo-rufa; abdomine basi subampullaca, nigro clathrato; alis hyalinis pterostigmate et posticis macula parva, basali flavis.

Beauv. , *Ins. d'Afr.* et *Amér.*, pl. 2, fig. 3.

De la taille de la *Lydia* (couleurs très-altérées); ressemblant beaucoup aux précédentes pour le dessin de l'abdomen dont la forme se rapproche de la *Cœrulescens;* en différant surtout par la teinte, qui paraît plus rousse; la base de l'abdomen est moins gonflée, il est étranglé après cette base, et se rélargit ensuite en allant vers le milieu; par les bords latéraux de l'antépénultième segment qui sont assez fortement dilatés; bord vulvaire très-différent; styles plus courts, noirs. Ailes ayant une petite tache d'un jaune roussâtre à la base des postérieures, 12 à 14 nervules au premier espace costal; triangle traversé par une nervule.

De la collection de M. Serville, et indiquée d'Afrique.

41. LIBELLULA MARCHALI, *mihi.*

Nigro-subcærulea, submetallica; pterostigmatibus flavis; abdomine post basim angustatissimo ♂.

A peu près de la grandeur de la *Cœrulescens*, mais beaucoup plus grêle. Tête grosse; face ayant la bouche et une partie du front noirs, avec une tache sur les bords latéraux, et les côtés du front jaunes; le sommet très-peu échancré, et d'un bleu métallique; vertex d'un bleu obscur, pas sensiblement échancré; occiput peu avancé, d'un bleu obscur, échancré postérieurement. Thorax d'un noir bleuâtre, un peu métallique, ayant antérieurement deux bandes qui ne vont pas jusqu'à la base des ailes; et au-dessus d'elles, quatre petits traits, dont deux plus grands, trois points sur l'espace inter-alaire, et sur les côtés, six ou sept taches jaunes; lobe postérieur du prothorax très-petit, entier, presque demi-circulaire. Abdomen très-grêle, renflé à la base, surtout en dessous, extrêmement atténué après la base, d'un noir bleuâtre un peu plus mat que le thorax, ayant à peu près 17 taches autour de la base, une paire en dessus à la base du quatrième segment, deux points et deux petits traits à la base du cinquième, deux traits un peu plus grands à la base des sixième et septième, jaunes; styles de forme ordinaire avec la pièce sous-stylaire presque aussi longue qu'eux; parties génitales formant une saillie sous la base de l'abdomen; hameçons se terminant par un crochet en forme d'ergot. Pattes noires.

Ailes assez longues, à réseau bien marqué, un peu enfumées; ptérostigma médiocre, de la couleur du thorax; membranule noirâtre, bordée intérieurement aux inférieures d'un peu de roussâtre.

Elle habite l'île de France, d'où elle a été rapportée par M. Marchal; mais ne connaissant pas la femelle, je ne suis pas bien certain qu'elle se range dans ce groupe.

HUITIÈME GROUPE. — *L. Cœrulescens*, L. 13 espéces.

Bords de l'antépénultième segment de l'abdomen dilatés chez les femelles, base de celui-ci n'étant pas très - fortement renflée. Ailes non tachées ou ayant seulement une tache roussâtre à la base, trois rangées d'aréoles discoïdales.

42. LIBELLULA ANGUSTIPENNIS, *mihi.*

Flavo-rufa; thorace fasciis æneo-cæruleis; abdomine linea laterali subtusque duabus flavis; alis angustis, hyalinis, antice subflavidis ♀.

De la taille de la *Cœrulescens* dont le mâle doit se rapprocher un peu. Tête ayant la face d'un jaune roussâtre, un peu obscur au-dessus de la lèvre supérieure; sommet du front échancré, d'un bleu métallique, vert dans le fond de l'échancrure; occiput assez grand, roux, jaune postérieurement; bord postérieur jaune avec la partie supérieure, et deux lignes noires. Thorax jaune avec des bandes larges d'un vert bleu métallique, dont deux antérieures, deux autres un peu plus en côté, et les deux dernières plus postérieures, séparées des deux précédentes par une bande plus large. Abdomen un peu renflé à la base, un peu comprimé, d'un jaune roux, avec une ligne dorsale peu sensible, une ligne latérale s'élargissant sur la base, et deux lignes en dessous jaunes; ces lignes sont interrompues à chaque segment, par deux lignes latérales et le bord postérieur des segments, qui se dilatent et envahissent une partie des deux avant-derniers segments en dessus; bord latéral de l'antépénultième trèsdilaté (abdomen en partie brisé), noir. Pattes d'un brun roux avec la face interne des antérieures, et en partie celle des intermédiaires jaunâtres. Ailes étroites, très-étroites à la base, transparentes, un peu roussâtres au bord antérieur; ptérostigma assez grand, d'un roux obscur, pâle; quatorze à quinze nervules au premier espace costal; membranule brunâtre, excessivement courte aux inférieures; triangle court, traversé par une nervule, sommet un peu brunâtre.

Collection de M. Serville, et indiquée de Cuba.

43. LIBELLULA OBSCURA, *mihi*.

Fusco-rufa (fœmina), vel cœrulea (mas); abdomine supra fasciis duabus nigris; alis angustis, hyalinis, apice tenuiter infuscatis.

A peu près de la taille de la *Cœrulescens*, mais ayant les ailes et le ventre plus longs (couleurs altérées). Tête assez grosse, avec la face jaune, teinte de brun roux au front qui est échancré; vertex large, assez élevé, très-rétréci à l'extrémité, qui est un peu échancrée. Thorax épais, d'un brun rougeâtre obscur, couvert d'une poussière bleuâtre, laissant des parties rougeâtres ou noirâtres. Abdomen assez étroit, déprimé, un peu triangulaire, ensiforme chez le mâle où il parait être extérieurement couvert d'une poussière bleue, qui, enlevée, laisse voir une teinte rougeâtre, avec une bande noirâtre en dessus, vers les côtés, se joignant avec celle du côté opposé à l'extrémité de chaque segment; il y a aussi une tache de chaque côté, à l'extrémité des segments, et le milieu du ventre noirâtres, les trois derniers noirs en dessus, prolongements de l'extrémité comme à l'ordinaire; chez la femelle, ventre plus épais, un peu dilaté à l'extrémité; bord vulvaire entier, peu élevé, ne formant qu'une petite cavité, à peine renflé sur les côtés, le même segment ayant les côtés dilatés en forme d'ailes beaucoup plus que chez la *Cœrulescens*, le suivant ayant son milieu élevé en crête obtuse avec une petite dépression à la base. Pattes d'un noir rougeâtre, rougeâtres à la base. Ailes longues et étroites, à réseau bien sensible, les antérieures ayant les deux bords opposés presque parallèles, transparentes ou un peu lavées de brun roussâtre, un peu brunâtres au sommet; ptérostigma assez grand, d'un noir un peu roussâtre; triangle allongé, traversé par une nervule.

Des Indes.

44. LIBELLULA CÆRULANS, *mihi*.

Pallidè cœrulea; abdomine gracili triquetro, carinato, in medio attenuato, stylis flavis; pedibus nigris, femoribus anticis subtus flavis.

De la taille de la *Cœrulescens*, et lui ressemblant beaucoup, mais bien distincte. Tête ayant la face et le vertex jaunes, celui-ci échancré, un peu bifide; bord postérieur jaune, taché de noir. Thorax bleu; un peu jaune sur les côtés postérieurement; prothorax presque comme chez la *Cœrulescens*, un peu renflé vers les côtés. Abdomen peu déprimé, trigone et en carène en dessus, un peu renflé à la base, rétréci vers son milieu, peu atténué à l'extrémité, dont les appendices sont à peu près comme chez la *Cœrulescens*; styles jaunes; pièces des parties génitales différant beaucoup de celles de ses congénères. Pattes d'un noir foncé avec la face nférieure des antérieures jaune. Ailes un peu plus longues et plus étroites que chez la *Cœrulescens,* un peu brunâtres à la marge externe, vers l'extrémité. Cette espèce se distingue de suite à la forme de son abdomen, et à la couleur des styles et des pattes antérieures.

De Philadelphie, et indiquée de Paris, sans doute par erreur, dans la collection de M. Serville.

* 45. LIBELLULA CÆRULESCENS, *Fabricius.*

Pallide cærulea; abdomine triangulari, lato; alis hyalinis, pterostigmate fulvo (mas); flavo-rufescens fasciis pallidioribus, pterostigmate flavo (femina).

Fabr., *Ent. syst,* Suppl., p. 284, 18-19.— Schæff., II, tab. 174, fig. 1 et III, tab. 206, fig. 1.—Vanderl., *Monogr.*, p. 12, n° 5.—Charp., *Hor. Ent.*, p. 46.—Burm., *Handb. der Ent.*, II, p. 879, n° 69.—Sel, *Monogr. Lib.*, p. 38, n° 8. — Fonscol., *Ann. soc. Ent.*, VI, p. 137, n° 4, p. 5, fig. 1, 2, et p. 141, pl. 6, fig. 3. *L. Brunnea.*

Un peu plus petite que la *Cancellata;* mâle d'un roux obscur lorsqu'il vient de paraître, se couvrant entièrement ensuite d'une poussière bleuâtre. Tête ayant la face d'un jaunâtre obscur inférieurement, bleuâtre supérieurement où elle est rugueuse et échancrée, avec une petite ligne saillante vers les côtés, un peu bordée de noirâtre postérieurement et latéralement; vertex un peu renflé, assez rétréci à l'extrémité où il est un peu échancré, ayant deux petites pointes; occiput assez large, très-avancé, d'un roux obscur; ayant l'angle antérieur élevé, avec la ligne enfoncée postérieure, peu sensible; bord postérieur d'un roux obscur supérieurement, avec des marques plus foncées, jaune inférieurement. Thorax légèrement velu, roussâtre sur la poitrine, ayant deux lignes fines, et le commencement d'une troisième peu visible, noirâtres; lobe postérieur du prothorax médiocrement élevé, assez large, sinué dans son milieu, mais pas sensiblement échancré. Abdomen trigone à peine renflé à la base, atténué à l'extrémité, un peu élargi dans son milieu, un peu roussâtre en dessous; styles médiocrement longs, presque cylindriques, ayant en dessous un bord un peu saillant avec des dentelures courtes et épaisses; pièce sous-stylaire un tiers moins longue qu'eux, large, très-courbée, à bords très-rabattus, bifide à l'extrémité, noire ou un peu roussâtre dans son milieu; pièce antérieure des parties génitales très-saillante, un peu rétrécie après son milieu, pas sensiblement échancrée; hameçons creusés; branche interne plus élevée que l'externe, ayant un petit crochet dont la pointe est tournée en dehors et en haut; branche externe canaliculée, arrondie, peu élevée, en forme de lobule; lobe génital arrondi, ayant le bord un peu saillant au milieu. Pattes noirâtres avec la base extérieurement, et les épines du bord externe de l'extrémité des tibias antérieurs jaunâtres, et quelquefois la face postérieure des intermédiaires roussâtres. Ailes transparentes, ayant quelquefois la nervure costale, et quelques nervules jaunâtres; ptérostigma assez petit, non élargi dans son milieu, roux ou d'un jaune roux; membranule blanche; triangle traversé par une nervule. Femelle d'un jaune roussâtre plus ou moins obscur, quelquefois saupoudrée d'un peu de poussière bleuâtre, surtout sous le ventre. Thorax ayant sur les côtés deux bandes un peu blanchâtres, et antérieurement deux lignes noires outre celles des côtés; bord latéral, dorsal, celui des segments et un petit trait transverse avant ce bord en dessus, qui quelquefois est réduit à deux petits points, milieu du ventre, noirâtres. Pattes roussâtres, avec la face interne des tibias et la plus grande partie des tarses noirâtres. Ailes comme chez le mâle, mais le ptérostigma plus jaune et plus grand; extrémité de l'abdomen beaucoup moins atténuée; bord latéral de l'antépénultième segment dilaté (ce qui caractérise les femelles dans ce groupe), bord vulvaire peu saillant, formant une petite cavité, un peu échancré, mais largement, ou comme un peu tronqué obliquement avec les côtés un peu saillants inférieurement.

Se trouve en juin et juillet dans une grande partie de l'Europe; commune dans les environs de Paris. Elle a les mœurs de la *Cancellata;* elle vole rapidement au bord des étangs, et se pose fréquemment sur les chemins et les terrains sans herbe.

* 46. LIBELLULA BÆTICA, *mihi.*

Pallide cœrulea; abdomine triquetro, attenuato, subtus apice flavido; alis hyalinis, pterostigmate luteo ♂.

Presque semblable pour la forme à l'*Olympia*, mais se rapprochant de la *Cœrulescens* par la ressemblance d'une partie des pièces génitales et paraissant constituer une espèce distincte. Tête plus grosse que chez la *Cœrulescens*, ayant le vertex moins rétréci au sommet, fortement échancré, plus que dans l'*Olympia*. Thorax jaunâtre en dessous, grêle, plus allongé et plus mince que chez les précédentes; hameçons plus saillants que chez la *Cœrulescens*, assez fortement échancrés à l'extrémité, qui est divisée, ayant la branche interne bien plus saillante que l'autre, formant un crochet comme chez la *Cœrulescens*, mais à pointe plus longue, avec la tige plus épaisse, plus courte; branche externe, large, évasée, peu élevée, se confondant presque avec la base et séparée de l'interne, seulement par une sinuosité et non par une échancrure; lobe postérieur peu élevé, ayant le bord un peu saillant; appendices de l'extrémité plus longs que dans les autres, dessous de l'extrémité abdominale jaune, ainsi que la pièce sous-stylaire. Pattes noirâtres, ayant la face supérieure des cuisses et celle des tibias intermédiaires jaunâtres. Ailes transparentes, ayant la plus grande partie de la nervure médiane, de la costale et un certain nombre de nervules jaunes ; ptérostigma plus grand que chez la *Cœrulescens*, un peu élargi dans son milieu, jaune, avec le bord noir supérieur plus large que chez les autres espèces ; triangle traversé par une nervule ; membranule blanche ; bord vulvaire chez la femelle offrant une échancrure assez profonde et étroite, avec les angles un peu saillants, épaissis ; styles plus longs, s'a mincissant plus brusquement à l'extrémité.

J'ai pris cette espèce en Espagne, dans les environs de Malaga, et je dois à l'obligeance de M. le marquis de Brême deux individus venant de la Sicile.

* 47. LIBELLULA DUBIA, *mihi.*

Thorace olivaceo - fuscescenti ; abdomine triquetro - carinato cœ-ruleo ; alis hyalinis , apice infuscatis.

Très-près de l'*Olympia*, et n'en étant peut-être qu'une variété. Tête un peu plus petite, ayant la lèvre inférieure et une partie des lobes noirâtres. Thorax d'un brun olivâtre, avec deux taches bleues sur les côtés et quelques lignes noirâtres. Abdomen linéaire, atténué vers l'extrémité, trigone, caréné, bleu, un peu roussâtre en dessus ; pièces des parties génitales presque semblables ; l'antérieure un peu plus courte, fendue, moins échancrée ; hameçons plus larges, plus évasés, branche externe, un peu creusée en gouttière, avec le bord arrondi et relevé, l'interne formant un très-petit crochet ; lobe génital plus court, plus arrondi ; appendices anals à peu près semblables. Ailes transparentes à réseau très-prononcé, d'un brun roussâtre à l'extrémité et les nervules, surtout extérieurement, bordées de la même couleur ; ptérostigma et membranule semblables ; triangle traversé par une nervule. Pattes noires avec la partie basilaire de la face supérieure roussâtre.

Décrite d'après un mâle dont j'ignore la patrie, mais qui vient, je crois, du midi de l'Europe.

* 48. LIBELLULA OLYMPIA, *Fonscolombe.*

Pallide cœrulea ; abdomine triquetro, lineari, alis hyalinis, apice subfuscescentibus, pterostigmate luteolo (mas), luteo - rufescenti (femina).

Fonscol., *Ann. de la soc, Ent. de Fr.*, VI, p. 136, n° 3, pl. 5, fig. 2.—Sel. *Monogr, Lib.*, p. 40, n. 6.

Presque complétement semblable à la *Cœrulescens*, mais paraissant distincte ; un peu plus petite, plus grêle, surtout l'abdomen, qui est plus d'un tiers moins large. Tête ayant le vertex beaucoup plus échancré, bifide. Thorax un peu moins saupoudré de poussière bleuâtre et laissant voir quelques parties roussâtres ; les diverses pièces des parties génitales offrant des différences bien notables ; pièce antérieure plus saillante, plus étroite à son extrémité, dont les bords sont rabattus, et qui est échancrée et fendue; hameçons creusés en gouttière, étroits, ayant les branches à peine séparées, l'interne grêle ne formant pas de crochet sensible et pas plus saillante que l'externe; lobe génitale un peu tronqué, presque échancré, pièces anales à peu près semblables, mais la pièce sous-stylaire, un peu plus étroite vers l'extrémité. Ailes un peu brunâtres au sommet, avec le réseau plus sensible. Pattes ayant la face supérieure des cuisses presque entièrement roussâtre. On distinguera la femelle, de celle de la *Cærulescens*, par son abdomen plus étroit, par le vertex plus échancré et le ptérostigma plus grand.

Dans les environs de Paris, et surtout dans le Midi pendant l'été. Je rapporte à cette espèce un individu femelle pris à Paris, qui est d'une teinte jaune, ainsi que le bord antérieur des ailes, surtout vers la base. M. Géné m'en a communiqué un autre semblable pris par lui en Sardaigne. C'est à M. de Fonscolombe qu'on doit la séparation de cette espèce.

* 49. LIBELLULA SARDOA, *mihi*.

Pallide cærulea, abdomine triquetro, sublato; alis hyalinis, pterostigmate fulvo (mas), rufescenti (femina).

Complétement semblable à la *Cærulescens*, et n'en étant peut-être qu'une variété; pièce sous-stylaire plus large, surtout vers l'extrémité, qui est profondément échancrée (seulement bimucronée dans la *Cærulescens* et à peine échancrée); parties génitales un peu différentes; pièce antérieure plus courte; hameçons moins dilatés, moins larges, faits un peu différemment, branche interne formant aussi un petit' crochet, mais plus petit, l'externe offrant un angle interne beaucoup plus saillant; enfin lobe génital moins arrondi, beaucoup plus étroit, presque tronqué, non creusé vers son bord antérieur; femelle différant peu, dilatation de l'antépénultième segment moindre, bords ayant des dentelures plus nombreuses; bord vulvaire n'étant pas échancré; styles plus épais, pièce du dessus de l'anus plus avancée, plus étroite, formant une saillie arrondie à l'extrémité, beaucoup plus sensible.

Habite la Sardaigne; découverte par M. Géné. Il faudrait voir plusieurs individus pour s'assurer si les différences organiques que j'ai signalées ne sont pas accidentelles.

50. LIBELLULA AZUREA, *mihi*.

Flavo-rufescens; thorace striga humerali fusca; vulvæ margine inciso; alis hyalinis basi late flavidis, pterostigmate obscure flavido ♀.

Ressemblant beaucoup à la *Cærulescens*, et presque complétement semblable à l'*Olympia*; d'un jaune roussâtre ou un peu ferrugineux,

Front ayant deux impressions plus marquées, bordées extérieurement par une ligne élevée. Thorax d'un jaune obscur, ayant une bande jaune sur l'espace inter-alaire, et antérieurement deux autres plus obscures, presque confondues, bordées extérieurement par une bande d'un brun roux, formant deux lignes noirâtres sur ses bords. Abdomen d'un jaune ferrugineux, ayant les incisions, les arêtes en dessous, le milieu du ventre et deux petites taches postérieures sur chaque segment noirs, base ayant de chaque côté une bande brune; bord latéral du huitième segment assez fortement dilaté, noirâtre; bord vulvaire un peu plus échancré que chez l'*Olympia*, mais les angles de l'échancrure n'étant point saillants ni renflés, seulement le bord s'épaissit un peu après; styles un peu plus courts, à peu près comme chez la *Cærulescens*; pièce sus-anale en dessus un peu comprimée avant son extrémité, un peu plus saillante, jaune. Pattes ayant les cuisses roussâtres, avec une ligne interne noire; tibias noirs avec une ligne externe roussâtre, tarses noirs. Ailes transparentes, ayant une très-légère teinte jaunâtre, base colorée de jaune dans une étendue assez large, surtout sensible sur le deuxième espace huméral et le médian et le long des nervules; ptérostigma jaune, légèrement bordé de noirâtre antérieurement; douze nervules au premier espace costal; membranule petite, blanchâtre, bordée de brun.

Le mâle m'est inconnu; de Madagascar.

51. LIBELLULA FASCIOLATA, *mihi*.

Flavo-rufescens; thorace antice fasciis duabus lateralibusque læte flavis; abdomine subtus utrinque linea fusca; alis hyalinis, pterostigmate flavo ♀.

De la grandeur de la *Cærulescens* et très-près de l'*Olympia*. Tête ayant la face d'un blanc jaunâtre, avec la bouche avancée; front échancré supérieurement, ayant deux impressions triangulaires; vertex presque bifide, médiocrement élevé, jaune, avec une ligne noire sur les côtés qui descend le long des yeux. Thorax roussâtre, avec deux bandes antérieures et deux autres latérales jaunes, bien tranchées et bordées de brun. Abdomen trigone, roux, ayant une ligne longitudinale vers les côtés, une partie du bord des segments et le bord latéral noirs, bords latéraux de l'antepénultième segment peu dilatés, ceux du suivant dilatés, roulés en dedans, le centre du même segment en carène; bord vulvaire non saillant. Pattes roussâtres, avec les tarses un peu bruns. Ailes transparentes, ayant le bord costal jaune antérieurement, la nervure médiane, et la plus grande partie de ses nervules roussâtres; ptérostigma jaune, bordé inférieurement par une nervure double; onze à douze nervules au premier espace costal. Triangle traversé dans son milieu par une nervule, membranule brune.

Collection de M. Serville, et indiquée du Cap.

52. LIBELLULA CYANEA, *Fabricius.*

Cærulæa ; alis hyalinis , pterostigmate flavo externe nigro , linea basali fusco-rufa ♂ .

Fabr., *Ent. syst*, II, p. 381, n. 36.

De la taille de la *Cærulescens*. Tête ayant la face noirâtre avec des parties roussâtres ; vertex assez élevé, bimucroné ; occiput assez grand, élevé, très-avancé. Thorax d'un bleu un peu rougeâtre. Abdomen trigone, un peu atténué dans son milieu. Pattes noirâtres. Ailes transparentes, ayant le deuxième espace huméral d'un jaune roussâtre ; ptérostigma un peu dilaté dans son milieu, jaune, avec son extrémité externe, le bord du sommet de l'aile et une ligne à la base d'un noirâtre roussâtre ; seize nervules au premier espace costal ; membranule brune, un peu blanchâtre au sommet.

Collection du Muséum, sans indication de patrie. Indiquée d'Amérique par Fabricius.

53. LIBELLULA CONGENER , *mihi.*

Rufa ; thorace lateribus lineis nigris flavisque alternis ; abdomine supra fasciis duabus nigris ; alis angustis, elongatis, apice fusco-rufescentibus.

De la taille à peu près de la *Ferruginea*, mais ayant les ailes plus longues et plus étroites. Tête ayant la face jaune, avec une bande sur la bouche et le bord antérieur de la lèvre supérieure noirs ; sommet du front rugueux, d'un bleu métallique, échancré ; vertex assez élevé, d'un bleu obscur ; occiput étroit, peu avancé, d'un bleu obscur, ayant sa pointe antérieure élevée, une ligne enfoncée et une double tache jaune postérieurement ; bord postérieur noir avec quatre taches jaunes , dont la supérieure très petite, l'inférieure grande. Thorax roux en dessus et antérieurement , où l'on voit une bande jaune un peu interrompue, côtés traversés par trois lignes noires, dont deux bifides, et par quatre lignes jaunes placées alternativement ; lobe postérieur du prothorax extrêmement petit, à peine élevé, un peu sinué. Abdomen court, trigone, plus épais vers la base, qui n'est nullement renflée, un peu atténué avant l'extrémité , fauve , ayant en dessus deux bandes rapprochées, les bords , en dessous une petite tache de chaque côté à l'extrémité de chaque segment, et le bord de ceux-ci noirs ; bord latéral de l'antépénultième segment très-dilaté, noir ; bord vulvaire peu élevé, noir, ainsi que tout le milieu du segment ; le suivant ayant les bords un peu dilatés, un peu roulés en cornet, et le milieu formant une côte saillante, hérissée de poils peu serrés ; styles noirs. Pattes noires , avec la base un peu roussâtre et le bord postérieur des cuisses antérieures jaune. Ailes longues, étroites, avec le réseau assez bien marqué, ayant une petite tache d'un

brun roux au sommet; ptérostigma médiocre noir; membranule petite, brunâtre.

Ancienne collection Latreille, et sans indication de patrie.

54. LIBELLULA RUFA, *mihi*.

*Rufa; interdum thorace abdominisque basi suprà fascia flava;
alis interdum ad apicem subinfuscatis, posticis basi macula, anticis
subnulla flavida, pterostigmate parvo, flavo vel fulvo.*

De la taille de la *Cancellata*. Tête ayant la face rousse inférieurement,
pâle et légèrement obscure supérieurement, où elle est échancrée; bouche
et front très-saillants; vertex assez élevé, légèrement bifide; occiput très-
large, très-avancé chez le mâle, avec les yeux très-rétrécis à leur extrémité supérieure, ce qui est beaucoup moins sensible chez la femelle.
Thorax roux, ayant antérieurement, de chaque côté, une bande plus
obscure, et dans le mâle une bande dorsale jaune, qui se prolonge sur
la base de l'abdomen; lobe postérieur du prothorax assez élevé, asse
large, légèrement échancré, cilié. Abdomen (chez les trois individus que
j'ai sous les yeux, l'abdomen manque en grande partie, et je ne suis pas
même convaincu que les deux sexes appartiennent à la même espèce)
non renflé à la base, trigone, paraissant un peu atténué vers son
milieu, roux. Parties génitales du mâle ayant les hameçons, à branches divariquées un peu, comme chez la *Vulgata*; et le lobe génital très-allongé, presque linéaire, obtus. Pattes rousses, ayant les
tarses, la face antérieure des tibias antérieurs et une partie de la même
face des mêmes cuisses, les tibias postérieurs et l'extrémité de la face
inférieure des mêmes cuisses, noirâtres, moins foncés chez le mâle.
Ailes transparentes, un peu obscurcies vers l'extrémité et le bord postérieur, à l'exception de la base chez la femelle, ayant une très-petite
tache basilaire d'un jaune roux, presque invisible aux antérieures; chez
le mâle entièrement transparentes, à réseau moins marqué, et la tache
de la base, surtout aux postérieures, beaucoup plus grande, et prolongée
postérieurement; ptérostigma petit, d'un jaune roux; nervures rougeâtres chez le mâle, où la membranule est beaucoup plus étroite et
plus obscure.

La femelle de la collection de M. Serville et sans patrie; le mâle de
la collection du comte Dejean, et noté de Java par Latreille. Je crains
d'avoir compris deux espèces dans cette description; je ne suis pas
même certain que la *Rufa* appartienne à ce groupe.

NEUVIÈME GROUPE.—*L. Ferruginea*, Vanderl. 36 espèces.

Ailes non élargies à la base des postérieures, le plus souvent
sans taches sur le disque. Trois rangées d'aréoles discoïdales (à

l'exception de la *L. dimidiata* qui quelquefois en a quatre). Dix à quinze nervules au premier espace costal (à l'exception de la *Bivittata* qui en a dix-sept). Base ayant souvent aux postérieures une tache roussâtre, quelquefois brune.

A. Ailes ayant la base ou une grande partie des quatre plus ou moins largement noirâtre, ou ayant une bande semblable sur le disque.

B. Ailes ayant deux lignes brunes à la base, ou avec une tache aux postérieures.

C. Ailes sans aucune tache ou ayant seulement une tache rousse ou brunâtre à la base des postérieures, ou le sommet brunâtre.

D. Ptérostigma brun, en partie blanchâtre. Ailes ayant souvent une ligne brune à la base.

A

55. LIBELLULA EQUESTRIS *Fabricius.*

Fusca; fascia dorsali flava; alis interius fusco - violaceis, vel viridibus, externe hyalinis, fascia media albida, transversa ♂.

Fabr. , *Ent. sys.*, II, p. 379, n° 25. — Burm. *Handb.*, *der Ent.*, II, pag. 855, n° 42. —Drur., II, p. 83, pl. 46 f. 3. L. Tullia.

Plus petite que la *Vulgata.* Face brunâtre, ayant le sommet violâtre. Thorax brunâtre, plus foncé en dessus, pâle en dessous, ayant une bande dorsale jaune qui se continue sur le dessus de l'abdomen jusqu'au pénultième segment; lobe postérieur du prothorax presque carré. Abdomen brun ou noirâtre, avec le prolongement du dernier segment jaune. Pattes d'un roux obscur. Ailes ayant un peu plus de la moitié interne d'un brun roussâtre, avec un reflet quelquefois d'un verdâtre cuivreux, et d'autres fois d'un noir bleuâtre, teinte qui se termine d'une manière arrondie extérieurement, ou elle est bordée par une bande blanche; immédiatement après il y a un espace sur lequel le réseau est d'un blanc jaunâtre; ptérostigma brun; triangle assez grand; trois à quatre rangées d'aréoles discoïdales; membranule brune.

Collection du Muséum et de M. Serville, indiquée de Chine; par Fabricius, de l'Afrique équinoxiale, et par Drury, de Bombay. Je n'ai vu que des mâles.

56. LIBELLULA LINEATA, *Fabricius*.

Flava; thorace abdomineque suprà fasciis duabus nigris; alis
fascia media, apice secundoque spatio humerali fuscis, dimidiâ
parte interna flavidis, et inter fascias hyalinis ♀.

Fabr., *Ent. syst.*, II, p. 375, n° 7.

Je pense qu'elle n'est que la femelle de l'*Equestris*. Près de moitié plus petite que la *Vulgata*. Tête ayant la face jaune, front très-
peu saillant, peu échancré; vertex large, obtus, pas sensiblement
échancré; occiput très-avancé, jaune; bord postérieur jaune, avec deux
lignes rousses. Thorax jaune, ayant deux bandes supérieures d'un brun
roux; lobe postérieur du prothorax étroit, assez saillant, rétréci postérieurement, légèrement échancré. Abdomen un peu renflé vers le milieu, presque cylindrique, jaune, avec deux bandes en dessus vers les côtés,
et une grande partie du dessous noirâtres. Pattes jaunes, ayant une bande
antérieure et les tarses d'un brun roussâtre. Ailes assez larges, arrondies
à l'extrémité, ayant une bande médiane qui n'atteint pas le bord postérieur, l'extrémité et l'espace sous-costal d'un brun roussâtre, la moitié
interne d'un jaune roussâtre, et la portion qui est entre la bande
et le sommet transparente, un peu blanchâtre, avec les nervures et
les nervules jaunâtres; ptérostigma assez grand, d'un brun roux; onze
nervules au premier espace costal; membranule d'un blanc un peu sale.

Collection du Muséum, sans indication de patrie. Indiquée de l'Inde
par Fabricius.

57. LIBELLULA COMMUNIMACULA, *mihi*.

Nigro-fusca, fascia dorsali rufa; alis hyalinis basi latissime
nigro-subviolaceis.

Très-près de l'*Equestris*, dont elle n'est peut-être qu'une race.
Face noirâtre, front d'un noir violet. Corps noirâtre ayant en dessus
une bande d'un roux obscur qui ne va pas jusqu'à l'extrémité de l'abdomen; appendices anals jaunes. Pattes noires. Ailes ayant le tiers interne au moins, d'un brun noirâtre, avec un reflet violet; ptérostigma
d'un roux un peu obscur; onze nervules au premier espace costal.
Différant surtout de l'*Equestris* par les ailes plus étroites, et par les
nervules entre la grande tache de la base et le ptérostigma qui ne sont
pas d'un blanc jaunâtre.

58. LIBELLULA UMBRATA, *Linné*.

Fusco-rufescens; alis hyalinis fascia transversa latissima, ptero-
stigmateque magno, nigro-rufescentibus.

Linn., *Syst. Nat.*, II, p. 903, n° 13.—Fabr., *Ent. syst.*, p. 378, n° 21.—

Burm., *Handb. der Ent.*, II, p. 856, n° 48, et pag. 855, n° 45, *L. Fallax*, var? et n° 46, *L. Subfasciata?*—Géer, *Ins.*, III, p. 557, n° 3 , tab. 26 , fig. 4, *Lib. Unifasciata*.

Variant sensiblement pour la taille ; ordinairement un peu plus grande que la *Vulgata*. Tête ayant la face d'un brun roussâtre, plus ou moins obscur ; vertex épais, légèrement échancré ; occiput avancé, élevé antérieurement. Thorax d'un jaune verdâtre, un peu obscur, avec deux ou trois lignes latérales noires , s'élargissant beaucoup sur les bords de la poitrine, qui est en grande partie de cette couleur ; lobe postérieur du prothorax étroit, assez saillant, entier. Abdomen trigone , à peu près d'égale grosseur partout , noir, ayant de chaque côté , en dessus une série de taches jaunes qui se réunissent sur la base , et ne dépassent pas le septième segment ; styles et pièce sous-stylaire jaunes , noirâtres au sommet, celle - ci presque aussi longue qu'eux. Pattes noirâtres. Ailes transparentes , ayant une large bande transverse , d'un brun roussâtre qui commence au milieu de l'aile , et s'étend jusqu'au ptérostigma, leur extrémité quelquefois un peu brune ; base des inférieures légèrement tachée de jaune roussâtre qui descend le long de la membranule ; ptérostigma grand , d'un noir roussâtre ; triangle étroit, traversé par une nervule ; dix à onze nervules au premier espace costal ; membranule brunâtre.

Elle se trouve à Cayenne, à la Martinique , à Cuba et à Surinam.

59. LIBELLULA INFUMATA , *mihi*.

Obscure cœrulescens; alis hyalinis fascia latissima fusco-rufa, reticulata, pterostigmate magno, obscure flavo.

Paraissant ressembler beaucoup à l'*Umbrata*, mais bien distincte. Tête petite, ayant la face jaune inférieurement, noirâtre postérieurement ; vertex épais, presque arrondi , bimucroné ; occiput assez petit , élevé antérieurement ; bord postérieur blanchâtre. Thorax d'un bleuâtre obscur, fortement échancré antérieurement ; lobe postérieur du prothorax peu saillant, presque carré , pas sensiblement échancré. Abdomen (manquant en grande partie) d'un noir un peu bleuâtre , avec des taches jaunâtres latérales. Ailes (les supérieures manquent) incolores, ayant une bande très-large, dont le bord externe dépasse le commencement du ptérostigma , d'un brun roussâtre, réticulée de parties plus claires ; ptérostigma grand , d'un jaune obscur. Pattes grêles , rousses , avec l'extrémité des cuisses, une grande partie de la face externe des cuisses antérieures et intermédiaires , la face inférieure des tibias et les tarses noirâtres.

Collection du comte Dejean , et indiquée par Latreille, du Brésil.

B.

60. LIBELLULA BIVITTATA, *mihi.*

Thorace nigro, fasciis duabus flavis; abdomine rubro, apice nigro, segmento octavo punctis duobus rubris; alis hyalinis, lituris duabus baseos fuligineis ♀.

Plus grande que la *Quadrimaculata.* Face en grande partie d'un noir roussâtre, avec quelques marques, une ligne transverse au bas du front, qui s'élargit en deux taches latérales jaunes; dessus du front un peu échancré, d'un bleu métallique obscur; vertex d'un noir bleuâtre, échancré, un peu bifide; bord postérieur noirâtre supérieurement, jaunâtre extérieurement dans sa moitié inférieure. Thorax noirâtre, ayant en avant l'apparence de deux taches jaunâtres, et sur les côtés deux bandes jaunes, dont une tout à fait postérieure et un peu plus large; lobe postérieur petit, peu élevé, un peu arrondi. Abdomen large, épais, trigone, rouge, avec les arêtes, le milieu du ventre dans sa longueur et les trois derniers segments noirs, le huitième avec deux points rouges antérieurement en dessus; l'antépénultième très-légèrement dilaté sur ses bords; bord vulvaire bilobé. Pattes noires. Ailes arrondies à l'extrémité, qui est finement brunâtre, les inférieures larges dans leur milieu, ayant toutes les quatre à la base, deux lignes d'un brun roux dont l'antérieure plus longue, on voit un peu de cette couleur le long de la membranule, celle-ci petite, brunâtre; ptérostigma d'un noir un peu roussâtre; dix-huit nervules au premier espace costal; triangle large, traversé par une nervule.

Je ne connais que la femelle de la collection du Muséum.

61. LIBELLULA DEPLANATA, *mihi.*

Villosa, flavo-rufa; thorace antice fasciis duabus flavis externe fusco marginatis; abdomine rufo, fascia dorsali nigra; alis hyalinis basi anticis lineis duabus, posticis macula flavo divisa fusco-rufis.

Ressemblant un peu à la *Depressa*, mais n'ayant que cinq centim. d'envergure et trois et demi de long. Corps velu, d'un jaune roux. Tête ayant la face velue et roussâtre, rugueuse et échancrée supérieurement; vertex brun, médiocrement élevé, large, un peu déprimé, avec l'apparence de deux petites saillies; occiput de grandeur ordinaire, jaunâtre; bord postérieur roussâtre, avec deux marques brunes. Thorax d'un jaune roussâtre, ayant en devant deux bandes jaunes bordées extérieurement par une bande brune, et entre lesquelles il est d'un brun roussâtre. Abdomen fauve, avec une bande dorsale noire, formée de taches triangulaires, qui disparaît sur les premiers segments; bord latéral noir ainsi que celui des segments en dessus; styles du mâle médiocrement longs, peu renflés, en massue, denticulés en dessous; pièce sous-stylaire presque aussi grande qu'eux, courbée, avec ses bords rabattus et presque dilatés, et son extrémité bimucronée; styles de la femelle courts et ne dépassant pas sensiblement la saillie de l'extrémité anale qui est assez prononcée. Ailes transparentes, les supérieures ayant deux lignes basilaires, et les postérieures une tache d'un brun roux, la tache séparée en deux par une bande jaune; membranule courte, blanchâtre; ptérostigma long. Pattes rousses, plus obscures à l'extrémité.

De la collection de M. Serville, où elle est indiquée de l'Amérique septentrionale. Les yeux ont un petit prolongement au bord postérieur comme dans les *Cordulia*, mais le premier espace costal présente beaucoup plus de nervules que dans les espèces de ce genre, le ptérostigma est plus long, et le triangle qui est traversé par une nervule est plus étroit.

* 62. LIBELLULA CONSPURCATA, *Fabricius*.

Villosa, obscure rufescenti; thorace obscure flavo-rufescenti vel fusco-rufescenti; abdomine in mare Cœruleo, in femina rufo, fascia dorsali nigra; alis basi lineola maculaque posticis nigro-rufis.

Fabr. *Ent. syst.*, suppl. p. 283, 1-2. — Vanderl., *Monogr.*, p. 8, n° 2.—Charp., *Hor. Ent.*, p. 42.—Burm., *Handb. der Ent.*, II, p. 860, n° 71. — Fonscol, *Ann. soc. Ent.*, VI, p. 132, *L. Cœrulescens*, var.— Sel., *Monogr. Lib.*, p. 35, n° 3. — Swamm., *Hist. Ins.*, tab. 8, fig. 6.— *Harr. Expos. Ins.*, tab. 46, fig. 2.

De la même grandeur que la *Quadrimaculata*. Tête ayant la face d'un roux obscur ou d'un brun un peu bleu, surtout au sommet, qui est échancré, déprimé antérieurement; vertex de la même couleur, légèrement échancré, avec les angles un peu saillants; occiput médiocrement grand, un peu creusé postérieurement; bord postérieur noirâtre ou d'un roux obscur. Thorax couvert d'un épais duvet noir roussâtre ou seulement roussâtre, ayant l'apparence d'une bande brune sur les côtés antérieurement. Abdomen d'un roux noirâtre, bleu chez le mâle en dessus, à l'exception des deux ou trois derniers segments, d'un jaune roux obscur chez la femelle, avec une bande dorsale noire qui disparaît sur les premiers segments, blanchâtre en dessous; styles du mâle d'un noir bleuâtre, assez courts, en massue et pointus, denticulés en dessous; pièce sous-stylaire plus courte qu'eux, un peu courbée, avec ses bords un peu rabattus et creusés, bifide à l'extrémité;

styles de la femelle très-courts ; ouverture vulvaire, présentant deux tubercules arrondis. Ailes transparentes, ayant une tache aux inférieures d'un noir roussâtre, et souvent une autre d'un brun roux à leur sommet ; membranule petite et obscure ; ptérostigma assez petit, noir ; triangle traversé par une et quelquefois par deux nervules.

Rare dans les environs de Paris, mais fort commune au printemps dans le midi de la France, et ayant les mêmes mœurs que la *Depressa;* elle a aussi été prise au Mans par MM. Blisson et Anjubault.

C.

* 63. LIBELLULA CANCELLATA. *Linné.*

Flava vel flavo-grisea; abdomine supra fasciis duabus nigris (femina); albo-cœruleo, maculis lateralibus rufis (mas); alis hyalinis.

Linn., *Syst. Nat.*, II, p. 902, n° 7. —Fab., *Ent. syst.*, II, p. 378, n° 18. —Rœsel., *Ins. aquat.*, Cl. 2, tab. 1, fig. 4. — Schœff., III, tab. 206, fig. 213. —Harr., *Exp. Ins.*, tab. 27, fig. 3 ?—Harr., *Soc. Orel.*, pl. 26, n ?—Kirb. and Spenc., *Intr. à l'Ent.*, I, pl. 3, n° 5. —Latr., *Hist. nat.*, XIII, p. 13, n° 5 ♀ et p. 12, n° 3. (*L. Depressa* ♂).—Vanderl., *Monogr.*, p. 11, n° 4. —Charp., *Hor. Ent.*, p. 4. L. *Lineolata.*—Sel., *Mon. Lib*, p. 37, n° 4.— Fonscol., *Soc. Ent.*, VI, p. 135, n° 3.—Burm., *Handb. der Ent.*, II, p. 2, p. 859, n° 70. — Geoffr., *Ins.*, III, p. 226, n° 9. *la Sylvie.*

Elle atteint jusqu'à neuf centimètres d'envergure et cinq et demi de long. Tête médiocre ayant la face jaune ; front bordé postérieurement par une ligne noire étroite qui descend le long des yeux ; vertex assez fortement échancré ; yeux contigus dans un petit espace ; occiput avancé ; bord postérieur jaune avec la partie supérieure et trois lignes noires. Thorax velu, jaune ou d'un jaune gris ou verdâtre, ayant antérieurement une ligne de chaque côté, et deux sur les côtés noires ; l'espace entre la ligne antérieure et la première latérale un peu obscurci ; poitrine quelquefois largement tachée de noir ; lobe postérieur du prothorax assez large, assez élevé, échancré, cilié. Abdomen un peu déprimé, trigone, un peu renflé à la base, jaune, ou d'un jaune obscur dans la femelle, quelquefois d'un jaune vif, ayant vers les côtés une bande noire qui règne sur toute la longueur du corps, formée de traits qui se touchent, un peu courbés, un peu élargis postérieurement et s'unissant au bord du segment et à la ligne latérale qui sont noirs ; le dessous est en grande partie noirâtre de manière à laisser sur les côtés des taches jaunes ; le mâle présente exactement ce dessin à sa naissance, mais plus tard l'abdomen se couvre en grande partie d'une poussière d'un blanc bleuâtre, à l'exception des deux premiers segments qui restent d'un jaune grisâtre ou verdâtre, et des derniers qui deviennent noirâtres; on aperçoit encore une tache rousse sur les côtés des 4, 5, 6, 7 et 8e segments en dessus et en dessous; styles, peu aigus, pièce sous-stylaire un tiers plus courte, large, courbée, à bords rabattus, échancrée; bords latéraux du pénultième segment, chez la femelle un peu dilatés, roulés en dedans; bord vulvaire un peu prolongé, fortement échancré. Pattes noires avec une grande partie de la face postérieure des cuisses, d'un jaune roux. Ailes grandes et transparentes, ayant la nervure costale et un certain nombre de nervules jaunes; ptérostigma médiocre ou petit, noir; treize à quatorze nervules au premier espace costal; triangle ayant une nervule dans son milieu; membranule brunâtre.

Extrêmement commune partout, et surtout le long des grands étangs, depuis le commencement du printemps jusqu'à la fin de l'été, habitant aussi les eaux courantes. Elle se pose sur la terre et dans les chemins.

64. LIBELLULA FUSCA, *mihi.*

Fusco-rufa; alis hyalinis, macula basali fuliginea, anticis subnulla ♂.

Un peu plus petite que la *Vulgata.* Tête assez petite, ayant la face rouge avec le sommet fortement échancré, bifide, saillant, en forme de deux mamelons; vertex grand, élevé, fortement bifide, rouge; occiput grand, avancé, avec une ligne enfoncée postérieurement, rouge, ainsi que le bord postérieur. Thorax d'une couleur fuligineuse rousse; lobe postérieur assez saillant, médiocrement large, pas sensiblement échancré. Abdomen trigone, pas sensiblement renflé à la base, un peu atténué postérieurement, d'un brun rougeâtre, noirâtre en dessus, surtout vers l'extrémité, rougeâtre à la base; extrémité anale comme à l'ordinaire. Pattes nuancées de rougeâtre et de noir. Ailes transparentes, les postérieures ayant une tache fuligineuse, n'atteignant pas le bord postérieur, un peu arrondie extérieurement, presque nulle aux antérieures; ptérostigma d'un brun rougeâtre foncé; douze nervules au premier espace costal; triangle traversé par une nervule; membranule d'un roussâtre un peu brunâtre.

Collection de M. Serville, et indiquée de Cayenne. Cette espèce a beaucoup de rapports avec la suivante.

65. LIBELLULA ANNULATA, *Beauvois.*

Nigro-fuliginea; abdomine supra utrinque maculis rufis obsoletis; alis hyalinis, posticis basi macula fuligineas anticis minima.

Beauv., *Ins. Afr. et Amer.,* Nevr., p. 58, pl. 3, fig. 3 (figure inexacte).—Burm., *Handb. der. Ent.,* II, pag. 850, n° 11. L. *Longipennis?* et p. 854, n° 39. L. *Castanea?*

De la taille de la *Cærulescens*, ou plus petite. Tête ayant la face d'un noir fuligineux, devenant violet sur le front, qui est rugueux et assez fortement échancré ; vertex d'un noir violâtre, velu, élevé, fortement échancré, ses deux angles formant deux pointes saillantes; occiput assez grand, élevé, saillant, ayant sa pointe antérieure terminée brusquement. Thorax d'un noir un peu bleuâtre, quelquefois un peu roussâtre, surtout en dessous, velu; partie moyenne du prothorax lisse et striée; lobe postérieur large, médiocrement élevé, légèrement échancré, bilobé. Abdomen un peu renflé à la base, en dessous, un peu rétréci après la base, se rélargissant un peu avant l'extrémité, trigone ou déprimé, velu à la base, noirâtre, ou d'un brun roux obscur, ayant en dessus, sur les 4, 5, 6 et 7e segments de chaque côté, une tache fauve ou rousse, plus ou moins visible, quelquefois disparaissant complétement; on voit aussi en dessous une tache jaune de chaque côté, sur les 5, 6, 7 et 8e segments; taches plus ou moins visibles, qui peuvent disparaître ou être plus nombreuses; appendices du dernier segment, roux, noirâtres à l'extrémité. Pattes d'un noir fuligineux, rousses à la face postérieure des quatre dernières. Ailes longues, transparentes, les postérieures assez larges, ayant la base couverte d'une tache assez grande, fuligineuse, un peu réticulée, allant jusqu'au bord postérieur, d'autres fois très-réduite, arrondie antérieurement, tantôt très-foncée, tantôt rousse, très-petite aux supérieures; ptérostigma médiocre, d'un jaune obscur; douze à quatorze nervules au premier espace costal; membranule brune.

Martinique, Cuba, Oware, Brésil. J'ai conservé le nom imposé à cette espèce, quoique fort mal appliqué, ayant vu l'individu de Beauvois dans la collection de M. Serville : il a la tache des ailes postérieures peu foncée, d'un roux fuligineux, un peu réticulée. J'en ai vu un autre semblable et d'une couleur ferrugineuse dans la collection du Musée, et dont je ne puis séparer des individus plus grands et dont la base des ailes postérieures est largement couverte par une tache d'un brun fuligineux, quelquefois noirâtre, plus ou moins réticulée, et qui doivent se rapporter à la *Castanea* de M. Burmeister.

* 66. LIBELLULA FERRUGINEA, *Vander-Linden*.

Flavo-rufescens (femina), vel rubra (mas); alis hyalinis, basi macula flavo-rufa, anticis subnulla.

Vanderl., *Monogr. Lib.*, p. 13. — Sel., *Monogr. Lib.*, p. 42, n° 7. —Burm., *Handb. der Ent.*, II, p. 858, n° 62.—Brull., *Exp. de Mor.*, III, Ent., p. 102, n° 76, pl. 32, fig. 4. L. *Erythrea*.

Un peu plus grande que la *Vulgata*, et surtout beaucoup plus épaisse et plus large. Tête assez grosse, face jaune chez la femelle, rouge chez le mâle; sommet du front profondément échancré, ayant antérieurement

deux larges impressions ; vertex assez élevé , fortement échancré ou bifide ;
occiput un peu saillant antérieurement ; avec une tache brunâtre postérieurement , et une ligne légèrement enfoncée ; bord postérieur épais et large
sur les côtés, jaune ou rougeâtre , avec quelques taches brunâtres. Thorax
pubescent, épais, d'un jaune roussâtre ou rougeâtre , ayant antérieurement chez la femelle deux lignes jaunes plus ou moins visibles, bordées
extérieurement par une bande brune disparaissant le plus souvent chez le
mâle ; espace interalaire plus pâle ; prothorax ayant le lobe postérieur en
forme de demi-cercle , un peu plus saillant dans son milieu , un peu sinué ,
peu élevé. Abdomen triangulaire , large , pas sensiblement renflé à la base,
où il est plus étroit que dans son milieu , déprimé surtout chez la femelle ;
d'un jaune roussâtre chez celle-ci, d'un rouge briqueté très-vif chez le mâle,
les bords latéraux et dorsal quelquefois marqués de noir , couleur qui se
dilate parfois sur les deux avant-derniers segments ; on voit souvent vers les
côtés , chez la femelle , l'apparence d'une ligne brune plus sensible à la
base , et qui n'est pas ordinairement visible sur l'autre sexe ; milieu du
dessous du ventre plus ou moins noirâtre ; extrémité abdominale du mâle
à peu près comme chez la *Vulgata ;* styles presque cylindriques peu courbés , renflés en dessous vers l'extrémité , et denticulés ; pièce sous-stylaire plus large que chez la *Vulgata*, presque pointue à l'extrémité qui est
bimucronée , un peu moins longue que les styles ; bord vulvaire fortement
redressé, plus saillant que chez la *Vulgata*, atténué vers l'extrémité qui
forme une sorte de pointe , presque à angle droit avec l'abdomen ;
styles cylindriques , très-écartés à la base. Pattes d'un jaune roussâtre
avec les épines noires. Ailes transparentes, quelquefois un peu brunâtres au sommet , ayant une tache d'un jaune roux à la base , très-petite
aux supérieures , assez grande aux inférieures , beaucoup plus foncée chez
les mâles ; une nervure antérieure rougeâtre ; espace huméral traversé
par onze nervules ; ptérostigma grand , d'un jaune roux ; membranule
noirâtre , petite.

Assez commune dans les environs de Paris , mais surtout très-répandue
dans le midi de l'Europe.

67. LIBELLULA SERVILIA, *Drury.*

*Rufa ; abdomine elongato, nec dilatato ; alis hyalinis, macula ba-
suli parva , flavo-rufa, anticis subnulla ♂.*

Drur., I, p. 112, pl. 47, fig. 6. Fabr., *Ent. syst.*, II, p. 380, n° 33.
Lib. Ferruginea.

Un peu plus grande et un peu plus allongée que la *Ferruginea* à laquelle
elle ressemble beaucoup ; même forme et même couleur. Abdomen plus
étroit, plus allongé , moins déprimé et plus large à la base ; styles plus
longs , pièce sous-stylaire plus longue, plus obtuse, à bords moins

rabattus; hameçons moins pointus, tronqués, non canaliculés à leur branche externe, et le lobe génital plus court, moins arrondi. Ailes transparentes plus longues, les postérieures plus étroites à la base, ayant le réseau semblable, un peu roussâtres à l'extrémité; tache basilaire beaucoup plus petite; ptérostigma et membranule à peu près semblables.

Collection de M. Serville, et indiquée de Chine. Fabricius indiquant sa *Ferruginea* de Chine, elle doit nécessairement s'appliquer à l'espèce de Drury qui vient du même pays; alors j'ai conservé le nom de *Ferruginea* à l'espèce qui se trouve en Europe.

*? 68. LIBELLULA DISTINGUENDA, *mihi*.

Flavo-rufescens; thorace absque lineis nigris; abdomine fasciis tribus fuscis; alis hyalinis, basi flavo-rufescentibus.

De la taille de la *Flaveola* à laquelle elle ressemble. Tête ayant la face jaune, avec la marge postérieure du front noire, teinte qui disparaît chez la femelle, s'étendant ici un peu sur les côtés; vertex un peu échancré, jaune, avec sa face antérieure en grande partie noire, couleur qui entoure toute sa base; occiput petit, peu avancé, jaune, avec une ligne légèrement enfoncée postérieurement; bord postérieur jaune, traversé par trois bandes noires. Thorax d'un jaune roussâtre sans lignes noires; prothorax ayant une petite écaille peu saillante, entière, demi-circulaire. Abdomen un peu atténué dans son milieu, à peine renflé à la base, d'un jaune roux, avec trois bandes brunes, dont une dorsale et deux latérales, qui, postérieurement, se joignent sur la partie postérieure des segments; extrémité abdominale à peu près comme chez la *Flaveola*, avec la pièce sous-stylaire presque aussi longue que les styles. Pattes ayant les cuisses d'un jaune roux, quelquefois noirâtres extérieurement, les tibias brunâtres, avec la face postérieure plus claire, et les tarses bruns ou noirâtres. Ailes transparentes, ayant la base d'un jaune roussâtre, plus large aux postérieures qui sont plus étroites que chez la *Flaveola*, avec le ptérostigma plus grand, d'un brun roussâtre; membranule petite, brune.

Je ne connais pas sa patrie.

69. LIBELLULA PERUVIANA, *mihi*.

Fusco-rufa; abdomine rubro basi fusco; pedibus nigris; alis hyalinis apice fuscescentibus, posticis basi rufeolis ♂.

Égalant les petits individus de la *Ferruginea*. Face noirâtre, avec le front très-rugueux; vertex bifide, occiput avancé entre les yeux, très-large postérieurement, noir. Thorax noir un peu rougeâtre postérieurement sur les côtés; prothorax ayant le lobe postérieur peu saillant, large,

très-légèrement échancré. Abdomen triangulaire, pas sensiblement renflé
à sa base, pas élargi dans son milieu, moins déprimé que dans la *Ferruginea*, rouge, avec la base noirâtre; extrémité à peu près comme chez
la *Ferruginea*, mais ayant les styles plus courts, moins courbés, et
moins rétrécis à la base, beaucoup moins renflés en dessous vers
l'extrémité; pièce sous - stylaire notablement plus courte; lobe génital; beaucoup plus petit. Pattes noires. Ailes transparentes, étroites, un peu lavées de brunâtre vers l'extrémité et le bord postérieur,
avec leur réseau beaucoup plus sensible que dans la *Ferruginea*; les postérieures ayant une tache étroite au bord interne; ptérostigma roussâtre;
membranule brune avec le bord externe noirâtre.

Décrite d'après un individu mâle en mauvais état de la collection du
général Dejean, étiqueté du Pérou par Latreille.

70. LIBELLULA SOROR, *mihi*.

*Rufa; thorace absque lineis nigris; alis hyalinis subflavicanti-
bus, nervulis anticis flavido tenue marginatis, macula basali, anticis subnulla flavo-rufa ♂.*

De la taille de la *Ferruginea* et lui ressemblant beaucoup, ayant la
même couleur et les mêmes formes. Abdomen un peu plus étroit, plus
allongé; styles un peu plus longs, pièce sous-stylaire plus longue, plus
obtuse, avec les bords moins rabattus; hameçons plus obtus, tronqués, pas sensiblement fourchus à leur branche externe, et le lobe génital moins saillant. Ailes plus étroites, un peu plus longues, très-
légèrement lavées de roussâtre, surtout vers l'extrémité, ayant une
partie des nervules, surtout les antérieures, légèrement bordées de roussâtre; réseau plus prononcé; ptérostigma un peu plus petit, d'un roux
brunâtre, tache basilaire plus petite et plus foncée.

Décrite d'après un mâle de la collection de M. Serville et sans indication de patrie.

71. LIBELLULA FERRUGARIA, *mihi*.

*Rufa; alis hyalinis, macula basali flavo-rufa, pterostigmate fer-
rugineo ♂.*

Un peu plus petite que la *Ferruginea*, et lui ressemblant extrêmement; d'une couleur moins foncée, rousse, ce qui peut dépendre de l'âge.
Tête ayant la face et le vertex un peu moins saillants. Lobe postérieur
du prothorax sensiblement saillant, légèrement échancré dans son milieu
(il est saillant chez la *Ferruginea*). Abdomen beaucoup moins large,
moins déprimé, trigone, étroit postérieurement, roussâtre, ayant de pe-

tites taches noires, longues et étroites sur le bord latéral et dorsal; hameçons ayant la branche interne plus longue et l'externe plus courte; pièce sous-stylaire plus étroite. Ailes transparentes avec les nervures rousses et la base un peu tachée de jaune roussâtre; ptérostigma plus petit, ferrugineux; dix à onze nervules au premier espace costal; membranule d'un roussâtre un peu obscur.

Habite le Cap.

72. LIBELLULA OBSOLETA, *mihi.*

Rufa; thorace lateribus lineis tribus obsoletis fuscis; pedibus nigris; alis hyalinis apice rufescentibus, posticis macula basali flavo-rufa, anticis subnulla ♀.

De la taille de la *Vulgata.* Tête assez grosse, face rousse, avec une bande noire sur la bouche; sommet du front échancré; vertex médiocrement élevé, large, légèrement échancré, avec deux petites pointes peu sensibles; occiput petit, très-élevé. Thorax d'un jaune roux avec trois lignes transverses, d'un brun roux sur les côtés. Abdomen d'un jaune roux, presque cylindrique en dessous, à peine renflé à la base, presque atténué vers son milieu, marqué vers les côtés de deux bandes brunes, seulement sensibles à la base avec une tache noire sur le dessus des deux ou trois derniers segments. Milieu du ventre noir; bord vulvaire peu saillant, un peu échancré, formant au-dessus de lui une petite cavité; styles dépassant à peine l'extrémité anale, très-écartés. Pattes noires. Ailes transparentes, un peu roussâtres au sommet, avec une tache allongée d'un jaune roux à la base des postérieures, qui sont assez larges, presque insensible aux antérieures dont l'espace huméral est traversé par onze nervules; ptérostigma d'un roux obscur, membranule obscure.

D'après un individu femelle en mauvais état, de la collection de M. Serville, sans indication de patrie; il ressemble beaucoup à la variété femelle de l'*Hæmatina* venant de Bourbon; mais il s'en distingue par les nervules moins nombreuses du premier espace costal (onze aux supérieures), par leur sommet brunâtre et les styles plus courts.

73. LIBELLULA ABJECTA, *mihi.*

Fusco-rufa; alis hyalinis macula baseos posticis triangulari, anticis subnulla, fuliginea; pterostigmate rufo ♂.

A peu près de la taille de la *Flaveola,* ou un peu plus petite, et ressemblant à l'*Hæmatina* et à la *Vulgata.* Face d'un roux obscur, d'un bleu violet obscur dans la moitié supérieure; front assez fortement échancré en dessus; vertex large, médiocrement élevé, assez fortement rétréci à son sommet, qui est à peine sensiblement échancré ; occiput très-avancé , grand, de sorte que les yeux ne se touchent que dans un très-petit espace ; il y a aussi un petit espace triangulaire entre le vertex et les yeux ; lobe postérieur du prothorax assez élevé, médiocrement large , non cilié. Thorax d'un roux fuligineux, sans lignes noires. Abdomen trigone, assez grêle, un peu atténué dans son milieu, de la couleur du thorax à la base, devenant brun vers l'extrémité ; appendices anals ordinaires ; hameçons bifurqués, branche interne grêle, cylindrique , peu saillante , crochue en dehors , l'externe plus longue, plus saillante, un peu en spatule et obtuse. Pattes de la couleur de la poitrine. Ailes transparentes , les postérieures ayant la base marquée d'une tache triangulaire de couleur fuligineuse , dont on voit à peine la trace aux supérieures ; ptérostigma plus grand que dans les espèces citées, et dans celles à côté de la *Vulgata* , d'un jaune roux ; dix à onze nervules au premier espace costal ; membranule étroite, brune.

Reçu , comme venant de la Colombie , un seul mâle de cette espèce.

* 74. LIBELLULA HÆMATINA , *mihi*.

Favo-rufescens (fœmina), vel rubra (màs) ; thorace ;lateribus flavidis, lineis tribus subconfluentibus nigris ; alis hyalinis, nervis hœmatideis (mas), vel flavidis , posticis macula basali flavo-rufa (fœmina).

Burm., *Handb. der Ent.* II, p. 849, n⁰ 6, *L. Hœmatodes ?* et p. 150, n⁰ 13 , *L. Arteriosa ?* et n⁰ 14, *L. Rufinervis ?*

De la taille de la *Flaveola*, ou un peu plus grande. Face jaune rougeâtre chez le mâle, avec une bande noire sur la bouche, qui peut être interrompue ; sommet du front peu échancré, d'une teinte cuivreuse un peu violette chez le mâle, ainsi que le vertex qui est épais, médiocrement élevé , large à l'extrémité , pas sensiblement échancré ; occiput assez avancé, un peu élevé, avec une ligne enfoncée postérieurement. Thorax velu, d'un jaune ou fauve obscur chez la femelle , rougeâtre dans l'autre sexe, jaunâtre sur les côtés, où l'on voit trois lignes noires, souvent confluentes dans leur milieu. Abdomen pas sensiblement renflé à la base , presque arrondi chez la femelle, triangulaire et un peu déprimé dans le mâle, d'un jaune ou fauve un peu obscur chez la première, rouge en dessus ou roussâtre chez l'autre sexe, jaunâtre sur les côtés à la base, une tache en dessus sur les trois derniers segments, les bords latéraux qui se dilatent en dessous de chaque côté, en une petite tache et le milieu du ventre noirs ; pièces de l'extrémité dans le mâle à peu près comme chez la *Ferruginea*, mais les parties génitales bien différentes ; hameçons ayant la branche externe tronquée, nulle, l'interne saillante, redressée, formant un petit crochet contigu et parallèle à celui du côté opposé ; bord vulvaire , chez la femelle, à peine saillant, très-légèrement échancré, formant une petite cavité qui se trouve élargie par la dépression de la base du segment suivant. Styles très-écartés. Pattes noires, avec la face interne des cuisses antérieures et quelquefois des intermédiaires roussâtre. Ailes transparentes , avec les principales nervures rouges ou rousses selon le sexe, les postérieures ayant une tache allongée d'un jaune roux à peu près comme chez la *Ferruginea* ; ptérostigma petit, d'un roux foncé ; membranule obscure ; quelquefois le corps des mâles est couvert d'une poussière d'un rose violet.

Décrite d'après des individus des deux sexes venant du Sénégal et de Madagascar, et dont je ne puis séparer d'autres individus un tiers plus grands, et qui en diffèrent par la petitesse de la tache basilaire des ailes postérieures qui disparaît presque ; par le ptérostigma plus grand , le nombre plus grand des nervules du premier espace costal des supérieures, qui est de treize à seize (seulement de neuf à onze dans les précédentes); par les nervures presque noirâtres dans les femelles , chez lesquelles l'extrémité abdominale est toute noire en dessus , avec quelques taches rousses , ce qui dépend de la dilatation de la ligne noire latérale ; indiqués de l'île de France et de Bourbon ; collection de MM. Dejean , Serville et Marchal. M. le marquis de Brême m'a donné plusieurs individus pris en Sicile. Je possède aussi une femelle de Madagascar , dont la tache jaune de la base des ailes s'étend antérieurement au delà de la nervule cubitale, et chez laquelle le noir du dessus de l'abdomen est plus large et envahit l'extrémité.

75. LIBELLULA DISTINCTA , *mihi.*

Rufa ; thorace lineis, abdomine fascia laterali interrupta nigris ; alis hyalinis, nervis rubris, pterostigmate parvo, nigricanti ; macula baseos flavo-rufa.

Un peu plus petite que l'*Hœmatina* , et lui ressemblant extrêmement. Tête un peu plus petite, ayant le front moins déclive et moins saillant. Thorax plus court, avec les lignes noires plus minces et plus séparées. Abdomen beaucoup plus mince et plus étroit, ayant la base marquée de deux bandes irrégulières, les côtés d'une bande interrompue, plus large postérieurement, où elle envahit une partie du dessous, noirs. Ailes offrant l'apparence d'une légère teinte fuligineuse, avec le réseau un peu plus serré, ayant une tache d'un jaune roux à la base, petite, formant deux petites lignes sur les supérieures ; ptérostigma noir, un peu rouge dans son milieu ; treize nervules au premier espace costal (dix à onze dans l'*Hœmatina*); membranule blanchâtre extérieurement.

Collection de M. Serville , et indiquée du Cap.

76. LIBELLULA INQUINATA , *mihi.*

Flavo-rufescens ; alis hyalinis, basi posticis latiori margineque antico flavidis, pterostigmate flavo ; abdomine postice subtus ungui-culo ♀ .

De la taille de la *Flaveola*, mais plus épaisse. Tête grosse, ayant la ace d'un jaune roussâtre ; front ayant deux impressions triangulaires, entre lesquelles il y a une échancrure prononcée, ce qui le rend cordiforme au sommet ; vertex à peine échancré, aminci au sommet, qui est un peu bimucroné, avec deux petites fossettes antérieurement ; bord postérieur d'un brun roussâtre. Thorax d'un jaune roussâtre, un peu doré, sans apparence bien sensible de lignes noires sur les côtés , pâle en dessous. Abdomen non renflé à la base , trigone , d'un jaune roussâtre un peu obscur; bord vulvaire étroit, fortement prolongé et recourbé en dessous en forme d'ergot. Pattes d'un roussâtre pâle, avec un peu de brunâtre à l'extrémité de la face externe des quatre cuisses antérieures. Ailes transparentes, courtes, ayant une tache à la base, large aux postérieures, d'un jaune roussâtre ; bord costal un peu teint de la même couleur ; ptérostigma assez grand, jaune ; triangle traversé par une nervule ; onze nervules au premier espace costal; membranule brune.

De Madagascar.

77. LIBELLULA NEGLECTA , *mihi.*

Rubro-cærulescens ; alis hyalinis apice infuscatis, posticis macula baseos oblonga , rufa , pterostigmate parvo, nigro ♂.

Burm., *Handb. der Ent.*, II, pag. 858, n° 63, *L. Pruinosa*?

Plus grande que la *Ferruginea* , à laquelle elle ressemble. Tête assez petite, ayant la face rousse, avec des parties plus foncées, la lèvre supérieure et une grande partie du front d'un noir un peu bleuâtre ; vertex échancré, bifide. Thorax d'un roux un peu violet et bleuâtre, avec quelques apparences de lignes plus obscures; lobe postérieur du prothorax large, cilié, légèrement échancré. Abdomen légèrement renflé à la base, un peu atténué après et à l'extrémité , d'une couleur ferrugineuse, paraissant devoir se couvrir ainsi que le thorax d'une poussière bleue , trigone un peu déprimé, caréné; appendices de l'anus proportionnellement plus courts que chez la *Ferruginea*. Pattes noirâtres, rousses à la base et à la face supérieure des cuisses antérieures. Ailes à réseau très-prononcé, un peu fuligineuses vers le sommet et le bord postérieur qui l'avoisine, ayant à la base des postérieures une tache d'un roux fuligineux prolongée postérieurement, à peine sensible aux supérieures; ptérostigma noirâtre, un peu plus petit que chez la *Ferruginea;* membranule d'un roux noirâtre.

De la collection de M. Marchal, et indiquée de Chine. La femelle, qui m'est inconnue, pourrait bien avoir le bord de l'antépénultième segment dilaté, et alors elle se placerait dans le groupe de la *Cærulescens.*

78. LIBELLULA MACULIVENTRIS , *mihi.*

Flava; abdomine nigro, basi maculisque dorsalibus flavis; alis subinfuscatis, pterostigmate flavo.

De la taille de la *Cancellata.* Tête assez petite, ayant la face jaune, échancrée au sommet; vertex assez élevé, un peu bifide, derrière lequel il existe un petit espace triangulaire; occiput jaune, très-large, très-avancé et très-élevé antérieurement; yeux à peine contigus; bord postérieur jaune, avec la partie supérieure et deux bandes noires. Thorax jaune, ayant quelques petites marques noires près de la poitrine; lobe postérieur du prothorax large, assez élevé, échancré fortement en cœur, tronqué. Abdomen un peu trigone, renflé à la base, un peu atténué dans son milieu, puis élargi postérieurement, noir, avec la base, une tache grande, et qui se prolonge sur les côtés aux 4, 5 et 6e segments, une petite sur le 7e fauves; dernier segment jaune en dessus. Styles jaunes; bord vulvaire avancé, rabattu à angle droit, très-saillant, un peu en gouttière, comprimé latéralement. Pattes noires, avec la face inférieure et interne des cuisses antérieures jaune. Ailes très-légèrement lavées de brunâtre, surtout vers le bord postérieur et l'extrémité; ptérostigma jaune, dix à onze nervules au premier espace costal; triangle traversé par une nervule.

Collection de M. Serville, sans indication de patrie.

79. LIBELLULA FLAVICANS , *mihi.*

Flava; abdomine fascia dorsali maculisque nigris; alis hyalinis, antice subflavicantibus, apice tenuiter infuscatis, posticis basi flavida, pterostigmate magno, obscure rufo.

De la grandeur de la *Quadrimaculata,* ou plus petite. Tête ayant la face jaune, avec le sommet du front très-peu échancré; vertex jaune, médiocrement élevé, à peine échancré; occiput avancé, élevé antérieurement; bord postérieur jaune, avec la partie supérieure et deux marques rousses. Thorax jaune, ayant l'apparence de deux lignes noires, ou sans aucune ligne. Abdomen pas sensiblement renflé à la base, trigone, déprimé chez la femelle, jaune, ayant en dessus trois bandes, l'arête latérale, le bord des segments, leur extrémité en dessous noirs, base presque entièrement jaune et l'extrémité noire en dessus , à l'exception de deux petites taches de chaque côté, et du dernier segment qui sont jaunes; après le quatrième, la bande dorsale se dilate sur leur bord postérieur et vient toucher la bande latérale formée de taches qui n'occupent pas la moitié du segment, étant presque continues, mais très-peu sensibles sur les trois premiers; ces taches touchent le bord latéral qui touche aussi la partie noirâtre de l'extrémité des segments en dessous, de sorte qu'une partie des segments ont à l'extrémité une bande circulaire noire; de plus en dessus, le bord antérieur étant aussi bordé de noir , il se trouve y avoir de chaque côté une série de taches d'un jaune fauve; quelquefois les parties noires sont peu marquées, ce qui dépend peut-être de l'âge de l'insecte ; appendices de l'extrémité comme à l'ordinaire, jaunes. Pattes noirâtres vers la base. Ailes transparentes, quelquefois en grande partie teintes de jaunâtre, surtout sur le bord costal , à l'exception de la partie de l'aile qui correspond au ptérostigma, et qui forme comme une bande blanche ; sommet le plus souvent un peu brunâtre ; ptérostigma grand , d'un roux un peu obscur ; onze nervules au premier espace costal.

Collection de M. Serville, et indiquée du Brésil , de Surinam, Buénos-Ayres , Cuba et de la Martinique. M. Guérin m'a communiqué un individu de grandeur médiocre , qui ne présente pas de taches noires apparentes sur l'abdomen , dont le bord vulvaire est saillant comme chez la *Vulgata*, et qui diffère surtout par le ptérostigma plus étroit et bien sensiblement plus long.

80. LIBELLULA BERENICE , *Drury.*

Flava ; thorace antice lateribusque lineis nigris; alis hyalinis in medio nubecula basique rufescentibus.

Drur., I, p. 114, pl. 48, fig. 38.

Devant de la tête jaune; yeux bruns, grands et contigus. Thorax jaune et élégamment marqué de raies noires, tant en haut que sur les côtés, celles sur le haut étant parallèles, et celles des côtés, obliques. Abdomen jaune chez la femelle, bleu dans le mâle , avec des anneaux noirs (ce mâle pourrait bien être une autre espèce). Pieds noirs. Ailes transparentes, avec une tache noire déliée près des bouts de chacune et dans leur milieu un nuage obscur, assez grand (d'un jaune roussâtre dans la figure), placé sur le bord antérieur, et un autre à la base près du corps. (Texte de Drury.)

De la Virginie , de New-York et de Maryland. La figure ressemble beaucoup à une variété femelle de l'*Olympia* ou de la *Cærulescens.*

81. LIBELLULA DORSALIS , *mihi.*

Flava ; thorace lineis, abdomine fascia dorsali nigris; alis macula cubitali et alia posticis basilari flavis ♀.

De la grandeur de la *Vulgata*, à laquelle elle ressemble un peu. Face large, jaune ; front échancré supérieurement, bordé d'une ligne noire postérieurement, qui descend un peu le long des yeux ; lèvre inférieure très-petite, noirâtre ; lobes latéraux un peu bordés de noir ; vertex épais, médiocrement élevé, à peine échancré. Thorax à peine pubescent, jaune, ayant antérieurement une large bande, qui s'élargit inférieurement, marquée d'un linéament jaune, très-fin dans son milieu ; deux lignes humérales et trois sur les côtés noires ; on voit aussi sur la partie postérieure de la poitrine une large tache noire, sur laquelle il y a quatre taches jaunes ; lobe postérieur du prothorax petit, mince, pas sensiblement échancré. Abdomen pas sensiblement renflé à la base , trigone, un peu atténué à l'extrémité , jaune, ayant une bande dorsale, le bord latéral et celui des segments , et une bande de chaque côté en dessous , noirs, côtés de la base ayant un commencement de ligne noire ; styles petits, noirs ; bord vulvaire entier, non saillant. Pattes noires , ayant les cuisses antérieures jaunes, avec une ligne , les intermédiaires avec deux lignes noires, les postérieures noires, avec une ligne jaune. Ailes transparentes , ayant un peu de jaune à la base et une tache de la même couleur sur la nervule cubitale ; ptérostigma large, d'un brun roussâtre, un peu jaunâtre le long de la nervure sous-costale ; douze nervules au premier espace costal; tri angle assez large; membranule blanchâtre.

Collection de M. Serville , et indiquée du Cap.

82. LIBELLULA TESSELLATA, *Burmeister mihi.*

Nigra; thorace flavo-viridi , fasciato ; abdomine gracillimo ; alis hyalinis, apice tenuissime, in fœmina late infuscato.

Burm., *Handb. der Ent.*, II, p. 849, n° 5.

De la taille de la *Vulgata*. Tête ayant la face d'un blanc jaunâtre, un peu verdâtre , avec une ligne noire sur le bord de la lèvre supérieure , sur le bord des lobes et sur la lèvre inférieure; sommet du front assez fortement échancré , tantôt roux , tantôt d'un vert métallique ; vertex épais , assez élevé , échancré, bimucroné, de la même couleur ; occiput médiocre, d'un roux plus ou moins foncé , jaune postérieurement ; bord postérieur noirâtre, avec deux taches jaunes. Thorax d'un jaune verdâtre, ayant une large bande antérieure, une autre encore plus large et un peu latérale , qui semble composée de trois lignes confluentes, s'unissant à ses extrémités avec la précédente et laissant entre

elle et cette dernière, de chaque côté antérieurement, une ligne d'un vert
jaunâtre ; après cette bande on voit encore deux lignes noires, dont la postérieure bifide supérieurement ; quelquefois ces lignes se touchent entre
elles ; elles brillent d'un vert métallique ; poitrine ayant aussi postérieurement quelques lignes brunâtres, peu marquées ; espace inter-alaire, d'un
brun roux marqué de trois taches d'un vert jaunâtre. Abdomen très-grêle,
comprimé, un peu renflé à la base, très-près du thorax, dans le mâle, noir,
marqué de plusieurs taches d'un vert jaunâtre à la base, une de chaque
côté en dessus sur les cinquième et septième segments , deux sur le troisième et quatrième , s'élargissant de haut en bas en allant vers le sommet ; les deux bords du dessous du ventre blancs à la base, et ensuite
tantôt roux tantôt noirâtres ; appendices comme à l'ordinaire. Pattes
noires , avec la face inférieure des cuisses jaune. Ailes transparentes
dans le mâle, ayant une légère teinte roussâtre , qui n'est peut-être qu'un
reflet , avec le sommet très-finement brun ; ptérostigma assez étroit, noir,
un peu de jaune à la base de l'aile ; membranule noirâtre. Chez un individu femelle en mauvais état, les ailes sont un peu roussâtres , avec
quelques nervules bordées de cette couleur, et l'extrémité y compris le
ptérostigma d'un brun roux, avec des aréoles plus claires ; ptérostigma
plus long que chez le mâle, et beaucoup plus large, ce qui m'aurait empêché
de réunir cet individu, s'il n'était parfaitement semblable pour tout le
reste.

Indiquée de Buénos-Ayres dans la collection de M. Serville.

83. LIBELLULA GEMINATA , *mihi.*

*Fusco rufoque variegata ; abdomine maculatissimo ; alis hyalinis
pterostigmate fusco, albo binotato ; stylis flavis.*

De la taille de la *Cancellata* , mais plus grêle. Tête ayant la face d'un
roussâtre pâle, échancrée supérieurement ; vertex assez élevé, un peu
bifide ; occiput assez large , noir supérieurement, jaune à la partie postérieure et inférieure. Thorax varié de roussâtre et de brun ; lobe postérieur du prothorax peu élevé, entier. Abdomen médiocrement épais, un
peu trigone, presque de la même grosseur partout, très-varié de noirâtre
et de roussâtre ; styles jaunes, très-droits ; dans la femelle, bord vulvaire
peu saillant, les segments suivants formant au-devant une sorte de gouttière, qui va jusqu'à l'anus. Pattes rousses, plus ou moins nuancées de
brun. Ailes grandes, transparentes ; ptérostigma noir , ayant une tache
blanche à ses deux extrémités ; treize nervules au premier espace costal ; triangle traversé par une nervule.

Collection de MM. Serville et Marchal, où elle est indiquée des Indes
orientales et surtout de Bombay.

84. LIBELLULA CONJUNCTA, *mihi.*

Flavo-rufescens; thorace lateribus fasciis duabus rufis; abdomine gracili; alis hyalinis macula baseos flavo-rufa, anticis parva strigaque et posticis duabus rufis.

Un peu plus grande que la *Flaveola*, plus grêle et plus allongée. Tête ayant la face d'un jaune roussâtre, plus foncé supérieurement, avec le bord des lobes latéraux et la lèvre supérieure noirs; sommet un peu rougeâtre, assez échancré; vertex roux, assez fortement rétréci à l'extrémité, légèrement échancré, entouré de noir à sa base; occiput assez avancé, un peu élevé, avec une ligne enfoncée postérieurement. Thorax un peu velu, d'un roussâtre obscur, ayant antérieurement deux lignes de chaque côté et latéralement deux bandes plus marquées, rousses, avec un reflet d'un bleu métallique; dessus et dessous marqués de quelques taches semblables: lobe postérieur du prothorax petit, demi-circulaire, entier. Abdomen grêle, long, renflé à la base, un peu atténué vers son milieu, d'un jaune roussâtre, ayant une tache noire latérale sur chaque articulation formant une bande sur les trois ou quatre derniers segments et une tache sur les deux antépénultièmes noirs; appendices de l'extrémité à peu près comme chez la *Flaveola*, mais beaucoup plus longs. Les quatre dernières pattes noires (les antérieures manquent). Ailes longues, transparentes, les premières ayant une petite tache basilaire et une strie très-courte, d'un jaune roux; les postérieures larges, avec une tache basilaire assez grande, d'un jaune roux, et deux stries rousses, réseau roussâtre; ptérostigma médiocre, assez étroit, d'un roux obscur; membranule obscure.

Un seul individu mâle du Muséum.

85. LIBELLULA INTERMEDIA, *mihi.*

Flavida; alis hyalinis basi late flavidis, pterostigmate longiori.

Burm., *Handb. der Ent.*, II, pag. 851, n° 38, *L. Ochracea?*

De la taille de la *Flaveola* (individu presque complétement détruit); couleur d'un jaune roussâtre. Thorax n'ayant pas les sutures latérales sensiblement obscurcies. Ailes transparentes ressemblant beaucoup à celles de la *Flaveola*, mais la base étant plus largement tachée de jaune, surtout aux antérieures, et se distinguant de suite, de cette espèce, par le ptérostigma plus étroit, près du double plus long, par le nombre des nervules du premier espace costal, qui s'élève à treize, tandis qu'il est de sept à huit dans la *Flaveola*, et la couleur des pattes, qui sont presque entièrement noires dans cette dernière, tandis qu'elles sont roussâtres dans l'*Intermedia*.

Collection de M. Serville, et indiquée de Bombay.

86. LIBELLULA HOVA, *mihi*.

Villosa, rufescens, flavo nigroque variegata; thorace lateribus strigis confluentibus obscure cœruleis; abdomine segmentis maculis posticis geminatis nigris, appendicibus nigris inferiori angusto, acuto ♂.

De la taille de la *Cancellata*, mais plus grêle, et ayant un peu l'aspect d'une *Cordulia*. Tête d'un jaune un péu obscur, avec le vertex et le sommet du front d'un bleu violet brillant. Thorax un peu velu, d'un brun roux à sa partie antérieure, jaune sur les côtés, où il y a trois bandes d'un bleu verdâtre brillant, s'anastomosant ensemble. Abdomen jaune, d'un roux obscur en dessus de chaque côté, ayant la partie postérieure des segments noire en dessus et en dessous, formant en dessus une tache double ou fortement bifide; styles noirs, fortement en massue, aigus, munis en déssous et un peu latéralement, à l'endroit de leur épaisseur, d'une pointe très-courte; pièce sous-stylaire étroite, presque aussi longue qu'eux, pointue, noire. Pattes noires; les quatre premières ayant la plus grande partie des cuisses d'un jaune roussâtre. Ailes assez larges, surtout les postérieures, légèrement teintes de jaune roussâtre, moins sensible à l'extrémité, à la base et au bord postérieur; réseau large, dix à douze nervules au premier espace huméral; triangle traversé par une nervule; ptérostigma petit, brun; hameçons courts, épais, non divisés, comme tuberculeux, avec une petite pointe crochue à leur extrémité.

Habite Madagascar; je n'ai vu que le mâle qui m'a été communiqué par M. Marchal.

87. LIBELLULA FESTIVA, *mihi*.

Flava, nigro variegata; abdomine nigro supra subtusque maculis flavis; alis hyalinis, posticis macula basali flavida ♂.

De la taille de la *Vulgata*. Tête médiocre, ayant la face jaune, avec le front fortement saillant, obscur en dessus, où il est échancré; vertex assez large, court, très-obtus, comme déprimé; occiput élevé, assez petit, un peu obscur, jaune postérieurement. Thorax velu, jaune, avec trois bandes antérieures et trois lignes latérales d'un brun roussâtre; lobe postérieur du prothorax peu saillant, non échancré, comme tronqué. Abdomen assez mince, trigone, un peu renflé à la base, qui est jaune, avec trois lignes en dessus et le bord des segments noirs, le reste noir avec une tache jaune en dessus sur les 4, 5, 6 et 7e, en dessous sur les mêmes, et sur le huitième; appendices comme à l'ordinaire. Pattes noirâtres, avec une grande partie des cuisses antérieures jaunes, les intermédiaires un peu rousses. Ailes transparentes, ayant une tache jaune à la base des postérieures ; ptérostigma d'un brun roux ; douze nervules au premier espace costal ; triangle traversé par une nervule ; membranule d'un brun un peu obscur.

Collection de M. Serville ; de Bombay.

88. LIBELLULA COMMUNIS, *mihi*.

Flavo-rufescens; abdomine linea dorsali fasciaque laterali antice nullis nigris; alis hyalinis macula basali flavida, pterostigmate obscure flavido ♂.

Un peu plus petite et plus courte que la *Vulgata*, à laquelle elle ressemble. Tête plus petite, ayant la face jaune, la lèvre supérieure et le bord des lobes noirs ou noirâtres ; yeux beaucoup plus étroits supérieurement et contigus dans un petit espace ; occiput très-avancé, roussâtre. Thorax d'un jaune roussâtre ; lobe postérieur du prothorax étroit, à peine échancré, presque carré, non bilobé. Abdomen plus court, trigone, atténué insensiblement vers l'extrémité, roussâtre, ayant en dessus postérieurement une ligne noire s'unissant par le bord des segments à une bande latérale de la même couleur qui s'étend en dessus et en dessous des côtés, et disparaît avant la base ; prolongements de l'extrémité comme à l'ordinaire ; parties génitales très-différentes. Pattes noirâtres, avec les faces externe et interne des cuisses antérieures roussâtres. Ailes courtes à réseau beaucoup plus serré, transparentes, un peu tachetées de jaune roussâtre à la base ; ptérostigma au moins aussi grand, d'un jaune obscur ; douze nervules au premier espace costal ; membranule petite, blanchâtre.

Du Chili ; collection du Muséum.

D.

89. LIBELLULA ALBIPUNCTA, *mihi*.

Nigra; thorace flavo-maculato; alis hyalinis margine antico flavidis, in mare anticis lineola baseos, in fœmina apice fuscis, pterostigmate intus puncto albo.

Un peu plus petite que la *Vulgata*. Tête ayant la face blanche, avec le front d'un bleu métallique verdâtre et un point blanc de chaque côté chez le mâle ; ces deux points formant une bande blanche, chez la femelle. Thorax noir en dessus, avec une ligne jaune dorsale chez la femelle ; côtés et poitrine de cette couleur, marqués d'un certain nombre de lignes noires ; lobe postérieur du prothorax médiocrement élevé, en forme de cœur, tronqué inférieurement. Abdomen, chez le mâle, trigone, pas sensiblement renflé à la base, atténué avant son milieu, noir, avec trois petites taches jaunes sur les côtés de la base ; styles très-aigus ; chez la femelle comprimé, noir, avec deux lignes en dessus, une bande latérale sur la base, une grande partie des styles et deux taches sur le dernier segment, jaunes; les lignes de dessus se réunissant sur les deux premiers segments; bord vulvaire prolongé, redressé, creusé en gouttière en dessous, segment suivant fortement excavé, caréné en dessus. Pattes noires, avec la face interne des cuisses antérieures et une ligne sur la face externe des postérieures, chez la femelle jaunes. Ailes transparentes, ayant la marge antérieure lavée de jaunâtre, avec une ligne sur le deuxième espace huméral, qui ne touche pas à la base, chez le mâle, et le sommet chez la femelle bruns; ptérostigma noirâtre, ayant sa partie interne d'un blanc jaunâtre, dix à onze nervules sur le premier espace costal; triangle assez grand, traversé par une nervule; membranule très-petite, blanchâtre.

Se trouve au Sénégal.

90. LIBELLULA AFFINIS, *mihi.*

Nigra; thorace flavo maculato; alis hyalinis margine antico flavidis, linea posticis minore, in fœmina pallidiore, apiceque fuscis, pterostigmate intus puncto albo.

Extrêmement près de l'*Albipuncta*, n'en étant peut-être qu'une race beaucoup plus grande. Tête ayant la face d'un jaune roussâtre, avec le front d'un bleu obscur, et un point jaune sur ses côtés, touchant les yeux, qui, chez la femelle, est remplacé par une bande. Thorax noir, ayant une raie jaune en dessus, les côtés jaunes, traversés par des lignes noires, dont celles du milieu plus confluentes que dans l'*Albipuncta*. Abdomen à peu près semblable, ayant en dessus, à la base et sur les côtés, une bande jaune qui en dessus se bifurque après le troisième segment, en formant une double rangée de taches plus ou moins visibles jusque sur le pénultième; styles jaunes, un peu plus longs, avec l'extrémité noirâtre, se terminant en une pointe moins aiguë et moins allongée; pièce sous-stylaire moins rétrécie vers l'extrémité; chez la femelle base de l'abdomen jaune, ayant seulement deux bandes latérales; styles et anus roussâtres, avec deux taches semblables sur le dernier segment; bord vulvaire beaucoup moins saillant et non abaissé en gouttière, comme chez la *Vulgata*. Pattes à peu près semblables. Ailes ayant quelquefois une teinte d'un jaune roux, qui n'est souvent sensible qu'au bord antérieur, avec l'extrémité un peu brunâtre, les quatre ayant le second espace huméral noirâtre dans une plus ou moins grande étendue, quelquefois seulement obscurci chez la femelle; ptérostigma noir, ayant près de la moitié interne jaunâtre, moins long aux ailes inférieures, surtout chez le mâle; treize nervules au premier espace costal.

De Madagascar.

Dixième groupe. — *L. Vulgata*, Charp. 20 espèces.

Ailes ayant trois rangées d'aréoles discoïdales, et six à neuf nervules au premier espace costal.

A. Ailes non tachées sur le disque ou ayant seulement une teinte roussâtre ou jaunâtre sur la base, et qui s'étend plus ou moins.

B. Ailes traversées par une large bande brune.

C. Ptérostigma presque carré; une tache brune à la base des ailes postérieures; sept à huit nervules au premier espace costal.

A.

91. LIBELLULA CÆSIA, *mihi*.

Fusco - prunosa; alis hyalinis, pterostigmate appendicibusque analibus flavis ♂.

De la grandeur de la *Cærulescens*. Tête ayant la face noirâtre, avec quelques taches jaunes sur les côtés; front d'un bleu obscur, assez fortement échancré; vertex assez élevé, échancré, noirâtre; occiput del même couleur, élevé antérieurement; bord postérieur d'un brun roux, avec deux marques jaunâtres. Thorax d'un brun roussâtre obscur un peu bleuâtre; lobe postérieur du prothorax petit, saillant dans son milieu, presque pointu. Abdomen étroit, trigone, noirâtre, couvert d'une poussière bleuâtre, avec les pièces anales jaunes. Pattes noirâtres, cuisses antérieures jaunes antérieurement, les autres un peu rousses. Ailes transparentes, ptérostigma jaune; neuf nervules au premier espace costal; membranule d'un brun roussâtre.

Collection de M. Serville, et indiquée de Bombay. Elle appartient peut-être au groupe de la *Cærulescens*.

92. LIBELLULA TRUNCATULA, *mihi*.

Flava, nigro lineata; alis hyalinis; pterostigmate aurantiaco; abdomine linea dorsali aliaque laterali obsoleta, interrupta nigris.

De la grandeur de l'*Unifasciata*, dont elle n'est peut-être qu'une variété sans taches sur les ailes. Thorax et abdomen beaucoup plus épais, jaunes, un peu moins rayés de noir; la ligne dorsale étant la plus marquée et celle qui est vers les côtés beaucoup plus mince; extrémité abdominale non relevée; styles moins grêles et droits. Base des ailes inférieures très-légèrement teinte de jaune le long de la membranule, qui est d'un blanc un peu brunâtre; ptérostigma plus long et d'une couleur orangée; triangle ordinaire et celui qui est à son côté interne traversé par une nervule, ce qui n'existe pas dans l'autre sur un grand nombre d'individus.

Collection de M. Serville , et indiquée de Bombay.

93. LIBELLULA ORNATA, *mihi.*

Flava, nigro variegata ; alis hyalinis, posticis basi macula fusco-rufa , tripartita, in medio flava.

Burm., *Handb. der Ent.*, II, 849, n° 2, *L. Pulchella.*

De la taille de la *Flaveola.* Tête grosse, ayant la face jaune , avec une bande noire, qui passe sur le bord des lobes et couvre la lèvre inférieure ; front velu, ayant une bande postérieure d'un noir bleuâtre, qui se prolonge un peu le long des yeux ; vertex assez élevé , très-peu échancré, velu, jaune, noir à sa base et à sa face antérieure ; occiput petit, peu avancé, un peu élevé ; bord postérieur noir. Thorax velu, jaune, avec une large bande antérieure médiane, et trois bandes latérales d'un noir tournant un peu sur le bleu métallique ; espace inter-alaire noir, avec des taches jaunes ; prothorax noir, ayant le bord antérieur et deux petits points sur le milieu, qui se touchent, jaunes, son bord postérieur large, noir, élevé, fortement échancré et divisé en deux lobes arrondis , très-ciliés. Abdomen ayant (il n'existe que quatre segments) les deux premiers segments noirs en dessus, avec un peu de jaune sur le milieu du bord postérieur du second , presque entièrement jaunes sur les côtés ; près de la moitié du troisième jaune, avec une bande noire en dessus, dilatée postérieurement ; la seconde moitié noire en dessus, avec une tache jaune au milieu, moins longue qu'elle ; le quatrième noir, ayant une bande circulaire antérieure et une tache médiane, qui ne va pas jusqu'à l'extrémité, jaunes. Pattes noires. Ailes transparentes, à réseau clair, les postérieures ayant une tache basilaire, d'un brun roux, réticulée de jaune, divisée en trois parties, avec un peu de jaune antérieurement et une bande de la même couleur entre les deux dernières parties ; ptérostigma petit, d'un roussâtre obscur ; sept nervules au premier espace costal ; triangle large, traversé par une nervule ; membranule blanchâtre.

Collection de M. Serville , et indiquée de l'Amérique septentrionale.

94. LIBELLULA SOCIA , *mihi.*

Fusca ; capite apice cœruleo ; thorace fusco utrinque fasciis quinque flavis ; abdomine fusco , supra nigricanti, lineis duabus macularibus, subtus fasciis duabus flavis ; alis ad basim flavidis, posticis lineis duabus fusco-rufis.

A peu près de la taille de la *Complanata*, mais ayant les ailes un peu plus allongées. Tête ayant la face jaune, avec le sommet et le vertex d'un bleu métallique; sommet fortement échancré, rugueux; vertex assez élevé, très-légèrement échancré, fortement ponctué; occiput assez petit, roux, jaune postérieurement, avec une ligne enfoncée; bord postérieur noir. Thorax légèrement velu, jaune, avec la partie antérieure et quatre bandes latérales brunes; dessus varié de brun. Abdomen triangulaire, légèrement renflé à la base, d'un brun roussâtre, plus pâle à la base, où il est jaune en dessous, ayant en dessus deux lignes jaunes interrompues, qui commencent après les deux premiers segments et qui n'atteignent pas les deux derniers, et sur les côtés une autre ligne qui s'arrête au dernier; dessous marqué de deux bandes jaunes; styles ordinaires, pointus, en massue elliptique, ayant en dessous une partie saillante avant l'extrémité; pièce sous-stylaire presque aussi longue qu'eux, assez large à la base, allongée, courbée, ayant les bords un peu rabattus, et l'extrémité assez pointue et bifide; styles de la femelle petits, rapprochés à leur extrémité; bord vulvaire assez large, peu saillant, un peu échancré. Pattes noires, avec la face interne des cuisses antérieures jaune. Ailes transparentes, ayant la base un peu lavée de jaune roux, surtout aux postérieures, qui ont en outre deux petites lignes d'un brun roux, qui peuvent disparaître chez la femelle, ainsi que la teinte jaune, et la ligne latérale de l'abdomen; membranule noirâtre; ptérostigma assez grand, d'un brun rouge; quelquefois les ailes sont en partie envahies extérieurement par une teinte jaunâtre.

Collection de M. Serville, et indiquée de l'Amérique septentrionale.

95. LIBELLULA NIGRICANS , *mihi.*

Fusco-rufo-subcœrulescens; fronte cœrulea, producta; abdomine lineolis flavis; alis hyalinis, posticis macula rufa minima, basilari; pterostigmate magno, flavo ♂.

Un peu plus petite que la *Vulgata.* Tête ayant la face noirâtre, avec des parties plus claires; sommet du front échancré, d'un bleu foncé; cette partie, d'abord déprimée supérieurement, devient ensuite très-saillante; vertex de la même couleur, court, épais, très-convexe, avec une petite dépression presque insensible sur son sommet; occiput court, assez avancé, enfoncé entre les yeux postérieurement, d'un bleu obscur; bord postérieur d'un roux obscur, avec la partie inférieure et une tache au milieu roussâtres. Thorax d'un roux obscur, un peu bleuâtre, plus foncé antérieurement, un peu roussâtre sur les côtés, où l'on voit l'apparence de deux ou trois lignes noirâtres; lobe postérieur du prothorax cordiforme, médiocrement élevé, peu échancré. Abdomen grêle, à peine renflé à la base, paraissant atténué dans son milieu (l'extrémité manque), noirâtre, avec une ligne jaune sur chaque segment, à partir du troisième; la base paraît un peu roussâtre sur les côtés. Pattes noires, avec la face externe des cuisses antérieures et une petite partie de la base de cette même face, sur les autres, jaunes. Ailes transparentes, les postérieures ayant à côté de la membranule une très-petite tache rousse ; triangle long, traversé par une nervule ; huit à neuf nervules sur le premier espace costal ; ptérostigma grand, d'un jaune roussâtre ; membranule brune, blanchâtre à la base. Ne serait-ce qu'un mâle de la *Vilis?* cependant les pattes et la tête offrent des différences notables.

Collection de M. Serville, et indiquée de Buénos-Ayres.

96. LIBELLULA VILIS, *mihi.*

Flavo-rufescens ; fronte thoraceque absque lineis nigris ; abdomine trilineato ; alis apice subinfuscatis, pterostigmate basique tenuiter rufescentibus.

Un peu plus petite que la *Vulgata*, et lui ressemblant, mais ayant le ptérostigma beaucoup plus grand ; face et vertex d'un jaune pâle, sans aucune marque noire. Thorax d'un jaune roussâtre, ayant antérieurement et inférieurement deux taches noirâtres auxquelles se rendent deux lignes brunâtres, à peine sensibles ; côtés jaunes, sans lignes noires ; lobe postérieur du prothorax peu échancré, presque carré, un peu en cœur tronqué, assez saillant. Abdomen d'un jaune roussâtre, grêle, renflé à la base, atténué au milieu, comprimé, avec trois lignes noirâtres, dont une dorsale et deux latérales ; pièces anales comme chez les précédentes, jaunes ; pièce sous-stylaire pas échancrée à l'extrémité ; bord vulvaire se prolongeant presque jusqu'au bord postérieur du pénultième segment, peu saillant, comprimé et elliptique. Pattes noires, chez le mâle, avec les cuisses antérieures jaunes, à l'exception de la face supérieure, obscures chez la femelle, avec les cuisses en grande partie pâles, surtout vers la base. Ailes transparentes, lavées d'une très-légère teinte d'un brun roussâtre vers l'extrémité, avec une petite tache basilaire d'un jaune roussâtre qui n'est guère visible qu'aux inférieures ; ptérostigma grand, d'un jaune roussâtre ; membranule petite, roussâtre ; huit nervules au premier espace costal ; nervure costale jaune.

De la collection de M. Serville, sans indication de patrie. Deux individus qui ne semblent pas avoir acquis toutes leurs couleurs, et un troisième individu femelle, indiqué de Buénos-Ayres, qui est plus grand, plus épais, et chez lequel le bord vulvaire est plus large et beaucoup plus relevé, et les styles plus épais, mais qu'il est difficile de séparer.

97. LIBELLULA CONTAMINATA, *Fabricius.*

Rufescens; thorace crasso, lateribus lineolis obliteratis maculis-que inferioribus nigris; alis luteo-rufescentibus, apice late posticis-que postice hyalinis.

Fabr., *Ent. syst.,* II, p. 382, n° 38.—Burm., *Handb. der Ent.,* II, pag. 859, n° 6.

Près de moitié plus petite que la *Ferruginea*, dont elle a un peu la forme. Tête assez grosse, ayant la face jaune, un peu roussâtre dans le mâle. Thorax épais, pubescent, d'un jaune roux, avec l'apparence de deux lignes plus obscures antérieurement, et deux ou trois lignes noires peu marquées sur les côtés, qui vont aboutir à plusieurs taches de la même couleur, placées sur les côtés de la poitrine; lobe postérieur du prothorax peu élevé, entier, demi-circulaire. Abdomen court, d'un roux jaunâtre, plus pâle à la base, presque trigone, atténué vers l'extrémité, peu renflé à la base, ayant une ligne dorsale et une autre plus bas et presque effacée, brunes; milieu du dessous noir dans sa longueur; extrémité chez le mâle à peu près comme chez la *Ferruginea;* hameçons très-courts, ayant un sillon profond avant leur division; branche interne courte, courbée en crochet extérieurement, l'externe un peu plus longue, beaucoup plus large, épaisse et arrondie à son extrémité, ces deux hameçons largement séparés par le pénis. Pattes jaunes, les cuisses ayant une bande externe et les tibias antérieurs une même ligne brunâtres, plus ou moins marquées. Ailes d'un jaune roussâtre, pâles à la base, ayant le tiers externe ou un peu moins, et le bord postérieur des inférieures transparents; quelquefois entièrement transparentes chez la femelle; ptérostigma assez long, jaune ou roux, la plupart des nervures et nervules d'un jaune roux; membranule blanchâtre un peu roussâtre extérieurement; bord vulvaire profondément échancré, le suivant prolongé, avec un bord arrondi; styles très-écartés, au moins trois fois aussi longs que la largeur du troisième segment.

De Bombay et de la côte de Malabar; des Indes orientales par Fabricius.

* 98. LIBELLULA VULGATA, *Charpentier* ♀, *mihi* ♂.

Flavo-rufescens; thorace antice lineolis duabus flavis; abdomine elongato; alis hyalinis macula basilari subnulla flaveola; femoribus postice flavis linea nigra.

Charp., *Hor. Ent.,* p. 49 ♀ (il a confondu le mâle avec celui des espèces suivantes).—Sel., *Monog. Lib.,* p. 50, n° 12 ? (M. De Selys ne la distingue pas rigoureusement.)

Envergure de six centim. et demi, longueur de quatre ou quatre et demi.

Tantôt jaune, tantôt d'un jaune roux ou roussâtre, ou rouge comme dans la plupart des mâles. Tête assez grosse, ayant la face d'un jaune pâle, quelquefois rougeâtre chez les mâles, avec le sommet d'un jaune roussâtre, rugueux, échancré ; vertex roussâtre, assez élevé, large à la base, assez fortement rétréci à son extrémité, peu échancré, avec deux petites saillies, ayant à sa base antérieurement une bande noire qui s'étend aussi sur la partie postérieure du front ; occiput petit, médiocrement avancé entre les yeux, élevé à sa partie antérieure, avec une ligne enfoncée postérieurement ; bord postérieur jaune, ayant trois bandes noires, dont les deux supérieures se touchent presque. Thorax pubescent, jaune ou rougeâtre, d'un roux obscur en dessus antérieurement, où l'on voit deux traits jaunes ; côtés le plus souvent d'un beau jaune, traversés par trois lignes noires, dont celle du milieu plus courte, interrompue et peu visible supérieurement, s'anastomosant sur les côtés de la poitrine, où elles s'élargissent en trois taches étroites ; il y a aussi une bande noire circulaire à l'union du prothorax ; celui-ci taché de noir, ayant le bord postérieur très-large, élevé, largement bilobé par une échancrure assez profonde et étroite ; lobes arrondis, plus larges transversalement, fortement ciliés, jaune roux. Abdomen assez long, comprimé, un peu renflé à la base, un peu rétréci avant son milieu, jaune roussâtre et souvent d'un roux vif chez les mâles, ayant à la base, sur les côtés, une bande jaune, qui ne dépasse pas les quatre ou cinq premiers segments, quelquefois sans lignes noires, mais ayant ordinairement le bord latéral, et un peu au-dessus, un trait aminci en avant, qui occupe la moitié postérieure de chaque segment ; mais, quelquefois, les traits s'élargissent et touchent la ligne latérale ; on voit en outre en dessus une tache noire transverse sur la base des deux premiers segments et sur le bord antérieur de chacun une ligne qui s'unit au bord latéral, mais qui est divisée en dessus, et postérieurement deux petits traits, réduits souvent à deux points ; les deux avant-derniers sont aussi quelquefois marqués de noir en dessus longitudinalement, ainsi que le bord postérieur de tous ; hameçons fortement bifides, à bifurcation très-ouverte, ayant la division interne longue, presque cylindrique, atténuée vers l'extrémité, qui est crochue et se croise avec celle du côté opposé ; l'externe beaucoup plus courte, d'abord courbée en dedans, ensuite en dehors, un peu pointue à l'extrémité, avant laquelle elle présente une dépression extérieurement ; styles séparés à la base par une pièce étroite, de longueur ordinaire, presque cylindriques, un peu renflés, subitement rétrécis à l'extrémité qui se termine par une pointe fine et noire, ayant en dessous une ligne saillante, oblique, offrant une série de petites dents obtuses et noires ; pièce sous-stylaire, un peu plus courte qu'eux, médiocrement large à sa base, assez fortement rétrécie après son milieu, lancéolée, très-obtuse, tronquée carrément avec deux petites pointes obtuses, très-courtes à son extrémité, et ses côtés ra-

battus ; styles de la femelle moins longs ; antépénultième segment ayant
je bord vulvaire saillant, prolongé, redressé en dessous en une espèce
d'onglet et formant une cavité par laquelle s'échappent les œufs. Pattes ayant
les hanches et trochanters jaunes, avec une tache noire ; cuisses noires,
avec une bande postérieure, et un peu interne, et une ligne externe, jaunes,
les tibias noirs, avec la face externe jaune et les tarses noirs. Ailes transparentes, ayant une tache jaune à peine visible, mais constante à la base ;
membranule blanche ; ptérostigma court, aussi long aux inférieures
qu'aux supérieures, d'un brun un peu roussâtre ou rougeâtre, ou jaunâtre,
quelquefois jaune, plus clair aux extrémités et à ses bords ; premier espace costal traversé par sept nervules ; nervures roussâtres.

Commune en Europe, à la fin du printemps et en automne. Je l'ai
prise en Corse, en Espagne, à Montpellier et à Arles ; je l'ai reçue
d'Alger, et elle m'a été communiquée de Sardaigne par M. Géné.

* 99. LIBELLULA HYBRIDA, *mihi*.

*Flavo-rufescens ; thorace lateribus flavidis, lineis interruptis,
subnullis, nigris ; alis hyalinis, macula basali subnulla, flavida ;
femoribus flavis, fascia antica lineaque externa nigris, tarsis exterius
rufescentibus.*

De la taille de la *Vulgata*, et lui ressemblant beaucoup. Tête à peu
près semblable, seulement la bordure noire au-devant du vertex forme
une saillie dans son milieu et disparaît vers les côtés, ce qui est le contraire chez la *Vulgata*. Thorax moins jaune sur les côtés, où les lignes
noires sont interrompues, et en partie disparues ; dessous jaune avec
quelques petites taches noires sur les côtés. Abdomen presque semblable pour la forme, un peu plus court, plus comprimé et atténué dans
son milieu, ayant les côtés très-légèrement lisérés de noir et une ligne
un peu au-dessus, de la même couleur, disparaissant à l'extrémité, formée
par des traits qui sont presque de la longueur de chaque segment et peu marqués ; extrémité abdominale du mâle différant peu ; styles un peu plus courts ;
parties génitales très-différentes ; hameçons grêles et cylindriques à la base,
ayant les deux divisions presque égales et semblables, l'interne droite
saillante, assez large, pointue et recourbée en crochet à l'extrémité où
elle s'éloigne un peu de celle du côté opposé, l'externe un peu plus
courte, comprimée, tournée en dehors, obtuse et arrondie au sommet ; bord vulvaire très-épais, un peu déclive, ne formant point de cavité, mais appliqué contre le segment suivant, paraissant en partie membraneux. Pattes jaunes, ayant la face antérieure des premières cuisses,
celle des intermédiaires plus ou moins divisée par un trait jaune, une
bande antérieure aux postérieures, une ligne externe plus ou moins marquée sur toutes, la face interne des tibias, noires ; tarses noirs, un peu

roussâtres ou jaunâtres à leur face externe, ce qui n'existe jamais chez la *Vulgata*. Ailes transparentes, à peine sensiblement tachées de jaune roussâtre à la base ; ptérostigma un peu plus long, bien sensiblement plus que chez la *Rœselii*, d'un fauve ou roux obscur.

Je l'ai prise dans l'île de Corse, dans les environs de Montpellier et en Espagne ; elle a été aussi trouvée en Sardaigne par M. Géné ; très-commune dans les environs de Paris à la fin de l'été ; elle habite aussi les Alpes. Le dessous du ventre de la femelle est ordinairement teint de blanchâtre, et celui du mâle n'est jamais d'un rouge aussi foncé que chez la *Vulgata* et la *Rœselii*.

* 100. LIBELLULA FONSCOLOMBII, *Selys.*

Flavo-rufescens vel rufa ; alis hyalinis, macula basali anticis subnulla flavo-rufa ; femoribus nigris, postice linea tenui flava, anticis flavis, antice fascia nigra.

Sel., *Monogr. Lib.*, p. 49, n. 11.

De la taille de la *Vulgata*, et lui ressemblant beaucoup, mais s'en distinguant facilement par la couleur des pattes et le ptérostigma jaune : ayant à peu près la même forme et presque la même couleur. Abdomen pas atténué dans son milieu, comprimé chez la femelle ; extrémité abdominale du mâle à peu près semblable, mais parties génitales différentes ; hameçons ayant les divisions beaucoup moins divariquées, l'interne grêle, courte, recourbée en dehors et crochue ; l'externe presque ovale, presque pointue à son extrémité, un peu recourbée en dehors et plus longue ; femelle ayant le bord vulvaire échancré, presque bilobé, mince, non saillant. Pattes ayant les tibias noirs, avec la face externe des quatre antérieurs jaune, les deux cuisses antérieures jaunes, avec la face supérieure noire, les autres noires, ayant une ligne externe jaune ; premier article des quatre tarses antérieurs jaunâtre extérieurement. Ailes transparentes, avec une tache basilaire jaune roussâtre, peu sensible aux supérieures, mais quelquefois assez grande aux inférieures ; ptérostigma jaune, bordé de noir, pas sensiblement plus grand que chez la *Vulgata* ; quelques nervures et rameaux antérieurement et une partie des nervules jaunes, dans la femelle, rouges ou roux chez le mâle ; membranule jaune pâle. Elle présente, en outre, quelques différences générales de coloration ; bordure brune au-devant du vertex, plus large, descendant le long des yeux, presque au bas du front. Thorax dans la femelle moins jaune sur les côtés, mais les deux bandes jaunâtres de la partie antérieure beaucoup plus larges ; thorax du mâle plus obscur sur les côtés et ne présentant qu'une bande jaune, la ligne noire latérale antérieure moins marquée et un peu interrompue dans son milieu, la moyenne se prolongeant plus haut sans être interrompue ; traits du dessus de l'arête latérale, linéaires, d'égale largeur et visibles dans presque toute la longueur du segment, l'espace entre eux et le côté souvent jaunes dans les femelles.

Commune dans le Midi et aux environs de Paris. Reçue d'Aix, de M. de Fonscolombe, et communiquée par M. Géné, de Sardaigne. Je l'ai prise en Espagne et à Paris dans le mois de juin. M. de Selys l'indique aussi en Belgique au mois de juillet.

* 101. LIBELLULA ROESELII, *Curtis.*

Flavo-rufescens; abdomine brevi, fascia laterali nigra; alis hyalinis, macula basali flava, parva; pedibus nigris.

Sel., *Monogr. Lib.*, p. 47, n° 10.

Ressemblant beaucoup à la *Vulgata*, mais bien distincte; un peu plus petite et surtout plus courte. Tête à peu près semblable, mais la bordure noire de la partie postérieure du front descendant beaucoup plus bas le long des yeux. Thorax n'ayant pas de tache antérieure jaune. Abdomen plus court, beaucoup plus atténué au milieu et élargi avant l'extrémité chez le mâle, où il est d'un beau rouge brique, un peu plus comprimé, surtout chez la femelle, ayant l'arête latérale noire, plus large, et les petites lignes qui sont au-dessus, quand elles existent, plus courtes, touchant souvent à l'arête; extrémité abdominale du mâle, presque semblable, ayant les styles un peu moins allongés à l'extrémité, un peu moins saillants en dessous; celle de la femelle ayant les styles plus courts, proportionnément plus épais; bord vulvaire n'étant point évasé en un bord mince, mais légèrement saillant, épais et renflé, un peu prolongé en une partie qui s'avance un peu en pointe, presque bifide, à peu près comme chez l'*Hybrida.* Pattes quelquefois entièrement noires, mais ayant souvent la base et la face interne des cuisses antérieures jaunes. Ailes transparentes avec la base plus sensiblement jaune; ptérostigma plus court, plus carré, noirâtre ou brun, quelquefois plus clair à ses extrémités; membranule blanchâtre.

Au moins aussi commune que la *Vulgata*. Son vol est rapide, beaucoup plus saccadé; elle quitte rarement le bord des eaux où elle se tient sur les roseaux qui bordent les fossés; elle paraît au commencement de l'été : je l'ai rencontrée en très-grande quantité dans les marécages de Gentilly, près Paris, sans apercevoir une seule *Vulgata*; elle a aussi été prise dans les environs de Madrid par M. Graells, qui a eu la complaisance de me l'envoyer.

* 102. LIBELLULA GENEI, *mihi.*

Flavo-rufescens; abdomine lateribus maculis conoideis pedibusque nigris, femoribus anticis intus flavis.

Un peu plus petite que la *Vulgata*, et ressemblant beaucoup à la

Rœselii, mais bien distincte de l'une et de l'autre par les taches de l'abdomen et les parties génitales. Tête grosse, avec la face jaune, dont le sommet est marqué postérieurement d'une tache noire, plus large et plus sinueuse que chez les autres espèces, étroitement échancrée dans son milieu, et qui, après s'être fortement retrécie, se dilate en une petite tache plus inférieure et presque isolée ; vertex jaune, avec une grande partie de sa face antérieure noire ; occiput avancé, jaune, ayant une strie enfoncée. Thorax d'un jaune un peu obscur en dessous et en avant, avec les côtés jaunes, marqués de deux lignes noires dont la médiane, qui part d'en bas, ne dépasse pas le milieu ; dessous et côtés de la poitrine marqués de plusieurs taches noires ; prothorax ayant le bord postérieur bilobé, plus petit et moins saillant que chez la *Vulgata*. Abdomen grêle, un peu triangulaire, à peine atténué avant son milieu, à peine renflé à la base, rouge ou rougeâtre, chez le mâle d'un jaune roux chez la femelle, ayant vers les côtés une série de taches noires qui ont la forme d'un triangle allongé ou d'un accent dont la pointe est tournée en avant, partant près du bord postérieur de chaque segment, sans le toucher ; dessous présentant aussi une série de taches noires, ayant un peu la forme de la lettre T renversée, et qui, par la disparition de leur milieu, forment souvent trois petites taches ; ces taches peuvent être cachées par une couche pulvérulente d'un blanc glauque : extrémité abdominale du mâle presque comme chez la *Rœselii*, mais les styles plus grêles à la base ; pièce sous-stylaire, plus courte, noirâtre, moins tronquée à l'extrémité, qui n'est pas échancrée, mais qui porte supérieurement deux très-petites pointes ; hameçons noirs, faits tout différemment que dans les autres espèces, la division externe conoïde pointue, très-épaisse à la base, un peu courbée, l'interne petite, plus courte, beaucoup plus grêle, crochue, et lui étant supérieure ; bord vulvaire un peu saillant, mince, formant une cavité un peu comme chez la *Vulgata ;* bord du pénultième un peu prolongé. Pattes noires, avec la face inférieure des cuisses antérieures jaune, les trochanters et les hanches jaunes, avec une tache sur les premiers et deux sur les secondes, noires. Ailes transparentes, avec une petite tache d'un jaune roussâtre à la base des inférieures, étroite, se prolongeant postérieurement ; ptérostigma comme chez la *Vulgata*, d'un jaune roux ; membranule blanchâtre, un peu obscure inférieurement.

Découverte par M. Géné dans l'île de Sardaigne.

* 103. LIBELLULA FLAVEOLA, *Linné.*

Flavo - rufescens ; alis hyalinis macula magna baseos, posticis majori flava ; femoribus nigris, lineola postice flavida.

Linn., *Syst. Nat.*, II, p. 901, n° 2. — Fabr., *Ent. syst.*, II, p. 375, n° 6. — Scheff., I, tab. 4, fig. 1. — Latr., *Hist. Crust. et Ins.*, XIII,

p. 14.—Vanderl., *Monogr. Lib.*, p. 15 , n° 9.—Charp., *Hor. Ent.*, p. 49.
—Burm. , *Handb. der Ent.* , II, p. 851, n° 18. — Sel., *Monogr.
Lib.*, p. 45 , n° 9.

De la taille de la *Vulgata*, et lui ressemblant beaucoup. Tête à peu
près semblable, ayant une bande noire sur le bord des lobes latéraux et
sur la lèvre inférieure ; bordure noire en avant du vertex descendant plus
bas le long des yeux. Thorax semblable, mais n'ayant pas de tache jaune
en dessus antérieurement ; espace jaune des côtés beaucoup plus étroit.
Abdomen plus court, à peu près taché de la même manière, mais les
traits des côtés, qui chez la *Vulgata* n'occupent que la moitié postérieure de chaque segment, forment ici, surtout chez la femelle, une ligne
continue assez large, qui s'unit souvent avec celle des côtés, et qui est ordinairement interrompue chez le mâle avant la base ; styles moins longs,
moins allongés à l'extrémité, un peu plus épais, ayant les petites dentelures moins nombreuses ; pièce sous-stylaire plus courte, ne dépassant pas
la partie la plus saillante du dessous des styles, peu large à la base, se
rétrécissant insensiblement vers l'extrémité, qui est beaucoup plus large,
échancrée, et ayant deux petites pointes peu sensibles, courbée dans sa longueur, avec les bords fortement rabattus et noirs ; styles de la femelle
un peu plus longs ; dessous de l'abdomen quelquefois en grande partie
noir et souvent couvert d'une poussière d'un blanc glauque ; bord vulvaire non saillant, mais un peu prolongé et bifide ; hameçons comprimés,
à divisions courtes, l'externe un peu courbée, plate, obtuse, l'interne
beaucoup plus mince, cylindrique, à peu près aussi longue, courbée en
crochet, du côté de l'anus, noire. Pattes noires, avec la face externe des
tibias, une ligne externe aux cuisses et un espace à la face interne des
antérieures jaunes. Ailes transparentes , ayant la base largement tachée
de jaune, surtout aux inférieures ; aux supérieures cette teinte s'étend
quelquefois jusqu'au milieu de l'aile ou au delà, et d'autres fois il se
trouve au milieu une tache isolée ; membranule blanche ; ptérostigma
plus court que chez la *Vulgata* , roux.

Très-commune en Europe. Mêmes mœurs et mêmes localités que la
Vulgata.

* 104. LIBELLULA SCOTICA , *Donovan*.

*Fusca ; abdomine supra fasciis duabus e maculis flavis ; alis hya-
linis brevibus, pterostigmate fere subquadrato pedibusque nigris.*

Sel., *Monogr. Lib.* , p. 53 , n° 13. — Charp., *Hor. Ent.*, p. 48 ,
L. *Veronensis.*—Vanderl., *Monogr. Lib.* , p. 16, n° 10, L. *Nigra ?*—
Burm., *Handb. der Ent.*, II, p. 851, n° 20 ?

De la taille de la *Flaveola*, et ressemblant un peu à la *Rubicunda*.
Tête assez grosse, face jaune, avec une partie des lobes, la lèvre inférieure, la supérieure, un croissant sur l'épistome, et une grande partie

du front d'un noir un peu bleuâtre ou violâtre ; vertex jaune, assez
élevé, épais, fortement rétréci au sommet, qui est échancré et obscur ;
occiput assez avancé, assez grand ; bord postérieur velu, d'un jaune vif, avec
trois bandes noires. Thorax velu, d'un roux cendré obscur en dessus, ou noirâtre, jaune sur les côtés, avec trois lignes noires, dont les
deux postérieures souvent un peu confluentes ; dessous noir, tacheté de
jaune. Abdomen noirâtre, un peu renflé à la base, étranglé avant son
milieu chez le mâle, dilaté postérieurement avant l'extrémité, qui est
atténuée, ayant en dessus, de chaque côté, une série de traits jaunes,
larges, surtout à la base, moins apparents vers le milieu, plus visibles sur
les 7 et 8e segments, chez le mâle, qui offre une tache jaune de chaque
côté des parties génitales ; femelle ayant les parties jaunes beaucoup
plus larges, surtout sur le thorax et l'abdomen : celui - ci , quelquefois, presque entièrement jaune ; bord vulvaire à peu près comme chez
la *Vulgata*, mais plus saillant. Pattes entièrement noires. Ailes larges, à
réseau clair, un peu jaunes à la base chez la femelle ; triangle traversé
par une nervule ; sept nervules au premier espace costal ; ptérostigma
large et carré, long, noir, plus pâle et en partie blanchâtre en dessous.

Habite les marécages, et paraît dans les mois de juillet et août Elle
m'a été donnée par M. Albert Dujardin, qui l'avait reçue d'Angléterre.
Elle se trouve, mais rarement, dans les environs de Paris ; elle a été
prise aussi par M. Blisson au Mans. M. de Selys l'indique des Alpes
et de la Belgique. J'ai indiqué dans la synonymie, avec doute, la *Nigra*
de Vanderlinden, qui ne me paraît être qu'une variété, quoique j'aie
rejeté sa description dans le groupe de celles qui n'ont que deux rangées d'aréoles discoïdales, d'après M. de Selys.

*? 105. LIBELLULA AMBIGUA, *mihi*.

*Flavido - subrufescens ; thorace pallido ; abdomine rufescenti,
segmentis postice macula geminata nigra, pedibus pallidis* ♀.

A peu près de la taille de la *Vulgata*, et lui ressemblant beaucoup.
Tête assez grosse, face pâle. Thorax jaunâtre, avec des marques roussâtres, mais sans lignes noires ; prothorax plus étroit que chez la *Vulgata*, avec le lobe postérieur bilobé, moins saillant. Abdomen un peu
plus grêle, à peine atténué au milieu, ayant à la partie postérieure des
segments, à l'exception de la base, une tache latérale et triangulaire
noire, qui, postérieurement, s'unit à celle du côté opposé ; bord vulvaire de l'antépénultième pas saillant, mais un peu prolongé postérieurement et bimucroné ou bifide. Pattes jaunâtres, avec une bande brune
sur la face supérieure des cuisses antérieures, qui ne s'étend pas jusqu'à la base, les mêmes tibias un peu brunâtres à l'extrémité, tarses
brunâtres. Ailes transparentes, sans tache jaune sensible à la base :

ptérostigma brun au milieu, blanchâtre aux extrémités; membranule blanchâtre.

D'après un seul individu femelle dont je ne connais pas la patrie, mais qui pourrait bien être exotique.

106. LIBELLULA PLEBEIA, *mihi*.

Flavo-rufescens; abdomine supra maculis lateralibus nigris; pedibus nigris, femoribus anticis interius flavidis, alis posticis macula basali flavida.

De la taille de la *Vulgata*, et lui ressemblant beaucoup, mais plus épaisse et bien plus courte. Tête ayant la face jaune, avec une ligne brune sur la lèvre inférieure. Thorax d'un jaune un peu obscur en dessus, jaune sur les côtés, avec deux lignes noires transverses et le commencement d'une autre; espace inter-alaire jaune; lobe postérieur du prothorax beaucoup plus petit que dans la *Vulgata*, moins élevé, demi-circulaire, non échancré, mais ayant un petit enfoncement au milieu vers le bord. Abdomen beaucoup plus court, plus épais, pas sensiblement renflé à la base, ni atténué dans son milieu, un peu trigone, d'un jaune roux, ayant les bords des segments, les arêtes dorsale et latérale, une double série de taches sous le ventre, qui se touchent par leur bord interne, deux séries en dessus, placées chacune vers les côtés de taches triangulaires courtes, disposées comme celles du dessous à la partie postérieure des segments, devenant confluentes avec la ligne du dessus sur les deux ou trois avant-derniers noirs, le dernier sans tache; bord vulvaire, chez la femelle, beaucoup plus saillant que chez la *Vulgata*, redressé à angle droit, pointu à l'extrémité et formant une grande ouverture ovale; segment suivant très-déprimé à sa base, où l'on voit deux très-petits tubercules conoïdes, placés à l'entrée de la cavité. Pattes noires, avec la face interne des cuisses antérieures et une petite ligne extérieure, une partie de la base interne des intermédiaires, jaunes; face externe des tibias roussâtre. Ailes transparentes, les postérieures plus larges que chez la *Vulgata*, ayant à la base une tache d'un jaune roux, moins grande que chez la *Flaveola*, deux nervures à la base des supérieures et le bord costal antérieurement jaunes; ptérostigma comme chez la *Vulgata*, d'un jaune roux; membranule un peu obscure.

D'après un individu femelle formant une espèce bien tranchée et appartenant au Muséum, où elle est indiquée du Chili.

B.

* 107. LIBELLULA PEDEMONTANA , *Allioni*.

Rufescens; *thorace lateribus lineis duabus nigris ; alis hyalinis fascia ante apicem fusca , pterostigmate dilute flavo.*

Allion., *Enum. Ins. Taurin. in Act. Soc. scient. Taur.*, 1762-65.—
Fabr., *Ent. syst.*, II, p. 378, n° 19.—Oliv., *Encycl. méth.*, VII, p. 562,
n° 17.—Vanderl., *Monogr.*, p. 14, n° 7.—Charp., *Hor. Ent.*, p. 50.—
—Burm., *Handb. der Ent.*, II , p. 851, n° 16.—Sel., *Monogr. Lib.*,
p. 44, n. 8. — Gmel., *Syst. Nat.*, I, p. 21-26 , fig. 1. *L. Sibirica.*—
Fuessl., *Cat.*, p. 44. *L. Rubra.*—Roem., *Gener. Ins.*, tab. 24 , fig.1.
L. Harpedone.

Un peu plus petite que la *Vulgata*, à laquelle elle ressemble. Tête
ayant la face jaune, échancrée supérieurement, bordée de noir postérieurement ; vertex épais , assez élevé, peu échancré , jaune ; occiput de
la même couleur, avancé; bord postérieur jaune, traversé par deux ou trois
lignes noires. Thorax pubescent, d'un jaune roussâtre, plus jaune sur
les côtés où il est marqué de deux lignes noires ; lobe postérieur du prothorax fortement échancré , divisé en deux lobes arrondis. Abdomen
roussâtre, trigone , comprimé chez la femelle , ayant le bord latéral, le
dorsal, surtout sur les deux avant-derniers segments noirs; appendices du
mâle comme à l'ordinaire ; bord vulvaire chez la femelle un peu saillant,
assez fortement échancré ; segment suivant très-excavé ; styles courts, très-
aigus. Pattes noires, avec les faces interne et inférieure aux antérieures,
quelquefois une partie de la face interne aux intermédiaires jaunes. Ailes
transparentes, à réseau roussâtre, peu serré , ayant vers l'extrémité une
large bande d'un brun roussâtre , qui comprend une portion du ptérostigma, celui-ci assez grand , d'un jaune clair, quelquefois rose ; sept
à huit nervules au premier espace costal ; triangle large , avec une nervule ; membranule blanchâtre, le long de laquelle on aperçoit l'apparence d'une tache jaunâtre aux secondes ailes ; la bande brune peut être
réticulée, plus ou moins large , et même doit pouvoir disparaître.

Habite la Suisse , le Piémont , la Silésie et le Luxembourg. M. de Selys
cite un individu qui lui a été communiqué d'Arménie par M. Guérin; ne
se rapporterait-il pas à l'espèce suivante?

108. LIBELLULA UNIFASCIATA , *mihi*.

*Flava, nigro lineata, vel nigra flavo maculata , vel tota nigra ;
alis hyalinis , fascia lata fusca , interdum nulla , pterostigmate
flavo.*

Burm. , *Handb. der Ent.*, II , pag. 849 , n. 8. *L. Leucosticta ?*
Descript. de l'Egypte, *Névropt.*, pl. 1, fig. 6, 7, 12 et 32.

De la taille de la *Pedemontana*, dont elle a l'apparence. Tête assez grosse, ayant la face d'un jaune blanchâtre, quelquefois noirâtre chez le mâle, échancrée supérieurement, bordée postérieurement par une bande noire et ayant sur les côtés un petit point de cette couleur ; vertex peu rétréci au sommet, à peine échancré ; occiput petit. Thorax velu, jaune, rayé par une douzaine de lignes noires, sinueuses, quelquefois tout à fait d'un noir bleuâtre chez le mâle ; lobe postérieur du prothorax petit, étroit, peu élevé, entier, ayant le milieu saillant. Abdomen pas sensiblement renflé à la base, comprimé chez la femelle, où l'extrémité est un peu dilatée et relevée, avec le bord des segments, trois lignes et les bords latéraux noirs ; trigone dans le mâle, où il est souvent d'un noir bleuâtre ; styles très-courbés dans la plus grande partie de leur longueur, longs chez la femelle, avec l'extrémité aiguë et grêle ; bord vulvaire un peu prolongé, à peine saillant, fortement échancré. Pattes jaunes chez la femelle, avec les face supérieure et inférieure des cuisses, la face inférieure des tibias et les tarses noirs, presque entièrement noirâtres chez le mâle, avec la face supérieure des tibias roussâtre. Ailes transparentes, ayant une large bande d'un brun roux, un peu au delà du milieu, bien marquée chez le mâle, quelquefois réticulée, souvent très-pâle chez la femelle, où elle est très-variable et peut même disparaître complétement ; ptérostigma jaune, avec l'extrémité externe noirâtre ; triangle large, sans nervules, aréoles qui sont après son côté interne extrêmement larges ; sept à huit nervules au premier espace costal, quelquefois la base, surtout celle des inférieures, légèrement tachée de jaune ; membranule brunâtre ou noirâtre, selon les sexes.

Du Sénégal et d'Égypte.

C.

* 109. LIBELLULA RUBICUNDA, *Linné*.

Obscure rufa; fronte alba; abdomine segmento septimo macula flava; alis hyalinis basi puncto rubro, posticis macula basali nigra.

Linn., *Syst. N.*, II, p. 902, n. 4.—Ejusd., *Faun. Suec.*, n. 1462.—Fabr., *Ent. syst.*, II, p. 377, n. 13. — Curt., *Brit. Ent.*, XV, pl. 712.—Sel., *Monogr. Lib.*, p. 56, n° 16.—Charp., *Hor. Ent.*, p. 46. *L. Pectoralis.* —Burm., *Handb. der Ent.*, II, p. 851, n. 21.—Vanderl., *Monogr. Lib.*, p. 16, n. 11. *L. Dubia.*

Sept centim. et demi d'envergure et un peu plus de quatre et demi de long. Tête assez grosse, ayant les lobes et la lèvre inférieure noirs, et le reste d'un blanc jaunâtre ; vertex noirâtre, échancré ; occiput large, court, roux. Thorax velu, d'un brun roussâtre, ayant des parties un peu rougeâtres, avec les côtés d'une teinte métallique un peu cuivreuse ; lobe

postérieur du prothorax large , assez élevé, assez fortement échancré et
bilobé , très-cilié. Abdomen noirâtre, en grande partie d'un roux obscur
en dessus, où cette couleur forme quelquefois des taches jusqu'au septième segment, sur lequel il y a une tache jaune très-apparente ; il y a aussi
une tache rouge sur les côtés de la base inférieurement, et le dessous est
couvert d'une poussière blanchâtre ; abdomen du mâle un peu renflé
à la base , rétréci après, un peu trigone; styles courts , assez épais,
subitement pointus ; pièce sous-stylaire plus large, moitié plus courte, presque carrée , assez fortement échancrée ; celui de la femelle peu rétréci
après la base ; bord vulvaire prolongé en deux lanières contiguës. Pattes
noires, velues. Ailes grandes, transparentes, ayant la nervure costale jaune
antérieurement, une très petite tache rouge ou rougeâtre près de l'attache
de l'aile et aux inférieures, au-dessous de cette tache une autre tache plus
grande , noire ; les deux nervures antérieures jaunes avant le ptérostigma , celui-ci large , court , presque carré, noir; plus long chez la
femelle ; triangle assez large, traversé par une nervule ; sept nervules au
premier espace costal ; membranule blanchâtre, bordée de brun.

Cette espèce est assez commune pendant l'été le long des mares des bois,
surtout celles qui sont ombragées , où elle habite presque seule avec la
Quadrimaculata ; elle ne s'en éloigne pas, et se pose sur les branches,
les joncs et les carex qui sont au bord. Je l'ai prise à Fontainebleau ,
Bondy, etc.

* 110. LIBELLULA ALBIFRONS , *Burmeister.*

*Nigricans; fronte alba; abdomine angustato, postice dilatato,
ano stylisque albido-flavis ; alis hyalinis , posticis macula nigra
rufo cincta.*

Burm., *Handb. der Ent.,* II, pag. 85, n. 19.

A peu près de la même taille que la *Rubicunda.* Tête ayant la face
jaunâtre, avec la lèvre inférieure et les lobes noirs ; vertex assez élevé,
assez fortement échancré, noirâtre, avec une tache blanchâtre ; occiput
avancé, noirâtre, roux au milieu. Thorax velu, noirâtre, ayant sur les
côtés un reflet cuivreux, marqué de taches d'un jaune roux quand l'insecte
est fraîchement éclos ; lobe postérieur du prothorax large, assez élevé, fortement échancré, bilobé, très-cilié. Abdomen noirâtre, un peu renflé à la
base , fortement rétréci après, et fortement dilaté postérieurement chez
le mâle, ayant en dessus plusieurs taches jaunes ou fauves, qui s'étendent
jusque sur le sixième segment, chez la femelle , qui en offre aussi plusieurs
sur les côtés de la base, surtout visibles après l'éclosion, disparaissant en
partie plus tard, surtout dans le mâle, chez lequel il ne reste qu'un ou
deux points jaunes de chaque côté de la base ; celui qui persiste est placé
à côté des parties génitales; dans ce sexe, les 3 , 4 et 5e segments, sont

couverts d'une poussière blanchâtre ; styles jaunes ; pièce sous-stylaire assez courte, tronquée, échancrée, noire ; dans la femelle, styles et dessus de l'anus jaunes ; bord vulvaire prolongé en deux lamelles étroites, connicentes, écartées à l'extrémité. Pattes noires. Ailes grandes, transparentes, avec une tache noire à la base des postérieures, entourée de jaune roux, couleur à peine sensible à la base des antérieures, ayant après le ptérostigma une série transverse de nervures jaunes ; celui-ci large, presque carré, noir chez la femelle, où il est plus grand, d'un jaune noirâtre, ou jaune chez le mâle ; triangle assez large, traversé par une nervule ; sept à huit nervules au premier espace costal.

Elle a les mœurs de la *Rubicunda*. Assez commune dans les environs de Paris, au bord des mares des bois, à Bondy, Meudon, etc. Elle paraît pendant les mois de mai et juin.

Onzième groupe. — *L. Sanguinea*, Burmeister. 23 espèces.

Deux rangées d'aréoles discoïdales.

A. Ailes ayant la base noirâtre.

B. Ailes ayant seulement la base plus ou moins jaunâtre ou incolore ; sept à huit nervules au premier espace costal.

C. Neuf à seize nervules au premier espace costal.

D. Ailes entièrement jaunes.

A.

111. LIBELLULA UNIMACULATA, *Geer.*

Obscure fusca; alis hyalinis, basi anticis minuta fusco-rufescenti violacea ♂.

Géer., III, p. 558, n. 4, pl. 26, fig. 5. — Burm., *Handb. der Ent.*, II, pag. 855, n. 43.

Un peu plus petite que la *Vulgata* et très-près de l'*Equestris*. Tête ayant la face d'un jaune roussâtre, avec le sommet échancré, d'un bleu foncé ; vertex de la même couleur, avec deux taches roussâtres à la base postérieurement, assez élevé, presque bifide ; occiput assez avancé, d'un bleu noirâtre, jaune postérieurement. Thorax très-obscur, un peu roussâtre sur les côtés. Abdomen trigone, de la même grosseur partout, un peu roussâtre à la base et en dessous ; appendices comme à l'ordinaire. Pattes noirâtres, un peu roussâtres à la base. Ailes transparentes avec la base d'un brun roux, ayant un reflet d'un bleu violet, beaucoup plus étroite aux antérieures, un peu arrondie extérieurement aux postérieures ; ptérostigma assez grand, roux ; dix nervules au premier espace costal ; triangle médiocre, traversé par une nervule.

D'après un individu mâle très-altéré dans ses couleurs, et indiqué de Surinam dans la collection de M. Serville.

B.

112. LIBELLULA SANGUINEA, *Burmeister.*

*Villosa, rufo-ferruginea; alis hyalinis, posticis dilatatis macula
basilari abreviata, fusco-rufa, flavo cincta; pterostigmate flavo ♂.*

Burm., *Handb. der Ent.*, II, pag. 858, n. 60.

Un peu plus grande que la *Ferruginea*, à laquelle elle ressemble au
premier coup d'œil. Tête grosse, ayant la face d'un jaune roux, plus pâle
inférieurement; sommet du front très-fortement échancré, saillant et
formant comme deux mamelons; vertex élevé, large, assez fortement rétréci au sommet, qui est échancré, avec une petite pointe obtuse et peu
sensible extérieurement; occiput très-petit et s'avançant peu entre les
yeux; partie supérieure de ceux-ci offrant un réseau à mailles beaucoup
plus larges que l'inférieur; bord postérieur roux, ayant la partie inférieure
et une tache jaunes. Thorax pubescent, d'un jaune roux; lobe postérieur
du prothorax petit, court, simple. Abdomen triangulaire, à peine renflé à
la base, d'un rouge ferrugineux, avec deux taches noires sur les deux
antépénultièmes segments et une ligne noire sur le milieu en dessous;
styles peu allongés, en massue, terminés en pointe, formant une courbure très-prononcée dans leurs deux tiers antérieurs, ensuite renflés et
droits, avec une petite saillie en dessous, qui n'est pas dentelée, rougeâtres, bruns à l'extrémité; pièce sous-stylaire peu courbée, un quart
moins longue qu'eux, assez large, presque triangulaire, échancrée à
l'extrémité, qui porte deux petites pointes tournées par en haut. Pattes
grandes et fortes, noires, rousses à la base et à la face interne des cuisses.
Ailes transparentes, à nervures principales rousses, les antérieures ayant
deux petites taches jaunes à la base, les postérieures dilatées à la base,
où elles ont une tache assez large, terminée postérieurement, bien avant
l'angle anal, d'un brun roux lavé ou entouré de jaune, avec une éclaircie antérieurement; membranule un peu brunâtre; ptérostigma assez grand,
étroit, jaunâtre, avec le bord noir.

Je ne décris que le mâle qui vient du Sénégal. Cette espèce, qui
semble se confondre à la première vue avec la *Ferruginea*, s'en éloigne
par des caractères organiques bien tranchés, les parties génitales étant
complétement différentes. M. Burmeister l'indique de Madras.

113. LIBELLULA LEFEBVRII, *mihi.*

*Flavo-rufescens; thorace lateribus flavidis; abdomine rufescenti
linea dorsali lateralique nigris; alis hyalinis macula basali luteo-
rufa; femoribus pallidis, anticis suprà fascia, posticis ante apicem
nigricantibus ♀.*

Cette espèce se range naturellement dans le groupe de la *Vulgata*; un peu plus petite que la *Flaveola*, à laquelle elle ressemble. Tête grosse, ayant la face d'un jaune pâle. Thorax d'un roussâtre un peu obscur en avant et supérieurement, avec l'apparence de deux lignes plus pâles, ayant les côtés d'un jaune pâle, avec un ou deux linéaments noirs qui sont les rudiments des lignes qui se voient chez la *Flaveola*; lobe postérieur du prothorax très-peu élevé, à peine échancré. Abdomen d'un brun roux, presque cylindrique, pas sensiblement atténué dans son milieu, très-peu renflé à la base, ayant une ligne dorsale, deux latérales, et une abdominale, noires, à bords sinués, la dorsale offrant un petit prolongement vers le bord postérieur de chaque segment; bord vulvaire large, légèrement échancré; pénultième segment formant au devant de ce bord une profonde excavation; styles plus grêles que dans la *Flaveola*. Pattes d'un jaune pâle à la base, ayant les cuisses et les tibias antérieurs de la même couleur, avec la face antérieure noire, les autres tibias noirs antérieurement, jaune pâle postérieurement; cuisses intermédiaires en grande partie noirâtres, les postérieures seulement vers l'extrémité; tarses entièrement noirs. Ailes petites, transparentes, avec une teinte d'un jaune roux à la base, un peu moins étendue que dans la Flaveola; ptérostigma plus étroit et un peu plus long que dans cette dernière, d'un jaune obscur; membranule jaunâtre.

Décrite d'après plusieurs individus femelles pris par M. Lefebvre à l'Oasis de Bahryeh en Égypte.

114. LIBELLULA LAIS, *Perty*.

Parva, brevis, flavo-rufescens; abdomine subclavato, ad basim angustato; alis hyalinis maculis duabus flavo - rufis interna minore ♀.

Pert., *Delect. anim. artic.*, p. 125, tab. 25, fig. 2.

A peu près de la taille de la *P. Jucunda*. Tête ayant la face d'un jaune roussâtre; front échancré au sommet; ocelle antérieure peu enfoncée, très-grosse; vertex assez élevé, rétréci au sommet, presque bossu postérieurement, hérissé ainsi que la partie frontale. Thorax d'un jaune roux, avec deux bandes jaunes latérales; lobe postérieur du prothorax bilobé, ayant sa partie postérieure noirâtre. Abdomen un peu en massue, atténué à la base, d'un jaune roussâtre, avec une ligne dorsale mince et deux autres avant les côtés noirâtres, ceux-ci formant une ligne de la même couleur, quelquefois les lignes disparaissent en partie; dessous jaune; styles courts; bord vulvaire saillant et échancré. Pattes jaunes. Ailes courtes, transparentes, ayant deux taches transverses, dont la plus externe, placée à partir du milieu de la côte, ne touchant pas le bord postérieur, la seconde avant la base, petite aux supérieures, un peu courbée sur les inférieures; quelquefois la base offre un peu de roussâtre et il en part un trait de la même couleur qui vient s'unir à la tache interne; membranule blanchâtre; ptérostigma assez grand , roux.

Elle se trouve dans l'Amérique méridionale.

115. LIBELLULA BREVIPENNIS , *mihi.*

Flavo-rufa ; thorace antice obscuro ; abdomine brevi, crasso, rufo ; alis hyalinis basi flavidis, posticis macula linolisque duabus rufis notata ♂.

Un peu plus petite que la *Vulgata*, mais beaucoup plus courte. Tête ayant la face entremêlée de noirâtre et de roussâtre, noirâtre supérieurement, où elle est assez fortement échancrée; vertex large, assez élevé, assez fortement rétréci au sommet, qui est à peine sensiblement échancré. Thorax d'un jaune roussâtre, plus jaune sur les côtés, où l'on voit deux lignes noirâtres, dont la postérieure moins marquée, obscur antérieurement. Abdomen court , assez large et épais, un peu trigone, d'une couleur roussâtre, sans marques noires. Pattes noires. Ailes transparentes à réseau clair, ayant la base d'un jaune roussâtre, formant comme deux petites lignes aux supérieures, ayant de plus aux inférieures deux lignes et une tache d'un brun roux; ptérostigma d'un roux obscur; triangle très-large, sans ligne transverse.

D'après un mâle de la collection du Muséum, sans indication de patrie.

116. LIBELLULA SOBRINA , *mihi.*

Flava , nigro-variegata ; thorace lineis viridi-æneis ; abdomine fascia dorsali nigra ; alis hyalinis, pterostigmate flavo ♀.

A peu près de la grandeur ou un peu plus petite que la *Vulgata*. Tête ayant la face jaune, avec le sommet échancré, d'un vert métallique foncé, bordé inférieurement d'une teinte rousse ; vertex de la même couleur, assez élevé, très-convexe; occiput assez avancé , élevé antérieurement et d'un vert foncé obscur, jaune postérieurement. Thorax jaune, ayant antérieurement trois lignes et trois autres sur les côtés, d'un vert métallique et quelques marques de la même couleur sur l'espace inter-alaire. Abdomen court, un peu déprimé, trigone, jaune, avec une large bande dorsale interrompue sur le deuxième segment; le bord de tous les côtés et les bords du dessous noirs; la bande dorsale paraît formée de taches triangulaires, plus étroites antérieurement, se prolongeant sur le bord postérieur des segments pour s'unir avec la ligne latérale et envahissant complétement les trois derniers; bord vulvaire s'avançant jusqu'au milieu du segment suivant, large, un peu dilaté, arrondi sur les côtés, fortement échancré, ses deux angles formant deux lobes un peu relevés. Pattes noires, les cuisses antérieures jaunes inférieurement. Ailes transparentes, ayant le réseau clair; sept nervules transverses sur le premier espace costal; triangle assez grand; ptérostigma jaune.

D'après un individu femelle de la collection du Muséum, sans indication de patrie.

117. LIBELLULA TRIVIALIS, *mihi.*

Flava, vel flavo-rufescens; fronte linea tenui nigra; abdomine gracili, basi fusiformi, fasciis tribus nigris, duabus lateralibus macularibus; alis basi macula parva flavo-rufescenti.

Plus petite que la *Flaveola.* Tête médiocre, avec la face jaune pâle sur le front, qui est marqué d'une ligne noire, étroite; vertex de la même couleur, peu élevé, très-légèrement échancré; ocelle moyenne, assez largement entourée de noir antérieurement. Thorax jaune, ayant antérieurement deux lignes noires peu marquées, qui se terminent inférieurement par deux taches, et sur les côtés deux autres lignes de la même couleur, entre lesquelles on voit quelquefois un petit trait noir; lobe postérieur du prothorax bilobé en forme de cœur tronqué. Abdomen très-grêle, atténué vers son milieu, assez fortement renflé à la base, jaune, d'un jaune un peu roux chez le mâle, avec trois lignes noires, dont une dorsale et deux latérales, qui, excepté sur la base, sont formées de taches qui se touchent souvent latéralement de manière à former sur la partie postérieure des segments des anneaux très-sinués antérieurement, quelquefois elles sont confluentes sur les derniers et les rendent noirs; styles à peu près comme chez les précédentes, peu courbés, grêles, jaunes; pièce sous-stylaire d'un roux obscur, pas sensiblement échancrée à l'extrémité; bord vulvaire saillant, comprimé. Pattes noires chez le mâle, les antérieures avec les faces interne et antérieure jaunes, les autres ayant une tache cubitale, une portion très-étroite sur la face postérieure, des intermédiaires, jaunes; chez la femelle, jaunes avec la face supérieure des tibias, une grande partie de la face supérieure des cuisses des quatre antérieures, un anneau à l'extrémité des postérieures noirs. Ailes transparentes, ayant une petite tache basilaire d'un jaune roux, à peine sensible sur les supérieures; nervure costal jaune; ptérostigma assez petit, d'un jaune roussâtre pâle et un peu obscur; membranule brunâtre.

De la collection de M. Serville, et indiquée de Bombay.

118. LIBELLULA MINUSCULA, *mihi.*

Flava, nigro variegata; abdomine supra fasciis tribus nigris, apice nigro, margine vulvario producto, erecto, unguiculiformi; alis hyalinis.

Près de moitié plus petite que la *Vulgata,* à laquelle elle ressemble.

Tête ayant la face jaune, un peu échancrée au sommet, qui est assez velu, rugueux; vertex médiocrement élevé, convexe, rugueux, très-large, presque arrondi, d'une teinte obscure ; occiput assez avancé, roussâtre , bord postérieur jaune, avec la partie supérieure et deux bandes d'un roux obscur. Thorax roux, ayaut antérieurement deux larges bandes d'un brun roux et deux lignes de la même couleur sur les côtés ; partie inter-alaire marquée de roux; lobe postérieur du prothorax étroit, assez avancé, un peu échancré. Abdomen un peu atténué dans son milieu, un peu tri-gone, jaune, avec trois bandes en dessus, le bord des segments, une partie du dessous , et les deux avant-derniers segments noirs , le dernier d'un noir roussâtre , avec deux taches, l'anus et les styles jaunes ; bord vul-vaire très-saillant, redressé, en forme de gouttière en dedans, ressemblant à une espèce d'onglet à bords recourbés, au devant duquel le segment sui-vant est profondement excavé , l'excavation divisée par une petite carène. Pattes noirâtres, avec la face inférieure des cuisses antérieures et un peu celle des postérieures jaunes ; face externe des tibias rousse. Ailes transpa-rentes, ayant un peu de roussâtre à la base ; membranule petite, rous-sâtre ; ptérostigma assez grand, d'un roux un peu obscur ; huit nervules au premier espace costal : le mâle, qui est en mauvais état, et chez lequel manque une grande partie de l'abdomen, diffère en ce qu'il est d'une teinte noirâtre, un peu bleuâtre ; en ce que le sommet du front, le vertex et l'occiput sont bleus et les pattes toutes noires.

Collection de M. Serville , et indiquée de l'Amérique septentrionale.

119. LIBELLULA PARVULA , *mihi.*

Flavo nigroque variegata ; alis hyalinis, posticis macula parva, basali, flavo-rufescenti ♀.

A peu près quatre centim. d'envergure et trois de long. Tête ayant la face jaune, avec le sommet échancré et noir, postérieurement ; vertex assez élevé, convexe, pas sensiblement échancré, avec deux pointes à peine sensibles, noir à sa face antérieure, jaune au sommet, d'un jaune obscur postérieurement; occiput élevé antérieurement, d'un roux obscur, jaune postérieurement, avec une ligne enfoncée; bord postérieur jaune, ayant la partie supérieure et deux bandes noires. Thorax tantôt jaune , avec des lignes noires , tantôt noir, avec des taches sur les côtés , et quelquefois antérieurement, et des points sur l'espace inter-alaire jaunes ; lobe postérieur du prothorax peu élevé, rétréci à la base, entier, tra-versé par un sillon. Abdomen presque d'égale grosseur partout, tantôt jaune , et ayant une bande dorsale , une autre latérale maculaire, et le milieu en dessous , noirs ; tantôt noir, avec une bande jaune macu-laire sur les côtés ; styles médiocrement longs, jaunes ainsi que l'ex-trémité anale. Pattes brunes, tantôt ayant les cuisses en grande partie jaunes, tantôt noirâtres, avec la face externe des antérieures jaune; tibias jaunes extérieurement. Ailes transparentes, les postérieures ayant à la base une petite tache d'un jaune roussâtre; ptérostigma d'un roux brunâtre; sept à huit nervules au premier espace costal; membranule blanchâtre.

Du Sénégal. Un individu un peu plus grand, de la collection du comte Dejean, chez lequel le vertex est plus élevé, avec deux pointes mousses plus prononcées, et indiqué de l'île de France par Latreille.

120. LIBELLULA FLAVISTYLA, *mihi.*

Nigra; abdomine maculis flavis interdum subnullis; stylis flavis; alis hyalinis ad apicem subinfuscatis, macula parva basali fusco-rufescenti ♂.

Un peu plus petite que la *Flaveola*. Face noire ou noirâtre, ayant une teinte d'un bleu violet supérieurement; partie antérieure du front bien saillante, avec deux impressions larges et triangulaires; vertex assez élevé, de la même couleur, à peine échancré au sommet; occiput médiocre, assez avancé, échancré postérieurement, d'un bleu noirâtre; bord postérieur noirâtre, avec deux taches jaunâtres. Thorax d'un noirâtre un peu bleuâtre, ayant l'apparence de taches jaunes ou rousses sur les côtés; lobe postérieur du prothorax assez élevé, légèrement échancré, en forme de cœur tronqué inférieurement. Abdomen assez grêle, trigone un peu renflé à la base, à peine atténué dans son milieu, ayant vers les côtés cinq taches jaunes, allongées, dont les deux premières sont divisées par une ligne noire, commençant sur le troisième segment, quelquefois disparaissant presque entièrement; styles jaunes. Pattes d'un noir un peu bleuâtre; poitrine et dessous du ventre plus ou moins couverts d'une poussière d'un blanc un peu bleuâtre. Ailes transparentes, avec une teinte un peu brunâtre vers l'extrémité et une petite tache d'un brun roussâtre à la base des postérieures, à peine ou pas sensible aux antérieures; nervure costale jaunâtre; ptérostigma médiocre, d'un noir roussâtre; sept à huit nervules au premier espace costal; membranule des inférieures noirâtre, blanchâtre à la base.

Du Sénégal.

121. LIBELLULA SIGNATA, *mihi.*

Flavo-rufescens; abdomine maculis dorsalibus nigris; alis hyalinis basi flavida, anticis subnulla, posticis lineolis duabus maculaque rufis notata ♀.

Huit centim. d'envergure et cinq de long. Tête grosse, ayant la face aune et le front fortement échancré au sommet; vertex de la même couleur, un peu rétréci à son sommet, qui n'est pas sensiblement échancré, ses deux angles ayant une pointe à peine sensible; occiput assez avancé, étroit, avec une ligne enfoncée postérieurement; bord postérieur noirâtre, ayant une tache jaune inférieurement et deux marques roussâtres, peu sensibles. Thorax un peu velu, jaune, avec deux lignes latérales, une autre le long de la poitrine et le prothorax noirâtres; lobe postérieur de ce dernier peu élevé, à peine échancré. Abdomen court, un peu déprimé, à peu près partout de la même largeur, d'un jaune roussâtre, plus pâle en dessous, avec une tache noire en dessus sur le bord postérieur de chaque segment, et en dessous une petite marque; côtés noirs ou noirâtres; bord vulvaire se prolongeant presque jusqu'au dernier segment et formant une espèce de cornet ou tuyau cylindrique, dont l'ouverture est un peu redressée et dont le bord est mince; styles très-aigus, de longueur ordinaire. Pattes noirâtres, les cuisses un peu roussâtres, surtout vers la base, avec les antérieures jaunes en dedans. Ailes longues, à réseau assez clair, quelquefois un peu roussâtres au sommet, ayant la base d'un jaune roussâtre, peu sensible aux antérieures, marquée sur les inférieures de deux petits traits antérieurs, et ensuite d'une tache dont le réseau est jaune et qui touche presque au bord interne; ces marques sont rousses; triangle grand, sans nervule; ptérostigma étroit, jaune.

Je ne connais pas sa patrie.

122. LIBELLULA NIGRA, *Vander-Linden.*

Tota nigra; abdomine subcylindrico; alis albis macula marginali livida ♂.

Vanderl., *Monogr.*, *Lib.*, p. 16, n° 10. —Burm., *Handb. der Ent.*, p. 851, n° 20?

Mâle tout noir. Thorax couvert en dessus d'un duvet blanc. Abdomen presque cylindrique, atténué au milieu. Pieds noirs, avec les cuisses livides à la base. Ailes transparentes, ayant une tache marginale livide; membranule à peine visible. De la forme et de la taille de la *Vulgata*, mais les aréoles des ailes sont moins nombreuses et plus larges. Je n'ai pas vu la femelle. Elle habite l'Italie, où je l'ai prise près de Terracine, et dans les Alpes près Sion (texte de Vanderlinden).

Je crois qu'elle n'est pas différente de la *Scotica*, et si je l'ai placée dans cette section, c'est que d'après M. de Selys, elle n'aurait que deux rangées d'aréoles discoïdales, mais ces rangées peuvent quelquefois varier de deux à quatre; le triangle n'a point de nervule transverse.

C.

123. LIBELLULA ABBREVIATA, *mihi.*

Obscure rufo-subviolacea; abdomine brevi; alis brevibus, fere subinfuscatis; pterostigmate nigro-rufo ♂.

Plus petite que la *Vulgata*, et surtout beaucoup plus courte. Tête ayant la face d'un jaune roussâtre, avec la lèvre inférieure, le bord des deux lobes et celui de la lèvre supérieure noirs; sommet peu échancré, d'un bleu foncé; vertex de la même couleur, médiocrement élevé, à peine échancré; occiput petit, d'un bleu très-obscur, un peu roussâtre. Thorax d'un bleu obscur, un peu bleuâtre, roussâtre sur les côtés; lobe postérieur du prothorax assez élevé, large, échancré, cilié. Abdomen court, déprimé, nullement trigone, d'un brun rougeâtre, surtout en dessus, noirâtre postérieurement. Pattes entièrement d'un noir un peu roussâtre. Ailes courtes, les postérieures assez larges, transparentes, mais ayant une légère teinte brunâtre; premier espace costal ayant onze nervules, ptérostigma d'un noir un peu roussâtre.

D'après une femelle de la collection de M. Serville dont les couleurs sont altérées; indiquée de Cayenne.

124. LIBELLULA INCOMPTA, *mihi.*

Rufescens; alis hyalinis, posticis basi flavidis ♀.

Plus petite que la *Vulgata*. Tête ayant la face large, jaune, assez fortement échancrée au sommet; vertex assez élevé, bifide; occiput avancé, roux; bord postérieur roux. Thorax d'un roux obscur; lobe postérieur du prothorax assez élevé, étroit, presque carré, entier, ayant un sillon dans son milieu. Abdomen roux, pas renflé à la base, un peu élargi dans son milieu; styles ordinaires; bord vulvaire très-prolongé, atteignant presque le bord postérieur du dernier segment, assez fortement rabattu. Pattes d'un brun roux, ayant les cuisses antérieures jaunes à leur face interne, les autres rousses vers la base ainsi que la face externe des tibias intermédiaires et postérieurs. Ailes transparentes, les postérieures, ayant une tache jaune à la base; ptérostigma d'un roux obscur; dix à onze nervules au premier espace costal; triangle assez large, traversé dans son milieu par une nervule; membranule d'un roussâtre pâle.

Collection de M. Serville, et indiquée de Cayenne.

125. LIBELLULA TETRA, *mihi.*

Obscure fusca; thorace maculis obsoletis rufis; alis hyalinis, ante apicem et parte externa costæ, apice excepto, subinfuscatis ; macula basali rufa, anticis subnulla, posticis divisa ♂.

Burm., *Hanbd. der Ent.*, II, pag. 855, n° 44. *L. Connata?*

De la grandeur de la *Vulgata*. Tête ayant la face noirâtre, avec le sommet saillant, échancré, d'un bleu obscur ; vertex élevé, allant en diminuant insensiblement de la base au sommet, légèrement échancré, surtout antérieurement ; occiput noir, élevé antérieurement, enfoncé entre les yeux postérieurement. Thorax d'un brun obscur, un peu bleuâtre, avec des taches rousses de chaque côté. Abdomen grêle, médiocrement allongé, très-peu renflé à la base, après laquelle il est atténué ; les côtés, surtout à la base, présentant des apparences de taches roussâtres ; styles ordinaires ; pièce sous-stylaire large, presque aussi longue qu'eux. Ailes transparentes, ayant une teinte brunâtre un peu avant le sommet et sur la partie du bord costal, qui s'étend depuis le ptérostigma jusque près du tiers interne ; base marquée d'une tache d'un roux obscur à peine sensible aux supérieures ; ptérostigma assez grand, d'un roux noirâtre ; membranule brune. Pattes d'un noir un peu violâtre ; neuf nervules au premier espace costal ; triangle assez grand.

Collection de M. Marchal, qui l'a prise à l'île de France.

126. LIBELLULA CONCINNA , *mihi*.

Flavo-nigroque variegata ; thorace antice fasciis tribus, lateribus lineis duabus fusco-rufis ; abdomine nigro, basi et maculis supra utrinque flavis ♂.

De la grandeur de la *Vulgata*. Tête ayant la face jaune, avec une bande peu visible, brunâtre sur le front ; sommet assez fortement échancré, brunâtre postérieurement ; vertex large, assez élevé, rétréci à son extrémité, qui est légèrement échancrée, surtout antérieurement ; occiput assez petit, obscur, élevé antérieurement, enfoncé entre les yeux postérieurement ; bord postérieur en grande partie jaune, varié de roux. Thorax jaune, avec trois bandes antérieurement dont les deux externes un peu latérales, et deux lignes sur les côtés d'un brun roux ; espace inter-alaire marqué aussi de brun roux ; les bandes antérieures cernent la couleur jaune de manière à former deux taches jaunes oblongues, et deux autres au-dessus beaucoup plus petites. Abdomen grêle, trigone, un peu renflé à la base, noir, avec une grande partie de la base et une série de taches allongées de chaque côté en dessus jaunes, la partie noire ou brune dorsale se rétrécit et disparaît presque sur la base, mais se rélargit sur le premier segment ; appendices de l'anus jaunes ; pièce sous-stylaire presque aussi longue que les styles. Pattes noirâtres, ayant les cuisses antérieures jaunes sur les faces internes et inférieures. Ailes transparentes, avec une tache jaune à la base , presque insensible aux antérieures ; ptérostigma assez grand , jaune ; neuf à dix nervules sur le premier espace costal.

Collection de M. Marchal , qui l'a rapportée de l'île de France.

127. LIBELLULA PHYNE , *Perty*.

Nigro-flavoque variegata ; abdomine flavo maculato, segmento septimo macula majori geminata ; alis hyalinis, nitidis, basi subrufescentibus.

Pert., *Delect. anim. artic.*, tab. 25, fig. 3.

De la taille de la *Vulgata*. Tête ayant la face étroite, jaune, avec le sommet, les côtés exceptés, d'un bleu foncé ; vertex de la même couleur, assez élevé , bifide ; occiput petit , bleu foncé, jaune postérieurement, avec une ligne enfoncée ; bord postérieur d'un bleu noirâtre, avec une tache jaune au milieu. Thorax jaune , surtout sur les côtés , ayant quatre bandes antérieures d'un roux bleuâtre, se touchant supérieurement, et trois autres de chaque côté d'un bleu foncé obscur ; espace inter-alaire noirâtre, avec quelques marques jaunes et des points bleus à la base des ailes ; lobe postérieur du prothorax assez saillant , arrondi , à peine échancré, cilié. Abdomen très-grêle chez le mâle , élargi postérieurement dans les deux sexes, ayant chez la femelle les côtés de la base et des taches linéaires jusqu'au septième segment, qui est marqué d'une large tache divisée par l'arête dorsale , jaunes ; chez le mâle ces taches , à l'exception de la dernière, sont très-petites ; styles ordinaires ; pièce sous-stylaire lancéolée , à peu près aussi longue qu'eux ; bord vulvaire s'avançant presque jusqu'au milieu du segment suivant, échancré dans son milieu d'où part une petite carène , ayant ses côtés rabattus sur l'abdomen. Pattes noires , à l'exception des premières cuisses , qui ont une grande partie de leur face inférieure jaune. Ailes transparentes , luisantes, avec l'apparence d'une petite tache d'un jaune roussâtre à la base ; réseau clair , triangle traversé par une nervule ; premier espace costal , ayant dix à onze nervules ; ptérostigma noir ; membranule petite , brune.

Collection de M. Serville , et indiquée de Cuba. L'individu figuré par M. Perty est un tiers plus petit que ceux qui ont servi pour la description, mais il ne paraît pas en différer spécifiquement ; il l'indique de l'Amérique méridionale, province de Piauhiensi.

128. LIBELLULA SIMPLEX , *mihi*.

Testacea ; capite magno, fronte summa subcyaneo-cærulescente alis simplicibus, posticis basi dilatata, macula magna , fusca, reticulata, pterostigmate minimo pallido.

De a taille de la *Flaveola* ; ressemblant, pour la forme, à la *Ca-*

rolina, d'une teinte générale testacée. Tête grosse, ayant la face peu saillante et la partie supérieure du front, qui est peu élevée et velue, d'un bleu violâtre. Thorax n'ayant pas de marques noires bien sensibles. Abdomen trigone, grêle, un peu renflé à la base, surtout en dessus où le deuxième segment est gibbeux postérieurement; dessus et un peu les côtés noirâtres après la base; styles assez longs, en massue, assez fortement dentelés sous la partie renflée; pièce sous-stylaire large à la base, allongée en pointe obtuse postérieurement; hameçons très-longs, formant par leur réunion une sorte de tenaille dont l'extrémité est denticulée; cuisses testacées, brunes à l'extrémité, ainsi que les tibias et les tarses. Ailes transparentes, ayant les aréoles très-larges, les supérieures jaunâtres à la base, les postérieures ayant la base élargie, avec une grande tache d'un brun roussâtre clair, placée à peu près comme chez la *Carolina*, ayant de petites aréoles plus claires, ce qui la rend réticulée avec le réseau blanchâtre, et un espace clair le long de la membranule; celle-ci très-longue aux inférieures, blanchâtre; ptérostigma très-petit, plus court aux inférieures, pâle; sept nervules au premier espace costal, et quatre seulement à celui des inférieures; triangle assez étroit.

De Cuba; communiquée par M. Guérin.

129. LIBELLULA NUBECULA, *mihi.*

Rufo nigroque variegata; alis latis subinfuscatis, basi late flavida, pterostigmate nigro ♀.

Un peu plus grande que la *Quadrimaculata*, mais beaucoup plus mince; tête assez grosse; face d'un jaune roux, plus jaune sur les côtés de l'épistome; sommet échancré, peu saillant, terminé en forme de deux mamelons, dont l'extrémité est bleuâtre; vertex peu élevé, assez large, ponctué, rugueux, échancré, ses angles terminés un peu en pointe, d'un roux bleuâtre; occiput élevé, roux; bord postérieur roussâtre, plus foncé supérieurement. Thorax velu, roux antérieurement, avec deux bandes jaunes, la partie rousse s'avançant un peu sur les côtés; ceux-ci jaunes, avec trois bandes rousses, dont la postérieure moins marquée; espace interalaire roux, ayant cinq points d'un jaune un peu obscur, et un autre d'un jaune plus vif à l'attache de chaque aile; lobe postérieur du prothorax très-petit et peu sensible. Abdomen assez grêle (chez le mâle il doit l'être beaucoup plus), renflé à la base, mais non brusquement, un peu dilaté vers l'extrémité, un peu trigone, roux, avec trois bandes en dessus, une latérale, et le milieu du ventre en dessous noirs; ces bandes disparaissent en grande partie sur les deux ou trois premiers segments de la base; celle des côtés est interrompue par une tache rousse sur les deux ou trois suivants; postérieurement, au contraire, elles deviennent confluentes, et rendent, à l'exception du dessous, les deux derniers complétement noirs; bord vulvaire un peu bilobé, non saillant; le suivant produisant dans son milieu une carène qui s'épaissit vers son bord postérieur; styles noirs, grêles, aigus, bien parallèles; pièce du dessus de l'anus très-allongée, épaisse, très-obtuse. Pattes noirâtres, avec la base des quatre antérieures, la face supérieure, et seulement la base de cette face aux postérieures rousses. Ailes larges, à réseau clair, un peu lavées de brunâtre, surtout vers l'extrémité, avec le tiers interne teint légèrement de jaunâtre; triangle peu allongé, sans nervule; quatorze nervules au premier espace costal; ptérostigma petit, noir; membranule brune.

D'après un individu femelle appartenant au Muséum, et indiqué du Brésil.

130. LIBELLULA OBLITA, *mihi.*

Rufescens; fronte postice, thorace supra, abdomineque basi fascia flavis; alis hyalinis basi tenuiter rufescente ♀.

De la taille de la *Quadrimaculata*, mais beaucoup moins épaisse, et ressemblant un peu à la *Vulgata*. Face rousse, ayant la partie postérieure du front jaune, bordée antérieurement par une ligne d'un brun roux. Thorax roux, ayant en dessus une bande jaune descendant jusqu'au prothorax, et qui s'étend un peu sur la base de l'abdomen, bordée antérieurement par une teinte brune. Abdomen roux, trigone; bord vulvaire arrondi, saillant, et un peu redressé, mais moins que chez la *Vulgata*; styles courts, dépassant peu l'extrémité anale. Pattes d'un roux obscur, un peu noirâtres sur les tarses, avec les cuisses en grande partie rousses. Ailes grandes, transparentes, à réseau clair, ayant à la base une tache d'un jaune roussâtre, à peine sensible aux supérieures; ptérostigma jaune, treize nervules au premier espace costal; triangle petit.

Collection du Musée, sans indication de patrie.

131. LIBELLULA INSIGNIS, *mihi.*

Tricolor; thorace flavo nigro-viridi-nitente delineato; abdomine rubro basi flavo maculato, apice nigro; alis hyalinis posticis ad basim angustissimis ♂.

Cette espèce est très-remarquable par l'étroitesse de la base des ailes inférieures. Un peu plus grande que la *Vulgata*. Tête ayant la face étroite, jaune, avec une bande noire sur la bouche à partir de la lèvre supérieure jusqu'au-dessous de l'inférieure; dessus du front échancré, formant antérieurement un bord qui présente de chaque côté une très-petite pointe, d'un bleu foncé brillant; vertex élevé, échancré, ayant deux petites pointes assez saillantes, de la même couleur; occiput et bord postérieur noirs, le premier ayant postérieurement une tache géminée, le second une tache dans son milieu, jaunes; thorax varié de bandes irrégulières, les unes jaunes, les autres d'un vert obscur métallique; lobe postérieur du prothorax très–peu élevé, un peu arrondi. Abdomen très-grêle, un peu renflé à la base, très-atténué un peu après, puis s'élargissant insensiblement jusqu'à l'extrémité, d'un rouge foncé un peu obscur en dessus, ayant les deux premiers segments variés de noir et de jaune; l'arête latérale, le bord postérieur des autres, avec deux petites taches en dessus, peu visibles; une partie du dessous, et les trois derniers entièrement, noirs; styles allongés, grêles vers la base; pièce sous-stylaire presque aussi longue qu'eux, étroite vers l'extrémité, qui est très-peu bifide; pattes noires, avec les deux tiers internes de la face des antérieures jaunes. Ailes longues, un peu arrondies à l'extrémité, très-étroites à la base, surtout les postérieures, les premières ayant leur plus grande largeur un peu avant le ptérostigma, transparentes, très-peu marquées de jaune roussâtre à la base; quatorze à seize nervules au premier espace costal; ptérostigma d'un brun foncé un peu roux; triangle très-petit, traversé par une nervule; membranule à peine sensible.

De Java.

D.

132. LIBELLULA DOMITIA, *Drury*.

Villosa, parva, flava; abdomine supra lineolis fuscis; alis brevibus, dilute flavo-rufescentibus.

Drur.. II, p. 83, pl. 45, n° 4. — Burm., *Handb. der Ent.*, II, pag. 855, n° 40.

Près de moitié plus petite que la *Flaveola*. Entièrement jaune ou d'un jaune roussâtre. Thorax pubescent; lobe postérieur du prothorax divisé en deux, peu saillant, mais étendu transversalement. Abdomen triangulaire, très–légèrement rétréci avant la base, ayant en dessus deux séries de linéaments roussâtres, dont il ne reste quelquefois que des points; styles médiocrement longs, courbés, dilatés en dessous vers leur extrémité, avec quelques dentelures assez fortes; pièce sous-stylaire presque aussi longue qu'eux, presque pointue, un peu bifide à l'extrémité. Ailes courtes, d'un jaune roussâtre; ptérostigma roux ou d'un roux obscur; membranule un peu obscure.

De la collection de M. Serville, et indiquée de Buénos-Ayres; de l'île de Johanna, près de Madagascar, par Drury.

133. LIBELLULA CHLORA, *mihi*.

Parva, flava, villosa; abdomine supra lineolis fuscis; alis bre-
vibus, dilute flavo-rufescentibus, rufo submaculatis.

De la même taille que la précédente, à laquelle elle ressemble beaucoup et dont elle n'est peut-être qu'une variété; elle en diffère seulement
en ce que les ailes ont trois petites taches rousses dont une à la base, la
seconde au tiers interne et un peu antérieurement, et la troisième
à peine sensible sur la nervule cubitale.

De la collection de M. Serville, et indiquée de Philadelphie.

Douzième groupe. — Espèces de Fabricius non déterminées.

134. LIBELLULA OCULATA, *Fabricius*.

Flavescens; alis anticis apice, posticis margine aqueis, stigmate
niveo.

Fabr., *Ent. syst.*, II, p. 376, n° 9.

Semblable à la *Stigmatizans*, dont elle n'est peut-être qu'une variété.
Ailes antérieures jaunâtres jusqu'à la tache ordinaire qui est très-blanche,
ensuite transparentes, les postérieures jaunâtres, avec la marge postérieure incolore.

Nouvelle-Hollande. (Traduction de Fabricius.)

135. LIBELLULA STIGMATIZANS, *Fabricius*.

Flavescens; alis macula apiceque fuscis, stigmate niveo.

Fabr., *Ent. syst.*, II, p. 375, n° 8.

De la taille de la *Flaveola*. Corps entièrement jaunâtre. Abdomen
rayé de noir. Ailes transparentes, ayant une tache brune sur le milieu
de la marge extérieure, et derrière cette tache, la tache ordinaire très-
blanche; sommet brun, jambes jaunâtres, noires à l'extrémité.

Nouvelle-Hollande. (Traduction de Fabricius.)

136. LIBELLULA NOTATA, *Fabricius*.

Alis planis nigris; maculis apiceque albis.

Fabr., *Ent. syst.*, II, p. 379, n° 23.

Petite, corps brun; tête bleue, brillante; ailes antérieures noires, depuis la base jusqu'au milieu, et marquées sur cette partie d'une ou deux

taches blanchâtres, transparentes depuis le milieu jusqu'au sommet, avec la tache ordinaire noire; postérieures noires, avec deux ou trois taches et le sommet transparents.

De Sierra-Leone. Collection de Banks. (Traduction de Fabricius.) Elle paraît se rapprocher de la *Fenestrina*.

137. LIBELLULA BRAMINEA, *Fabricius*.

Alis hyalinis, stigmate marginali albo; corpore flavo, nigro lineato.

Fabr., *Ent. syst.*, suppl., p. 284, n° 18-19.

De la taille de la *Vulgatissima*. Tête jaune; antennes noires. Thorax élevé, jaune, ayant cinq lignes enfoncées brunes. Abdomen jaune, marqué en dessus d'une ligne dorsale non interrompue, et de lignes latérales interrompues noires. Ailes transparentes, sans tache, ayant le stigmate marginal blanc.

Des Indes orientales. (Traduction de Fabricius.)

138. LIBELLULA SEXMACULATA, *Fabricius*.

Alis maculis tribus costalibus atris, ultima stigmate niveo; posticis fasciis flavescentibus.

Fabr., *Ent. syst.*, II, p. 381, n° 37. — Burm., *Handb. der Ent.*, p. 860, n° 73 ?

Petite. Tête jaunâtre; poitrine jaunâtre, ayant des lignes noires. Abdomen déprimé, jaunâtre, avec des lignes noires. Ailes transparentes; les antérieures marquées de trois taches costales noirâtres, dont celle de la base plus grande, celle du sommet, comprenant la tache ordinaire blanche; les postérieures, ayant deux bandes jaunâtres et trois taches costales noires, celle de la base plus grande, la moyenne petite, et le stigmate blanc.

Habite la Chine. (Traduction de Fabricius.) Cette espèce semble avoir des rapports avec la *P. Jucunda*.

139. LIBELLULA VIBRANS, *Fabricius*.

Alis planis, albis; macula media atra apicibusque ferrugineis.

Fabr., *Ent. syst.*, II, p. 380, n° 30.

Elle paraît être de ce genre, mais le corps manque presque complétement; distincte cependant par ses ailes, qui ont une petite tache noire dans le milieu de la côte, avec un point transparent et le sommet ferrugineux; ptérostigma brun.

Musée britannique. (Traduction de Fabricius.)

Genre POLYNEVRA, *mihi.*

Caractères du genre *Libellula.*

Ayant les nervules beaucoup plus nombreuses; ce qui paraît tenir un peu à la coloration souvent générale des ailes.

1. POLYNEVRA APICALIS, *mihi.*

Rufa ; abdomine lineolis lateralibus nigris ; alis fusco - rufis, apice hyalinis.

De la taille de la *Vulgata.* Tête ayant la face rousse ou rougeâtre; sommet du front échancré; vertex peu élevé, épais, presque arrondi au sommet, avec deux petites pointes à peine sensibles; stemmate antérieur peu enfoncé; occiput assez grand, avancé entre les yeux avec une ligne enfoncée postérieurement; bord postérieur roussâtre. Thorax roux; lobe postérieur du prothorax bilobé, court. Abdomen roux ou rouge, trigone, pas sensiblement renflé à la base, ayant de petits traits noirs sur les côtés en dessus, qui disparaissent sur les premiers segments; arête du dessus noire à l'extrémité, et s'élargissant quelquefois de manière à s'unir sur les derniers segments avec les lignes latérales; styles à peu près comme dans la *Vulgata*, jaunes. Pattes rousses. Ailes d'un brun roux, les postérieures larges, avec l'extrémité des quatre transparente ; membranule d'un brun roussâtre; ptérostigma grand, roux, rouge, ou jaune, avec la bordure noire.

De la collection de MM. Serville et Dejean, et étiquetée de Java par Latreille.

2. POLYNEVRA ELEGANS, *Guérin.*

Flava; abdomine lineolis lateralibus fuscis ; alis flavo - rufescentibus, apice hyalinis.

Guer., *Voy. de la Coquille*, Ins., pl. 10, fig. 3.

De la taille de l'*Apicalis*, à laquelle elle ressemble complétement, et dont elle n'est peut-être qu'une variété. Teinte générale d'un jaune roux ; ailes roussâtres, avec le ptérostigma jaune; extrémité des supérieures un peu plus largement transparent; la même partie transparente se prolongeant quelquefois aux inférieures, sur le bord postérieur, presque jusqu'au milieu de l'aile.

Collection de M le comte Dejean, et étiquetée de Java.

3. POLYNEVRA MANADENSIS, Boisduval.

Rufa; abdomine, lineis, lateralibus nigris; alis fusco-rufis; ad extremum, apice summo excepto aqueis, interdum rufescentibus.

Boisd., *Voy. de l'Astr.* Ent., 3 p., pl. 12, n° 1.

De la taille de l'*Apicalis*, à laquelle elle ressemble beaucoup, et dont elle n'est peut-être qu'une variété; en diffère par les aréoles des ailes postérieures qui sont beaucoup plus nombreuses, et par l'extrémité apicale qui offre une petite tache, à peine sensible chez l'*Apicalis*. Ptérostigma plus grand, d'un jaune roux; premier espace huméral et le postérieur formant deux lignes noirâtres peu distinctes chez l'*Apicalis*, distinctes chez celle-ci. Les lignes noires sur l'extrémité de l'abdomen sont plus marquées et s'avancent davantage vers la base.

Collection de M. Serville, et indiquée du Sénégal.

4. POLYNEVRA SOPHRONIA, *Drury*.

Rufa; alis lœte fuligineis, macula hyalina ante apicem ♂.

Drury, II. p. 86, pl. 47, fig. 40 (1).

De la taille de l'*Apicalis*, à laquelle elle ressemble beaucoup; corps entièrement roux, quelquefois sans apparence sensible de lignes noires sur l'abdomen: d'autres fois celui-ci ayant le bord supérieur et de petites taches sur les côtés, noirs. Ailes rousses, ayant une bande transparente plus ou moins large, un peu avant le sommet, qui est quelquefois d'une teinte un peu plus jaune que le reste; aréoles aussi nombreuses que dans la *Manadensis*, mais le premier et le deuxième intervalle huméral, ayant des nervules beaucoup plus serrées (38 à 39) que dans les précédentes, où il n'y en a que 17 à 18, ce qui la distingue de suite; ptérostigma plus large que chez la *Manadensis*, ainsi que les ailes postérieures.

Collection de M. Serville, où elle est indiquée du Brésil; de Malabar dans celle du Muséum.

____

(1) M. Burmeister adopte le nom de *Fluctuans* de Fabricius, qui paraît s'appliquer à une espèce bien différente, et rejette celui de Drury, qu'il n'indique même pas, quoique plus ancien; mais ni Fabricius, ni M. Burmeister ne peuvent être cités, puisque leur description comprend, sans en désigner aucune avec certitude, les quatre premières espèces que je décris; tandis que la figure de Drury représente très-exactement la *Sophronia*.

5. POLYNEVRA FULVIA, *Drury*.

Rufa ; alis flavo-rufis, area prima humerali fusca ♀.

Drur., II, p. 84, pl. 86, fig. 2. — Burm., *Handb. der Ent.*, II, pag. 853, n° 32.

Complétement semblable à la *Sophronia*, dont elle est peut-être la femelle, et n'en différant que parce que les ailes sont entièrement d'un jaune roux ; dessous et côtés du thorax jaunes, ainsi que la base de l'abdomen, sur les côtés et en dessous ; bord vulvaire un peu épaissi, redressé, le bord du segment suivant également saillant, prolongé et pointu ; premier espace huméral beaucoup plus obscur que les autres parties des ailes.

De Malabar.

6. POLYNEVRA PALLIATA, *mihi*.

Viridi-rufescens ; alis fuligineis, apice hyalino, posticis producto ♂.

Près de cinq centim. d'envergure. Face jaune inférieurement, un peu obscure supérieurement ; bord postérieur roussâtre. Thorax d'un roux obscur, verdâtre en dessus, d'un verdâtre un peu roussâtre sur les côtés ; lobe postérieur du prothorax assez élevé, entier. Abdomen un peu renflé à la base, comprimé, roussâtre, avec une série de traits noirs de chaque côté (il n'y a que cinq segments). Pattes roussâtres, ayant les tarses un peu obscurs. Ailes d'un brun roux, avec le sommet avant le ptérostigma, transparent ; cette partie aux inférieures se prolonge sur le bord postérieur jusqu'au milieu de l'aile ; ptérostigma rouge ; membranule brune.

Collection du Muséum, et indiquée de Sumatra ; des Indes orientales dans celle du comte Dejean.

Genre PALPOPLEVRA, *mihi*.

Semblable aux *Libellula.*

Bord costal des ailes antérieures sinué ou presque-échancré ; réseau ordinairement très-serré sur les portions colorées qui s'étendent souvent sur une grande partie des ailes.

1. PALPOPLEVRA DIMIDIATA, *Linné.*

Picea ; alis hyalinis, parte fere dimidia interna, marginibusque tenuiter fuligineo-viridi-subviolaceis, fascia media albida ♂.

Linn., *Syst. Nat.*, II, p. 903, n° 14. *L. Dimidiata.*—Burm., *Handb.*

der Ent., II, p. 854, n° 36. — Géer, III, p. 558, pl. 26, fig. 6. *L. Marginata.*

De la taille des précédentes. Tête grosse ; face roussâtre, très-obscure au sommet , qui est échancré ; lèvre supérieure noire ; vertex large , convexe postérieurement, très-rétréci au sommet qui n'est pas échancré ; bord postérieur noir ; occiput roux. Thorax couleur de poix , plus pâle sur les côtés. Abdomen (paraissant être celui d'une autre espèce) de la même couleur, avec une bande jaune en dessus (il ne reste que cinq segments'. Ailes larges, courtes, arrondies au sommet, ayant près de la moitié interne, le bord costal et le postérieur aux inférieures ainsi que le sommet d'un noir fuligineux, avec un reflet d'un vert violâtre ; partie interne colorée, bordée par une bande transverse, blanchâtre ; ptérostigma grand, d'un brun roux ; réseau très-serré. Pattes d'un brun roux.

Collection du Muséum , sans indication de patrie. (Mâle très-détérioré.)

2. PALPOPLEVRA PORTIA , Drury.

Fusca ; alis obscure fusco-subviridibus ; anticis macula postica ad apicem , posticis margine postico sinuato late hyalinis ♂.

Drur., II, p. 86, pl. 47, fig. 3. — Fabr., *Ent. syst.*, p. 378 , n° 17, *Libellula Sinuata.* — Beauv., *Ins. Afr. et Am.*, pl. 11, fig. 5, *L. Marginata.* — Burm., *Handb. der Ent.*, II, pag. 861, n° 75, *L. Semivitrea.*

Plus petite que la *Flaveola*, mais plus épaisse, plus courte. Tête petite , ayant la face jaune inférieurement, d'un brun obscur supérieurement ; sommet vert ou bleu métallique, fortement déprimé, bordé inférieurement par une ligne saillante, à peine échancré ; vertex de la même couleur, médiocrement élevé, un peu échancré et rétréci au sommet , avec deux petites pointes ; occiput noirâtre , assez avancé entre les yeux ; bord postérieur d'un roux obscur, noirâtre supérieurement. Thorax d'un brun bleuâtre, avec des parties roussâtres ; lobe postérieur ayant le prothorax un peu bilobé, canaliculé. Abdomen noirâtre, avec un léger reflet bleuâtre , extrémité ayant ses appendices comme chez la précédente. Pattes d'un roux obscur, noirâtres à l'extrémité et aux articulations. Ailes courtes, d'un brun obscur, un peu verdâtre , ayant une large tache à l'extrémité du bord postérieur , qui envahit presque tout le sommet de l'aile, et aux secondes le bord postérieur incolore ; ce bord est large, fortement sinué, très-élargi au sommet ; membranule brunâtre ; ptérostigma grand, noirâtre, ayant intérieurement une petite marque jaunâtre.

De la collection de M. Serville, et indiquée de Benin. Cet individu

est un peu différent de celui figuré par Drury et décrit par Fabricius,
mais je crois qu'il n'en est qu'une variété.

3. PALPOPLEVRA MARGINATA, *Fabricius.*

Rufa ; alis dilute fusco - subviridibus, anticis macula postica
ad apicem, posticis margine postico sinuato hyalinis, pterostig-
mate magno, flavo, exterius fusco ♂.

Fabr., *Ent. syst.*, II, p. 380, n° 32.—Beauv., *Ins. Afr. et Am., Nevr.,*
pl. 11, fig. 6, *L. Denticulata.*—Burm., *Handb. der Ent.*, II, p. 861,
n° 74.

Un peu plus grande que la *Portia*, et n'en étant probablement qu'une
variété. La tête manque. Thorax roux, varié de jaune. Abdomen trigone,
pas sensiblement renflé à la base, noirâtre en dessus, avec des taches
latérales, le dessus des cinq ou six premiers segments, et quelques
taches le long de la carène dorsale roux ; milieu du ventre noir ;
extrémité abdominale ayant les appendices à peu près comme chez la
Ferruginea, noirs. Pattes rousses ou d'un roux obscur, avec l'extrémité
et l'articulation fémoro-tibiale noires. Ailes courtes, larges, d'un brun
pâle, un peu roussâtre, ayant un léger reflet d'un vert métallique ; les
supérieures avec une tache au sommet du bord postérieur ; les inférieures,
tout le bord postérieur qui est sinué, finement et irrégulièrement denticulé, transparents ; base ayant deux ou trois lignes plus obscures formées
par les intervalles étroits des nervures ; membranule blanchâtre ; ptérostigma grand, plus long aux inférieures, de deux couleurs, savoir, la
partie qui est la plus grande, jaune, l'externe brune ; quatre rangées de
cellules discoïdales.

De la collection de M. Serville, et indiquée de Benin. Je ne connais
pas la femelle.

4. PALPOPLEVRA LUCIA, *Drury.*

Brevis, rufa; thorace fasciis duabus lateralibus flavidis; abdo-
mine lineis tribus nigris; alis flavidis, exterius albis, fascia media
transversa et alia basilari, anticis coadunatis fusco-rufis, ptero-
stigmate exterius fusco, interne flavo ♀.

Drur., II, p. 82, pl. 45, fig. 1. — Beauv., *Ins. Afr. et Am.*, pl. 11,
fig. 4, p. 172, *L. Variegata.*—Fabr., *Ent. syst.*, II, p. 382, n° 40?

Je pense que cette espèce n'est que la femelle des deux précédentes.
Un peu plus de cinq centimètres d'envergure, et à peu près trois de long.
Tête ayant la face d'un jaune roux, avec le sommet du front déprimé,

pas sensiblement échancré; vertex plus élevé que le sommet du front, ayant deux petites pointes. Thorax roux, avec des parties brunâtres et deux bandes jaunes sur les côtés. Abdomen court, roux, ayant une bande latérale sinuée, une ligne dorsale élargie postérieurement, et le bord latéral noirs chez la femelle, seul sexe que je connaisse; styles courts. Pattes rousses, avec les articulations et les tarses d'un brun roux. Ailes courtes, assez larges, lavées de jaune dans les deux tiers internes, ayant une tache médiane et transverse, qui part de la côte et se termine avant d'atteindre le bord postérieur, et une tache basilaire, allongée, s'unissant à l'autre sur la côte; la basilaire des premières ailes s'élargit en approchant de la médiane; ces taches basilaires ne sont pas d'une teinte uniforme, toutes les aréoles qu'elles comprennent n'étant pas envahies par leur teinte; membranule un peu obscure; ptérostigma grand, formé d'une tache brune et d'une tache jaune; quatre rangées d'aréoles discoïdales.

De la collection de M. Serville, et indiquée de Benin. Décrite d'après un individu détérioré. Cet individu et les deux précédents sont ceux figurés par Palissot de Beauvois.

5. PALPOPLEVRA VESTITA, *mihi.* (Pl. 3, fig. 2, b.)

Obscure rufa; supra pulvere cœruleo induta; alis hyalinis, dimidia parte interna, posticis margine postico excepto, supra albido-cœruleis, subtus fusco-violaceis et aureis ♂

De la taille dés précédentes. Face d'un roux obscur, avec la lèvre inférieure et la supérieure en grande partie noirâtres; partie supérieure du front déprimée en dessus, terminée par un bord saillant d'un bleu foncé; vertex élevé, un peu échancré en croissant, de la même couleur; occiput peu avancé, d'un bleu obscur; bord postérieur noir supérieurement, jaune inférieurement, avec une tache noire. Thorax d'un roux obscur, roussâtre en dessous, couvert d'une poussière bleue en dessus; ayant sur les côtés deux lignes jaunes très-obliques, bordées de noirâtre, dont une placée inférieurement et postérieurement. Abdomen déprimé, assez large, trigone, pas renflé à la base, d'un roux obscur, couvert en dessus d'une poussière bleuâtre; extrémité abdominale comme à l'ordinaire. Pattes rousses, ayant l'extrémité des cuisses, la face intérieure des tibias et les tarses noirâtres. Ailes assez courtes, avec la moitié interne, à l'exception du bord postérieur des inférieures, bleuâtre, très-opaque, d'un brun violet, ou azuré en dessous, se prolongeant sur la côte en une ligne noirâtre, qui n'atteint pas le ptérostigma; celui-ci long, noir extérieurement, roussâtre ou pâle intérieurement; membranule blanche; triangle assez large; quatre rangées d'aréoles discoïdales.

Collection du Musée. Je possède deux individus de Madagascar un peu plus petits, ayant le bord costal des ailes un peu plus sinueux, et les nervures plus saillantes, n'ayant que trois rangées d'aréoles discoïdales, le ptérostigma un peu plus court, et l'espace clair de la côte, entre le ptérostigma et la partie noire, un peu plus long ; les styles ont la pointe plus longue et plus aiguë ; ils ne paraissent pas cependant former une espèce.

6. PALPOPLEVRA CONFUSA, *mihi.* (Pl. 3, fig. 3, c.)

Brevis, fusco-rufescens ; abdomine clathrato, flavo nigroque variegato ; alis flavidis exterius hyalinis, fascia media transversa et alia basilari, anticis coadunatis, fusco-rufis ; pterostigmate nigro, intus flavido ♀.

Ayant reconnu trop tard que cette espèce n'était que la femelle de la *Vestita*, je n'ai pu réunir les deux descriptions : j'ai donc laissé celle-ci telle qu'elle était, mais le nom de *Confusa* doit disparaître. De la taille de la *Lucia*, à laquelle elle ressemble extrêmement, et dont elle diffère surtout par le réseau des ailes, bien sensiblement plus large, et parce qu'elle n'a que trois rangées d'aréoles discoïdales. Face d'un roux obscur, jaune sur les côtés, avec le front saillant, échancré supérieurement ; vertex assez élevé, échancré, avec ses angles pointus. Thorax d'un brun roussâtre, marqué de deux bandes jaunes sur les côtés, très-obliques, bordées par une teinte plus obscure ou noirâtre ; lobe postérieur du prothorax peu avancé, presque carré, légèrement échancré. Abdomen court, large, ayant le bord des segments, les côtés et trois bandes noirs ; celles-ci laissent entre elles quatre séries de taches d'un jaune fauve, dont quatre en dessus à la base, et celles des côtés, plus larges, sont plus sensibles ; n'étant point visibles à l'extrémité et sur une grande partie du dessus, les bandes noires représentent ainsi une sorte de grillage ; dessous d'un roux obscur. Bord vulvaire un peu saillant dans son milieu ; styles noirs, aigus ; dessous de l'anus roussâtre. Ailes courtes, assez larges, lavées de jaune roussâtre dans leurs deux tiers internes, ayant une tache médiane et transverse qui part de la côte et se termine avant d'atteindre le bord postérieur ; et une tache basilaire allongée, presque triangulaire aux supérieures, s'unissant à l'autre sur le bord costal. Ces taches sont d'un brun roux, sans être d'une teinte uniforme, et varient pour la grandeur ; trois rangées d'aréoles discoïdales aux antérieures ; membranule blanche. Pattes rousses, avec l'extrémité des cuisses, la face interne des tibias et les tarses noirâtres ; la face inférieure des cuisses antérieures, et la face supérieure des tibias, jaunes.

Collection du Musée. Je possède aussi de Madagascar un individu un peu plus petit dont la bande médiane des ailes est plus étroite, surtout postérieurement, et qui correspond à la variété de *Vestita* du même pays ; celle-ci se trouve aussi à Madagascar. Les *P. Portia, Marginata, Lucia, Vestita* et *Confusa*, pourraient bien n'être qu'une seule espèce, et peut-être eût-il mieux valu n'en faire que deux, dont l'une eût compris les trois premières, et l'autre les deux suivantes.

7. PALPOPLEVRA JUCUNDA, *mihi.*

Parva, villosa, flavo - rufa ; fronte flava, apice in mare cœruleo; thorace lateribus flavis, lineis tribus, abdomine rufescenti fasciis tribus nigris ; alis basi strigis tribus interdum.coadunatis maculaque media nigro-rufis, flavo cinctis; pterostigmate bicolore.

Un peu moins de quatre centim. d'envergure, et de trois de longueur. Tête grosse, ayant la face jaune, avec le sommet échancré et bleu dans le mâle ; vertex assez élevé, légèrement échancré, jaune, bleu au sommet chez le mâle ; occiput médiocre, avancé entre les yeux, jaune, échancré postérieurement ; bord postérieur jaune, noir supérieurement. Thorax velu, d'un jaune roux, surtout en dessus, jaune sur les côtés, où l'on voit trois lignes noires ; dessous ayant sur les côtés une ligne noire interrompue ; lobe postérieur du prothorax fortement échancré. Abdomen court, un peu déprimé, roux en dessus, avec trois bandes noires, longitudinales, dont la moyenne disparaît sur les premiers segments ; dessous plus pâle que le dessus ou jaune, avec le milieu du ventre noir ; extrémité anale du mâle et de la femelle à peu près comme dans les précédentes. Pattes jaunes, brunes à la face interne. Ailes courtes, ayant à la base une tache divisée en trois parties qui semblent pouvoir se réunir, et une autre discoïdale d'un brun roux ; ces taches sont marquées d'un réseau jaune et enveloppées par une teinte jaunâtre : la discoïdale peut manquer chez le mâle, mais la teinte jaune reste ; membranule blanchâtre ; ptérostigma assez grand, noirâtre extérieurement, pâle dans ses deux tiers internes, mais surtout au milieu ; réseau lâche ; triangle large ; trois rangées d'aréoles discoïdales.

De la collection de M. Serville, où elle est indiquée du Cap.

8. PALPOPLEVRA FASCIATA, *Linné.*

Fusco-rufescens ; alis supra fusco vel albo-cœruleis, subtus aureoviolaceis, fascia media, anticis macula apicali interdum nulla, posticis fascia baseos obsoleta vel nulla albidis.

Linn., *Syst. Nat.*, II, p. 903, n° 12. —Fabr., *Ent. syst.*, II, p. 378, n° 20. — Burm., *Hanbd. der Ent.*, II, pag. 854, n° 37.— Linn., *Syst. Nat.*, II, p. 904, n° 16, *L. Americana.* — Fabr., *Ent. syst.*, II, p. 378, n° 20 ?—Seba, *Thesaur.*, tab. 78, fig. 11, 12.—De Géer, *Ins.*, III, p. 559, n° 7, tab. 26, fig. 7. *L. Violacea.*

Plus petite que la *Flaveola.* Tête assez grosse, ayant la face jaune, avec le sommet bleu. Thorax roussâtre, plus ou moins nuancé de brun, ayant sur les côtés quelques lignes blanchâtres ; lobe postérieur du prothorax légèrement bilobé, peu sensible, enfoncé dans son milieu. Ailes d'un

brun roussâtre, ayant en dessus un reflet d'un bleu ciel un peu blanchâtre, quelquefois légèrement doré; dessous avec un reflet doré ou d'un
violet doré, quelquefois très-brillant, ayant en outre une bande transverse, une tache apicale aux supérieures, et une bande presque effacée
à la base des inférieures, transparentes ou blanchâtres; la tache apicale et la bande basilaire peuvent disparaître; membranule brunâtre;
ptérostigma très-grand, de la couleur des ailes, mais plus obscur.

De la collection du général Dejean, et notée par Latreille du Brésil;
indiquée de Surinam dans celle de M. Serville. Quoique j'aie adopté
le nom de *Fasciata*, les deux seuls individus que j'ai vus se rapportent
à l'*Americana*, mais je pense qu'ils ne sont que des variétés.

Genre DIASTATOPS, *mihi*.

Tête ayant le front très-saillant et les yeux non contigus. Ailes
ayant les principales nervures très-saillantes, et le bord costal échan
cré, avec le réseau extrêmement serré; pièce sous-stylaire chez les
mâles au moins aussi large que longue, largement échancrée, plus
étroite à la base. Pattes grêles, ayant des cils très-longs, presque
comme chez les *Calopteryx*. Six ou sept rangées d'aréoles discoïdales.

Ces espèces présentent une anomalie dans les Libellulines par
leurs yeux tout à fait séparés; elles se rapprochent cependant beau
coup par leurs ailes, de celles du genre *Polynevra*, qui ont les yeux
contigus, mais elles ont les nervures plus saillantes, les nervules
plus sensibles, et les ailes des trois espèces que je décris sont entièrement d'un brun fuligineux plus ou moins foncé. Les femelles
me sont inconnues.

1. DIASTATOPS TINCTA, *mihi*.

*Rufo-subcœrulescens; abdomine obscure rubro; alis fuligineo-
subviridi-œneis, brevibus, posticis dilatatis, nervis præcipuis elevatis ♂.*

De la taille de la *Flaveola* ou plus petite, et ayant les ailes plus
courtes. Tête petite, ayant la face d'un brun violet, avec les lobes laté-
reaux roussâtres; sommet du front marqué antérieurement de deux impressions assez larges et rugueuses, très-avancé en avant; vertex tourné
en avant, assez large à la base, fortement rétréci à l'extrémité, un peu
bifide; occiput un peu plus étroit antérieurement que postérieurement,
où il est arrondi et dépassé par les yeux; bouche très-saillante. Thorax

d'un brun roux, luisant et un peu bleuâtre, plus foncé en dessus ; bord
postérieur du prothorax bilobé ; lobes épais, larges. Abdomen triangulaire, pas sensiblement renflé à la base, rouge, un peu obscur en dessus ;
styles médiocrement longs, cylindriques, grêles, écartés l'un de l'autre à
la base, un peu renflés en dessous où il existe une carène fortement den-
tée, naissant un peu avant la moitié de leur longueur ; pièce sous-stylaire
plus de moitié plus courte qu'eux, très-large, plus large que longue,
assez fortement rétrécie à sa base, largement mais peu profondément
échancrée à l'extrémité, dont les deux côtés forment deux angles un peu
pointus. Pattes grêles, noirâtres. Ailes courtes, d'un brun roussâtre
foncé, ayant un reflet d'un vert métallique en dessus, d'un bleu violet
en dessous ; principales nervures très-saillantes, antérieures, ayant avant
la base une échancrure au bord costal ; les postérieures très-larges ;
aréoles nombreuses, presque égales ; membranule brunâtre, ptérostigma
de la couleur des ailes.

De la collection du général Dejean, où elle est étiquetée du Brésil
par Latreille ; et de celle de M. Serville, et indiquée de Saint-Louis
de Maragnon.

2. DIASTATOPS PULLATA, *Burmeister*. (Pl. 3, fig. 4, d.)

*Rufa ; alis fuligineis, supra viridi subtus violaceo nitentibus, pos-
ticis ad basim macula ferruginea, nervis præcipuis elevatis ♂.*

Burm., *Handb. der Ent.*, II, p. 854, n° 34.

De la taille de la précédente ou un peu plus grande, et lui ressemblant
beaucoup. Tête ayant la face plus pâle et roussâtre, surtout inférieurement ; sommet du front plus avancé. Thorax velu, roux, avec la partie
antérieure et supérieure d'un brun bleuâtre, marquée de roussâtre ;
bord postérieur du prothorax épais, assez saillant, divisé en deux
grands lobes prolongés latéralement. Abdomen roux ou rougeâtre ; styles
médiocrement longs, un peu renflés, ayant en dessous un bord dentelé
(bien moins saillant que dans la précédente) ; pièce sous-stylaire moitié
moins longue qu'eux, peu rétrécie à la base, largement et fortement
échancrée d'une manière arrondie, ses côtés formant un angle très-
saillant. Pattes grêles, rousses, noirâtres à l'extrémité. Ailes courtes,
larges, surtout les postérieures, avec les nervures très-saillantes, d'un
brun fuligineux, ayant un reflet verdâtre en dessus, d'un bleu violet en
dessous ; postérieures ayant à la base une large tache d'une couleur ferrugineuse obscure, sur laquelle les aréoles sont beaucoup plus nombreuses
que chez la *Tincta*.

De la collection de M. Serville, où elle est notée d'Amérique.

3. DIASTATOPS FULIGINEA, *mihi.*

Rufa ; alis fuligineis ; posticis ad basim rufescentibus, nervis præcipuis elevatis ♂.

Fabr., *Ent. syst.*, II, p. 377, n° 15. *L. Obscura ?*—Burm., *Handb. der Ent.*, II, pag. 854, n° 35. (L'*Obscura* de Fabricius paraît plutôt se rapporter à la *Fulvia* de Drury.)

A peu près de la taille de la *Pullata*, à laquelle elle ressemble beaucoup et dont elle n'est peut-être qu'une variété. Corps semblable ; pièce sous-stylaire plus étroite, à peine rétrécie à la base, sur laquelle les côtés tombent presque carrément, ayant le fond de l'échancrure non arrondi, mais formant un angle rentrant. Ailes d'une teinte plus pâle, avec un léger reflet violet des deux côtés, un peu rougeâtres à la base des postérieures où les aréoles sont plus nombreuses que chez la *Tincta*, mais un peu moins que chez la *Pullata.*

GENRE MACROMIA, *mihi.*

Bouche à peu près comme chez les *Libellula ;* yeux contigus, ayant vers le milieu du bord postérieur un petit prolongement saillant et graniforme ; onglets fortement bifides, ou ayant la dent inférieure plus longue ou aussi longue que leur pointe ; occiput moins saillant que le bord postérieur des yeux. Ailes ayant la partie humérale du bord costal au moins deux fois aussi longue que la partie cubitale jusqu'au ptérostigma ; triangles comme chez les *Libellula ;* bord abdominal sinueux, et angle anal saillant et aigu chez les mâles ; membranule grande ; ptérostigma très-petit. Appendices des mâles presque comme chez les *Libellula.*

Ce genre se compose d'espèces exotiques, ordinairement de grande taille et ressemblant un peu aux *Cordulia ;* leurs ailes ont le réseau large, et la base plus ou moins tachée de brun roux ; elles se distinguent bien des *Cordulia* par la forme des onglets. Un des deux seuls mâles dont je connaisse l'extrémité abdominale à l'antépénultième segment dilaté sur les côtés, comme chez certains Gomphides, les appendices ressemblant aussi un peu à ceux de quelques *Gomphus.*

1. MACROMIA CINGULATA, *mihi.*

Nigro flavoque variegata ; facie flava, nigro maculata ; thorace violaceo-cærulescente fasciis tribus, abdomine cingulis supra an-

gustatis, flavis; alis hyalinis, basi macula et apice late flavi-cantibus ♀.

Burm., *Handb. der Ent.*, II, pag. 845 , n° 1. *Epophthalmia vittata?*

De la taille de la *Quadrimaculata* ou un peu plus grande. Tête grosse, ayant la face jaune, avec le bord interne des lobes latéraux, le bord de la lèvre supérieure et une grande tache transverse au sommet noirâtres ; sommet du front très-profondément échancré, bilobé ; lobes ayant la forme d'un mamelon, pointus ; vertex d'un noir bleuâtre, assez large, médiocrement élevé , fortement rétréci au sommet, qui est bifide ; occiput très-petit, noir, peu avancé, un peu élevé antérieurement, saillant postérieurement, où la ligne enfoncée n'est sensible qu'inférieurement ; bord postérieur entièrement noir ; yeux contigus dans un large espace. Thorax légèrement velu, d'un noir violet, ayant trois bandes jaunes de chaque côté, dont les deux antérieures n'allant pas jusqu'au haut ; les deux médianes formant un cercle complet, les postérieures très-courtes ; dessus ayant avant l'attache des ailes une bande, et postérieurement un point de la même couleur. Abdomen d'un noirâtre un peu roux , avec des bandes annulaires jaunes, larges, interrompues en dessous, rétrécies en dessus, à l'exception de la première ; les deux tiers de l'abdomen manquant sur l'individu femelle, que je décris, je ne puis savoir leur nombre. Pattes noirâtres, avec une tache jaune sous les hanches. Ailes transparentes , ayant la partie externe lavée de jaunâtre , qui, sur les supérieures, s'étend jusqu'à la base , où l'on voit sur les quatre une petite tache roussâtre ; deux rangées d'aréoles discoïdales ; ptérostigma très-petit, d'un brun roux ; triangle large et court, sans nervules.

Collection de M. Serville, où elle est placée parmi les *Æschna* , et étiquetée sous le nom que je lui ai conservé ; indiquée de l'Améri· que septentrionale.

2. MACROMIA TRIFASCIATA , *mihi.* (Pl. 3, fig. 5, e.)

Cæruleo-viridi obscuro flavoque variegata; thorace fasciis tribus femoribusque anticis basi subtus flavis ; abdomine nigro, supra maculis geminatis, ultimisque quatuor segmentis flavis ♂.

A peu près huit centimètres et demi d'envergure , et six et demi de long. Tête et thorax pubescents , d'un bleu vert métallique obscur ; la première marquée de taches, dont quatre sur l'épistome, formant presque une bande transverse ; le second ayant trois bandes de chaque côté, dont la moyenne monte sur l'espace inter-alaire , jaunes ; vertex large , épais, bifide , ou se terminant par deux petits mamelons. Abdomen long, grêle, renflé à la base et dans ses trois antépénultièmes segments, ressemblant à celui d'un *Gomphus*, d'un noir un peu bleuâtre ; deuxième segment

ayant deux taches en dessus, et quatre ou cinq autres latérales; les
suivants, deux taches géminées, sur leur moitié antérieure, dont la
première sur le bord et descendant en forme d'anneau jusqu'à l'arête
latérale, où elle se prolonge plus ou moins, la seconde descendant sur
les côtés aux quatrième et cinquième, et les quatre derniers, jaunes;
ceux-ci devenant d'un roux un peu obscur par la dessiccation; le huitième
fortement dilaté sur les côtés, en dessous, avec un petit prolongemen:
qui les fait paraître un peu échancrés, le suivant un peu dilaté en un
bord épais, saillant dans son milieu, postérieurement; valves qui couvrent le méat spermatique, lancéolées, pointues; styles médiocrement
longs, presque cylindriques, écartés entre eux à la base, un peu courbés, plus rapprochés avant leur extrémité, qui est un peu courbée en
dehors, excavés en dessous à leur base, et ayant intérieurement une
petite arête basilaire se terminant à un angle qui touche le bord du dernier segment; pièce sous-stylaire plus courte, presque carrée, légèrement échancrée, avec ses angles terminés par une petite pointe courte,
recourbée et crochue par en haut et en avant, noire; dernier segment
étroit, ayant son bord postérieur sinué, un peu prolongé en dessus;
hameçons grands, larges, saillants, en forme de deux valves contiguës
qui recouvrent le pénis; lobes génitaux très-grands, saillants, en forme
de valves à leur extrémité. Pattes noires, les cuisses antérieures ayant leur
base en dessous, la hanche et le trochanter, jaunes. Ailes transparentes.
à réseau clair, ayant l'apparence d'une très-légère teinte roussâtre;
triangle court, large, sans nervules, celui des ailes postérieures presque
semblable; seize nervules sur le premier espace huméral; ptérostigma
très-petit, noir; membranule un peu obscure; bord abdominal sinué ou
échancré, avec l'angle anal obtus, à peine saillant; on aperçoit à la base
les rudiments d'une tache rousse.

Elle habite Madagascar, et m'a été communiquée par M. Marchal.

3. MACROMIA TÆNIOLATA, *mihi.*

*Obscure fusco - viridi - cyanescens; vertice triangulari, bifido;
thorace viridi - cæruleo, fasciu abbbreviata utrinque antice, aliaque laterali flavis.*

De la grandeur de la *Vittigera*, et ressemblant beaucoup à la *Cingu-
lata*. Face variée de brun et de jaune, d'un brun violet sur le haut du
front, celui-ci rétréci et excavé en dessus; vertex triangulaire, bifide, velu,
d'un bleu verdâtre métallique. Thorax légèrement velu, d'un vert bleuâtre métallique, avec une bande antérieure de chaque côté, commençant
très-bas et descendant jusqu'aux pattes, une latérale qui fait le tour du
thorax, et deux petites sous sa partie postérieure jaunes. Abdomen renflé
à la base, un peu atténué après, se dilatant insensiblement vers la partie

postérieure, où il est un peu trigone chez le mâle, comprimé chez la femelle d'un brun, ayant un reflet vert bleuâtre ; deuxième segment ayant une bande un peu interrompue en dessus et quelquefois sur les côtés, les suivants jusqu'au neuvième, avec une tache bilobée ou interrompue antérieurement jaunes ; styles cylindriques, assez longs, flexueux, avec l'extrémité pointue, tournée en dehors, ayant vers le milieu, extérieurement, une petite dentelure, après laquelle ils sont finement dentelés jusqu'à l'extrémité ; pièce sous-stylaire triangulaire, allongée, un peu plus courte qu'eux ; bord vulvaire non prolongé, échancré. Pattes très-grandes, noires, avec les tibias ciliés d'épines fines, assez longues. Ailes transparentes, ayant le réseau large ; ptérostigma petit, noir ; membranule bien prononcée, blanchâtre.

Collection du Musée, et indiquée de l'Amérique septentrionale.

4. MACROMIA VITTIGERA, *mihi.*

Dilute castanea; thorace subviridi-cupræo, fascia unica vel duabus, abdomineque sex flavis; alis hyalinis macula baseos castanea, interdum subnulla, anticis apice subrufescentibus ♀ .

De la taille de l'*Æschna azurea*, ou un peu plus grande : tout le corps couleur de bistre, ayant sur le thorax un reflet d'un vert métallique. Tête très-grosse, avec le sommet d'un vert métallique; vertex bifide; partie supérieure du front assez fortement échancrée, inégale, ayant de chaque côté trois petites saillies ; partie antérieure ayant deux enfoncements profonds et la suture labiale fortement enfoncée vers les côtés ; bord postérieur de la tête d'un violet noir, roux inférieurement. Thorax pubescent, très-épais, ayant de chaque côté deux bandes jaunes, étroites, dont une latérale et moyenne, qui se réunit quelquefois en dessus à celle du côté opposé, et l'autre antérieure qui peut disparaître ; une tache jaune sur chaque angle des sinus anté-alaires et deux autres sur le métathorax, plus ou moins visibles ; lobe postérieur du prothorax très-peu sensible. Abdomen long, fortement comprimé, renflé à la base et un peu à l'extrémité, ayant six bandes annulaires jaunes, plus ou moins marquées, placées sur le milieu des segments, dont la première est oblique en avant ; extrémité anale de la femelle obtuse, ayant deux styles courts ; bord vulvaire bilobé, avec les lobes ovales. Pattes noirâtres. Ailes transparentes ayant antérieurement une tache bistre à la base et l'extrémité des antérieures roussâtre ; membranule d'un blanc obscur, brune à l'extrémité ; ptérostigma d'un jaunâtre obscur, petit ; nervures d'un roux obscur ; triangle des supérieurs très-long, celui des quatre traversé par une nervule.

De la collection de M. Serville ; sans indication de patrie, mais probablement de l'Amérique septentrionale.

5. MACROMIA CINCTA , *mihi.*

Rufo - castanea; thorace vitta albido - flava cincto; alis hya-
linis, apice et interdum basi subflavescentibus, macula angusta ba-
sali fuliginea.

Ressemblant extrêmement à la *Vittigera*, mais plus petite; ayant neuf
centim. d'envergure. Tête grosse, avec la face rousse ; sommet du front
largement échancré, ayant une petite excavation de chaque côté de l'é-
chancrure, avec un bord un peu saillant, presque denticulé ; épistome
offrant supérieurement deux dépressions assez marquées , son articulation
avec la lèvre supérieure formant une large fosse , dont le milieu est peu
enfoncé ; vertex large, médiocrement élevé, très-rétréci au sommet, qui
est bifide ; yeux contigus dans un large espace ; occiput très-petit, peu
avancé, un peu saillant postérieurement, avec une ligne enfoncée ; bord
postérieur ayant une petite saillie graniforme, presque arrondie, presque
lisse , d'un roux noirâtre supérieurement, blanchâtre inférieurement.
Thorax velu, d'un roussâtre ayant un reflet vert métallique , pâle extérieurement, avec deux taches jaunes en avant de l'attache des ailes
et un anneau de la même couleur qui divise le thorax en deux parties ,
en passant entre les ailes , bordé sur les côtés de vert métallique , assez
foncé. Abdomen d'un bistre plus ou moins foncé , ayant la base velue en
dessus, avec une large tache d'un blanc jaunâtre sur le premier segment,
qui s'étend sur une partie du second ; extrémité du troisième et quatrième
présentant un cercle de la même couleur , échancré en dessus (les
segments suivants manquent dans les deux sexes); hameçons n'étant pas
bifides , formant deux longs crochets assez grêles et contigus ; pénis très-
court et très-épais vers sa base , qui est recouverte par une sorte de
languette un peu concave en dessous ; lobe génital assez saillant,
non arrondi , ayant son bord antérieur très-épais et fortement cilié.
Pattes noires ou noirâtres , avec une grande partie de la face supérieure
des cuisses antérieures et la base des postérieures d'un roux obscur.
Ailes à réseau large et assez bien marqué ; triangle largé , sans nervule transverse ; ptérostigma petit , d'un brun roussâtre dans la femelle, plus pâle chez le mâle ; le sommet, et quelquefois la base, très-légèrement lavés de jaunâtre , celle-ci marquée d'une tache allongée,
étroite , d'un roux fuligineux ; angle anal des postérieures formant un
petit angle un peu crochu , avec le bord interne échancré ; membranule
d'un blanc sale.

De la collection de M. Serville, et sans indication de patrie , mais
probablement de l'Amérique septentrionale.

Genre DIDYMOPS, *mihi.*

Bouche à peu près comme chez les *Libellula;* yeux contigus, ayant vers le milieu du bord postérieur un petit prolongement graniforme très-saillant; occiput arrondi et bossu postérieurement, et un peu plus saillant que le bord postérieur des yeux; onglets bifides ou ayant la dent inférieure au moins aussi longue que leur pointe; triangle des ailes à peu près comme chez les *Libellula;* partie humérale du bord costal n'ayant pas deux fois la longueur de la partie cubitale jusqu'au ptérostigma.

Je ne connais qu'une espèce exotique, qui se rapproche des *Macromia.*

1. DIDYMOPS SERVILLII, *mihi.*

Rufescens vel rufa; capite fascia frontali, thorace laterali, media, abdomineque segmentis duobus vel tribus ultimis exceptis, fasciolis duabus flavis; alis hyalinis, macula antica baseos parva rufa ♀.

De la taille à peu près de la *Quadrimaculata*, mais plus longue. Tête grosse, rousse, ayant le front traversé par une bande jaune et deux petits traits de la même couleur sur le sommet; celui-ci excavé, saillant et rugueux antérieurement, avec le bord noirâtre; suture labiale ayant deux enfoncements profonds; vertex très-petit, peu élevé, à peine déprimé sur son milieu; occiput grand, s'avançant entre les yeux, élevé, arrondi et saillant postérieurement; bord postérieur roux, avec deux bandes obscures très-saillantes. Thorax couvert d'un duvet mou, assez épais, roux, ayant un point antérieur et latéral, deux points supérieurement et une bande latérale jaune. Abdomen assez épais, un peu renflé à la base, un peu atténué vers son milieu, roux, velu, plus foncé vers la partie postérieure des segments, ayant en dessus, de chaque côté, à l'exception des deux ou trois derniers, deux lignes jaunes longitudinales devenant plus petites et peu apparentes à mesure qu'elles s'approchent de l'extrémité, les deux derniers segments quelquefois un peu marqués de jaune en dessus; dessous de la base jaunâtre; huitième et neuvième segment dilatés sur les côtés. Pattes rousses. Ailes incolores, ayant la membranule un peu obscure, ainsi que le ptérostigma, qui est petit; nervure costale et une petite tache basilaire et antérieure rousses; douze nervules au premier espace costal; triangle sans nervule; bord vulvaire à peine prolongé et échancré; styles petits.

De la collection de M. Serville, où elle est placée parmi les *Æschna*, et indiquée de l'Amérique septentrionale. Je n'ai vu que la femelle.

Genre EPITHECA, *Charpentier*.
LIBELLA, *Selys*.

Bouche comme chez les *Libellula* ; yeux contigus, ayant vers le milieu du bord postérieur un petit prolongement séparé par un sillon ; appendices inférieurs des mâles larges, échancrés ; bord vulvaire prolongé en deux lanières. Ailes postérieures presque arrondies à l'angle anal chez le mâle ; membranule grande ; triangle réticulé sur les quatre ; ptérostigma petit.

(Ces caractères sont tirés de l'ouvrage de M. de Selys.) Ne connaissant point cette espèce, je ne sais si elle doit former un genre particulier.

1. EPITHECA BIMACULATA, *Charpentier*.

Testacea, nigro-maculata ; alis flavidis, ad marginem crassiorem fulvescentibus, posticis baseos macula magna nigra.

Charp., *Hor. Ent.*, p. 43. — Sel., *Monogr. Lib.*, p. 59. *Libella Bimaculata.*

Dépassant beaucoup en grandeur la *Conspurcata* et acquérant presque celle de l'*Æschna grandis*, ayant le port de la *Quadrimaculata*, mais le corps étant beaucoup plus long, plus cylindrique, enflé dans les deux sexes à la base ; bouche jaunâtre, noire en dessus. Thorax velu, testacé, strié de noir. Abdomen cylindrique, subtrigone, globuleux à la base, ou enflé, testacé, ayant sur le dos une strie large, noire. Ailes jaunâtres, surtout chez la femelle, plus colorées vers le bord costal, où elles sont d'un jaune doré ou fauve ; les postérieures ayant à la base une large tache noire ou plutôt d'un brun ferrugineux ; membranule grande, blanche ; ptérostigma noir dans les deux sexes ; parties génitales du mâle très-proéminentes ; bord vulvaire chez la femelle prolongé en deux écailles fines, longues, sessiles, contiguës à la base ; appendices supérieurs du mâle de la longueur d'un segment de l'abdomen, noirs, triangulaires, divergents au sommet ; appendice inférieur court, large, échancré, bimucroné ; styles de la femelle cylindriques, rapprochés au sommet. (Traduction du texte de M. de Charpentier.)

Cette espèce, que je ne connais pas, me parait être une *Cordulia* ou une *Didymops*. Je n'ai pas conservé le genre *Libella* de M. de Selys, étant trop semblable au mot *Libellula ;* ces deux noms étaient d'ailleurs synonymes dans les anciens auteurs.

Genre CORDULIA, *Leach.*

LIBELLULA, *Linné, Fabricius, Vander-Linden.* ÆSCHNA, *Charpentier.* EPOPHTHALMIA, *Burmeister.*

Bouche à peu près comme chez les *Libellula*, ayant la lèvre inférieure transverse, sensiblement plus large; yeux contigus, ayant vers le milieu du bord postérieur un petit prolongement et une fossette; appendices anals très-variables; triangle des ailes antérieures très-large; celui des postérieures beaucoup plus large que chez les *Libellula;* leur angle anal plus ou moins saillant chez les mâles; ptérostigma petit. Arête dorsale de l'abdomen à peu près nulle.

Les espèces de ce genre, quelquefois confondues avec les *Æschna*, sont inséparables des Libellulines, surtout à cause de leur bouche qui n'en diffère pas; mais ils semblent se rapprocher aussi des Gomphides par la forme de leurs appendices anals très-variables selon les espèces, et par la dilatation, dans plusieurs en dessous, du bord latéral des deux ou trois antépénultièmes segments. On en connaît peu d'exotiques; elles sont en général d'un vert ou d'un bleu métallique, quelquefois nuancé de jaune. L'abdomen n'est jamais bien sensiblement triangulaire, mais plus ou moins cylindrique, comprimé ou déprimé. Les ailes ont le réseau clair, et l'espace huméral n'a guère que sept à huit nervules. Les espèces européennes volent rapidement et très-bas au bord des mares sans s'en écarter beaucoup.

1. CORDULIA VILLOSA, *mihi.*

Fusco-rufescens; thorace viridi-æneo, villosissimo; alis hyalinis, fascia basilari flavida, pterostigmate parvo ♂.

De la taille de la *L. Depressa*, mais plus longue. Tête grosse, ayant la face d'un jaune roux; sommet du front profondément excavé, très-saillant; stemmate moyen placé très-profondément; vertex peu élevé, presque carré, légèrement échancré; occiput roussâtre, assez grand, convexe, bord postérieur roux; toutes ces parties sont velues. Thorax couvert d'un duvet épais, d'un vert métallique un peu roussâtre, surtout en dessous. Abdomen assez long et assez épais, très-déprimé, d'un roussâtre obscur, avec le milieu du dos plus obscur, bordé par une ligne noirâtre peu visible, avec une série de taches formant une bande d'un jaune roux; styles longs, tout à fait cylindriques, un peu pointus à l'extrémité, qui est obtuse ; bord vulvaire prolongé en un appendice déprimé, profondément bifurqué, étroit. Pattes noirâtres, avec une partie des cuisses rousse. Ailes courtes, transparentes, à réseau assez clair, ayant une bande jaunâtre peu marquée, partant de la base et s'étendant presque jusqu'à la moitié aux inférieures ; triangle très-large ; ptérostigma petit, d'un rougeâtre obscur ; membranule assez longue, brune.

Collection du Muséum, et indiquée du Chili.

2. CORDULIA COMPLANATA, *mihi.*

Villosa, rufescens ; abdomine depresso, fulvo, nigro variegato ; fascia lata, dorsali, nigra, stylis elongatis obtusis ; alis hyalinis, macula magna basali, reticulata in fœmina, in mare interdum subnulla, fusco-rufa.

A peu près de la même grandeur que la précédente. Corps velu ; face jaune, avec le front très-saillant, échancré et excavé supérieurement, ayant postérieurement une bande d'un brun roux, qui s'avance dans l'excavation en forme de tache ; vertex médiocrement élevé, large, un peu saillant vers ses angles ; occiput assez grand, jaune, ayant une ligne enfoncée postérieurement. Thorax très-velu, d'un gris jaunâtre, avec quelques taches jaunes et des marques bleues sur les côtés. Abdomen fauve, ayant, à l'exception des trois premiers segments de la base, une large bande noire dorsale, qui sur chacun envoie un prolongement sur le bord latéral, qui est noir ; dessous ayant aussi une bande et des taches noires ; chez le mâle, déprimé et rétréci avant la base, qui est un peu renflée ; déprimé, large, non rétréci avant la base chez la femelle, variable pour la grosseur et la longueur dans le mâle ; styles longs, rétrécis et courbés à la base, après laquelle ils offrent en dessous une petite saillie en pointe, ensuite devenant cylindriques, avec l'extrémité obtuse, arrondie ; pièce sous-stylaire allongée, étroite, un peu rétrécie avant son extrémité, qui est échancrée en dessus ; styles assez longs et obtus dans la femelle, dont le bord inférieur de la vulve présente deux longs appendices membraneux, atteignant presque l'extrémité anale. Pattes ayant les hanches et la plus grande partie des cuisses fauves et le reste noir. Ailes transparentes, les postérieures un peu élargies, ayant une large tache d'un brun roux, réticulée, qui quelquefois occupe près de la moitié de l'aile dans la femelle, mais qui, chez le mâle, disparaît quelquefois complétement ; membranule grande aux ailes inférieures, blanchâtre, un peu obscurcie postérieurement ; ptérostigma petit, d'un jaune obscur ; triangle large, traversé par une nervule.

De la collection de M. Serville, et indiquée de l'Amérique septentrionale; un des mâles, qui était placé parmi les *Æschna*, m'avait d'abord fait penser, à cause de la forme étroite de son abdomen, qu'il pouvait former une espèce distincte.

3. CORDULIA AUSTRALIÆ, *mihi.*

Gracilis, flavo-viridis, œneo variegata; abdomine flavo, fascia lata, dorsali, subinterrupta, marginibus sinuatis viridiœnea, in mare stylis longis, ad apicem subinflatis, curvis, intus ante basim cornu gerentibus, appendice inferiori elongato, acuto, integro.

Un peu plus petite que l'*Ænea*, et surtout beaucoup plus grêle. Tête grosse, ayant la face d'un jaune roussâtre; front velu, médiocrement saillant, échancré supérieurement, avec une tache d'un vert métallique; vertex large, médiocrement élevé, légèrement échancré; occiput allongé, étroit, roux, très-velu. Thorax velu, court, d'un jaunâtre obscur, pâle et un peu gris, ayant sur les côtés trois bandes d'un vert métallique, plus ou moins bien marquées, dont une, antérieure, moins visible, et quatre taches jaunes, paraissant former trois bandes dont deux sont interrompues; partie antérieure un peu marquée de bleu métallique. Abdomen long, grêle, un peu renflé à la base, un peu rétréci après, puis se rélargissant insensiblement pour se rétrécir postérieurement, où il est un peu comprimé, déprimé, jaune, ayant sur le dos une bande très-large d'un vert métallique devenant grisâtre sur les deux premiers segments, composée d'une série de taches qui, étroites antérieurement, se dilatent pour se rétrécir de nouveau, se dilatent postérieurement jusque sur le bord latéral et s'étendent un peu en dessous le long du bord postérieur des segments, en envahissant presque complétement les deux derniers, à l'exception du dernier, qui a l'extrémité jaune en dessus; styles du mâle très-longs, courbés avant l'extrémité, qui est plus épaisse et un peu redressée, offrant à leur tiers interne un prolongement en forme de pointe obtuse un peu courbée; pièce sous-stylaire allongée, étroite, pointue, entière, courbée par en bas à sa base, ensuite un peu redressée; styles de la femelle longs, presque cylindriques, obtus; bord vulvaire très-prolongé, large, profondément et largement échancré. Pattes noirâtres, les quatre cuisses antérieures presque entièrement roussâtres. Ailes transparentes, avec le tiers externe teint de jaune roussâtre chez la femelle; mâle ayant l'angle interne bien arrondi; triangle traversé dans son milieu par une nervule; sept nervules au premier espace costal; ptérostigma petit, noir.

Collection de M. Marchal, et indiquée de la Nouvelle-Hollande.

4. CORDULIA SIMILIS, *mihi.*

Gracilis, obscure viridi-œnea; abdomine maculis lateralibus parvis, flavis ♀.

De la taille de l'*Australiœ*, et lui ressemblant beaucoup. Front plus largement taché de vert métallique; vertex de la même couleur. Thorax d'un vert cuivreux, velu, avec trois bandes jaunes, à peine sensibles sur les côtés; prothorax roux, ayant le bord du lobe antérieur jaune, et le lobe postérieur peu élevé, entier, arrondi. Abdomen d'un vert cuivreux, obscur, ayant sur les côtés, en dessus et en dessous, une tache jaune, étroite, sur chaque segment, partant du bord antérieur, large sur la base, qui est un peu renflée; bord vulvaire bilobé, plus étroit que chez l'*Australiœ*, jaune. Pattes noires, cuisses antérieures en grande partie roussâtres. Ailes à réseau très-clair, transparentes ou ayant une légère teinte un peu roussâtre, avec une petite tache d'un jaune roussâtre à la base des postérieures; ptérostigma très-petit, noirâtre; triangle traversé par une nervule, sept nervules au premier espace costal.

De Madagascar.

5. CORDULIA VIRENS, *mihi..*

Gracilis, flavo-viridi œneoque variegata; abdomine flavo, fascia latissima, dorsali, viridi-œnea; alis hyalinis, basi flavidis ♀.

Plus grande que l'*Australiœ*, et lui ressemblant beaucoup (individu très-détérioré et ne paraissant pas avoir acquis complétement ses couleurs). Tête grosse, ayant la face roussâtre et le front peu saillant, rugueux, échancré, avec le sommet d'un vert métallique; occiput plus large. Thorax velu, roussâtre, ayant l'apparence sur les côtés de trois bandes d'un vert métallique; partie antérieure teinte de la même couleur. Abdomen un peu renflé à la base, un peu atténué après, comprimé, ayant en dessus une très-large bande d'un vert métallique peu brillant, peu marquée sur les deux premiers segments; cette bande, beaucoup moins sinuée que chez l'*Australiœ*, n'est point rétrécie à la partie antérieure de chaque segment, mais se prolonge le long du bord postérieur jusque sous le ventre; bord postérieur du dernier jaune. Ailes transparentes, avec la base un peu jaune; ptérostigma roussâtre; le reste comme dans l'*Australiœ*.

De la collection de M. Marchal, et indiquée de Maurice. (Individu en mauvais état.)

6. CORDULIA JACKSONIENSIS, *mihi.*

Rufo œneoque variegata; stylis crassis obtusis, vulva bifida; alis subluteis, margine antico luteo, pterostigmate flavo ♀.

De la taille de la *L. vulgata.* Face d'une couleur testacée, colorée de bleu métallique au-dessus du front. Thorax tomenteux, testacé, ayant la partie antérieure et une bande latérale d'un bleu métallique, qui colore un peu les autres parties; espace inter-alaire marqué d'une bande longitudinale jaune. Abdomen un peu atténué dans son milieu, où il est un peu trigone; les deux premiers segments d'un roux obscur, jaunes au bord postérieur, les autres couverts d'une large bande d'un vert bronzé obscur, qui sur le bord descend sur les côtés; dernier segment très-court, jaune, noirâtre à la base; styles un peu plus courts que les deux derniers segments, épais, obtus; bord vulvaire bifide, ne dépassant pas le tiers du pénultième. Pattes noires, ayant les cuisses roussâtres, les antérieures beaucoup plus claires. Ailes un peu jaunâtres, luisantes, avec le bord antérieur plus jaune; sept nervules au premier espace costal; ptérostigma assez grand, jaune.

Communiquée par M. Guérin. De la Nouvelle-Hollande.

* 7. CORDULIA FLAVO-MACULATA, *Vander-Linden.*

Ænea; thorace et abdomine flavo-maculatis, appendicibus superioribus sublinearibus, inferiori acuta; macula marginali alarum nigra ♂.

Vanderl., *Monogr. Lib.*, p. 19.—Sel., *Monogr. Lib.*, p. 62, n° 1.— Burm., *Handb. der Ent.*, II, p. 846, n° 4, *Epophthalmia flavo-maculata.*

D'un vert métallique. Tête ayant antérieurement au-devant des yeux une tache de chaque côté, et une moyenne, jaunes. Thorax ayant sur les côtés deux taches et une sur la poitrine, jaunes. Bord postérieur, côtés et dessous du premier segment de l'abdomen; second, légèrement saillant en dessous à ses angles postérieurs, avec les côtés et le bord postérieur; troisième, avec une grande tache à la base de chaque côté, jaunes; le quatrième sans taches, les 5, 6, 7 et 8e, ayant de chaque côté une petite tache jaune à la base; les 9 et 10e sans taches; appendices anals supérieurs presque contigus à la base, presque linéaires, non sinués, de la longueur des deux derniers segments; l'inférieur, moitié plus court, pointu. Pieds noirs, ayant les cuisses antérieures à peine jaunes à la base. Ailes transparentes, légèrement jaunâtres à la base, avec une tache marginale noire; membranule noirâtre, pâle à la base. (Traduction de Vander-Linden.)

Je ne connais pas cette Cordulie, qui a été découverte en Belgique par M. Robyns.

* 8. CORDULIA METALLICA, *Vander-Linden.*

Viridi-œnea; capite, fronte, vitta transversa, labio inferioreque flavis; abdomine basi linea et utrinque puncto (mas), lateribus et

*interdum subtus flavis (fœmina); stylis in mare longis, flexuosis, in
medio crassis, apice acutis, aduncis, externe bimucronatis, appendice inferiore elongata, obtusa.*

Sel., *Monogr.*, p. 64, n° 2.—Vanderl., *Monogr. Lib.*, p. 18, n° 13.
— Charp., *Hort. Ent.*, p. 39, tab. 1, fig. 8. — Rœs., *Ins. Aquat.*, II,
tab. 5, fig. 2? — Schœff., *Icon.*, tab. 113, fig. 4.

De la taille de l'*Ænea*, à laquelle elle ressemble. Tête grosse, ayant la
face d'un bleu métallique, avec la lèvre inférieure, une tache à la base de
la lèvre supérieure, et une bande frontale dilatée sur les côtés, jaunes;
front moins saillant que dans l'*Ænea*, plus élevé, vert. Abdomen d'une
couleur plus brillante, un peu renflé à la base, un peu plus rétréci après,
puis se dilatant insensiblement jusqu'au delà du milieu, ensuite atténué
postérieurement; deuxième segment ayant une marque de chaque côté en
dessus, et la section annulaire suivante jaunes; deux taches semblables
sur les côtés de la base, dont la seconde couvre la moitié du lobe
génital; femelle ayant une grande partie du dessous dans sa longueur et
les côtés de la base jaunes; parties génitales différant beaucoup de celles
de l'*Ænea*; hameçons formant une lame mince, large, entière avec l'extrémité arrondie, surmontée d'une petite saillie; styles longs, flexueux, un
peu renflés dans leur partie moyenne, ayant deux dents antérieurement,
amincis et aigus à l'extrémité, qui est courbée en haut; pièce sous-stylaire
allongée, obtuse, un peu courbe, un tiers moins longue qu'eux; styles de
la femelle très-longs, presque cylindriques, un peu renflés; bord vulvaire
très-prolongé, non divisé, ressemblant à une espèce d'ergot, redressé, à
angle droit, creusé postérieurement, dilaté à la base, formant une espèce
de canal pour diriger les œufs. Ailes transparentes, légèrement teintes de
roussâtre, surtout vers l'extrémité; huit nervules au premier espace huméral; triangle traversé par une nervule; bord abdominal chez le mâle fortement sinué; angle anal saillant, obtus; membranule blanchâtre, brune à
l'extrémité.

Habite une partie de l'Europe; très-rare dans les environs de Paris.
Je cite avec doute la figure de Roesel, chez laquelle les appendices sont
beaucoup trop courts: elle pourrait bien représenter une espèce particulière.

* 9. CORDULIA ALPESTRIS, *Selys.*

Viridi-œnea; fronte maculis duabus lateralibus, labioque superiore basi flavis.

Sel., *Monogr. Lib.*, p. 65, n° 3.

Le mâle diffère de la *Metallica* en ce qu'il est plus petit, que le front n'a

pas de bande jaune transverse, mais simplement deux taches ; que les pieds
sont noirs , que l'abdomen est d'un vert bronzé plus foncé et moins cuivré,
n'ayant que le bord postérieur du deuxième segment jaune ; que le bord du
dessous de ce segment est beaucoup moins prolongé ; en ce que les styles
sont plus distinctement brisés en trois parties , la dernière étant munie en
dehors d'une dent pointue comme celle de la base , et fléchie davantage en
dedans ; que la pièce sous-stylaire est plus large et plus courte que le ptérostigma et d'un brun noirâtre. Femelle ayant une tache jaune sur les côtés
du deuxième segment ; bord postérieur du huitième semblant prolongé en
dessous en une simple écaille concave. Ailes lavées uniformément de jaune
sale. (Texte de M. de Selys.)

Habite l'Oberland bernois , et paraît dans le mois de juillet.

* 10. CORDULIA CURTISII, *Dale.*

*Viridi-œnea; capite labio inferiori flavo , fronte gibbosa , bi-im-
pressa; abdomine gracili, postice dilatato , appendice inferiori bifido., stylis basi spinam subbifidam gerentibus, annulo ultimo
supra carina flava.*

Dal. , *Lond. Magaz.* , t. 7, p. 60.— Sel., *Monogr. Lib.*, p. 68, n° 5.
— Curt., *Brit. Entom.*, IV, pl. 616. — Fonscol., *Ann. Soc. ent. Fr.*,
VI, p. 146, n° 9. *L. Nitens.*

Ressemblant à l'*Ænea* , mais un peu plus mince. Tête ayant le front
moins saillant, avec deux impressions ; occiput très-petit , élevé. Abdomen
plus grêle , à peine renflé à la base , où l'on voit une petite saillie et un
point roux , comprimé, renflé postérieurement, mais dans une moindre
étendue, ayant en dessus une série de taches jaunes qui , sur la femelle,
forment presque une bande continue ; parties génitales très-différentes ;
hameçons peu longs, fourchus ; lobe génital arrondi , court ; styles à
peu près semblables , mais ayant à la partie interne de leur base une
épine un peu bifide à l'extrémité ; pièce sous-stylaire échancrée , avec
ses angles prolongés en une pointe simple ; dessus du dernier segment
ayant une sorte de crête mince , jaune. Abdomen très-comprimé chez la
femelle , avec le dessus de l'anus jaune et les styles trois fois plus petits que
chez l'*Ænea* ; bord vulvaire très-peu saillant , échancré. Pattes d'un vert
obscur. Ailes ayant un peu de fauve à la base , un peu teintes et surtout
bordées antérieurement de la même couleur chez la femelle ; triangle plus
large , sans nervure ; ptérostigma noir ; deux rangées d'aréoles discoïdales , irrégulières , chez le mâle.

Je l'ai rencontrée dans les environs de Montpellier et dans le midi
de l'Espagne ; elle a été prise aussi dans les environs du Mans par MM. En-
jubault et Blisson.

* 11. CORDULIA ÆNEA , *Linné.*

*Viridi-œnea; capite labio inferiori flavo, fronte gibbosissima ;
abdomine postice dilatato, appendice inferiori in mare profunde
furcato, ramis bifidis.*

Sel. *Monogr. Lib.*, p. 67 , n° 4.—Linn., *S. N.*, II, p. 902, n° 8. *Lib.
Ænea.*—Fabr., *Ent. syst.*, II, p. 381, n° 35.—Latr., *Hist.*, XIII, p. 14.
—Vanderl., *Mon. Lib.* , p. 17, n° 12.—Charp., *Hor. Ent.* , p. 38. —
Æschna Ænea , Burm., *Handb. der Ent.* , p. 846, n° 6. *Epophthalmia
Ænea.* — Geer , *Mem.*, II, 2, pl. 19, f. 8, *Demoiselle dorée verte.* —
Schæff., II, tab. 167, fig. 4 , et tab. 182. — Harr., *Ins. Expos.*, tab. 27,
fig. 2 ?

Près de huit centimètres d'envergure , et près de six de long. Toute d'un
vert bronzé cuivreux , assez vif sur le thorax , plus obscur sur l'abdomen.
Tête ayant le front très-saillant , échancré supérieurement; lobes et lèvre
inférieure jaunes ; vertex peu élevé , légèrement échancré, large , très-
ponctué ; occiput un peu élevé. Thorax velu, ayant l'espace inter-alaire taché
de jaune. Abdomen renflé à la base , fortement rétréci après dans le mâle,
chez lequel il se dilate fortement postérieurement (1), ayant une tache en
dessous de chaque côté du deuxième segment, une bande sur le troisième ,
une tache sur les 7 et 8e, jaunes ou rousses ; hameçons longs , saillants,
pointus, entiers et le lobe génital très-allongé , obtus : styles cylindriques,
obtus , très-écartés à leur base , un peu fléchis en dehors vers l'extrémité ,
sans pointe ni saillie ; pièce sous-stylaire profondément fourchue , à branches bifides , ayant une pointe plus courte que l'autre ; femelle présentant
en dessous une bande de chaque côté , jaunâtre ; bord vulvaire fortement
prolongé et profondément bifide ; styles assez longs. Pattes noires. Ailes
transparentes, souvent tachées de fauve à la base , surtout dans la femelle ,
chez laquelle elles ont quelquefois une légère teinte de cette couleur vers
le bord antérieur, ayant l'angle interne chez le mâle un peu saillant , non
aigu. Ptérostigma petit , d'un brun roux ; membranule blanchâtre chez la
femelle , un peu obscure vers l'extrémité chez le mâle , et bordée intérieurement de fauve aux ailes inférieures ; huit à neuf nervules au premier
espace costal ; triangle traversé par une nervure ; deux rangées d'aréoles
discoïdales.

Très-commune vers la fin du printemps au bord des étangs placés
près des bois. La figure de Roesel , tab. 5, fig. 2, citée par M. de Charpentier, ne paraît pas appartenir à cette espèce, mais plutôt à la *Metallica.*

(1) Le second segment présente ici , dans la *Metallica* , la *Curtisii* ,
et quelques autres , un tubercule latéral qui est aussi bien prononcé
chez la *Macromia trifasciata* ; mais ce caractère n'étant pas constant,
je ne l'ai pas compris parmi ceux des genres.

DEUXIÈME FAMILLE.

GOMPHIDES.

ÆSCHNA , *Fabricius , Latreille , Vander-Linden.*
LIBELLULA , *Linné.*

Se distingue bien des Libellulides par la forme des lobes latéraux (deuxième article des palpes labiaux), qui ne se touchent plus au-dessus de la lèvre inférieure en couvrant la bouche, mais qui laissent entre eux un espace assez considérable, dans lequel on aperçoit le troisième article des palpes, qui est très-apparent et assez long, souvent terminé par une longue épine, article dont on ne voit pas de trace chez les Libellulines (1); lèvre couvrant le côté interne du deuxième article. Yeux très-rarement contigus ou à peine contigus, très-petits; vertex très-abaissé, étroit, quelquefois nul; occiput le plus souvent transversal; second segment de l'abdomen offrant un petit tubercule latéral chez les mâles.

Les espèces médiocrement nombreuses (à en juger d'après celles qui sont connues) qui composent cette famille, tiennent des dernières Libellulines (*Cordulia*), des Æschnides et des Agrionides.

La tête n'est pas globuleuse, mais plus ou moins déprimée, de manière que la bouche est souvent saillante, ce qui est généralement l'opposé dans les Libellulines; le vertex n'est jamais renflé ou vésiculeux, et l'occiput est très-peu avancé; le thorax est le plus souvent fort épais; l'abdomen, ordinairement très-long, n'est jamais tout à fait trigone, mais cylindrique ou comprimé et plus ou moins dilaté à ses extrémités; l'arête dorsale est peu marquée, les deux ou trois

---

(1) J'ai déjà observé que la petite pointe qui se trouve à l'angle supérieur et interne du deuxième article des palpes, ou lobe latéral des Libellulines, n'était pas le rudiment d'un troisième article, puisqu'elle devient d'autant plus grande que le troisième article est plus développé; celui-ci d'ailleurs n'est pas situé à la même place.

avant-derniers segments, et surtout le huitième, sont toujours plus ou moins dilatés; les appendices anals sont très-
variables, ordinairement très-prononcés, les supérieurs
souvent en forme de pince, seulement au nombre de trois
dont l'inférieur est souvent bifurqué et situé au-dessus de
l'anus. Les pattes sont courtes, épaisses, ayant les tibias
généralement plus courts que les cuisses; celles-ci quelquefois fortement épineuses. Les ailes ont tantôt le triangle des
supérieures comme chez les Libellulines, d'autres fois presque
comme chez les Æschnides; l'angle anal des inférieures est
plus ou moins saillant, et la membranule ordinairement très-
petite; elles ne présentent jamais de taches sur le disque, mais
elles sont quelquefois lavées de jaune, surtout dans les femelles. La coloration du corps est jaune et noire, et sert
souvent à la détermination rigoureuse des espèces. Ces
insectes passent pour très-voraces; leur thorax est plus
fortement organisé que dans les Libellulines. Les espèces
du genre Gomphus se tiennent toujours éloignées des
eaux, volent peu de temps sans s'arrêter, mais elles se posent
souvent sur les buissons, ou sur la terre dénudée des chemins.

Le petit nombre d'espèces exotiques que j'ai eu à ma disposition, et dont quelquefois je n'ai vu qu'un sexe, souvent mutilé, a été cause de l'imperfection de ce travail; j'ai
adopté sept genres dont voici le tableau :

Genres.

GOMPHIDES.

Lèvre inférieure entière.

Triangle traversé par des nervules.

Abdomen plus ou moins dilaté à l'extrémité sur les côtés ou en forme d'appendices.

Triangle sans nervules. . . . . GOMPHUS.

Abdomen ayant un seul appendice membraniforme sur les côtés du huitième segment. . . ICTINUS.

Occiput transverse. . . DIASTATOMMA.

Occiput triangulaire? . LINDENIA.

Lèvre inférieure divisée à son extrémité.

Yeux éloignés l'un de l'autre.

Yeux légèrement contigus. . . . . . CORDULEGASTER.

Appendices des mâles très-étroits et très-longs. . . . . PHENES.

Appendices des mâles très-larges et foliacés. . . . . PETALURA.

Genre GOMPHUS , *Leach*.

LINDENIA , *Vander-Hœven*. DIASTATOMMA , *Burmeister*.

Yeux non contigus ; vertex peu élevé, ayant les angles plus ou moins arrondis ; stemmates placés presque sur la même ligne ; occiput transverse, se terminant par un bord mince et en biseau ; lèvre inférieure à peu près aussi large que longue à son bord externe ou extrémité, qui est entière et inerme ; second article des palpes plus large que long, à peu près aussi large que la lèvre inférieure, ayant son angle interne prolongé en une longue épine ; troisième article un peu moins long que le précédent, étroit, terminé en pointe aiguë ou par une épine. Ailes ayant la membranule très-étroite, à peine visible ; les quatre triangles n'ayant pas de nervules, plus courts aux ailes supérieures ; ptérostigma de médiocre grandeur.

La plupart des espèces connues sont européennes et se ressemblent beaucoup ; le bord inférieur des deux ou trois avant-derniers segments, chez les femelles, est plus ou moins dilaté sur les côtés.

J'aurais désiré diviser ce genre assez nombreux pour faciliter la détermination des espèces, mais je n'ai pas osé le faire, ne connaissant pas toujours les deux sexes, ni même l'extrémité abdominale de toutes celles que je décris ; du reste les lignes noires thoraciques suffisent pour la détermination. J'appelle ligne humérale celle qui commence un peu avant l'attache des ailes, et qui se trouve la première après la bande antérieure du mésothorax.

1. GOMPHUS PUMILIO, *mihi*.

Parvus, pallide flavus; thorace lineis obliteratis fuscis; pterostigmate flavo, alis posticis angulo anali parvo, rotundato ♂.

Descript. de l'Égypte, *Nevr.*, pl. 1, fig. 13, 14.

Le plus petit du genre (individu ne paraissant pas avoir acquis ses couleurs); front saillant; face d'un jaune pâle; vertex peu élevé, ayant les angles très-obtus, peu sensibles; occiput ayant son bord externe un peu concave, très-entier. Thorax jaunâtre, plus jaune sur les côtés, avec l'apparence de plusieurs lignes noires, ainsi disposées : la bande antérieure qui se voit dans la plupart, paraît divisée en deux lignes un peu courbées en dehors et se joignant inférieurement à la ligne humérale, avec laquelle elles entourent de chaque côté une bande jaune, trois lignes sur les côtés, dont la médiane ne va pas jusqu'à l'attache des ailes. Abdomen d'un jaune un peu roussâtre, ayant en dessus, au premier segment, deux petites marques ; sur le deuxième, deux lignes transverses, placées entre le tiers antérieur et le moyen, deux petites taches sur le milieu et le bord postérieur, le troisième ayant de plus une ligne dorsale antérieure brune, le reste manque ; base du pénis saillant. Pattes d'un jaune pâle un peu roussâtre ; ayant aux cuisses une bande externe plus obscure. Ailes courtes, transparentes, un peu teintes de jaunâtre vers leur milieu, antérieurement et vers la base ; la nervure costale, une grande partie des nervures et nervules jaunes ; ptérostigma assez court, jaunâtre, un peu obscur à son bord supérieur ; triangle sans nervules ; dix nervules au premier espace huméral ; bord abdominal sinué ; angle anal peu saillant, arrondi ; deux rangées d'aréoles discoïdales.

Collection du Musée, et indiquée d'Égypte. L'espèce figurée dans l'ouvrage sur l'Égypte me paraît être la même.

2. GOMPHUS DILATATUS, *mihi.*

Flavus; facie fasciis tribus nigris; thorace, lineis tribus lateralibus, humerali lata et antica nigris ; abdomine fasciis duabus latis in medio et postice confluentibus ♀ .

Un peu plus de huit centim. d'envergure et de sept de long. Face jaune, ayant une large bande frontale, une autre à la base du front et une troisième sur le bord de la lèvre supérieure, transverses, noires ; partie supérieure du front légèrement échancrée, sa base entourée postérieurement d'une bande noire, qui va se réunir sur les côtés avec celle du front ; espace entre elle et l'occiput noir ; vertex peu élevé, légèrement échancré, canaliculé longitudinalement à sa partie postérieure ; occiput jaune, aminci, en biseau, comme chez le *Forcipatus*, cilié, entier. Thorax jaune, détérioré à sa partie antérieure, où il paraît y avoir deux bandes, puis une bande humérale et trois lignes latérales noires, dont les deux dernières minces. Abdomen dilaté aux deux extrémités, surtout postérieurement, dont les trois pénultièmes segments, et surtout le huitième, ont les bords latéraux fortement dilatés, noirâtres ou d'un noir roussâtre, avec une ligne jaune en dessus, qui s'arrête avant le huitième, plus large sur le premier et le second, interrompue à l'extrémité des 5, 6 et 7e, dilatée sur le huitième ; côtés et dessous des 1, 2, 3e jaunes, les suivants ayant sur les côtés une tache plus ou moins allongée et qui ne va pas ordinairement jusqu'à l'extrémité du segment ; cette tache s'unit avec le dessous qui est jaune. Styles médiocrement longs, d'un brun roux ; bord vulvaire étroit, prolongé en deux pointes conniventes, excavées avant leur extrémité, qui est divariquée, n'allant pas jusqu'à la moitié du neuvième segment. Pattes noires, avec la face inférieure des cuisses antérieures jaunes. Ailes transparentes ; triangle rectangle, plus allongé aux inférieures ; ptérostigma médiocre, jaune.

Collection de M. Serville, et indiquée de l'Amérique septentrionale. Je ne connais que la femelle.

* 3. GOMPHUS FORCIPATUS, *Linné*. (Pl. 5, fig. 5, *e*.)

Flavus ; thorace fascia antica angusta, duabus lateralibus et linea postica nigris ; abdomine supra nigro, linea longitudinali postice abbreviata flava ; pedibus nigris, geniculis, cruribusque anticis fascia inferiori flavis.

Sel., *Monogr. Lib.*, p. 89, nᵒ 5.—Linn., *Fauna suec.*, nᵒ 1469. *Lib.* Latr. *Gener.*, III, p. 182.—Schæff., *Icon.*, tab. 460, fig. 1 ♂.—Roesel, II, tab. 5, fig. 3, ♀.—Sulz., *Hist.*, tab. 35, fig. 10 ♂.—Panz., *Faun. fasc.*, 88, tab. 21 ♂.—Charp., *Hor. Ent.*, p. 24. *Æschna*.—Schæff., II, tab. 160. —Vanderl., *Monogr.*, p. 28, nᵒ 9, var. a.—Burm., *Handb. der Ent.*, II, p. 834, nᵒ 7. *Diastat.* —Geoffr., *Ins. Par.*, II, p. 228. La *Caroline*.

De la taille de l'*Unguiculatus*. Tête médiocre, ayant la face jaune, avec trois lignes transparentes qui se confondent presque dans leur milieu ; bord de la lèvre supérieure, de l'inférieure et des lobes noirs ; espace interoculaire noir ; couleur qui s'avance sur la partie postérieure du front et va s'unir sur les côtés avec la première bande frontale ; occiput jaune, un peu cilié, bordé de petites dentelures. Prothorax noir en dessus, avec une tache antérieure, une postérieure et une latérale jaunes ; thorax jaune, ayant une bande transverse sur l'échancrure mésothoracique, une bande antérieure non dilatée , marquée d'un trait fin et jaune, deux bandes latérales antérieures , rapprochées, dont l'humérale est libre à son extrémité supérieure, un trait au milieu inférieurement et une ligne postérieure mince, noirs ; poitrine marquée de lignes noires sur les côtés et un peu noirâtre par endroits. Abdomen rétréci après la base, dilaté postérieurement, surtout chez le mâle, noir ; premier segment jaune, avec deux taches noires, le deuxième ayant une bande en dessus, trilobée sur les côtés, et toute la partie inférieure des côtés jaunes, le troisième une ligne jaune qui se continue jusqu'au septième , mais jamais au delà ; les 7, 8 et 9ᵉ finement bordés de jaune postérieurement, les côtés marqués d'une tache transverse et d'une autre longitudinale jaunes , qui se réunissent postérieurement et forment sur les 8 et 9ᵉ une assez large tache ; ces taches sur les segments du milieu, souvent réduites à un seul point chez le mâle ; dixième noir, jaunâtre en dessous ; dessous d'un brun jaunâtre ; bord des 7, 8 et 9ᵉ segments dilaté et formant une excavation en dessous, moins marquée dans la femelle, chez laquelle les taches jaunes sont plus larges ; appendices du mâle noirs , les supérieurs , presque cylindriques , peu allongés , brusquement pointus à l'extrémité, qui est comprimée et mucronée en dessous ; pièce inférieure très-profondément échancrée et divisée en une fourche, dont les deux branches plus écartées que les styles sont recourbées en haut à l'extrémité ; styles de la femelle courts, cylindriques , aigus ; bord vulvaire prolongé en une pièce triangulaire concave , assez fortement bifide. Pattes noires, à l'exception d'une bande sur la face postérieure des cuisses antérieures , et d'un point à l'articulation du tibia, jaunes , quelquefois entièrement noires, surtout chez le mâle. Ailes transparentes , un peu jaunâtres à la base , n'étant pas entièrement incolores ; ptérostigma noirâtre, un peu roussâtre dans son milieu (2 centim. de long), les inférieures ayant une échancrure en forme de croissant au bord interne, avec l'angle anal saillant et obtus chez le mâle ; triangle, ayant l'hypoténuse plus longue aux inférieures.

Commune au printemps dans les allées et les clairières des bois, où elle se pose sur les buissons et à terre.

* 4. GOMPHUS ZEBRATUS , *mihi.* (Pl. 5, fig. 3, c.)

Flavus ; thorace fascia antica dilatata, linea humerali lateralibusque tribus , media abbreviata , nigris ; abdomine supra nigro ; linea longitudinali flava in penultimo dilatata ; femoribus flavo nigroque variegatis.

Ressemblant beaucoup au *Forcipatus,* mais bien distinct ; ayant à peu près la même taille et les mêmes couleurs. Face traversée seulement par deux lignes noires ; lèvres et lobes entièrement jaunes ; occiput jaune, cilié, sans dentelures ; bord postérieur taché de jaune supérieurement. Thorax ayant la bande antérieure dilatée inférieurement, avec un petit trait jaune au milieu, l'humérale et la suivante un peu moins larges , la ligne moyenne des côtés montant jusqu'au milieu. Abdomen plus grêle, moins dilaté postérieurement, ayant une ligne dorsale jaune qui va jusqu'à l'extrémité, dilatée en une tache ovale ou oblongue sur le pénultième segment, les quatre derniers largement tachés de jaune sur les côtés, qui sont presque entièrement jaunes dans toute leur longueur chez la femelle ; appendices du mâle presque semblables, noirs, les supérieurs un peu plus écartés l'un de l'autre à l'extrémité et rétrécis subitement en une pointe beaucoup plus longue, complétement noirs en dessus, les branches de l'inférieur pas sensiblement plus divergentes que les supérieurs , plus grêles à l'extrémité, qui est recourbée et pointue, jaune à la base ; femelle ayant le bord vulvaire jaune, plus prolongé , plus profondément bifide, à divisions moins étroites vers l'extrémité, où elles sont un peu arrondies au bord interne. Cuisses jaunes, rayées de noir, plus jaunes chez la femelle ; tibias et tarses noirs, avec une ligne jaune sur les premières. Ailes semblables, les inférieures un peu moins échancrées au bord interne, chez le mâle ; ptérostigma semblable ou un peu plus petit.

Je ne pense pas que le *Simillimus* de M. de Selys puisse se rapporter à cette espèce, puisque par les lignes du thorax elle se distingue de suite du *Pulchellus*, dont le *Simillimus* peut à peine être séparé, tandis qu'elle est très-près du *Forcipatus*. M. de Fonscolombe, *Ann. de la Soc. ent. Fr.*, vol. 7, p. 101, paraît aussi comprendre cette espèce avec d'autres dans la description de son *Æschna forcipata*, qui lui-même n'y est pas compris du tout. Très-commun à la fin du printemps et en été dans les bois, où il se repose sur les buissons et les sentiers, ordinairement mêlé au *Forcipatus*.

* 5. GOMPHUS GRASLINII, *mihi*. (Pl. 5, fig. 2, *b*.)

Flavus; thorace lineis nigris, humerali latiore, antica subdilatata, lateribus media abbreviata; abdomine nigro, nec dilatato, linea e maculis elongatis, sinuatis, antice dilatatis; tarsis nigris.

De la grandeur du *Forcipatus*, mais plus grêle, surtout l'abdomen qui ressemble à celui du *Pulchellus*. Tête jaune, assez petite, ayant l'espace entre l'occiput et le front noir, avec deux petits points jaunes derrière le vertex; occiput un peu plus élevé et sensiblement plus étroit que chez le *Forcipatus*, jaune, cilié, sans épines. Prothorax noir, ayant la partie postérieure en dessus et le bord antérieur jaunes ; thorax jaune, noir à son bord antérieur et inférieur qui offre un petit croissant jaune; bande noire antérieure, assez large inférieurement, mais non très-dilatée, ayant dans son milieu inférieurement un linéament jaune, s'unissant au bord antérieur par une petite ligne noire; ligne noire humérale, plus large que les latérales, s'unissant supérieurement à la bande antérieure par une pointe fine ; première ligne latérale médiocrement large, ligne médiane des côtés fine, très-largement interrompue ; ligne postérieure étroite : ces lignes sont unies supérieurement par un liséré noir qui passe sous les ailes ; elles sont, à l'exception de l'antérieure, qui est plus large, presque absolument semblables à celles du *Forcipatus*. Abdomen noir, à peine sensiblement renflé postérieurement, ayant une bande jaune dorsale composée de taches longues, aiguës postérieurement, larges antérieurement, sinuées ou crénelées sur les bords, excepté les dernières, dont la pénultième un peu dilatée ; côtés et dessous du ventre jaunes à la base, ayant ensuite des marques ou traits noirs, qui, chez le mâle où ils sont plus larges, s'unissent à la partie noire du dessus, et qui antérieurement projettent un petit angle ; appendices anals bien différents de ceux des autres espèces, mais ressemblant un peu à ceux du *Pulchellus*, les supérieurs un peu divariqués, dilatés et divisés avant l'extrémité en une pointe extérieure et une autre interne aiguë, ayant une arête en dessous, plus prolongée et qui est leur continuation; l'inférieur à divisions fortement divariquées et dont l'extrémité , qui est obtuse et un peu relevée , dépasse antérieurement les supérieurs plus que dans les autres espèces, en grande partie jaune., noirâtre à ses extrémités ; styles de la femelle aigus, noirs ; bord vulvaire prolongé , profondément divisé. Pattes ayant les cuisses jaunes, les quatre antérieures, avec une bande et deux lignes, les postérieures avec quatre lignes noires ; tibias noirs, avec un trait extérieur jaune ; tarses entièrement noirs. Ailes transparentes, ayant la nervure costale jaune, très-légèrement teintes de fuligineux , surtout vers l'extrémité chez la femelle ; angle anal des postérieures chez le mâle bien moins saillant que dans le *Forcipatus* ; ptérostigma plus grand que chez ce dernier, d'un jaune obscur ; triangle sans nervules.

Découverte dans la forêt de Bercé , aux environs de Château-du-Loir, par mon ami M. Adolphe Graslin , l'un de nos lépidoptérologistes les plus distingués. J'ai aussi reçu la femelle en communication de M. Blisson , qui l'a prise dans les environs du Mans. Cette espèce vole au mois de juin.

* 6. GOMPHUS PULCHELLUS , *Selys.* (Pl. 5, fig. 4, d.)

Flavus; thorace lineis tenuibus nigris, lateribus linea media nec abbreviata; abdomine gracili, postice subdilatato; tarsis posticis exterius flavis.

Sel., *Monogr. Lib.*, p. 83, n° 2, pl. 1, fig. 10. (Appendices inexactement figurés.)

Au moins aussi grand que le *Forcipatus* et plus mince, ressemblant aux précédents, mais très-distinct. Tête petite, ayant la face jaune , avec une ligne frontale transverse , et quelquefois une autre sur la base de la lèvre , une bande sur le bord postérieur du front noirs ; espace entre le front et le vertex noir, ainsi que celui-ci ; occiput beaucoup plus élevé et sensiblement plus large que chez le *Forcipatus* , entier , cilié , sans dentelures ; bord postérieur jaune , avec une grande tache et un petit trait noir. Thorax jaune ou d'un jaune verdâtre. Prothorax noir en dessus, où il est entouré de jaune, avec trois taches de la même couleur placées presque sur une même ligne transverse ; bande antérieure du thorax dilatée inférieurement , souvent très-peu marquée ou presque divisée en deux ; les autres lignes très-fines, l'humérale quelquefois presque nulle, libre supérieurement , celle du milieu des côtés ayant la même longueur que les autres ; on en voit une cinquième sur la partie postérieure des côtés. Abdomen long, presque cylindrique , rétréci et comprimé après la base, ensuite à peu près de la même grosseur jusqu'à l'extrémité , noir en dessus, avec une ligne jaune dorsale, large à la base, un peu dilatée sur les deux antépénultièmes segments ; côtés jaunes avec le bord des segments et une ligne transverse très-fine, et plus infé-rieurement une ligne sur chacun presque aussi longue, qui n'est bien visible que sur les 3, 4, 5, 6 et 7e noirs; les côtés du 8e sont aussi quelquefois tachetés de noir; dessous noirâtre; parties génitales du mâle jaunes; dernier segment en dessus un peu saillant postérieurement, dans son milieu, et légèrement échancré; appendices supérieurs un peu plus longs que chez le *Forcipatus*, plus rétrécis à la base, dilatés dans leur milieu inférieurement, presque trigones après la base, ayant un petit angle obtus au côté externe avant l'extrémité, qui se termine en pointe assez aiguë, noirs; branches de l'inférieur, qui est jaune, plus grêles, noires à l'extrémité qui n'est pas sensiblement recourbée; chez la femelle, bord vulvaire prolongé, très-largement et profondément échan-cré, et terminé par deux pointes obtuses, assez larges à la base. Pattes jaunes, avec trois lignes noires sur les cuisses, qui ont à la face interne deux rangées d'épines noires; tarses noirs, les postérieurs surtout jaunes extérieurement. Ailes transparentes, ayant la nervure costale jaune; bord interne plus échancré que chez le *Forcipatus;* ptéro-stigma un peu plus grand, fauve.

Il n'est pas rare le long des grands étangs, à la fin de l'été et en automne; il se pose sur les chemins et les parties privées d'herbe. J'ai eu sous les yeux plusieurs individus pris à Aix par M. de Fonscolombe; ils ne différaient en rien de l'espèce ordinaire, et je n'ai pu y voir le *Pul-chellus* de M. de Selys.

* 7. GOMPHUS SERPENTINUS, *Charpentier.*

Thorace flavido, characteribus nigris; abdomine utriusque sexus attenuato, maculis dorsalibus lateralibusque flavis, appendicibus maris et fœminæ quatuor flavidis, subtus atris.

Charp., *Hor. Ent.*, p. 25, pl. 1, fig. 12. *Æschna.*—Burm., *Handb. der Ent.*, II, pag. 833, n° 8. *Diastatomma serpentina?*

Front jaune, ayant une seule ligne noire transverse, étroite, presque interrompue. Thorax jaune, avec des lignes noires plus étroites que dans les autres espèces. Abdomen atténué au milieu dans les deux sexes plus que dans le *Forcipatus*, moins que chez le mâle de l'*Hamatus*, plus long que chez les deux, noir, ayant sur la partie dorsale de tous les segments une tache jaune, divisée latéralement en plusieurs lobes sur les six premiers segments, et en dessous, surtout vers le sommet, de grandes taches jaunes; appendices anals du mâle, noirs en dessous, au nombre de quatre, les supérieurs d'une moyenne grandeur, jaunes, presque cy-lindriques, atténués au sommet, un peu courbés; les inférieurs plus courts, noirs, réunis à la base. (Traduction de Charpentier.)

Habite la Silésie. La forme de ses appendices sépare facilement cette espèce de toutes celles que je connais.

*** 8. GOMPHUS FLAVIPES**, *Charpentier.*(Pl. 5, fig. 1, *a.*)

Flavus; thorace fascia antica dilatatissima, divisa, angulis utrin-que inferioribus cum linea humerali junctis; femoribus flavis, linea posticis subnulla nigra ; abdomine striga dorsali flava ♀.

Charp. , *Hor. Ent.*, p. 25. *Æschna Flavipes.* — Guér. , *Magaz. zool.*, 1837, pl. 201, p. 1. *Petalura Selysii.* — Sel. , *Monogr. Lib.*, p. 93, n° 7. — Burm. , *Handb. der Ent.*, II , pag. 833, n° 6. *Diastatomma Flavipes?*—Vanderl. , *Monogr.*, p. 30. *Æschna Forcipata*, var. B.

Un peu plus grand que l'*Unguiculatus* et lui ressemblant un peu, mais très-distinct. Face jaune, avec une seule ligne noire frontale ; deux petits points sur le vertex et l'occiput jaunes, celui-ci bordé de petites épines, très-légèrement échancré. Thorax jaune, ayant la bande antérieure noire très-dilatée, divisée en deux lignes qui, se courbant de chaque côté, inférieurement, vont s'unir à la ligne humérale en renfermant une tache jaune allongée ; ligne humérale, n'étant pas libre à son extrémité supérieure ; première ligne latérale isolée inférieurement ; ligne médiane des côtés réduite à un très-petit linéament ; la postérieure interrompue, à peine sensible ; l'extrémité de ces lignes ne s'anastomose point sur les bords de la poitrine, qui ne se trouve pas bordée de noir, mais reste entièrement jaune. Abdomen jaune, ayant en dessus deux bandes noires qui laissent un intervalle dorsal jaune ; ces bandes envoient inférieurement un ou deux petits prolongements sur chaque segment ; styles courts, noirs en dessus, finissant en pointe aiguë ; bord vulvaire prolongé et divisé en deux petits lobes jaunes, presque triangulaires, beaucoup plus courts que chez le *Forcipatus.* Cuisses jaunes, les quatre antérieures ayant une bande et une ligne courte, les postérieures une seule ligne externe très-courte, noires ; tarses et tibias noirs, ceux-ci ayant les genoux et une ligne externe courte, aux antérieures jaunes. Ailes transparentes, quelquefois légèrement teintes à la base de jaune verdâtre ; ptérostigma sensiblement plus grand que chez le *Forcipatus* (4 millim.).

Rare ; je n'ai vu que trois individus femelles. On ne pouvait conserver le nom de *Selysii* à cette espèce, qui me paraît être la véritable *Flavipes* de M. de Charpentier.

9. GOMPHUS MINUTUS, *mihi.*

Flavus; thorace fascia antica media, inferius latiori, fascia humerali apice acuminata, lineisque tribus lateralibus fusco-rufis ; pedibus flavidis, exterius tibiisque infra infuscatis.

Plus petit que l'*Unguiculatus*. Face jaune ; vertex noirâtre, avec deux taches jaunâtres sur la partie postérieure, peu échancré, ayant ses angles arrondis ; occiput en biseau, cilié, très-légèrement échancré dans son milieu, jaune. Thorax jaune, ayant une bande antérieure médiane un peu dilatée inférieurement, une bande humérale, pointue en haut, où elle est libre, et trois lignes latérales dont la première plus large, la moyenne aussi longue que les autres, d'un brun rougeâtre. Abdomen comprimé, à peine renflé à la base, brun, ayant une bande en dessus, plus large sur les deux premiers segments, et une bande latérale, jaunes (la plus grande partie de l'abdomen manque) ; base du pénis très-renflée. Pattes jaunes, un peu brunâtres extérieurement, et intérieurement aux cuisses postérieures, ainsi que les tibias en dessous. Ailes courtes, ayant une très-légère nuance blanchâtre (peut-être accidentelle) ; nervure costale jaune en avant ; ptérostigma médiocre, jaune ; angle anal des postérieures peu saillant.

Collection de M. Serville, et sans indication de patrie.

10. GOMPHUS NOTATUS, *mihi.*

Fusco-flavescens; thorace antice lineolis duabus flavis, subab-breviatis; pterostigmate flavo ♂.

Un peu plus grand que le *Forcipatus;* d'un brun roussâtre. Face d'un jaune obscur, surtout supérieurement ; vertex un peu élevé à ses angles, qui sont arrondis ; occiput cilié, un peu inégal antérieurement. Thorax jaunâtre en dessous, ayant antérieurement, où il est plus obscur, deux lignes un peu obliques, s'écartant un peu l'une de l'autre de haut en bas, un peu plus larges inférieurement, jaunes ; bord supérieur de l'échancrure mesothoracique et l'arête élevée qui tombe dessus, de la même couleur ; les deux lignes jaunes sont placées au milieu de parties plus brunes, et sur les côtés on remarque l'apparence de trois lignes brunes (l'individu n'avait peut-être pas acquis complétement ses couleurs). Ailes transparentes, ayant deux rangées d'aréoles discoïdales ; treize nervules au premier espace costal ; ptérostigma assez grand, jaune ; membranule longue, très-étroite ; bord abdominal sinué, avec l'angle anal saillant, mais obtus et arrondi. Cuisses jaunes, ayant des épines courtes, les tibias et tarses noirs.

D'après un individu dont l'abdomen manque et appartenant au Musée ; sans indication de patrie.

11. GOMPHUS GUERINI, *mihi.*

Flavus; thorace fascia media inferius latiori, fascia humerali apice truncata, lineisque tribus lateralibus, media abbreviata fuscis; appendicibus superioribus infra basi cornu extus curva, inferioribus gracilibus curvis, nec divaricatis ♂.

Plus petit et plus grêle que le *Forcipatus.* Jaune ; face ayant une ligne brune transverse sur le front, et une large bande sur le dessus, brunes. Thorax ayant une bande antérieure un peu dilatée inférieurement, où elle est marquée d'une ligne jaune très-fine, n'allant pas jusqu'en bas, une bande humérale, n'allant pas jusqu'en haut, courbe, une autre un peu après sur la partie antérieure des côtés, une ligne médiane très-courte et une autre postérieure brunes. Abdomen atténué après la base, un peu dilaté vers l'extrémité, ayant en dessus une double bande noirâtre qui l'occupe en grande partie, et qui envoie sur les côtés, à chaque segment, deux prolongements dont le postérieur séparé; interrompue sur le bord antérieur des segments, réunie sur le bord postérieur, laissant une série dorsale de traits jaunes, larges et sinués sur les bords, aux deux premiers segments; appendices jaunes, les supérieurs (brisés à l'extrémité) ayant à leur base, inférieurement, une longue corne recourbée en dehors; l'inférieur divisé en deux branches très-grêles, assez longues, courbées au devant des supérieurs, non divariquées. Cuisses jaunes, ayant supérieurement une bande ou une double ligne noire; tibias et tarses noirs. Ailes transparentes, très-légèrement jaunâtres, surtout à la base; ptérostigma grand, jaune.

Nouvelle-Hollande. Communiquée par M. Guérin.

12. GOMPHUS PALLIDUS, *mihi.*

Pallide testaceus, villosus, immaculatus; pterostigmate angusto flavo.

Un peu plus grand que le *Forcipatus.* Face jaunâtre; partie supérieure du front et le dessus qui est très-peu échancré, obscurs; vertex déprimé, peu échancré, ayant les angles arrondis, noirs; occiput jaune, en biseau, ayant le bord un peu arrondi, très-légèrement échancré, un peu denticulé sur les côtés de l'échancrure; yeux petits; bord postérieur très-épais, saillant, de couleur livide. Thorax velu, d'un jaune testacé pâle, avec l'apparence de trois lignes un peu obscures, dont une humérale et deux latérales. Abdomen de la même couleur, ayant cependant l'apparence d'une large bande brunâtre de chaque côté de la partie dorsale, et dont l'intervalle forme une ligne jaune qui ne va pas jusqu'au bout; les trois pénultièmes segments légèrement dilatés sur les côtés, le dernier long, plus étroit; styles petits, pâles; bord vulvaire prolongé en une écaille triangulaire, pointue, ayant à l'extrémité une petite fente. Pattes velues, d'un testacé pâle, ayant les tarses noirs avec le premier article des deux postérieurs roussâtre. Ailes transparentes, avec le bord costal jaunâtre; triangle large, sans nervules, un peu plus long aux inférieures, où l'hypoténuse est tournée vers l'extrémité; ptérostigma étroit, jaune. (Cette espèce ne paraît pas avoir acquis ses couleurs).

De la collection de M. Serville; indiquée de l'Amérique septentrionale, et de Paris probablement par erreur.

13. GOMPHUS GRAMMICUS, *mihi*.

*Flavus; thorace antice nigro lineis duabus flavis, subabbreviatis,
lateribus lineis tribus; alis margine antico, pterostigmateque flavidis* ♀.

Ressemblant au *Flavipes*, mais un peu plus petit. Jaune; front peu
avancé; face ayant une ligne et deux linéaments peu visibles, bruns; dessus de la tête brun, à l'exception du vertex, dont les angles sont très-obtus
et qui est peu excavé, et du bord de l'occiput qui est un peu concave, et
au devant duquel il y a une petite saillie. Thorax ayant la partie antérieure
brune, avec deux lignes dont les extrémités n'atteignent pas les bords, le
bord supérieur de l'échancrure mesothoracique et l'arête qui tombe dessus,
jaunes; côtés ayant trois lignes brunes. Abdomen ayant sur le deuxième
segment deux bandes qui se touchent postérieurement, et sur les autres,
le bord antérieur, une bande transverse médiane, une autre postérieurement, et une ligne dorsale qui n'atteint pas le bord antérieur, bruns;
styles grêles, dépassant peu l'anus, pointus, jaunâtres. Pattes jaunes,
avec une bande à la face supérieure des cuisses, qui ne va pas jusqu'à la
base, la face supérieure interne et inférieure des tibias et les tarses bruns.
Ailes un peu teintés de jaunâtre, surtout à leur marge antérieure; ptérostigma jaune; deux rangées d'aréoles discoïdales; treize nervules au premier espace costal.

Collection du Musée, sans indication de patrie.

* 14. GOMPHUS UNGUICULATUS, *Vander-L.* (Pl. 4, fig. 1, 2,*a*,*b*).

*Flavus; thorace fasciis nigris, antica abbreviata, divisa, hu-
merali et lateralibus flexuosis; ano appendicibus tribus, subæqualibus apice reflexis, duobus superioribus, apice bifidis.*

Vanderl., *Monogr. Lib.*, p. 31, nº 10, *Æschn.*—Sel., *Monogr. Lib.*,
p. 80, pl. 1, fig. 9. —Linn. *Syst. Nat.*, II, p. 903, nº 11. *L. Forcipata.*—
Schæff., II, tab. 186, fig. 1; et tab. 190.—Geer, II, p. 685, pl. 21, fig. 1.—
Rœs., II, tab. 5, fig. 4? —Charpent., *Hor. Ent.*, p. 25 et 26, *Æschna
Hamata.*— Burm., *Handb. der Ent.*, II, p. 834, nº 8, *Diastatomma
Hamata.*

Près de sept centimètres d'envergure et six et demi de long. Face jaune,
avec une ligne noire transverse sur le milieu du front, une autre sur son
bord inférieur, une troisième à la base de la lèvre supérieure, et une quatrième sur son bord externe; ces lignes, plus ou moins marquées, peuvent
disparaître en partie à l'exception de la frontale; espace entre les yeux
noir, couleur qui s'avance un peu sur la partie postérieure du front;
occiput et souvent le vertex jaunes, le premier entier, cilié de poils noirs.
Prothorax noir en dessus, avec le bord antérieur, une tache latérale et

une postérieure jaunes ; thorax jaune , ayant une bande transverse à sa partie antérieure et inférieure, une antérieure, large , formant deux angles n'allant pas jusqu'en bas , souvent divisée presque en deux chez la femelle, puis quatre lignes latérales, dont l'humérale et la suivante plus larges, flexueuses, inégales, quelquefois très-minces dans la femelle , la troisième n'allant que jusqu'au milieu , laissant un point supérieurement qui disparaît quelquefois , la quatrième mince , noires, unies supérieurement par une ligne qui passe sous les ailes et descend postérieurement le long de la base ; quelquefois chez la femelle, la ligne humérale est très-fine et presque interrompue dans ses parties les plus étroites ; au contraire, chez le mâle , elle est quelquefois très-large ; bords de la poitrine ayant des taches qui sont la continuation des bandes. Abdomen étroit après la base et dilaté postérieurement , surtout chez le mâle, jaune, un peu blanchâtre sur les côtés , ayant sur chaque segment un anneau postérieur qui se prolonge latéralement , et une tache longue , dilatée à l'extrémité , atteignant presque le bord postérieur , noirs ; couleur jaune plus étendue chez la femelle ; le noir envahissant en dessus une grande partie des derniers segments, excepté le bord postérieur et finement des 7, 8, et 9e ; deux taches sur le bord du pénultième , et une bande sur celui du dernier ; les 8 et 9e ayant tout le côté jaune marqueté de noir sur l'antépénultième ; appendices supérieurs longs , écartés , courbés à angle droit à leur extrémité , qui est aplatie , et dont l'une est rabattue sur l'autre , ayant deux divisions lancéolées dont l'une plus courte ; plus larges à leur base que dans leur milieu, jaunes ; inférieur allongé , à bords rabattus , divisé jusqu'à la base en deux parties contiguës , qui viennent se réunir aux précédents en se terminant par une pointe abaissée, ayant avant la base en dedans deux pointes divariquées , assez longues et grêles ; bord des 8 et 9e segments dilaté en dessous , et un peu l'extrémité du 7e, de manière à former une excavation moins sensible chez la femelle ; celle-ci ayant le bord vulvaire bilobé. Pattes ayant les tarses et tibias noirs , les cuisses jaunes, avec l'extrémité noire, couleur qui s'étend souvent beaucoup chez le mâle. Ailes transparentes , avec la nervure costale jaune en avant, et la base quelquefois d'un jaune roussâtre très-pâle , qui s'étend parfois le long de la marge antérieure ; ptérostigma assez grand , noirâtre.

Commune pendant l'été. Habitant aussi le midi de l'Espagne et l'Algérie.

*15. GOMPHUS OCCITANICUS , *mihi*. (Pl. 4, fig. 3, c.)

Flavus ; thorace fasciis nigris , humerali apice interrupta , lata ; appendicibus superioribus apice integris.

Presque entièrement semblable au précédent , mais paraissant former une espèce distincte. Ligne noire du bord inférieur du front réduite à deux points ; vertex noir ; occiput jaune , entier, sans épine , légèrement cilié de poils jaunes. Thorax ayant les bandes noires plus larges ; l'antérieure se prolongeant jusqu'en bas en une ligne qui part du milieu de la partie dilatée , ayant un trait jaune dans son milieu ; la première latérale ou l'humérale peu flexueuse, plus large , ayant l'extrémité supérieure libre , obtuse , très-rapprochée de la seconde qu'elle touche quelquefois à sa partie supérieure ; la seconde moins flexueuse , moins inégale ; la moyenne ne formant inférieurement qu'une demi-bande, mais s'unissant à la postérieure par un prolongement , à laquelle s'unit aussi le point d'en haut, de sorte que les parties jaunes des côtés sont plus étroites. Abdomen ayant à peu près la même forme, et à peu près semblable pour les couleurs, qui offrent quelques différences à l'extrémité ; la tache noire du dessus du dernier segment est plus fortement bifide, et le second segment présente une bande jaune antérieure , tandis qu'il est noir postérieurement ; la tache latérale jaune de l'antépénultième est plus petite ; appendices supérieurs à peu près semblables , mais nullement divisés à leur extrémité , l'inférieur n'étant pas subitement aminci à son extrémité , qui n'est pas courbée en dedans. Pattes noires , avec une tache jaune à la face interne des cuisses , et un point extérieurement sur l'articulation coxo-tibiale ; femelle se distinguant par les caractères généraux ; lignes thoraciques beaucoup plus larges , parties latérales et inférieures de l'abdomen beaucoup plus obscures , bord vulvaire peu sensible , nullement bilobé ; pattes ayant plus de jaune aux cuisses que chez le mâle .

Habitant tout le midi de la France , où il paraît moins commun que l'*Unguiculatus*. Je l'ai pris aussi dans le midi de l'Espagne , et il se trouve dans la collection de M. Serville sous le nom d'*Unguiculatus*, et indiqué du Midi. M. de Selys sépare une variété méridionale à laquelle il applique surtout le nom d'*Unguiculatus* , tandis qu'il réserve le nom d'*Hamatus* de Charpentier pour les individus qui se trouvent dans le Nord , et chez lesquels les taches jaunes sont plus étroites. Je possède aussi la variété méridionale que j'ai prise moi-même en Andalousie, mais qui ne diffère en rien , à l'exception d'un peu plus d'extension dans la couleur jaune , des individus de ce pays-ci. Mon *Occitanicus* ne se rapporte nullement à cette variété , n'étant pas plus coloré de jaune que les individus ordinaires d'*Unguiculatus*.

16. GOMPHUS LEFEBVRII , *mihi*. (Pl. 4, fig. 4, *d.*)

Flavus ; thorace lineis nigris, antica humeralique utrinque junctis , et geminam figuram ovatam efficientibus ; tibiis fascia externa flava ♀ .

Ressemblant extrêmement à l'*Unguiculatus*, mais paraissant distinct. Occiput jaune , entier , sans épines , un peu cilié ; bande antérieure du thorax tout à fait divisée en deux lignes qui vont s'unir avec l'humérale en laissant entre elles une tache jaune ovalaire ; l'humérale et a première latérale moins sinueuses et paraissant plus éloignées l'une de l'autre ; parties noires de l'abdomen beaucoup plus étroites ; tibias ayant la face extérieure jaune ; tarses également marqués extérieurement de taches jaunes.

Je n'ai vu qu'une femelle, de la collection de M. Serville ; elle a été rapportée d'Egypte par M. Lefebvre, qui l'a prise à l'oasis de Bahrieh. (Individu en mauvais état.)

17. GOMPHUS COGNATUS, *mihi.*

Flavus ; thorace lineis duabus humeralibus , duabusque lateralibus confluentibus ; stylis gracilibus , longis , nigris ; pterostigmate flavo ♀.

Ressemblant à l'*Unguiculatus*, mais plus petit. Couleurs disposées presque de la même manière et ayant la teinte d'un jaune fauve. Tête petite ; vertex un peu plus élevé, mais avec les angles moins saillants et ne formant pas deux tubercules presque séparés ; bandes brunes du thorax bien différentes, l'antérieure médiane très-dilatée, moins divisée, l'humérale et la suivante confluentes, les deux autres sur les côtés très-rapprochées, presque confluentes, irrégulières, presque d'égale longueur. Taches de l'abdomen presque semblables, beaucoup moins dilatées sur les côtés à leur extrémité antérieure, descendant moins bas postérieurement, où elles sont marquées d'une petite tache jaune ; en outre on voit une ligne brune dorsale qui ne va pas jusqu'à l'extrémité ; taches jaunes dorsales existant sur les deux avant-derniers segments , et le dernier étant coloré comme les deux précédents ; styles noirs, plus longs, beaucoup plus grêles et plus aigus. Ailes beaucoup plus étroites , surtout à la base, un peu jaunâtres , principalement à leur marge antérieure ; ptérostigma jaune ; triangles sans nervules ; bord abdominal un peu sinueux (quoique ce soit une femelle). Pattes jaunes , ayant une bande brune sur la face supérieure des cuisses.

Collection du Musée ; patrie inconnue. Quoique cette espèce ressemble à l'*Unguiculatus*, surtout par les couleurs de l'abdomen, elle paraît s'en éloigner par des différences caractéristiques sensibles.

Genre DIASTATOMMA (1), *Charpentier.*

Les mêmes caractères que le genre *Ictinus.*

Extrémité abdominale différant très-notablement selon les sexes, et dont les **7**, 8 et 9ᵉ segments sont plus ou moins dilatés ; ap-

---

(1) Ce nom de genre est mauvais en ce qu'il exprime un caractère propre à presque toute la famille ; il n'était pas, du reste, nécessaire

pendices variables; ptérostigma grand; triangle réticulé; membranule plus ou moins apparente.

Je n'aurais point adopté ce genre, si je n'avais trouvé à l'appliquer à quelques espèces, qui ne pouvaient entrer dans les autres; mais n'ayant point connu les deux sexes, ou même n'ayant vu que des espèces mutilées, plus tard il devra être modifié ou détruit.

1. DIASTATOMMA TRICOLOR, *Beauvois.*

Nigrum; thorace antice macula bifida, luteribus lineis tribus, abdomineque macula magna biloba annuli septimi flavis; appendicibus superioribus in forcipe, postice quadrata.

Beauv., *Ins. Afr. et Am.*, pl. 3, fig. 2, p. 67.— Burm., *Handb. der Ent.*, II, p. 83, n° 3, *Diastatomma Tricolora* ♂.

Près de neuf centim. d'envergure et au moins sept de long. Face mêlée de noirâtre et de jaune obscur; front médiocrement avancé, très-peu échancré supérieurement, où il est en grande partie noir; vertex peu élevé, formant deux pointes, noir; occiput d'un roux obscur, un peu élevé dans le milieu de son bord. Thorax noir, ayant une grande tache bifide antérieurement, trois lignes latérales, et inférieurement avant ces lignes un point, trois taches sur l'espace inter-alaire jaunes. Abdomen long, très-grêle, un peu renflé aux deux extrémités, noir; premier segment, ayant le bord postérieur qui est un peu renflé, les côtés, le second une petite tache oblongue en dessous et les côtés, le troisième deux taches en dessus, et une autre sur les côtés, prolongée, le septième une très-grande tache bilobée qui occupe presque tout le dessus et en grande partie les côtés, jaunes; huitième et neuvième dilatés en dessous à leurs bords, le dernier ayant son bord postérieur rabattu, formant une excavation dans son milieu; appendices supérieurs, peu épais, droits dans une étendue, un peu moindre que la largeur des deux derniers segments, puis fléchis subitement en dedans, à angle droit, l'un au devant de l'autre, et se dépassant par leur extrémité, qui s'applique l'une sur l'autre, de manière à former une sorte de pince carrée, présentant deux petites pointes au milieu de son bord postérieur, qui sont les deux extrémités recourbées; à l'angle de flexion il y aussi une petite pointe; l'inférieur très-court, transverse, ayant à chacun de ses angles une pointe un peu aplatie et recourbée en dedans. Pattes noires, avec les cuisses un peu rougeâtres, sur-

---

de le former, puisqu'il en existait plusieurs autres qui lui étaient antérieurs; il vaudra donc mieux, plus tard, le faire disparaître.

tout à la base. Ailes longues, très-légèrement teintes de fuligineux, avec les triangles à peu près semblables, ayant la base tournée vers le thorax ; ptérostigma assez grand, noir ; angle anal des postérieures, chez le mâle, saillant, presque aïgu, leur base présentant l'apparence d'une tache rousse.

Collection de M. Serville, et indiquée de Benin.

2. DIASTATOMMA RAPAX, *mihi.*

Nigrum ; occipite flavo, integro ; thorace fasciolis duabus anticis lineaque curvata, punctis duobus, fasciisque tribus lateralibus, media angusta et abbreviata, abdominis que segmetorum maculis anticis flavis ♂.

De la taille de la *L. quadrimaculuta.* Face variée de jaune et de noirâtre; dessus du front échancré, jaune, marqué d'une grande tache noire, triangulaire, qui s'étend un peu sur les côtés ; vertex échancré, terminé par deux pointes; occiput en biseau comme chez le *Forcipatus*, entier, jaune, bordé de noir et cilié. Thorax noir, ayant deux taches antérieures, aiguës inférieurement, et au-dessus une bande courbe, une bande humérale fortement interrompue, deux bandes latérales, entre lesquelles il y a une ligne plus courte, plusieurs taches sur les côtés de la poitrine, et quatre taches sur l'espace inter-alaire, jaunes. Abdomen grêle, un peu renflé à la base (l'extrémité manque), noir; premier et deuxième segments ayant une tache en dessus et sur les côtés, les autres une large tache antérieure et les deux bords latéraux en dessous, jaunes. Pattes noires, avec une tache jaune à la face inférieure des cuisses antérieures ; postérieures munies, en dessous extérieurement, de plusieurs grandes épines. Ailes transparentes, ayant une marque rousse à la base ; angle anal des postérieures un peu saillant, un peu obtus ; triangle grand, contenant des aréoles; ptérostigma grand, noir ; nervure costale jaune antérieurement.

Collection de M. Serville, et indiquée de Bombay. Elle pourrait bien appartenir à mon genre *Ictinus.*

3. DIASTATOMMA CLAVATUM, *Fabricius.*

Abdomine clavato, basi gibbo, corpore fusco viridique variegato.

Burm., *Handb. der. Ent.*, II, pag. 832, n° 1. — Fabr., *Ent. syst.*, II, p. 385, n° 4. *Æschna Clavata.*

Tête vésiculeuse, verte. Thorax vert, rayé de noir. Abdomen allongé, renflé à la base, surtout en dessus, où il est vert, avec des lignes noires, atténué dans son milieu, noir, avec des taches jaunes latérales, renflé à son extrémité, qui est noire, avec la partie anale blanche. Ailes transparentes, ayant le point marginal brun. Pieds noirs (traduction de Fabricius).

M. Burmeister dit que le ptérostigma est très-long. De Chine.

4. DIASTATOMMA INFUMATUM, *mihi*.

Nigricans; thorace nigro, flavo lineato ; alis subhyalinis, fuligineo tinctis ; pterostigmate rufo - nigricante ; tibiis tarsisque nigris ♂.

Un peu plus grand que le *G. Unguiculatus*. Face variée de jaune obscur et de brun roussâtre ; occiput cilié, ayant le bord libre, un peu renflé, cilié. Thorax d'un brun noirâtre un peu roussâtre, ayant une ligne supérieure, deux traits antérieurement, et au-dessous deux, une ligne courbe, quatre lignes latérales, dont les postérieures s'élargissent beaucoup, jaunes ; poitrine variée de brun et de roussâtre. Abdomen un peu renflé à la base, ensuite grêle (la moitié manque dans le seul individu que je décris), noir, avec une ligne dorsale et une tache latérale placées sur la partie antérieure de chaque segment jaunes. Pattes ayant les cuisses d'un jaune obscur avec l'extrémité et la face inférieure noirs ; tarses et tibias complétement noirs. Ailes teintes d'une légère couleur fuligineuse ; angle anal des postérieurs, chez le mâle, légèrement saillant, mais obtus ; ptérostigma assez grand ; triangles des quatre ailes, et celui qui se trouve à leur côté interne, étant tous à peu près semblables.

Du Brésil.

5. DIASTATOMMA OBSCURUM, *mihi*.

Fuscum ; thorace lateribus flavis, fascia media antica lateralique lata strigisque duabus lateralibus fuscis ; alis hyalinis, macula angusta basali pterostigmateque magno fusco-rufis.

Tête ayant la face d'un jaune obscur, avec le dessus du front et le reste de la tête d'un brun roussâtre ; vertex très-peu élevé ; occiput en biseau peu élevé. Thorax d'un brun roux, ayant en avant deux lignes, une ligne courbée en dessous, deux ou trois bandes confluentes sur les côtés, jaunes (abdomen manquant). Pattes ayant les cuisses d'un roussâtre obscur, les tibias d'un brun roussâtre, et les tarses un peu plus foncés. Ailes transparentes, avec une tache étroite, d'un brun roux à la base ; triangle des supérieures ayant les côtés presque égaux, divisé en trois aréoles, l'interne avec une nervule ; aux inférieures les deux traversés par une nervule ; ptérostigma très-grand, d'un brun roux.

Collection de M. Serville, et indiquée de l'Amérique septentrionale.

Genre ICTINUS, *mihi.*

Tête assez grosse ; yeux non contigus ; vertex assez élevé , ayant
les angles saillants ; occiput transverse , se terminant par un bord
mince en biseau ; lèvre inférieure à peu près aussi large que longue , arrondie à son bord externe ; second article des palpes à
peu près aussi long que large , ayant son angle interne prolongé
en une très-longue épine ; troisième article médiocrement long ,
terminé par une épine beaucoup plus longue que lui. Abdomen
ayant une dilatation au bord latéral du huitième segment en forme
d'écaille ou membrane large, noire , semblable dans les deux
sexes ; bord vulvaire prolongé en deux lanières ; appendices supérieurs presque semblables dans les deux sexes ; triangle réticulé ;
ptérostigma grand ; membranule bien sensible.

1. ICTINUS VORAX, *mihi.*

*Flavus , nigro variegatus; vertice emarginato , occipite mucro-
nato ; stylis nigris; pedibus nigris, femoribus supra rufescentibus,
posticis subtus, spinis majoribus* ♀ .

Ressemblant beaucoup au *Ferox.* Face jaune , avec le bord de la lèvre
supérieure , une bande transverse frontale , qui envoie deux prolongements vers la lèvre, noirs; partie postérieure du front assez fortement
échancrée , ayant une tache triangulaire noire , qui s'étend sur le bord
postérieur et s'unit sur les côtés à la bande frontale ; toute la partie entre
le front et l'occiput, y compris le vertex, noirs ; celui-ci échancré, excavé,
ses deux angles formant deux pointes ; occiput jaune, bordé de noir, milieu de son bord prolongé en une pointe triangulaire. Prothorax noir en
dessus; thorax noir, avec deux traits au devant des ailes, au-dessous
desquels il y a une bande courbe , puis une ligne humérale interrompue,
deux bandes larges sur les côtés , puis une ligne entre elles et trois taches
sur l'espace inter-alaire, jaunes. Abdomen renflé à la base , puis atténué
et dilaté vers l'extrémité et comprimé à partir de la base , noir ; deuxième
segment ayant une partie des côtés et une large tache en dessus,
les suivants une double tache assez grande sur la partie antérieure ,
et le dernier presque entièrement, jaunes ; styles noirs ; bord vulvaire
prolongé en deux lanières noires ; septième segment ayant en dessous
le bord latéral un peu dilaté, huitième ayant deux lames noires, un peu
plissées sur leur face externe , arrondies à leur bord externe , qui est finement denticlé. Pattes noires, avec les cuisses un peu roussâtres, surtout
en dessus ; postérieures, ayant en dessous plusieurs épines plus grandes
que les autres. Ailes transparentes , avec le triangle des supérieures

assez différent de celui des inférieures ; base un peu d'un jaune roussâtre ; membranule très-étroite, d'un brun roussâtre ; ptérostigma assez
grand, brun rougeâtre.

D'après deux individus femelles appartenant au Musée, sans indication
de patrie.

2. ICTINUS FEROX, *mihi.*

Flavus; nigro lineatus; occipite verticeque emarginatis; stylis
flavis; femoribus flavis, basi subtus, apiceque nigris, tibiis ex-
terius macula minima flava, tarsisque nigris ♀.

Au moins neuf centimètres d'envergure, et plus de sept de long. Tête
jaune, ayant une bande frontale noirâtre ; sommet du front très-légèrement échancré ; vertex jaune, excavé supérieurement, échancré et ayant
deux angles pointus ; occiput assez saillant, jaune, mince à son bord libre,
assez fortement échancré ; espaces qui séparent ces deux parties du front,
noirs ; ocelles disposées circulairement ; bord postérieur jaune, avec la
partie supérieure noire. Thorax jaune, ayant à peu près le dessin des
Gomphus d'Europe ; bande antérieure divisée en deux parties divariquées
inférieurement ; bande humérale un peu sinuée ; latérales au nombre de
quatre, à peu près de la même largeur et traversant le thorax dans sa
largeur ; elles sont réunies en haut et en bas par des lignes longitudinales. Abdomen jaune, ayant la base renflée, puis atténuée, et se dilatant
vers le dernier segment où il est comprimé ; second segment ayant une bande
noire circulaire, divisée en dessus par une tache jaune, le suivant ayant
postérieurement une grande tache noire, sur laquelle on voit une
tache jaune plus ou moins large, et qui la divise sur les 3, 4 et 7ᵉ,
les 8 et 9ᵉ presque entièrement noirs en dessus, et le 10ᵉ noir antérieurement et jaune postérieurement ; sur les côtés les taches se prolongent et
forment une sorte de bande, qui est nulle sur les 1, 2ᵉ, et les quatre derniers ; dessous en grande partie noir ; huitième segment présentant en
dessous latéralement deux lames noires un peu plissées, arrondies et
finement denticulées sur leur bord libre ; bord vulvaire divisé en deux
lanières pointues qui atteignent presque le bord postérieur du dernier
segment ; styles très-aigus, de médiocre longueur, d'un jaune serin. Pattes
ayant les cuisses jaunes, avec une grande partie de la face inférieure et
l'extrémité noires ; les postérieures ayant en dessous des épines médiocrement longues ; tarses et tibias noirs, ces derniers avec deux petites
marques jaunes aux antérieurs, et une seule aux quatre postérieurs.
Ailes transparentes, un peu lavées de brun roussâtre postérieurement et
vers l'extrémité ; bord costal jaune ; triangle des supérieures ayant les
côtés antérieurs et internes égaux, celui des inférieures, les côtés antérieurs et postérieurs. Le mâle diffère très-peu de la femelle pour les couleurs ; abdomen beaucoup plus grêle, appendice membraniforme du

huitième segment semblable, appendices supérieurs de l'extrémité presque semblables, mais plus longs, rapprochés vers l'extrémité, d'abord cylindriques, ayant une saillie en dessous avant leur milieu, après laquelle ils sont un peu déprimés, cylindriques en dessus; l'inférieur très-large, presque carré, fortement courbé en haut dans son milieu, fortement échancré postérieurement, avec les angles prolongés, très-obtus, terminés par une très-petite pointe.

Habite le Sénégal.

3. ICTINUS PRÆDATOR, *mihi.*

Pallide flavus; thorace antice nigro, lineis duabus abbreviatis flavis, lateribus lineis tribus nigris, media interrupta; pterostigmate flavo, membranula fusca ♂.

(Individu mutilé.) De la taille de la *Quadrimaculata;* d'un jaune pâle (ne paraissant pas avoir acquis toute la vivacité de ses couleurs). Thorax très-allongé, brun antérieurement, avec deux lignes courtes et l'arête thoracique jaunes; côtés ayant trois lignes brunes, dont la médiane largement interrompue dans son milieu. Abdomen (manquant en grande partie) ayant les deux premiers segments jaunes, avec deux bandes brunes sur le second; troisième jaune, avec deux bandes brunes latérales, dilatées en dessous postérieurement, plus étendues sur le suivant. Pattes noires, avec les cuisses jaunes, à l'exception de leur face antérieure et une partie de l'externe. Ailes de couleur laiteuse (peut-être accidentellement), ayant la nervure costale jaune, la plupart des autres à l'exception de la médiane, et les nervules d'un jaune roussâtre, avec deux très-petites taches à la base, à peu près nulles aux antérieures et le ptérostigma jaunes; triangles ayant leur hypoténuse courbe, semblables à ceux des *Æschna,* traversés par deux nervules; membranule assez grande, brunâtre; bord abdominal sinueux; angle anal obtus, presque arrondi; deux rangées d'aréoles discoïdales; quinze nervules au premier espace costal.

Cette espèce paraît se rapprocher de celle figurée dans l'ouvrage sur l'Egypte, et qu'on cite pour la *L. tetraphylla.*

Genre LINDENIA, *Haan.*

Lèvre inférieure arrondie, plus petite que le second article des palpes; troisième article terminé par une épine; vertex renflé et assez élevé; ocelles un peu en triangle; yeux assez éloignés l'un de l'autre; occiput triangulaire et non en lame saillante.

Bord inférieur des trois avant-derniers segments (1) de l'abdo-

______

(1) C'est sans doute par erreur que M. de Selys écrit les *quatre*

men dilaté en une partie membraneuse, très-large et arrondie sur le huitième; ptérostigma très-allongé; triangle réticulé, ressemblant à celui des *Æschna*; membranule bien apparente. (Ces caractères sont tirés de la Monographie de M. de Selys.)

J'ai suivi l'exemple de M. de Selys, en faisant un genre de cette espèce, surtout à cause de la conformation de la tête; mais je crois que les espèces exotiques qu'il paraît devoir y rattacher doivent s'en éloigner; la dilatation du bord d'un ou de plusieurs des derniers segments de l'abdomen se retrouve dans les vrais *Gomphus*, *Ictinus*, etc. Du reste, les caractères qu'il donne étant un peu vagues, l'espèce pourrait bien être, soit un *Diastatomma*, soit un *Ictinus*, car l'insecte figuré de côté dans l'ouvrage sur l'Égypte ne présente qu'un seul lobe membraneux sur les côtés de son abdomen.

* LINDENIA TETRAPHYLLA , *Vander-Linden.*

Lutea; thorace supra strigis quatuor et tribus utrinque lateralibus, nigris; abdomine nigro maculato, septimi et octavi segmenti lateribus utrinque, appendice membranacea instructis; alarum macula marginali, valde elongata; rufescente ♀.

Sel., *Monogr. Lib.*, p. 76. — Vanderl., *Monogr. Lib.*, p. 32, n° xi , *Æschna Tetraphylla.*—Descript. de l'Égypte, *Névropt.*, pl. 1, fig. 18, 1, 2 ? ♂ (1).

Tête jaunâtre, noire devant les yeux. Thorax d'un jaune pâle, ayant antérieurement de chaque côté, deux stries qui se joignent à leur extrémité, et trois stries latérales noires; scutellum jaune, avec des taches noires. Abdomen renflé aux deux extrémités; premier segment jaune, brun à la base, le second jaune avec deux stries longitudinales brunes, les 3, 4, 5 et 6e jaunes avec une tache postérieure noire, bifide, le 7e jaune, noir postérieurement, ayant la marge latérale postérieurement, dilatée en un appendice oblong, roux et membraneux; 8e noir, avec les côtés jaunes et la marge latérale dilatée en un appendice membraneux, presque demi-circulaire, couvert en partie par l'appendice précédent; le 9e noir,

---

derniers. Je crois aussi que c'est à tort qu'il donne des caractères de sexe mâle, pris sur d'autres espèces qui pourraient bien ne pas appartenir au même genre.

(1) Je pense que c'est à tort que M. de Selys reproche à M. Burmeister d'avoir pris l'individu représenté par ces figures pour un mâle, le considérant, lui, comme une femelle.

avec la marge latérale jaune; le 10e noir; les deux appendices anales dela longueur du dernier segment, grêles, bruns. Pattes noires, avec la base des cuisses et leur face inférieure pâles. Ailes transparentes, ayant la tache ordinaire très-allongée, roussâtre. Habite le royaume de Naples. Je l'ai prise une seule fois sur les bords du lac Averne. (Traduction de Vander-Linden.)

Voici la description de la figure de l'ouvrage sur l'Egypte qui paraît représenter le même insecte ?

Jaune; thorax ayant antérieurement de chaque côté une aréole, à peu près triangulaire, formée par deux lignes qui se touchent inférieurement, une ligne humérale et deux latérales, noires. Abdomen jaune, très-dilaté à la base et avant le sommet, second segment en dessus ayant deux lignes antérieures longitudinales et deux petites lunules postérieurement, les autres une double tache postérieure, qui n'en forme plus qu'une sur les derniers segments, et une ligne sur les côtés, interrompue sur les 7 et 8e, où elle forme une ligne oblique postérieure, nulle sur les 1, 2, 9 et 10e; appendices jaunes; 7 et 8e segments ayant sur les côtés un large appendice, plus grand sur le septième, presque arrondi, jaune ou pâle; ptérostigma grand, jaune; triangle des quatre ailes semblable.

Genre PHENES, *mihi.*

Tête médiocrement grosse; yeux petits, non contigus; vertex nul; stemmates très-rapprochés, placés un peu en triangle, le moyen plus petit; occiput vésiculeux, au moins aussi épais que large; bord postérieur de la tête à peu près aussi épais que les yeux à sa partie supérieure; lèvre inférieure plus courte que le second article des palpes, presque de la même largeur, divisée en deux portions ovoïdes, écailleuses, réunies par une membrane et portant une épine à leur extrémité; second article des palpes presque de forme ovale, échancré supérieurement : de l'angle interne de cette échancrure part une très-longue épine courbe, de l'angle externe une petite pointe, et dans le milieu s'articule le troisième article, qui est très-apparent, aplati, cultriforme, ayant les deux tiers de la longueur du précédent; côtés de l'épistome très-saillants, s'avançant en pointe sur la base de la lèvre supérieure. Thorax ayant sur les côtés, à sa partie antérieure et inférieure, une épine courte très-épaisse; second article de l'abdomen, chez les mâles, ayant un tubercule saillant; appendice inférieur, dans ce sexe, plus long que les supérieurs.

Triangle des ailes supérieures très-petit, comme chez les *Libellula*; celui des inférieures fait à peu près de même, mais plus court.

PHENES RAPTOR, *mihi.*

Griseo-flavescens, villosa; thorace supra antice atomis elevatis, maculisque lateralibus obsoletis nigris; triangulo alarum minimo, anticis angustato.

Égalant pour la taille les plus grands *Æschna*. Tête médiocre; face d'un jaune pâle, testacé, ayant la première pièce de la lèvre supérieure, le bord inférieur du front, dont les angles sont aigus, et la lèvre inférieure, noirâtres; partie supérieure du front assez fortement saillante, très-peu échancrée, coupée horizontalement; vertex presque nul, ne formant qu'un petit bord à peine saillant; espace depuis le front jusqu'à l'occiput, noirâtre; celui-ci épais, vésiculeux, saillant dans son milieu, bifide postérieurement, jaune; yeux petits relativement à l'insecte; bord postérieur saillant supérieurement, un peu épineux, large, roussâtre, noir en haut. Thorax velu, d'un gris jaunâtre, noir sur le prothorax, qui est déprimé et présente latéralement un angle saillant, couvert d'un pinceau épais de poils; face antéro-supérieure un peu déclive, couverte de petits points noirs, élevés, ayant latéralement une tache noirâtre; côtés ayant aussi deux ou trois taches peu marquées, et antérieurement près des pattes et du prothorax une épine courte, très-épaisse à la base. Abdomen presque cylindrique, un peu comprimé, assez grêle, à peine renflé à la base, même dans le mâle, un peu plus épais à ses deux extrémités, couvert d'un duvet court; tubercule du second segment assez grand, hérissé de petites pointes en dessus inférieurement, de la même couleur que le thorax, ayant la partie postérieure des segments d'une teinte noire, qui peut être divisée en plusieurs taches, surtout chez la femelle; pièces des parties génitales extérieures petites; bord latéral du pénultième segment dilaté, surtout dans sa partie antérieure, en forme de triangle, le dernier dilaté en dessus pour la sortie des appendices, roussâtre, avec une tache bifide en dessus et une latérale noires; appendices très-grands, les supérieurs aplatis se contournant peu après leur sortie, ayant au bord interne de la base une pointe obtuse, à une certaine distance se courbant subitement, presque à angle droit, formant supérieurement un angle saillant et courbé en dedans et se prolongeant inférieurement en une lamelle allongée, touchant presque l'inférieur; celui-ci extrêmement développé, d'abord assez large, épais et canaliculé, ensuite se rétrécissant et se courbant en haut en s'arrondissant, et se contournant sur l'extrémité des supérieurs, s'élargissant à son extrémité qui s'amincit subitement en un bord plat un peu saillant dans son milieu (parties génitales de la femelle inçonnues). Pattes complétement noires, ayant les épines fines, serrées et courtes. Ailes transparentes, ayant une teinte jaunâtre, très-pâle à la base, les postérieures avec l'angle anal saillant et obtus chez le mâle ; triangle à peu près comme chez les Libellulides, mais très-petit, et celui des postérieures ressemblant beaucoup plus à celui des supérieures ; ptérostigma long et fort étroit, noir chez le mâle, d'un roux obscur chez la femelle.

De la collection de M. Marchal, et indiquée de Valparaiso.

Genre CORDULEGASTER, *Leach.*

Æschna, *Latreille, Vander-Linden, Charpentier, Burmeister.*

Tête ayant les yeux presque contigus ; vertex très-étroit, échancré, portant un stemmate sur chacun de ses côtés ; stemmate moyen beaucoup plus gros que les autres ; occiput très-étroit, plus épais que large ; lèvre inférieure plus longue que large, un peu plus longue que le second article des palpes, ayant presque une forme ovale, profondément échancrée et presque bilobée à son extrémité, dont chaque division se termine par une petite pointe ; second article des palpes au moins aussi large que la lèvre, au-devant de laquelle il s'avance presque jusqu'à toucher celui du côté opposé ; grande épine de l'angle interne rejetée presque au milieu et tout à côté du troisième article ; bord interne qui vient après ayant encore trois dents plus petites ; troisième article peu large, à peu près trois fois plus court que le précédent, terminé par une épine très-courte. Ailes ayant une membranule assez large, et le triangle des quatre semblable, avec la pointe tournée vers l'extrémité ; appendices du mâle très-petits. Femelle ayant le bord vulvaire prolongé en une longue pointe qui dépasse l'anus, divisée en deux, creusée supérieurement, et contenant deux autres prolongements beaucoup moins longs qu'elle, n'étant point placée entre deux valves comme chez les *Æschna.*

Ce genre se rapproche un peu des *Æschna*, mais moins que les *Petalura :* les valves génitales ne recouvrent pas les prolongements vulvaires, mais s'arrêtent avant ; elles ont aussi à l'extrémité un appendice très-court terminé par un pinceau de poils. Je ne connais que deux espèces.

1. CORDULEGASTER FASCIATUS, *mihi*.

Fusco-rufus; thorace fasciis duabus lateralibus; abdomine linea dorsali interrupta subtusque signis flavis; alis hyalinis, membranula alba, pterostigmate fusco ♀.

De la taille des plus grands *Æschna*. Face d'un jaune pâle, avec une tache brune au milieu et le front échancré; vertex peu élevé, échancré, d'un brun roux; occiput petit, saillant, en forme de pointe; bord postérieur épais, d'un jaune roussâtre, un peu obscur supérieurement, où il est rendu rugueux par de petites pointes nombreuses. Thorax d'un brun roux, avec deux bandes jaunes latérales. Abdomen long, un peu comprimé, à peine renflé à la base, après laquelle il est un peu atténué, ainsi que vers l'extrémité, ayant en dessus une ligne d'un blanc jaunâtre interrompue, surtout postérieurement, où les linéaments se dilatent dans leur milieu et diminuent en longueur, de manière que la dernière tache est à peu près aussi large que longue; dessous jaune sur les trois premiers segments, réduit sur les autres à une double lunule de la même couleur; pénultième segment roux sur les côtés; dernier étroit, cylindrique, roux; styles très-petits, ne dépassant pas l'extrémité anale; bord vulvaire prolongé en une longue pointe, creusée en gouttière, divisée en deux, contenant dans son intérieur une autre pointe double. Pattes noires, rousses à la base des cuisses. Ailes transparentes, ayant le triangle des quatre à peu près semblable, celui des inférieures plus petit; ptérostigma d'un noir roussâtre, étroit.

De la collection de M. Serville, et indiquée de l'Amérique septentrionale.

* 2. CORDULEGASTER LUNULATUS, *Charpentier*.

Niger, flavo fasciatus; thorace fasciis anticis duabusque lateralibus et lineola abdomineque segmentorum cingulis mediis flavis.

Charp., *Hor. Ent.*, p. 29, Harr., tab., 23, fig. 3, *L. Forcipata.* — Latr., *Hist.*, XIII, p. 6. *Æ. Annulata.* — Vanderl., *Monogr., Lib.* p. 27, n° 8. — Fonsc., *Ann. soc. Ent.*, VII, p. 98, n° 8. — Sel., *Monogr., Lib.*, p. 96. *Cordul.* — Scopol., *Faun. Carn.*, p. 356. *L. Grandis.*

Tête jaune, médiocre, ayant la face jaune, avec une bande noire transverse et quelquefois une seconde sur le front, celui-ci échancré; vertex petit, noir; occiput cilié, jaune; bord postérieur ayant une bande jaune, à partir des deux tiers inférieurs. Thorax noir, légèrement velu, ayant deux bandes antérieures et deux latérales, entre lesquelles il y a une ligne souvent interrompue, jaunes. Abdomen noir ; premier segment ayant une ligne de chaque côté, le second une bande antérieure circulaire, une tache postérieurement le long des parties génitales et deux petites taches en dessus, les suivants une bande médiane circulaire et deux petites taches ; les 9 et 10e une tache de chaque côté jaunes ; toutes les bandes s'arrêtent au bord du dessous, et varient beaucoup pour la largeur ; quand elles sont très-larges, elles sont quelquefois échancrées postérieurement, et lorsqu'elles sont très-étroites, elles peuvent être interrompues en dessus ; dernier segment tout à fait noir ; appendices du mâle très - petits, un peu déprimés, ayant un bord aplati, légèrement échancrés avant la pointe terminale, munis en dedans, vers la base, d'une petite pointe ; pièce sous-stylaire courte, carrée, légèrement échancrée, avec les angles redressés en une pointe bifide (absolument comme dans les *Anax*) ; bord vulvaire prolongé en une longue pointe divisée en deux, creusée en gouttière et contenant deux autres pointes moins longues. Pattes noires. Ailes transparentes, ayant un point jaune à la base de la nervule costale ; ptérostigma étroit, assez petit, noir.

Habite surtout le midi de la France, l'Italie, l'Espagne. Les individus que j'ai pris en Andalousie ont les bandes jaunes très-larges, mais ne diffèrent pas autrement.

GENRE PETALURA, Leach.

DIASTATOMMA Burmeister.

Tête ayant la partie frontale très-saillante, arrondie ; vertex nul ; stemmates rapprochés ; les deux externes pédicellés, placés un peu en triangle. Yeux non contigus ; bord de l'épistome descendant en large triangle sur les côtés de la bouche ; lèvre inférieure triangulaire, plus longue que large, bifide à l'extrémité, où chaque division se termine par une épine, un peu moins large que le second article des palpes ; celui-ci ayant son angle interne terminé par une longue épine ; troisième article assez large et assez court, à peu près trois fois moins long que le précédent, terminé par une épine courte ; appendices du mâle foliacés, entiers ; ptérostigma très-étroit, extrêmement long. Parties génitales des femelles ressemblant à celles des *Æschna*. Triangles des ailes dissemblables, semblables à ceux des *Libellula*.

PETALURA GIGANTEA , *Leach.*

Fusco-rufescens; thorace fasciis duabus lateralibus flavis, ptero-stigmate longissimo, angustissimo; pedibus nigris.

Leach., *Zool. misc.*, II, p. 95 et 96, pl. 95. — Burm., *Handb. der Ent.*, II, p. 837, n° 9. *Diast. Gigantea* (1).

De la grandeur au moins des plus grands *Æschna.* Face jaune, avec une large bande noire qui couvre presque toute la partie inférieure du front; celui-ci très-saillant, légèrement échancré et arrondi dans sa partie saillante; stemmates rapprochés en triangle; vertex nul; occiput assez petit, presque arrondi en dessus, velu, couvert de petites pointes qui forment antérieurement un bord; yeux assez petits; bord postérieur jaune, noir en haut. Thorax légèrement velu, d'un brun roux, avec deux bandes latérales et une bande transverse, entre les ailes, jaunes. Abdomen cylindrique, très-long, atteignant jusqu'à dix et demi centim., pas sensiblement renflé à la base, un peu atténué dans sa longueur, d'un brun noirâtre, avec la base, une ligne dorsale très-fine, des taches à la partie antérieure des segments, qui se prolongent sur les côtés et le pénultième en dessus d'un jaune roussâtre; appendices supérieurs du mâle subitement dilatés et élargis, imitant une sorte de feuille, arrondis extérieurement, fortement tronqués à l'extrémité, qui est oblique en dedans, légèrement échancrés à leur bord interne, qui forme un angle presque droit avec le bord tronqué, qui lui-même forme un angle semblable à son union avec le bord externe; l'inférieur également comme foliacé, subitement dilaté en une sorte de losange; les 8 et 9e segments un peu dilatés à leur bord latéral; femelle ressemblant au mâle pour les couleurs, ayant les parties génitales comme chez les *Æschna;* valves très-courtes, triangulaires, avec leurs appendices courts, munis d'un pinceau de poils; styles plus courts que l'extrémité anale. Pattes entièrement noires. Ailes transparentes; angle anal des inférieures très-saillant, presque aigu; triangle comme dans certaines *Libellula;* ptérostigma très-long et très-étroit, noir.

De la collection de MM. Guérin et Serville. Habite la Nouvelle-Hollande.

---

(1) Je ne comprends pas pourquoi M. Burmeister laisse cette espèce parmi les *Diastatomma*, qui sont mes Gomphides, tandis qu'il met le *C. Lunulatus* (*Æ. Annulata*, Latr.) parmi les *Æschna*, puisque les parties génitales de la *Gigantea* ne diffèrent pas de celles des *Æschna.*

ÆSCHNIDES.

ÆSCHNA *auctorum*.

Yeux toujours contigus, et le plus souvent, dans une très-grande étendue, sinués postérieurement. Antennes insérées sur une ligne passant par le stemmate moyen, mais non au-dessous. Palpes labiaux ayant le second article plus étroit que la lèvre inférieure, le troisième cylindrique, plus de moitié plus court que le précédent. Appendices supérieurs variés pour la forme, mais jamais cylindriques ni en forme de styles. Parties génitales des femelles à peu près comme chez les Agrionides, ayant le bord vulvaire prolongé en une pointe cornée, longue, formée de quatre pièces intimement unies et enveloppées dans deux valves saillantes, à l'extrémité desquelles on remarque un petit prolongement cylindrique portant une ou plusieurs soies, ou le plus souvent un pinceau de poils serrés (1). Triangles des quatre ailes semblables.

Cette famille comprend les plus grandes et les plus belles espèces de la tribu, celles surtout dont le vol est le plus puissant et le plus soutenu. La tête est généralement grosse, le vertex et l'occiput petits, et la lèvre supérieure échancrée ; le front est très-saillant, surtout à son bord supérieur qui forme une arête ; il n'est pas échancré en dessus, comme chez les Libellulides ; les stemmates sont placés comme chez ces dernières, mais le vertex et très-étroit et peu élevé. L'abdomen est ordinairement très-long, est plus ou moins étranglé après la base, qui est renflée ; le second segment, qui comprend les parties génitales, ne s'avance point en un lobule sur les côtés de la base du pénis, et porte le plus souvent un tubercule sur les côtés ; les appen-

____

(1) Cet appendice est certainement le même organe plus développé, que le petit tubercule qui se voit au-devant de la vulve sur la face inférieure du pénultième segment des Libellulides.

dices supérieurs de l'anus sont à peu près semblables dans les deux sexes, ordinairement plus courts et plus simples chez la femelle, où ils ont la forme d'une feuille allongée. Dans ce sexe le dessous du dernier segment est plus ou moins saillant, rugueux, hérissé de petites épines, et quelquefois chargé seulement de deux ou trois grandes épines ; l'appendice inférieur, qui est le plus souvent entier, est presque comme chez les Libellulides. Les pattes ont le premier article des tarses très-petit.

Cette famille comprend trois genres assez mal caractérisés ; il y a peu d'espèces connues, mais il est probable qu'il en reste beaucoup plus à découvrir, aussi mon travail est-il très-imparfait.

Genre ANAX, *Leach.*

Point de tubercule sur le deuxième segment de l'abdomen ; une arête longitudinale de plus que les autres espèces avant celle des côtes, ce qui porte le nombre à sept au lieu de cinq (à l'exception des *A. senegalensis* et *congener*). Pièce sous-stylaire ordinairement très - fortement tronquée, quadrilatère. Angle anal des ailes postérieures nul dans les deux sexes ou fortement arrrondi.

Pbemière division — Abdomen ayant au-dessus de l'arête des côtés une arête supplémentaire interrompue à chaque segment. Pièce sous-stylaire presque quadrilatère.

* 1. ANAX FORMOSUS, *Vander-Linden.* (Pl. 1, fig. 12.)

Viridi - cœruleus ; fronte postice macula triangulari nigra, et antice fascia cœrulea ; appendicibus analibus superioribus basi angustatis in medio dilatatis, intus pilosis, subcarinatis, apice subrotundatis, inferiori subquadrato, truncato triplo minore, apice reflexo, subemarginota - quadrifido.

Sel., *Monogr. Lib.*, p. 117, n° 1. — Vanderl. *Monogr. Lib.*, p. 20, ° 1. *Æshn.* — Fonsc., *Ann. soc. Ent.*, VII, p. 80, pl. 5, fig. 1. — Charp., *Hor. Ent.*, p. 31. *Æschna Azurea.* — Burm., *Handb. der Ent.*, II, ag. 840, n° 13 — Leach. *Edinb. Encycl.*, IX, p. 137. *A. Imperator ?*

Dix à onze centim. d'envergure et un peu plus de huit de long. Face d'un jaune verdâtre, avec le bord de la lèvre supérieure noir ;

front ayant postérieurement une petite tache noire triangulaire, ou presque en losange, pointue antérieurement, rétrécie à sa base, au-devant de laquelle il y a une bande bleue plus ou moins marquée; quelquefois le bord supérieur forme une ligne brune; vertex mince, très-peu élevé, presque échancré, noir à la base, jaune verdâtre au sommet; occiput triangulaire, jaune; yeux verts. Thorax d'un vert jaunâtre, légèrement pubescent, avec les sutures latérales un peu marquées de noirâtre; poitrine ayant sur les côtés antérieurement une ligne, et sur le milieu une bande d'un brun rougeâtre; sinus anté-alaires, d'un vert pâle. Abdomen long, renflé à la base, puis assez fortement rétréci, se rélargissant bientôt, et après insensiblement jusque vers les derniers segments, déprimé, surtout à l'extrémité, étant en dessus d'un beau bleu d'azur, avec une bande dorsale anguleuse noire; premier segment vert jaunâtre, avec une petite tache noire sur les côtés et une autre à la base, profondément échancrée, quelquefois varié de brun roux; le second bordé antérieurement en dessus de vert jaunâtre, ayant une très-légère gibbosité allongée, qui part d'une ligne noire transverse; la bande dorsale qui, sur la femelle, part de cette ligne, ne commence guère chez le mâle que sur le troisième segment; elle projette de chaque côté, sur chaque segment, deux traits noirs, dont l'antérieur descend sur les côtés et est placé au quart du segment, le second à peu près au tiers postérieur, très-court, et finit par se trouver au milieu sur les 7 et 8ᵉ; le premier se rapproche aussi du bord antérieur à mesure qu'on s'approche de l'extrémité; la bande qui s'élargit quelquefois postérieurement occupe à peine le tiers du dessus; en dehors de la bande et sur la section des segments, il y a un petit trait blanc, et l'on remarque sur le cinquième, derrière le second trait, une tache blanchâtre; bord des segments noir; côtés d'un brun roux, avec la base et trois taches bleues comprenant chacune la moitié du segment; dessous d'un roux un peu obscur, bordé de blanchâtre au troisième segment; appendices supérieurs un peu moins de deux fois aussi longs que le dernier segment, aplatis, surtout en dessous, rétrécis à la base, fortement dilatés au milieu du bord interne qui est arrondi, et qui, ensuite, se rétrécit à la base, formant une sinuosité, avant l'extrémité qui est presque arrondie; dessus de ce bord velu; bord externe très-déprimé et très-mince, un peu elliptique; milieu ayant une élévation longitudinale, qui est très-épaisse vers la partie dilatée du bord interne, puis devient plus saillante et plus aiguë, et se termine avant l'extrémité, ayant une impression à la base de cette partie saillante; face inférieure ressemblant un peu à la supérieure, mais presque plane; base près de son attache ayant deux petits tubercules, l'un en dessus, l'autre en dessous; l'inférieur un peu plus de deux fois plus court que les supérieurs, aussi large que long à la base, presque carré, un peu plus étroit à l'extrémité, un peu courbé, ayant ses côtés épais et coupés carrément, largement et profondément canaliculé en dessous, avec l'extrémité redressée à angle droit, échancrée, chaque angle divisé en deux pointes, dont l'externe plus saillante, l'interne ou antérieure placée plus en dedans ; femelle différant par les couleurs de l'abdomen, dont la bande dorsale est beaucoup plus large , d'un brun roux et dont le bleu est remplacé par du vert ; valves génitales terminées par un petit appendice cylindrique, tronqué à son extrémité, qui porte un pinceau serré de poils roux ; appendices minces, longuement lancéolés , pointus, avec une légère carène longitudinale dans leur milieu, ayant le bord interne elliptique, un peu plus de deux fois plus longs que le dernier segment. Pattes noires ; la face postérieure des cuisses antérieures jaune, les autres ayant près de la moitié basilaire de la face externe rouge, couleur qui s'étend presque sur toute cette face chez la femelle. Ailes transparentes, teintes d'un peu de roussâtre chez la femelle ; nervure costale jaune ; ptérostigma étroit (5 millim. de long), d'un fauve un peu obscur, jaune en dessous ; membranule brune, blanche à la base.

La plus belle et la plus grande de nos espèces et celle dont le vol est le plus puissant. Commune aux bords des eaux , depuis le printemps jusqu'à la fin de l'été , où elle plane majestueusement, saisissant rapidement les insectes qui passent à sa portée.

2. ANAX MAURICIANUS, *mihi.*

Viridi-rufescens; fronte fascia fusco-rufa, macula postica subrotundata nigra; pterostigmate minori.

Presque complétement semblable au *Formosus*, mais paraissant devoir former une espèce distincte. Face ayant la lèvre supérieure plus largement bordée de noir, avec une bande d'un rouge obscur sur le sommet et la tache postérieure plus large et plus arrondie. Thorax d'un jaune roussâtre, un peu verdâtre sur les côtés, mais jamais vert; poitrine moins marquée de noir. Abdomen plus long, plus grêle , notablement plus étranglé après la base , qui est moins renflée ; dessin à peu près semblable, mais dessus du premier segment roussâtre; dessus du dernier plus large, coupé plus carrément, ayant à l'extrémité un rebord plus mince, beaucoup plus lisse, non couvert de petites aspérités épineuses, n'étant pas interrompu au milieu; appendices supérieurs plus longs, à peu près deux fois aussi longs que le dernier segment, moins rétrécis à la base; bord interne dilaté , plus profondément sinueux en approchant de l'extrémité qui est plus étroite; côte élevée du milieu moins prolongée ; dessous un peu plus concave, ayant la côte longitudinale, tout à fait interrompue au delà du milieu ; l'inférieur presque semblable, mais un peu plus court, coupé moins carrément sur les côtés, ayant les angles un peu plus pointus et plus saillants avec la division interne moins élevée; bord de l'extrémité n'étant pas saillant dans son milieu en dessous. Ailes notablement plus grandes , ayant cependant le ptérostigma beaucoup plus petit (4 millim.), plus large, d'un fauve obscur ;

réseau plus large ; membranule semblable ; nervure costale chez le mâle, n'étant pas jaune antérieurement. Je n'ai pas vu de femelle en bon état, mais elle se distingue de celle du *Formosus* par le ptérostigma plus court, la tache noire de la partie postérieure du front plus large et plus arrondie, et par le thorax beaucoup moins vert.

Habite l'île de France, d'où elle a été rapportée par M. Marchal.

* 3. ANAX PARISINUS, *mihi.* (Pl. 1, fig. 10.)

Rufescens ; fronte postice macula subnulla et linea superiori nigris ; appendice anali inferiori brevissima, emarginato-spinosa.

A peu près de la taille du *Formosus* et lui ressemblant beaucoup, mais ayant l'abdomen notablement plus court. Tache postérieure du front très-petite, aiguë, et ligne supérieure bien marquée noires. Thorax n'étant jamais vert ou d'un vert jaunâtre comme chez le *Formosus*, mais constamment roussâtre ou d'un roussâtre qui tire un peu sur le jaunâtre ou le verdâtre. Abdomen toujours plus court, beaucoup plus obscur, d'une couleur olive obscure, n'étant jamais d'un beau bleu, mais d'un roussâtre bleuâtre à l'exception du dessus et des côtés du second segment et d'une portion du troisième ; bandé dorsale plus large ; dessus du premier segment d'un noir roussâtre, ayant une tache d'un roussâtre obscur au milieu ; légère gibbosité du dessus du second plus prononcée, carénée, beaucoup plus hérissée de petites pointes courtes et obtuses ; dessus du dernier segment très-différent, coupé carrément à l'extrémité qui est rabattue, ce qui le rend beaucoup plus convexe, plus lisse, légèrement échancré ; appendices supérieurs assez semblables, mais beaucoup moins rétrécis à la base et moins élargis au bord interne qui n'offre qu'une légère courbure, étant presque échancré après la dilatation, tandis qu'il n'est que sinué dans le *Formosus*, ce bord offrant de légères dentelures, surtout vers la base ; extrémité arrondie avec une petite pointe formée par l'angle externe qui n'est que la continuation du même bord ; angle tout à fait nul chez le *Formosus* ; petits tubercules de la base un peu plus saillants ; l'inférieur complétement différent, très-court, dépassant à peine le bord supérieur du dernier segment, ayant l'extrémité recourbée à angle droit, échancrée, et les deux côtés de cette extrémité hérissés de fortes épines, courtes, dont une latérale plus forte ; plus en dedans existe une autre épine de chaque côté, isolée, plus forte que les autres ; elles sont plus ou moins courbées en dedans, mais surtout les deux grosses. Femelle différant peu du mâle pour la teinte, différant de celle du *Formosus* par les appendices un peu plus étroits, un peu arrondis à l'extrémité, avec une petite pointe à l'angle externe, et par la couleur du thorax. Pattes presque semblables ; face postérieure des cuisses postérieures en partie roussâtre. Ailes ayant la côte jaune, quelquefois jaunâtres à la base et plus ou moins teintes de jaune roussâtre très-clair ; ptérostigma plus petit (un peu plus de 4 millim.), noirâtre dans le mâle, fauve obscur chez la femelle, en dessous jaune ainsi que la nervure costale ; membranule entièrement blanchâtre.

Plus commun que le *Formosus* dans les localités où il se trouve , mais n'était pas généralement répandu ; son vol est moins puissant, il parait un peu plus tôt et ne dure pas si longtemps. Je l'ai trouvé abondamment le long des étangs au nord de Paris Cette espèce a des rapports avec le *Partenope* de M. de Selys, mais la teinte du thorax et la forme des appendices (si sa gravure est exacte ?) sont très-différentes ; dans la figure qu'il donne de ceux-ci , leur extrémité est plus arrondie que chez le *Formosus* , ce qui est le contraire dans mon *Parisinus*.

* 4. ANAX SPINIFERUS, *mihi.* (Pl. 1, fig. 14.)

Rufescens ; fronte postice macula nigra rotunda, flavo strigaque exteriori fusco-cœrulea cincta ; appendicibus superioribus vix dilatatis , spinigeris , basi tuberculo , inferiori subquadrato , transversali , emarginato , tuberculis acutis duobus majoribus et intus alio utrinque majori cristato ♂.

De la taille des *Formosus* et *Parisinus*, et leur ressemblant beaucoup, mais distinct ; un peu plus court que le premier. Face entièrement jaune, ayant derrière le front une tache noire arrondie , ceinte de jaune, et plus extérieurement, d'une bande d'un bleu obscur, sans apparence de ligne supérieure. Thorax comme chez le *Formosus*, mais moins marqué de noir. Abdomen un peu moins long , plus étroit postérieurement, plus renflé à la base, qui est d'un vert jaunâtre, avec une tache bifide, d'un rouge obscur, en dessus, à la base du premier segment ; tout ce qui est noir dans le *Formosus* est ici d'un rouge obscur ; la bande dorsale est à peu près semblable, plus large postérieurement ; la première ligne noire transverse du second segment, qui est rougeâtre ici, est beaucoup plus courbée dans son milieu, et le fond de la courbure est arrondi ; cette partie, au lieu de produire une petite gibbosité, ou petite crête saillante, est seulement plus renflée ; le bord antérieur de ce segment est d'un jaune roussâtre; après ce bord, les côtés sont bleus, ainsi qu'une tache allongée, un peu conique en dessus, qui est bordée d'une teinte d'un bleu rougeâtre obscur ; partie bleue du dessus dans la longueur, un peu plus étroite et ne paraissant pas devoir être aussi vive pendant la vie ; ne formant sur les deux derniers segments qu'une petite tache jaunâtre ; appendices supérieurs ressemblant pour la forme à ceux du *Formosus*, mais beaucoup plus étroits , et ayant au bord interne, avant l'extrémité, et immédiatement après une légère dilatation, une assez forte échancrure; extrémité coupée presque carrément, ayant l'angle interne arrondi , l'externe prolongé en une forte pointe ou

épine ; tubercule de la base en dessus, assez saillant, l'inférieur trois
à quatre fois plus court que les supérieurs, mais plus long que chez le
Parisinus, plus large que long, ayant une échancrure arrondie au milieu
de son extrémité, dont les côtés, surtout près de l'échancrure, sont couverts de petits tubercules pointus dont deux à l'angle externe plus grands,
et un autre de chaque côté, plus intérieurement, isolé, comprimé, ayant
la forme d'une crête. Pattes semblables avec les quatre cuisses postérieures
rouges. Ailes un peu teintes de brun roussâtre ; membranule d'un brun
roussâtre, avec la base blanche et tranchant fortement ; ptérostigma plus
grand, (6 millim.) étroit, d'un roux foncé obscur.

Je ne connais pas la femelle. Décrit d'après un individu que je crois
avoir pris dans les environs de Montpellier. Il en existe un second dans
la collection de M. Serville, mais sans abdomen, et indiqué d'Italie.
Enfin le Muséum en possède un troisième en mauvais état.

5. ANAX GIBBOSULUS, *mihi.*

*Flavo nigroque variegatus; fronte supra macula nigra et alia
antica in medio junctis; abdomine nigro, maculis flavis, segmenti
primi margine postico elevato, secundo gibbulo; alis hyalinis posticis
in medio flavo rufescentibus ♂.*

De la taille du *Formosus*, mais plus long. Tête, ayant la face jaune avec
le bord de la lèvre supérieure et une tache derrière le front, un peu
en forme de T, noirs. Thorax d'un jaune un peu verdâtre, ayant un point
bleu sur l'attache de chaque aile. Abdomen fortement étranglé après la
base qui est très-renflée, ne s'élargissant ensuite que d'une manière insensible, et acquérant seulement sa largeur vers les derniers segments ; premier segment, d'un jaune roussâtre, avec une tache à la base en dessus, et
le bord postérieur qui est velu et saillant, en forme de bourrelet, noirâtres ;
second, avec le bord antérieur et les côtés d'un jaune roussâtre, ayant une
petite gibbosité arrondie ; troisième, ayant une partie de ses côtés d'un
jaune roussâtre ; le reste du dessus noirâtre, avec deux taches occupant
les deux extrémités de chaque segment, d'un jaune roussâtre ; l'antérieure diminue, à mesure qu'on avance vers l'extrémité ; dessous généralement d'un roux obscur ; appendices supérieurs ressemblant pour la forme
à ceux du *Formosus*, mais le bord interne est à peine sinué vers l'extrémité, dont l'angle interne est arrondi, et l'externe prolongé en une petite
pointe ; tubercules de la base beaucoup plus saillants que chez le *Formosus ;* l'inférieur un peu plus de la moitié plus court que les supérieurs,
rétréci vers l'extrémité, avec ses angles divisés, et dont la division interne est
petite. Pattes noires, rouges à la base des cuisses, surtout les postérieures.
Ailes transparentes, ayant une nuance d'un jaune roussâtre sur le milieu
des postérieures, dont on voit les traces sur les antérieures, qui que -

quefois envahit une grande partie des quatre; nervure costale jaune; ptérostigma un peu plus long que chez le *Formosus*, d'un jaune fauve; membranule brune, blanchâtre à la base.

Collection du Muséum, et indiquée de la Nouvelle-Hollande.

6. ANAX MAGNUS, *mihi*.

*Flavo nigroque variegatus; fronte postice linea in medio angu-
lata, nigra.*

Ressemblant extrêmement au *Gibbosulus*, mais en différant surtout
par la partie postérieure du front, bordée seulement par une ligne noire,
formant un angle avancé dans son milieu. Abdomen ayant à peu près la
même coloration, mais la tache antérieure des segments est double; appendices supérieurs plus étroits, ayant une petite épine tournée en dehors à
l'angle externe de l'extrémité, beaucoup plus étroits à leur base où les
tubercules sont moins saillants; l'inférieur presque semblable, échancré à l'extrémité, ayant les angles un peu bifides, avec la division interne
plus grande, et un peu plus en dedans, une petite crête saillante, un
peu fléchie vers la base; bord postérieur du premier segment élevé, un
peu gibbeux, le second ayant une légère élévation, mais n'ayant pas de
gibbosité sensible. Ailes semblables; ptérostigma un peu plus court; base
des ailes inférieures marquée contre la membranule d'une tache rousse. Il
diffère du *Maculatus*, auquel il ressemble, par la tache noire de la
partie postérieure du front et par le dessin de l'abdomen, qui dans l'autre
ne présente pas de tache postérieure, mais seulement deux antérieures.

De la collection de M. Serville, et indiqué de Java.

7. ANAX MACULATUS, *mihi*.

*Rufescens; fronte postice macula magna nigra, subtriangulari,
obtusa, fascia fusco-cærulea antice interrupta cincta; pterostigmate lato, nigro ♀.*

A peu près de la taille du *Formosus*, et lui ressemblant; tache noire
derrière le front, grande, s'avançant presque jusqu'au bord antérieur, un
peu allongée, un peu obtuse, presque entourée par une bande interrompue, d'un brun bleuâtre, entre laquelle il y a une ligne jaune. Thorax
roussâtre, à peine marqué de noir sur les bords de la poitrine. Abdomen
de la même couleur, ayant le bord postérieur du premier segment un peu
saillant et la première ligne transverse du second saillante, rousse, formant un angle beaucoup plus avancé sur le segment que chez le *Formosus*; bande dorsale un peu comme chez le *Formosus*, mais se dilatant
sur la partie postérieure de chaque segment jusque sur les côtés; dessous
en grande partie d'un roux obscur, noirâtre vers le bord postérieur des

segments. Pattes noires, avec les cuisses antérieures en grande partie rouges, les autres seulement à la base- Ailes transparentes ; ptérostigma d'un
noir roussâtre, plus court et plus large que chez le *Formosus* ; membranule brune, blanchâtre à la base.

Du Brésil ; d'après un seul individu femelle incomplet.

8. ANAX IMMACULIFRONS, *mihi.*

*Fronte postice immaculata ; thorace flavo-viridi, fasciis duabus
lateralibus nigris ; appendicibus superioribus elongatis, angustis,
cultriciformibus ♂.*

De la taille du *Formosus*, mais ayant un peu plus d'envergure. Face
d'un jaune verdâtre, n'ayant pas de tache noire sensible à la partie postérieure du front, avec une légère bordure noire sur le bord de la lèvre supérieure. Thorax d'un jaune verdâtre, un peu roussâtre antérieurement et
supérieurement, avec la poitrine et deux bandes latérales qui se perdent
sous les ailes, noirâtres. Abdomen un peu plus étroit que chez le *Formosus*, un peu moins renflé à la base, assez fortement étranglé après,
puis se dilatant ensuite insensiblement jusque vers l'extrémité, noir ou
noirâtre ; premier segment un peu roussâtre en dessus, ayant le bord postérieur saillant ; deuxième ayant une tache antérieure en dessus et un anneau sur le milieu, fortement élargi sur les côtés, d'un jaune verdâtre ;
ligne élevée mal dessinée, assez avancée, interrompue au milieu du segment, qui est garni de petits tubercules ; troisième ayant les deux tiers antérieurs de la même couleur divisés par du noir en dessus, les suivants
ayant un anneau antérieur comprenant un peu plus de la moitié, divisé par
une ligne transverse noire, d'une teinte rousse (couleur qui semble devenue
foncée par la dessiccation), se rétrécissant vers les segments postérieurs ;
dernier d'un roux obscur, noirâtre antérieurement, où l'on voit une petite
crête, qui s'élève d'une fossette ; appendices supérieurs noirâtres à peu près
deux fois aussi longs que le dernier segment, grêles, étroits, rétrécis dans
leur tiers antérieur au moins, subitement élargis à leur bord interne, en
forme de lame de couteau, un peu évidés à ce bord, se rétrécissant vers
l'extrémité, qui se termine en pointe, et avant laquelle la côte médiane du
dessus est renflée et rousse, dessous creusé ; l'inférieur un peu triangulaire, tronqué à l'extrémité, qui est échancrée, avec les angles redressés
et ayant deux petites pointes, un peu en gouttière en dessous, d'un roux
foncé. Pattes noires. Ailes teintes de roussâtre, un peu brunâtres au
sommet ; ptérostigma d'un roux obscur, moins long que chez le *Formosus* ; dix-huit nervules au premier espace costal ; membranule plus
courte que chez le *Formosus*, brune, avec la base d'un blanc un peu
jaunâtre.

De l'Inde. La femelle m'est inconnue.

Deuxième division. — Abdomen n'ayant pas d'arête supplémentaire au-dessus de celle des côtés ; pièce sous-stylaire rétrécie à son extrémité, presque pointue.

9. ANAX SENEGALENSIS , *mihi.*

Flavo-rufescens; fronte linea antica posticaque in medio angulata nigris ; appendicibus superioribus sublanceolatis , subacutis, ante apicem spinulam gerentibus , tuberculo compresso , inferiori triangulari apice subaculeato bifido , dentibus instructo.

Plus petit et plus mince que le *Formosus.* Tête grosse, ayant la face d'un jaune pâle, avec une ligne sur le bord supérieur du front et une autre bordant la partie postérieure et formant un angle obtus dans son milieu , descendant assez bas le long des yeux , noirs. Thorax roussâtre en dessus , jaune inférieurement, et sous la poitrine avec une ligne noire le long de celle-ci, antérieurement, divisée en deux traits, dont le premier plus large, le second ayant la forme de la lettre V, avec l'angle tourné du côté externe, sa branche postérieure tendant à se réunir à celle du côté opposé. Abdomen assez fortement renflé à la base, rétréci après, mais non étranglé, et conservant sa grosseur jusqu'à l'extrémité qui est un peu dilatée ou déprimée , d'un roux jaunâtre postérieurement et sur les côtés de la base , bleuâtre et un peu violet sur le dessus de celle-ci ; premier segment renflé en dessus vers le bord postérieur, qui est marqué d'une ligne d'un brun roux, avec la base marquée latéralement d'un trait semblable ; première ligne élevée du second segment , noirâtre, très-rapprochée du bord antérieur ; bord postérieur ayant une ligne noire, à partir de laquelle existe une bande dorsale , étroite, très-sinuée et très-anguleuse, s'élargissant postérieurement, noire, ainsi que les incisions ; côtés marqués vers le milieu de chaque segment d'une tache noire, qui , sur les trois derniers, s'étend et se réunit au bord postérieur en cernant la couleur jaune roussâtre , qui forme alors trois taches isolées ; dernier segment abaissé postérieurement, avec le milieu un peu prolongé ; appendices supérieurs étant deux fois aussi longs que lui, assez larges à la base , dilatés au milieu, au bord interne , un peu lancéolés, presque pointus, avec une petite épine à l'angle externe de l'extrémité : milieu élevé dans sa longueur en dessus , ayant avant l'extrémité une fossette surmontée antérieurement d'un tubercule saillant, comprimé ; bord interne ayant une petite fossette avant son milieu ; dessous étant au moins aussi saillant que le dessus, chargé à la base , et sur le bord interne de la petite fossette, de petites dentelures ; l'inférieur triangulaire , presque pointu , un peu bifide, excavé dans son milieu , avec un rebord saillant , muni de dents aiguës et un peu courbées en dedans, portant lui-même quelques épines à son extrémité et imitant tout à fait une mandibule de certains poissons ;

les trois d'un jaune roussâtre, bordés de noir. Pattes noires, avec la
face postérieure des cuisses antérieures jaune, et la base des autres un
peu rougeâtre. Ailes transparentes, ayant quelquefois la base jaunâtre,
les inférieures ayant sur leur milieu, postérieurement, une légère teinte
d'un jaune roussâtre ; ptérostigma assez large, jaune, un peu plus petit
que chez le *Formosus* ; membranule blanchâtre à la base et au bord interne, brunâtre au bord externe ; femelle ne différant pas sensiblement
du mâle : je n'ai pas vu ses appendices.

Il se trouve communément au Sénégal. Cette espèce ressemble beaucoup à l'*Anax mediterranea* de M. de Selys, mais les appendices supérieurs ne sont point denticulés sur le bord interne, et sont faits un
peu différemment qu'il les représente (1). Au reste, d'après ce que m'a
dit M. Barthélemy, il est certain que cet *Anax* a été pris en mer fort
loin de nos côtes, probablement apporté par le bâtiment même. Quant
à l'espèce commune qui paraît parfois en très-grande quantité dans les
parages de Marseille et d'Arles, elle doit être rapportée à l'*Æschna
affinis*, comme je l'ai vérifié moi-même. Sans aucun doute ces nuées
d'*Æschna*, que le vent disperse souvent loin de l'endroit où elles sont
nées, sont produites par les vastes marécages qui bordent l'île de la
Camargue. Quant à notre *Senegalensis*, l'abdomen ne paraît pas devoir être coloré en bleu pendant la vie.

10. ANAX CONGENER , *mihi*.

*Rufo-testaceus ; thorace lineis duabus nigris obsoletis ; appendici-
bus brevibus, inferiori brevissimo, supra spinis brevibus confertis,
biseriatim dispositis* ♂.

De la taille du *Senegalensis*, et lui ressemblant ; comme lui n'ayant
pas d'arête latérale supplémentaire. Face jaune, avec la bouche bordée
de noir, et deux lignes sur le front, se touchant en forme de T, dont l'antérieure tout à fait en avant ; bord postérieur jaune, ayant une bande noire
supérieure, qui en occupe une grande partie. Thorax testacé, pâle, avec
deux lignes latérales noires, qui s'élargissent sur les bords de la poitrine,
où elles sont accompagnées de quelques petites taches jaunes, et deux
autres sur la partie postérieure de la poitrine. Abdomen renflé à la base,
rétréci après et conservant à peu près la même grosseur jusqu'à l'extrémité, d'un roux plus ou moins obscur, avec des taches plus claires et des
lignes noires que l'altération de la couleur empêche de bien distinguer ;

---

(1) Il est fâcheux pour l'excellent ouvrage de M. de Selys que les
figures soient mauvaises et souvent inexactes ; plusieurs même, dans les
Agrionides, paraissen treproduites de l'ouvrage de M. Charpentier, mais
elles sont beaucoup plus mal gravées.

dessus du dernier segment rugueux, un peu bossu ; appendices supérieurs noirs ; dilatés , presque en forme de hache , étroits , terminés en
une pointe obtuse, courte ; l'inférieur très-court, jaunâtre , épais , ayant
en dessus deux séries épaisses d'épines courtes, noires, qui , de l'extrémité, vont en s'allongeant à la base. Pattes grandes, noires. Ailes
transparentes, ayant la nervure costale et un grand nombre de nervules jaunes ; ptérostigma long, d'un fauve un peu obscur ; angle anal
très-arrondi ; membranule longue, brune, blanchâtre à la base ; triangle
des inférieures plus court que celui des supérieures.

Collection du Muséum.

Genre ÆSCHNA, *Fabricius.*

Il comprend surtout les caractères de la famille.

Yeux plus ou moins contigus, presque toujours fortement
sinués postérieurement. Deuxième segment de l'abdomen ayant
sur les côtés un tubercule plus ou moins saillant, comprimé, denticulé ; appendice inférieur presque toujours entier (à l'exception
de la *Quadrifida*). Bord anal des ailes postérieures chez les mâles
ordinairement saillant avec le bord abdominal sinué.

1. ÆSCHNA INGENS, *mihi.*

*Fusco-viridique variegata ; fronte macula nigra ; thorace viridi
fascia humerali aliaque laterali fusco-rufis ; appendicibus superioribus sublanceolatis , longis, simplicibus, apice rotundatis ♂.*

Plus grande que l'*A. formosus.* Face d'un vert jaunâtre , roussâtre
inférieurement, avec le bord de la lèvre supérieure noir et une tache
noire en T sur la face supérieure du front , dont la partie antérieure très-
dilatée ; vertex entier, étroit ; occiput très-petit, fortement excavé postérieurement ; bord postérieur des yeux sinueux. Thorax vert, ayant une
bande humérale et une autre au milieu des côtés d'un brun roux. Abdomen long, peu renflé à la base, à peine rétréci après ; premier segment
déprimé antérieurement, un peu gibbeux postérieurement, où il est vert,
ainsi que la partie antérieure du deuxième segment et les côtés de la base ;
d'un brun roux en dessus, ayant une ligne transverse sur le bord antérieur, une tache avant le milieu et une autre transverse postérieurement
ainsi que le dessous, roussâtres (peut-être verts pendant la vie) ; tubercule
du second segment ayant quatre dents à son bord postérieur ; appendices
supérieurs du mâle trois fois longs comme le dernier segment, rétrécis à la
base, presque lancéolés, allongés, droits, à côte égale partout , sans tubercule à la base en dessous , obtus et arrondis à l'extrémité ; l'inférieur

moitié aussi long, rétréci antérieurement, obtus. Pattes d'un brun
rougeâtre, surtout les cuisses ; face interne des antérieures jaunâtre.
Ailes transparentes, un peu fuligineuses vers l'extrémité et le bord postérieur, brillantes ; membranule étroite, d'un blanc sale ; bord abdominal
fortement sinué, avec l'angle anal très-saillant ; ptérostigma assez allongé,
d'un brun roux.

Collection de M. Serville, sans indication de patrie.

2. ÆSCHNA GIGAS, *mihi.*

*Flavo-viridis ; fronte apice subproducta, supra linea cruciata
nigra, angusta, vertice valdè emarginato, bifido ; thorace immaculato ; pterostigmate parvo, obscure fulvo* ♀ ?

Plus grand que l'*A. formosus* et ayant 14 centim. et demi d'envergure. Tête grosse, ayant la face d'un jaune roussâtre pâle avec le sommet
du front saillant dans son milieu, marqué en dessus, d'une ligne en forme de
T bien sensible, mais étroite, et ayant les deux côtés antérieurs obliques
à cause de la saillie du milieu, et d'une ligne courbe étroite peu visible,
noires ; vertex étroit, fortement échancré et bifide, jaune, ayant la
base noire postérieurement ; occiput très-petit, un peu enfoncé entre
les yeux ; bord postérieur étroit et légèrement saillant près de l'occiput,
ayant supérieurement une bande noire, un peu divisée par l'occiput.
Thorax d'un jaune verdâtre avec la suture antérieure très-saillante,
n'ayant pas de taches ni de lignes. Ailes grandes, les postérieures larges ;
transparentes, ayant de 31 à 32 nervules sur le premier espace huméral ;
triangle étroit ; membranule courte, d'un jaunâtre obscur, ptérostigma
petit, d'un fauve un peu obscur.

Collection du Musée. (Individu chez lequel l'abdomen et les pattes
manquent complétement.)

3. ÆSCHNA VIRENS, *mihi.*

Viridis ; fronte supra linea cruciata nigra (T) ; *abdomine supra
maculis magnis postice confluentibus nigris* ♀.

De la taille de l'*A. formosus*, et ressemblant à un *Anax* ; toute verte.
Front ayant en dessus une tache noirâtre en forme de T, un peu épaisse
antérieurement dans son milieu ; vertex mince un peu courbe. Thorax entièrement vert avec les sutures et deux petites marques antérieures brunes ;
espace inter-alaire et tubercules de l'attache des ailes d'un vert apparent.
Abdomen un peu roussâtre (probablement vert pendant la vie), un peu
renflé à la base, un peu rétréci après, atténué en allant vers l'extrémité ;
premier segment gibbeux à son bord postérieur ; le second ayant en des-
us quatre taches noires presque carrées, le troisième deux bandes

étroites et deux taches triangulaires, les suivants quatre taches qui couvrent presque tout le dessus, seulement séparées par une ligne dorsale
étroite, une autre transverse presque médiane, et une sur le bord postérieur, confluentes sur les deux derniers ; appendices très-courts, tronqués
carrément, abaissés en dedans (paraissant avoir été cassés) ; valves génitales petites, très-étroites. Pattes noires, d'un rouge obscur à la base.
Ailes transparentes, salies de roussâtre, surtout postérieurement (peut-
être accidentellement) ; ptérostigma d'un fauve très-obscur.

De Santa Cruz de Bolivia ; communiquée par M. Guérin.

4. ÆSCHNA HEROS, *Fabricius.*

*Obscure rufa ; occipite bifido ; thorace fasciis duabus lateralibus
duabusque anticis interruptis viridibus ; abdominis segmento ultimo subtus prominente, spinis marginato, appendicibus foliaceis,
magnis.*

Fabr., *Ent. syst.*, Suppl., p. 285.

Un peu plus grande que l'*A. formosus* ; face d'un roux obscur, avec
une ligne courbe sur le front, deux points sur la partie supérieure entre
lesquels se trouve une tache brune, d'un jaune vert ; vertex étroit, bifide,
d'un jaune vert, obscur sur les côtés ; yeux fortement déprimés postérieurement en dessus ; dans cette partie, de chaque côté de l'occiput, le
bord postérieur de la tête est saillant et prolongé, bifide, disposition qui
est beaucoup moins sensible chez le mâle. Thorax court, épais, pubescent,
d'un roux obscur, ayant antérieurement une bande de chaque côté interrompue, deux latérales, une sous l'attache de chaque aile et supérieurement, entre elles, un point, d'un vert jaunâtre. Abdomen d'un brun roux,
un peu renflé à la base, un peu rétréci après, atténué de la base à l'extrémité ; premier segment fauve à la base, renflé à son bord postérieur, les autres ayant en dessus plusieurs taches ou lignes, bleues ou
vertes pendant la vie, maintenant jaunâtres ou roussâtres, ainsi disposées, savoir : une ligne transverse sur le bord antérieur, une seconde
un peu plus large qui sépare le tiers antérieur d'avec les deux autres,
deux taches avant le bord postérieur (très-obscures), une ligne transverse
sur le bord postérieur ; ces lignes sont divisées par l'arête dorsale ; appendices des valves génitales longs, ayant un pinceau de poils grêles et longs ;
bord inférieur du dernier segment saillant, dirigé en arrière, excavé antérieurement, formant un bord épais et arrondi qui présente une rangée de
10 à 11 épines, au-dessus desquelles il y en a quelques autres plus petites ;
appendices plus longs que les deux derniers segments, simples, minces,
arrondis à l'extrémité, en forme de feuille allongée : appendices supérieurs du mâle fortement rétrécis dans leur tiers antérieur, un peu lancéolés,
dilatés postérieurement, arrondis à l'extrémité, ayant la côte moyenne ex-

trêmement saillante dans le tiers postérieur, ce qui les rend trigones, très-velus au bord interne dans cette partie, ayant à la base en dessous un tubercule. Pattes noires. Ailes transparentes avec un grand nuage jaunâtre dans le milieu, ne touchant pas le bord postérieur; deuxième espace huméral et le suivant jaunâtres à la base; ptérostigma étroit, d'un fauve obscur; 23 nervules au premier espace costal; nervure costale d'un roux obscur; membranule médiocre, blanchâtre; nervules du deuxième espace huméral, nervure costale depuis le milieu jusqu'au ptérostigma, jaunes; l'attache de chaque aile présente deux petites taches vertes, et l'on en voit plusieurs autres sur l'espace inter-alaire.

Du Mexique. Communiquée par M. Guérin.

5. ÆSCHNA AMPLA, *mihi.*

Rufa; fronte postice fascia latissima fusco-subcærulea; thorace lateribus fasciis duabus albidis; alis, hyalinis, latis, macula basali fuliginea, anticis ante apicem nubeculo pallide fuligineo, pterostigmate minimo, flavo.

Un peu plus grande que l'*A. formosus*; ayant surtout les ailes plus grandes. Tête grosse ayant la face étroite, d'un jaune roux, plus foncé inférieurement; front marqué postérieurement d'une très-large bande d'un brun roux un peu teinte de bleu métallique; vertex échancré, nuancé de roux et de noir; occiput petit, très-concave postérieurement où il forme un bord saillant. Thorax légèrement velu, roux, ayant antérieurement deux lignes noirâtres et une tache jaune plus ou moins visibles, sur les côtés deux bandes jaunes, courtes, la première un peu bordée de noir antérieurement. Abdomen médiocrement renflé à la base, puis après rétréci et comprimé, d'un roux plus ou moins obscur; premier segment ayant en dessus la partie postérieure un peu saillante avec une ligne jaunâtre bordée de brun; second un peu convexe en dessus, ayant la partie antérieure plus pâle, avec une tache lancéolée et deux bandes postérieures et latérales jaunâtres, qui se voient sur la plupart des segments suivants à l'exception des deux ou trois derniers; ligne transverse du second segment peu saillante, s'avançant jusqu'au delà du milieu; appendices supérieurs du mâle très-longs, étroits, un peu lancéolés, au moins deux fois et demie longs comme le dernier segment; côte médiane devenant très-saillante à l'extrémité, ce qui les rend trigones, puis s'arrondissant et se terminant en une petite pointe tournée par en bas, creusés presque en gouttière en dessous jusqu'à l'extrémité; l'inférieur très-allongé, étroit, ayant un peu plus de la moitié de leur longueur, en pointe obtuse à l'extrémité qui est légèrement bifide; tubercules du deuxième segment ayant trois petites dents. Pattes noires avec les cuisses rouges. Ailes grandes, larges, surtout les postérieures, ayant les nervures rousses et

une tache fuligineuse à la base chez la femelle, et aux premières une
nuance d'un fuligineux clair, avant le ptérostigma ; celui-ci très-petit
(3 millim. au plus), jaune ; membranule assez large, courte, d'un blanc
sale, brunâtre à l'extrémité ; triangles des quatre ailes, plus larges que
chez les autres ; angle anal chez le mâle, saillant et le même bord échancré ;
25 nervules au premier espace costal.

Collection de M. Serville, et indiquée de Java ; et dans celle du Musée,
des Indes orientales et de la Nouvelle-Hollande.

6. ÆSCHNA JUNIA, *Drury.*

*Rufa, vertice postice maculis tribus nigris, media latiori ; alis
antice flavidis, subrufescentibus, pterostigmate elongato nigro.*

Drur., I, p. 112, pl. 47, fig 5. Burm. *Handb. der Ent*, II, p. 841,
n° 18 (1).

Paraissant ressembler beaucoup à la *Grandis ;* généralement d'une
teinte roussâtre avec quatre points noirâtres sur une partie des segments
de l'abdomen ; celui-ci assez fortement étranglé après la base qui est
renflée ; appendices médiocrement longs, légèrement lancéolés ; occiput ayant postérieurement une bande noire large qui n'est pas en
forme de T et une autre de chaque côté de cette dernière. Ailes ayant
des nuances brunâtres vers les bords antérieurs qui sont largement jaunâtres ; ptérostigma noir assez allongé. (Décrite d'après la figure de Drury.)

Cette espèce, que je n'ai pu rapporter à aucune de celles qui me sont
connues, est indiquée par Drury de la Nouvelle-York.

7· ÆSCHNA AFRICANA, *Beauvois.*

*Rufescens ; thorace immaculato ; abdomine basi inflato, segmentis
fuscis, margine nigro, appendicibus longissimis, tenuissimis ♀.*

Paliss. Beauv., *Ins. Afr. et Am.*, pl. 3, n° 1, p. 67.

J'ai décrit cette espèce d'après la figure de l'ouvrage de Beauvois, quoiqu'elle soit mauvaise, et la description nulle, à cause de la longueur des
appendices qui peuvent la faire reconnaître. Le ventre en dessus est
bordé de noirâtre, il est fortement renflé à la base, puis ensuite étranglé ;
les appendices supérieures paraissent plus longs que les deux derniers
segments, très-étroits et obtus, le troisième n'étant pas mentionné, l'insecte

---

(1) M. Burmeister la décrit ainsi d'après nature : d'un vert jaune ;
front ayant en dessus une tache circulaire noire ; ventre brun, avec les
côtés tachés de jaune ; la plupart des nervures testacées ; ptérostigma
fauve. (Est-ce bien la même que celle figurée par Drury ?)

doit être une femelle. Ailes un peu roussâtres à la base, ayant le ptéro-stigma oblong, brun.

Du royaume d'Oware.

* 8. ÆSCHNA GRANDIS, *Linné.*

Rufa ; thorace fasciis duabus lateralibus et punctis quatuor supra maculisque abdominis lateralibus geminatis cœruleis ; alis flavo-rufescentibus.

Fabr., *Ent. syst.*, II, p. 384, n° 2.—Latr , *Hist. Ins.*, XIII, p. 7, n° 2 — Vanderl., *Monogr. Lib.*, p. 26, n° 6.—Charp., *Hor. Ent.*, p. 32.—Sel., *Monogr. Lib.*, p. 112, n° 7. — Burm., *Handb. der Ent.*, II, pag. 838, n° 7. — Linn., *Syst. Nat.*, I, p. 903, n° 9. *Lib.*— Geer., *Ins.*, II, p. 678, tab. 20, fig. 5. L. *Flavipennis.*—Harr., *Exp. of. Ins.*, tab. 12, fig. 1, 2. —Roes., *Ins. aq.*, II, tab. 4.—Mull., *Faun. fridr. L. Quadrimaculata,* a , *н, ζ,* n° 540.

Dix à onze centim. d'envergure et de huit à neuf de long. Face d'un jaune roussâtre, n'ayant pas de tache noire sur la partie postérieure du front, mais ayant seulement une nuance brunâtre peu marquée. Thorax pubescent, roux, avec deux bandes latérales jaunes et un point bleu à la partie antérieure de l'attache de chaque aile. Abdomen un peu renflé à la base, étranglé après, chez le mâle , un peu atténué vers l'extrémité, roux, ayant le bord postérieur du premier segment en dessus gibbeux, et le bord latéral un peu jaune ; deuxième, muni de chaque côté, d'une petite crête, avec quatre dents sur son bord postérieur, ayant une tache latérale jau-nâtre et deux petits traits en dessus blanchâtres , et postérieurement une bande transverse bleuâtre ; les suivants ayant sur les côtés une tache géminée bleue, et en dessus une petite tache sur chaque incision, deux petits traits transverses avant le milieu du segment et une partie du dessous du dernier jaunâtres ; appendices supérieurs du mâle à peu près deux fois longs comme le dernier segment , un peu arrondis et étroits à leur base, un peu lancéolés et dilatés dans leur milieu, obtus et arrondis à l'extrémité, où la côte médiane du dessus vient se renfler, concaves en dessous, saillants vers la base ; l'inférieur un peu plus de moitié plus petit, creusé en dessus, triangulaire , étroit, allongé , ob-tus, non échancré à l'extrémité , qui présente en dessus deux petites saillies ; appendices de la femelle beaucoup plus courts, étroitement lan-céolés , obtus, un peu dilatés à leur bord interne, qui est cilié. Pattes rousses. Ailes d'un jaune roussâtre, plus foncées vers le bord costal ; ptéro-stigma médiocrement long, d'un jaune roux ; membranule petite, d'un blanc jaunâtre ; bord abdominal du mâle peu sinueux ; angle anal peu saillant.

Rare dans les environs de Paris, et habitant surtout le nord de l'Eu-rope. Elle paraît pendant l'été.

* 9. ÆSCHNA RUFESCENS , *Vanderlinden.*

Rufescens; thorace fasciis duabus flavis; fronte postice immaculata ; membranula fusca, intus fulvo marginata.

Vanderl. *Monogr. Lib.* , p. 27. — Fonscol. , *Ann. soc. Ent.* , VII, p. 96 , nº 7, pl. 6. — Sel. *Monogr.*, p. 113, nº 8. — Charp., *Hor. Ent.*, p. 33. *Æschna Chrysophthalmus?* — Burm. , *Handb. der Ent.* , p. 838 nº 8. — Mull. Faun. Friedr. , nº 540 , *L. quadrifasciata.*

Sensiblement plus petite que la *Grandis.* Face d'un jaune roux , avec le bord supérieur du front marqué d'une petite ligne noire, nullement marqué de noir postérieurement ; bord postérieur jaune, noir supérieurement ; yeux peu sinués postérieurement. Thorax d'un jaune roux avec deux bandes latérales jaunes. Abdomen peu renflé à la base , rétréci après, un peu trigone, roux, marqué de jaune sur les côtés surtout à la base , avec une tache semblable allongée sur le deuxième segment, ayant les incisions des segments , une ligne fine transverse avant le milieu de chacun l'arête dorsale qui se dilate en une petite tache sur les deux pénultièmes noirs ; appendices supérieurs du mâle étroits , allongés , au moins deux fois aussi longs que le dernier segment, un peu rétrécis à la base qui présente en dessous un tubercule, un peu dilatés au bord interne, terminés en pointe obtuse et un peu courbée ; l'inférieur triangulaire , courbé, obtus, fait comme chez les Libellulides , au moins deux fois moins long que les autres ; ceux de la femelle plus courts , oblongs , allongés , à peine sensiblement rétrécis à la base , ciliés au bord interne. Pattes ayant les cuisses rouges, avec les genoux et le reste noirs. Ailes transparentes, ayant les nervules costales antérieurement, un certain nombre de nervules , une petite partie de la base , plus foncée aux postérieures , le long de la membranule, une légère teinte sur le second espace costal, et la nervure cubitale d'un jaune fauve ; ptérostigma médiocre , fauve, avec le centre obscur ; membranule des inférieures très-grande , prolongée surtout le bord abdominal , brune ; angle anal arrondi , à peine saillant ; tubercule du deuxième segment en pointe obtuse, ayant quatre petites dents dont la première peu sensible.

Assez commune à la fin du printemps dans les environs de Paris ; quelquefois très-abondante dans certaines localités. Elle habite aussi le midi de la France. M Géné me l'a communiquée de Sardaigne. Cette espèce ne quitte guère le bord des étangs, où elle vole vivement et par saccade , s'arrêtant souvent en l'air. Si cette espèce est bien le *Chrysophthalmus* de M. de Charpentier, je ne puis comprendre la peine qu'il se donne pour le distinguer de la *Grandis.*

* 10. ÆSCHNA MACULATISSIMA, *Latreille.*

Flavo-viridis; thorace fascia humerali, fusco-rufa, lineisque duabus lateralibus, prima abbreviata, nigris; abdomine nigro, flavo cœruleoque variegato, segmenti secundi tuberculo quadrispinoso.

Latr., *His. Ins.* XIII, p. 7, n° 3.— Charp., *Hor Ent.*, p. 34.—Vanderl., *Monogr. Lib.*, p. 22, n° 3.—Sel., *Monogr. Lib*, p. 108, n° 5.—Rœs., *Ins. Aquat.* II, tab. 2.—Schœff., *Icon.*, tab. 6, fig. 5, 10.—Harr., *Exp. Ins.*, tab. 16, fig. 1,2, et tab. 23, fig. 4.—Burm., *Hundb. der Ent.* II, p. 838, n° 9. — *Æschna Juncea.*

De la taille de la *Grandis*. Face d'un vert jaunâtre ayant une tache noire en forme de T sur le dessus du front, dont la branche transverse est épaissie et vient s'arrondir sur le bord antérieur; vertex jaune avec une bande noire à la base; occiput jaune, mince, formant un bord saillant, concave postérieurement; yeux fortement sinués postérieurement; bord postérieur noir avec une tache jaune derrière la sinuosité des yeux. Thorax d'un vert jaunâtre, ayant antérieurement une bande d'un brun roux, qui, s'unissant de chaque côté avec une autre bande humérale de la même couleur, entoure deux taches ovales de la couleur du fond; bande humérale présentant à sa base un point jaune; côtés marqués de deux lignes noires dont l'antérieure, plus courte, s'anastomosant sur les bords de la poitrine qu'elles bordent de noir. Abdomen un peu gonflé à la base et étranglé après, dans le mâle, noir, varié de nombreuses taches jaunes et bleues, ainsi disposées sur la plupart des segments; en dessus un petit trait transverse sur le bord antérieur et une petite tache géminée à l'union du tiers antérieur avec les deux autres, jaunes ou jaunes bleuâtres; une tache géminée, beaucoup plus grande, sur le tiers postérieur bleue, ou d'un bleu jaunâtre; sur les côtés antérieurement, et en dessous, une tache géminée, chacune dans un sens différent; la tache postérieure du dessus plus large et non géminée sur les deux derniers segments, qui en manquent en dessous; base présentant trois taches latérales dont deux sont jaunes et la médiane bleue, et en dessus une tache longitudinale aiguë sur le second segment; tubercule ayant quatre dents et quelquefois le rudiment d'une cinquième; appendices supérieurs du mâle plus de deux fois aussi longs que le dernier segment, contournés de manière que le bord interne devient inférieur, terminés par une pointe un peu tournée du côté externe, rétrécis à la base, dilatés au milieu, sinués ou échancrés avant l'extrémité, noirs, jaunâtres sur le milieu de la face interne; l'inférieur moitié moins long, étroit en triangle allongé, obtus. Abdomen de la femelle beaucoup plus épais; appendices presque lancéolés, à peine rétrécis à la base, presque obtus. Pattes noires, avec les cuisses un peu rougeâtres chez le mâle, en grande partie rouges chez la femelle, à l'exception des antérieures dont la face interne est jaune dans les deux sexes. Ailes transparentes ayant la nervure costale jaune ou jaune roussâtre antérieurement; ptérostigma court, noirâtre; membranule courte, blanchâtre; bord abdominal sinué; angle anal fortement saillant chez le mâle.

Commune en Europe pendant l'automne; elle vole dans les allées des bois. La *Juncea* de Linné ne paraît pas s'y rapporter; elle est du reste décrite trop vaguement pour qu'on puisse la reconnaître dans une de nos espèces. C'est à tort, selon moi, que M. de Selys applique ce nom à une espèce d'Angleterre qu'il distingue ainsi de la *Maculatissima*: « Ptérostigma roussâtre dans les deux sexes, plus long; taches verdâtres au lieu d'être bleues: yeux bleus; front plus aplati en dessus, où la double ligne en T est moins large en avant. » Si cette espèce est authentique ? il eût été préférable de lui donner un nouveau nom.

11. ÆSCHNA VIRIDIS, *mihi.*

Viridis; thorace fascia antica et humerali aliaque laterali media fusco-rufis; segmenti secundi, tuberculo quinque-dentato.

Je décris cette espèce d'après un individu mutilé. De la grandeur de la *Maculatissima*, à laquelle il ressemble; ressemblant aussi à l'*Ingens*, mais ayant l'abdomen beaucoup plus rétréci à la base. Thorax vert, ayant une bande antérieure dilatée inférieurement, une autre humérale et une latérale médiane, d'un brun roux, se réunissant sur le bord de la poitrine qu'elles couvrent; espace inter-alaire et les petits points élevés de la base des ailes verts. Abdomen moins renflé à la base que chez la *Maculatissima*, ayant le premier segment roux en dessus, avec une élévation postérieure et une large tache sur les côtés verts; le second un peu gibbeux dans son milieu, en dessus, ayant une tache postérieure et les côtés roussâtres (teinte qui était probablement verte); le troisième avec une tache dorsale antérieure, très-allongée, une autre triangulaire sur le milieu, une troisième semblable et postérieure, et une autre sur la partie antérieure des côtés, de la couleur des précédentes; le reste de l'abdomen manque; tubercule du second segment ayant cinq petites dentelures. Pattes noires, un peu rougeâtres à la base. Ailes transparentes, avec le ptérostigma noirâtre, plus étroit et un tiers plus long que chez la *Maculatissima*; membranule courte, ayant la forme d'un losange, brunâtre.

Collection du Musée; sans indication de patrie.

*12. ÆSCHNA MIXTA, *Latreille.*

Brunneo-rufescens; thorace fasciolis duabus anticis, fasciisque lateralibus duabus flavis; abdomine nigro cœruleoque variegato, maris appendicibus absque tuberculo basilari, in femina longioribus.

Latr., *Hist. Ins.*, XIII, p. 7, nº 4. — Charp., *Hor. Ent.*, p. 35. —

Vanderl., *Monogr. Lib.*, p. 23 , n° 4. — Sel., *Monogr. Lib.*, p. 102,
n° 2. —Fonscol., *Ann. soc. Ent.* VII , p. 87, n° 4, pl. 4.

Un peu plus de huit centim. d'envergure et sept de long. Face jaunâtre,
un peu roussâtre inférieurement, avec la lèvre supérieure bordée de noir ;
partie supérieure du front, ayant une tache noire en forme de T, très‑
court, dont la branche transverse très-épaisse et descendant un peu au‑
dessous du bord supérieur du front, et l'autre partie s'appuyant sur une
bande noire qui descend le long des yeux ; vertex et occiput jaunes ;
yeux sinués postérieurement ; bord postérieur noir. Thorax d'un rous‑
sâtre un peu obscur, surtout sur les côtés, ayant antérieurement deux pe‑
tites taches et sur les côtés deux bandes jaunes , et deux lignes noires ,
peu marquées. Abdomen renflé à la base, rétréci après, presque cylindri‑
que, d'un brunâtre un peu roux à la base et en dessous , noir ou noirâtre
en dessus ; premier segment ayant sur les côtés une tache jaune, le se‑
cond une petite tache jaune en dessus au bord antérieur, d'où part
un petit trait longitudinal , deux traits bleus sur le milieu, qui , sur les
côtés , s'élargissent en une tache, après laquelle il y en a une autre jau‑
nâtre , et la partie postérieure bleuâtre ; la plupart des autres un petit
trait sur le bord antérieur , deux avant le milieu bleuâtres ou jaunâtres ,
deux taches sur le bord postérieur, deux autres sur la partie antérieure,
des côtés bleues ou d'un bleu jaunâtre, absolument comme chez la *Maculatissima ;* tubercule du second segment, un peu en pointe, ayant trois
petites dents, dont une peu sensible ; appendices supérieurs du mâle un
peu plus de deux fois aussi longs que le dernier segment, rétrécis à leur base,
dilatés un peu au delà de leur milieu, surtout à leur bord interne, qui est
fortement cilié ; côte du milieu n'étant guère sensible que vers l'extrémité
qui est terminée en une petite pointe courte un peu fléchie par en bas ; base
sans apparence de tubercule ; l'inférieur un tiers moins long , comme
dans les précédentes , fortement canaliculé ; appendices de la femelle
plus longs que ceux du mâle, oblongs très-allongés , obtus et arrondis à
l'extremité, trois fois aussi longs que le dernier segment, légèrement ci‑
liés au bord interne. Pattes noires , roussâtres à la base. Ailes transpa‑
rentes, ayant quelquefois un peu de rougeâtre à la base , avec une lé‑
gère teinte de brun roussâtre chez la femelle ; ptérostigma d'un brun un
peu roussâtre ; membranule moitié blanche , moitié brunâtre, courte ,
large ; bord abdominal un peu sinueux ; angle anal un peu saillant, obtus
ou un peu arrondi.

Elle se montre pendant l'été dans toute la France ; mais elle est assez
rare.

* 13. ÆSCHNA AFFINIS , *Vander-Linden.*

*Flavo-rufescens ; thorace lineis tribus, media abbreviata nigris ;
abdomine nigro cærulcoque variegato, vel flavo-rufescente, nigro de-*

lineáto, maris appendicibus tuberculo basali, in femina brevio-ribus.

Vanderl., *Monogr. Lib.*, p. 24, n° 5.—Ejusd. *Æschn. Bonon.*, n° 5, fig. 5. ♂. — Fonscol., *Ann. soct. Ent.*, VII, p. 91, n° 5. — Sel., *Monogr. Lib.*, p. 104, n° 3.

Très-souvent confondue avec la *Mixta* à laquelle elle ressemble beaucoup, et dont elle a le port et la taille; tache noire frontale en T, plus étroite dans toutes ses parties. Thorax de la même couleur en dessus, ayant les deux petites taches jaunes antérieures; côtés variés de jaune et de verdâtre, ayant la partie brunâtre qui est entre les deux bandes jaunes, chez la *Mixta*, jaune, et trois lignes noires bien marquées dont celle du milieu ne va pas jusqu'en haut. Abdomen jaune sur les côtés à la base, varié de brun et de noir, coloré de la même manière, seulement sur chaque segment, les taches avant le milieu, sont presque aussi larges que les postérieures et il y a postérieurement, sur les côtés une tache de plus; chez la femelle, le noir est remplacé par du roux obscur, les taches du dessus sont plus petites, d'un jaune verdâtre, ou jaunes, les côtés de la base et les taches latérales d'un jaune verdâtre; appendices du mâle un peu différents, ayant un tubercule en dessous, à la base, et un autre en dessus à leur naissance, sensiblement plus larges après leur milieu et à l'extrémité, qui est un peu arrondie, et se termine par une pointe plus longue, plus aiguë, faisant suite au bord externe, l'interne à peine cilié; côte médiane bien moins sensible à l'extrémité; ceux de la femelle plus courts que dans le mâle, près de moitié plus courts que chez la femelle de la *Mixta*. Ailes ayant les nervures costales extérieurement, et le ptérostigma roux.

J'ai trouvé communément cette espèce dans la forêt de Bondy au mois d'août, et sur vingt ou trente mâles que j'ai aperçus, aucun ne paraissait différer par la coloration; c'est la véritable *Affinis* de Vander-Linden.

J'ai rencontré dans le midi de la France une variété paraissant dès le mois de mai en très-grande quantité, et toujours semblable, fort différente de couleur, mais ne présentant aucun caractère organique qui pût la séparer de la véritable *Affinis;* entièrement d'un jaune un peu roussâtre en dessus, un peu verdâtre sur les côtés du thorax, n'ayant aucune trace de couleur bleue, marquée de lignes noires qui représentent en partie sur l'abdomen les dessins que l'on voit sur celui de l'*Affinis*, mais les taches noires ont en partie disparu, excepté sur les derniers segments en dessus; ligne médiane des côtés du thorax un peu plus longue; tubercule du second segment complétement semblable; les ailes ont un peu plus de jaune à la base, et le second espace costal est ordinairement teint de cette couleur. Très-abondante à Hyères, et surtout à Arles où on la voit par centaines. Les femelles nouvellement écloses que l'on trouve à Paris n'en diffèrent pas pour la couleur. M. de Selys n'a rencontré que cette variété en Belgique.

14. ÆSCHNA MARCHALI, *mihi.*

Fusco-rufa; thorace antice punctis duobus lineisque lateralibus duabus flavis; abdomine post basim valde angustato, fusco flavoque, variegato, pterostigmate parvo ♂.

De la taille de l'*Æ. mixta.* Face jaune avec la partie inférieure roussâtre ; front ayant en dessus une tache en forme de T, dont les branches sont très-larges. Thorax pubescent, d'un jaunâtre obscur, roux sur les côtés, ayant en avant deux points allongés, deux lignes sur les côtés, sinuées jaunes ; espace inter-alaire marqué de trois taches, et ayant deux tubercules à la naissance de chaque aile d'un jaune verdâtre. Abdomen renflé à la base, très-étranglé après, ensuite se rélargissant, puis un peu atténué vers l'extrémité ; base d'un roux obscur, tachée de jaune sur les côtés, avec le second segment gibbeux en dessus dans son milieu, et ayant une espèce de crête peu élevée, les autres d'un brun roux foncé, la plupart ayant en dessus une double tache antérieure large, une autre postérieure, une troisième un peu avant le milieu, un double trait qui dans son milieu s'avance postérieurement en formant un angle, jaunes ; la double tache postérieure s'étend sur les côtés où l'on voit une autre double tache à la partie antérieure ; le dernier segment présente en dessus, antérieurement, une petite crête épaisse après laquelle il y a une légère dépression ; appendices supérieurs médiocrement longs, étroits à la base, dans le tiers de leur longueur, élargis au milieu au bord interne, ensuite se rétrécissant avant l'extrémité, qui est obtuse et qui se rélargit un peu, presque trigone à cause de la ligne élevée du milieu qui devient plus sensible, fortement ciliés à leur bord interne ; l'inférieur en triangle allongé, aminci vers l'extrémité qui est obtuse et présente un petit enfoncement dans son milieu, dépassant en longueur la moitié des supérieurs. Pattes d'un roux un peu obscur, noirâtres à la face interne. Ailes transparentes ; ptérostigma très-petit, saillant, d'un brun roux ; angle interne des inférieures, saillant, obtus ; membranule noire inférieurement, blanche supérieurement ; ces deux couleurs placées obliquement ; treize nervules au premier espace costal ; le triangle des quatre à peu près semblable, réticulé, un peu plus long aux supérieures.

Habite la Colombie ; communiquée par M. Marchal.

15. ÆSCHNA DIFFINIS, *mihi.*

Rufescens ; thorace fasciis duabus obliquis flavis; abdomine brevi post basim angustato, flavo maculato ; membranula fusca apice alba.

Un peu moins grande que la *L. cancellata.* Face jaune, ayant une ligne noire transverse sur la partie antérieure du front, et sur sa face supérieure une tache en forme de T bien marquée; vertex noir à la base , et occiput jaune; yeux fortement sinués postérieurement; bord postérieur noir. Thorax testacé, avec deux bandes jaunes très-obliques, dont la postérieure semble faire suite avec le jaune des côtés de l'abdomen, marqué avant la première, d'un petit point de la même couleur. Abdomen renflé à la base, fortement rétréci après, court, roussâtre; premier segment d'un jaune bleuâtre en dessus, avec une tache jaune sur les côtés; deuxième ayant la moitié postérieure d'un jaune bleuâtre, avec les côtés jaunes , et la ligne saillante placée au milieu, sinueuse; la plupart des autres ayant en dessus un double petit trait avant le milieu, deux taches postérieurement qui descendent un peu sur les côtés, et deux taches sur la moitié antérieure des côtés, jaunes ou d'un jaune bleuâtre; appendices à peu près lancéolés; on aperçoit les rudiments de l'arête latérale supplémentaire qui se voit chez les Anax. Pattes noires, rayées de jaune sur la face externe des cuisses. Ailes transparentes, les postérieures larges à la base , ayant les deux nervures antérieures en avant, et quelques nervules roussâtres; ptérostigma assez petit, d'un jaune un peu roux ; membranule grande , brune , blanchâtre au sommet.

Collection de M. Serville , et indiquée du Chili.

16. ÆSCHNA BONARIENSIS, *mihi*.

Testaceo-rufescens; thorace fasciis duabus lateralibus obliquis, et antice lineolis duabus flavis; membranula fusca, albido murginata.

De la taille de la *Diffinis*, et lui ressemblant beaucoup. Face jaune, sans ligne transverse noire; dessus du front ayant une tache noire en forme de T, au milieu, avec une tache d'un brun bleuâtre de chaque côté, moins bordé de noir que dans la *Diffinis;* bord postérieur noir. Thorax roussâtre ayant deux bandes latérales très-obliques ; l'apparence de deux lignes antérieures, et une bande sur l'espace inter-alaire jaunes, un peu bleuâtres chez le mâle. Abdomen taché à peu près comme chez la *Diffinis* avec les taches bleues , jaunes chez la femelle; et une ligne jaune longitudinale en dessus à la base; appendices du mâle, assez longs, étroits, grêles, ciliés à leur bord interne qui est un peu sinué, rétrécis à la base, qui présente un tubercule en dessous, tronqués obliquement à l'extrémité qui se termine par une petite pointe; côte médiane très-élevée à l'extrémité, ce qui les rend un peu trigones; l'inférieur plus de moitié plus petit, très-rétréci à l'extrémité; ceux de la femelle presque lancéolés, plus longs que chez la *Diffinis*. Pattes brunes avec la face externe des cuisses en grande partie rougeâtre. Ailes transparentes, légèrement teintes de roussâtre; ptérostigma jaune chez la femelle, d'un brun roussâtre chez le mâle; membranule brune , bordée de blanchâtre, surtout en dedans; angle anal chez le mâle un peu saillant.

Collection de M. Serville , et indiquée de Buénos-Ayres.

17. ÆSCHNA CONFUSA, *mihi.*

Flavo - rufescens; thorace fasciis duabus lateralibus lineisque
duabus anticis flavis; membranula fusca albido marginata ♀.

Très-près de la *Bonariensis*, et n'en étant peut-être qu'une variété ;
elle en diffère surtout par les deux lignes antérieures du thorax , et en
ce que les lignes latérales sont beaucoup moins obliques; dessin du
ventre semblable , distribué à peu près comme chez la *Mixta*. Ailes ayant
un léger nuage roussâtre avant le sommet.

Je pense qu'elle pourrait bien , avec les deux précédentes , ne former qu'une seule espèce. De la collection de M. Serville, et indiquée
de Buénos-Ayres.

18. ÆSCHNA BREVISTYLA, *mihi.*

Rufa; thorace lineis duabus lateralibus, abdominisque maculis
numerosis flavis , appendicibus præsertim in femina brevissimis.

De la taille de la *Rufescens*. Face jaune , rousse inférieurement , avec
le bord de la lèvre supérieure noir , ayant sur le dessus du front une
tache noire en forme de T, dilatée postérieurement; yeux sinués postérieurement ; bord postérieur noir, avec une tache jaunâtre derrière la
sinuosité. Thorax d'un roux obscur , ayant sur les côtés deux lignes d'un
jaune un peu verdâtre , un peu obliques , obliquité qui varie très-sensi-
blement , dont la première est divisée inférieurement par un point noir ,
et sur la partie antérieure l'apparence de deux petites lignes , jaunes.
Abdomen renflé à la base, étranglé après et ensuite d'égale largeur , d'un
roux plus ou moins obscur, ayant sur les côtés de la base une bande ,
deux taches en dessus en forme de virgule, et sur la plupart des segments
en dessus un petit trait longitudinal antérieur, une double tache sur le
milieu , plus grande sur les 6 et 7e, très-petite sur le huitième, disparaissant sur les autres , jaunes, ainsi que deux taches sur la partie antérieure
des côtés ; il y a en outre en dessus, à l'extrémité, une autre tache qui paraît bleue; le dernier segment est en partie jaunâtre , et présente sur son
milieu une crête saillante ; tubercule du deuxième ayant deux petites dents;
appendices supérieurs du mâle petits, étroits, courbés après la base où il
y a une sorte de saillie en dessous, un peu concaves en dessous , terminés
un peu en pointe; l'inférieur plus court, étroit, abaissé à sa base , un
peu recourbé , terminé en pointe obtuse, noirs ; ceux de la femelle très-
courts, jaunes à la base. Pattes noires, largement rougeâtres à la base.
Ailes transparentes, quelquefois teintes d'un peu de roussâtre , avec la
nervure costale roussâtre ou jaune ; membranule large, peu longue , noirâtre dans sa moitié inférieure , blanchâtre dans le reste; ptérostigma

d'un brun un peu roux chez le mâle , plus étroit et plus long chez la femelle ; angle anal chez le mâle saillant , obtus.

Cette espèce ressemble beaucoup à la *Bonariensis*; mais elle s'en distingue de suite par la brièveté des appendices.

Collection du Musée. Elle m'a été donnée comme venant de la Nouvelle-Hollande.

* 19. ÆSCHNA IRENE , *Fonscolombe.*

Viridi fuscoque variegata; thorace contracto; abdominis segmenti secundi tuberculo magno , tenuiter denticulato ; alis hyalinis, apice infuscatis.

Fonscol. , *Ann. soc. Ent.* , VII , p 93 , n° 6, pl. 6, fig. 1. — Sel., *Monogr. Lib.*, p. 110, n° 6.

Un peu plus petite et plus grêle que la *Grandis*. Face d'un vert jaunâtre, rousse inférieurement ; bord supérieur du front beaucoup plus élevé que la partie postérieure, un peu teint de bleuâtre , avec l'apparence d'une bande brune qui disparaît postérieurement, beaucoup plus élevé que les yeux, qui sont fortement déprimés en dessus, de sorte que leur bord supérieur est en biseau, très-fortement sinués postérieurement ; vertex très-court, noir ; occiput très-avancé entre les yeux, peu concave postérieurement, jaune, noirâtre et velu à sa partie antérieure; bord postérieur de la tête jaune, noir supérieurement. Prothorax court ; thorax plus court que dans les autres espèces , épais de haut en bas , varié de brun roussâtre, de marques et de quatre traits antérieurs noirâtres, entre lesquels il y a une tache de chaque côté d'un jaune roux , avec les côtés marqués de vert. Abdomen médiocrement renflé à la base, fortement étranglé après, un peu atténué postérieurement , varié de vert, un peu jaunâtre ou blanchâtre et de brun roussâtre, couleurs ainsi disposées, sur la plupart des segments : partie antérieure, d'un vert pâle, ayant une petite tache en dessus, d'un brun roussâtre près du bord antérieur, avec quatre petites marques et une petite tache latérale roussâtres ; les deux derniers presque entièrement verdâtres ; tubercule du deuxième segment très-prononcé , en forme de lobule , marqué d'une tache noire, denticulé à son bord postérieur ; appendices supérieurs du mâle d'un brun roux , ayant la base étroite, avec un tubercule en dessous, s'élargissant insensiblement dans un assez long espace, assez fortement avant l'extrémité, surtout à leur bord interne, l'externe un peu sinué côte du milieu en dessus, très-large et enflée en approchant de l'extrémité, qui est obtuse, presque arrondie et mucronée ; inférieur plus de deux fois plus court, étroit, en triangle allongé, un peu courbe , excavé en dessus, avec l'extrémité un peu divisée , obtuse; ceux de la femelle plus courts, lancéolés. Pattes rougeâtres, obscures aux tarses et aux genoux. Ailes transparentes, teintes d'un peu de brun roussâtre, avec le sommet très-souvent brunâtre ; ptérostigma médiocre, d'un jaune roux ; membranule très-courte, blanchâtre ; bord abdominal sinué ; angle anal, chez le mâle, obtus, un peu arrondi, saillant plusieurs nervules jaunes sur chaque aile, ce qui les rend apparentes.

Décrite pour la première fois par M. de Fonscolombe. Je l'ai prise en 1827 dans les environs de Montpellier, et elle m'a été communiquée de Sardaigne par M. Géné. Elle a aussi été trouvée au Mans par M. Blisson ; ce qui prouve qu'elle pourrait bien se rencontrer dans les environs de Paris.

20. ÆSCHNA MINOR, *mihi.*

Rufa ; thorace fasciis duabus flavis ; abdomine maculis flavidis vel cœruleis ? alis angustis, macula baseos rufa ♂.

De la taille de la *L. Cancellata.* Face d'un jaune obscur, ayant au dessus du front une tache en forme de T, noirâtre, très élargie antérieurement ; occiput très-large ; yeux médiocres, fortement sinués postérieurement ; bord postérieur jaune. Thorax d'un roux obscur, avec deux bandes jaunes latérales. Abdomen renflé à la base, rétréci après, roux, bleu sur les côtés de la base, où l'on voit un point jaune, ayant sur la plupart des segments en dessus, une ligne sur le bord antérieur, deux traits avant le milieu et deux taches postérieures arrondies, doubles, ou se prolongeant sur les côtés, et une autre antérieure, sur les côtés bleues ; l'on aperçoit sur les côtés les rudiments de l'arête supplémentaire, qui se voit chez les Anax ; appendices à peu près lancéolés. Pattes d'un roux obscur. Ailes très-étroites, à réseau bien marqué, ayant une partie des nervures et des nervules rousses, avec la nervure costale jaune antérieurement, le bord costal un peu lavé de roussâtre, et la base rousse ; membranule blanchâtre, assez petite ; ptérostigma petit, jaune.

Indiquée de l'Amérique septentrionale.

* 21. ÆSCHNA VERNALIS, *Vander-Linden.*

Fusca ; thorace fasciis luteis ; abdomine maculis numerosis cœruleis (mas) vel flavis (femina), appendicibus maris superioribus ante apicem triquetris ; pterostigmate angustissimo.

Vanderl., *Æschn. Bonon.*, no 2, fig. 2. *Ejusd. Monogr. Lib.*, p. 21, no 2. — Fonscol., *Ann. soc. Ent.*, VII, p. 81, pl. 5, fig. 2. — Burm., *Handb. der Ent.*, II, p. 839, n° 12. — Sel., *Monogr. Lib.*, p. 100, n. 1. — Charp. *Hor. Ent.*, p. 37. *Æschna Pilosa.*

Un peu plus petite que l'*Affinis*, ayant surtout les ailes beaucoup plus petites. Face jaune, avec les bords de la bouche, l'articulation de la lèvre

supérieure, une ligne transverse frontale, une tache en T, au-dessus du
front noirs; yeux contigus, dans un espace beaucoup moindre que chez
les autres espèces; occiput saillant, se continuant sur les côtés des yeux
en une ligne élevée et saillante, jusqu'à leur échancrure, qui est très-profonde. Thorax très-velu, roux en dessus et antérieurement, avec deux
bandes jaunes, plus petites chez la femelle; côtés quelquefois jaunes,
d'autres fois en grande partie roux, avec des marques jaunes, ayant trois
lignes noires, dont la médiane aussi longue que les autres. Abdomen
presque cylindrique, allant en diminuant de la base à l'extrémité, pas
sensiblement renflé ni étranglé, pubescent, noir, avec des taches bleues
chez le mâle, jaunes chez la femelle, disposées comme chez l'*Affinis*, mais
différant, un peu par la forme; celles des côtés plus larges chez la femelle;
sur la plupart des segments en dessus, la tache antérieure est linéaire et descend sur les côtés, les deux avant le milieu forment deux lignes étroites et
aiguës extérieurement, les deux postérieures sont presque arrondies, bien
isolées; il y en a trois sur les côtés, très-larges à la base, souvent réunies chez
la femelle; appendices du mâle très-longs, deux fois aussi longs que le
dernier segment, qui est long, étroit, ciliés au bord interne, ayant la côte
médiane très-élevée avant l'extrémité, ce qui les rend trigones, celle-ci
aplatie, lancéolée, un peu obtuse; l'inférieur trois fois plus court, tronqué, échancré, triangulaire; ceux de la femelle oblongs, très-allongés, presque aussi longs que ceux du mâle; dernier segment dans ce
sexe, saillant en dessous et hérissé d'épines; tubercule du second segment
ayant quelques petites dentelures. Pattes noires. Ailes petites, transparentes, souvent lavées de roussâtre, surtout chez la femelle, dont le bord
antérieur est ordinairement jaune, ainsi que les nervules, les premiers
espaces huméral et cubital et les nervures costales antérieurement; ptérostigma d'un jaune foncé, très-étroit, long; membranule courte, blanche; angle anal tout à fait arrondi chez le mâle.

Assez commune au mois de mai le long des prairies et des bois.

22. ÆSCHNA PENTACANTHA, *mihi.*

*Rufo-viridique variegata; fronte producta, facie subescavata,
oculis postice escavatis; abdominis segmento ultimo subtus producto, in femina, quinque-fido ♀.*

De la taille de la *Maculatissima.* Face assez étroite, un peu excavée,
avec le bord supérieur du front très-saillant, en biseau, jaune roux inférieurement, ayant le dessus du front vert antérieurement, d'un brun
roux postérieurement; vertex saillant, bifide; occiput faisant une
saillie postérieurement où il est légèrement échancré; yeux contigus
dans un petit espace, étroits, fortement échancrés; bord postérieur très-saillant derrière l'échancrure. Thorax court, d'un brun rou-

geâtre, avec deux bandes antérieures courbées en crochet à leur sommet et deux autres de chaque côté vertes ; espace inter-alaire vert. Abdomen cylindrique, s'amincissant en allant vers l'extrémité, non renflé à la base, nullement rétréci après, d'un brun rougeâtre, vert à la base en dessus (couleurs altérées et ne laissant plus voir de dessin) ; appendices très-petits, étroits, presque en forme de styles, n'étant pas plus longs que le dernier segment ; celui-ci ayant le dessous saillant, portant cinq épines courtes. Pattes noires, avec une grande partie des cuisses rouge. Ailes transparentes, un peu brunâtres vers le bord postérieur, à l'exception de la base ; membranule blanche, un peu sinuée au bord externe, courte ; ptérostigma étroit, assez long, d'un jaune obscur : je ne connais pas le mâle.

Collection du Muséum, et indiquée de la Nouvelle-Orléans. Cette espèce, par l'étroitesse des yeux, qui ne sont contigus que dans un petit espace, et par la base des mandibules complétement découverte, se rapproche un peu des Gomphides.

Genre GYNACANTHA, *mihi.*

Face étroite ; yeux grands, contigus dans un long espace, légèrement sinués postérieurement ; occiput très-petit. Second segment de l'abdomen chez les mâles, ayant un tubercule prononcé ; appendices des mâles simples, grêles ; dernier segment chez les femelles, saillant et prolongé inférieurement, garni d'épines longues (2 à 5 seulement dans les espèces que je connais). Membranule presque nulle.

1. GYNACANTHA QUADRIFIDA, *mihi.*

Viridi fuscoque variegata; appendice inferiori profunde bifido ; pterostigmate subquadrato ♂.

De la grandeur de la *L. ferruginea*, mais plus longue. Face jaune ayant des taches obscures inférieurement, et sur le dessus du front une tache noire un peu en forme de T, très-élargie à la base ; vertex épais ; occiput concave noir, ainsi que le bord postérieur ; yeux sinués postérieurement. Thorax pubescent, d'un vert obscur, ayant la partie antérieure et supérieure d'un brun roux, avec quatre bandes vertes, dont les deux supérieures courtes, transverses ; côtés marqués de trois taches ou bandes noires, confluentes et ne formant qu'une seule bande longitudinale. Abdomen long, cylindrique, renflé à la base et étranglé après, varié de noir et de taches jaunes ou vertes, disposées comme dans les autres espèces, mais les deux ou quatre antérieures sur chaque segment, selon qu'on les considère divisées, plus larges que chez les autres ; base du pénis très-profondément divisée, et dont les deux branches très-saillantes, s'arrondissent presqu'en cercle ; appendices supérieurs assez longs , de forme ordinaire , écartés à la base , un peu courbés en dedans , ayant deux petits tubercules en dessous , dont l'un avant la base , et l'autre au tiers antérieur (extrémité brisée) ; inférieur beaucoup plus court , profondément divisé en deux branches qui sont écartées, divergentes ; tubercule du deuxième segment, ayant à son bord postérieur un grand nombre de petites dentelures placées à peu près sur deux rangs. Ailes petites , à réseau très-large , transparentes ; ptérostigma court , large , presque carré ; membranule assez courte , un peu obscure ; bord abdominal sinué ; angle anal un peu saillant , obtus.

Collection de M. Serville , et indiquée de l'Amérique septentrionale.

2. GYNACANTHA FURCATA , *mihi.*

Flavo-rufescens ; capite maximo ; thorace virescente ; abdominis segmentis supra in medio striga duplici , obliqua , transversa , flavida , ultimo subtus producto , furcam acutam gerente ; alis hyalinis ♀ .

Ressemblant beaucoup à la *Subinterrupta* , mais ayant le réseau des ailes plus clair et le ptérostigma plus grand. Tête très-grosse , ayant la face étroite , d'un jaune verdâtre , avec une bande longitudinale au-dessus du front , un peu dilatée antérieurement , mais non en forme de T ; yeux très-grands et contigus dans un espace très-long , assez fortement sinués postérieurement ; bord postérieur jaunâtre , ayant une bande noire longitudinale qui ne couvre pas la largeur de ce bord comme chez la *Subinterrupta*. Thorax très-court , presque globuleux , d'un vert jaunâtre. Abdomen cylindrique un peu renflé à la base , d'un jaune roussâtre , ayant sur la plupart des segments un double trait oblique , en forme de chevron jaunâtre ; appendices grêles ; les deux styles de l'extrémité vulvaire longs , pointus, grêles, terminés par un pinceau de poils serrés ; partie inférieure du dernier segment , très-saillante , portant deux épines courbées , longues , représentant une fourche. Pattes d'un jaune roussâtre. Ailes transparentes à réseau large ; ptérostigma large , jaune ; membranule presque nulle.

De Borneo. Je ne connais pas le mâle.

3. GYNACANTHA TRIFIDA , *mihi.*

Obscure rufa ; abdomine gracili , post basim angustato , appendicibus superioribus gracilibus basi angustatis , cultriformibus , apice acutis , subaduncis (mas.) , segmento ultimo subtus producto trispino (femina).

De la taille de la *L. cancellata* , mais beaucoup plus grêle. Tête ayant la face étroite , jaune , légèrement rétrécie au sommet ; bord frontal un peu anguleux, largement noirâtre postérieurement avec une bande d'un roux obscur qui va jusqu'au vertex; celui-ci un peu en croissant, pas sensiblement échancré; occiput jaune, très-petit, en triangle allongé, formant un bord élevé postérieurement; yeux sinués à leur bord postérieur. Thorax d'un brun roux, plus pâle en dessous, court, légèrement pubescent. Abdomen grêle, linéaire, un peu renflé à la base qui offre latéralement, un tubercule comprimé, médiocrement saillant, ayant trois ou quatre petites dentelures, d'un brun roux; base tachée de bleu sur les côtés et en dessus; la plupart des segments ayant une ligne sur le bord antérieur? une autre transverse, avant le milieu, et postérieurement deux taches, qui se touchent, plus claires; appendices supérieurs rétrécis dans leur tiers antérieur, puis légèrement dilatés et conservant la même largeur dans les deux tiers suivants, ayant à l'extrémité une petite pointe un peu courbée, la face supérieure creusée et le bord interne renflé, surtout en dessous et formant comme un tubercule à l'endroit de la dilatation, cilié; l'inférieur à peu près trois fois plus court, triangulaire, allongé, obtus, légèrement bifide; dernier segment chez la femelle, prolongé et saillant en dessous, où il présente trois épines assez fortes, un peu courbées (appendices brisés). Pattes rousses, ayant les tarses obscurs avec les cuisses antérieures noirâtres extérieurement, jaunes inférieurement. Ailes transparentes, très-légèrement teintes de roussâtre vers la marge antérieure; ptérostigma médiocre, d'un roux obscur; bord interne des inférieures échancré; angle anal un peu saillant, obtus.

Collection de M. Serville, et indiquée de Cuba.

4. GYNACANTHA BISPINA, *mihi*.

Rufa, vel rufescens; thorace lateribus flavidis; abdomine gracili subcylindrico, maris appendicibus gracilibus, ante apicem dilatatis acutis, inferiori elongato obtuso; alis hyalinis, membranula subnulla.

Burm., *Handb. der Ent.* II, p. 837, n° 6. *Æschna Gracilis?*

De la taille de l'*A. formosus*, mais extrêmement grêle. Tête grosse, ayant la face étroite et le front peu élevé, jaune roussâtre, avec la partie postérieure marquée d'une bande obscure; bord supérieur un peu obscur, ponctué; occiput presque nul, formant une crête saillante, concave postérieurement; bord postérieur des yeux un peu sinué. Thorax très-court, presque globuleux, d'un jaune roussâtre plus pâle sur les côtés et en dessous, légèrement pubescent. Abdomen très-grêle, surtout chez le mâle, linéaire, cylindrique, légèrement rétréci après la base qui est très-peu renflée, et qui offre sur ses côtés un tubercule aplati ayant cinq ou six petites dentelures, roux, plus pâle en dessous, avec deux petits traits pâles, placés obliquement en dessus, près du milieu de chaque segment; ap-

pendices du mâle grêles, très-larges, très-étroits à la base, se dilatant insensiblement jusqu'au delà du milieu, assez fortement dilatés avant leur
extrémité, qui est aiguë, ayant le bord interne cilié ; l'inférieur très-étroit,
allongé, plus de moitié plus court que les autres ; femelle semblable au
mâle pour la couleur, ayant les appendices petits, très-grêles, très-
étroitement lancéolés ; styles des valves génitales très-longs, avec une
soie assez épaisse à l'extrémité au lieu du pinceau de poils ; côtés du dernier segment se prolongeant fortement en dessous, en une pièce triangulaire allongée, soudée à son extrémité avec celle du côté opposé, et d'où
partent deux longues épines un peu courbées en dedans et formant une
fourche. Pattes roussâtres. Ailes larges, obtuses, transparentes, ayant un
peu de jaunâtre à la base ; ptérostigma assez petit (4 millim.), roussâtre ;
membranule presque nulle, ne dépassant pas la dernière nervure de la
base ; bord interne échancré chez le mâle, avec l'angle anal peu saillant ;
yeux contigus dans un long espace.

Rapportée de l'île de France par M. Marchal.

5. GYNACANTHA SUBINTERRUPTA, *mihi*.

Flavo-rufescens ; fronte postice macula nigra, antice dilatata (T) ;
*thorace supra punctis quatuor maculisque tribus cœruleis ; abdomine
basi inflato, depresso, auriculato, post basim angustatissimo, appendicibus gracilibus, elongatis, ♂.*

Ressemblant à la *Trifida*, mais plus grande ; tête grosse, déprimée
supérieurement sur les yeux qui sont contigus dans un très-long espace,
et sinués à leur bord postérieur ; face jaune, étroite ; front rugueux
marqué postérieurement d'une tache noire en forme de T ; occiput assez
étroit, un peu en croissant, très-légèrement échancré, cilié, noir ; bord
postérieur jaune, noir supérieurement et dans toute sa largeur près de
l'occiput. Thorax court ayant une légère gibbosité sur les côtés, légèrement pubescent, d'un jaune obscur, un peu roussâtre, ayant en-dessus
à l'attache de chaque aile, un point, et trois taches sur l'espace inter-
alaire, bleus. Abdomen grêle, fortement renflé à la base qui est déprimée,
velue, avec le tubercule latéral formant une lame très-saillante, un peu
arrondie, portant six ou sept petites dentelures ; fortement rétréci et extrêmement comprimé après la base, ensuite un peu dilaté et presque de la
même grosseur partout ; d'un brun roux foncé en dessus, pâle à la base
du premier segment qui est velue, jaune en-dessous et brun à l'extrémité
des segments, dont le dessus est marqué d'une tache latérale antérieure,
divisée en deux, et de deux taches postérieures d'un jaune roussâtre, le
dessus du dernier en grande partie roux ; appendices supérieurs
très-longs, très-grêles, très-étroits à la base, ayant une petite dilatation
entre le premier tiers et le second, se dilatant ensuite d'une manière insensible en allant vers l'extrémité qui se termine en pointe, avec le bord in-

terne renflé postérieurement, velu; dessus creusé dans sa longueur; dessous, étroitement canaliculé; l'inférieur très-atténué vers son extrémité, qui est comme tronquée, redressée en-dessus et un peu bifide. Ailes assez larges, à réseau serré, un peu rousses à la base; membranule très-petite; les inférieures ayant le bord interne échancré, et l'angle anal un peu saillant, obtus; ptérostigma court, assez large, jaune.

Collection de M. Serville, et indiquée de Java. Je n'ai vu que le mâle.

6. GYNACANTHA BIFIDA, *mihi.*

Rufa; abdominis segmento ultimo subtus producto, furcam acutam gerente; alis hyalinis, margine antico luteo-rufa ♀.

De la taille de l'*Æ. grandis*, et paraissant ressembler beaucoup à la *Nervosa.* D'un roux obscur (couleurs très-altérées), qui semble avoir été jaune roussâtre. Thorax contracté, très-court. Abdomen s'amincissant de la base à l'extrémité, présentant une petite tache en forme de chevron, plus pâle sur le milieu des segments en dessus; valves génitales ciliées de petites soies roides dont la dernière avant le petit appendice, plus forte, celui-ci mince, terminé par un pinceau de poils très-mince et long, paraissant n'être formé que d'une seule soie; dernier segment ayant en dessous un prolongement terminé par une fourche aiguë, un peu courbée en avant. Ailes assez larges, surtout les postérieures qui sont arrondies et évidées postérieurement à la base, à réseau assez serré, ayant la marge antérieure d'un jaune roux, comprenant deux espaces huméraux et un seul cubital, le costal des premières transparent antérieurement; ptérostigma large, d'un jaune roux, assez grand; vingt-sept à ving-huit nervules au premier espace costal; membranule blanchâtre, très-étroite, presque nulle.

Collection du Musée.

7. GYNACANTHA NERVOSA, *mihi.*

Rufa, gracilis; thorace lateribus flavidis; appendicibus elongatis, superioribus cultriformibus, inferiori dimidio minori, obtuso, in femina segmento ultimo abdominis subtus prominente, spinoso-furcato; alis nervis rufescentibus, nervulis numerosis marginatis, membranula minima.

De la taille de l'*An. formosus*, mais beaucoup plus grêle. Tête grosse, ayant la face jaune; front rugueux, ayant à la partie supérieure une tache peu marquée, un peu en forme de T, dont le sommet est élargi; vertex assez élevé, étroit, convexe, très-entier; occiput étroit, triangulaire, jaune; yeux ayant les bords postérieurs sinués. Thorax court, déprimé antérieurement, de sorte que l'attache des ailes antérieures et les sinus ante-alaires, sont très-élevés, jaune, surtout sur les côtés;

partie antérieure offrant sur les côtés une raie enfoncée noirâtre. Abdomen grêle, très-long, presque de la même grosseur partout, un peu étranglé après la base, qui est à peine renflée, ayant sur les côtés un tubercule très-saillant en forme de lobule, portant six dentelures; premier segment ayant le bord postérieur très-saillant et gibbeux en dessus; première ligne saillante du second segment, placée au milieu, doublement sinueuse et formant un demi-cercle dans son milieu, au lieu d'un angle obtus, ligne postérieure également saillante, formant un angle tourné en avant; les autres segments ayant avant leur milieu, à l'exception du premier, une ligne fine saillante, bordée inférieurement d'un petit trait roussâtre de chaque côté, et qui se dilate près l'arête dorsale; couleur générale altérée, rousse; appendices supérieurs près de quatre fois aussi longs que le dernier segment, très-étroits dans leur moitié antérieure, dilatés ensuite d'un seul côté en forme de lame de couteau, creusés en dessus dans leur longueur, canaliculés en dessous dans la partie non dilatée, pointus; l'inférieur très-allongé, près de moitié moins long, tronqué à l'extrémité, roux; dessous de tout le corps plus pâle que le dessus. Pattes petites. Ailes n'étant qu'à moitié transparentes à cause du réseau, serré, roux, finement bordé de roussâtre, larges, surtout les inférieures, qui sont arrondies vers la base à leur bord postérieur; trente-deux nervules au premier espace costal; bord interne un peu échancré; angle anal un peu saillant, obtus; ptérostigma large, fauve (cinq millim. de long). M. Guérin m'a communiqué une femelle, qui ne diffère pas du mâle pour la couleur; ailes un peu plus pâles; valves génitales très-étroites, ayant leurs appendices très-longs, de la moitié de leur longueur, avec le pinceau de poils extrêmement grêle, long; dernier segment prolongé en dessous en une saillie terminée par deux épines un peu courbées en forme de fourche; appendices (brisés) grêles.

Le mâle en mauvais état, de la collection du Muséum ; la femelle de Santa-Crux de Bolivia.

QUATRIÈME FAMILLE.

AGRIONIDES.

LIBELLULA, *Linné*, AGRIO, *Fabricius, Latreille, Vander-Linden.*

Tête ayant les yeux très-petits par rapport à la tribu, très-éloignés l'un de l'autre et comme pédicellés; stemmates placés en triangle autour d'une partie un peu élevée qui est le vertex; occiput étroit, linéaire; antennes insérées bien au-dessous des stemmates, ayant le premier article couché et appliqué sur la tête, long, le second redressé le plus souvent très – long; lèvre inférieure grande, divisée en deux parties qui sont réunies par une membrane quelquefois nulle, ou le plus souvent n'allant pas jusqu'à l'extrémité; second article des palpes labiaux à peu près moitié moins large que la lèvre, son extrémité ayant l'angle interne prolongé en une longue épine; dernier article étroit, presque cylindrique, souvent beaucoup plus court et quelquefois aussi long que le précédent; lèvre supérieure entière, convexe, arrondie. Ailes surtout composées d'aréoles quadrilatères et dont le bord postérieur s'arrête le plus souvent avant la base, ce qui les rend comme pédicellées. Appendices des mâles au nombre de quatre.

La tête est fortement transversale, tout à fait déprimée en dessus avec la bouche saillante et le front horizontal, n'étant point vésiculeux comme dans la famille précédente; l'épistome est quelquefois gibbeux. Le thorax est très-grêle, allongé, et l'insertion des ailes est tout à fait postérieure; le prothorax est grand et long. L'abdomen est grêle et fort long, cylindrique; les arêtes latérales ont disparu, il ne reste que celle du dessous et les rudiments de la dorsale; les appendices sont excessivement variables, très-souvent en forme de pince, soit les inférieurs, soit les supérieurs;

les parties génitales des femelles sont comme chez les Æschnides. Les ailes sont variables pour la forme, elles sont souvent
réduites à la base, à leur cinq nervures, ce qui les rend pédicellées, elles sont presque complétement semblables ; l'espace radial contient plus de nervules que l'huméral, ce qui
est le contraire dans les autres familles ; le ptérostigma très-
variable pour la grandeur et la forme, est assez souvent
irrégulier, quelquefois visible dans un seul sexe (femelles
des *Calopteryx*), parfois seulement sur les ailes inférieures,
d'autres fois dans les deux sexes, mais seulement sur les
ailes inférieures du mâle (*Micromerus*), rarement complétement nul (*Calopteryx*), la partie humérale des ailes inférieures n'est pas sensiblement plus courte que celles des
supérieures ; la membranule a tout à fait disparu.

Le tableau suivant présente les caractères les plus simples
des onze genres qui composent cette famille.

Genres.

AGRIONIDES.

Ailes ayant les nervules du premier espace huméral ou costal, seulement au nombre de deux.

  Nervules du premier espace costal plus ou moins nombreuses.

    Ptérostigma régulier sur les ailes des deux sexes. Nervules du premier espace costal toujours assez nombreuses.

      Ptérostigma très-petit ou seulement visible chez les femelles. Ailes non pédicellées. . . . CALOPTERYX.   A.

      Épistome non bossu. EUPHÆA.

      Épistome bossu. . . RHINOCYPHA.

  Nervules du premier espace costal seulement au nombre de 5 à 6. Épistome bossu. . MICROMERUS.

Tibias non dilatés dans les deux sexes.   B.

  Tibias dilatés, au moins chez les mâles . . . . PLATYCNEMIS.

Ptérostigma le plus souvent en losange : aréoles presque toutes quadrilatères. Bord postérieur des ailes n'ayant le plus souvent qu'une rangée d'aréoles après la dernière nervure.

  Ptérostigma en carré long (comme chez les Libellulides); aréoles souvent pentagones. . . . . LESTES.

Pattes ayant des cils ou épines courtes.

  Pattes longuement ciliées. . . . . ARGIA.

Marge postérieure des ailes après la huitième nervure ayant un grand nombre d'aréoles.

  Une seule rangée d'aréoles sur la marge postérieure.

    Ptérostigma petit, en losange. Insectes de petite taille. . . . . . . AGRION.

    Ptérostigma grand ou confondu avec une tache du sommet. Insectes de grande taille. . . . . . . MECISTOGASTER.

  Ptérostigma nul, ou plus large que long. . . . . MICROSTIGMA

  Ptérostigma bien marqué. MEGALOPREPUS.

PREMIÈRE DIVISION. — Ailes ayant le premier espace huméral traversé par des nervules plus ou moins nombreuses ; portion humérale formant, le plus souvent, presque la moitié de la longueur de l'aile et toujours beaucoup plus du tiers.

GENRE CALOPTERYX, *Leach.*

Yeux très-éloignés l'un de l'autre ; lèvre inférieure allongée, profondément divisée avec les divisions étroites, obtuses ; palpes labiaux couvrant très-peu la bouche, avec le pénultième article plus court ou pas plus long que la lèvre, échancré à l'extrémité, avancé en pointe intérieurement, où il porte une longue épine ; dernier article mince, aplati, moitié plus court que le précédent, étroit, un peu courbé. Pattes très-grandes, bordées de cils minces, longs. Ailes ayant le bord postérieur prolongé jusqu'à la base, à réseau très-fin et très-serré, complétement semblables ; portion humérale formant moins de la moitié, mais beaucoup plus du tiers de la longueur de l'aile ; ptérostigma anomal, ne se montrant que chez les femelles, quelquefois nul, quelquefois aussi paraissant un peu chez le mâle. Appendices supérieurs des mâles en forme de pince arrondie, peu variables. Abdomen beaucoup plus long que l'aile.

Il n'y a que trois espèces européennes de connues dans ce genre, et qui ont ensemble les plus grands rapports. Les appendices des mâles, qui, dans le genre *Agrion*, sont si précieux pour la détermination des espèces ne sont presque d'aucun secours dans celui-ci. Le ptérostigma varie souvent beaucoup pour la grandeur ; les *Calopteryx* portent leurs ailes relevées pendant le repos, et les deux sexes les ont presque toujours colorées différemment ; elles se rencontrent le long des eaux courantes.

A. Un tubercule pointu de chaque côté, sur la partie postérieure de la tête.

* 1. CALOPTERYX VIRGO, *Linné.*

Viridi vel cœruleo œnea, nitens ; alis rufescentibus, vel fuscorufis, vel cœruleo, vel violaceo-fuscis, ad basim et interdum ad apicem dilutioribus ; maris appendicibus inferioribus cylindricis, fuscis, subtus ad basim flavis.

Scl., *Monogr. Lib.,* p. 130, α, β, γ ♂ ; α, β? γ? ♀.—Burm., *Handb.*

der *Ent.*, II, p. 828, n° 14.—Fabr., *Ent. Syst.*, II, n° 1, β, γ, δ. *Agr.*
—Vanderl., *Agr. Bonon.*, var. γ.—Ejusd. *Monogr. Lib.*, p. 33, var. β ♂,
var. γ ♀, var. ♂ ♀.—Fonscol., *Ann. soc. Ent.*, VII, p. 551, 552,
var. β, γ.— Latr., *Hist. Ins.*, XIII, p. 15, n° 1, var. b, c. —Charp.
Hor. Entom., p. 4 ?—Linn., *Faun. Suec.*, n° 1470. — Ejusd., Syst.
Nat., II, p. 904, n° 20. *Libellula Virgo.* — Scop., *Ent. Carniol.*,
p. 262, n° 681, var. a, 1, 2, 5.—Brull., *Voy. en Morée*, Ent. *Agrion
Festiva.*—Rœs., II, *Ins. aq.*, c. 2, tab. IX, fig. 5, 6.— Geoffr. Ins.,
p. 222, n° 2, l'*Ulrique.* —Schœff., *Icon. Ins.*, tab. 184, fig. 1. —
Harr. *Expos. Ins.*, tab. 30, fig. 5. — Panz. *Faun.*, p 79, n° 18.

Les entomologistes anglais ont appliqué avec raison le nom de *Virgo*
à cette espèce qui me paraît bien distincte, et qui est bien celle décrite
par Linné. Elle acquiert depuis 6 ½ jusqu'à près de 7 ½ centim. d'envergure et jusqu'à 5 ½ de long. D'un vert bronzé, brillant, quelquefois
un peu cuivreux, d'autres fois un peu bleuâtre; premier article des antennes, base des mandibules et une partie plus ou moins grande de la
lèvre supérieure, qui peut même disparaître, jaunes; tubercules de la
partie postérieure de la tête bien prononcés. Prothorax ayant en dessus
trois élévations arrondies et entre elles une autre petite, bifide; thorax
marqué sur les bords de la poitrine de quelques petites taches et d'une
ligne latérale et postérieure, moins apparente et plus étroite que chez la
Ludoviciana, blanches ou jaunâtres; la poitrine offre aussi quelques
parties pâles. Abdomen d'un noir un peu bleuâtre sur le milieu du
ventre, ayant une ligne longitudinale le long des côtés inférieurement,
jaune ou jaunâtre, plus ou moins obscurcie ou pouvant disparaître en
partie, quelquefois au contraire très-large ; extrémité en dessous roussâtre ou jaunâtre; appendices supérieurs formant, par leur réunion, une
sorte de tenaille arrondie, presque cylindriques, dilatés après leur milieu en dedans en une portion mince, rugueux et un peu hérissés de
petites épines extérieurement; inférieurs cylindriques, un peu creusés en
dessus, d'un noir verdâtre, jaunes seulement à la base en dessous; dessus du premier segment ayant un enfoncement longitudinal du milieu duquel naît une carène; on voit en outre quatre points enfoncés, noirâtres,
dont les deux antérieurs plus rapprochés. Ailes larges (10 à 13 millim.),
tantôt d'un bleu violet obscur, plus brunâtre vers l'extrémité, clair à la
base, tantôt d'un bleu verdâtre obscur, brun à la circonférence, teinte
qui se voit surtout chez les mâles, tantôt d'un roux un peu brunâtre uniforme chez les deux sexes, quelquefois assez foncé, surtout aux inférieures ;
ptérostigma des femelles assez bien marqué, blanc, quelquefois très-grand
comme dans la variété *Festiva* de Morée.

Beaucoup plus rare à Paris que la *Ludoviciana;* se trouvant dès le
commencement du printemps. Elle est assez commune dans la Tou-
raine.

* 2. CALOPTERYX LUDOVICIANA, *Leach.*

Viridi-cærulea, nitens; abdomine subtus lineis duabus apice que
et pectoris maculis flavis, appendicibus inferioribus flavis, supra
apiceque subtus nigris; alis pallide viridibus, fascia magna nigro-
cærula, interdum obscuris (mas).
Viridi-ænea, nitens; alis pallide viridibus (femina).

Sel., *Monogr. Lib.*, p. 131, n° 2. —Fabr., *Ent. Syst.*, II, p. 386,
n° 1, a, *Agrion Virgo.*—Latr., *Hist. nat, Ins.*, XIII, p. 15, n° 1,
a. — Vanderl., *Agr. Bonon*, n° 1, a. — Ejusd. *Monogr. Lib.*, p.33,
n° 1, a. — Fonscol. *Ann. soc. Ent.*, VII, p. 559, var. A ♂, var. a ♀. —
Scop., *Ent. Carn.*, p. 262, n° 681, var. a, 3 ; var. b, 6.—Roesel., II,
Ins. aquat., c. 2, tab. 19, fig. 7. — Geoffr., *Ins.* II, p. 221, n° 1,
la Louise. — Burm., *Hanbd. der Ent.*, II, p, 828, n° 15, *C. par-*
thenias.

Plus répandue que la *Virgo* : même taille, mais ayant les ailes sensiblement plus étroites et le tubercule de la partie postérieure de la
tête moins saillant; bouche plus ou moins variée de jaune ainsi que
la poitrine qui est souvent toute noire chez le mâle, seulement marquée sur les côtés de quelques linéaments, une ligne sur les côtés du
thorax, souvent nulle, jaunâtres; cette ligne est ordinairement bien apparente chez la femelle, ainsi que le bord inférieur du thorax postérieurement, qui est de la même couleur. Dessous de l'abdomen noirâtre,
bordé par une ligne ou bande très-étroite chez le mâle, et qui envahit les deux ou trois derniers segments en dessous, les mêmes ayant
une ligne semblable longitudinale en dessus chez la femelle, au bout de
laquelle, sur le bord postérieur du dernier il existe une épine, naissant d'une petite carène, bien plus saillante que dans la *Virgo*, et le
bord du segment d'où naît l'épine, bien plus comprimé et bien plus élevé
en carène; bord latéral du même ayant une petite élévation munie de
petites dentelures, plus sensibles et plus saillantes; petits appendices de
l'extrémité des valves génitales bien sensiblement plus grêles, un peu plus
courbés, enfin, le petit appendice qui se trouve sous le bord postérieur
en carène du dernier segment, entre les deux styles, ne dépasse pas le
bord du segment, tandis qu'il le dépasse bien sensiblement dans la *Virgo.*
Des différences encore plus notables se trouvent aussi chez le mâle ; ainsi,
dernier segment en dessus, bien moins déprimé et moins enfoncé dans son
milieu, et la carène, qui s'élève de l'enfoncement, plus courte mais
beaucoup plus élevée et plus épaisse, et le bord du segment contribuant à
la former, ce qui n'a pas lieu dans la *Virgo ;* appendices supérieurs n'offrant pas de différences, mais ayant moins d'épines sur leur face externe ;
les inférieurs présentant des différences suffisantes pour séparer de suite

les deux espèces, seulement par leur coloration; étant un peu plus courts,
mais bien plus épais, plus larges et plus sinués à leur côté interne, moins
cylindriques, et leur dessous toujours jaune à l'exception d'une petite
partie de l'extrémité qui est noirâtre comme le dessus, tandis que dans
la *Virgo* ils sont presque entièrement noirâtres en dessous à l'exception
de leur base; vus en dessus ils paraissent encore plus différents étant
beaucoup plus élargis vers leur base. Pattes noires. Ailes toujours verdâtres et brillantes dans la femelle, ayant un ptérostigma blanc qui peut
disparaître; presque de la même couleur dans le mâle, mais traversées
avant leur milieu par une très-large bande d'un brun bleuâtre ou violâtre,
à reflet vert métallique et qui se termine avant l'extrémité, quelquefois
seulement un peu brunâtres, verdâtres à la base.

Extrêmement commune dans toute l'Europe, surtout aux environs
de Paris; paraissant tout l'été le long des eaux courantes.

* 3. CALOPTERYX HÆMORRHOIDALIS, *Vander-Linden*.

*Viridi-cuprœa, vel cuprœa vel nigra; alis nigro-fuligineis, basi
hyalis, vel fuligineinis, vel rufis, in femina rufescentibus vel subfuligineis, posticis apice obscuriori; thorace lineis tribus lineolisque utrinque abdominis albidis, sœpe obsoletis; tibiis externe rufis.*

Sel., *Monogr. Libell.*, p. 133. — Vanderl., *Monog. Libell.*, p. 34,
n° 2, *Agr.* — Fonscol., *Ann. soc. Entom.* VII, p. 560.

Ressemblant beaucoup à la *Virgo*, mais ayant les ailes plus étroites.
D'un vert cuivreux plus ou moins obscur, quelquefois noir, surtout les
individus venant d'Afrique ou des parties les plus méridionales de l'Europe; tubercule de la partie postérieure de la tête peu saillant. Ailes du
mâle d'un noir fuligineux, transparentes à la base, souvent rousses, plus
foncées vers le bord costal à leur partie interne; celles de la femelle toujours d'un roux plus ou moins foncé, ayant très-souvent aux postérieures
une tache apicale plus obscure qui coupe l'aile en ligne droite; ptérostigma
blanc, bien marqué, quelquefois très-large (individus pris en Andalousie).
Poitrine, bord inférieur du thorax postérieurement, une bande et deux
lignes sur les côtés de celui-ci, une bande latérale de chaque côté de l'abdomen et un petit trait sur le bord antérieur de chaque segment, l'extrémité en dessous, jaunâtres, mais disparaissant chez les individus très-ob-
scurs : se distinguant alors des deux précédentes par la couleur des ailes,
l'abdomen plus long et plus grêle, souvent rose en dessous à l'extrémité
chez les mâles, mais surtout par les pattes, dont les cuisses sont souvent
jaunâtres à leur face interne et les tibias toujours plus ou moins roux à
cur face externe.

Commune dans le midi de la France; habitant aussi l'Espagne, la
Sicile, la Sardaigne et le nord de l'Afrique.

4. CALOPTERYX COGNATA, *mihi.*

*Viridi-œnea; alis luteo-subrufescentibus, apice obscurioribus,
pterostigmate magno, lato, albo ♀.*

Ressemblant beaucoup à la femelle de la *Ludoviciana*, mais un peu
plus petite, et ayant à peu près les mêmes couleurs et la même forme. Ailes
d'un verdâtre un peu roussâtre, un peu plus foncées à l'extrémité, surtout aux inférieures, avec le ptérostigma plus grand, surtout plus large;
premier espace huméral n'ayant que vingt à vingt et une nervules; tubercules de la partie postérieure de la tête très-saillants, obtus.

Collection de M. Serville, et indiquée de l'Amérique septentrionale.

5. CALOPTERYX MACULATA, *Beauvois.*

Corpore viridi-nitente; alis fuscis, subnigris, albo maculatis.

Paliss. Beauv., *Ins. Afr. et Am.*, Nevr., pl. 7, fig. 3, p, 85.—Burm.,
Hanbd. der Ent., II, pag. 829, n° 17.

Cette espèce paraît très-près de celle que j'ai appelée *Papilionacea*, et
dans la figure de Beauvois les taches n'étant pas régulièrement placées,
elles pourraient bien être accidentelles.

De l'Amérique septentrionale.

6. CALOPTERYX PAPILIONACEA, *mihi.*

*Viridi-œnea, vel viridi cœrulea, nitens; thorace tenui; alis fuli-
gineis, nitidis ad basim dilutioribus, dilatatis, in femina dilutioribus apice excepto, pterostigmate albo, maximo.*

Ayant la plus grande ressemblance avec la *Virgo*. Ailes plus arrondies
à l'extrémité, au moins aussi larges, mais se dilatant plus loin après la
base, qui est étroite dans un espace plus long, surtout aux postérieures;
d'un vert métallique bleuâtre, brillant, noir sous le ventre; appendices
semblables à ceux de la *Virgo*. Pattes d'un brun un peu roussâtre. Ailes
d'un brun roux, plus clair chez la femelle, à l'exception de l'extrémité;
ptérostigma blanc, très-large. Elle se distingue facilement de la *Virgo*
par les cils des pattes, beaucoup plus longs, la forme des ailes et la largeur du ptérostigma; tubercules de la partie postérieure de la tête médiocrement prononcés.

Collection de M. Serville, et indiquée de l'Amérique septentrionale.

7. CALOPTERYX DIMIDIATA , *Burmeister.*

Viridi-œnea; alis luteo-rufescentibus, apice late obscure cœruleis (*mas*), *late nigricantibus, pterostimate albo* (*femina*).

Burm., *Handb. der Ent.*, II, pag. 829, n° 16.—Drur., *Ill.*, I, p. 114, pl. 48, fig. 2, ♀ . *L. Virgo.*

Un peu plus grande que la *Virgo* , ayant les ailes à peu près de la même largeur. Thorax d'un vert bronzé, très-obscur sur l'abdomen. Ailes d'un jaune roussâtre, ayant l'extrémité largement d'un bleu noirâtre (d'après le texte de Drury), dans le mâle , d'un noir roussâtre dans la femelle, avec un ptérostigma assez large, blanc (décrite d'après la figure de Drury). Cet auteur dit que la couleur des ailes présente un reflet d'un bleu foncé. Cette espèce, que je ne connais que par la figure de Drury, qui représente la femelle, paraît se rapprocher de la *Papilionacea.*

De l'intérieur de la Virginie.

8. CALOPTERYX LUTEOLA , *mihi.*

Rufescens; thorace fascia antica aliaque laterali viridi-æneis; alis angustis luteolis , præsertim ad marginem anticum et ad basim ♀ .

Plus petite que la *Virgo*. Rousse ou roussâtre. Thorax ayant une large bande antérieure et supérieure, une autre sur les côtés, après laquelle on voit le commencement de deux autres , d'un vert brillant. Abdomen ayant en dessus une teinte verte sur la partie postérieure des premiers segments , disparaissant vers l'extrémité dans la teinte noirâtre qui obscurcit les derniers. Pattes noires , paraissant un peu roussâtres à la face interne des cuisses. Ailes étroites, ayant une légère teinte de jaune roussâtre, plus foncée au bord antérieur, surtout vers la base, n'ayant pas apparence de ptérostigma ; réseau clair.

Collection de M. Serville , et indiquée de la Martinique. Je ne connais pas le mâle.

9. CALOPTERYX SYRIACA , *Géné.*

Viridi-violaceus; thorace linea laterali albida; alis subviridi-hyalinis , apice late nigro-subviridibus.

Un peu plus petite que la *Virgo*, d'un vert bronzé , bleu violet sur la partie dorsale. Lèvre supérieure marquée d'une bande jaune. Poitrine ayant une bande latérale blanchâtre qui traverse le côté, dans sa largeur. Abdomen (dont la moitié manque), ayant sur les côtés inférieurement, une ligne jaunâtre. Ailes un peu verdâtres , avec le tiers externe d'un noir un peu verdâtre. Pattes noires.

Communiquée par M. Géné, et indiquée du mont Liban. Un individu de la collection de M. Serville, en diffère par les ailes plus étroites, et la tache du sommet moins grande, la teinte plus verte, et l'absence de ligne sur les côtés du thorax; tubercules de la partie postérieure de la tête très-saillants, obtus. Sans indication de patrie. Je ne connais pas la femelle.

B. Point de tubercules sur la partie postérieure de la tête.

10. CALOPTERYX GRACILIS , *mihi.*

Viridi-œnea; pectore lineisque tribus lateralibus thoracis flavidis ; abdomine gracili, elongato in mare appendicibus superioribus apice dilatatis; alis sub-flavidis in mare tantum anticis margine antico.

Plus grande que la *Virgo* , et surtout beaucoup plus longue; d'un vert métallique un peu mat ; face, à l'exception du front, poitrine, et trois lignes traversant entièrement les côtés du thorax , le bord postérieur du prothorax, deux bandes latérales inférieures de l'abdomen et l'extrémité en dessous jaunâtres. Abdomen très-grêle et linéaire , surtout chez le mâle ; appendices supérieurs ayant quelques épines sur le côté externe, dilatés à l'extrémité, qui est un peu échancrée inférieurement, les autres presque comme chez la *Virgo*, mais beaucoup plus éloignés l'un de l'autre; dernier segment chez la femelle , ayant à son bord postérieur une pointe supérieure et une de chaque côté. Pattes jaunâtres, obscures à la face externe et à l'extrémité des cuisses, à la face interne des tibias et aux tarses. Ailes légèrement teintes de jaune roussâtre; chez le mâle les antérieures blanches, à l'exception de la marge antérieure; point de ptérostigma.

Collection de M. Serville , et indiquée de Bombay.

11. CALOPTERYX DISPARILIS , *mihi.*

Viridi-œnea; alis flavido-rufescentibus , anticis in mare tantum margine antico apiceque , in femina anticis, pallidioribus; puncto cubitali in omnibus, posticis pterostigmate ab apice remoto albis.

De la grandeur de la *Gracilis*, et lui ressemblant beaucoup ; différant par les lignes jaunes qui disparaissent entièrement, et surtout par la teinte des ailes, beaucoup plus foncée; femelle ayant un petit point cubital, et un ptérostigma seulement aux postérieures et beaucoup plus éloigné de l'extrémité de l'aile que dans les autres espèces, blancs; mêmes ailes, plus pâles sur le disque, surtout en dessous, ayant la marge antérieure et une nuance transverse avant le ptérostigma plus foncées ; nervure costale des quatre d'un vert bleuâtre, surtout dans la moitié interne.

Collection du Musée. (L'extrémité abdominale du mâle manque.)

12. CALOPTERYX FORMOSA, *mihi.*

Viridi-cærulea; alis crispis fusco-violaceis basi dilutioribus (mas); alis crispis, rufescentibus vel aureo-rufescentibus, nervo nigro cinctis (fæmina).

De la taille de la *Virgo*, ou un peu plus grande. Mâle d'un vert bleu très-foncé, vert sur les côtés du thorax. Tête ayant la lèvre supérieure très-large, convexe, l'épistome bossu, saillant. Abdomen très-grêle et très-long, s'épaississant un peu vers la partie postérieure ; appendices supérieurs un peu comme chez la *Virgo*, et ayant le bord interne subitement dilaté au delà de leur milieu, mais très-légèrement avant l'extrémité, avec quelques épines sur le côté externe ; inférieurs subitement amincis, grêles, presque pointus ; dernier segment ayant à sa base une petite pointe. Pattes noires. Ailes d'un brun violet ou verdâtre, plus ou moins brillant, plus claires à la base, avec leur membrane crispée ; dans une variété la membrane n'est pas crispée et la couleur est peu foncée. Femelle ayant le thorax vert métallique, avec deux lignes jaunes sur les côtés postérieurement. Abdomen d'un vert roussâtre ; dernier segment ayant trois pointes à son bord postérieur, deux en dessus et une de chaque côté ; valves génitales épaissies vers leur extrémité, qui est fortement hérissée de très-petites épines. Pattes rousses à la base des cuisses. Ailes plus grandes que chez le mâle, roussâtres ou d'un roussâtre doré, un peu plus foncées au bord antérieur, entièrement ceintes d'une nervure noire, un peu moins crispées que chez le mâle, et n'ayant pas de ptérostigma.

Collection de M. Serville, et indiquée de Java.

13. CALOPTERYX AURIPENNIS, *Burmeister.*

Corpore fusco-testaceo; vertice thoracisque vittis viridi-æneis; alis aureo-fulvis, venis viridi-æneis.

Burm., *Handb. der Ent.*, II, pag. 827, n° 10. (Texte de Burmeister.)

Cette espèce paraît avoir des rapports avec la femelle de la *Formosa*, mais la description de M. Burmeister est tellement courte, qu'il est bien difficile de s'en assurer.

Patrie inconnue.

14. CALOPTERYX HOLOSERICEA , *Burmeister.*

*Corpore crassiori ; alis dilatatis , discoloribus , in basi hyalinis ,
atro-holosericeis ♂ , infumatis , stigmate albo ♀.*

Burm., *Handb. der Ent.*, II, pag. 828, n° 13. (Texte de Burmeister.)
Taille de la *C. Virgo.*

De Java.

15. CALOPTERYX CHINENSIS , *Linné.*

*Viridi-œnea ; alis anticis hyalinis, posticis supra viridi-viola-
ceis, nitidis, apice fuscis, subtus aureo-fusco-virescentibus ♂.
Alis posticis infumatis, stigmate elongato albo, anticis stigmate
minuto punctoque medio marginis antici albis ♀.* (Burmeister.)

, Burm., *Handb. der Ent.*, II, p. 828, n° 11. — Linn., *Syst. Nat.*, II,
p. 904 , n° 15. *Libellula Chinensis.*— Fabr. , *Ent. syst.* , II , p. 374 ,
n° 28.—Ejusd. suppl., p. 388, n° 4. *Agrion Nobilitata.*

Plus grande que la *Virgo.* D'un vert métallique, plus brillant sur l'abdomen que sur le thorax ; appendices à peu près comme chez la *Virgo* ,
les supérieurs plus épineux extérieurement. Pattes brunes , ayant la face
interne des cuisses et l'externe des tibias jaunes. Ailes antérieures transparentes , très-légèrement roussâtres, surtout vers le sommet, ayant les
nervures vertes dans leurs deux tiers internes ; les postérieures en dessus
d'un vert métallique très-brillant , avec un reflet violâtre et l'extrémité
largement brune , en dessous d'un brun doré avec un reflet violet ou vert.
Je n'ai pas vu la femelle , qui , d'après M. Burmeister, a les ailes postérieures enfumées avec le ptérostigma allongé et blanc.

De Java et de la Chine.

C. Ailes plus étroites que dans les précédentes, tachées de rouge
à la base.

16. CALOPTERYX CAJA, *Drury.*

*Fusco cuprœa ; thorace lateribus lineis flavis ; alis hyalinis basi
late et posticis apicis macula sanguineis ♂.*

Burm. , *Handb. der Ent.* , II, pag. 826 , n° 5. — Drur., II ,
p. 82, pl. 45, n° 2. *Lib.* —Fabr., *Ent. syst.*, suppl., p. 287. *Agr.* —
Kirb. , *Trans. Linn.*, XIV, p. 107, pl. 3 , fig. 5. *L. Brightwelli.* —
Burm, p. 827, n° 6.

Variant beaucoup pour la taille , les plus grands individus égalant celle
de la *Virgo*, mais beaucoup plus grêles dans toutes leurs parties ; d'un

cuivreux obscur, avec un reflet couleur de feu sur le thorax, et d'un brun rougeâtre, obscur à l'extrémité des segments sur l'abdomen. Tête velue, d'un cuivreux obscur. Thorax velu, ayant sur les côtés trois lignes et plus en avant, un ou deux points jaunes. Abdomen long, très-grêle et linéaire, un peu plus épais à l'extrémité ; appendices supérieurs en forme de pince, dilatés dans leur milieu, au bord interne, où ils sont légèrement échancrés, plus fortement échancrés en dessous et ensuite de nouveau dilatés avant leur base, ayant une échancrure profonde et étroite avant leur extrémité, qui est obtuse et un peu arrondie, et leur face interne épineuse au delà de leur moitié ; les inférieurs courts, n'atteignant pas à la moitié des premiers. Pattes noires. Ailes transparentes, étroites, ayant la base, une tache au sommet des postérieures, et quelquefois des antérieures, d'un rouge de sang ; aux premières ailes le bord costal de la base n'est pas toujours couvert par la tache, tandis qu'aux inférieures c'est le bord postérieur que la tache ne couvre pas entièrement ; en outre, sur ces ailes la tache est quelquefois un peu rousse et se prolonge en un angle plus ou moins allongé ; sur quatre individus, le plus grand présente seul un ptérostigma très-petit, noirâtre, un peu en losange.

Collection de M. Serville, et indiquée du Brésil. La *C. Brightwelli* de Kirby n'est qu'une variété chez laquelle le ptérostigma commence à se montrer.

17. CALOPTERYX TITIA, *Drury.*

Nigra ; alis anticis basi rubris, exterius hyalinis, fascia media maculaque apicali parva fusca, posticis fuscis, fascia hyalina ante apicem strigaque basilari rubra ♂.

Burm., *Handb. der Ent.*, II, pag. 826, n° 3. — Drur., II, p. 83, pl. 45, fig. 5. *Lib.*

De la taille de la *Virgo*, mais beaucoup plus grêle dans toutes ses parties ; noire ou noirâtre. Ailes supérieures largement rouges à la base, couleur qui est bornée par une large bande brune, médiane, qui entoure antérieurement la tache rouge, ensuite transparentes, avec une tache brune au sommet ; les postérieures brunes, ayant une bande transparente avant le sommet et une raie longitudinale rougeâtre sur la base (d'après la figure, le texte n'en dit rien) ; appendices supérieurs en forme de pince (d'après le texte et la figure de Drury).

Indiquée de la baie d'Honduras.

18. CALOPTERYX AMERICANA, *Fabricius.*

Obscure viridi-œnea ; thoracis lateribus flava lineatis, alis basi sanguineis.

Burm., *Handb. der Ent.*, II, pag. 826, n. 4. — Fabr. , *Ent. syst.*, suppl. , p. 287. *Agr.*

D'un vert bronzé, obscur. Thorax velu, bronzé, ayant des lignes latérales et le dessous jaunes. Ailes transparentes, avec une grande tache rouge à la base, sur laquelle le réseau est jaune en dessous aux postérieures; ptérostigma petit, jaune. (D'après Fabricius et Burmeister.)

19. CALOPTERYX CRUENTATA, *mihi.*

Fusco-rufescens ; alis sub-rufescentibus, basi sanguineis, apice tenuiter fuscis ♂.

Burm., *Handb. der Ent.*, II, p. 827, n° 7. *C. Tricolor?* var. (patr. Pensylvania.)—Ejusd. n° 8. *C. Apicalis?* an var. ?

De la taille du *Lestes barbara*, et ressemblant beaucoup à la *Caja*. Tête velue, ayant l'épistome d'un bleu brillant. Thorax d'un brun roux, qui tend à devenir cuivreux, surtout antérieurement, avec deux ou trois traits sur les côtés, dont les deux premiers plus visibles ; le premier brun, bordé d'une ligne fauve, le second vert ; ils sont opposés et ne traversent que la moitié des côtés. Abdomen grêle , un peu plus épais aux derniers segments, d'un brun qui tend à devenir un peu cuivreux ou vert, rougeâtre à la base ; appendices supérieurs en forme de pince , un peu comprimés, un peu dilatés au bord interne et dans leur milieu, et un peu après échancrés ; les inférieurs moitié plus courts au moins, cylindriques, obtus. Pattes d'un brun roussâtre, rousses à la face postérieure des tibias. Ailes étroites, transparentes, un peu lavées de brun roussâtre, surtout à la marge antérieure et à la base ; sommet un peu brun, avec une grande tache sur la base, couleur de sang, qui peut devenir rousse sur les inférieures.

Je n'ai vu que le mâle de cette espèce, dont j'ignore la patrie.

Genre EUPHÆA, *Selys.*

Calopteryx, *Burmeister.*

Caractères des *Calopteryx.*

Seulement, palpes labiaux plus étroits ; le dernier article plus étroit, plus long. Pattes plus courtes, ayant des cils plus courts. Ailes un peu variables ; ptérostigma comme chez les Libellulides ; bord postérieur plus ou moins rapproché de la base ; partie humérale de l'aile supérieure constituant presque la moitié de sa longueur. Appendices supérieurs des mâles plus courts, larges, écartés; les inférieurs presque nuls; abdomen plus long que l'aile.

J'ai appliqué le nom d'*Euphœa* de M. de Selys à ce genre, quoique l'espèce qui lui a servi de type ne me paraisse pas lui appartenir, puisque, d'après M. Burmeister, le mâle n'aurait pas de ptérostigma (*C. holosericea*, Burm.); parce que, d'après les caractères qu'il donne, il paraît désigner les espèces que j'y ai placées. Ce genre est entièrement exotique; toutes les espèces que je connais se distinguent très-bien des *Calopteryx* par la forme de leurs appendices et par leur ptérostigma grand et bien marqué; leur corps est ordinairement plus court et plus épais; leurs ailes sont le plus souvent un peu pédicellées, mais quelquefois elles sont aussi larges que chez les *Calopteryx* (*E. Guerini*).

1. EUPHÆA VARIEGATA, *mihi.*

Nigro-viridis; appendicibus superioribus brevibus, compressis subrectis, inferioribus subnullis, penis basi bicornuto; alis nigro-fuligineis, basi hyalinis, posticis macula magna supra viridi-œnea, subtus pulchre violacea ♂.

A peu près de la taille de la *Virgo*, mais ayant les ailes moins grandes. D'un noir verdâtre. Thorax marqué de trois lignes et d'une petite tache de chaque côté, en avant, roussâtres. Abdomen long, un peu dilaté postérieurement; bord postérieur du dernier segment formant dans son milieu, en dessus, un angle très-saillant et un peu prolongé; base du pénis dilatée de chaque côté en une corne; appendices supérieurs courts, comprimés, presque droits, un peu dilatés avant leur extrémité, ayant un profond sillon à leur base en dessous; les inférieurs rudimentaires, à peine sensibles. Ailes d'un noir un peu fuligineux, avec un léger reflet verdâtre; les premières ayant une grande éclaircie qui comprend la base et s'avance postérieurement jusque dans le milieu, un peu tachées de vert près du sommet antérieurement; les postérieures transparentes à la base, avec une très-large tache comprenant plus du tiers presque central de l'aile, d'un vert métallique en dessus, d'un violet rose, très-brillant en dessous; ptérostigma noir, comme chez les *Libellula*.

Je n'ai pas vu la femelle. Collection de M. Serville, et indiquée de Java.

2. EUPHÆA GUERINI, *mihi.*

Nigra; alis fuligineis, infra obscurioribus, anticis apice hyalinis,

*posticis postice in medio macula maxima viridi-subviolacea, nitida;
appendicibus superioribus brevibus, subsecuriformibus* ♂.

Plus petite que la *Virgo*; d'un noir un peu verdâtre, un peu roussâtre
en dessus à la base de l'abdomen ; dernier segment de celui-ci tronqué
obliquement de haut en bas , caréné en dessus, et son bord postérieur s'é-
levant en une saillie très-prononcée (comme chez l'*Agrion elegans*), arrondie à l'extrémité; appendices supérieurs courts , dilatés inférieurement et un peu sécuriformes ; les inférieurs beaucoup plus courts , ayant
la forme d'une petite pointe un peu courbée par en haut à l'extrémité.
Pattes courtes , avec les cils assez courts , un peu épais. Ailes ayant le
réseau à peu près aussi serré que chez la *Virgo* , et proportionnément
aussi larges , d'un fuligineux presque noir en dessus , avec une petite
éclaircie à la base et une large bande transparente au sommet des antérieures, dont le bord extrême reste fuligineux ; les inférieures ayant postérieurement sur leur milieu une très-grande tache d'un vert brillant avec
un très-léger reflet violâtre, visible sur les deux faces.

De la Cochinchine. Collection de M. Guérin.

3. EUPHÆA DISPAR , *mihi.*

*Rufa vel flava ; thorace fasciis nigris ; abdominis segmento ultimo
postice supra valde angulato ; alis hyalinis ad basim flavidis, anticis
apice tenuissime , posticis late nigro-cœruleo-violaceis (mas) , viridi-
flavidis (fœmina).*

Un peu plus grande que la *Virgo ;* mâle d'un roux foncé, ayant sur
le thorax trois bandes antérieures et deux de chaque côté noires. Abdomen atténué avant l'extrémité, qui est dilatée, ayant les quatre derniers
segments noirs, le dernier avec une carène en dessus, qui s'élève en un
angle très-saillant ; appendices supérieurs courts , comprimés , dilatés ,
ayant un sillon profond à la base inférieurement ; les inférieurs presque nuls. Pattes ayant les cuisses jaunes , noires extérieurement, les tibias roussâtres postérieurement, leur face interne et les tarses bruns. Ailes
étroites, longues, jaunâtres à la base : les supérieures avec le sommet très-
finement , les inférieures largement, d'un noir bleuâtre et violet ; ptérostigma comme chez les *Libellula* , noir. Femelle jaune , ayant le
dessus de l'abdomen et le dessous, à partir du milieu, noirs, les deux
antépénultièmes segments noirs, avec une large tache jaune de chaque
côté ; parties génitales ne différant pas de celles des *Agrio*. Ailes d'un
vert jaunâtre ; ptérostigma beaucoup plus long que chez le mâle.

Des Indes.

4. EUPHÆA PICTA, *mihi*.

Fusco-viridi-ænea; thorace flavo-lineato; alis hyalinis, apice latis-
sime fusco-virescente, nitente et ante apicem fascia sordide al-
bida, vel cinerascente ♂.

Huit ou huit et demi centim. d'envergure. D'un vert bronzé très-obscur. Tête ayant en dessus quatre points roux, deux avant et deux après
les stemmates ; deuxième article des antennes pas beaucoup plus
long que le précédent. Prothorax ayant deux petites taches rousses
et le bord postérieur arrondi ; thorax ayant antérieurement sur le
milieu deux lignes rapprochées, courbées inférieurement en sens opposé, et quatre sur les côtés, dont une tout à fait postérieure, d'un jaune
roussâtre. Abdomen cylindrique, linéaire (les quatre derniers articles
manquent), ayant sur les côtés un point sur le bord antérieur de chaque segment et une ligne longitudinale qui disparaît après le troisième ou quatrième roussâtres. Pattes ayant les cils courts, noirâtres, avec les cuisses
jaunes en dedans. Ailes à réseau serré ; partie humérale formant plus du tiers
de la longueur ; le premier espace costal et le sous-costal ayant des nervules
très-nombreuses (plus de quarante) ; bord costal finement denticulé ; pédicellées dans un espace court, transparentes dans leurs deux tiers internes,
ayant l'externe d'un brun verdâtre, brillant, un peu violâtre antérieurement, formant une tache dont le bord interne est sinué et bordé d'une
nuance d'un blanc sale, un peu roussâtre, visible surtout antérieurement ;
nervures et nervules étant de cette couleur dans un espace assez grand,
surtout postérieurement ; marge antérieure de la partie transparente,
d'un jaune verdâtre sale qui s'étend sur la base ; ptérostigma grand,
noir, ayant le bord interne très-oblique.

De Cayenne. Collection de M. Marchal.

5. EUPHÆA PAULINA, *Drury.*

Nigro-rufescens; thorace crasso; alis hyalinis apice fuscis, basi
spatiis 2° et 3°, humeralibus flavido-rufescentibus, pterostigmate
longo angusto ♀ ?

Drur., 1, pl. 47, fig. 4.

Un peu plus grande que la *Virgo*, ayant les ailes beaucoup plus étroites. D'un brun roussâtre, qui paraît être un peu bronzé. Tête grosse.
Thorax très-court, épais, noirâtre, sans tache apparente. Abdomen épais,
moins foncé que le thorax, ayant une teinte un peu violâtre, avec une
ligne sur les côtés du troisième segment, et un point sur les côtés du
bord antérieur des deux suivants jaunes (l'extrémité manque) Pattes
noirâtres, fortes, ayant les cils peu nombreux, courts. Ailes transpa-

rentes, avec la base des 2 et 3ᵉ espaces huméraux d'un jaune roussâtre, et l'extrémité brune ; ptérostigma étroit, long, d'un brun roussâtre ; premier espace huméral ayant autant de nervules que le radial (ce qui est une exception dans cette famille).

6. EUPHÆA IRIDIPENNIS, *Burmeister.*

Luteo-testacea; dorso viridi-œneo ; alis anticis limbo luteo, disco cœruleo micante, posticis luteis.

Burm., *Handb. der Ent.*, II, pag. 827, nᵒ 9, *Calopt.* ♂.

Près du double plus grande que la *Caja*. D'un jaune testacé, avec la partie dorsale d'un vert bronzé. Thorax ayant en dessus et sur le côté des bandes d'un vert bronzé. Ailes antérieures ayant le limbe jaune et le disque d'un bleu brillant, les postérieures entièrement jaunes ; ptérostigma jaune (traduction de Burmeister).

N'ayant pas vu cette espèce, c'est avec doute que je la place ici.

Genre RHINOCYPHA, *mihi.*

CALOPTERYX, *Burmeister.*

Yeux assez gros, médiocrement éloignés l'un de l'autre, ce qui rend la tête étroite; épistome fortement renflé et saillant; lèvre inférieure divisée jusqu'à la base en deux parties triangulaires, étroites, obtuses; palpes labiaux plus étroits qu'elle, ayant le pénultième article beaucoup plus court, avec son angle interne prolongé et terminé par deux épines, ou une épine bifide; dernier article grêle, filiforme, à peu près cylindrique, presque aussi long que le précédent. Pattes assez longues, finement ciliées, avec les onglets des tarses non divisés d'une manière sensible vers l'extrémité. Ailes assez étroites, à réseau variable, un peu pédicellées, ou bord postérieur n'allant pas jusqu'à la base ; ptérostigma comme chez les Libellulides; partie humérale de l'aile beaucoup plus courte que la radiale; appendices supérieurs un peu plus simples que chez les *Calopteryx*. Abdomen plus court que les ailes, ou à peine plus long.

Les *Rhinocypha* ont le corps court et l'abdomen atténué à l'extrémité chez les mâles, avec les appendices supérieurs grêles; les ailés sont longues, ordinairement étroites; les pattes ont la face inférieure des tibias revêtue d'une espèce de matière blanche membraniforme. Ils sont tous exotiques et souvent ornés des couleurs d'or, d'azur et de feu les plus brillantes.

1. RHINOCYPHA RUTILANS, *mihi.*

Nigra; capite supra maculis duabus; thorace antice vittis duabus, lateribus lineis tribus rubidis; alis anticis hyalinis, posticis brevioribus, latis, rotundatis, supra colore aureo igneoque micantibus, basi cæruleis, subtus igneo-rutilis.

A peu près quatre centim. d'envergure. Noire. Tête et prothorax ayant en dessus deux taches; thorax ayant deux bandes antérieures, une ligne humérale, deux latérales, et une postérieure moins visible, d'un rouge fauve, celles des côtés plus pâles (l'abdomen manque). Pattes noires, blanchâtres en dedans. Ailes supérieures assez larges, transparentes, un peu verdâtres; les inférieures plus courtes, plus larges, arrondies à l'extrémité, d'une couleur d'or très-brillante en dessus, avec des nuances couleur de feu, d'un bleu brillant à la base, et un peu bordées de vert postérieurement, l'extrême partie basilaire un peu transparente; dessous d'une couleur de feu rutilante et dorée, ayant quelques marques bleues vers les bords.

Collection du Musée.

2. RHINOCYPHA FULGIPENNIS, *Guérin.*

Nigra; epistomate gibbo; alis aureis, basi hyalinis, macula discoidali anticarum, posticis maxima, spatiis quatuor hyalinis nitidis notata fusca ♂.

Guer., *Magas. de Zool.*, 1ʳᵉ année, Ins., pl. 15. — *Agrion fulgipennis.*

A peu près de la taille du *L. forcipula*, mais beaucoup plus courte. Tête ayant l'épistome très-saillant, gibbeux, formant avec la lèvre supérieure comme une espèce de museau, avec un petit point roussâtre de chaque côté des stemmates et un autre en arrière. Thorax ayant sur la face antérieure une bande aiguë au sommet, d'un rouge fauve, et sur les côtés une ligne transverse et le commencement de deux ou trois autres jaunes ou fauves. Abdomen court; appendices supérieurs simples, cylindriques, courbés vers l'extrémité; les inférieurs du double moins longs. Pattes noires, les postérieures ayant la face interne, ainsi que celle des tibias blanches. Ailes transparentes à la base, d'un brunâtre doré, ayant un reflet d'or ou couleur de feu très-vif, avec une tache plus foncée sur le milieu des supérieures, la moitié externe de la côte, et une très-grande tache sur les postérieures, comprenant depuis le milieu jusqu'à la moitié du ptérostigma sans atteindre le bord postérieur, marquée de quatre taches transparentes, à reflet argenté, dont trois, rangées en ligne transverse et la quatrième plus interne, située sur le bord de la tache; ptérostigma noir, ayant une tache rousse au milieu.

Collection de M. Serville, et indiquée de la Cochinchine. Je n'ai vu que le mâle.

3. RHINOCYPHA VITRELLA, *mihi.*

Nigra, fulvo maculata; alis parte interna subflavida fuscis, posticis maculis hyalinis biseriatim dispositis, serie externa macula unica, pterostigmate nigro.

A peine cinq centim. d'envergure et trois et demi de long. Tête noire, marquée de nombreuses taches jaunes; épistome presque globuleux, partagé en deux par un bord saillant. Prothorax noir, taché de jaune, ayant le lobe postérieur élevé, un peu gibbeux; thorax d'un noir légèrement verdâtre, ayant antérieurement deux grandes taches, qui ne vont pas jusqu'à l'attache des ailes, et une petite entre celles-ci près du prothorax, un point au-dessus d'elles, une ligne fine au-dessous du point, deux larges bandes sur les côtés et des taches sur la poitrine, jaunes. Abdomen d'un noir un peu verdâtre et un peu bronzé, ayant sur les côtés deux séries de taches, dont la supérieure composée de deux taches sur chaque segment, plus longue, mais n'allant pas jusqu'à l'extrémité; appendices supérieurs assez longs, simples, un peu en forme de pince, un peu dilatés vers l'extrémité; les inférieurs près de moitié plus courts, simples, droits, en forme de corne, dentelés en dedans à l'extrémité. Pattes noires, ayant la face interne des cuisses jaune, celle des tibias blanche. Ailes d'un brun fuligineux, ayant un reflet d'un vert brillant, avec l'extrémité un peu plus pâle, d'un jaune verdâtre très-pâle à la base, dans un peu plus du tiers interne; les inférieures ayant sur la partie fuligineuse deux rangées de taches transparentes, dont l'interne composée de trois qui ne sont pas placées sur la même ligne et ayant la médiane double ou formée de deux rangées d'aréoles, l'externe d'une seule, large, composée de quatre rangées d'aréoles, et ayant quelquefois une aréole transparente au-dessus ou au-dessous d'elle.

De Java. Collection de M. Serville.

4. RHINOCYPHA PERFORATA, *Percheron.*

Nigra maculis cœruleis ; alis hyalinis, anticis apice late, posticis post medium fuligineis , his hic fasciis duabus e maculis hyalinis.

Perch., *Gener. Ins.*, livr. 2 , n° 5. Nevropt., pl. 2.—Burm. , *Handb. der Ent.*, II, pag. 826, n. 2. *Calopteryx Fenestrata ?*

Ressemblant beaucoup à la *Vitrella.*, mais distincte. Tête entièrement noire, un peu jaune sur la lèvre inférieure. Thorax noir, ayant trois taches sur la partie antérieure, dont les deux externes beaucoup plus petites un peu jaunâtres, mais certainement bleues pendant la vie ; côtés bleus avec deux bandes noires, dont la supérieure plus large , échancrée en dessous, et une troisième sur le bord inférieur du métathorax. Abdomen noir, ayant sur les côtés , à chaque segment, une tache postérieure triangulaire, assez grande, et plus inférieurement un petit trait qui disparaît vers l'extrémité , bleus ; appendices supérieurs grêles , en forme de pince, légèrement dilatés à l'extrémité ; les inférieurs plus de moitié plus courts en pointe obtuse, un peu denticulés en dedans à l'extrémité. Pattes noires ; avec la face inférieure des quatre cuisses et des tibias postérieurs , blanche ; cils des tibias un peu plus longs que chez la *Vitrella*. Ailes un peu plus étroites et proportionnément plus longues ; les supérieures ayant une grande tache fuligineuse, occupant un peu plus du quart externe de l'aile , plus pâle au bord postérieur, qui brille d'un reflet bleu violet ; les inférieures fuligineuses après leur milieu , et ayant sur cette partie deux rangées transverses de taches , longues et transparentes, au nombre de trois pour chacune ; celles de la première rangée ayant la médiane plus large et la postérieure très-écartée, avec un reflet vert ; celles de la seconde , ou l'externe , étant plus rapprochées, avec la tache médiane plus étroite , ayant un reflet d'un bleu violet ; il y a sur le milieu, avant la partie brune et la touchant, une petite tache à reflet vert ; bord postérieur ayant dans sa partie médiane un reflet vert doré ; en outre les ailes ont une légère teinte d'un jaunâtre un peu fuligineux.

De Cochinchine. Décrite sur deux individus parfaitement semblables communiqués par M. Guérin. Je ne connais pas la femelle. M. Burmeister pense à tort que les *Rh. fulgipennis* et *perforata* ne sont peut-être que des variétés de sa *Fenestrata* , du moins les quatre premières espèces de ce genre que je décris sont bien distinctes. Quant à sa *Fenestrata* , il est difficile de la distinguer , la disposition des taches transparentes n'étant point mentionnée ; mais je crois qu'elle se rapporte à la *Perforata*. M. Burmeister n'ayant point parlé des appendices de l'abdomen dans les espèces qui composent cette famille , il est impossible d'arriver à une détermination rigoureuse de la plupart de celles qu'il décrit, et il a dû souvent en réunir plusieurs sous le même nom.

5. RHINOCYPHA FENESTRELLA , *mihi.*

Nigra ; thorace macula antica media , elongata, fulva ; alis dilute fuscis, micantibus, basi late anticisque margine postico hyalinis, posticis fascia e maculis tribus violaceo-hyalinis , maculaque ante apicem viridi-hyalina , fulgidis.

Ressemblant à la *Vitrella*, mais paraissant bien distincte. Tête noire sans tache. Thorax noir ayant antérieurement une tache médiane en triangle très-allongé, et sur les côtés une ligne et deux petites marques d'un jaune fauve (l'abdomen manque). Pattes noirâtres, blanchâtres sur la face interne. Ailes d'un brun un peu fuligineux, transparentes dans leur tiers interne et sur la marge postérieure, celle-ci ayant un léger reflet violet ; base teinte d'un peu de jaune verdâtre ; les inférieures ayant sur les parties brunes deux rangées de taches transparentes, dont la première, placée près du bord externe du dernier tiers de l'aile, est formée de trois taches larges dont la médiane s'avance un peu extérieurement ; la rangée externe bien plus rapprochée du sommet que chez la *Vitrella* et l'*Infumata*, se trouve au-dessous du ptérostigma ; elle est large, formée du côté interne de quatre rangées d'aréoles, et de cinq ou six du côté externe ; la première rangée brille d'un reflet violet , et la tache de la seconde d'un reflet vert ; au bord interne de la couleur brune sur la partie transparente, il y a aussi deux taches vitrées ; ailes plus larges que chez la *Vitrella ;* ptérostigma étroit, assez allongé, d'un jaune fauve , obscurci à ses extrémités. Un individu , que je pense être la femelle , est d'un vert bronzé très-obscur ; thorax ayant la tache antérieure divisée inférieurement, puis deux lignes fines de chaque côté, une bande latérale partant sous les ailes inférieures et bordant la partie inférieure, d'un jaune fauve ; ventre court et épais, d'un vert bronzé très-obscur, avec une ligne dorsale très-fine et interrompue, une ligne de points sur les côtés et un peu le bord des segments jaunes ; styles plus du double plus longs que le dernier segment, noirs, très-aigus. Ailes un peu plus étroites et plus allongées que celles du mâle, d'un verdâtre très-pâle, un peu jaunâtre à la base ; ptérostigma plus long, roussâtre au milieu.

Collection du Musée.

6. RHINOCYPHA HETEROSTIGMA , *mihi.*

Nigra ; thorace utrinque fasciis lineisque duabus flavis ; alis anticis hyalinis, pterostigmate nigro , posticis obscure flavidis, externis fuscis, pterostigmate flavo , intus nigro.

De la taille de la *Vitrella*, noire ou d'un noir un peu verdâtre. Tête ayant quelques points jaunes, avec l'épistome très-saillant, presque globuleux. Prothorax noir, avec quatre petites marques jaunes sur les côtés ;

thorax ayant en avant une ligne de chaque côté et un petit point au-dessus, et plus en côté deux lignes dont la postérieure courte et deux bandes postérieures jaunes ; les lignes peuvent en partie disparaître. Abdomen noir ; appendices supérieurs assez grands , simples , un peu courbés en pince, les inférieurs plus de moitié plus petits , courbés l'un vers l'autre. Pattes noires , les cuisses un peu jaunes à la face interne. Ailes antérieures transparentes, avec le ptérostigma long , noir ; les postérieures d'un jaunâtre obscur, un peu verdâtres chez la femelle , ayant, chez le mâle, les deux tiers avec l'extrémité plus clairs, ou seulement un nuage , avant l'extrémité d'un brun roussâtre , avec un reflet doré ; ptérostigma jaune ou d'un jaune obscur, avec le côté interne noir ; femelle plus pâle que le mâle , ayant les appendices vulvaires divariqués, courts, terminés par une soie ; styles longs , très-aigus et grêles.

De Java. Collection de M. Serville.

7. RHINOCYPHA INFUMATA, *mihi*.

Nigra fulvo maculata; alis subfusco-virescentibus, basi virescentibus; posticis maculis hyalinis biseriatim dispositis, serie externa tribus, pterostigmate nigro , in fœmina subflavido-virescentibus.

Un peu plus grande que la *Vitrella* et lui ressemblant extrêmement ; colorée tout à fait de la même manière. Ailes un peu plus longues et proportionnément plus étroites , d'une teinte plus pâle, avec les taches transparentes des inférieures un peu différentes ; ayant la première rangée de la tache médiane peu sensible ou nulle, la seconde composée de trois taches, dont l'antérieure formée d'une seule série d'aréoles, touchant à la suivante par deux ou trois aréoles transparentes ; médiane ayant trois séries d'aréoles intérieurement et quatre extérieurement, postérieure trois ; première rangée ayant un léger reflet violet, qui est vert sur la deuxième ; ptérostigma noir, allongé. Un individu , que je crois être la femelle , diffère en ce que le thorax présente, antérieurement en dessus, une ligne fine médiane et deux bandes en place des deux taches et des deux points ; l'abdomen une ligne dorsale , surtout visible à la base, le bord postérieur des segments très-finement et une petite tache postérieure sur les deux avantderniers jaunes ; styles plus longs que le dernier segment, divariqués, noirs. Tibias entièrement noirs. Ailes d'un vert jaunâtre, très-pâles, plus foncées à la base ; ptérostigma d'un brun roussâtre.

De Java. Collection de M. Serville.

8. RHINOCYPHA TINCTA, *mihi*.

Nigra, cœruleo variegata; thorace parte media inferiori cœrulea; abdomine supra segmentorum maculis duabus minutis anticis ma-

culisque lateralibus magnis cœruleis ; alis fuscis, basi hyalinis,
subtus posticis macula magna viridi nitente ♂.

Plus petite que les précédentes, noire. Partie inférieure et postérieure
des côtés du thorax, deux petites taches sur le bord antérieur des
segments de l'abdomen en dessus, une grande tache sur les côtés formant une bande à la base, bleues. Ailes d'un brun violâtre, largement
transparentes à la base ; dessous des postérieures ayant au moins le
tiers moyen d'un vert brillant ; portion humérale ne faisant pas plus du
tiers de la longueur de l'aile.

D'après un individu mutilé appartenant au Musée.

Genre MICROMERUS, *mihi.*

Calopteryx, *Burmeister.*

Ayant à peu près les mêmes caractères que le genre *Rhinocypha.*

Yeux gros, médiocrement écartés ; épistome très-saillant.
Abdomen notablement plus court que les ailes ; celles-ci
étroites, à réseau très-clair et très-simple ; partie humérale
formant un peu plus du tiers de sa longueur, seulement traversée
antérieurement (premier espace huméral) par cinq nervules (du
moins dans les deux espèces que je connais). Ptérostigma bien
marqué aux quatre ailes chez la femelle ; nul aux postérieures chez
le mâle.

1. MICROMERUS LINEATUS, *Burmeister.*

Niger ; epistomate gibbo ; thorace lineis anticis tribus lineolaque
et fasciis duabus lateralibus abdomineque antice supra flavis ; alis
hyalinis, basi flavidis, anticis apice macula fusca ♂.

Burm., *Handb. der Ent.*, II, p. 826, n° 1. *Calopteryx lineata.*

Vingt-deux à vingt-trois millim. de longueur et trente-six d'envergure.
Noire. Tête ayant le sommet de l'épistome d'un bleu foncé, avec deux
points en avant du vertex, un de chaque côté des ocelles, un derrière les
yeux, une bande sur l'occiput, surmontée d'une tache, jaunes. Mésothorax
ayant une bande transverse antérieure, deux taches latérales, le bord
postérieur et une large tache sur une partie gibbeuse, jaunes ; thorax
ayant antérieurement une ligne fine médiane, dilatée à ses extrémités,
deux lignes humérales, dont la première descend plus bas et la seconde
monte plus haut, deux bandes latérales larges, et quelques points à la
base des ailes et sur l'espace inter-alaire, jaunes. Abdomen très-court,
déprimé, un peu atténué à la base et à l'extrémité, ayant le dessus jaune
dans sa moitié antérieure et sur les deux ou trois segments qui suivent,

deux taches de la même couleur; sur la partie jaune le bord des segments et une ligne médiane aboutissant à une tache ou deux points, noirs; appendices supérieurs grêles, un peu en forme de pince, un peu courbés à l'extrémité; les inférieurs très-courts. Pattes noires, ayant une bande blanche sur la moitié de la face interne des cuisses antérieures et un duvet blanchâtre sur la face interne des tibias. Ailes transparentes, jaunâtres à la base; les antérieures ayant une tache brune sur le sommet; ptérostigma noirâtre, un peu roux dans son milieu.

De Java.

2. MICROMERUS UXOR, *mihi.*

Niger; epistomate gibbo; thorace lineis anticis tribus, lineolaque et fasciis duabus lateralibus, abdominisque linea dorsali lateribusque nigro notatis flavis; alis hyalinis ♀.

Tout à fait semblable à la précédente, dont elle paraît être la femelle, mais ayant la couleur du dessus de l'abdomen disposée différemment; celui-ci jaune, avec deux bandes dorsales, qui se réunissent sur les derniers segments, un double trait sur les côtés à chaque segment, le bord de ceux-ci, le milieu du ventre longitudinalement et une grande partie des deux derniers segments noirs; appendices noirs, un peu divariqués. Pattes jaunes sur une grande partie de la face interne de toutes les cuisses. Ailes transparentes; ptérostigma jaune, brun au côté interne.

De Java.

SECONDE DIVISION. — Ailes ayant le premier espace huméral traversé seulement par deux nervules; partie humérale formant à peine le tiers de la longueur de l'aile, ou beaucoup moins.

Genre PLATYCNEMIS, *Charpentier.*

AGRION, *Vander-Linden, Burmeister, etc.*

Tête très-large et très-courte; yeux très-éloignés l'un de l'autre et comme pédicellés; lèvre inférieure presque arrondie, assez profondément échancrée à son extrémité; pénultième article des palpes labiaux plus court qu'elle, ayant l'angle interne prolongé en une longue épine; le dernier très-étroit, très-grêle, plus étroit à la base, plus de moitié plus court, presque cylindrique. Pattes assez grandes, munies de cils très-longs; les quatre derniers tibias, au moins dans les mâles, plus ou moins dilatés. Ailes pédicellées, à réseau très-clair; aréoles presque toutes quadrilatères; ptérostigma presque en losange. Appendices supérieurs plus courts que les inférieurs, droits; ceux-ci en forme de pince (dans les espèces qui me sont connues).

Les *Platycnemis* habitent les eaux courantes; ils tiennent leurs ailes relevées pendant le repos.

1. PLATYCNEMIS MARGINIPES , *mihi.*

Albido-flavida ; thorace supra fascia duplici, et alia antica longitudinali nigris; pedibus in mare rufescentibus, dilatatis, in fœmina nec dilatatis, femoribus postice nigris, albido striatis.

Un peu plus petite et plus grêle que la *Platypoda*. D'un noir un peu bronzé, mais souvent aussi d'un blanc un peu jaunâtre. Tête ayant une bande transverse avant les ocelles, une autre après, et deux traits de chaque côté plus en arrière, noirs. Prothorax ayant le bord postérieur pas sensiblement sinueux et presque arrondi chez le mâle, concave chez la femelle, avec un petit lobe partant du milieu, un peu après le bord, s'unissant à une élévation presque semblable du thorax pour former une sorte de tubérosité, sur les côtés de laquelle il en existe une autre de chaque côté; thorax ayant antérieurement, en dessus, une très-large bande, quelquefois divisée en deux par une ligne jaune très-fine et deux ou trois autres sur les côtés, dont la première plus longue s'étend, ainsi que la précédente, sur le prothorax, un peu sinueuse avant d'arriver à l'attache de l'aile, noires : on pourrait dire que le dessus et une partie des côtés sont noirs, avec des lignes jaunes, mais les bandes noires diminuent beaucoup dans la variété blanchâtre. Abdomen grêle, ayant le bord antérieur des segments et une ligne dorsale n'allant pas jusqu'à l'extrémité jaunes, dans la variété d'un blanc jaunâtre; le bord postérieur des segments (l'extrémité manque), ainsi que deux traits en dessus sur le pénultième, chez la femelle, noirs. Pattes du mâle d'un jaune roussâtre, les quatre tibias postérieurs dilatés, blanchâtres et non dilatés chez la femelle, avec les cuisses noires postérieurement et striées de blanchâtre; styles courts, larges. Ailes transparentes; ptérostigma en losange, d'un roux obscur, ou noir, plus clair à la circonférence.

De Java. Collection de M. Serville.

2. PLATYCNEMIS MEMBRANIPES.

Nigra ; thorace supra utrinque linea, pectore lateribusque flavis; abdomine lateribus subtusque flavis; pedibus in fœmina nec dilatatis; pterostigmate lato, subquadrato ♀.

Un peu plus grande que la *Platypoda*. Noire. Tête ayant le dessus, l'épistome et la lèvre supérieure noirs; le dessous, une ligne passant par les ocelles, et une tache de chaque côté postérieurement, jaunes. Bord postérieur du prothorax fortement concave dans son milieu, ayant à chaque angle de la concavité une petite saillie droite et une autre au milieu; thorax jaune, noir en dessus, avec une ligne jaune de chaque côté et une ligne noire sur les côtés, partant de la base des ailes postérieures. Abdomen grêle; premier segment jaune, avec une tache noire en dessus à la base, le second une ligne dorsale plus courte que lui, le troisième deux petites taches à la base de chaque côté, les côtés des autres et le dessous, jaunes (l'extrémité manque). Pieds jaunes, ayant la face postérieure des cuisses, l'interne aux tibias et les tarses noirs; tibias non dilatés, leurs cils moitié moins nombreux que chez la *Platypoda*, mais plus longs; onglets n'étant divisés qu'à leur extrémité. Ailes transparentes; ptérostigma très-court, large, presque carré, noirâtre.

De Java. Collection de M. Serville; je n'ai vu que la femelle incomplète.

3. PLATYCNEMIS TIBIALIS, *mihi*.

Azurea; thorace antice fasciis tribus lineaque laterali nigro-virescentibus; abdomine supra nigro-virescenti, linea dorsali interrupta, segmentorum margine postico, ultimo lateribusque flavidis vel azureis?; pedibus longe ciliatis ♀.

A peu près de la taille de la *Platypoda*, mais ayant la tête moins large; paraissant devoir être bleue pendant la vie. Tête noire en dessus et postérieurement. Bord postérieur du prothorax peu élevé, à peu près arrondi; thorax ayant antérieurement une bande médiane, une humérale de chaque côté, bifide postérieurement, et une ligne sur les côtés d'un noir un peu verdâtre. Abdomen plus grêle que dans la *Platypoda*, d'un noir verdâtre en dessus, ayant une ligne dorsale interrompue à chaque segment, n'allant pas jusqu'à l'extrémité, le bord antérieur des segments, le dernier tout entier, trois points sur la partie postérieure du pénultième, les côtés, à l'exception de l'extrémité des segments, jaunes (peut-être bleus pendant la vie); dernier segment paraissant entièrement fendu en dessus. Pattes longuement ciliées, jaunâtres, ayant les cuisses antérieures noires, seulement jaunâtres à la base de la face interne, les mêmes tibias, noirs à la face antérieure; cuisses postérieures ayant la face externe noire, plus ou moins divisée par une ligne jaune; tarses noirs. Ailes transparentes; ptérostigma en losange, d'un roux obscur.

Collection de M. Serville, et indiquée de l'Amérique septentrionale.

* 4. PLATYCNEMIS PLATYPODA, *Vander-Linden*.

Cærulea vel albida, viridi-æneo lineata; pedibus dilatatis, appendicibus superioribus brevioribus, trigonis, bifidis; inferioribus forcipatis, ante apicem subincrassatis, subdepressis.

Vanderl., *Agr. Bonon.*, n° 4.—Ejusd., *Monogr. Lib.*, p. 37, n° 6.—

Fonscol., *Ann. soc. Ent.*, VII, p. 560? — Sel., *Monogr. Lib.*, p. 148, n° 1. — Charp., *Hor. Ent.*, p. 11. *A. Lacteum.* — Burm., *Handb. der Ent.*, II, p. 822, n° 23.

De la taille du *Lestes forcipula*. Teinte bleue, bleuâtre ou même blanchâtre, quelquefois un peu roussâtre sur le thorax des femelles, avec des lignes et bandes d'un vert bronzé obscur. Tête ayant une grande partie du dessus, une ou deux bandes transverses antérieures, une ligne de chaque côté postérieurement, d'un vert bronzé. Bord postérieur du prothorax, chez le mâle, élevé, arrondi, avec un petit angle saillant sur les côtés; chez la femelle formant un angle dans son milieu, fortement redressé en avant, couché et courbé vers la tête, ayant un petit angle avant sa base, avec ses côtés saillants en lobe arrondi, un peu anguleux; le dessus extrêmement inégal; thorax dans le même sexe ayant une saillie antérieure à son union avec le prothorax, bleu avec deux bandes supérieures en dessus, antérieurement, et deux lignes de chaque côté. Abdomen variable pour la couleur, ayant une bande dorsale séparée à chaque segment, avant l'extrémité duquel il y a deux petits traits obliques et le bord postérieur d'un vert bronzé; la bande dorsale double et élargie postérieurement; les lignes et les bandes disparaissent souvent en grande partie, surtout chez les femelles, dont les six premiers segments sont souvent blancs; appendices verdâtres, droits, les supérieurs d'une forme triangulaire, trigones, ayant un angle obtus au côté interne près de la base, après lequel on voit un petit sillon, avec l'extrémité obtuse, un peu bifide; inférieurs au moins un tiers plus longs, en forme de pince, ayant leur base très-prolongée, un peu déprimés, noirs à l'extrémité, qui est un peu dilatée avant le sommet, et un peu épaissie en dessus; styles de la femelle courts, connivents; dernier segment un peu élevé à l'extrémité en dessus, où il est très-comprimé; petits appendices des valves génitales noirâtres, disposés en V. Pattes bleuâtres ou blanchâtres, ayant sur la face externe une double ligne aux cuisses, une seule sur les tibias, noires; les quatre tibias postérieurs également dilatés chez les deux sexes, longuement ciliés. Ailes transparentes; ptérostigma fauve, plus pâle chez la femelle, assez grand, pointu extérieurement.

Très-commune le long des eaux courantes pendant l'été dans une grande partie de l'Europe. M. Géné me l'a communiquée de Sardaigne.

*** 5. PLATYCNEMIS LATIPES , *mihi*.**

Albido-rufa; abdomine apice supra viridi-æneo; tibiis in fæmina dilatatis, in mare dilatatissimis.

Ressemblant beaucoup à la *Platypoda*, mais un peu plus petite. Thorax roussâtre, bord postérieur du prothorax ayant l'angle du milieu un peu plus saillant et plus aigu, lobe des côtés moins élevé et plus arrondi. Abdomen en grande partie blanchâtre dans les deux sexes, un peu marqué de vert, bronzé postérieurement ; appendices supérieurs plus étroits à la base, un peu plus longs, pas sensiblement bifides à l'extrémité, ayant la première division réduite à un très-petit tubercule, la seconde allongée, dépassant de beaucoup la première, plus pointue que dans la *Platypoda*; les inférieurs dépassant moins les supérieurs, d'une forme plus cylindrique, épaissis au côté interne, avant l'extrémité, dont l'extrême pointe seule est noirâtre. Pattes plus courtes, beaucoup plus dilatées chez les mâles, plus que dans les femelles, qui les ont aussi un peu plus que la *Platypoda*. Ptérostigma plus petit, plus étroit, roux, plus clair à la circonférence.

Je l'ai prise avec la *Diversa* dans les environs de Montpellier.

* 6. PLATYCNEMIS DIVERSA, *mihi.*

Rufa vel rubida, viridi-æneo lineata ; pedibus in fœmina non dilatatis ; appendicibus superioribus, basi dilatatis, apice subtus crassis, inferioribus subforcipatis cylindricis.

Fonscol., *Ann. soc. Ent.*, VII, p. 561 *A. Platypoda*, var.

Un peu plus petite que la *Platypoda*, et lui ressemblant beaucoup, mais bien distincte. Bord postérieur du prothorax de la femelle différent; l'angle du milieu plus étroit, redressé, droit et non tourné vers la tête ; lobe des côtés prolongé en une corne obtuse et verticale ; thorax d'un jaune roussâtre. Abdomen presque orangé ou roux, marqué de vert bronzé seulement à l'extrémité ; appendices un peu différents, rougeâtres, les supérieurs plus étroits à la base, plus sensiblement bifides à l'extrémité, ayant les divisions plus écartées et l'inférieure plus épaisse ; les inférieurs un peu plus longs, moins courbés en pince, cylindriques, sans inégalités ni renflement, un peu noirs, seulement à l'extrême pointe. Les quatre tibias postérieurs moins dilatés chez le mâle, nullement dilatés dans la femelle. Ptérostigma un peu plus carré, moins en pointe.

J'ai pris autrefois cette espèce dans les environs de Montpellier ; depuis je l'ai retrouvée dans le département des Landes, et M. Blisson l'a prise dans les environs du Mans.

GENRE LESTES, *Leach.*

AGRION, *Vander-Linden, Burmeister, etc.*

Yeux très-éloignés, comme pédicellés ; lèvre inférieure large, ayant ses deux divisions larges, obtuses et arrondies à leur extrémité, où elles laissent entre elles une échancrure; un peu convexes antérieurement; palpes labiaux un peu plus étroits qu'elle ; pénul-

tième article plus court, ayant son angle interne prolongé en une
très-longue épine; le dernier presque aussi long que le précédent,
étroit, presque linéaire, un peu courbé. Pattes assez grandes,
ayant des cils longs, pas très-nombreux, épais. Ailes bien sensiblement pédicellées, ayant la plupart des aréoles pentagones, et
le ptérostigma presque comme chez les Libellulides. Appendices
supérieurs en forme de pince, presque comme chez les *Calopteryx*.

Les Lestes habitent surtout les eaux stagnantes remplies de
plantes aquatiques, où quelques espèces se trouvent tellement
répandues qu'on peut les prendre par centaines. Chez plusieurs,
quand ils ont vécu un certain temps, quelques parties de leur
corps se couvrent d'une poussière bleuâtre; la plupart tiennent
leurs ailes horizontales pendant le repos. Je n'ai pu séparer de
ce genre l'*Agrion fusca* de Vander-Linden, ne lui trouvant aucun caractère tranché, et la position des ailes pendant le repos,
horizontale ou verticale, étant sans intérêt pour moi, puisqu'elle
ne peut se traduire après la vie par aucun caractère sensible.
Près de la moitié des espèces que je décris se trouve dans les
environs de Paris, ce qui doit faire penser que la plupart des
exotiques me sont inconnües.

1. LESTES GRANDIS, *mihi*.

*Obscure rufo-viridi-œnea; thorace lateribus fascia flava; appen-
dicibus superioribus forcipatis, intus basi dente magno, in medio
alio obtuso, inferioribus brevibus obtusis, apice, pilosis.*

Ressemblant à la *Forcipula*, mais beaucoup plus grande. Tête grosse,
d'un roussâtre obscur, ayant deux lignes sur la partie antérieure, rapprochées, une autre de chaque côté partant de dessous les premières
ailes, d'un vert bronzé obscur; côtés ayant dans leur milieu et postérieurement une bande jaune. Abdomen un peu plus épais à la base et à l'extrémité, étant en dessus d'un vert bronzé obscur, couleur qui est divisée par
une ligne dorsale d'un roussâtre obscur; les deux derniers segments chez
le mâle en grande partie jaunâtres, ainsi que les côtés; dernier segment
caréné en dessus, fortement échancré postérieurement; appendices supérieurs en forme de pince, ressemblant beaucoup à ceux de la *Forcipula*,
mais plus longs, ayant intérieurement à la base une forte dent aiguë, et
une seconde vers le milieu moins grande et obtuse; les inférieurs beaucoup
plus courts que chez la *Forcipula*, très-courts, dirigés vers les supérieurs, obtus, poilus à l'extrémité; styles de la femelle moins longs que
le dernier segment, noirs; valves génitales assez fortement denticulées,

leurs appendices courts. Pattes noires, ayant les cuisses et les tibias jaunes supérieurement. Ailes transparentes, avec le ptérostigma grand, d'un brun roux.

De Colombie ; collection de M. Marchal.

2. LESTES TENUATA, *mihi.*

Obscure viridi-subazurea; thorace obscure albido, fasciis quatuor viridi-azureis; appendicibus superioribus forcipatis, intus basi dente rotundato, post medium denticulatis, exterius dentatis, apice subrotundatis; inferioribus brevibus, obtusis, apice rotundatis, pilosis.

De la taille de la *Viridis*, mais plus grêle et ressemblant, pour les couleurs à la *Forficula*. Tête plus étroite. Thorax blanchâtre, un peu roussâtre en dessus, avec quatre bandes d'un vert bleu, dont deux supérieures. Abdomen long et grêle, d'un vert bleu en dessus, avec les côtés, à l'exception du bord postérieur des segments et les derniers, et deux petits traits en dessus sur le bord antérieur, blanchâtres ; appendices supérieurs en forme de pince, ressemblant un peu à ceux de la *Forcipula*, ayant en dedans à la base une dent large et arrondie, épaisse ; dentelés finement après le milieu, au bord interne qui est un peu dilaté, avec l'extrémité presque arrondie ; bord supérieur ayant une rainure avant l'extrémité ; inférieurs, courts, obtus, arrondis à l'extrémité qui est un peu élargie en formant un petit angle en dedans, velue. Pattes d'un blanc jaunâtre avec les tarses, trois lignes sur les cuisses, et la face inférieure des tibias, noirs. Ailes transparentes ayant le ptérostigma noir.

De la Martinique ; collection de MM. Guérin et Serville. Je ne connais pas la femelle.

3. LESTES FORCEPS, *mihi.*

Obscure viridi-ænea; thorace fasciis flavidis; appendicibus superioribus magnis, flexuosis, exterius denticulatis, basi dente acuto ante apicem tuberculo, dehinc interne flexis, inferioribus subnullis ♂.

Un peu plus grande que la *Forcipula*, et ayant l'abdomen plus long et plus grêle. Tête grande. Thorax d'un jaune verdâtre avec une très-large bande en dessus, divisée par une ligne jaune et deux bandes latérales d'un vert bronzé obscur. Abdomen long, grêle, renflé vers l'extrémité, d'un vert bronzé obscur en dessus, jaune sur les côtés avec deux petits traits fins de la même couleur sur le bord antérieur des segments ; dernier un peu en carène en dessus, échancré à l'extrémité ; appendices supérieurs grands, presque en forme de fourche, un peu flexueux avec le tiers externe abaissé, ayant à l'endroit de cette flexion en dessus et en dedans un tubercule saillant, et à la base en dedans, et inférieurement une dent; le bord qui suit après cette dent, d'abord échancré, est finement dentelé jusqu'à la moitié de leur longueur et la face interne avant ce bord est excavée; face externe dentelée à peu près dans son tiers moyen; appendices inférieurs très-courts, formant une petite saillie sur le bord externe de leur base. Pattes jaunes, noires à leur face antérieure et interne. Ailes très-légèrement obscures; ptérostigma noir, assez grand.

Je n'ai pas vu la femelle. Du Cap; collection de M. Serville.

4. LESTES FORCIPATA, *mihi*.

Obscure viridi-œnea; thorace utrinque fascia humerali flava; appendicibus superioribus, intus bidentatis, dentibus distantibus, inferioribus spathulatis, intus non curvis.

De la taille de la *Forcipula*, mais ayant le ventre un peu plus grêle; tout à fait intermédiaire entre celle-ci et la *Sponsa*, pour les appendices qui ne présentent pas de différences bien sensibles, mais se distinguant facilement par le thorax. Tête au moins aussi large que dans la *Forcipula*, mais moins épaisse, avec les yeux moins gros. Thorax ayant l'arête méso-thoracique jaune, et de chaque côté une bande humérale de la même couleur, plus large en avant que postérieurement, beaucoup plus large que dans ses deux congénères; côtés jaunes dans les deux tiers de leur étendue avec une ligne noirâtre. Abdomen comme chez la *Sponsa*; couleur du dessus descendant sur la partie postérieure des côtés des segments qui est jaune; dernier segment un peu élevé en carène postérieurement et échancré; angles de l'échancrure un peu saillants, avec les bords dentelés à la base de l'échancrure, plus sensiblement que chez la *Forcipula*; appendices supérieurs tellement semblables à ceux de la *Forcipula*, qu'il est difficile de voir des différences bien sensibles; milieu du bord interne un peu moins dentelé; inférieurs ressemblant surtout à ceux de la *Sponsa*, mais un peu plus larges vers l'extrémité et en spatule, et cette extrémité non courbée en dedans comme chez la *Forcipula*. Pattes jaunes avec la face antérieure des cuisses et des tibias souvent divisée sur les premières par une ligne jaune et les tarses d'un vert noirâtre. Un individu que je considère comme la femelle de cette espèce, a une échancrure sur le bord postérieur du dernier segment, qui est assez fortement dentelée; valves génitales sensiblement dentelées en dessous. Ailes transparentes. Ptéro-stigma noirâtre assez large.

Je ne connais pas la patrie du mâle que je possède. Femelle de la collection de M. Serville et indiquée de l'Amérique septentrionale.

5. LESTES FORFICULA , *mihi.*

Obscure viridi-ænea; thorace fusco-rufescenti fasciis cæruleis;
appendicibus superioribus, basi intus dente longo, dehinc in me-
dio dilatato-dentatis, subtus basi sulcatis ♂.

De la taille de la *Sponsa*, et lui ressemblànt extrêmement. D'un vert
bronzé, obscur. Thorax brun roussâtre, avec deux bandes antérieures et
une ou deux sur les côtés, d'un bleu foncé. Abdomen très-mince et très-
grêle, comme chez la *Sponsa;* appendices supérieurs tellement semblables qu'on pourrait la confondre au premier abord avec celle-ci ou avec la
Forcipula; dent de la base au bord interne très-prononcée, longue, à
la place de la seconde dent; après le milieu, le bord est plus dilaté et
chargé de petites dents longues et serrées, après lesquelles l'appendice
est étranglé ou échancré; base en dessous ayant un profond sillon; appendices inférieurs comme chez la *Sponsa,* laissant entre eux un espace
triangulaire. Pattes à peu près semblables. Ailes transparentes; ptérostigma noir.

Patrie inconnue; peut-être de l'Amérique septentrionale?

* 6. LESTES FORCIPULA , *Charpentier.*

Obscure viridi cuprea; prothorace, pectore, abdominis basi apice-
que pulvere subcæruleo indutis; appendicibus superioribus intus bi-
dentatis, dentibus distantibus postico minori, parvo, inferioribus
apice dilatatis intus curvis (mas), viridi-ænea vel cuprea, nitens (fœ-
mina et mas junior).

Charpent., *Hor. Ent.*, p. 6, tab. 1, fig. 16.

Cinq cent. d'envergure et quatre et demi de long. D'un vert obscur métallique ou cuivreux chez les mâles, qui ont revêtu leur dernière livrée, et
ayant de plus le prothorax, la poitrine, l'espace inter-alaire, les deux
premiers segments de l'abdomen, les deux derniers, surtout le pénultième,
et une partie du dessous du ventre couverts d'une poussière glauque,
bleuâtre; la femelle et les jeunes mâles (quoiqu'ils puissent déjà s'accou-
pler) (1), d'un vert métallique ou cuivreux brillant Face entièrement
jaune, à partir d'une ligne passant par l'épistome, sur lequel la teinte du
dessus de la tête s'avance un peu; une ou deux petites taches jaunes sur la

---

(1) C'est à tort que pour exprimer cet état on a employé le mot
petit (*pullus*), ou ceux d'*adultes*, *demi-adultes*, pour l'état opposé;
ces mots sont tout à fait impropres dans ce cas, et expriment tout autre
chose.

base des antennes. Bord postérieur du prothorax court, arrondi ; thorax
ayant l'espace inter-alaire, la poitrine, une partie des côtés (revêtus de poussière à une certaine époque chez le mâle), postérieurement et inférieurement, où l'on voit une ligne brunâtre et au-dessous un ou deux points
plus sensibles chez le mâle, jaunes ; quelquefois chez la femelle il y a en
dessus trois lignes jaunes très-fines. Abdomen assez épais, surtout chez
les femelles, linéaire, un peu plus épais postérieurement, jaune en dessous
et sur la partie inférieure des côtés, à l'exception de la partie longitudinale du milieu du ventre, qui est noirâtre ; partie jaune des côtés se prolongeant de chaque côté sur le bord antérieur des segments en une ligne, qui
tend à s'unir en dessus avec celle du côté opposé, ne se touchant pas ordinairement ; appendices supérieurs du mâle en forme de pince, comprimés, contournés et courbés avant leur extrémité, ayant quelques dentelures ou épines extérieurement ; bord interne mince, ayant deux dents,
dont la première, presque à la base, assez forte, aiguë, la seconde au delà
du milieu, beaucoup moins saillante, la partie entre ces dents finement dentelée à partir d'un peu moins de la moitié de sa longueur, ce bord un peu
échancré après la seconde dent, où l'appendice se contourne un peu et se
termine en ovale ; appendices inférieurs le tiers moins longs (en comptant
leur base), rétrécis dans leur milieu et laissant entre eux (quand ils ne
sont pas contournés, ce qui arrive souvent) un espace ovale, élargis à
l'extrémité, qui est courbée en dedans, ciliés extérieurement ; leur base
s'élargissant fortement et subitement en dedans ; le dernier segment à son
extrémité en dessus, élevé en carène et échancré, avec les angles de l'é-
chancrure saillants, et les bords un peu dentelés ; valves génitales de la
femelle longues, dépassant quelquefois l'anus, finement dentées en scie,
bordées de noir inférieurement, avec leurs appendices noirs, jaunes à la
base extérieurement ; dernier segment un peu élevé en dessus postérieurement, et légèrement échancré en biseau ; jambes noires, avec la face interne
et postérieure des cuisses et la face externe des tibias jaunes ; chez le mâle
il n'y a guère que la face interne des cuisses et une ligne externe, jaunes.
Ailes transparentes, ayant une apparence un peu brunâtre ; ptérostigma
assez grand, noir.

Commune le long des étangs et des mares près des bois, depuis la
fin du printemps jusque dans l'automne ; quelquefois tellement abon-
dant qu'on pourrait en prendre des milliers. Cette espèce est évidem-
ment celle décrite par M. de Charpentier sous le nom de *Forcipula*, et
dont il figure les appendices ; elle est aussi mentionnée par M. de Selys
comme une variété à grosse tête de la *Sponsa*, et dont il parle comme
ne se trouvant pas en Belgique ?

* 7. LESTES SPONSA, *Hanseman.*

Viridi-ænea, nitens ; appendicibus superioribus in mare, intus

*bidentatis, dentibus æqualibus; inferioribus elongatis, rectis,
apice recto subdilatatis.*

Sel. , *Monogr. Lib.* , p. 140 , n° 3, pl. 3, fig. 29, et pl. 4, fig 30.—
Hans., *In Wied. magaz.* , II, p. 1, pag. 159.

Un peu plus petite et surtout plus grêle que la *Forcipula*, et lui
ressemblant presque complétement. Tête moins grosse ; couleur verte,
terminée sur les côtés du thorax d'une manière plus nette et n'ayant pas le
bord déchiré ou très-sinueux, et la ligne brune qui se trouve sur la couleur
jaune n'étant pas sensible ; la petite ligne jaune qui part des côtés, sur chaque segment, touche ordinairement celle du côté opposé ; lignes jaunes sur
le thorax, plus visibles, souvent persistantes, ne disparaissant pas chez les
femelles ; appendices de l'extrémité des mâles différents, les supérieurs
ayant la même forme avec les deux dentelures plus prononcées à peu près
égales, et beaucoup plus rapprochées, de sorte que l'antérieure est plus
éloignée de la base, et au-dessous d'elle existe une petite saillie tout à
fait nulle chez la *Forcipula*, l'espace entre les dents beaucoup plus
court et dentelé dans toute sa longueur ; l'échancrure après la seconde
dent beaucoup plus sensible , de sorte que l'appendice est plus rétréci à
cet endroit, où il est plus courbé ; jaunes aux deux tiers antérieurs du
bord externe ; inférieurs bien différents, droits, plus longs et touchant
souvant l'extrémité interne des autres, légèrement rétrécis dans leur
milieu, avec l'extrémité droite, à peine élargie, obtuse, presque lancéolée, ciliés de poils, plus épais et plus courts ; l'espace qu'ils laissent
entre eux presque en losange très-allongé, et leur base s'élargissant insensiblement et non brusquement ; chez la femelle les valves génitales plus
courtes, le dessus du premier segment postérieurement plus élevé, et
les styles ayant plus de jaune. Ailes ayant le ptérostigma plus étroit.

Se trouve aux mêmes époques et dans les mêmes localités que la
Forcipula, et aussi communément.

* 8. LESTES MACROSTIGMA , *Eversman.*

*Viridi-ænea ; thorace abdominisque basi et apice violaceis, in mare
pulverulento-cæruleis ; appendicibus superioribus maris intus dilatatis, denticulatis, ad basim dente obtuso, inferioribus brevibus,
divaricatis, apice crinitis, pterostigmate magno.*

Sel., *Monogr. Lib.*, p. 138 , n° 2. *Lestes Picteti.*

Ressemblant beaucoup à la *Forcipula*, mais un peu plus longue et un
peu plus grêle. Tête plus petite. Thorax , et les deux extrémités de l'abdomen d'un bleu violet obscur, couverts d'une poussière bleuâtre chez le
mâle. Abdomen très-grêle, plus épais à l'extrémité ; appendices supérieurs
du mâle très-différents de ceux de la *Forcipula*, en forme de pince, dilatés

dans leur milieu au bord interne, où ils sont denticulés, ayant à la base une dent obtuse, avec une échancrure avant l'extrémité ; les inférieurs courts, épais, divariqués, rugueux, ayant à l'extrémité du côté externe une masse de poils compacte ; dessus du dernier segment un peu en carène, fortement échancré postérieurement ; extrémité abdominale de la femelle entièrement noire, avec les valves génitales plus courtes que dans la *Forcipula*, mais bien plus fortement dentées ; styles plus courts ; dernier segment fortement échancré postérieurement. Pattes noires, ptérostigma noir, plus grand que dans les autres espèces, plus grand chez la femelle.

Communiquée par M. Géné, qui l'a prise en Sardaigne ; elle m'a été aussi donnée par M. le marquis de Brême, qui l'a reçue de la Sicile. Peut-on rapporter à cette espèce, comme le fait M. de Selys, l'*Agr. virens* de Charpentier ? Cela me paraît impossible d'après une description incomplète et qui n'a presque aucun rapport avec la *Macrostigma*.

* 9. LESTES VESTALIS , *mihi.*

Viridi-œnea vel cuprea, nitens; appendicibus superioribus forcipatis, intus dente ad basim, inferioribus brevissimis, compressis apice rotundatis pilosis; pterostigmate obscure rufo.

Ressemblant beaucoup à la *Sponsa*, mais plus petite. D'un vert doré, brillant, souvent un peu cuivreux chez les femelles, surtout à l'extrémité du ventre ; ordinairement d'un beau bleu sur le dessus du ventre, à l'exception de l'extrémité, chez les mâles nouvellement éclos ; ceux-ci n'ayant pas les premiers segments du ventre saupoudrés de bleu en dessus ; appendices supérieurs des mâles très-différents de ceux de la *Sponsa*, en forme de pince, avec quatre ou cinq petites dents au bord externe, comprimés ; bord interne sinué, denticulé dans son milieu, ayant vers la base une assez forte dent, aiguë, au-dessous de laquelle il y a une échancrure assez profonde ; jaunes après l'éclosion, noirs plus tard, avec un peu de jaune à la base du côté externe ; inférieurs près de moitié plus courts que dans la *Sponsa*, un peu convergents, un peu rétrécis à l'extrémité, qui est obtuse ou un peu arrondie, très-velus ; ils ont des rapports avec ceux de la *Barbara*, mais les inférieurs ne se prolongent pas en une pointe torse ; extrémité abdominale de la femelle presque semblable. Pattes jaunes, ayant une bande externe aux cuisses, la face interne des tibias et les tarses noirs ; ptérostigma d'un roux obscur.

Se trouve dans les mares herbeuses des bois, où elle est commune à la fin d'août.

*10. LESTES VIRIDIS, *Vander-Linden.*

Viridi-œnea ; appendicibus maris forcipatis, intus late emargi-

natis, dentibus duobus flavis, apice fuscis, inferioribus brevissimis, coadunatis, apice subtus truncatis, subacutis; pterostigmate rufescente.

Sel., *Monogr. Lib.*, p. 137, n° 1. — Vanderl., *Monogr.*, p. 36, n° 4. *A. Viridis.* —Charp., *Hor. Ent.*, p. 5, tab. 1, fig. 17. *Agrion Leucopsallis.*

De la taille de la *Forcipula*, mais un peu plus longue et plus grêle. Tête beaucoup moins grosse. Thorax ayant en dessus trois lignes fines, dont la moyenne peu visible, jaunes ; partie jaune des côtés traversée par une ligne brune bien marquée. Abdomen beaucoup plus grêle , cuivreux à l'extrémité ; appendices très-différents et plus étroits, jaunes, noirs à l'extrémité extérieurement, où ils sont légèrement velus, amincis dans leur milieu en dedans, où l'on voit à la base et un peu inférieurement une dent, et en dessous, un peu après, un petit tubercule ; au delà du milieu on voit une autre dentelure , large, un peu obtuse ; inférieurs noirs, très-courts, rugueux , un peu courbés en haut, tronqués à l'extrémité en dessous, et terminés un peu en pointe ; bord postérieur du dernier segment largement échancré ; valves génitales de la femelle ayant des dentelures plus fortes que chez les autres, sur un peu moins de la moitié postérieure de leur bord ; bord postérieur du dernier segment en dessus élevé, échancré. Pattes comme chez la *Forcipula.* Ailes transparentes ; ptérostigma assez grand, d'un roux plus clair au centre.

Moins commune que les autres le long des fossés, à la fin de l'été et en automne.

* 11. LESTES BARBARA, *Fabricius.*

Viri-diœnea; thorace supra lineis tribus flavis; appendicibus superioribus intus basi unidentatis, inferioribus apice divaricatis attenuatis; pterostigmate nigro, exterius albido.

Sel., *Monogr. Lib.*, p. 142, n° 4. — Fabr., *Ent. syst.*, suppl., p. 286, n° 2-3. *Agrion Barbara.* — Vanderl., *Monogr. Lib.*, p. 35, n° 3. — Charp., *Hor. Ent.*, p. 9, tab. 2. — Fonsc., *Ann. soc. Ent.*, VII, p. 554, n° 3. — Vanderl., *Agr. Bonon.*, n° 2. *Agr. Viridis*, Descript. de l'Égypt., *Nevropt.*, pl. 1, fig. 18.

De la taille de la *Viridis*, et lui ressemblant. Thorax ayant en dessus trois lignes, dont la médiane souvent peu sensible, mais les deux latérales plus larges que dans les autres espèces, surtout chez les individus du Midi ; couleur bronzée du dessus de l'abdomen plus rétrécie que dans les autres, divisée sur le bord de chaque segment par deux lignes jaunes réunies, et formant alors de grandes taches plus étroites en avant que postérieurement ; appendices supérieurs du mâle en forme de pince, jaunes,

noirs inférieurement et à l'extrémité, ayant une dent à la base, avec le
centre un peu dilaté en dedans et un peu denticulé, et l'extrémité un peu
rétrécie; inférieurs courts, d'abord contigus, puis amincis en une pointe
divariquée, courbée en haut, velue, roussâtre; bord postérieur du dernier
segment légèrement échancré en dessus; valves génitales de la femelle à
peu près comme chez la *Viridis*; dernier segment échancré; styles jaunes, ayant une ligne noire au côté interne. Pattes jaunes, avec deux lignes
aux cuisses et les tarses noirs. Ailes transparentes, ayant le ptérostigma
brun, avec son côté externe jaunâtre; nervures antérieures rousses.

Commune pendant l'été, le long des étangs; elle se trouve aussi
dans tout le Midi, en Espagne, en Afrique, etc. Je l'ai prise à Arles
au mois de mai.

12. LESTES PALLIDA, *mihi*.

*Flavo-rufescens; thorace supra fasciis duabus anticis, lineaque
humerali nigris; abdomine fascia dorsali nigricante ante apicem
dilatata, dehinc angustata; pterostigmate flavo* ♀.

De la taille de la *Forcipula*. Tête jaune, un peu obscure en dessus.
Thorax jaune, blanchâtre sur la poitrine, ayant antérieurement en
dessus deux bandes, qui ne touchent pas les deux extrémités, et une
ligne humérale noires. Abdomen jaunâtre, blanchâtre en dessous, ayant
une bande dorsale brune ou noirâtre, couvrant le dessus d'une partie du
septième segment, de tout le huitième, d'une grande partie du neuvième
sur les côtés duquel elle descend, se rétrécissant sur sa partie postérieure
et continuant jusqu'à l'anus; styles jaunes, presque aussi longs que le
dernier segment. Pattes jaunes avec deux lignes noires sur les cuisses. Ailes
transparentes; ptérostigma assez grand, jaune.

Du Cap. Le mâle m'est inconnu.

13. LESTES VIRIDULA, *mihi*.

*Lutescens; thorace antice supra lineis duabus, abdomineque supra
pallide viridi-æneis; appendicibus superioribus forcipatis, albidis
apice nigris, ante basim intus dente acuto, in medio dilatatis, rotundatis, dehinc flexis.*

De la taille de l'*A. pulchellum*. Tête étroite, large, roussâtre. Thorax
d'un blanc jaunâtre, un peu obscur en dessus, avec deux lignes rapprochées, d'un vert bronzé; côtés sans aucune ligne. Abdomen long, grêle,
d'un blanc jaunâtre, étant en dessus d'un vert bronzé pâle, à l'exception
du dernier segment et de la partie postérieure du pénultième; le dernier
ayant le bord postérieur un peu élevé dans son milieu, un peu denticulé;
appendices blanchâtres, les supérieurs noirs à l'extrémité, en forme de
pince, dilatés à leur bord interne, à partir de la base jusqu'au delà du mi-

lieu ; partie dilatée, échancrée inférieurement, pour former une dent pointue , ensuite arrondie et denticulée ; immédiatement après , ces appendices sont courbés en dedans, de sorte que les extrémités des deux branches passent l'une sur l'autre ; inférieurs plus de moitié plus courts , droits , non atténués, obtus à l'extrémité, qui est un peu tronquée. Pattes jaunâtres, ayant les cils longs. Ailes transparentes ; ptérostigma assez long, d'un jaune un peu obscur.

Collection du Musée et de M. Marchal ; indiquée de Bombay.

14. LESTES ANALIS , *mihi.*

Obscure viridi-œnea flavoque variegata; thorace supra fascia utrinque humerali flava; abdominis maculis postice dilatatis , segmento ultimo albido ; pterostigmate longiori, rufo ♀ .

De la taille de la *Forcipula* , mais plus longue. Tête assez grosse , noirâtre en dessus, avec l'occiput jaune. Thorax jaune, ayant en dessus une très-large bande, d'un bronzé noirâtre, divisée par une ligne fine , avec une bande humérale jaune, large , sinuée sur ses bords, élargie postérieurement à son extrémité par en dessous , bordée par une bande bronzée et un petit trait de la même couleur sous l'attache des ailes inférieures. Abdomen long, grêle, jaune, ayant en dessus des taches d'un vert bronzé et cuivreux, qui, sur les segments du milieu, ne couvrent pas tout le dessus, dilatées postérieurement, couvrant le dessus des trois derniers segments ; dernier d'un blanc jaunâtre, avec une petite ligne de chaque côté ; il y a sur la partie dorsale une ligne jaune, fine, qui ne va pas sur le dernier segment ; valves génitales denticulées, dépassant un peu l'anus ; leurs appendices noirs, divariqués. Ailes transparentes ; ptérostigma long, roux.

Nouvelle-Hollande. Le mâle m'est inconnu.

* 15. LESTES FUSCA, *Vander-Linden.*

Obscure viridi-œnea; thorace fascia humerali rufa; appendicibus superioribus , intus basi dente acuto, inferioribus triangulis; abdomine supra maculis magnis ante apicem coarctatis; fœminœ stylis longioribus.

Sel., *Monogr. Lib.*, p. 145. — Vanderl., *Agr. Bon.*, n° 3, fig. 3, *Agr. fuscum.* Ejusd., *Monogr.*, p. 37 , n° 5.— Fonscol., *Ann. soc. Ent.*, VII, p. 559 , pl. 14, fig. 1. — Charp., *Hor. Ent.* , p. 10. *Agrion phallatum.* — Burm., *Handb. der Ent.* , II , p. 823 , n° 27.

Plus petite que la *Forcipula ;* d'un roussâtre pâle, avec le dessus d'un vert cuivreux, obscur. Tête et thorax velus , celui-ci ayant en dessus, de chaque côté , une bande humérale rousse ; bord postérieur du prothorax avancé dans son milieu, en forme de lobe. Abdomen comprimé , ayant la

couleur du dessus formée par de grandes taches, dont une sur chaque segment , dilatées à l'extrémité et un peu rétrécies avant cette dilatation ;
appendices ressemblant à ceux de la *Forcipula*, ayant une dent vers la
base et une autre au delà du milieu, très-obtuse et qui n'est que l'angle
d'une échancrure, une partie de ce bord au-dessous d'elle légèrement dén-
telée; côté externe muni, sur sa moitié postérieure, de cinq ou six
dentelures noirâtres; les inférieurs courts , triangulaires, connivents ,
atténués à leur extrémité; dernier segment en carène en dessus, échancré
postérieurement; styles des femelles très-longs, au moins aussi longs
que le dernier segment; l'appendice de l'extrémité des valves génitales
droit, divergent, un peu atténué à l'extrémité. Pattes roussâtres, avec une
ligne noire externe sur les cuisses. Ailes transparentes; ptérostigma d'un
brun roussâtre.

Commune partout, dans les clairières des bois arides et dans les
landes, à deux époques, au printemps et en automne.

16. LESTES PLATYSTYLA , *mihi*.

*Pallide et obscure viridi-ænea ; stylis magnis depressis , ovatis,
foliaceis ; pedibus longissime ciliatis ; pterostigmate fusco, lato, subquadrato* ♀.

Plus grande que la *Fusca* , et paraissant devoir se placer à côté d'elle :
l'individu femelle que je décris n'a pas acquis ses couleurs, mais elles
doivent être à peu près comme chez la *Fusca*. Taches de l'abdomen
plus grandes, touchant les deux extrémités des segments, mais à peu près
faites de même. Bord postérieur du prothorax non élevé ni prolongé, arrondi. Styles moins longs que dans la *Fusca*, très-aplatis, larges, presque
ovoïdes, ciliés à l'extrémité. Pattes ayant les cils plus longs. Ailes transparentes ; ptérostigma plus court, mais plus large, presque carré.

Collection de M. Serville , et indiquée des Indes orientales.

Genre ARGIA , *mihi*.

Yeux très-éloignés l'un de l'autre; lèvre inférieure presque
arrondie , échancrée à l'extrémité , ne paraissant pas divisée en
deux portions unies par une membrane ; palpes labiaux ayant le
pénultième article plus court qu'elle , avec son angle interne non
prolongé, muni d'une épine ; dernier article linéaire, presque cylindrique , à peu près aussi long que le précédent. Pattes assez
longues, ayant de longs cils aux tibias ; ailes moins simples que
dans le genre Agrion, un peu moins longuement pédicellées ; ptérostigma un peu en losange (appendices inconnus).

J'ai établi ce genre sur cinq espèces, qui , à l'exception d'une

seule , sont plus ou moins détériorées , et pourraient bien ne pas
appartenir toutes à ce genre ; par le ptérostigma et les deux nervules du premier espace costal elles se rapprochent des *Agrion* ,
tandis que les longs cils de leurs pattes les font ressembler aux
Lestes.

1. ARGIA IMPURA , *mihi.*

*Nigra; thorace supra fasciis duabus lateribusque azureis, is
vitta fusca; abdomine nigro , macula segmenti ,1-mi postica , 2-di
magna lata , 3-tii antica elongata , 4-tique antica parva cæruleis ;
alis subinfuscatis. *

Plus petite que l'*A. Pumilio* , et au moins aussi grêle. Tête noire en
dessus et postérieurement , où elle présente de chaque côté une tache
large et triangulaire. Thorax noir en dessus, avec une bande humérale bleue,
et les côtés bleus, traversés par une ligne noire. Abdomen très-grêle, noir,
avec quelques taches bleues , ainsi disposées : sur le premier segment une
postérieure, petite, et une autre latérale ; sur le second, une antérieure très-
grande , large, comprenant les deux tiers du segment et formant sur
la partie noire qui l'entoure une échancrure profonde comme chez
l'*A. Puella* ; sur le troisième une antérieure très-allongée, étroite, comprenant les trois quarts ; enfin sur le quatrième une antérieure ; le
suivant paraît entièrement noir et les autres manquent. Pattes assez fortement ciliées. Ailes lavées d'une teinte légère, d'un brun roussâtre ; ptérostigma presque en losange, noir.

Communiquée par M. Guérin, et venant, je crois, de l'Amérique
septentrionale.

2. ARGIA QUADRIMACULATA , *mihi.*

*Fusco-rufescens; thorace supra lineis tribus fasciaque humerali ,
nigro-viridibus; alis hyalinis macula media , magna fuliginea.*

L'individu que je décris est presque entièrement détruit. A peu près de
la taille de la *Puella* ; ce qui reste du thorax est d'un roux brunâtre ,
avec trois lignes sur la partie antérieure et une bande humérale d'un noir
verdâtre ; segments de l'abdomen paraissant d'un brun roussâtre , plus
obscurs postérieurement. Pattes longuement ciliées. Ailes grandes, transparentes , ayant à peu près sur le milieu une large tache d'un brun fuligineux ; ptérostigma en losange, d'un jaune roux. Depuis j'ai vu un autre
individu appartenant au Muséum , et que je crois la même espèce ; thorax
et abdomen roux, celui-ci ayant l'extrémité et la partie postérieure des
segments noires. Ailes transparentes, traversées dans leur milieu par une
bande brune.

Le premier de la collection de M. Serville, et indiqué de Bombay.

3. ARGIA OBSCURA , *mihi*. (Pl. 8 , fig. 1.)

*Fusco-rufa , vel cærulea? viridi-æneo variegata ; alis fuligineis ,
pedibus longe ciliatis.*

Burm., *Handb. der Ent.*, II, pag. 819 , n° 7. *Agrion fumipenne ?*

De la taille de l'*A. Puella.* D'un brun roux, mais peut-être bleue pendant
la vie. Tête ayant en dessus une bande et une tache postérieure de chaque
côté , noirâtres. Bord postérieur du prothorax un peu élevé , presque
arrondi ; thorax ayant antérieurement une bande médiane , une humérale
de chaque côté et une ligne sur les côtés d'un vert bronzé, obscur. Abdomen grêle (l'extrémité manque) d'un rougeâtre obscur, un peu violet
(couleur qui doit être altérée), avec l'extrémité des segments noire ; le
premier ayant à la base en dessus une excavation allongée. Pattes longues,
longuement ciliées , roussâtres , noirâtres à la face postérieure des cuisses
et à la face interne des tibias. Ailes larges, d'un brun fuligineux, peu
foncé ; ptérostigma obscur, un peu violâtre, en losange, assez large.

Collection de M. Serville , et indiquée de l'Amérique septentrionale.

4. ARGIA AUSTRALIS , *Guérin.*

*Nigro sub-violacea ; thorace lateribus lineolis rufescentis ; abdo-
mine segmentis cingulis anticis supra interruptis luteis ; alis hya-
inis , pterostigmate magno , acuto , vix subrhumboideo , flavo.*

Guérin, *Voy. de la Coquille* , Ins., pl. 10.

Je ne suis pas certain que cette espèce, qui paraît différer beaucoup de
ses congénères , appartienne à ce genre, n'ayant sous les yeux qu'une femelle, dont l'abdomen est incomplet. De la taille du *L. Viridis* , mais
ayant le thorax plus grêle et les ailes un peu plus longues ; d'un noirâtre
un peu violet, paraissant un peu bronzé sur l'abdomen. Tête étroite d'a-
vant en arrière. Thorax (couleurs altérées), ayant sur les côtés les traces
de trois lignes roussâtres. Abdomen (il n'y a que les six premiers segments), ayant à chaque segment, à partir du troisième, une bande jaune,
interrompue en dessus. Pattes assez fortement ciliées, roussâtres, brunes
extérieurement. Ailes grandes, longuement pédicellées, ayant plus d'a-
réoles pentagones que dans le genre *Agrion* , mais un peu moins que
chez les *Lestes* , avec un ptérostigma plus grand que dans aucune des
espèces décrites, large, à peine en losange, d'un jaunâtre sale.

De l'Australie ; communiquée par M. Guérin.

5. ARGIA GOMPHOIDES , *mihi*.

*Obscure viridi-ænea ; thorace flavo , fasciis nigris ; appendicibus
superioribus, primum rectis, dehinc divisis, parte inferiori longe*

producta , demissa ; inferioribus longis, oppositis, curvis ad apicem coadunatis ♂.

De la taille du *L. Viridis*, mais ayant l'abdomen et les ailes plus longs. Tête étroite d'avant en arrière. Thorax d'un vert bronzé, très-obscur en dessus, avec une bande humérale jaune de chaque côté ; côtés jaunes, ayant une bande d'un vert bronzé ; poitrine jaunâtre. Abdomen d'un vert bronzé, ayant une ligne jaunâtre de chaque côté sous le ventre ; huitième segment bleu en dessus, neuvième ayant une tache de la même couleur qui s'avance à peu près jusqu'au bord postérieur ; dernier non échancré ; appendices supérieurs d'abord larges, droits, puis divisés en deux parties, dont la supérieure petite, un peu saillante, la seconde très-longue, descendant vers les inférieurs en convergeant avec celle du côté opposé, ayant l'extrémité comme tronquée, obtuse ; les inférieurs longs, courbés et allant au-devant des autres, échancrés à la base. Pattes d'un brun roussâtre, ayant des cils très-longs. Ailes grandes, transparentes, avec le ptérostigma large, en losange, roux.

De Neelgherie ; collection de M. Guérin. Je ne connais pas la femelle. Cette espèce est remarquable par ses appendices, dont les inférieurs, surtout, ressemblent à ceux du *Gomphus unguiculatus*.

Genre AGRION, *Fabricius.*

Yeux très éloignés l'un de l'autre, comme pédicellés ; lèvre inférieure presque ovale, profondément échancrée, avec les divisions un peu pointues ou presque arrondies ; deuxième article des palpes labiaux plus court qu'elle, ayant son angle interne fortement prolongé et terminé en épine ; dernier article petit, cylindrique, deux ou trois fois plus court que le précédent. Pattes peu longues, ayant des cils courts, quelquefois peu nombreux et épais, ressemblant à des épines. Ailes pédicellées, avec la plus grande partie des aréoles quadrilatères ; ptérostigma en losange. Appendices le plus souvent très-courts, excessivement variables pour la forme.

Ce genre est le plus nombreux de cette tribu ; je décris trente et une espèces, dont au moins la moitié sont européennes (seize) et dix des environs de Paris. On peut bien supposer, d'après cela, qu'il n'y a pas la dixième partie des espèces de connues. Les pattes et leurs cils sont un peu variables pour la longueur.

1. AGRION RUFIPES, *mihi.*

Tenue, obscure viridi-æneum; mesothorace antice tuberculis qua-
tuor; abdomine gracillimo, segmentis ultimis tribus supra azureis,
appendicibus superioribus brevibus intus truncatis, villosis, infra
in cornu productis, inferioribus brevissimis, acutis ♂.

De la taille du *Puella*, mais plus grêle et ayant l'abdomen plus mince
et plus long. Tête petite, ayant postérieurement de chaque côté une tache triangulaire, bleue, avec une marque obscure au milieu. Prothorax
avec le bord un peu redressé; mésothorax ayant antérieurement deux
petits tubercules de chaque côté; thorax bronzé en dessus, avec la
partie dorsale plus obscure; côtés un peu bronzés, bleuâtres et un peu
pulvérulents. Abdomen extrêmement grêle et très-long, peu renflé postérieurement, d'un vert bronzé en dessus, jaunâtre sur les côtés, avec les
trois derniers segments bleus en dessus; bord postérieur du dernier en
dessus un peu saillant, un peu échancré; appendices supérieurs courts,
obtus, épais, tronqués en dedans, contournés et prolongés en dedans des
inférieurs en une espèce de lame un peu pointue, velus à leur extrémité
avant le prolongement; inférieurs très-courts, en forme de petite pointe
droite. Pattes rousses. Ailes transparentes; ptérostigma en losange allongé,
aigu.

Communiqué par M. Guérin. Je n'ai vu que le mâle.

2. AGRION DECORUM, *mihi.*

Azureum; abdomine supra maculis sublinearibus nigro-æneis,
segmentis 8, 9, totis azureis; appendicibus superioribus, longiori-
bus, rectis, infra dilatatis, apice intus et postice mucronatis, infe-
rioribus latissimis truncatis intus et infra mucronatis ♂.

De la taille du *Puella*; bleu. Thorax ayant sur le milieu antérieurement, trois lignes fines, très-rapprochées, plus ou moins distinctes, une autre ligne humérale et un point au-dessous de l'attache des ailes postérieures, noirs. Abdomen linéaire, un peu renflé postérieurement, ayant en
dessus, sur chaque segment, une tache étroite, presque aussi longue que
lui, aiguë antérieurement, dilatée postérieurement, puis rétrécie avant de
toucher le bord postérieur, qui est de la même couleur et qui se prolonge
sur les côtés, noirs; 8, 9 et 10e bleus: ce dernier ayant une tache à la
base et postérieurement, qui peuvent se réunir, et le huitième le bord
postérieur, noirs; appendices bleus, supérieurs assez grands, droits, dilatés
inférieurement en une partie qui, avant l'extrémité, forme un petit bourrelet qui laisse une échancrure étroite entre elle et lui; cette extrémité est
un peu obtuse et un peu avant elle, il y a deux petites pointes courtes et
épaisses, noires, dont une dirigée en dedans et l'autre inférieure; avant le

milieu en dedans, il y a une très-petite dent; inférieurs, courts, coupés
presque carrément à l'extrémité, qui, inférieurement, présente une petite corne. Pattes blanchâtres, ayant les cuisses noirâtres extérieurement.
Ailes transparentes; ptérostigma en losange, irrégulier, allongé, pointu,
d'un roux obscur.

De Bombay. Collection de M. Serville.

3. AGRION MICROCEPHALUM, *mihi*.

*Thorace ceruleo? fusco vittato; abdomine segmentis duobus pe-
nultimis margine postico excepto cyaneis; appendicibus superioribus rectis compressis, oblongis, apice bifidis, inferioribus brevibus,
obtusis ♂.*

De la taille de l'*Elegans*, mais ayant l'abdomen un peu plus long et
ressemblant beaucoup au *Decorum*. Tête petite, peu large; yeux proportionnément plus gros que chez la plupart des autres espèces. Thorax
grêle, paraissant bleu, avec des bandes brunes (couleurs altérées). Abdomen
grêle, d'un vert bronzé, obscur en dessus, ayant les 4 et 5e segments presque
entièrement roussâtres, les 8 et 9e bleus, avec leur bord postérieur noir;
appendices supérieurs droits, comprimés, oblongs, un peu dilatés après
la base, un peu excavés à leur face interne, qui est bleue dans cette partie,
obtus et bifides à l'extrémité, qui est noire, les branches de la bifurcation
égales; face externe un peu obscure; inférieurs pâles, très-courts, très-
obtus, presque cylindriques, ayant à leur côté interne une petite pointe.
Pattes jaunâtres, avec la face externe des cuisses et l'interne des tibias
noires. Ailes transparentes; ptérostigma allongé, très-aigu, un peu en losange, roux.

De Bombay. Collection de M. Guérin.

4. AGRION MACILENTUM, *mihi*.

*Obscure viridi-æneum; abdomine rufescente, appendicibus simpli-
cibus, superioribus majoribus, subforcipatis, inferioribus dimidio
brevioribus, apice mucronatis ♂.*

De la taille du *Puella*, mais plus grêle et plus long. D'un vert bronzé
obscur, couvert d'une poussière bleuâtre sur le thorax et la poitrine. Tête
assez grosse, seulement jaune en dessous. Bord postérieur du prothorax
non élevé, ni saillant; thorax très-grêle, ayant une ligne et une tache
jaunes sur la partie inférieure des côtés. Abdomen long, extrêmement
grêle, roussâtre, plus foncé à l'extrémité des segments; bord postérieur du dernier segment échancré en forme de V, en dessus; appendices
simples, les supérieurs assez grands, un peu en forme de pince, les inférieurs plus de moitié plus courts, ayant une petite pointe à leur sommet.

Pattes noires, ayant la face externe des tibias jaune. Ailes transparentes; ptérostigma noirâtre, avec une ligne plus claire autour.

Du Brésil. La femelle m'est inconnue.

5. AGRION GRACILE, *mihi.*

Obscure viridi-œneum; thorace fascia antica lateribusque azureis; abdominis segmentis 7 postice, 8, 9, supra azureis, 10, truncato elevato; appendicibus superioribus, vix longioribus, depressis, demissis, apice obtusis, basi supra cornutis ♂.

De la taille de l'*Elegans*; d'un noirâtre bronzé. Bord postérieur du prothorax peu élevé, réfléchi, un peu épaissi à son milieu, qui offre une petite dépression linéaire; thorax ayant antérieurement deux bandes humérales et les côtés bleus. Abdomen grêle, long, ayant l'extrémité du septième segment, le huitième et le neuvième, le bord antérieur de chaque divisé au milieu, bleus; dernier segment tronqué, très-élevé en dessus, avec une échancrure arrondie postérieurement, dirigée en haut; appendices supérieurs dépassant à peine les inférieurs, déprimés en une sorte de lame qui s'abaisse sur l'extrémité des inférieurs, un peu tronquée obliquement et obtuse à l'extrémité, sa base prolongée en dessus en une corne épaisse, qui, à l'extrémité, touche celle du côté opposé; inférieurs en forme de pointe allongée, droite, un peu crochue à l'extrémité, qui vient un peu saillir en dedans de l'extrémité des supérieurs. Pattes roussâtres, ayant la face externe des cuisses noirâtre. Ailes transparentes; ptérostigma en losange allongé, noir, ayant une ligne plus claire et peu visible à la circonférence.

Du Brésil. Collection de M. Serville.

6. AGRION PUNCTUM, *mihi.*

Capite, thoraceque rufescentibus, viridi-œneo fasciatis; abdomine annulis anticis segmentisque tribus ultimis cyaneis; appendicibus superioribus suberectis divaricatis basi infra productis, inferioribus rectis, brevibus, subbilobis.

Tête petite, rousse, ayant une bande en dessus et une ligne courbe de chaque côté postérieurement, qui renferme une tache triangulaire, noires. Thorax roux en dessus, paraissant avoir été bleu sur les côtés et en dessous, ayant trois bandes, une ligne et un petit trait sur les côtés, noirs. Abdomen d'un vert bronzé en dessus, bleu sur le bord antérieur des segments, sur les côtés, et sur les trois derniers segments; le premier bleu, avec une tache noire, carrée; le second ayant une grande tache carrée, d'un vert bronzé obscur, très-rétrécie postérieurement, où elle touche le bord postérieur qui est de la même couleur, ayant sur son milieu un point

bleu ; sur les autres la teinte vert bronzé , forme de grandes taches dilatées postérieurement et ensuite fortement et étroitement rétrécies , avant
de toucher le bord postérieur, l'échancrure produite par ce rétrécissement disparaît sur les 5 , 6 et 7ᵉ ; appendices supérieurs noirs , redressés
en pointe , avec l'extrémité finement crochue ; inférieurs plus courts ,
bleus, ayant deux tubercules arrondis, dont l'inférieur plus saillant. Pattes
jaunâtres, ayant les cuisses extérieurement, la face interne des tibias
et des tarses , et les articulations de ceux-ci noirs. Ailes transparentes ,
ptérostigma un peu en losange allongé, roussâtre, plus obscur au centre.

Communiqué par M. Guérin.

7. AGRION FURCIGERUM , *mihi.*

Nigro viridi-æneum; appendicibus superioribus longioribus, intus
ad basim spinula, ante apicem infra in cornu productis et furcatis,
inferioribus obtusis , apice rotundatis , supra excavatis ♂.

De la taille du *Sanguineum ;* d'un noir bronzé , verdâtre. Tête grosse.
Bord postérieur du prothorax un peu sinué, presque trilobé; thorax
sans lignes bleues apparentes. Abdomen assez épais , surtout à l'extrémité, ne paraissant pas marqué de bleu, jaunâtre sur les côtés ; appendices supérieurs assez longs, un peu comprimés, un peu divariqués, ayant
une légère courbure en dedans, munis inférieurement, à la base, d'une
petite pointe , ayant inférieurement avant l'extrémité, un prolongement
presque conique, plus épais et plus long que leur extrémité, et qui les
rend fourchus; inférieurs moitié plus courts, arrondis à l'extrémité, excavés supérieurement, presque en forme de cuiller. Pattes noirâtres extérieurement, roussâtres en dedans, un peu pubescentes, ayant les épines
des cuisses assez nombreuses. Ailes transparentes ; ptérostigma en losange, très-allongé, d'un brun roux , plus clair à la circonférence.

Patrie inconnue.

8. AGRION RUBIDUM, *mihi.*

Rubrum; thorace supra infuscato; abdominis segmentis 7, postice,
8 , 10, nigris, 9, cæruleo; appendicibus superioribus majoribus ante
apicem intus angulatis , basi supra cornutis , inferioribus supra
curvis, acutis ♂.

A peu près de la taille du *Sanguineum*, auquel il ressemble un peu.
D'une couleur rouge briqueté, qui doit être très-vive sur l'abdomen pendant
la vie, comme chez la *L. Ferruginea.* Tête petite, noirâtre en dessus. Thorax obscur en dessus. Abdomen ayant la partie postérieure du septième
segment, la plus grande partie du huitième, et le dixième noirs en dessus ;
le neuvième paraissant devoir être bleu ; bord postérieur du dernier

échancré et un peu élevé; appendices supérieurs assez grands, ayant à la
base un prolongement pointu, qui va toucher, au-devant de l'échancrure
du segment, celui du côté opposé, un peu échancrés au côté interne, vers
leur milieu et ayant avant l'extrémité une saillie un peu pointue, un peu
tournée vers la base, au-dessous de laquelle on aperçoit la pointe des inférieurs qui s'appuie sur ce bord; bord externe un peu convexe; extrémité étant un peu bilobée à cause de la saillie; inférieurs dirigés vers les
supérieurs, courbés, bien moins longs qu'eux, ayant en dedans leur base
saillante.

De Buénos-Ayres. Collection de M. Serville.

* 9. AGRION SANGUINEUM , *Vander-Linden.*

*Thorace supra obscure viridi-œneo, utrinque fascia humerali
punctoque aurantiacis ; abdomine rubro, postice nigro ; appendicibus in mare subæqualibus, superioribus furcatis; pedibus nigris.*

Vanderl., *Monogr. Lib.*, p. 41, n° 11. — Fonscol , *Ann. soc. Ent.*,
VII , p. 572, n°14. — Sel., *Monogr. Lib.*, p. 152, n° 3. — Charp., *Hor.
Ent.*, p. 13. *A. minium.*—Burm., *Handb. der Entom*, II, pag. 821,
n° 21. — Linn., *Syst. Nat.* I, p. 905, n° 12. *Libell. puella* β. — Oliv.,
Encycl., VII , p. 468, n° 44. —Schæff., *Icon.*, tab. 116, fig. 1. — Harr.,
Exp. Ins., tab. 29, fig. 2.— Rœm., *Gener. Ins.*, t. 24, f. 5.

La plus grande de nos espèces ; ayant la taille du *Lestes Forcipula.*
Face jaune, avec deux bandes transverses noires. Bord postérieur du prothorax et un tubercule latéral, jaunes; thorax d'un vert bronzé, obscur en
dessus et sur une partie des côtés, ayant une bande humérale surmontée
d'un point et une autre sur les côtés d'une couleur orangée; partie postérieure des côtés et poitrine jaunes, marquées de lignes noires. Abdomen
long, assez grêle, épaissi postérieurement, rouge, ayant une tache sur le
premier segment qui ne touche pas le bord postérieur; une autre sur les
côtés; le bord postérieur des 2, 3, 4, 5 et 6e segments en dessus et sur les
côtés; le 7e, à l'exception des bords antérieurs et postérieurs, les 8 et 9e,
à l'exception d'une tache postérieure, enfin une tache sur les côtés du
dixième d'un vert bronzé obscur; dessous du ventre saupoudré de blanchâtre ; bord postérieur du dernier segment sinué, ayant une échancrure
étroite en dessus; appendices supérieurs à peine plus grands que les inférieurs, divisés en deux branches imitant la patte d'une écrevisse (1); la

____

(1) M. de Charpentier a tellement méconnu cette disposition dans la
figure qu'il donne de ces parties, qu'il représente les appendices supérieurs simples et les inférieurs bifides M. de Selys a reproduit cette
faute dans sa Monographie des Libellulidées. Du reste, la plupart
des figures de ces deux ouvrages, comprenant le genre *Agrion* du

première, presque cylindrique, ayant un petit angle avant l'extrémité, la
seconde courbée par en haut et en avant, vers l'extrémité, au-devant de la
première ; inférieurs, crochus à l'extrémité, au-devant des premiers. Femelle différant du mâle en ce qu'il y a sur l'abdomen une ligne dorsale interrompue, une tache à la partie postérieure des segments moyens, d'un
vert bronzé obscur ; dessus des deux antépénultièmes un peu rouges à leur
bord postérieur ; teinte générale un peu moins rouge. Pattes noires, un
peu pulvérulentes Ailes transparentes ; ptérostigma en losange, noirâtre,
clair à la circonférence.

Habite une grande partie de l'Europe. Assez commun, surtout dans
le centre de la France, à la fin du printemps et dans l'été.

* 10. AGRION NAJAS, *Hanseman*. (Pl. 6, fig. 1, *a*.)

*Fusco-œneum ; oculis rubris ; thorace lateribus, abdominisque supra
segmento primo et duobus ultimis cœruleis ; appendicibus superioribus majoribus dilatatis, mucronatis ♂.*

Hans., in *Wiedem. Mag.*, II, p. 1, p. 158. — Sel., *Monogr. Lib.*,
p. 151, n° 2. — Vanderl., *Mon. Lib.*, p. 40, n° 9. *Agrion Analis.* —
Charp., *Hor. Ent.*, p. 14. *A. Chloridion.* — Burm., *Handb. der Entom.*, II, pag. 82, n° 22. — Rœs., II, Ins. aq. c. 2, tab. XI, fig. 6.

Au moins quatre centim. et demi d'envergure et plus de trois et demi
de long. D'une couleur bronzée obscure, bleuâtre ou presque bleue sur
l'abdomen, qui est jaunâtre en dessous, couvert d'une poussière blanchâtre. Yeux rouges, souvent d'un jaune verdâtre chez la femelle, chez
laquelle l'occiput est un peu marqué de jaune. Bord postérieur du prothorax arrondi et un peu sinué dans son milieu chez le mâle, plus relevé
et fortement sinueux en forme de V, chez la femelle, et presque trilobé ;
thorax entièrement d'un bronzé obscur en dessus, ayant de chaque
côté une ligne interrompue et plus ou moins marquée chez la femelle ;
côtés bleus chez le mâle, jaune verdâtre chez la femelle, devenant en
vieillissant roussâtres ou un peu fauves, marqués de deux stries noires,
dont la première très-courte, interrompue ; pâle en dessous ou jaunâtre.
Abdomen assez épais ; surtout chez la femelle, où il est en dessus d'un
vert bronzé, plus ou moins obscur ; bord antérieur de chaque segment
vert, ainsi que les côtés qui sont bordés inférieurement d'une ligne noire,
plus ou moins apparente ; dessous jaune, à l'exception du milieu, qui est

dernier, et qui ne sont que la reproduction les unes des autres, représentent le plus souvent des objets tout différents de ceux dont les auteurs voulaient donner la figure : on peut en juger par celles des
A. sanguinea, *pulchella*, *pupilla*, *hastulata*, de M. de Selys, qui, en
donnant des copies incomplètes et mal gravées, a outré les défauts.

noir; chez le mâle, dessus du premier segment et les deux derniers bleus, souvent plus ou moins obscurcis, les autres devenant un peu pulvérulents; appendices supérieurs presque droits, un peu divariqués, dilatés inférieurement en une partie épaisse, membraneuse, molle, laissant une petite échancrure entre elle et l'extrémité; prolongés à la base en une lame très-saillante, arrondie à son extrémité, à peu près cachée; inférieurs courts, déprimés, terminés supérieurement en une petite pointe tournée vers les supérieurs; bord supérieur du dernier segment un peu échancré, mais non dans toute son épaisseur, assez profondément et étroitement chez la femelle, dont les styles sont noirs. Pattes noires. Ailes transparentes; ptérostigma d'un roux obscur.

Il se montre depuis le mois de mai jusque dans le mois de septembre, volant par troupes nombreuses dans certaines localités, et se faisant reconnaître facilement à la couleur rouge des yeux du mâle; peut-être paraît-il deux fois, comme le *Fuscum*.

* 11. AGRION LINDENI, *Selys*. (Pl. 6, fig. 2, *b*.)

Cæruleum, nigro æneo variegatum; abdominis supra maculis antice longe aculeatis, postice coarctatis, appendicibus superioribus longioribus subforcipatis, inferioribus brevibus ♂.

Selys, *Monogr. Lib.*, p. 167, n. 10.

Quatre centim. et demi d'envergure et trois de long. D'un bleu de ciel foncé, plus pâle en-dessous et un peu jaunâtre, marqué de taches d'un noir un peu bronzé. Dessus de la tête et partie postérieure de l'épistome noirs, ayant le vertex marqué de deux petites taches, l'occiput d'une bande et d'une très-petite tache de chaque côté de celle-ci bleues. Dessus du prothorax noir avec quatre taches bleues; son bord postérieur presque arrondi, à peine sinué; sur le reste du corps, les taches d'un noir bronzé sont ainsi disposées : sur le thorax une large bande médiane antérieure, une bande humérale beaucoup plus étroite, laissant entre elle et la précédente, de chaque côté, une bande bleue de largeur médiocre, deux lignes fines sur les côtés, dont l'antérieure moitié plus courte; sur le premier segment de l'abdomen une large bande longitudinale, sinuée sur ses côtés, ne touchant pas le bord postérieur; sur le second, une bande semblable, se prolongeant un peu sur les côtés du bord postérieur, fortement dilatée avant son extrémité, sur les suivants une bande semblable ne dépassant pas la moitié ou les deux tiers postérieurs du segment, fortement rétrécie ou allongée en pointe à sa partie antérieure; sur les 7 et 8e, s'étendant sur tout le dessus à l'exception du bord antérieur du septième; sur le 10e, une bande longitudinale et une légère échancrure au bord postérieur qui ne comprend pas toute l'épaisseur; appendices supérieurs plus longs que le dernier segment, un peu courbés en pince, fortement dilatés inférieurement à leur base qui se prolonge en une pointe un peu crochue ; les inférieurs beaucoup plus courts légèrement crochus. Pattes bleues, ayant la face externe des cuisses, le bord antérieur des tibias et l'extrémité des articles des tarses, noirs. Ailes transparentes; ptérostigma roussâtre, allongé, aigu, un peu plus clair sur les bords ; il y a quelquefois de petits traits noirs accidentels sur les côtés, ou sur la partie antérieure bleue du dessus des segments et qui paraissent faire suite à la tache, quelquefois aussi les côtés du thorax sont un peu roussâtres. Femelle ayant tout le dessus de l'abdomen couvert par les taches bronzées, qui conservent la même forme que chez le mâle, mais sont plus larges.

Pendant l'été, jusqu'en septembre, peu répandu. Je l'ai pris au mois de mai à Arles; il m'a aussi été envoyé de Madrid par M. Graells.

* 12. AGRION BREMII, *mihi.* (Pl. 6, fig. 6, *f.*)

Obscure viridi-œneum, cyaneo maculatum; abdominis segmentis duobus ultimis cyaneis, appendicibus superioribus longioribus, subtus longitudinaliter dilatatis, rectis, apice emarginatis, bifidis, basi intus vix productis, acuminatis, inferioribus parvis ♂.

Plus petit que le *Lindeni* et ayant l'aspect de l'*Elegans* ressemblant au *Najas* par ses appendices. Yeux paraissant avoir été rouges. Prothorax ayant le bord postérieur un peu saillant, non sinué ; thorax vert bronzé, obscur en-dessus, offrant l'apparence d'une bande humérale roussâtre ; côtés bleus, ayant deux bandes plus pâles et deux lignes noires dont la première courte. Abdomen grêle ; premier article bleu, avec une tache carrée, ne touchant pas le bord postérieur ; deuxième bleu sur les côtés, couvert ainsi que les suivants par une grande tache d'un vert bronzé obscur, ayant une échancrure profonde sur les côtés postérieurement qui est bleue ainsi que le bord antérieur ; 8ᵉ segment bleu sur les côtés; 9ᵉ entièrement bleu ; 10ᵉ bleu avec une bande longitudinale noire, ayant le bord postérieur en dessus à peine échancré ; côtés et dessous jaunâtres ; dessous couvert d'une poussière blanchâtre ; appendices supérieurs un peu divariqués, droits, dilatés inférieurement dans leur longueur, en une partie membraneuse qui ne va pas tout à fait jusqu'à l'extrémité, ce qui les rend bifides ; cette partie, dilatée elle-même à la base, où elle forme un angle pointu, écailleux, contourné en avant ; les inférieurs courts, peu élevés, déprimés, comme couchés et appuyés sur la base des supérieurs. Pattes jaunes, avec la face interne des cuisses, le bord antérieur des tibias et l'extrémité des articles des tarses, noirs. Ailes transparentes, ayant le ptérostigma allongé, roux, non éclairci à la circonférence ; cette espèce est bien distincte de toutes les autres par la forme de ses appendices anals.

Habite la Sicile. Je le dois à l'obligeance de M. le marquis de Brême La femelle m'est inconnue.

* 13. AGRION SCITULUM , *mihi*. (Pl. 6, fig. 4, *d*.)

Cœruleum, viridi-æneo variegatum; abdominis supra maculis antice
mucronatis ; appendicibus superioribus gracilibus, curvis, ante basim
tuberculo magno , inferioribus brevioribus , prostratis ; divaricatis.

Ressemblant beaucoup au *Lindeni* , mais un peu plus petit et plus
court. Tête ayant une tache bleue ovale, postérieurement de chaque côté ,
touchant presque à l'occiput, qui forme une ligne de la même couleur.
Bord postérieur du prothorax un peu sinueux , un peu saillant dans son
milieu, surtout chez la femelle, où cette partie est un peu redressée ; thorax
comme chez le *Lindeni*. Abdomen presque semblable, plus court, bleu de
ciel, un peu jaunâtre en dessous, avec des taches d'un vert bronzé noirâtre,
disposées ainsi ; une très-large sur le premier segment, ne touchant pas le
bord postérieur ; celle du second n'arrivant pas jusqu'au bord antérieur,
très-profondément et très-largement échancrée antérieurement , fortement
rétrécie à l'endroit où elle touche le bord postérieur ; celle des suivants
occupant au moins la moitié postérieure du segment, un peu trifide antérieurement ; celle des 6 et 7ᵉ les couvrant complétement ; 8ᵉ sans tache ;
9ᵉ ayant une tache postérieure fortement échancrée et variant en longueur,
celle du 10ᵉ le couvrant entièrement ; celui-ci échancré , ayant une petite
saillie sur les côtés ; appendices supérieurs plus longs que les inférieurs,
fortement dilatés avant leur base en une sorte de tubercule épais , grêles ,
un peu courbés et redressés dans leur longueur ; les inférieurs déprimés ,
couchés et dirigés en haut et en dehors , venant se terminer en une petite
pointe sur le côté externe des supérieurs ; femelle différant du mâle en ce
que tout le dessus du ventre est vert bronzé, à l'exception des 3, 4, 5 et 6ᵉ
segments, dont la partie antérieure est bleue; dessous jaune, avec une large
tache de la même couleur sur les côtés du pénultième segment ; dernier
échancré et tronqué en dessus postérieurement ; styles courts , presque
triangulaires ; valves génitales longues , atteignant l'extrémité anale, ayant
leurs appendices noirs. Pattes jaunâtres, ayant la face externe des cuisses,
une ligne sur les deux tiers postérieurs du bord antérieur des tibias s'é-
tendant à la partie interne de la base, noires. Ailes transparentes ; ptérostigma d'un roux obscur, plus clair à sa circonférence, en losange allongé.

Se trouve dans les environs de Paris , le long des étangs, pendant
l'été ; rare.

* 14. AGRION FONSCOLOMBII , *mihi*. (Pl. 6, fig. 5, *e.*)

Cœruleum nigro variegatum ; abdominis supra maculis antice sub-
trifidis; appendicibus æqualibus fere similibus, superioribus in lobo
dilatatis ♂.

De la taille du *Lindeni* et lui ressemblant beaucoup , un peu plus court ; d'un bleu de ciel plus pâle en dessous. Tête ayant une tache bleue qui se prolonge vers l'occiput de chaque côté sur la partie postérieure. Bord postérieur du prothorax peu sinué, presque échancré dans son milieu, bordé de bleu ; thorax semblable à celui du *Lindeni.* Taches de l'abdomen différentes et disposées ainsi : une très-large sur le premier segment, ne touchant pas le bord postérieur ; celle du second largement et profondément échancrée antérieurement, ayant un petit angle au milieu de l'échancrure et une dilatation sur les côtés ; celle des suivants occupant la moitié postérieure du segment un peu trifide antérieurement, un peu dilatée avant son extrémité ; celle du 7ᵉ le couvrant presque entièrement ; 8ᵉ sans tache ; 9ᵉ ayant une tache presque carrée, occupant sa moitié postérieure, celle du 10ᵉ le couvrant entièrement ; celui-ci légèrement échancré en dessus au bord postérieur qui est un peu bleu ; extrémité abdominale un peu redressée ; appendices très-différents de ceux du *Lindeni*, les quatre de la même longueur, presque semblables ; les supérieurs dilatés en une espèce de lobule membraneux, n'allant pas jusqu'à l'extrémité, qui est cylindrique, ce qui les fait paraître bilobés ; ce lobule est appuyé sur un prolongement de la base, qui est plus long que lui et un peu crochu ; inférieurs larges à la base, qui est avancée et un peu échancrée. Pattes comme chez le *Lindeni.* Ailes un peu plus courtes, ayant le ptérostigma beaucoup plus court, en losange, noirâtre, bordé d'une ligne claire. Femelle différant du mâle par le bord postérieur du prothorax, qui est plus relevé, plus sinué, plus échancré, plus largement bordé de bleu et de roussâtre, par le dessus de l'abdomen, qui est entièrement d'un vert bronzé très-obscur, à l'exception du bord antérieur de chaque segment, qui est bleu, un peu interrompu au milieu ; styles bruns ; appendices vulvaires noirs.

Jai reçu cette espèce de M. de Fonscolombe sous le nom de *Lindeni*, et comme étant celle qu'il avait d'abord prise pour le *Puella*, mais il a figuré le vrai *Puella*, qu'il a méconnu ensuite. C'est en confondant ces espèces qu'il a cru qu'elles s'accouplaient ensemble.

* 15. AGRION AQUISEXTANUM, *mihi.* (P. 6. fig. 3, *c.*)

Viridi-æneo cyaneoque variegatum ; prothoracis margine postico in medio subemarginato, mucronato (mas), profunde bilobo (femina), appendicibus superioribus majoribus infra dilatatis, apice gracilibus, cylindricis basi in spinam productis, inferioribus basi latis depressis, apice erectis, aculis.

Fonscol., *An. soc., Ent.*, VII, p. 561, n° 8, pl. 14, fig. 3. *A. Pulchella.* (Excl. synon.).

De la taille de l'*Elegans.* Tête ayant postérieurement de chaque côté une tache bleue, presque triangulaire. Bord postérieur du prothorax un peu élevé, presque échancré dans son milieu , où l'on voit une petite saillie chez le mâle, profondément échancré dans la femelle en deux lobes allongés , tournés en côté , bordés de jaune ; thorax d'un vert bronzé en dessus, avec une bande humérale , d'un bleu verdâtre, assez large, le reste comme chez les autres. Abdomen bleu, jaunâtre en dessous et sur les côtés, avec des taches d'un vert bronzé, disposées ainsi : une très-large, presque carrée sur le premier segment ; celle du second ne touchant pas le bord antérieur, très-profondément et très-largement échancrée, touchant au bord postérieur, fortement échancrée sur ses côtés, avant l'extrémité ; celle des suivants occupant la moitié postérieure du segment un peu trifide antérieurement, un peu dilatée sur les côtés postérieurement ; celle du 6e couvrant presque tout le segment ; le 7e entièrement couvert, à l'exception du bord antérieur ; les 8 et 9e entièrement bleus , le 10e couvert par une grande tache , ayant une légère échancrure au bord postérieur, avec une petite saillie au milieu ; appendices supérieurs, un peu divariqués, plus grands que les inférieurs, dilatés dans les trois quart de leur longueur en une partie membraneuse, épaisse, qui, à la base, se prolonge en une pointe qui s'avance entre la base des inférieurs, ayant l'extrémité grêle, cylindrique, un peu courbée en dedans ; inférieurs ayant leur base très-large, remontant vers les supérieurs , saillante et arrondie inférieurement , leur extrémité se redressant en une petite pointe fine au côté externe des supérieurs , dont elle atteint presque la moitié. Chez la femelle les taches couvrent presque entièrement les segments du milieu, mais sont plus étroites ; elle se reconnaît facilement aux deux lobes de son prothorax. Pattes comme chez les autres ; ptérostigma d'un brun roussâtre , allongé , un peu plus clair à la circonférence.

Il m'a été envoyé d'Aix par M. de Fonscolombe, sous le nom de *Pulchella* ; de Madrid par M. Graells ; et M. Gené m'a communiqué des individus plus grands venant de la Sardaigne. Serait-ce un individu nouvellement éclos de cette espèce que M. de Fonscolombe aurait appelé *Cœrulescens ?* Du reste, il est évident, par sa description, qu'il a eu plus d'une espèce sous les yeux, et qu'en outre il s'est trompé en disant que le 7e segment était bleu, car c'est toujours le 8e ou 9e qui est bleu ; ensuite il ajoute que les 6e et 7e peuvent être tout à fait bronzés, c'est ce qui existe dans plusieurs ; mais jamais un segment entièrement bleu ne peut devenir entièrement bronzé, et comme il ne parle pas de la tache du 2e segment , et que la description est très-mauvaise, le nom de *Cœrulescens* doit disparaître. Il est fâcheux que M. de Fonscolombe ait décrit ces insectes sans s'être fait une idée exacte des caractères qui les distinguaient ; car , à l'exception des *Sanguineum* et *Rubellum* son travail est nul pour le reste, faute d'avoir pu les séparer.

* 16. AGRION DISTINCTUM, *mihi.*

Cyaneum; abdomine maculis maximis antice mucronatis; protho-
racis margine postico, subelevato, sinuato, lobo medio, angusto
marginato, producto, apice reflexo, crasso ♀.

Je n'ai pu rapporter cette femelle à aucune des autres espèces, quoique
je l'aie comparée avec la plus minutieuse attention, et je pense qu'elle forme
une espèce dont le mâle m'est inconnu. Tête assez grosse; face jaunâtre avec la base de la lèvre supérieure, de l'épistome et le dessus de la
tête, noirs; une tache bleue de chaque côté de celle-ci postérieurement,
allongée et joignant presque l'occiput qui est de la même couleur. Prothorax noir en-dessus, d'un bleu jaunâtre antérieurement sur ses côtés et le
côté du bord postérieur; bord postérieur peu élevé, formant un rebord
droit assez fortement sinué, mais moins que dans la femelle du *Pulchellum*
ayant le milieu prolongé en un lobe étroit, rebordé, abaissé et épaissi à
l'extrémité; thorax ayant l'échancrure mésothoracique prononcée, avec les
bords saillants, et l'angle externe saillant jaune, noir en-dessus avec
une bande humérale assez large, à peu près comme chez le *Lindeni*;
côtés bleus avec deux petits traits noirs, dont le premier descend jusqu'au milieu, étranglé avant son extrémité qui est élargie, presque arrondie; le second, moitié plus court, dilaté en massue. Abdomen médiocrement long, assez épais, azuré sur les côtés et à la base des segments,
jaunâtre plus inférieurement; la partie moyenne du ventre en dessous
couverte d'une poussière blanchâtre; le dessus presque entièrement couvert par de grandes taches d'un vert bronzé obscur ainsi disposées : celle
du premier segment large presque carrée, ne touchant pas le bord postérieur qui est bleu, mais ses angles postérieurs descendant obliquement
ment sur les côtés; celle du second le couvrant entièrement, dilatée avant
son extrémité qui sur le bord postérieur se prolonge un peu sur les côtés;
les suivantes, jusqu'à la 7ᵉ, ayant la même forme que la précédente, excepté la partie antérieure qui est amincie en pointe divisant presque en
deux une tache bleue antérieure; bord postérieur du 7ᵉ bleu; tache du 8ᵉ
divisant entièrement la tache bleue, de manière à former deux taches
rondes; bord postérieur de ce segment bleu; les deux derniers couverts par la tache; le 9ᵉ un peu bordé de bleu postérieurement; taches
bleues du dessus communiquant largement avec la teinte bleue des côtés;
dernier segment comprimé, tronqué en dessus à l'extrémité où il est
échancré, un peu élevé et tout à fait comprimé; styles droits et coniques
noirs; pièces anales jaunes; valves génitales longues; leurs appendices
noirs, dépassant un peu l'anus. Pattes jaunes, ayant la face externe des
cuisses noire, un peu couverte de poussière blanche, et une ligne noire sur
le bord antérieur des tibias n'atteignant pas les extrémités; antépénultième
segment nullement épineux en dessous; ptérostigma d'un brunâtre rous-

sâtre assez grand, n'ayant pas le bord interne très-oblique et n'étant pas tout à fait en losange , un peu moins allongé que chez le *Lindeni* , d'un brun un peu roussâtre.

Il m'a été donné par M. le marquis de Brême comme venant de Sardaigne. Il semble se rapprocher du *Lindeni* ; mais il s'en distingue par la forme du *ptérostigma* , et le bord postérieur du prothorax.

17. AGRION CONCINNUM , *mihi.*

Nigrum, azureo variegatum; abdomine nigro supra maculis maximis anticis, azureis, appendibus brevibus nigris, superioribus brevioribus truncatis, crassis, externe subcornutis, infra cornutis , inferioribus suberectis obtusis , infra turberculatis.

De la taille du *Puella*, auquel il ressemble, mais très-distinct. Tête noire en dessus et postérieurement , avec une bande transverse azurée derrière. Thorax noir en dessus avec une bande humérale azurée ; les deux tiers inférieurs des côtés azurés, divisés par une bande noire qui va jusqu'aux pattes ; poitrine d'un blanchâtre bleuâtre. Abdomen long , grêle, noir, avec des taches azurées, disposées ainsi : premier segment bleu postérieurement ; second, azuré avec deux bandes noires latérales touchant le bord postérieur et tendant à se rencontrer en dessus avant ce bord ; les 3 , 4, 5, 6e , ayant une grande tache azurée couvrant à peu près les deux tiers du segment, allant en se rétrécissant vers son extrémité qui est obtuse ; 7e entièrement noir ; 8 , 9, 10e bleus en dessus ; le 10e échancré postérieurement , avec les angles de l'échancrure se prolongeant inférieurement en deux pointes contiguës jusques entre les appendices supérieurs ; appendices noirs , très-courts ; les supérieurs plus courts, assez épais, tronqués, ayant l'angle externe très-obtus et peu saillant, prolongés inférieurement en une pointe ; inférieurs redressés vers les autres qu'ils touchent, très-obtus, comprimés, ayant une légère saillie inférieurement avant l'extrémité. Abdomen de la femelle ayant une ligne jaunâtre sur la partie inférieure des côtés avec le bord antérieur des segments en dessus , et trois petites taches posées transversalement sur la partie postérieure des deux avant-derniers , et qui peuvent se toucher, azurés. Ailes un peu salies de brunâtre ; ptérostigma en losange irrégulier, long, noir, cerné par une ligne plus claire.

Du Cap.

*18. AGRION PULCHELLUM , *Vander-Linden.* (Pl. 7, fig. 1, *a.*)

Cyaneum nigro-variegatum ; abdominis supra maculis posticis in lateribus longe productis, segmento ultimo truncato profunde et rotunde emarginato ; appendicibus superioribus vix brevioribus, ob-

tusis inferius in cornu productis, inferioribus apice gracili, acuto e basi producto, remoto.

Vanderl., *Monogr.*, p. 38, n° 7. — Sel., *Monogr. Libell.*, p. 101, n° 5. — Hans., *in Wiedem. Magaz.*, II, p. 1, p. 153. *A. Puella.* — Charp. *Hor. Ent.*, p. 16. *A. Interruptum.* — Burm., *Handb. der Ent.*, II, p. 820, n° 14.

De la taille du *Puella* et lui ressemblant beaucoup, mais ayant les appendices très-différents. Tête à peu près semblable. Bord postérieur du prothorax beaucoup plus sinué, légèrement trilobé chez le mâle, avec le lobe du milieu plus étroit, plus long chez la femelle ; thorax semblable, mais la bande humérale plus ou moins interrompue, ou seulement rétrécie. Tache du premier segment de l'abdomen semblable ; celle du second, échancrée de même, mais beaucoup plus longue à l'extrémité et touchant le bord postérieur, près duquel elle est échancrée sur ses côtés ; celles des trois suivants couvrant un peu plus de la moitié du segment, prolongées sur les côtés et ayant un petit angle au milieu antérieurement ; 6ᵉ presque couvert, à l'exception d'une petite tache bleue bilobée ; 7ᵉ entièrement couvert ; 8ᵉ bleu ; 9ᵉ bleu avec une large tache postérieure ; 10ᵉ entièrement couvert ; appendices supérieurs un peu plus courts que les inférieurs, en forme de tubercule, prolongés inférieurement à la base est une corne qui s'étend jusqu'à la base des inférieurs, noirs, jaunâtres au sommet ; inférieurs ayant la base prolongée, cylindrique, obtuse, un peu plus saillante que les supérieurs, jaune ; eux-mêmes paraissant couchés et se redressant au côté externe des supérieurs en une pointe un peu crochue au sommet, de manière à laisser entre elle et la base une échancrure ou courbure en demi-cercle, noirs ; bord postérieur du dernier segment fortement échancré en demi-cercle. Pattes comme chez le *Puella* ; ptérostigma, en losange allongé noir, plus clair à la circonférence. Abdomen de la femelle d'un vert bronzé obscur, avec une tache blanche à la base de la plupart des segments ; se distinguant des autres par le bord postérieur du prothorax. J'ai pris en Corse, au mois de mai, une variété dont les taches sur les 3, 4, et 5ᵉ segments ne sont guère plus larges que chez le *Puella*, et n'occupent que le quart postérieur, mais celle du second ne diffère pas sensiblement, et les appendices sont complétement semblables ainsi que le bord postérieur du prothorax.

Habite une grande partie de l'Europe ; assez rare dans les environs de Paris, pendant l'été.

* 19. AGRION PUELLA, *Vander-Linden.* (Pl. 7, fig. 2, *b.*)

Cyaneum, nigro-æneo variegatum ; abdominis supra maculis minoribus, posticis in lateribus longe productis, segmento ultimo truncato, profunde et rotunde emarginato, appendicibus superioribus,

*minoribus, postice productis, inferioribus basi latis dehinc cylin-
dricis, erectis.*

Vanderl., *Agr. Bon.*, n° 5. — Ejusd., *Monogr. Libell.*, p. 39, n° 8.
— Fonscol., *Ann. soc. Ent.*, VII, p. 563, pl. 14, fig. 5 (1). — Sel., *Mo-
nogr. Libell.*, p. 163, n° 8. — Rœs., *Ins.* II. aq. 2, t. 2, f. 7? — Hansem.,
in Wiedem. Mag. II p. 1, p. 155, *A. Pupa.* — Charp., *Hor. Ent.*, p. 18.
A. *Furcatum.* — Burm., *Handb. der Ent.*, 11, p. 820, n° 15. — Harr.,
Exp., t. 29, fig. 4. — Schæff., *Icon.*, t. 102, fig. 5.

Un peu plus de quatre centim. et demi d'envergure, et de trois et
demi de long ; une des espèces les plus grêles. D'un bleu de ciel assez foncé.
Dessus de la tête et deux bandes au-dessus de la bouche, noirs, avec
une tache bleue allongée touchant l'occiput. Prothorax noir en dessus,
ayant le bord antérieur bleu ; bord postérieur légèrement bordé de la
même couleur, sinué, ayant le milieu un peu saillant et avancé en lobe ;
thorax absolument comme chez le *Lindeni.* Abdomen très-grêle, ayant des
taches d'un vert bronzé disposées ainsi : sur le premier segment une grande
tache presque carrée, plus ou moins longue, mais ne touchant pas le bord
postérieur ; celle du second très-largement et très-profondement échancrée, dont les deux branches touchent presque le bord antérieur, ne s'a-
vançant pas jusqu'au bord postérieur qui est noir ; celle des suivants
n'occupant pas le quart du segment, excepté sur le sixième où elle
s'avance presque jusqu'à la moitié, prolongée sur les côtés en une ligne
qui s'avance presque jusqu'au bord antérieur ; 7e entièrement couvert
par la tache ; 8e sans tache ; 9e souvent sans tache ou ayant deux points.
s'élargisssant par fois en deux taches qui se réunissent quelquefois sur
le bord postérieur ; 10e entièrement couvert, tronqué supérieurement et
fortement échancré en demi-cercle, avec une petite saillie au fond de l'é-
chancrure ; appendices supérieurs plus courts que les inférieurs, présentant une partie arrondie en forme de tubercule peu visibles dans le reste,
à moins de les isoler, échancrés après la partie tuberculeuse, ensuite présentant en dessus une petite saillie, puis se prolongeant en dedans des
inférieurs en une lame courbée, arrondie supérieurement, terminée en
pointe ; les inférieurs très-larges à la base, légèrement échancrés, dans
leur largeur ; partie inférieure de la base un peu saillante, prolongée en
une pointe tournée par en haut, un peu courbée en dedans à l'extrémité.
Femelle différant du mâle en ce que le dessus est entièrement d'un vert
bronzé un peu obscur, à l'exception du bord antérieur de chaque segment
qui est bleu, un peu interrompu ; tache du premier ne touchant pas le bord

(1) Je n'aurais pas cité M. de Fonscolombe, si je n'avais pas eu sous
les yeux l'individu qu'il a fait figurer, car il n'a pas distingué cette espèce
dans sa description, et la figure est mauvaise.

postérieur ; celle du second ayant deux échancrures profondes ; dernier fortement tronqué et échancré en dessus postérieurement ; styles très-courts, noirs, à peine saillants ; appendices vulvaires noirs. Pattes jaunes, ayant la face externe des cuisses très-largement, le bord antérieur des tibias et les tarses noirs. Ailes transparentes ; ptérostigma en losange, d'un brun roux, clair à la circonférence.

Cette espèce, qui paraît bien être le *Puella* de Vander-Linden, est la plus commune et la plus répandue le long des étangs et des mares dans le centre de la France ; elle habite aussi le Midi, la Corse, la Sardaigne, la Sicile, l'Espagne.

*** 20. AGRION HASTULATUM,** *Charpentier.* (Pl. 7, fig. 3 c.)

Azureum nigro-œneo variegatum ; abdominis supra maculis minoribus posticis, segmento ultimo late emarginato, appendicibus superioribus brevibus, apice subproductis, truncatis, inferioribus subforcipatis.

Charp., *Hor. Ent.*, pag. 20. — Sel., *Monogr. Libell.*, p. 165, n. 9.

De la taille du *Puella* et lui ressemblant, mais plus court et plus épais. Tête semblable, plus grosse. Bord postérieur du prothorax arrondi, non sinué, un peu bordé de bleu ; thorax bleu, ou d'un bleu un peu roussâtre, ayant antérieurement une large bande médiane, une humérale de chaque côté, d'un vert bronzé, laissant entre elle et la médiane un espace beaucoup plus large que chez le *Puella ;* côtés n'étant marqués que d'un petit trait noir. Abdomen plus court et plus épais, azuré, avec des taches d'un noir bronzé, disposées ainsi : une basilaire sur le premier segment ; celle du second entière, presque en forme de croissant épais, placée avant le bord postérieur qui est de la même couleur et avec lequel elle communique le plus souvent par un petit prolongement, quelquefois très-petite et bien isolée, d'autres fois s'unissant largement au bord postérieur ; celle des trois suivants occupant le quart postérieur du segment, étranglée avant son extrémité, nullement prolongée sur les côtés qu'elle couvre un peu ; celle du sixième variable, couvrant tantôt moins, tantôt plus de la moitié ; celle du septième ne laissant qu'une petite tache bleue basilaire ; 8 et 9e entièrement bleus ; dixième couvert par la tache, ayant le bord postérieur en dessus, largement et profondement échancré ; appendices supérieurs plus courts que les inférieurs, épais, rabougris, un peu prolongés à l'extrémité inférieurement ; inférieurs ayant la base étroite, légèrement comprimés, un peu tournés par en haut, un peu en forme de pince. Femelle ayant les segments presque entièrement couverts par les taches. Pattes des mâles noires, avec la face interne des cuisses, la même des tibias et une partie de l'externe, jaunes ; celles de la femelle jaunâtres, avec la face externe des cuisses et des points sur

la face postérieure et la face antérieure des tibias, noirs. Ptérostigma en
losange, noirâtre, à peine éclairci à la circonférence, pâle chez la femelle ;
bord postérieur de l'antépénultième segment, chez cette dernière, ayant
une forte épine.

Habite une grande partie de l'Europe ; aussi commun dans les
environs de Paris que le *Puella*, pendant l'été ; communiqué de Sardaigne par M. Gené. M. Burmeister a décrit l'*Elegans* pour cette
espèce.

*21. AGRION ELEGANS, *Vander-Linden.* (Pl. 7, fig. 6, 7, *f, g.*)

Obscure viridi-æneum ; prothorace postice crista erecta ; abdo-
minis segmento octavo cyaneo, ultimo postice tuberculo elevato,
emarginato postice excavato, appendicibus superioribus, brevio-
ribus, truncatis, convolutis, in spina inferne tenuiter pro-
ductis, inferioribus, divaricatis, cylindricis basi intus in cornu
productis.

Vanderl. *Agr., Bonon.*, n. 6, fig. 5. ♂ —Hansem., in *Wiedm. Mag.*,
II., p. 1., p. 157. *A. Pupilla.* — Scl., *Monogr. Libell.*, p. 157. (La
figure qu'il donne des appendices ne les représente pas.)— Charp., *Hor.*
Ent., p. 21. *A. Tuberculatum* (1). — Fonscol., *Ann. soc. Ent,,* VII,
p. 367, n. 11, pl. 15, fig. 1. *A. Aglae.* (L'*Aurantiaca* du même auteur me
paraît être une variété femelle du *Genei.*) — Burm., *Handb. der Ent.*,
II, p. 820. n. 13. *A. Hastulatum.*

Un des plus petits de nos pays ; d'un vert bronzé obscur. Tête
ayant postérieurement de chaque côté une tache arrondie bleue. Prothorax ayant au milieu du bord postérieur, qui n'est nullement élevé, une
espèce de crête subitement redressée, et presque verticale, excavée antérieurement, très-épaisse à la base dans le mâle, mince dans la femelle, où elle est quelquefois un peu échancrée au sommet et comprimée,
ou moins excavée antérieurement, thorax comme chez les autres, ayant une
bande humérale, avec les lignes noires des côtés peu marquées. Abdomen
grêle chez le mâle, un peu renflé à l'extrémité, d'un vert bronzé plus ou
moins obscur en dessus, jaunâtre sur les côtés et en dessous, avec le
bord antérieur de chaque segment un peu interrompu, de la même couleur ;
huitième segment bleu, ainsi que les quatre derniers en dessous ; dessus
du dernier s'élevant en une sorte de crête épaisse, excavée postérieurement, échancrée supérieurement ; appendices supérieurs courts, pas

---

(1) Il est vraiment étrange de voir cet auteur donner un nouveau
nom à cette espèce, nommée deux fois et cinq ans avant lui. M. de Selys,
qui tient tant à la priorité, commet sciemment la même faute.

plus élevés que la base des inférieurs, tronqués régulièrement comme un peu roulés en cornet, ayant intérieurement à l'extrémité une pointe dirigée par en bas; les inférieurs grêlés, divariqués, cylindriques, un peu dirigés en haut, leur base un peu saillante inférieurement, jaune, prolongés en haut et en dedans en une pointe assez longue, sur laquelle s'appuie celle des supérieurs. Tantôt le sixième segment est bleu chez la femelle et tantôt obscurci; souvent tout son thorax est roussâtre, avec une bande supérieure noirâtre; se distinguant facilement par la crête du prothorax. Pattes roussâtres, avec la face externe des cuisses et celle des tibias, surtout aux antérieures, noires. Ailes transparentes; ptérostigma en losange, noir, blanc extérieurement, plus pâle chez la femelle.

Très-commun en France, et surtout dans les environs de Paris, le long des étangs et des mares, depuis le printemps jusqu'en automne; communiqué de Sardaigne par M. Gené. Je ne puis reconnaître l'espèce à laquelle se rapporte le *Tuberculatum* de M. Burmeister.

* 22. AGRION GRAELLSII , *mihi.*

Obscure viridi-æneum; prothorace postice lobo elevato; abdominis segmento octavo cyaneo, ultimo postice tuberculo elevato, emarginato, postice profunde excavato, appendicibus superioribus brevioribus, truncatis, supra convexis angulo interno longe producto, inferioribus cylindricis, nec divaricatis intus curvis, basi simplicibus.

Tout à fait semblable à l'*Elegans* au premier coup d'œil; mais s'en distinguant par des caractères organiques bien tranchés. Couleurs disposées de la même manière; taches bleues de la partie postérieure de la tête peu ou pas sensibles; bande humérale du thorax plus étroite chez le mâle; bord postérieur du prothorax ayant le milieu non relevé en une petite crête étroite et très-saillante, mais simplement en forme de lobe arrondi, un peu plus étroit et plus saillant chez la femelle; saillie du dernier segment en dessus, moins redressée, moins saillante, ayant les angles de l'échancrure plus étroits, plus saillants, avec une excavation postérieure plus profonde, blanche; appendices supérieurs plus larges, non comme roulés, mais ouverts postérieurement, ayant l'angle interne de l'extrémité beaucoup plus long; inférieurs non divariqués, courbés en dedans, plus courts, non dirigés en haut, partant du milieu de la base, qui ne présente aucun prolongement. Femelle ayant la bande humérale du thorax plus large, semblable au mâle pour le reste.

Cette espèce m'a été envoyée par M. Graells, qui l'a prise dans les environs de Barcelone.

* 23. AGRION GENEI, *mihi.*

Obscure viridi-æneum; prothorace postice lobo elevato, in mare emarginato, in femina minore mucronato; abdominis segmento octavo cyaneo, ultimo postice tuberculo elevato, emarginato, postice excavato, appendicibus superioribus brevioribus, truncatis apice infra angulis duobus divaricatis, interno producto, inferioribus subdivaricatis, basi intus vix mucronatis.

Fonscol., *Ann. soc. Ent.*, p. 570, n. 13, pl. 5, fig. 3, *Agr. Aurantiaca* ♀ ?

Ressemblant tout à fait à l'*Elegans*, mais paraissant distinct. Tantôt de la même taille, tantôt beaucoup plus petit, surtout le mâle; ayant complétement la même coloration; taches postérieures de la tête un peu plus larges chez la femelle qui a une tache de chaque côté sur le prothorax; celui-ci ayant postérieurement une crête plus large, moins élevée, échancrée, très-petite chez la femelle, offrant en arrière un petit tubercule un peu pointu qui lui est adossé (caractère constant sur plusieurs femelles). Abdomen très-grêle chez le mâle; appendices différents, les supérieurs plus larges non resserrés, ni comme roulés un peu en cornet; les deux angles de l'extrémité inférieurement divariqués, et beaucoup plus écartés, l'interne plus long et se croisant avec celui du côté opposé; inférieurs plus petits, plus pointus, peu divariqués, plus droits; ayant leur base un peu moins saillante inférieurement et un peu tronquée, portant supérieurement, une petite corne, mais beaucoup plus petite ou à peine sensible; les femelles que j'ai vues ont le thorax roussâtre avec une seule bande en dessus, d'un vert bronzé, comme on le voit souvent chez celle de l'*Elegans*; elles ont aussi le huitième segment bleu.

M. le marquis de Brême m'a donné cette espèce, qui a été prise en Sicile, et j'en ai reçu plusieurs individus en communication, trouvés par M. Gené en Sardaigne.

24. AGRION SENEGALENSE, *mihi.*

Nigro-æneum; prothoracis margine postico sublobato; abdominis segmento octavo azureo, basi nigro maculato; ultimo postice tuberculo elevato, emarginato, postice excavato, appendicibus superioribus brevioribus, truncatis, apice infra angulo interno producto, dilatato, apice intus curvo, inferioribus erectis, basi intus nec mucronatis.

Ressemblant beaucoup à l'*Elegans*, ainsi qu'au *Genei* et au *Graellsii*; un peu plus petit que le premier, et ayant à peu près les mêmes couleurs. Bord postérieur du prothorax non élevé en crête étroite, mais un peu saillant et arrondi au milieu chez le mâle, plus aigu au même endroit chez la femelle. Abdomen à peu près semblable; le second segment, brillant d'une vive couleur bleu violâtre ou verdâtre, mais non de la teinte azurée du huitième; celui-ci ordinairement bordé de noir à la base; tubercule du dernier segment plus étroit, plus comprimé; appendices différents, les supérieurs tronqués, assez larges, ayant l'angle interne de l'extrémité en dessous prolongé en une pointe un peu dilatée avant son extrémité qui est un peu courbée en dedans, au devant de celle du côté opposé, qu'elle touche ordinairement, d'un brun roux; les inférieurs redressés au devant des supérieurs, en forme de corne plus mince que chez l'*Elegans*, un peu plus longue, plus courbée. Pattes, ailes et ptérostigma à peu près semblables. Femelle ayant aussi sa variété *Aurantiacum* (M. de Selys l'a prise pour la même que son *Aurantiacum*, qui n'est qu'une variété du *Pumilio*), ressemblant beaucoup à celle du *Pumilio*, mais la teinte vert bronzé commence sur le second segment de l'abdomen, et le thorax n'a pas de ligne humérale de la même couleur; bord postérieur de l'antépénultième segment en dessous, ayant une épine très-prononcée. Je possède une variété venant de l'île d'Yucatan, dont la tête paraît plus petite; le huitième segment de l'abdomen est entièrement bleu en dessus, et le noir du dessus du neuvième fortement rétréci par la couleur azurée; les appendices supérieurs ont la petite saillie avant leur division plus longue, et le prolongement moins courbé en dedans; les inférieurs sont plus courts, droits, ayant la base moins saillante; mais ces différences m'ont paru trop légères pour en faire une espèce.

Se trouve au Sénégal, mais indiquée, dans la collection de M. Serville, de plusieurs autres localités qui ne me paraissent pas toutes certaines, et qui sont Bombay, le Cap ? Java et l'Amérique septentrionale?

*** 25. AGRION PUMILIO**, *Charpentier*, (Pl. 7, fig. 4, 5, *d*, *e*.)

Nigro-viridi-æneum; abdominis segmento octavo, nonoque postice cyaneis; appendicibus superioribus brevioribus, incurvis compressis, valvæformibus, postice productis, posticis cylindricis curvis subforcipatis, segmento ultimo supra postice bifido.

Charp., *Hor. Ent.*, p. 22, tab. 1, fig. 27, — Sel., *Monogr. Libell.*, p. 156, n. 7, pl. 4, fig. 36.—Fonscol., *Ann. soc. Ent.*, VII, p. 565, n° 1. *A. Elegans.* — Sel., *Monogr.*, p. 159, n° 6-*bis. A. Aurantiaca* ♀.

Ressemblant à l'*Elegans* et ayant à peu près la même taille et les mêmes couleurs. Tête ayant postérieurement de chaque côté une tache ronde bleue. Bord postérieur du prothorax bordé de bleu, élevé, ayant le milieu un peu saillant, arrondi; thorax semblable à celui de l'*Elegans*.

Abdomen coloré à peu près de même, mais ayant la partie postérieure
du huitième segment et le neuvième bleus en dessus ; côtés des trois
derniers et des premiers bleus, ceux des autres jaunes ; bord postérieur
du dernier un peu saillant au milieu, bifide ; appendices très-différents ;
les supérieurs un peu saillants à leur base en dedans, ensuite dilatés et
courbés sur la base des inférieurs, ayant une forme elliptique, arrondis
supérieurement, jaunes, velus antérieurement avec une bande noire ; les
inférieurs cylindrico-coniques allongés, un peu courbés, surtout par en
haut, jaunes, noirs à l'extrémité ; femelle ayant tout le dessus du ventre
d'un vert bronzé. La variété *Aurantiacum*, qui se trouve en automne, est
d'un jaune orangé, avec une tache de l'épistome, une bande transverse
sur le milieu de la tête, une bande longitudinale sur le prothorax dilatée postérieurement, une bande antérieure étroite de la même largeur
partout, et une ligne humérale (manquant dans la variété semblable de
l'*Elegans*), le dessus de l'abdomen, à partir des trois quarts postérieurs
du troisième segment, d'un vert bronzé obscur. Dessous du huitième
segment ayant une épine, peu sensible dans l'*Elegans*, dont elle se distingue facilement par le bord postérieur du prothorax ; l'abdomen est
aussi plus court. Pattes un peu moins marquées de noir. Ailes ayant
quelques nervures jaunes ou roussâtres ; ptérostigma moitié jaune, moitié
noir, pâle chez la femelle, beaucoup plus court et d'une forme moins
allongée que dans l'*Elegans*.

Rare à Paris ; se trouve le long des étangs pendant l'été ; plus commun dans le midi de la France ; il se trouve aussi à Madère. La variété
Aurantiaca, que M. de Selys dit avoir vue du Sénégal, est le *Senegalense*.

26. AGRION PYGMÆUM, *mihi*.

*Minimum, obscure viridi æneum ; prothorace lobo elevato sub-
quadrato, emarginato* ♀.

Je n'aurais pas décrit cette espèce dont je ne connais pas le mâle, sans
la forme caractéristique du bord postérieur du prothorax. Elle paraît
appartenir au groupe où se trouvent l'*Elegans* et le *Senegalense* ; et
ressemble beaucoup à ce dernier, mais elle n'est pas plus grande que
l'*Anomalum*. Prothorax ayant la partie moyenne renflée, rousse, avec
un petit enfoncement linéaire au milieu, et le bord postérieur prolongé
en un lobe un peu élevé, beaucoup plus large que dans l'*Elegans*,
quadrilatère, échancré, avec ses angles un peu saillants ; thorax d'un
vert bronzé obscur, un peu bleuâtre, avec les côtés bleus. Abdomen
jaunâtre sur les côtés. Pattes jaunâtres, ayant les épines peu nombreuses. Ailes transparentes ; ptérostigma oblong, d'un roussâtre pâle.

Collection de M. Serville, et indiquée des Indes orientales.

27. AGRION CERINUM, *mihi.*

Flavum; appendicibus superioribus truncatis brevissimis, crassis, inferioribus brevibus conicis, subacutis, incurvis.

Ressemblant au *Rubellum*, mais plus grand; d'un jaune un peu obscur et verdâtre sur le thorax. Tête ayant en dessus une large bande d'un brun roux, peu marquée. Bord postérieur du prothorax arrondi, peu élevé; thorax d'un jaune verdâtre ou bleuâtre, un peu bronzé en dessus, d'un jaune blanchâtre en dessous, n'ayant pas de lignes ou bandes apparentes. Abdomen d'un jaune de cire; un peu obscur sur les derniers segments; bord postérieur du dernier beaucoup plus profondément échancré, et d'une manière circulaire, que chez le *Rubellum*; appendices ressemblant un peu à ceux de cette espèce, les supérieurs très-courts, tronqués, épais, ayant la forme d'un tubercule, beaucoup moins larges; les inférieurs courts, mais beaucoup plus longs que chez le *Rubellum*, presque coniques, un peu courbés en dedans, terminés en pointe un peu courbée par en haut. Pattes jaunes. Ailes transparentes; ptérostigma d'un jaunâtre sale.

Du Sénégal et de Bombay. M. Guérin me l'a communiqué de Pondichéri. Je n'ai pas vu la femelle.

* 28. AGRION RUBELLUM, *Vander-Linden.*

Thorace supra viridi æneo; abdomine pedibusque rubris, appendicibus superioribus crassis, hirtis, brevioribus, inferioribus crassis, mucronatis, minutis (mas) abdomine, basi apiceque exceptis rubidis, supra viridi-æneo (femina).

Vanderl., *Agr. Bonon.*, n° 7, fig. 6, 7. — Ejusd., *Monogr. Libell.*, p. 42, n° 12.—Fonscol., *Ann. soc. Ent.*, p. 574, n° 15, pl. 15, fig. 5, 6. — Sel., *Monogr. Libell.*, p. 154, n° 4.

De la taille du *Puella.* Thorax d'un vert bronzé avec des parties jaunes sur les côtés, et la poitrine roussâtre; bord postérieur du prothorax un peu élevé, à peine échancré, finement bordé de rougeâtre. Abdomen et pattes rouges sans taches; dernier segment ayant à l'extrémité en dessus une élevation excavée postérieurement, avec les bords minces, échancrés supérieurement; appendices très-courts, les supérieurs plus courts, ayant l'apparence d'un tubercule déprimé, avec une petite pointe très-courte, inférieurement au bord de l'extrémité; inférieurs courts, presque réduits à leur base qui est surmontée au côté externe d'une petite pointe noire à l'extrémité; femelle différant du mâle en ce que le dessus de l'abdomen est d'un vert bronzé à l'exception des trois premiers segments, moins l'extrémité du troisième et des deux derniers. Ptérostigma en losange, rouge.

Quelquefois les taches disparaissent en partie. M. Gené m'a communiqué un individu de Sardaigne, n'ayant plus qu'une petite tache postérieure sur les 4 et 5ᵉ, le 6ᵉ seul couvert, tout le reste rouge; dernier segment, chez la femelle, entièrement fendu en dessus; ptérostigma en losange, plus pâle à la circonférence chez celle-ci.

Commun en France le long des étangs, des marécages, depuis le printemps jusqu'en automne. Habite aussi la Sicile, etc.

29. AGRION FERRUGINEUM, *mihi.*

Ferrugineum; abdomine postice infuscato; segmenti ultimi margine postico emarginato, appendicibus superioribus brevioribus inferne curvis, submucronatis, posticis suberectis, ante apicem infra gibbosis.

Ressemblant beaucoup au *Cerinum*, mais un peu plus grand. D'un rouge ferrugineux qui doit être très-vif pendant la vie. Tête ayant la face jaune un peu obscure en dessus. Thorax un peu obscur en dessus, avec l'apparence de bandes plus foncées. Abdomen long, un peu plus pâle en dessous, ayant les derniers segments un peu obscurs; dernier échancré avec les angles de l'échancrure denticulés; appendices différant beaucoup de ceux du *Rubellum* et du *Cerinum*; les supérieurs plus courts, arrondis supérieurement, courbés vers les inférieurs, terminés par une petite pointe, paraissant plutôt concaves inférieurement et convexes supérieurement; les postérieurs un peu redressés vers les supérieurs, au-dessus desquels ils se terminent en une pointe un peu obtuse, au-dessous de laquelle se voit une saillie assez forte. Pattes d'un jaune roux. Ailes un peu jaunâtres; ptérostigma en losange allongé, d'un brun roussâtre.

De Madagascar. M. Guérin m'a communiqué plusieurs individus chez lesquels les appendices inférieurs sont un peu plus longs, un peu plus larges, ayant la pointe de l'extrémité un peu plus allongée. La femelle semblable au mâle, mais un peu plus pâle.

30. AGRION CAPILLARE, *mihi.*

Gracillimum; thorace cyaneo supra obscure violaceo-cœruleo; abdominis segmento secundo supra violaceo, nitido, tertio obscure subviolaceo, macula magna pallide viridi-azurea ♂.

Plus petit que le *Pumilio* et extrêmement grêle, surtout l'abdomen (chez le seul individu mâle que j'ai sous les yeux la tête et l'extrémité de l'abdomen manquent). Thorax paraissant azuré pendant la vie, ayant le dessus d'un brun violet obscur, couleur qui aux extrémités descend un peu sur les bords, et sur les côtés une bande de la même couleur, qui les traverse dans leur longueur. Abdomen capillaire, d'un brun vio-

lacé ; second segment d'un bleu violet foncé en dessus, le troisième ayant
une grande tache occupant plus du tiers, d'un vert bleu pâle, les suivants
ayant seulement une petite bande circulaire à la base. Ailes transparentes
avec le ptérostigma noir, un peu en losange, presque carré.

31. AGRION ANOMALUM, *mihi.*

*Minimum, flavo viridi-œneoque variegatum ; abdominis segmento
ultimo appendice apice furcato, appendicibus analibus superioribus
brevioribus furcatis; alis anticis pterostigmate marginem non at-
tingente ♂.*

Un des plus petits du genre, ayant deux centim. et demi d'envergure.
Dessus de la tête d'un bleu obscur bronzé avec deux points postérieurs
un peu allongés longitudinalement, jaunâtres. Thorax jaune ayant le
dessus d'un vert bronzé avec deux lignes jaunes. Abdomen jaune avec
des taches en dessus d'un vert bronzé violâtre ainsi disposées : celle
des deux premiers segments les couvrant entièrement, celle du troisième, d'abord large, puis s'amincissant jusqu'aux trois quarts du segment et se dilatant après en forme de tête, celle des suivants ayant la
même forme, mais plus étroite et même interrompue avant la dilatation ;
celle du septième couvrant les deux tiers antérieurs, les autres sans
taches ; dernier segment tronqué ou échancré en dessus à son bord postérieur qui présente un appendice fourchu à l'extrémité, sur les côtés duquel le bord est rabattu ; appendices supérieurs courts, fourchus ; les inférieurs plus longs, grêles, un peu en forme de pince, pointus. Pattes jaunes.
Ailes transparentes ; ptérostigma des premières séparé de la nervure costale par une large aréole ovalaire, peu coloré en roussâtre, plus foncé
au milieu ; celui des inférieures plus petit, plus foncé, un peu en losange,
touchant la nervure costale.

Cette curieuse espèce appartient à M. Serville, et est indiquée de
Cuba.

Genre MECISTOGASTER, *mihi.*

Tête ayant les yeux assez éloignés l'un de l'autre ; lèvre inférieure étroite, divisée très-profondément ou jusqu'au milieu en
deux parties étroites, droites, un peu pointues ; second article
des palpes labiaux plus large qu'elle, plus court, prolongé à son
angle interne en une forte épine, troisième étroit, cylindrique,
moitié plus court. Abdomen souvent plus étendu que l'envergure des
ailes. Appendices supérieurs (je ne les connais que dans trois espèces) assez grands, en forme de pince, les inférieurs presque
nuls. Ailes pédicellées, ayant la plus grande partie des aréoles qua-

drilatères, avec le bord costal souvent dilaté ou saillant vers l'extrémité ; ptérostigma irrégulier, en forme de tache plus ou moins
grande, rarement régulier.

Ils se rapproche beaucoup du genre *Agrio*, mais la forme
de la lèvre inférieure et celle du ptérostigma l'en distinguent
facilement. Les espèces qui le composent sont les géants de cette
tribu.

1. MECISTOGASTER LINEARIS (1), *mihi.*

*Viridi-æneo cærulescens ; thoracé fascia humerali flava divisa;
appendicibus superioribus supra angulatis inferne subito in medio
curvis, forcipatis, forcipe apice emarginata angulo superiore majore,
inferioribus nullis; pterostigmate subtriangulari, nigro, alis posticis
ad apicem antice sinuatis ♂.*

Burm., *Handb. der Ent.*, II, p. 818, no 3. *Agrion Amalia ?*

Treize centim. d'envergure et quatorze et demi de long. Tête noire,
avec le dessous de la bouche, les côtés de la face, une bande au-dessus de
la lèvre supérieure, un petit trait en forme de virgule de chaque côté des
ocelles et la partie postérieure, jaunes. Thorax d'un vert obscur en dessus,
ayant une bande humérale jaune, prolongée sur le prothorax, divisée obliquement en deux par une ligne fine, au dessous de laquelle la teinte est un
peu rousse ; côtés et poitrine jaunes ou jaunâtres avec une ligne latérale d'un vert obscur. Abdomen très-long, tout à fait linéaire, un peu
plus court que l'envergure des ailes, un peu renflé aux articulations et
à l'extrémité, d'un vert obscur bléuâtre, un peu bronzé en dessus, avec
les côtés jaunes ; milieu du ventre en dessous, noir dans sa longueur,
jaune des côtés, s'avançant un peu vers le dessus postérieurement au
pénultième segment, venant se réunir des deux côtés, sur le dernier dont
le bord postérieur est un peu élevé et prolongé, échancré dans son milieu ;
appendices supérieurs un peu comprimés, d'abord droits, ayant à la base
en dedans, une petite pointe courbée, subitement fléchis à angle droit,
après leur milieu, ayant un angle en dessus à l'endroit de la flexion ; partie fléchie allant au-devant de celle du côté opposé pour former une espèce de pince légèrement échancrée à son extrémité, avec l'angle postérieur
très-saillant, jaunes extérieurement, noirs en dedans et sur la partie fléchie ;
inférieur réduit à une très-petite pointe peu visible. Pattes noires un peu
jaunâtres en dedans des cuisses à la base ; face interne des tibias jaune.

---

(1) Le *Linearis* de Fabricius ne peut être déterminé exactement,
probablement il comprenait plusieurs espèces, d'après la différence du
ptérostigma.

Ailes transparentes, comme tronquées à l'extrémité et obliquement ; les postérieures ayant une saillie arrondie et courte au bord costal, avant l'extrémité ; ptérostigma un peu irrégulier, presque triangulaire, comprenant deux séries d'aréoles, de trois à quatre millimètres de longueur ; portion de l'aile qui se trouve après, quelquefois un peu brunâtre aux supérieures.

Amérique méridionale ; collection de M. Serville. Je ne connais pas la femelle.

2. MECISTOGASTER MARCHALI, *mihi.*

Viridi - œneo subviolaceus ; thorace linea humerali virgulaque antica flavis ; appendicibus superioribus in medio inferne curvis et ante nec angustatis, ad apicem forcipatis, apice truncato mucronato, segmento ultimo supra postice producto bilobo ; pterostigmate dilatato nigro ♂.

Ressemblant beaucoup au *Linearis*, mais plus grêle et plus long. D'un vert bronzé un peu violâtre, surtout vers l'extrémité de l'abdomen. Thorax ayant la bande humérale beaucoup plus étroite, non divisée, mais raccourcie, avec un petit linéament placé en avant d'elle ; ligne latérale couleur du fond, allant jusqu'à la base des pattes. Abdomen plus long et plus grêle, bien notablement plus long que l'envergure des ailes (près de treize centim. et demi) un peu dilaté à l'extrémité, ayant deux grandes taches sur les deux pénultièmes segments, et près des deux tiers postérieurs du dernier en dessus, jaunâtres ; celui-ci moins tronqué inférieurement, beaucoup plus élevé en dessus postérieurement où le bord est prolongé et bilobé ; appendices très-différents, noirs, ayant une tache roussâtre extérieurement, plus larges, non rétrécis avant leur courbure, seulement courbés obliquement et non presque à angle droit ; angle du milieu du bord supérieur beaucoup moins sensible, peu saillant ; excavation qui se trouve en dedans de la base de cet angle beaucoup plus étendue ; extrémité presque semblable, ayant l'angle antérieur nul, le postérieur très-saillant ; saillie interne de la base insensible. Pattes à peu près semblables. Ailes transparentes un peu moins raccourcies à l'extrémité (ayant douze et deux tiers de centim. d'envergure) ; ptérostigma noir, un peu roux aux supérieures où il est dilaté et occupe deux rangées d'aréoles, ayant un peu plus de deux millim. de long et deux de large, et six millim. de long aux inférieures où il est aussi dilaté : bord costal avant le sommet, moins saillant, mais dans une étendue plus longue ; bout de l'aile antérieurement transparent ou un peu brunâtre.

Patrie inconnue ; collection de M. Marchal.

3. MECISTOGASTER FILUM , *mihi*.

Viridi-æneo-cærulescens ; thorace linea humerali interrupta fla-
va ; alis anticis pterostigmate transverso, obscure rufo, posticis ad
apicem antice sinuatis, pterostigmate longo, nigro in femina nec
dilatato.

De la même taille ou un peu plus grand que le précédent et lui ressemblant beaucoup, ayant la même couleur. Bord postérieur du prothorax un peu saillant et réfléchi sur les côtes qui sont jaunes ; bande
humérale du thorax plus étroite, non divisée obliquement, mais interrompue ; ligne noire des côtés plus longue et venant jusqu'à la base des
pattes ; celles-ci à peu près semblables, ayant les cuisses entièrement
noires. Abdomen de la même couleur (l'extrémité manque). Ailes inférieures ayant la saillie de l'extrémité plus longue ; ptérostigma des supérieures un peu plus large qu'il n'est long (n'ayant guère que deux millim.) d'un roux un peu obscur; celui des postérieures beaucoup plus grand
(six millim. de long) noir. Un individu que je crois être la femelle en diffère, en ce que le ptérostigma des ailes supérieures ne s'avance pas jusqu'à
la troisième nervure et est plus foncé, et en ce que le bout de l'aile est un
peu brunâtre, et que le ptérostigma des inférieures est comme dans les Libellulides ; valves génitales denticulées. Peut-être est-ce une espèce distincte.

Collection de M. Serville et indiqués de l'Amérique méridionale, le
second de Surinam.

4. MECISTOGASTER VIRGATUS, *mihi*.

Viridi cæruleus; alis apice oblique flavidis, pterostigmate pallide
flavo, dilatato, subtriangulari, margine externo ad apicem posticis
dilatato.

De la taille du *Linearis*, d'un vert bleu foncé (presque entièrement
détruit). Ailes transparentes, ayant le ptérostigma à peu près semblable, presque triangulaire, atteignant la troisième nervure, où est le sommet du triangle; les deux rangs d'aréoles, qui viennent après, jaunâtres,
avec leur réseau jaune ; bord costal des postérieures, vers le sommet, très-
saillant, celui des supérieures légèrement.

Collection de M. Serville et indiqué du Brésil.

5. MECISTOGASTER PEDICELLATUS, *mihi*.

Viridi-cæruleo-subviolaceus ; thorace lineola humerali flava ; alis
hyalinis, anticis pterostigmate nullo, apice oblique albis, opacis ,
posticis pterostigmate non dilatato, cinereo.

Plus petit que les précédents; ayant à peu près, la même coloration.

D'un vert bleu sur le thorax, d'un bleu violâtre sur l'abdomen; bord postérieur du prothorax légèrement et largement échancré, avec les côtés jaunes;
thorax ayant une ligne humérale jaune, interrompue antérieurement;
bande noirâtre des côtes allant jusqu'à la base des pattes. Abdomen (en
grande partie détruit) d'un bleu violâtre en dessus. Pattes comme dans
les précédents. Ailes transparentes, les premières n'ayant pas de ptérostigma circonscrit, mais ayant le bout, et d'une manière oblique, d'un
blanchâtre mat; secondes ayant un ptérostigma comme chez les *Libellula*
(trois millim. de long), cendré; mâle semblable, ayant aux ailes postérieures l'extrémité du bord costal saillant un peu avant le sommet,
cette saillie qui est médiocre est plus allongée et bien moins sensible
que chez le *Virgatus* (abdomen manquant en grande partie).

Collection de M. Serville et du Musée. (Décrit d'après trois individus
parfaitement semblables.) Patrie inconnue. ·

6. MECISTOGASTER FILIFORMIS, *mihi.*

*Obscure viridi œneus; alis subfuligineis, pterostigmate fusco-
rufescenti vel nigricante nec dilatato, alis post stigma albido-ru-
fescentibus* ♀.

Burm., *Handb. der Ent.*, II, p. 818, n° 1. *Agrion Lucretia?*
Ejusd., p. 818, n° 2. *A Amalia?* Var. ♀.

De la taille du *Linearis*, mais moins long; ayant tout à fait les mêmes
couleurs; valves génitales dentelées à l'extrémité du bord inférieur. Ailes
très-légèrement fuligineuses, un peu plus à l'extrémité; ptérostigma
comme dans les Libellulides, d'un brun roux, noirâtre aux inférieures,
ayant au moins trois millim. de longueur, n'occupant qu'une rangée
d'aréoles, partie de l'aile qui vient après, et la continuation de celle qui lui
est postérieure, d'un blanchâtre un peu fuligineux, celle du dessous un
peu blanchâtre. J'ai un second individu femelle sous les yeux, qui est un
peu plus grand et qui n'en diffère que parce que les ailes sont un peu plus
larges, non fuligineuses, que le ptérostigma est d'un blanc jaunâtre, un
peu obscurci au côté interne sur les inférieures, et que les deux faces
entre les nervures qui suivent, sont blanchâtres; l'on voit en outre de
chaque côté sur les deux derniers segments de l'abdomen une petite
tache jaune qui peut-être se trouve effacée chez l'autre individu.

Je ne puis décider s'ils forment deux espèces. J'ai vu un troisième individu, appartenant à M. Guérin, chez lequel le ptérostigma se confond
avec la partie blanche du bout de l'aile, mais dont le bord interne est
noirâtre.

Du Brésil; collection de MM. Serville et Marchal.

7. MECISTOGASTER LUCRETIA, *Drury.*

Viridi-cœruleus; thorace linea humerali flava interrupta; alis obscuris, anticis apice oblique flavis, posticis pterostigmate fusco longo, margine antico ad apicem dilatato. (D'après la figure de Drury.)

Drury, II, pl. 48, fig. 1.

Indiqué par Drury du Cap? Il paraît se rapprocher du *Filiformis.*

8. MECISTOGASTER LEUCOSTIGMA, *mihi.*

Fusco-violaceus; thorace linea humerali, abdomine fascia laterali flavis; alis apice flavidis ♀.

Ressemblant beaucoup au *Virgatus*, dont il n'est peut-être que la femelle; d'un bleu violet obscur. Thorax ayant une ligne humérale très-finement interrompue par une ligne oblique; poitrine et une grande partie des côtés jaunes; ceux-ci ayant une ligne brune qui ne va pas jusqu'à la base des pattes. Abdomen un peu plus d'un cinquième moins long que l'envergure des ailes, d'un bleu violâtre obscur, ayant sur les côtés une bande jaunâtre assez large; valves génitales ayant des dentelures assez prononcées postérieurement; bord postérieur du dernier segment finement échancré et fendu. Pattes noirâtres, avec la face externe des tibias jaunâtre. Ailes transparentes, avec une légère teinte jaunâtre à peine sensible; les quatre ayant les deux premières rangées d'aréoles de l'extrémité, et un peu le réseau au-dessous, d'un blanc jaunâtre opaque, quelquefois la teinte s'avance sur la troisième rangée; la rangée où se trouve le ptérostigma commençant avant, celui-ci ne se distinguant pas bien de la teinte blanchâtre.

Du Brésil; collection de MM. Marchal et Serville.

9. MECISTOGASTER SIGNATUS, *mihi.*

Obscure viridi-cœruleus; thorace linea humerali flava; alis apice oblique albis, pterostigmate vix conspicuo, posticis intus nigro signato ♀.

Ressemblant au *Filiformis*, mais plus petit; d'un vert bleu très-obscur. Prothorax ayant le bord postérieur légèrement échancré, avec une tache jaune de chaque côté; thorax ayant antérieurement une ligne jaune humérale, interrompue par une ligne très-fine oblique; poitrine et les deux tiers inférieurs des côtés jaunes, avec une ligne d'un brun bleuâtre, qui s'avance jusqu'à la base des pattes. Abdomen filiforme, renflé à l'extrémité et un peu à l'articulation des segments, près

d'un quart plus court que l'envergure des ailes ; dernier segment ayant
une échancrure étroite en forme de fente en dessus; styles à peu près
de la même longueur, divergents ; valves génitales denticulées vers l'extrémité. Pattes noires avec les tibias jaunes extérieurement. Ailes transparentes, ayant le bout des quatre, et un peu obliquement, opaque et
blanchâtre ; ptérostigma assez court, se distinguant à peine de la teinte
blanchâtre, un peu roussâtre, ayant aux inférieures le bord interne
noirâtre.

Colombie ; de la collection de M. Marchal.

10. MECISTOGASTER FILIGERUS, *mihi.*

*Viridi-œneus ; thorace lineis duabus utrinque humeralibus flavis;
appendicibus superioribus forcipatis, supra in medio angulatis
postice truncatis, acuminatis ; alis hyalinis, apice flavidis, pterostigmate flavo, longo ♂.*

Un peu plus petit et plus grêle que le *Linearis*, mais lui ressemblant
pour les couleurs. Bande humérale du thorax divisée par un espace plus
large et plus oblique, de sorte qu'elle forme deux lignes jaunes partant
du côté opposé et n'atteignant pas les deux extrémités du thorax. Abdomen beaucoup plus grêle, presque tout à fait filiforme, de la même couleur, mais non violâtre; les quatre derniers segments ayant de chaque
côté postérieurement une tache jaune, le dernier largement échancré avec
les côtés un peu prolongés et évasés, ce qui le fait paraître un peu bilobé ; appendices supérieurs assez grands, courbés en forme de pince,
comprimés, dilatés dans leur milieu, où ils ont sur le bord supérieur un
angle obtus, à partir duquel ils sont tronqués de manière à devenir pointus aux dépens de l'extrémité du bord supérieur, finement hérissés, noirâtres, un peu roussâtres antérieurement dans leur moitié inférieure.
Pattes à peu près comme chez le *Linearis*. Ailes transparentes, ptérostigma jaune, s'avançant jusqu'à la troisième nervure où il est beaucoup plus étroit qu'antérieurement, ayant près de six millim. ; bout
de l'aile légèrement lavé de jaune roussâtre, et ayant le réseau jaune.

Je ne connais que le mâle. Collection de M. Serville ; et indiqué de
Surinam.

11. MECISTOGASTER FLAVISTIGMA, *mihi.*

*Obscure viridi-œneus, subtus flavus ; thorace lineis duabus hu-
meralibus, abbreviatis coadunatis, lateribus linea fusca subinterrupta ; alis hyalinis sordidis, apice albido-flavidis, pterostigmatibus flavis ♀.*

Ressemblant au *Filigerus*, mais le ptérostigma n'étant pas dilaté et les ailes étant un peu plus larges et plus grandes ; d'un vert obscur en dessus, jaune en dessous. Thorax ayant les deux tiers inférieurs des côtés jaunes avec une ligne noirâtre presque interrompue , allant jusqu'à la base des pattes, et en avant, de chaque côté, deux lignes jaunes très-rapprochées, partant du côté opposé et n'atteignant pas l'extrémité (abdomen réduit à trois segments). Pattes noires ayant la face externe des tibias jaune. Ailes transparentes étant un peu salies de roussâtre , ayant obliquement le bout d'un blanc jaunâtre opaque ; ptérostigma assez long , d'un jaune opaque un peu roussâtre, non dilaté.

Collection du Musée.

12. MECISTOGASTER ORNATUS, *mihi.*

Obscure viridi-æneus ; thorace fascia humerali flava , alis macula apicis flava, intus fusco-marginata.

Plus petit que le *Linearis* ; d'un vert bronzé obscur. Bord postérieur du prothorax arrondi, nullement élevé ; thorax ayant une bande humérale assez large et continue , la poitrine et les deux tiers inférieurs des côtés, jaunes ; ceux-ci n'ayant pas de ligne brune, mais un petit trait sous les ailes inférieures. Abdomen ayant les côtés et le dessous jaunes. Pattes ayant les cuisses brunes , jaunes à la base, avec la face externe des tibias de la même couleur. Ailes transparentes, très-légèrement lavées de jaune fuligineux , plus foncé sur la marge antérieure et vers l'extrémité ; celle-ci ayant une tache terminale oblique et sinuée en dedans d'un jaune roussâtre , blanchâtre à son extrémité postérieure , bordée intérieurement d'une ligne sinueuse brune qui ne va pas jusqu'à l'extrémité postérieure ; cette tache , dont le ptérostigma n'est pas distinct , sépare de suite cette espèce de ses congénères.

D'après un individu mutilé , de la collection du Musée.

Genre MICROSTIGMA , *mihi.*

Mêmes caractères que le genre *Megaloprepus* , mais ayant un ptérostigma presque nul et le sommet des ailes un peu blanchâtre , comme dans le genre *Mecistogaster*, leur marge postérieure ayant après la huitième nervure un grand nombre d'aréoles ; portion humérale de l'aile n'étant guère que la cinquième partie de sa longueur.

J'ai formé ce genre d'après deux individus en très-mauvais état, et dont la plus grande partie de l'abdomen manque ; ils se rapprochent beaucoup du genre *Mecistogaster*, mais ils s'en

distinguent par le nombre des aréoles de la marge postérieure
desailes, dont il n'y a qu'une seule rangée chez les *Mecistogaster*, ce qui les rapproche beaucoup du genre *Megaloprepus*.

1. MICROSTIGMA ANOMALUM, *mihi*.

*Obscure viridi-æneum; thorace linea humerali abbreviata flava,
lateribus linea nigra; alis hyalinis, apice reticulatissimis nervis
rufis, pterostigmate nullo vel subnullo ♂.*

Un peu plus de douze centim. d'envergure. D'un vert bronzé obscur.
Thorax ayant antérieurement une ligne humérale qui s'arrête avant
l'extrémité antérieure; poitrine et les deux tiers inférieurs des côtés
jaunes, ceux-ci traversés par une ligne noire qui s'étend jusqu'à la base
des pattes. Abdomen (mutilé) ayant les côtés et le dessous jaunes;
en grande partie roux en dessus, à l'exception des extrémités (couleur qui paraît altérée). Pattes noirâtres, ayant la face externe des
tibias jaune. Ailes transparentes, avec les nervures et nervules rougeâtres, portant çà et là de petits globules très-fins (peut-être accidentels); très-finement réticulées à leur sommet antérieurement qui est blanchâtre sale ou un peu roussâtre; ptérostigma des supérieures insensible,
très-étroit aux inférieures (à peine un millim.); marge postérieure après la
huitième nervure, large, réticulée, recevant des ramuscules de cette dernière.

Collection du Musée.

2. MICROSTIGMA PROXIMUM, *mihi*.

*Obscure viridi-æneum; thorace linea humerali abbreviata flava,
lateribus linea nigra; alis hyalinis, nervis fuscis, apice albidis, vix
reticulatioribus, pterostigmate anticis nullo, posticis minimo ♀.*

Ressemblant presque complétement à la précédente, couleurs beaucoup
plus foncées. Ailes ayant les nervures et nervules noires, ne portant
point de globules, avec l'extrémité moins large et moins arrondie, un
peu blanchâtre dans une petite étendue, qui n'est pas réticulée d'une manière beaucoup plus serrée; ptérostigma semblable.

Indiqué de Cayenne. D'après un individu mutilé appartenant au
Musée; peut-être n'est-il que la femelle de la précédente.

Genre MEGALOPREPUS, *mihi.*

Yeux très - éloignés l'un de l'autre, comme pédecillés ; lèvre inférieure triangulaire, divisée jusqu'au milieu, divisions étroites distantes l'une de l'autre, terminées en pointe ; palpes labiaux assez étroits, plus courts que la lèvre ; extrémité prolongée à leur angle interne en une forte épine ; troisième article petit, cylindrique, au moins deux fois plus court que le précédent. Pattes petites, ayant des épines courtes ; division des onglets formant à peine une petite saillie. Ailes larges, arrondies à l'extrémité, n'ayant jusqu'au delà du milieu que des nervures longitudinales, la dernière envoyant sur la marge postérieure qui est très-large beaucoup de rameaux, qui, eux-mêmes, se ramifient ; partie humérale n'étant guère que la sixième partie de la longueur totale de l'aile ; premier espace costal n'ayant que deux nervules ; un ptérostigma ; second article des antennes n'étant pas deux fois aussi long que le précédent.

MEGALOPREPUS CÆRULATUS, *Drury.*

Maximus, obscure cœruleo-violaceus ; alis maximis, latis, hyalinis ante apicem fascia obliqua maxima externe sinuata, fusco-violacea, pterostigmatibus latis nigris.

Drur., III, p. 75, pl. 50, f. 1.

Seize centim. et demi d'envergure et près de onze de longueur ; ailes ayant un peu plus de deux centim. de largeur. Magnifique insecte plus grand qu'aucun espèce d'*Æschna* ou *de Mecistogaster*, paraissant se rapprocher de ce dernier genre, mais s'en éloignant par la largeur de ses ailes, qui ont un grand nombre d'aréoles pentagones, et par la dernière nervure longitudinale qui jette sur le bord postérieur de nombreux rameaux. D'un bleu violet très-obscur ou noirâtre. Tête jaune en dessous. Prothorax ayant le bord postérieur peu élevé, légèrement échancré au milieu, avec une petite tache de chaque côté qui correspond avec une autre petite du métathorax, et une médiane jaunes ; thorax ayant antérieurement une ligne jaune qui ne va pas jusqu'en bas, un petit trait peu sensible près du prothorax jaunes ; poitrine jaune ainsi que les côtés du métathorax qui ont une ligne noirâtre. Abdomen grêle, un peu plus épais aux extrémités, un peu renflé aux incisions, jaune sur les côtés et en dessous des deux premiers segments ; les autres ayant une ligne de la même couleur sur la partie inférieure des côtés, peu visible postérieurement; appendices supérieurs noirs, presque coniques, courts, ayant une petite saillie antérieurement à la base; les inférieurs un peu plus larges, terminés en une pointe obtuse, dirigée au devant des supérieurs (ils sont en mauvais état.) Ailes très-grandes et très larges, à peine rétrécies à l'extrémité où elles sont arrondies, très-luisantes, transparentes, ayant un peu avant le ptérostigma une très-large bande d'un brun violet, un peu sinuée et oblique à son bord interne, très-sinuée au côté externe où elle forme un angle saillant obtus; nervures toutes longitudinales, la dernière envoyant sur la marge postérieure, qui est très-large, un grand nombre de rameaux eux-mêmes rameux; ptérostigma large, court, sinué sur ses côtés externes et internes qui correspondent à deux petites rangées d'aréoles.

De la Colombie; communiqué par M. Marchal; indiqué de la baie de Honduras par Drury.

DEUXIÈME TRIBU DES SUBULICORNES.

AGNATHES (Agnatha), *Cuvier*.

Leur bouche est imparfaite ; ils composent une seule famille.

ÉPHÉMÉRIDES.

Insectes moux et dont les formes disparaissent en partie après la mort. Antennes presque comme chez les Libellulides, mais qui ne paraissent composées que de trois articles. Parties de la bouche peu distinctes ; cependant on découvre des palpes chez l'*E. Longicauda* ; yeux ordinairement gros, variant beaucoup pour la forme et la grandeur, selon les sexes et les espèces, quelquefois divisés. Divisions du thorax, surtout la première et la dernière, variant pour la grandeur et la forme. Abdomen, de médiocre longueur, se composant de dix segments, le dernier toujours muni d'appendices sétiformes souvent très-longs et composés de beaucoup d'articles ; il y a en outre chez les mâles, deux ou quatre appendices génitaux, dont les inférieurs assez grands et en forme de pince. Pattes variables en longueur, pour la forme et pour le nombre des articles des tarses qui est de quatre à cinq, sans ergots ni épines sensibles, avec des onglets larges, ayant à l'extrémité un petit crochet. Ailes très-inégales, et dont les inférieures toujours très-petites disparaissent quelquefois ; munies de nervures longitudinales et de nervules transverses plus ou moins nombreuses. L'insecte parfait sorti de sa nymphe, et après avoir volé, se dépouille de nouveau d'une dernière pellicule.

Larves aquatiques et ressemblant un peu à celles des Libellulides, ayant trois appendices postérieurs assez larges, et sur les côtés du ventre des appendices branchiaux ; elles sortent de l'eau et vont s'accrocher à quelque tige pour le développement de l'insecte parfait.

Cette famille, qui paraît assez nombreuse, est composée

d'insectes si fragiles et si grêles , que la dessiccation leur fait
même perdre une partie de leurs formes, ce qui a été cause
qu'ils ont été négligés par la plupart des naturalistes ; aussi
est-il impossible de trouver des matériaux suffisants pour
donner une idée des insectes qui composent cette famille ,
qu'il faudrait du reste étudier à l'état vivant; d'après cela ,
tout en m'aidant des travaux qui ont été faits à ce sujet, je
me bornerai à faire connaître un très-petit nombre d'espèces,
dans la crainte de donner des descriptions imparfaites et
inexactes. Si je n'ai point admis deux des genres de M. Burmeister, ce n'est pas qu'ils me parussent mauvais , mais je
n'ai pu nettement circonscrire les espèces qu'ils renferment ;
du reste, cette famille me paraît être une de celles où il
sera nécessaire de faire beaucoup de genres ou très-peu ;
car les êtres qui la composent semblent se trouver dans un
état d'imperfection tel , que les variations de formes paraissent à peine limitées, et offrent des différences étranges
dans des espèces qui se ressemblent beaucoup.

Genre EPHEMERA , *Linné.*

Baetis , *Leach , Burmeister* ; Palingenia, *Burmeister.*

Deux ou trois ocelles ; yeux grands , surtout chez les mâles ,
quelquefois contigus, n'étant jamais divisés. Ailes ayant un grand
nombre de nervules transverses. Tarses de quatre ou cinq articles. Abdomen muni de deux ou trois filets articulés, souvent
très-longs.

* 1. EPHEMERA VULGATA , *Linné.*

Linn., *Sist.. Nat.* II, p. 906, n° 1.— Ejusd., *Faun. Suec.*, n° 14 72.
—Fabr., *Ent. Syst.*, II, p. 68, n° 1.—Geer., *Mem.*, II , p. 7, tab. 16.
—Burm., *Handb. der Ent.* II, p. 804, n° 1.

Trois et demi à quatre centim. d'envergure , et près de deux de long ;
noirâtre. Abdomen d'une jaune roussâtre, avec des lignes longitudinales et
le bord des segments noirs ; filets d'un roux obscur ou bruns, un peu
velus ; appendices opposés, cylindriques , un peu courbés et un peu
atténués , composés de trois articles, dont les deux derniers et surtout

le dernier très-court, près de deux fois aussi long que le corps.
Pattes antérieures plus longues que les autres, surtout le tarse qui est
composé de quatre articles, allant progressivement en décroissant de
longueur jusqu'au dernier, de la longueur de la moitié du corps à peu
près ; premier article ayant à sa base un petit article supplémentaire
qui ne paraît pas un véritable article, et qui existe aussi entre le tibia
et la cuisse, d'un brun un peu roussâtre. Ailes d'un brun pâle, un peu
roussâtre, un peu transparentes, bordées postérieurement de brunâtre
plus foncé, ayant le réseau très-marqué, plus ou moins bordé de brunâtre, avec trois ou quatre taches placées vers le milieu, dont trois
transverses et une autre avant la base, brunes, quelquefois peu sensibles,
surtout chez la femelle, qui est un peu plus grande et plus pâle.

Très-commune le long des rivières pendant la belle saison.

* 2. EPHEMERA LUTEA, *Linné.*

Linn., *Syst. Nat.*, II, p. 609, n° 2. — Fabr., *Ent. Syst.*, II, p. 68,
n° 2. — Burm., *Handb. der Ent.*, II, p. 804, n° 2.

Ressemblant beaucoup à la précédente, mais très-différent par la forme
des pattes du mâle. Thorax noir en dessus. Abdomen jaune, ayant des
lignes noires ; filets plus de deux fois longs comme le corps, roux mêlés
de brun, ou bruns, légèrement pubescents ; appendices anals du mâle, en
forme de pince, ayant les deux derniers articles grêles et beaucoup
plus minces que l'extrémité du précédent. Pattes d'un brun jaunâtre ou
jaunes ; les antérieures chez le mâle, beaucoup plus grandes que chez la
Vulgata, au moins aussi longues que le corps entier, très-grêles, plus
courtes au contraire chez la femelle que dans la précédente. Ailes plus
claires à peu près tachées de même, un peu plus foncées à leur bord
costal, très-pâles chez la femelle et souvent sans taches ; corps presque
entièrement jaune.

Au moins aussi commune que la précédente et dans les mêmes lieux.

* 3. EPHEMERA HISPANICA, *mihi.*

Ressemblant à la *Vulgata*, mais un peu plus petite. Thorax noir.
Abdomen jaune taché de noir ; filets très-longs, roussâtres annelés de brun ;
appendices anals, très-atténués à l'extrémité, dont les deux derniers
articles sont plus minces et plus longs que chez la *Vulgata*, mais non
subitement rétrécis à la naissance du pénultième comme chez la *Lutea*.
Pattes noirâtres un peu plus courtes que chez cette dernière. Ailes un peu
roussâtres, presque transparentes, ayant presque toutes les nervules
bordées de brun, avec lesquelles les taches du milieu deviennent confluentes.

Découverte dans les environs de Madrid par M. Graells, qui m'a envoyé trois mâles complétement semblables.

4. EPHEMERA LIMBATA, *Guérin* (pl. 8, fig. 2).

Guér. *Icon. du Règn. anim.*, Névr., pl. 60, fig. 7.

Un peu plus grande que la *Lutea*. Thorax roux, avec une tache noire sur le prothorax de chaque côté. Abdomen jaune varié de brun ; filets p de trois fois aussi longs que le corps, bruns, annelés très-finement de jaunâtre ; appendices anals grêles. Pattes jaunes, les antérieures ayant le tibia noir, assez longues, moins longues que le corps. Ailes transparentes non tachées, ayant le bord antérieur des premières presque transparent dans sa moitié interne, et le bord externe des secondes brun.

Collection de M. Serville, où elle est indiquée de l'Amérique septentrionale.

* 5. EPHEMERA LONGICAUDA, *Swammerdam*.

Swammerd., *Bibl. Nat.*, s. 100, tab. 13-15. — Burm., *Handb. der Ent.*, II, p. 803, n° 2. — Illig., *Magaz.*, 1, p. 187, n° 17. — Latr., *Gener. Crust. et Ins.*, III, p. 184. — *Eph. Swammerdamiana* et *Regn. an.* de Cuvier, V, p. 244.—Schæff., *Icon. Ins. Ratisb.*, tab. 204, fig. 3.

Cinq centimètres d'envergure et deux et demi de long ; d'un jaune roussâtre. Yeux grands, noirs. Prothorax jaune. Abdomen d'un brun roux en dessus ; filets comprimés, épais (près de cinq centim. de long), légèrement velus ; appendices anals au nombre de quatre ; les ordinaires longs, grêles, pointus, courbés, opposés, se croisant ; entre ceux-ci on en voit deux autres droits, épais, obtus, plus de moitié plus courts. Pattes jaunes. Ailes petites en proportion de l'insecte, d'un brun roussâtre, ayant les nervures très-saillantes et formant entre elles de profonds sillons, surtout vers la base, qui les rendent plissées. Je n'ai pas vu la femelle.

Habite l'Europe. Collection de M. Serville.

* 6. EPHEMERA ANGUSTIPENNIS, *mihi*.

Je ne connais que la femelle. De la taille de la *Diptera*. Tête avec les yeux, plus large que le thorax ; yeux très-saillants extérieurement, très-éloignés l'un de l'autre ; les stemmates presque sur la même ligne. Thorax d'un roux un peu obscur. Abdomen d'un gris roussâtre, pâle, ayant deux filets assez épais. Pattes d'un roussâtre obscur, avec les tarses de cinq articles. Ailes grisâtres, les supérieures étroites à la base, variées par les nervules qui sont un peu bordées de brunâtre.

Habite les environs de Madrid, et m'a été envoyée par M. Graells.

* 7. EPHEMERA FLAVICANS , *mihi.*

Un peu plus grande que la *Diptera*, jaune. Abdomen d'un roux obscur
en dessus, plus foncé sur le bord des segments; filets au nombre de trois,
deux fois longs comme le corps , roux , annelés de brun ; appendices
anals en forme de corne, grêles , longs, opposés, se touchant à l'extrémité, en formant un ovale par leur réunion. Pattes jaunes, les antérieures
longues, à peu près aussi longuès que le corps, roussâtres, annelées de
roux à l'extrémité de la cuisse, de brun aux autres articulations. Ailes
larges, transparentes, très-légèrement jaunâtres, un peu plus foncées à la
marge antérieure ; nervures jaunes, nervules transverses brunâtres ; la
femelle plus pâle.

Je l'ai prise à la fin d'août dans les environs de Paris.

* 8. EPHEMERA RUFA , *mihi.*

De la taille des précédentes, rousse. Yeux très-saillants extérieurement.
Corps épais, assez court, d'un roux un peu obscur en dessus; filets au
nombre de trois, noirâtres. Pattes d'un roux un peu obscur ; les antérieures brunâtres, assez grandes, sensiblement plus courtes que le corps,
à cinq articles aux tarses. Ailes peu larges, longues, transparentes , ayant
la base et la marge antérieure jaunâtres, le réseau brunâtre médiocrement marqué , et les nervures jaunes vers la base.

Elle se trouve dans les environs de Tarbes.

* 9. EPHEMERA CHLOROTICA , *mihi.*

De la taille des précédentes et ressemblant à la *Flavicans.* Jaune ; ayant
une bande d'un roux obscur sur la partie dorsale du ventre, rousse sur
le prothorax ; filets au nombre de trois , ayant à peu près une fois et
demie la longueur du corps, obscurs, annelés de noirâtre, légèrement
velus. Pattes jaunes, les antérieures un peu rousses , beaucoup moins
longues que le corps, n'ayant que quatre articles aux tarses qui sont un
peu annelés de brunâtre ; appendices anals assez épais, médiocrement atténués et amincis à l'extrémité. Ailes très-légèrement jaunâtres, un peu
plus à la base et au bord antérieur, ayant le réseau jaunâtre et la membrane un peu opaque.

Elle se trouve aux environs de Paris.

* 10. EPHEMERA ALBIPENNIS , *Latreille.*

Latr., *Regn. anv.* de Cuv., V, p. 242. — Müll., *Zool. Dan. Prodr.*,
p. 244? *Eph. Plumosa.*— Burm., *Handb. der Ent.* , II , p. 802, n° 1.
Palingenia horaria.

Un peu plus petite que la *Vulgata*; mais ayant les ailes proportion-

nément plus larges ; jaune. Prothorax vésiculeux d'un blanc jaunâtre ;
métathorax un peu roussâtre en dessus ; appendices anaux très-longs,
épais à leur base, puis presque subitement filiformes ; filets au nombre de
trois, le moyen rudimentaire chez le mâle, velus chez la femelle, et
ressemblant à des filaments de duvet, à peu près trois fois longs comme le
corps, blancs. Pattes postérieures ressemblant presque à des filaments,
surtout les intermédiaires, les antérieures, brunâtres dans une partie de
leur longueur, plus longues que le corps chez le mâle, n'ayant que le
tiers de cette longueur chez la femelle. Ailes larges, surtout chez les femelles qui sont plus grandes que les mâles, blanches et opaques ; leurs
nervures un peu plus obscures, surtout les trois antérieures.

Cette espèce se trouve à Paris à la fin de juillet et au commencement
d'août, et ne se montre que pendant peu de temps ; lorsque les circonstances sont favorables à son éclosion, elle apparaît en si grande quantité
qu'on la voit entrer par troupes nombreuses dans les maisons éclairées,
où, au bout de quelques instants d'un vol rapide, elles tombent mourantes. Il se trouve parmi ces dernières au moins autant de femelles que de
mâles. Latreille prétend qu'elle voltige quelquefois en troupes assez
nombreuses, pour que les mourantes semblent simuler la neige tom-
bant en flocons nombreux.

GENRE CLOE, *Leach.*

BRACHYCERCUS, *Curtis;* ONYCYPHA, *Burmeister.*

Yeux des mâles presque toujours divisés, ou présentant deux
parties bien distinctes dont l'interne plus grande, lenticulaire.
Ailes n'ayant que très-peu de nervules transverses, les postérieures souvent nulles ou très-petites.

* 1. CLOE OBSCURA, *mihi.*

Burm., *Handb. der Ent.*, II, p. 797, n° 3. *O. Discolor ?*

A peu près quinze millim. d'envergure, brunâtre ; les côtés de la
poitrine et le dessus jaunâtres ; filets au nombre de deux, de six à huit
milim. de longueur ; appendices du mâle non opposés ni divariqués,
parallèles, courbés, ayant une petite saillie en dessus à l'extrémité. Pattes
jaunâtres. Ailes longues, étroites, légèrement ciliées, d'un brun roussâtre
pâle, plus foncé au bord costal, ayant quelques nervules dont une rangée courbe traversant la plus grande partie de l'aile.

Commune l'été au bord des eaux. Elle se rapporte assez bien au *Discolor* de M Burmeister, mais les filaments ne sont pas sensiblement
velus.

* 2. CLOE SUBINFUSCATA, *mihi*.

Tout à fait semblable à la précédente, mais beaucoup plus grande.
Ailes ayant les nervures plus épaisses, l'extrémité de l'espace costal plus
large, et la deuxième nervure, après le milieu, beaucoup plus sinuée, ce
qui rend l'espace suivant plus large dans cette partie. Je n'ai vu que la
femelle.

Habite la Provence.

* 3. CLOE BRUNNEA, *mihi*.

Plus grande que l'*Obscura*; corps d'un rougeâtre un peu obscur.
Pattes plus pâles; appendices du mâle courts, un peu divergents non opposés, leur extrémité un peu pointue, courte. Pattes plus pâles. Ailes brunâtres, ciliées; seconde nervure assez fortement sinuée après le milieu.

Je l'ai prise dans le midi de l'Espagne.

* 4. CLOE AFFINIS, *mihi*.

Quatorze millim. d'envergure (mâle). Thorax et extrémité de l'abdomen d'un brun roux; yeux noirs, la portion lenticulaire interne rouge;
milieu du ventre transparent; filaments le double plus longs que les ailes
au moins, incolores, ayant les articulations brunâtres et des anneaux
noirâtres qui s'écartent d'autant plus les uns des autres, qu'ils se rapprochent de l'extrémité; appendices croisés, cylindriques, longs, légèrement courbés, obtus, tronqués et un peu épaissis à l'extrémité, ne paraissant pas composés d'articles. Pattes un peu jaunâtres; les antérieures plus
longues, ayant le tarse aussi long que le tibia. Ailes transparentes, brillantes, ayant la série de nervules qui traverse l'aile, interrompue, de sorte
qu'il existe plusieurs rameaux dont la base est libre; nervules de l'extrémité
costale très peu nombreuses. Femelle roussâtre, ayant la bordure costale
des ailes légèrement roussâtre, avec des marques transparentes; filets plus
courts, annelés d'une manière plus serrée.

Je ne suis pas sûr que cette femelle appartienne bien au mâle que j'ai
décrit. Je doute aussi que la *Diptera* de Linné puisse s'y rapporter.

* 5. CLOE PUMILA, *Burmeister*.

Burm., *Handb. der Ent.*, p. 799, n° 4.

Tout à fait semblable à l'*Affinis*. Mâle ayant le thorax noirâtre. Ailes
bordées antérieurement par une teinte très-légère, roussâtre, qui ne
touche pas à la côte; mâle ayant un peu moins de nervules transverses,
surtout vers l'extrémité de l'espace costal; filets annelés de rougeâtre,
d'une manière plus serrée. Abdomen rougeâtre; appendices terminés

par une espèce de petit crochet partant d'une base plus large. Femelle ayant le corps roux, et la bordure des ailes un peu plus marquée.

* 6. CLOE HALTERATA, *Fabricius.*

Burm. , *Handb. der Ent.*, II , p. 798, n° 3. — Fabr., *Ent. sys.*, II , p. 69 , n° 6.—Geer., *Mem.*, II, p. 27, tab. 17, fig. 18.

Ressemblant beaucoup aux précédentes ; corps jaune rougeâtre chez le mâle , avec la moitié interne de l'abdomen transparent. Ailes transparentes ; marge antérieure avant la côte, et des nervures à peine sensiblement roussâtres. Filets quelquefois légèrement annelés de brunâtre ; appendices opposés , en forme de tenailles ayant la base large ; corps des femelles jaune ; les deux sexes ayant de petits moignons d'ailes postérieures à peine visibles.

* 7. CLOE HORARIA , *Linné.*

Linn. *Syst. Nat.*, II, p. 907, n°, 9. — Ejusd., *Faun Suec.*, n° 1470. — Fab., *Ent. Syst.* , II, p. 71, no 13.

Ailes blanches, ayant le bord costal noirâtre ; deux filets à l'extrémité anale, celle-ci ne portent pas d'appendices. Pattes blanches ; les antérieures plus grandes , brunâtres. Entre les yeux , deux tubérosités plus grandes que les yeux , d'un brun pourpre ; abdomen cendré , ayant la marge des segments blanche. De la grandeur des petits individus de la mouche domestique (traduction du texte de Linné).

Je ne connais pas cette espèce, que Linné dit être très-commune en Suède.

PREMIÈRE SECTION.

TRIBU DES

CORRODANTS (Corrodentia), *Burmeister.*

Ils se divisent en deux familles : les Termitides et les Embides ; chez les premiers la lèvre est quadrifide, seulement bifide chez les seconds.

PREMIÈRE FAMILLE.

TERMITIDES.

Insectes vivant en société comme les fourmis, et qui paraissent se composer de trois ou quatre sortes d'individus : des ouvriers, beaucoup plus nombreux que les autres, munis à une certaine époque de rudiments d'ailes, et devant produire les individus ailés qu'on a pensés être des mâles ; de ceux qui ont été appelés soldats, et qui paraissent veiller à la défense commune : ils sont plus gros, armés de fortes et longues mandibules, et sont tout à fait aptères ; enfin des femelles acquérant des ailes, selon les uns, aptères selon les autres, et dont l'abdomen, quelquefois prodigieux, annonce une fécondité dont celle même des abeilles ne peut donner une idée (1).

J'ai restreint le nombre des espèces de cette famille,

---

(1) M. Guérin, qui doit publier un travail monographique sur cette famille, s'est formé une opinion différente de celle admise jusqu'à présent sur le sexe des Ouvriers et des Soldats. Ce zoologiste pense que tous les individus considérés comme des mâles, dont les Ouvriers paraissent être les larves, sont des femelles vierges, tandis que les Soldats sont les larves des mâles. Alors, de même que chez les Abeilles, les femelles ou les individus pouvant le devenir seraient les plus nombreux, et se trouveraient chargés des travaux de la société. Il est difficile de comprendre pourquoi ces femelles, qu'il faut plutôt appeler stériles que vierges,

surtout faute de matériaux, et à cause de la difficulté qu'offre leur détermination dans les auteurs, et presque toujours je n'ai pu décrire qu'un seul des individus composant la société ; les données qu'on a sur leurs mœurs et leurs habitudes sont encore si incomplètes, que celles même des espèces européennes ne sont pas bien connues ; les espèces exotiques paraissent extrêmement nombreuses, et il est à peu près impossible de les reconnaître dans les auteurs, leur spécialité ne pouvant bien être établie que par une minutieuse description, surtout du prothorax et des ailes. Cette famille présente les caractères suivants :

Tête arrondie, lisse, ayant souvent deux ocelles ; lèvre fendue jusqu'à la base en quatre divisions pointues ; palpes labiaux ayant les deux derniers articles assez longs et épais, le dernier un peu obtus ; mâchoires allongées, aiguës, dentées, élargies à la base en une portion membraneuse ; lobe extérieur plus court qu'elles, large, aplati, obtus ; palpes maxillaires médiocrement longs, les deux premiers articles très-courts, les deux derniers presque cylindriques, plus longs que le précédent ; mandibules épaisses, dentées ; labre arrondi à son bord inférieur ; yeux petits, assez fortement réticulés (1) ; antennes peu longues, non amincies à l'extrémité, formées d'articles médiocrement nombreux. Thorax transverse souvent en forme de bouclier, quelquefois semilunaire, les autres divisions thoraciques lisses, presque déprimées. Abdomen court,

---

(car il est impossible d'admettre qu'elles resteraient vierges faute de mâles, et qu'un hasard heureux eût seul été la cause de l'accouplement de leurs compagnes), ne se trouvent pas propres à la reproduction. Serait-ce comme chez les Abeilles, plus de soins et de nourriture qui détermineraient la fécondité de quelques-unes lors de leur premier âge ? Quant aux Soldats, s'ils devaient acquérir des ailes on en verrait les rudiments, et il n'y en a aucune trace : malheureusement les observations sur ces faits sont tout à fait incomplètes ; M. Guérin assure cependant avoir vu des ovaires remplis d'œufs dans l'abdomen de ces femelle.

(1) Les Soldats n'en offrent aucune trace, de sorte que ceux qui semblent chargés de la défense commune sont aveugles.

épais. Pattes courtes, ayant des ergots peu sensibles ; les tarses de quatre articles, dont les trois premiers très-courts, souvent peu distincts ; onglets assez grands, simples. Ailes allongées, médiocrement larges, d'une organisation singulière, rarement bien transparentes, mais presque toujours plus ou moins opaques ; s'articulant à la base sur une espèce de moignon qui reste lorsqu'elles tombent, ce qui arrive souvent ; ayant deux ou trois nervures principales et constantes, dont l'une forme le bord costal, et la seconde vient immédiatement après ; ensuite on voit un second ordre de nervures très-peu épaisses, souvent à peine distinctes de la membrane, ou à peu près nulles ; quelquefois aussi épaisses, ou plus que les précédentes, un peu disposées en éventail, et plus ou moins nombreuses, selon les espèces, quelquefois réticulées ou anastomosées, mais sans avoir de nervules transverses sensibles. Ces détails concernent les individus ailés que l'on croyait être des mâles, mais les Soldats ont une forme différente, ils sont aptères ; leur tête est plus grande et plus forte, et surtout leurs mandibules ; le dernier article des tarses est plus épais, et les onglets plus forts ; leur forme, du reste, varie selon les espèces.

On a écrit beaucoup sur les ravages de ces insectes, mais ces détails sont trop longs pour les consigner ici.

Genre TERMES, *Linné.*

Ce genre étant unique, il conserve les caractères de la famille.

A. — Espace costal traversé par des nervures obliques.

* 1. TERMES FLAVICOLLIS, *Fabricius* (1).

Fabr. *Ent. syst.*, II, p. 91, n° 6. — Burm. *Handb. der Ent.*, II, p. 764, n° 1. — Descrip. de l'Égypt., *Névropt.*, pl. 2, fig. 12.

Près de deux centimètres d'envergure ; d'un noir roux. Tête d'un roux

____

(1) Si Fabricius a voulu désigner le même insecte, au lieu de *Præcedentibus major*, il faut lire *minor* dans sa description

obscur, avec la bouche plus pâle ; antennes jaunâtres. Thorax transverse,
large, aussi large en avant qu'en arrière, ayant les angles et les côtés
arrondis, jaunes. Pattes jaunâtres. Ailes allongées, au moins deux fois
aussi longues que le corps, à bords presque parallèles, légèrement opaques, comme très-finement pointillées ; nervures secondaires très-fines, à
peine visibles, médiocrement nombreuses ; espace (costal) entre les deux
principales nervures traversé par des nervures obliques, assez nombreuses,
épaisses. Larve ouvrière, entièrement jaunâtre, ayant les yeux peu visibles ; soldat d'un testacé pâle, plus obscur à la partie antérieure de la
tête ; celle-ci comprenant plus du tiers de la longueur totale de l'insecte,
ayant des mandibules longues, dentées, noires. Je n'ai pas vu de femelle
fécondée.

Habite le midi de la France, la Sardaigne, l'Espagne et l'Algérie ;
vit dans l'intérieur des arbres, qu'il ronge et mine, sans cependant paraître les faire périr. J'ai décrit cette espèce d'après des individus de
l'Andalousie et d'Alger, qui paraissent un peu différer de ceux des
autres localités, surtout de ceux de Sardaigne, qui m'ont été communiqués par M. Géné.

2. TERMES OCHRACEUS, *Burmeister.*

Burm., *Hand. der Entom.*, II, p. 765, n° 5. — Description de l'É-
gypte, *Névropt.*, pl. 2, fig. 11. (Soldat.)

A peu près quatre centim. et demi d'envergure et à peine un de longueur ; d'un jaune un peu testacé. Tête presque ronde, déprimée, un
peu plus foncée vers la bouche ; yeux petits, un peu allongés, noirs ; antennes jaunâtres, à articles très-courts et très-serrés, surtout vers la base
où l'on peut à peine les compter avec une forte loupe, le quatrième un
peu plus court que les autres. Ocelles tout à fait nulles. Prothorax étroit,
arrondi postérieurement, ayant un sillon transversal ; côtés de la poitrine
un peu obscurs. Abdomen très-court, large, jaune. Pattes d'un jaune un
peu testacé, assez courtes. Ailes grandes, plus de deux fois longues
comme le corps entier, d'un blanchâtre un peu grisâtre, avec le bord
antérieur roussâtre, ayant trois nervures costales éloignées les unes des
autres, ramifiées, surtout la dernière qui envoie six rameaux vers la
côte, les autres assez marquées, surtout vers la base postérieurement,
les plus longues ramifiées, les intervalles, après les costales, ayant un
réseau irrégulier assez marqué.

Collection de M. Serville, où il est indiqué d'Égypte.

3. TERMES PALLIDUS, *mihi.*

Plus petit que le *Flavicollis*; entièrement d'un roux jaunâtre. Prothorax presque comme chez le *Flavicollis.* Pattes et antennes pâles ;
cuisses très-courtes et épaisses. Ailes légèrement rugueuses, blanches,

avec les deux nervures costales rousses ; espace costal traversé par quelques nervules (4 — 5) ; nervures secondaires, médiocrement nombreuses, assez visibles, la première des deux longitudinales se courbe vers la seconde nervure costale après son milieu et s'y anastomose.

Pris par M. Marchal à l'île de France.

4. TERMES QUADRICOLLIS , *mihi*.

Un peu moins grand que le *Nigricans* ; d'un jaune ferrugineux un peu obscur en dessus. Tête un peu obscure sur le front. Prothorax transversal, presque quadrilatère, déprimé vers les angles antérieurs qui sont un peu saillants obtus : les postérieurs légèrement arrondis. Pattes et abdomen d'un jaune roussâtre. Ailes plus de deux fois longues comme le corps, un peu roussâtres, plus foncées au bord costal qui est traversé obliquement par beaucoup de nervures rousses qui paraissent être des rameaux des deux nervures costales ; surface de l'aile couverte d'un réseau serré, irrégulier.

Collection de M. Serville.

5. TERMES OBESUS , *mihi*.

Près de cinq centim. d'envergure ; un peu velu, d'un noirâtre rougeâtre. Épistome bossu. Prothorax étroit, fortement rétréci postérieurement, où il est arrondi et légèrement échancré au milieu ; ayant les côtés un peu sinueux, déprimé antérieurement vers les angles qui sont un peu saillants, mais largement arrondis ; dessous de la poitrine et pattes d'un jaune roussâtre. Ventre épais, court. Ailes blanches, fuligineuses au bord antérieur ; espace costal traversé par une nervure presque longitudinale, nervures secondaires très-saillantes, surtout sur la partie postérieure où elles sont nombreuses et qu'elles rendent fortement striée ; les deux longitudinales s'anastomosant ensemble par des rameaux.

Collection de M. Marchal, et indiquée de Bombay.

B. — Espace costal sans nervures.

*6. TERMES LUCIFUGUS , *Rossi*.

Ross. *Faun. Étr.*, mant. I, p. 107, mant. 2, tab. 5, fig. k. — Latr. *Gener. Crust. et Ins.*, III, p. 206, n° 1. — Blanch. *Hist. Ins.*, p. 47, n° 4. — Burm. *Handb. der Ent.*, p. 764, n° 2. — Guér. *Icon. regn. anim.* Ins., pl. 63, fig. 3.

Un peu plus petit que le *Flavicollis* ; d'un brun obscur un peu roussâtre. Bouche un peu plus claire ; antennes brunâtres. Prothorax noir, étroit, un peu plus que demi-circulaire, arrondi sur les côtés et postérieurement où il est légèrement échancré, un peu déprimé antérieurement de chaque côté, un peu relevé à son bord antérieur, légèrement rugueux sur les bords. Pattes d'un jaunâtre obscur, brunâtres sur les cuisses. Ailes grandes, un peu brunâtres, n'étant pas sensiblement plus foncées à la marge antérieure qui n'est pas traversée par des nervures; nervures secondaires assez épaisses, plus ou moins réticulées.

Habite la Sardaigne ; communiqué par M Géné. Une larve ouvrière, qui m'a été communiquée par M. Guérin et venant de Rochefort, est entièrement jaunâtre pâle, ainsi qu'une larve soldat : celle-ci a les mandibules lisses, courbes, non dentées. Ces larves pourraient bien ne pas appartenir à la même espèce.

7. TERMES MORIO, *Fabricius.*

Fabr., *Ent. syst.*, II, p. 90, n° 3.

Un peu plus grand que le *Flavicollis*, noirâtre. Tête arrondie, ayant une impression sur le front, noire, avec la bouche et le dessous d'un jaune ferrugineux ; mandibules de la même couleur, noires à l'extrémité. Prothorax formant un peu plus d'un demi-cercle, pas complétement arrondi postérieurement, ayant les côtés abaissés avec le bord un peu relevé, et les angles antérieurs arrondis, noirâtre, un peu ferrugineux antérieurement. Pattes et dessous du thorax jaunes. Ailes d'un brun peu foncé, un peu fuligineux, plus obscurées au bord costal, légèrement rugueuses, ou comme irrégulièrement réticulées, avec les nervures de la marge postérieure placées régulièrement, non bifurquées.

Collection du Musée ; indiqué de Cayenne.

8. TERMES MAURICIANUS, *mihi.*

De la taille du *Flavicollis* ou un peu plus grand ; ayant les ailes grandes ; un peu velu ; d'un brun roux obscur. Tête brune, rousse à la partie antérieure ; antennes roussâtres, un peu hérissées, à articles courts. Prothorax assez large d'un roux obscur, un peu plus étroit postérieurement, où il est arrondi et assez fortement échancré; un peu échancré antérieurement. Abdomen large, aplati ; d'un brun roux en dessus, roussâtre en dessous. Pattes jaunes ; tibias et tarses grêles. Ailes grandes, un peu plus larges que dans le *Flavicollis*, avec le bord antérieur roussâtre; nervures légèrement velues, les secondaires médiocrement marquées ; seconde nervure costale émettant quelques rameaux récurrents qui s'étendent sur le disque, en se dirigeant vers la base, et entre lesquels on aperçoit un léger réseau irrégulier (seulement sensible à une forte loupe); espace costal sans nervure.

Rapporté de l'île de France par M. Marchal.

9. TERMES COSTATUS, *mihi.*

Près de quatre centim. de longueur avec les ailes pliées, et près de six et demi d'envergure, et dix-huit à dix-neuf millim. de long. D'un jaune fer-

rugineux. Tête ovale, médiocrement grosse, un peu obscure sur le front
où il y a une dépression, marquée d'un point d'un jaune fauve, et deux
ocelles assez visibles. Yeux ronds, petits. Antennes d'un jaune ferrugineux, ayant les articles peu longs, mais bien distincts, dont le troisième
un peu plus long que les suivants; le quatrième, le plus court, et les
autres allant insensiblement en s'allongeant à mesure qu'ils s'approchent
de l'extrémité: Palpes maxillaires longs; les labiaux ayant le dernier article plus long que le précédent; le basilaire très-court. Prothorax presque en demi-cercle, plus large que la tête, déprimé de chaque côté,
antérieurement avec deux petits enfoncements sur chaque dépression
avant les angles antérieurs, qui sont saillants et un peu épaissis, légèrement échancré postérieurement, ferrugineux ainsi que le reste du
thorax. Abdomen épais, noirâtre en dessus avec le bord postérieur des
segments jaune, ferrugineux en dessous. Pattes d'un jaune ferrugineux.
Ailes longues, médiocrement larges, d'un roussâtre pâle un peu obscur,
plus obscur à la marge postérieure, surtout vers la base, noirâtre au bord
costal, ou il n'y a que deux nervures non ramifiées, les autres nervures
nombreuses, prononcées; pas de réseau sensible, mais quelques nervules
irrégulières et peu visibles.

Collection de M. Serville, et indiqué de Cayenne.

10. TERMES GRANDIS, *mihi.*

Sept centim. d'envergure; d'un brun rouge obscur ou noirâtre. Tête
ayant la partie antérieure et un point sur le milieu qui est déprimé rouges;
antennes d'un rouge pâle, un peu hérissées. Prothorax étroit, échancré
antérieurement, où il est un peu relevé, déprimé antérieurement vers
les angles antérieurs qui sont un peu prolongés, arrondis; plus étroit et
arrondi postérieurement, où il est un peu échancré. Abdomen d'un roux
obscur. Pattes rousses. Ailes blanches, d'un jaune roussâtre à leur marge
antérieure; espace costal sans nervure; nervures secondaires assez visibles, peu épaisses, blanchâtres; la première longitudinale émettant inférieurement cinq rameaux; la seconde, courte, envoyant plusieurs rameaux, dont ceux de la base beaucoup plus épais qu'elle; espace entre la
deuxième nervure costale et la première secondaire, n'étant traversé par
aucun rameau sensible.

Collection de M. Serville, et indiqué du Sénégal.

11. TERMES ANGUSTATUS, *mihi.*

De la taille du *Costalis*, mais beaucoup plus étroit; couleur de poix,
légèrement velu. Tête petite, presque arrondie, noire, avec deux petites
ocelles et le front un peu saillant entre elles; bouche et dessous de la tête
ferrugineux. Antennes noirâtres annelées de roussâtre, moniliformes, à

articles courts presque égaux, le second un peu plus long que les suivants ;
yeux noirs tout à fait orbiculaires. Prothorax étroit, pas tout à fait en
demi-cercle, avec les angles antérieurs arrondis, ciliés. Abdomen en ovoïde
allongé, noir, avec une partie jaunâtre sur les côtés , membraneuse, sépa-
rant les arceaux supérieurs des inférieurs. Ailes grandes, assez larges, au
moins deux fois longues comme le corps entier, d'une couleur fuligineuse
peu foncée, avec le bord costal un peu plus obscur, ayant deux nervures
costales dont l'antérieure plus obscure, non rameuses; les autres nervures
longitudinales qui viennent après, minces ; leurs rameaux, surtout dans la
moitié interne et postérieure , bien prononcés et nombreux ; intervalles
irrégulièrement réticulés.

Collection de M. Serville, où il est indiqué du Cap.

12. TERMES SUBHYALINUS, *mihi.*

A peu près de la grandeur du *Costalis ;* d'un jaune ferrugineux. Tête
presque arrondie, un peu obscure antérieurement ; ocelles grosses ; yeux
noirs assez gros, un peu allongés ; antennes à articles courts bien distincts ; le troisième plus long que les suivants. Prothorax médiocrement
large , arrondi postérieurement , ayant les angles arrondis excavés.
Abdomen un peu obscur en dessus , court. Pattes d'un testacé pâle.
Ailes blanchâtres, peu opaques , d'un jaune roussâtre au bord costal ,
où il n'y a que deux nervures rousses, les autres nervures minces,
pâles ; les espaces entre elles finement et irrégulièrement réticulés et rugueux.

Collection de M. Serville , et indiqué du Sénégal.

13. TERMES DIRUS, *Klug.*

Burm. , *Handb. der Ent.*, II, p. 766 , n° 8. — Pert., *Delect. anim. artic.* , p. 128 , tab. 26 , fig. 11. *T. Flavicollis.* — Blanch. , *Hist. Ins.*
pl. 47 , n° 1. *T. Obscurum.*

A peu près de la taille du *Grandis ;* d'un roux obscur. Tête ferrugineuse avec la bouche et un point enfoncé sur le front jaunes ; ocelles petites ; yeux très-petits, saillants, noirs. Prothorax demi-circulaire, déprimé
sur le milieu, un peu rabattu postérieurement, ayant le bord antérieur
relevé et le postérieur très-légèrement échancré ; angles antérieurs déprimés, avancés, assez aigus, jaunes ainsi que le milieu du bord antérieur ; poitrine d'un roux ferrugineux. Dessus de l'abdomen d'un noirâtre
ferrugineux avec le bord postérieur des segments jaune ; le dessous en
grande partie jaune. Pattes jaunes. Ailes d'un brunâtre un peu roussâtre
pâle, d'un roux jaunâtre vers la côte, dont les deux nervures sont d'un
brun roux ; l'espace après la seconde, veiné de petites nervules rousses ,

nulles vers la base ; les nervures secondaires roussâtres, assez épaisses
vers la base, rarement fourchues vers la marge postérieure.

Collection du Musée, et indiqué du Brésil.

14. TERMES NIGRICANS, *mihi.*

Près de quatre centim. et demi d'envergure ; noir en dessus. Bouche
ferrugineuse ; épistome un peu gibbeux ; yeux médiocres, peu saillants ;
antennes d'un brun ferrugineux, moniliformes, ayant le second article
plus long que les suivants, le troisième un peu plus court que les autres.
Prothorax presque en demi-cercle un peu prolongé postérieurement ; poitrine et pattes d'un ferrugineux obscur. Segments du dessous de l'abdomen d'un brun roux. Ailes un peu fuligineuses, un peu moins de deux fois
longues comme le corps, ayant les deux nervures costales d'un brun ferrugineux, dont l'antérieure plus obscure, leur moitié postérieure, rayée
par des nervures simples, assez serrées, placées presque à égale distance,
très-épaisses surtout vers la base.

Habite le Brésil. Collection du Musée.

15. TERMES RIPPERTII, *mihi.*

Un peu plus de trois centim. d'envergure. Corps petit, d'un ferrugineux obscur en dessus. Tête noirâtre, rousse à sa partie antérieure,
ayant une dépression sur le milieu du front; antennes jaunes, ayant
le second article pas plus grand que le suivant ; yeux gros, saillants,
noirs. Prothorax un peu plus que demi-circulaire, tout à fait arrondi
postérieurement, ayant le bord antérieur un peu relevé avec une strie
enfoncée après celui-ci ; nuancé de brunâtre. Dessus de l'abdomen
brunâtre ; dessous de tout le corps et les pattes d'un roux ferrugineux.
Ailes plus de deux fois aussi longues que le corps, d'un roussâtre un
peu cendré, plus rousses au bord costal, où les deux nervures, qui sont
d'un roux un peu obscur, sont séparées par une ligne d'un blanc jaunâtre ; une ligne semblable sur le milieu de l'aile moins marquée, disparaissant à l'extrémité, bien sensible à la base.

Cette espèce habite La Havane ; je la dois à l'amitié de M. Rippert.

16. TERMES TRINERVIUS, *mihi.*

Un tiers plus grand que le précédent auquel il ressemble; paraissant
aussi ressembler beaucoup au *Lividus* de M. Burmeister. D'un jaune
roussâtre. Prothorax un peu plus que demi-circulaire, déprimé longitudinalement dans son milieu, tout à fait arrondi postérieurement, ayant le
bord antérieur légèrement relevé. Abdomen d'un brun roussâtre, avec le

bord postérieur des segments jaune. Pattes d'un jaune roussâtre. Ailes plus de deux fois aussi longues que le corps , cendrées, rousses au bord costal, où il y a trois nervures de cette couleur , dont la postérieure insensible à la base, séparées par un espace étroit blanchâtre , les autres nervures peu nombreuses simples non anastomosées ; trois ou quatre rameaux transverses se dirigeant vers le bord costal.

Habite le Sénégal.

17. TERMES DUBIUS, *mihi.*

Perty. *Delect. anim.*, art., tab. 25 , fig. 14.

Je décris cette espèce sur un individu soldat que je ne puis rapporter aux autres ; ayant à peu près 16 à 17 millim. de longueur ; d'un roux ferrugineux. Tête très-grosse, large, presque carrée ; palpes maxillaires presque aussi longs que les mandibules ; celles-ci médiocres , ayant une échancrure dans leur milieu, noires, ferrugineuses à la base ; une petite saillie étroite en avant du front. Prothorax en forme de selle , plus large que les deux pièces suivantes, se prolongeant de chaque côté, toutes les trois , en une épine. Abdomen légèrement pubescent, d'un jaune roux.

Habite le Brésil.

18. TERMES CÉPHALOTES, *mihi.*

Tête subquadrilatère , longue, déprimée, d'un ferrugineux pâle, aussi longue que le reste du corps ; mandibules sans dentelures, aiguës, croisées, courbées par en haut, noires ; labre très-long, presque ovoïde et saillant dans presque toutes sa longueur ; antennes ayant le second article plus court que les autres. Première pièce du thorax échancrée au bord antérieur et un peu arrondi de chaque côté de l'échancrure, ayant deux dépressions très-fortes et très-larges antérieurement, avec les angles antérieurs déprimés, relevés sur les bords, arrondis ; beaucoup plus large en avant qu'en arrière, où elle est échancrée et arrondie de chaque côté de l'échancrure ; seconde pièce plus étroite, échancrée postérieurement et arrondie sur les côtés, qui sont plus étroits et relevés ; la troisième plus étroite que la précédente, faite de même : ces trois pièces sont imbriquées les unes sur les autres, jaunes, tachées de ferrugineux obscur. Abdomen d'une figure ovoïde ayant les segments saillants, étroits, jaunes, obscurci dans son milieu en dessus. Pattes d'un jaune pâle.

Du Brésil ; communiqué par M. de Fonscolombe.

DEUXIÈME FAMILLE.

EMBIDES (1), *Burmeister*.

Tête assez large, presque ovale, bien plus allongée que dans les Termitides, et ressemblant un peu à celle des Raphidies, ayant les yeux médiocrement grands, à réseau très-sensible, granuleux, échancrés antérieurement pour l'insertion des antennes; celles-ci non amincies à l'extrémité, filiformes, médiocrement longues et ayant les articles assez longs; labre arrondi; mandibules fortes, courtes, dentées; mâchoires presque membraneuses, peu avancées, ciliées à leur bord interne, grêles, bifides et aiguës à leur extrémité; le deuxième palpe maxillaire appliqué sur la mâchoire, large, membraneux et très-mince, l'autre palpe de cinq articles, assez épais, dont les derniers sont dilatés; lèvre subcordiforme, bilobée; palpes labiaux de trois articles assez épais, le dernier plus long, dilaté; pas d'ocelles sensibles. Prothorax plus étroit que la tête, surtout antérieurement; les deux pièces suivantes du thorax, très-longues, déprimées. Abdomen ayant à son extrémité deux petits appendices comprimés, de deux articles. Pattes ayant les cuisses, les tibias et quelquefois le premier article des tarses plus ou moins dilatés, souvent très-fortement, mais pas toujours à toutes; tarses composés de trois articles, dont le premier et le dernier beaucoup plus longs; onglets simples. Ailes non caduques, ayant les nervures fines, longitudinales, le plus souvent simples.

Les insectes de cette famille diffèrent beaucoup des Ter-

---

(1) Ne possédant pas d'insectes parfaits de cette famille, lors de l'impression de mon tableau des sections, je n'ai pu l'y comprendre; car, d'après les caractères que j'ai assignés aux Corrodants, les Embides n'en feraient pas partie. Je crois, du reste, qu'ils doivent former une tribu à part.

mitides, d'abord par leur lèvre qui n'est que bilobée au lieu
d'être quadrifide, par leurs ailes qui ne sont point caduques ni articulées sur un moignon persistant, par leurs
pattes bien différentes, et aussi par leurs mœurs et leurs
habitudes qui ne sont pas de se réunir en société ; les larves
ressemblent beaucoup à l'insecte parfait ; les articles des
pattes dilatés sont ordinairement plus ou moins excavés,
il est difficile de savoir si c'est une disposition naturelle ou
seulement le résultat de la dessiccation.

Genre EMBIA, (1) *Latreille*.

Les mêmes caractères que ceux de la famille.

1. EMBIA SAVIGNYI, *Westwood*.

Westw., *Transact. Linn. Soc.*, XVII, tab. 2, fig. 1, p. 372. —
Burm., *Handb. der Ent.* II, p. 770. — Blanch., *Hist. Ins.*, p. 68,
Emb. Ægyptiaca. — Descript. de l'Égypt. *Névropt.*, pl. 2, fig. 9, 10.

A peu près deux centim. d'envergure ; d'un ferrugineux obscur. Tête
un peu moins prolongée que dans la *Latreillii*, presque carrée, un peu
déprimée ; yeux à réseau très-gros, presque en lunule, fortement échancrés antérieurement, l'échancrure formant un petit angle. Prothorax beaucoup plus étroit que la tête, convexe, postérieurement, traversé par un
sillon. Abdomen obscur, velu, ayant les appendices médiocrement longs,
assez larges, avec les deux articles presque de la même longueur. Pattes an-

---

(1) Les genres *Oligotoma* et *Olyntha* ne me paraissent pas devoir
être séparés des *Embia* ; le nombre des articles des antennes ne peut
être considéré que comme caractère spérifique ; d'ailleurs la larve, que
je crois être celle de la Savignyi, a 18 articles aux antennes, au lieu de
17, comme les représentent le grand ouvrage sur l'Égypte, et comme
les reproduit M. Westwood ; je crois qu'il y a une erreur. Une autre
espèce, que j'appelle *Latreillii*, a aussi 18 articles ; une larve de celle
du midi de la France en a 17, mais les antennes ne sont pas entières,
peut-être n'en a-t-elle que 18 ; quant au genre *Olyntha*, qui n'aurait
que quatre articles aux palpes maxillaires, je crois qu'il y a encore erreur, et que l'article basilaire, sans doute très-petit, aura échappé : du
reste les insectes qui composent ces trois genres se ressemblent beaucoup. La *Latreillii*, sauf ses antennes, a beaucoup de rapports avec
l'*Oligotoma Laundersii* de M. Westwood.

térieures ayant la cuisse dilatée, le tibia pas sensiblement, le premier article des tarses très-fortement; les intermédiaires ayant la cuisse épaisse; les postérieures avec la cuisse grande, renflée, le tibia un peu épais. Ailes d'un brun roux, striées de lignes blanchâtres, plus nombreuses et mieux marquées aux inférieures, surtout vers la marge postérieure. D'après l'ouvrage sur l'Égypte, les antennes sont de 17 ? articles.

Je possède une larve que je crois être celle de cette espèce; à peu près de la même taille, velue, d'un brun ferrugineux. Tête peu rétrécie postérieurement, ayant les yeux peu visibles, non saillants. Prothorax à peine rebordé, ayant une dépression transverse antérieurement, au fond de laquelle il y a une ligne enfoncée, et postérieurement une pièce distincte presque semi-linéaire et de la même largeur; mésothorax n'ayant pas de rudiments d'ailes; métathorax n'en n'ayant pas non plus, paraissant formé de deux pièces, dont la postérieure plus courte. Dernier segment abdominal en dessus très-large, saillant dans son milieu postérieurement; appendices peu longs, assez larges. Pattes antérieures, ayant la cuisse un peu dilatée, le tibia légèrement, le premier article des tarses, qui est presque aussi long que le tibia, un peu courbé, presque aussi large que long, ayant un large et très-profond sillon sur ses faces supérieures et inférieures, les deux autres tarses très-courts, le moyen épaissi; les intermédiaires ayant la cuisse et le tibia dilatés, les tarses pas sensiblement, le premier aussi long que les deux suivants; les postérieures, la cuisse fortement dilatée, avec sa face antérieure excavée, le tibia dilaté, excavé postérieurement, le premier article des tarses épaissi, plus court que le dernier.

Je décris cette espèce d'après un individu incomplet, appartenant au Musée, et qui a probablement servi pour les gravures de l'ouvrage sur l'Égypte. Patrie de la larve inconnue.

2. EMBIA LATREILLII, *mihi.*

Un peu plus de six millim. de long, et douze d'envergure; légèrement velue. Tête, surtout dans cette espèce, ressemblant un peu à celle d'une *Raphidia*, prolongée après les yeux, mais non très-amincie à la base, d'un brun ferrugineux moins obscur à la base; yeux noirs, à réseau très-large formant une granulation très-saillante, un peu échancrés antérieurement pour l'insertion des antennes; celles-ci brunes, velues, légèrement annelées de jaunâtre, ayant 18 articles. Prothorax beaucoup plus étroit que la tête, plus long que large, rebordé, traversé en dessus, antérieurement, par trois sillons, dont les deux postérieurs plus prononcés, un peu gibbeux postérieurement, les autres pièces du thorax d'un roux ferrugineux. Abdomen d'un ferrugineux obscur, bordé et annelé de noir, velu, ayant des appendices assez longs, assez étroits. Pattes d'un roux ferru-

gineux obscur, avec des parties plus claires aux articulations et aux tarses,
les antérieures ayant la cuisse dilatée, le tibia légèrement, et le premier
article du tarse presque aussi long que le tibia, fortement, deuxième article épaissi ; les intermédiaires à peine dilatées, ayant le premier article
des tarses au moins aussi long que les deux suivants ; les postérieures ayant
la cuisse grande, assez dilatée, aplatie, excavée, convexe à son côté externe, le tibia long, un peu dilaté, le tarse nullement. Ailes d'un roussâtre
un peu brunâtre, traversées par trois lignes longitudinales blanchâtres, la
nervure sous-costale bordée ; deux des nervures antérieures s'anastomosant vers le sommet, le même espace traversé par deux nervules.

Collection du Musée et de M. Serville ; indiquée de Bombay, de l'île
Maurice et de Madagascar.

3. EMBIA KLUGI, *mihi.*

F A peu près de la taille de la *Savignyi* ; d'un brun obscur, un peu ferrugineux. Tête ovoïde, médiocrement rétrécie postérieurement, d'un ferrugineux obscur en dessus, avec le milieu du front un peu jaunâtre, plus
claire en dessous, brune sur les côtés ; yeux assez grands, peu échancrés.
Prothorax plus étroit que la tête, rétréci antérieurement, ayant un sillon
transverse avant son bord antérieur ; les autres pièces du thorax et l'addomen noirâtres ; appendices assez longs, le dernier article plus long que
le premier. Pattes d'un noirâtre ferrugineux, les antérieures ayant la
cuisse, le tibia et le premier article du tarse aussi long que le tibia,
un peu dilatés, les deux articles suivants plus courts que le précédent ;
les intermédiaires, les mêmes parties à peine dilatées, un peu moins
qu'aux premières, et le premier article du tarse plus court, à peine plus
long que les deux suivants ; les postérieures ayant la cuisse très-grande,
assez fortement dilatée, excavée sur deux faces, le premier article du
tarse un peu dilaté, excavé à ses deux tiers externes sur deux faces, plus
long que les deux suivants, le deuxième un peu dilaté, le dernier assez
long, grêle.

Habite le Brésil ; rapportée par M. Dèlalande, et appartenant au
Musée.

* 4. EMBIA SOLIERI, *mihi.*

Seulement à l'état de larve et ressemblant à celle que je crois être la
Savignyi, mais un peu plus petite ; d'un brun ferrugineux. Tête plus
petite, plus déprimée, presque quadrilatère ; antennes ayant les articles
plus courts, plus serrés, incomplètes (17 articles). Prothorax plus étroit
que la tête, ayant un sillon avant son milieu, à peine sinué sur ses côtés ;
métathorax plus large que les autres parties du thorax. Appendices de

l'abdomen paraissant plus courts. Pattes antérieures ayant la cuisse renflée, le tibia un peu, le premier article des tarses fortement, mais moins
et surtout beaucoup moins courbé que chez la *Savignyi*, n'ayant pas la
même forme, beaucoup moins excavé, mais plus largement; le second
très-court, épais; le troisième, court, plus mince; les intermédiaires
un peu dilatées; les dernières ayant la cuisse fortement dilatée; le tibia
et le premier article légèrement; elles sont ainsi que le dessous de la tête
d'une couleur ferrugineuse obscure, peu foncée.

Collection de M. Serville; découverte dans les environs de Marseille
par M. Solier.

DEUXIÈME SECTION.

Elle se compose de deux familles très-différentes, les Conioptérygides (1) et les Psocides; les
premiers se distinguent de suite, par leurs tarses de
cinq articles, des seconds qui n'en ont que trois.

PREMIÈRE FAMILLE.

CONIOPTERYGIDES, *Burmeister.*

PHRYGANEA, *Fabricius*, HEMEROBIUS, *Villiers*, MALACOMYZA,
Wesmaël

Lèvre entière; palpes labiaux de trois articles, sécuriformes ou conoïdes; les maxillaires de cinq articles dont
le dernier cylindrique, assez grêle, beaucoup plus long
que les autres; antennes presque filiformes, à articles
nombreux et très-serrés, contiguës à leur insertion; yeux
ronds, très-finement réticulés; pas d'ocelles sensibles.
Pattes ayant les tibias larges, et les tarses composés de
cinq articles, dont le pénultième bilobé. Ailes à nervures
peu nombreuses, ressemblant un peu à celles des *Psocides.*

Petits insectes offrant un peu l'apparence de petits Hémérobes, et ayant le corps et les ailes couverts d'une poussière
blanche; leur tête est très-molle, et la dessication produit
sur elle des excavations. Ils habitent sur les buissons, les
arbres.

---

(1) N'ayant point encore pu étudier les insectes de cette famille, lors
de l'impression du tableau des sections ou tribus, je n'ai pu l'y comprendre. Les caractères sont très-différents de ceux des Psocides, et sont
tout à fait en désaccord avec ceux de la deuxième section; du reste, je
suis l'exemple de M. Burmeister en la mettant ici, mais je ne suis pas encore fixé sur sa véritable place.

Genre CONIOPTERYX, *Halid.*

Il conserve les caractères de la famille. Les espèces de ce genre sont toutes européennes.

* CONIOPTERYX TINEIFORMIS, *Curtis.*

Curt., *Brit. Ent.*, XI, pl. 528, n° 1. — Burm. , *Handb. der Ent.*, II, p. 771, n° 1.—Vill., *Ent. Linn.*, III, p. 56, n° 25. *Hemerobius Parvulus.* — Fab., *Ent. syst.*, suppl., p. 201, n° 30-31. *Phryganea Alba.* — Wesm, in *Bull. de l'Acad. scien. et bell. lettr. de Bruxelles*, III, p. 166., pl. 6, fig. 2. *Mal. Lactea.*

De la taille d'un gros puceron. Antennes de la longueur du corps. Ailes presque de la même longueur , couvertes ainsi que la plus grande partie du corps d'une poussière blanchâtre.

Se trouve pendant l'été.

* CONIOPTERYX APHIDIFORMIS.

Semblable au précédent, mais les ailes inférieures ne dépassant pas l'extrémité de l'abdomen, presque rudimentaires; très-pulvérulent.

* CONIOPTERYX PSOCIFORMIS, *Curtis.*

Curt. , *Brit. Ent.*, XI , tab. 528, n° 2.

Semblable au précédent, mais ayant les antennes deux fois aussi longues que le corps. (Traduction de Burmeister.)

DEUXIÈME FAMILLE.

PSOCIDES.

Insectes de petite taille, et dont la forme de la tête rappelle un peu celle de certains Orthoptères ; leur corps, d'une grande mollesse, permet à peine de les saisir. Tête assez grosse, toujours plus ou moins bossue sur le front ; yeux petits, latéraux ; palpes maxillaires assez épais, cylindriques, de cinq articles, dont le dernier et le troisième sont ordinairement les plus longs ; les labiaux très-grêles et très-minces ; labre grand, descendant un peu sur la bouche ; mandibules bien sensibles ; antennes longues, composées d'articles peu nombreux, le premier et le second courts, les autres très-longs. Prothorax, devenant presque insensible en dessus, et tout à fait caché dans une cavité du mésothorax, de manière que la partie postérieure de la tête touche la partie antérieure de celui-ci, ce qui leur donne une forme courte et gibbeuse ; les deux autres pièces du thorax larges, épaisses, élevées, surtout la moyenne. Abdomen, ordinairement court, épais, moux, s'atrophiant presque entièrement par la dessiccation. Pattes longues, surtout les tibias postérieurs, ce qui leur donne plus ou moins la faculté de sauter. Tarses dont on ne voit guère que deux articles, ayant le premier deux ou trois fois plus long que le dernier ; onglets simples n'ayant pas de pelotes sensibles. Ailes très-simples, assez larges, n'ayant que trois nervures basilaires bien sensibles, en ne comptant pas le bord qui est un peu renflé, de sorte que l'aile supérieure ne se trouve guère divisée qu'en onze à quatorze grandes aréoles, quelquefois elles sont tout à fait nulles.

Ces insectes vivent ordinairement sur les arbres, ils semblent en général fuir la lumière ; plusieurs, les aptères surtout, vivent dans des retraites plus ou moins profondes, dans les caves, sous les débris végétaux et jusque dans les chambres habitées, au fond des armoires, dans les papiers, les livres, etc.

Cette famille est à peine connue, surtout par rapport aux exotiques.

Genre THYRSOPHORUS, *Burmeister*.

Tête étroite, ayant les yeux très-petits ; ocelles se touchant presque ; antennes renflées dans leur milieu. Prothorax élevé et gibbeux. Les quatre tibias antérieurs comprimés, un peu dilatés (je ne sais pas si cela existe chez les deux sexes); deux articles seulement visibles aux tarses, le premier trois fois long comme le suivant.

THYRSOPHORUS SPINOLÆ, *mihi*.

Beaucoup plus grand que les *Psocus* européens, ayant vingt-deux ou vingt-trois millim. d'envergure et treize ou quatorze de longueur y compris les ailes; d'un brun roussâtre. Tête un peu jaunâtre sur le front ; antennes brunes, jaunâtres dans leur partie antérieure, velues sur la partie renflée. Pattes d'un brun roussâtre, ayant l'extrémité des tibias postérieurs et le premier article des tarses, le même article aux pattes intermédiaires, jaunes; les quatre tibias antérieurs comprimés, dilatés. Thorax gibbeux en dessous, dominant de beaucoup la tête qui est petite et dont l'insertion est inférieure. Abdomen presque nul par la dessiccation. Ailes d'un brun roussâtre, ayant trois bandes transparentes partant de la côte et allant à peu près jusqu'au milieu, dont l'externe est la plus grande et la moyenne la plus petite, se terminant en pointe ; il y en a une autre à l'opposé sur le milieu du bord postérieur.

Cet insecte habite Cayenne, et a été rapporté par M. Leprieur : je le dois à l'obligeance de M. Maximilien Spinola.

Genre PSOCUS, *Fabricius*.
Hemerobius, *Linné*.

Tête épaisse, yeux petits, ayant le front bossu ; antennes longues, grêles; palpes maxillaires, ayant le dernier article obtus, plus épais et plus long que le précédent ; seulement deux articles de visibles aux tarses, dont le premier à peu près le double du suivant.

Les espèces qui composent ce genre paraissent fort nombreuses, et assez difficiles à séparer ; les ailes peuvent offrir de bons caractères outre les taches dont elles sont souvent marquées ; ainsi il y a au milieu une aréole qui peut être ouverte ou peu sensible , je la nomme *aréole discoidale* et à son côté externe une seconde toujours ouverte ; le ptérostigma est circonscrit par une aréole que j'appelle le *triangle*, et dont la forme varie selon les espèces ; la disposition des nervures est également un peu variable.

* 1. PSOCUS INFUSCATUS, *mihi.*

Douze à treize millim. d'envergure ; varié de jaune ou de brun. Antennes beaucoup plus longues que l'insecte avec ses ailes pliées (à peu près 8 millim.) ; front très-bossu , finement strié de brun vert, d'un jaune verdâtre , le reste du corps noirâtre, varié, surtout sur les côtés, de jaune soufre ; extrémité anale ayant deux appendices parallèles contigus, dirigés par en haut et en dedans. Pattes d'un jaunâtre obscur qui devient brunâtre sur les tibias et les tarses. Ailes supérieures blanchâtres , nuancées de brunâtre ; triangle ptérostigmatal grand, en grande partie noirâtre, espaces qui arrivent au sommet en partie brunis, les trois nervules parallèles postérieures avant le sommet, bordées de brun ; une petite tache brune contre l'angle postérieur ou discoïdal du triangle , une autre grande au milieu de l'aréole ouverte qui se trouve après, les côtés de l'aréole discoïdale largement et irrégulièrement bordés , et quelques autres nuances très-légères vers la base et le long des nervures.

Se trouve communément pendant l'été sur les arbres et les buissons ; il m'a aussi été envoyé du Mans par M. Blisson.

* 2. PSOCUS LINEATUS, *Latreille.*

Latr., *In Coqueb. Ill.*, pag. 12, tab. 2, n° 8. — Burm., *Handb. der Ent.*, p. 780, n° 18.

De la taille du précédent ; varié de jaune et de noir. Antennes longues, (à peu près 12 millim.) très-légèrement velues ; tête et prothorax jaunes striés de noir, avec une strie sur ce dernier de chaque côté se dilatant en un point, le reste du thorax d'un brun rougeâtre avec les sutures jaunes ; dessous presque entièrement jaunâtre. Abdomen jaune, varié de noir, presque entièrement noir en dessus. Pattes jaunâtres, un peu marquées de brun , avec l'extrémité brunâtre. Ailes transparentes, les supérieures ayant une bande transverse qui part du bord postérieur avant la base, n'allant pas jusqu'à la côte ; triangle dont la nervure est roussâtre et une petite marque derrière son angle discoïdal, un petit nuage au milieu de l'aréole ouverte, quelquefois une petite marque à l'angle externe de l'aréole discoïdale, une tache avant le sommet sur l'espace qui s'y rend, et

une autre plus interne sur la nervure antérieure qui borde cet espace
bruns ; nervures brunes, jaunâtres à la base de l'aile ; nervule postérieure
de l'aréole discoïdale, la continuation de celles de l'aréole ouverte, jaunâtres ; en outre, l'aile a quelques nuances blanchâtres ; quelquefois les
marques brunâtres sont peu marquées.

Se trouve dans les bois.

* 3. PSOCUS LONGICORNIS , *Fabricius.*

Fabr., *Ent. syst.* suppl. , p. 203, n° 1.—Burm., *Handb. der Ent.*, II,
p. 777. n° 6. — Curt. , pl. 648, text. n° 28, *P. Vitripennis.*

De la taille à peu près de l'*Infuscatus*, jaune, varié de noir. Antennes
longues (à peu près 10 millim.), velues ; tête moins striée de brun que chez
l'*Infuscatus*. Cuisses pâles , tibias et tarses cendrés , légèrement velus.
Ailes transparentes ; triangle ptérostigmatal étroit, ayant l'angle postérieur
ou discoïdal très obtus, avec une partie de sa nervure pâle, brunâtre, ainsi
que l'apparence d'une bande partant du bord postérieur avant la base,
peu sensible ; nervures brunes , un peu jaunâtres à la base et dans quelques autres parties.

En été, dans les bois des environs de Paris ; il m'a aussi été envoyé
de Château-du-Loir par M. Graslin.

* 4. PSOCUS AFFINIS , *mihi.*

Ressemblant beaucoup à l'*Infuscatus*, mais un peu plus petit. Antennes à peu près de la même longueur ; tête et corps plus obscurs en
dessus ; parties génitales très - compliquées , ayant inférieurement une
double dent d'un côté, et une seule de l'autre. Ailes presque transparentes , légèrement nuancées de brun, mais sans former de taches ;
triangle ptérostigmatal presque semblable, un peu plus court, brun ; yeux
beaucoup plus gros.

Cette espèce pourrait bien être le mâle de l'*Infuscatus*, d'autant plus
qu'il n'y a que des mâles, et que dans l'autre, sur au moins douze
individus, je n'ai vu que des femelles. De même que le n° 2 pourrait bien
être le mâle du n° 3.

* 5. PSOCUS NASO , *mihi.*

Plus petit que les précédents ; varié de noir et de jaune. Antennes à peu
près de la longueur de l'insecte ayant les ailes pliées, non velues, brunes,
jaunâtres à la base ; yeux tout à fait sphériques, presque comme pédicellés, s'unissant à la tête par un espace moindre que leur diamètre. Abdomen très-varié de jaune et de brun rougeâtre. Pattes pâles, brunâtres
à l'extrémité. Ailes transparentes, sans taches ; triangle cendré sur le bord

costal, son angle postérieur tout à fait nul, arrondi ; les deux aréoles discoïdales ouvertes.

L'été avec les précédents. Il m'a été envoyé du Mans par M. Blisson.

*? 6. PSOCUS MICROPHTHALMUS, *mihi.*

A peu près de la taille du *Longicornis ;* d'une couleur testacée très-pâle. Tête grande, ayant le front très-gibbeux, pâle, sans marque ni stries ; yeux très-petits, peu saillants. Mésothorax très-saillant et bossu en dessus ; côtés du thorax et abdomen un peu nuancés de brun. Pattes ayant les tibias et surtout les tarses brunâtres. Ailes très-légèrement fuligineuses, un peu plus foncées sur la marge postérieure et le bord du sommet, ayant les nervures très-prononcées ; triangle un peu blanchâtre, court, très-saillant sur le milieu de l'aile (beaucoup plus que chez les autres espèces), la nervure qui le forme, noire à l'angle interne, puis d'un jaune blanchâtre, ainsi que les nervures qui se trouvent en face d'elle jusqu'au bord postérieur ; aréole discoïdale très-grande, sa nervure postérieure blanchâtre, l'interne jaune, ainsi qu'une grande partie de l'antérieure et celles de la moitié interne de l'aile.

Collection du Musée, sans indication de patrie. Je pense qu'il est exotique.

* 7. PSOCUS BIPUNCTATUS, *Linné.*

Fabr., *Ent. syst.*, suppl. p. 204, n° 7.—Latr., In Coq. *Ill.* p. 2, tab. 2, fig. 3.—Panz., *Faun. Germ.*, p. 94, n° 21.—Burm., *Handb. der Ent.*, II, p. 779, n° 14. — Linn., *Faun. Suec.*, n° 1514. *Hem.* — Geoffr., *Ins.*, I, p. 488, n° 7. *la Psylle des pierres.* — Schr., *En. Ins. Austr.*, n° 629. *Hemerobius Aphidioides.*

Un peu plus petit que le précédent, court et épais ; varié de jaune et de brun roux. Antennes très-légèrement velues, brunes, un peu plus courtes que l'insecte avec ses ailes pliées. Pattes pâles un peu roussâtres. Ailes transparentes, les supérieures ayant un point noir sur le triangle et un autre au sommet du dernier espace basilaire, sur le bord postérieur ; l'angle interne du triangle est aussi un peu marqué de noir, et l'on voit deux petites marques, souvent presque invisibles, un peu avant le milieu de l'aile ; nervures brunes, un peu jaunâtres vers la base.

Commun dans les bois pendant l'été ; il m'a aussi été envoyé du Mans par M. Blisson.

* 8. PSOCUS QUADRIPUNCTATUS, *Fabricius.*

Fabr., *Ent. syst.*, suppl., p. 204, n° 8.— Latr., In Coq. *Ill.*, p. 12, tab. 2, fig. 9. — Panz., *Faun. Germ.*, p. 94, n° 22.—Burm., *Handb. der Ent.*, II, p. 776, n° 2.

Moitié plus petit que le précédent ; jaune roussâtre, taché de noir. An-

tennes à peu près de la longueur de l'insecte avec les ailes pliées, pâles,
brunâtres vers l'extrémité. Abdomen entièrement d'un jaune roussâtre.
Pattes pâles. Ailes transparentes, les supérieures ayant quatre taches noires
qui ne dépassent pas la moitié de l'aile, dont deux, sur le bord postérieur,
avant la base et deux un peu en avant ; reste de l'aile varié par des
bandes brunes ; triangle très-large et court.

Pendant l'été dans les bois ; il m'a aussi été envoyé du Mans par
M. Blisson.

* 9. PSOCUS FLAVIDUS, *mihi.*

De la taille du précédent ; d'un jaune un peu roussâtre. Antennes
beaucoup plus courtes que l'insecte , avec ses ailes pliées ; thorax et dessus de la tête un peu tachés de brun roux. Ailes longues, presque transparentes, ou très-légèrement lavées de roussâtre, avec des nervures brunâtres après la base, à peine sensiblement bordées de brunâtre ; bord
postérieur brun dans son tiers interne ; aréole discoïdale ouverte, triangle
ovalaire , l'aréole ouverte placée au milieu de l'aile.

Se trouve l'été dans les environs de Paris.

* 10. PSOCUS SUBFASCIATUS, *mihi.*

Petit, roussâtre. Antennes beaucoup plus courtes que l'insecte avec
les ailes pliées, brunes, un peu velues. Thorax et abdomen un peu tachés
de brun roussâtre. Ailes largement variées de brunâtre, ou comme traversées par quatre larges bandes irrégulières, l'espace clair du milieu
étant le plus large, et marqué au centre d'un point brun ; les inférieures
un peu brunâtres vers l'extrémité.

D'après un seul individu qui a été pris par M. Blisson dans les environs
du Mans.

* 11. PSOCUS OBSCURUS, *mihi.*

Un peu plus grand que le précédent ; d'un brun roussâtre, noirâtre en
dessus. Antennes noires beaucoup plus courtes que l'insecte avec les ailes
pliées, très-velues. Pattes brunâtres. Ailes très-légèrement brunâtres sans
taches ; triangle arrondi à son angle postérieur, un peu marqué de noir
à son angle interne ; aréole discoïdale ouverte.

Des environs de Paris.

* 12. PSOCUS VARIEGATUS, *Latreille.*

Latr., In Coqueb. *Ill.*, p. 13, tab. 2, fig. 13 (1). — Burm., *Handb.
der Ent.*, p. 778, n° 117

Un peu plus grand que le précédent ; jaune, avec la face, des marques
sur le thorax, une grande partie des côtés et du dessous d'un brun noirâ-

---

(1) M. Burmeister me paraît rapporter à tort l'*Hemerobius variega-*

tre. Antennes brunes, velues, plus courtes que l'insecte avec les ailes pliées. Ailes supérieures d'un brun noirâtre, varié de taches transparentes ; la première couleur, qui couvre la plus grande partie, est disposée par taches et petites marques disséminées, par endroits plus foncés, dont une tache médiane, et une autre à l'angle interne du triangle, celui-ci ayant deux nervules jaunes.

J'ai trouvé ce joli *Psocus* dans les environs de Paris.

* 13. PSOCUS CONSPURCATUS, *mihi*.

De la taille du précédent ; noir, varié de jaune avec l'abdomen presque entièrement jaune en dessous. Antennes brunes, un peu velues, beaucoup plus courtes que l'insecte avec les ailes pliées. Pattes d'un brunâtre pâle. Ailes transparentes, marquées de plusieurs taches brunes placées sur la surface de l'aile avant la base, et avant le sommet, dont une sur le triangle et l'autre sur le bord opposé ; quatre ou cinq autres plus pâles, presque confluentes, dont une plus grande vers le bord postérieur, où elle est marquée d'un trait noir qui se trouve à l'extrémité de l'avant-dernier espace costal.

Il se trouve aux environs de Paris ; rare.

* 14. PSOCUS BINOTATUS, *mihi*.

Latr., In Coqueb., *Ill.*, p. 10, tab. 2, fig. 1, *P. Pedicularius.* Burm., *Handb. der Ent.*, p. 777, n° 4. *P. Domesticus* (1) ?

Un des plus petits ; noirâtre. Antennes beaucoup plus courtes que l'insecte avec les ailes pliées, un peu velues, brunâtres. Pattes pâles. Ailes transparentes, ayant un atome noir sur le milieu du bord postérieur et un autre sur la côte, à l'angle interne du triangle ; celui-ci ayant l'angle postérieur presque arrondi ; point d'aréole discoïdale, ou celle-ci ouverte du côté externe ; quelques nervures un peu épaissies.

Se trouve dans l'intérieur des maisons, dans les placards, parmi les effets et le linge.

* 15. PSOCUS PEDICULARIUS, *Villers*.

Vill., *Ent. Linn.*, III, p. 51, n° 11. *Hemerobius Pedicularius.*

De la grandeur du *Binotatus*, mais ayant les ailes beaucoup plus grandes ; d'un verdâtre obscur, surtout en dessus. Bouche très-pâle ;

---

tus de Fabricius à cette espèce ; les mots, *nervis punctatis*, désignent probablement un Hémérobide ; je doute même que M. Burmeister ait connu le véritable *Psocus variegatus* de Latreille.

(1) Pour le *Pedicularius* de Latreille, M. Burmeister décrit un insecte tout différent, ayant les ailes supérieures grises et les nervures hérissées ; serait-ce un Hémérobide ?

antennes beaucoup moins longues que l'Insecte avec ses ailes, pâles, légèrement velues; yeux saillants, noirs. Ailes grandes, tout à fait transparentes, ayant les nervures fines, disposées différemment que dans les autres espèces, ne formant point d'aréoles discoïdales, triangle régulier, ayant sa base du côté de la base de l'aile, et son sommet vers l'extrémité, ce qui est le contraire dans les autres espèces, et surtout dans le *Binotatus;* de cette manière les deux espaces costaux ne se trouvent pas rétrécis à l'endroit de leur séparation; les quatre ailes ont une bifurcation au sommet. Pattes pâles.

Se trouve dans l'intérieur des maisons. C'est mal à propos que Latreille a donné le nom de *Pedicularius* a une autre espèce, puisque De Villers l'avait employé bien avant lui pour celle-ci.

* 16. PSOCUS LUCIFUGUS, *mihi.*

Linn., *Faun. Suec.*, 1938. *Termes Fatidicum.* ?

Plus du double plus gros que le *Binotatus*, légèrement velu; d'un brun roux. Tête, anus et base des cuisses d'un jaune plus ou moins obscur; antennes velues, plus longues que le corps. Complétement aptère (est-ce un insecte parfait?). Tarses de deux articles.

Se trouve sur le vieux bois des caves, qu'il parait ronger; marchant et courant peu, mais sautant assez vivement quand on le touche. Il est très-mou pendant la vie et son abdomen est très-épais: le moindre attouchement suffit pour l'écraser.

Genre ATROPOS, *Leach.*

Troctes, *Burmeister.*

Tarse ayant trois articles; ailes nulles.

Les autres caractères sont à peu près comme dans le genre *Psocus.*

* ATROPOS PULSATORIUS, *Linné.*

Burm., *Handb. der Ent.*, II, p. 773, n° 1. *Troct. Pulsatorius.* — Fabr., *Ent. syst.*, suppl., p. 204, n° 10. *Psocus Pulsatorius.* — Latr., In Coqueb. *Ill.*, p. 14, fig. 14. — Blanch., *Hist. Ins.*, p. 48, n° 2. — Linn., *Faun. Suec.*, n° 1937. — Ejusd., *Syst. Nat.*, II, p. 1015, n° 2. *Termes Pulsatorium.* — Geer., VII, tab. 4, fig. 3. *Termes Lignarius.* — Schæff., *El. Ent.*, tab. 126, fig. 1. et *Icon.*, tab. 269, fig. 4 a, b. — Geoffr., *Ins.*, II, p. 601, n° 12. *Le Pou du bois.*

Pâle, un peu jaunâtre sur sa partie antérieure; yeux jaunes; antennes à peu près de la longueur du corps. Abdomen brunâtre, souvent marqué d'une bande et d'une tache postérieure brunes.

Habite les maisons, sous les livres, le papier, etc. Je crois que sous ce nom on confond plusieurs espèces et des larves d'espèces ailées.

QUATRIÈME SECTION.

TRIBU DES

PLANIPENNES (PLANIPENNIA), *Latreille.*

Elle se compose d'insectes très-différents, quoique ayant entre eux des rapports plus ou moins nombreux, et qu'il est difficile de grouper d'après une formule caractéristique, mais qu'on reconnaîtra facilement d'après les caractères organiques que j'ai donnés dans mon premier tableau; ainsi, ils se distinguent des TERMITIDES et des PSOCIDES par le nombre des articles des tarses, qui n'est jamais au-dessous de quatre, et presque toujours de cinq; des SUBULICORNES, par leurs antennes; des SEMBLIDES, parce qu'ils n'ont pas ordinairement d'ocelles, et, avec celles-ci, n'ayant jamais d'article dilaté ou bilobé, et lorsqu'ils en ont, par une bouche avancée en museau ou bec; enfin, des PLICIPENNES, par leurs ailes semblables, et qui ne sont jamais sensiblement velues sur la membrane ou largement frangées.

Je les divise en six familles bien caractérisées, dont voici le tableau :

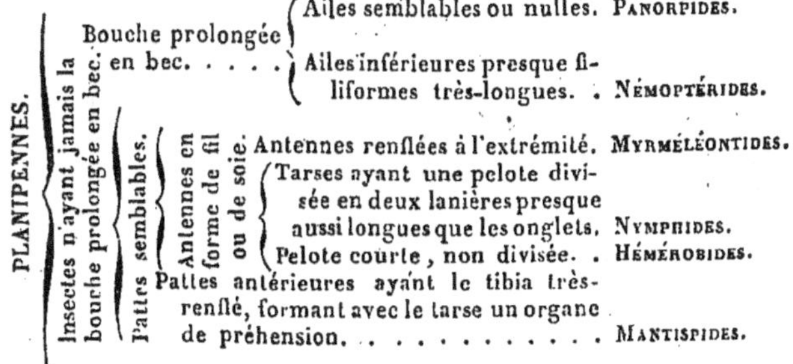

PANORPIDES.

PANORPA, *Linné, Fabricius, Olivier.*

Les insectes de cette famille se distinguent par leur bouche
prolongée en une sorte de bec; ils ont presque toujours
trois yeux lisses bien visibles, et lorsqu'ils en manquent, ils
sont presque aptères. Elle se compose de trois genres (1)
qu'on peut facilement séparer ainsi :

> *a.* Onglets soudés en un seul. . .   BITTACUS.
> *b.* Onglets simples. . . . .   BOREUS.
> *c.* Onglets dentelés. . . . .   PANORPA.

GENRE BITTACUS, *Latreille.*

Tête petite; antennes extrêmement grêles; palpes grands, les
maxillaires ayant le troisième article plus long que les autres ; le
dernier plus court que le précédent , plus grêle; ocelles grosses.
Abdomen très-long. Pattes très-longues et très-grêles, ayant
toutes une paire d'ergots longs; articles des tarses échancrés en
dessous à l'extrémité pour leur flexion les uns sous les autres,
mais principalement le pénultième, sous lequel le dernier article
se trouve tout à fait appliqué, surtout aux pattes antérieures, le
cinquième confondu avec les onglets, qui sont soudés pour n'en
former qu'un. Ailes presque spatulées, très-étroites à la base,
ayant des nervures peu nombreuses, un peu réticulées vers l'extrémité.

Ces insectes ont tout à fait l'apparence d'un Diptère de la famille des Tipulides.

*1. BITTACUS TIPULARIUS, *Fabricius.*

Latr., *Gener. Crust. et Ins.*, III, p. 189.— Guer., *Icon. du règn.
anim.*, pl. 61 ; fig. 2. — Burm., *Handb. der Ent.*, II, p. 956. — Fabr.,
Ent. syst., II, p. 98; n° 6. *Panorp. Tip.* — Sulz., *Gesch. Ins.*, p. 177,
tab. 25, fig. 7, 8.

Ayant tout à fait l'apparence d'une tipule, entièrement roux ou rous-

---

(1) Je ne connais pas le genre *Chorista* de M. Klug, qui diffère des
Panorpa par des onglets simples. Il se trouve à la Nouvelle-Hollande.

sâtre; ailes de la même couleur; ptérostigma à peine visible, large, ovalaire; pattes ayant l'extrémité des tibias noirâtre.

Habite une grande partie de l'Europe.

2. BITTACUS CORETHRARIUS, *mihi*.

Plus grand que le *Tipularius*, et plus épais; d'un roux obscur, taché
de noir. Dessus de la tête, les deux tiers externes du bec, les palpes, le
dessus du prothorax, les deux tiers antérieurs du mésothorax, le dessus
des 5 et 6ᵉ segments, l'extrémité postérieure des cuisses, les deux extrémités des tibias (il ne reste qu'une patte) et les tarses noirs. Prothorax
ayant quelques soies roides, ainsi que le mésothorax, sous les ailes. Abdomen ayant aussi quelques soies à la base; son extrémité arrondie en
dessous, avec un appendice corné, rougeâtre, courbé par en haut, et
deux appendices supérieurs presque en forme de pince, minces, presque
de la même largeur par tout, courbés par en haut, un peu dilatés, avec
un petit prolongement inférieurement, chargés de petites soies ou épines
courtes à leur extrémité. Ailes très-légèrement enfumées, ayant un peu
de jaune roux à la base, avec les nervures noires, à l'exception de la
costale, qui est rousse à la base, ainsi que l'espace costal; ptérostigma
allongé, lancéolé, d'un roussâtre sale.

Collection de M. Serville; sans indication de patrie.

3. BITTACUS BLANCHETTI, *Pictet*. (Pl. 8, fig. 6.)

Pict., *Mém. Soc. Phys. et hist. Nat. de Genève*, VII, p. 403, fig. 3.

Plus de six centim. et demi d'envergure et près de trois de long; d'un
brun roux. Ailes brunâtres, ayant dans leur tiers externe des stries sinueuses, plus brunes, à peu près transparentes au bord postérieur dans
leurs deux tiers internes, avec un point près de la côte, avant le sommet,
double ou triple aux inférieures, une bande médiane bordée de brun
plus foncé surtout extérieurement, une large tache irrégulière avant la
base, bordée antérieurement de quelques points plus foncés, transparents.

Collection de M. Serville, et indiqué du Brésil

Genre BOREUS, *Latreille*.

Bouche très-avancée, presque en forme de bec; antennes filiformes, assez longues; palpes maxillaires plus longs que le
bec, le dernier plus épais que les autres, presque conique;
ocelles nulles. Pattes très-longues, surtout les postérieures;
tarses très-longs, les articles devenant plus courts à mesure qu'ils

s'éloignent de la base; onglets simples, grêles. Femelle aptère, munie à son extrémité anale d'une tarière qui ressemble à celle des *Acheta*, mais plus courte; mâle ayant ses ailes en forme de soie très-épaisse ou côte, terminée par un poil.

La longueur des pattes, surtout des postérieures, indique que ces insectes doivent pouvoir s'élancer en l'air.

*BOREUS HIEMALIS, *Linné.*

Latr., *Règn. anim.* de Cuvier, V, p. 247. — Curt., *Brit. Ent.*, III, p. 118. — Burm., *Handb. der Ent.*, II, p. 955. — Linn., *Syst. Nat.*, II, p. 913, nº 3. *Panorp. Hiem.* — Fabr., *Ent. syst.*, II, p. 98, nº 5. — Panz., *Faun. Germ.*, p. 23, nº 18. *Gryllus Proboscideus.*

D'un noir luisant, un peu bronzé, quelquefois verdâtre. Antennes de la longueur du corps, rousses, noires dans leur tiers externe; bec jaune, noir à l'extrémité. Femelle ayant de très-petits rudiments d'ailes, et son abdomen terminé par une tarière presque longue comme la moitié du corps, aiguë, rousse. Mâle ayant des ailes sétiformes, compactes, finement ciliées, terminées par une soie, roussâtres; extrémité anale munie inférieurement d'une large pièce écailleuse. Pattes très-grandes d'un jaune roussâtre.

Habite le nord de l'Europe.

Genre PANORPA, *Fabricius.*

Antennes presque en soie, ayant le premier article très-épais; ocelles très-visibles; palpes maxillaires ayant le dernier article au moins aussi long ou plus long que le précédent, presqu'en cône. Une paire d'ergots à tous les tibias; onglets dentelés en scie, ayant entre eux une pelote saillante. Abdomen des mâles terminé par une partie presque ovoïde, en forme de pince à l'extrémité. Ailes assez étroites, ayant des nervures longitudinales rameuses et quelques nervules transverses.

* 1, PANORPA COMMUNIS, *Linné.*

Linn., *Syst. Nat.* II, p. 915, nº 2. — Fab. *Ent. syst.* II, p. 97, nº 1. — Geer., *Mém.* II, pl. 22 et 24, fig. 1-5. — Panz., *Faun. Germ.*, p. 50, nº 10. — Latr., *Genr. Crust. et Insect.* III, p. 188, nº 1. — Leach., *Zoolog. Misc.* II, p. 98, pl. 94, fig. 1.

Ayant trois centimètres d'envergure; noire. Tête noirâtre; antennes longues, noires; bec rouge avec l'extrémité noire. Corps noirâtre, plus ou moins mélangé et taché de jaune ou de roux. Abdomen chez le mâle un peu rétréci à la base, ensuite plus épais; troisième segment ayant un bord saillant sur les côtés; le cinquième plus long que les autres, en cône tronqué, régulier, n'ayant pas de saillie; le sixième très-étroit à sa base, en cône placé d'une manière opposée au précédent, mais c'est la base du cône qui est tronquée; le suivant un peu plus petit et à peu près fait de même; pince ovoïde, ayant sur la face inférieure qui devient supérieure lorsqu'elle est redressée, un double appendice linéaire; branches de la pince en forme de mandibules allongées; chez la femelle, extrémité grêle, rousse, munie de deux appendices filiformes et divariqués, dessous couvert par une grande écaille. Pattes d'un jaunâtre ou d'un roussâtre obscur, presque brunes à l'extrémité, ayant quatre dents aux onglets sans compter leur extrémité. Ailes transparentes, plus ou moins tachées de noir, quelquefois pas beaucoup plus que chez la *Germanica*, mais ayant ordinairement le sommet, une bande transverse sinuée avant le milieu, un point sur le milieu de la côte, quelquefois plus en dedans, deux taches plus près de la base, qui peuvent se réunir, et souvent un point avant la base; il y a souvent quelques autres petites taches qui s'unissent aux autres en rendant par fois la bande transverse fourchue.

Commune en Europe dans les lieux humides.

*2. PANORPA MERIDIONALIS, *mihi*.

Cette espèce, qui a souvent dû être confondue avec les P. *communis* et *Germanica* s'en distingue en ce que les ailes sont davantage tachées de noir, et surtout par la forme du ventre dans le mâle, dont le cinquième segment, au lieu d'être aminci à l'extrémité, et cylindrique comme dans les deux autres espèces, offre une élévation en pointe supérieurement; on voit sortir brusquement de cette extrémité tronquée, les trois derniers segments très-différents des autres, et dont le premier est beaucoup plus aminci à la base, et plus fortement renflé à l'extrémité que dans les deux autres espèces. Dents des onglets plus courtes que chez la *Communis*.

Je l'ai trouvée en Espagne, dans les montagnes de la Sierra-Nevada. Elle se rencontre aussi dans une grande partie de la France, où elle est commune. Je l'ai prise dans le Limousin, les Pyrénées, etc.; mais je ne crois pas la posséder des environs de Paris, où les deux autres sont communes.

*3. PANORPA GERMANICA, *Linné*.

Linn. *Syst. Nat.* II, p. 915, n° 2. — Fabr., *Ent. syst.* II, p. 97, n° 2. — Steph. *Ill. Brit. Ent.*, vol. 6, p. 52.

La *Germanica* se distingue de la *Communis* par ses couleurs plus pâles et ses ailes à peine tachées de noir, et surtout par la forme des différents segments de l'abdomen et du renflement terminal, dont la pince a les branches et les pointes sensiblement plus courtes, et dont les deux appendices qui sont appliqués dessus, en partant de la base, lorsqu'il est relevé, sont dilatés à l'extrémité, et plus courts, tandis que dans la *Communis*, ils sont linéaires et s'approchent beaucoup plus de la base des pinces; le deuxième segment présente en dessus, à son bord postérieur, un avancement élevé qui s'appuie sur une petite éminence du segment suivant; onglets n'ayant que trois dents.

La *Germanica* est commune dans les bruyères en France, dans les Alpes et probablement dans le nord de l'Europe.

* 4. PANORPA ALPINA, *mihi.*

Un peu plus petite que la *Germanica* et lui ressemblant beaucoup. Antennes longues, brunes; bec obscur, roux sur les côtés et au sommet. Corps noirâtre, nuancé de roux; deuxième segment de l'abdomen à peine, un peu gibbeux à son bord postérieur en dessus, pas sensiblement prolongé; cinquième en cône tronqué, très-légèrement gibbeux à son bord en dessus, ce qui ne paraît pas exister chez la *Germanica*; malheureusement les derniers segments et la pince manquent, ce qui m'empêche de m'assurer si elle forme une espèce distincte. Ailes étroites, un peu roussâtres, ayant deux ou trois atomes bruns à peine sensibles, sans taches à l'extrémité. Pattes roussâtres; onglets n'ayant que deux dents bien prononcées, tandis qu'il y en a trois chez la *Germanica* et la pointe plus longue que chez cette dernière.

Vallée de Chamounix.

*? 5. PANORPA COGNATA, *mihi.*

De la taille de la *Germanica*, et lui ressemblant beaucoup, mais bien distincte; ayant à peu près les mêmes couleurs. Bord postérieur du deuxième segment de l'abdomen un peu élevé; le cinquième très-différent, court, plus épais à son extrémité qu'à sa base; cette extrémité comprimée et saillante en dessus; sixième bossu à sa base, peu dilaté à son extrémité; le septième un peu gibbeux après la base, non dilaté vers l'extrémité, très-échancré à son bord postérieur en dessus; partie renflée terminale, plus épaisse que chez la *Communis*, ayant les appendices linéaires, plus que dans cette dernière, allant à peu près jusqu'à la base de la pince.

Je ne sais d'où me vient cette espèce, qui est peut-être exotique. Je ne connais que le mâle.

6. PANORPA RUFESCENS, *mihi.*

Un peu plus petite que la *Communis*; ayant tout le corps roux ou roussâtre. Antennes brunes, roussâtres à la base. Cinquième segment de l'abdomen un peu gibbeux en dessus, comprimé à l'extrémité où les bords latéraux sont enfoncés, bord postérieur en dessus, prolongé en une corne assez saillante, grêle; partie renflée terminale, courte, avec les appendices linéaires très-longs; branches de la pince courtes. Ailes un peu roussâtres, leur dessin à peu près comme chez la *Communis*, avec quelques nervules bordées de brun. Onglets ayant trois dents. Femelle ayant à l'extrémité anale deux petits appendices comme dans le genre *Embia*.

Habite l'Amérique septentrionale.

7. PANORPA FASCIATA, *Fabricius* (pl. 8, fig. 5).

Fabr., *Ent. Syst.* II, p. 98, n° 4.

De la taille de la *Communis*, mais un peu plus épaisse; entièrement rousse ou rougeâtre. Antennes brunes; bord postérieur du métathorax plus saillant et plus mince que dans la *Communis*, beaucoup plus large; sixième segment de l'abdomen du double plus étroit que le précédent, le suivant plus étroit à la base qu'à l'extrémité. Ailes d'un jaune roussâtre pâle, ayant des bandes brunes beaucoup plus régulières que chez les précédentes ainsi disposées : d'abord une sur le sommet, ensuite une autre fourchue postérieurement, une tache sur le milieu de la marge antérieure, plus près de la base une bande un peu oblique, et avant la base, deux taches opposées qui n'existent pas sur les inférieures; réseau peu visible; cinq dents aux onglets.

Collection de M. Serville, et indiquée de Philadelphie.

8. PANORPA SCORPIO, *Fabricius*.

Fabr., *Ent. syst.*, II, p. 97, n° 3. — Leach., *Zool. miscel.*, II, p. 99, tab. 94, fig. 3, 4. — Burm., *Handb. der Ent.*, II, p. 957, n° 1. — Latr., *Gen. Crust. et Ins.*, III, p. 189. *Bittacus scorpio*.

Un peu plus petite que la *Communis*. Tête et thorax noirs. Abdomen rouge, ayant le premier segment étroit et la pièce de l'extrémité noirs; le sixième deux fois aussi long que le précédent, plus étroit postérieurement; le septième et le huitième au moins aussi longs chacun que le précédent, fortement atténués à leur base. Pièce de l'extrémité ayant une pince longue et aiguë. Ailes d'un noir un peu roussâtre, ayant à peu près sur leur milieu, trois taches oblongues blanchâtres, dont une antérieure et deux postérieures; l'interne des postérieures se continuant quelquefois jusque sur la côte où elle est interrompue. Pattes noires.

De l'Amérique septentrionale.

DEUXIÈME FAMILLE.

NÉMOPTÉRIDES.

Se distingue de suite de la précédente et des suivantes par la forme des ailes inférieures, qui sont presque linéaires, souvent un peu dilatées ; la disposition de la bouche diffère de celle des Panorpides. Elle ne forme qu'un genre qui pourrait se diviser en trois autres.

GENRE NEMOPTERA, *Latreille.*

NEMATOPTERA, *Burmeister.* PANORPA, *Linné, Fabricius.*

Antennes presque filiformes ; bouche prolongée en museau ; pas d'ocelles ; palpes labiaux plus longs que les maxillaires, ceux-ci plus courts que les mâchoires, qui sont droites, ciliées, obtuses à l'extrémité. Tarses de cinq articles, le premier et le dernier assez longs, les autres très-courts ; ergots très-courts ou insensibles, les tibias postérieurs n'en ayant qu'une paire ; onglets grands.

Ce genre a beaucoup de rapports avec les Hémérobes, et peut-être eût-il mieux valu placer les Némoptérides entre les Hémérobides et les Myrméléontides avec lesquels ils ont aussi des rapports ; mais je les ai rapprochés des Panorpides, à cause du prolongement de la bouche ; je crois pourtant qu'ils s'en éloignent beaucoup.

I. Bouche assez fortement avancée en bec.
A. Ailes supérieures ayant des bandes en zigzag et un très-grand nombre de traits ou de points noirs ou bruns. G. NEMOPTERA.
B. Ailes en grande partie transparentes ; les inférieures plus ou moins dilatées. G. *Halter.*
II. Bouche à peine avancée en bec. G. *Brachystoma.*

I.   A.

* 1. NEMOPTERA LUSITANICA, *Leach.*

Ramb., *Faune de l'Andalousie.* II, pl. 9, fig. 1. — Leach., *Zool. misc.*, II, p. 74, tab. 85, fig. prim. *Nemopteryx Lus.*—Burm., *Handb. der Ent.*, II, p. 987, n° 8 ?

Ayant de cinq à six centim. d'envergure pour les ailes supérieures, inférieures de quatre et demi à cinq et demi de long; variée de jaune et de noir. Antennes et une bande sur le bec, noires. Thorax jaune avec trois bandes noires. Abdomen jaune en dessous, noir en dessus avec le bord postérieur des segments, et chez la femelle une bande interrompue, jaunes; extrémité anale du mâle ayant en dessous une pièce large concave, contenant un appendice large, triangulaire, plié en deux; poitrine jaune avec des lignes noires. Pattes jaunes. Ailes supérieures très-larges, jaunes ou jaunâtres, variées de bandes brunes et de séries de points et de traits noirs, ainsi disposés à partir de la base : première série sur le bord costal, deuxième après la troisième nervure, quatrième après la quatrième nervure, cinquième après la cinquième nervure, la sixième sur le bord abdominal, entre elle et la précédente ; il y a quelque points placés en série ; outre ces séries, il y en a plusieurs autres secondaires, placées par groupe entre les ramifications des nervures et qui sont presque toutes couvertes par les bandes; celles-ci, très-irrégulières, sont au nombre de quatre et plus ou moins interrompues; la première, vers la base, consiste en une tache seule sur le bord postérieur; la deuxième en zigzag partant après la cinquième nervure; la troisième, presque médiane, irrégulière et plus ou moins interrompue, traverse toute l'aile ; la dernière cerne le sommet de l'aile, en comprenant une tache jaune ; postérieures, presque linéaires, ayant la forme d'une plume, pâles à la base, brunâtres dans une assez grande étendue jusqu'au milieu, le reste jaune avec deux bandes transverses avant l'extrémité, noires.

Habite le midi de l'Espagne et du Portugal; je l'ai reçue de Madrid de M. Graells ; mais je ne crois pas qu'elle habite ailleurs que dans la péninsule Ibérique : alors M. Burmeister rapporte à tort à la *Lusitanica* la figure de l'ouvrage sur l'Égypte.

* 2. NEMOPTERA COA, *Linné* (pl. 8, fig. 3.).

Linn., *Syst. Nat.*, II, p. 98, n° 7. *Panorpa Coa.* — Fabr., *Ent. syst.*, suppl. p. 208, n° 7. — Coqueb., *Illustr. icon.*, p. 15, tab. 3, fig. 3. — Oliv., *Encycl. méthod.*, VIII, p. 178, n° 1.

C'est bien cette espèce que Fabricius a voulu désigner en écrivant : *alæ anticæ rotundatæ* ; car de toutes celles que je connais, c'est elle qui a les ailes antérieures les plus courtes et les plus arrondies. Ressemblant extrêmement à la *Lusitanica*, mais bien distincte par les détails du dessin, et par la forme des premières ailes (1); corps à peu près semblable pour les couleurs. Ailes antérieures bien sensiblement plus courtes, plus

(1) Ce qui prouve bien l'importance des couleurs dans les caractères spécifiques, c'est qu'ici la nature a modifié la forme de l'aile sans changer sensiblement l'ensemble du dessin.

arrondies et proportionnément plus-larges, de sorte que le bord costal, presque droit chez la *Lusitanica*, est ici elliptique ; rangées de points et de lignes à peu près semblables, mais les lignes et les points plus petits et plus nombreux ; première série ayant des lignes plus longues, ce qui tient à ce que l'espace costal est bien sensiblement plus large ; première tache sur cet espace plus rapprochée de la base et les nervules plus nombreuses ; dernière rangée avant la première tache, plus longue et contenant plus de lignes noires comme toutes les autres ; les cinquième et sixième nervures ayant une courbure bien plus forte ; les bandes presque disposées de même ; la première réduite aussi à une tache postérieure ; la seconde plus décomposée, divisée dans son milieu transversalement en trois ou quatre lignes ou séries de points ; la troisième formée de quatre taches éloignées, dont les deux postérieures se touchent quelquefois et dont l'antérieure, plus rapprochée de la base que chez les autres espèces, semble faire suite à la seconde bande ; la quatrième très-divisée, ne bordant pas l'extrême sommet, se divisant en deux taches sur la marge antérieure, toujours isolées sur la côte, de sorte que cette marge, dans sa moitié extérieure, est toujours marquée de trois taches isolées antérieurement, ce qui n'existe pas chez la *Lusitanica*.

Décrite d'après des individus rapportés des îles de l'Archipel, par M. Brullé, dans l'expédition de Morée. C'est dans les mêmes lieux qu'elle a été trouvée autrefois par Olivier.

3. NEMOPTERA ÆGYPTIACA, *mihi*.

Descript. de l'Égypte. *Nevropt.*, pl. 2, fig. 15.

Ressemblant beaucoup à la *Lusitanica*, mais paraissant distincte ; corps à peu près coloré de même. Ailes supérieures plus sinuées à la marge postérieure vers le sommet ; rangées de points et de traits presque semblables ; dernière rangée, sur la marge postérieure, formée de points et non de traits ; bandes peu marquées, la seconde ne paraissant pas en zigzag, presque effacée ; la troisième non interrompue ; la quatrième peu marquée dans son milieu, ne formant pas un cercle ; postérieures à peu près semblables. Elle diffère surtout de la *Lusitanica*, en ce qu'elle n'a pas de taches sensibles sur le bord costal, en ce que les traits costaux de la base sont confluents à leur extrémité et laissent entre eux une petite tache arrondie, et en ce qu'il y a une tache noire plus épaisse sur le milieu vers la base (décrite d'après la figure de l'ouvrage sur l'Égypte).

Si elle ne constituait pas une espèce particulière, elle se rapporterait plutôt à la *Coa ;* mais elle paraît en différer bien sensiblement : n'ayant pas vu l'espèce en nature, je ne puis décider complétement la question.

4. NEMOPTERA SINUATA, *Olivier*.

Oliv. , *Encycl. méth.*, VIII, p. 178, n° 2. — Burm., *Handb. der Ent.*, p. 987, n° 9. *Nem. Coa.*

Se distingue bien de la *Lusitanica* par la teinte du corps, qui est plus noire, moins variée de jaune ; par les ailes dont les séries de points et de lignes sont moins nombreuses ; la costale a disparu ; la seconde, qui est une série de points, est ici une série de lignes ; la troisième, qui est la plus longue, est interrompue dans une grande partie de sa longueur ; la quatrième n'existe pas ; la sixième est peu sensible ; les autres ont presque entièrement disparu ; la première bande plus ou moins interrompue traverse toute l'aile et touche la seconde de manière à comprendre avec elle deux grandes taches jaunes ; la troisième est presque semblable ; la quatrième laisse le bout de l'aile sans l'entourer ; ces bandes forment sur la marge antérieure trois taches brunes dont l'interne, placée avant la base, n'existe jamais chez la *Lusitanica* et distingue de suite la *Sinuata* ; ces bandes sont ordinairement plus marquées, mais la teinte jaune est souvent plus pâle ; les inférieures, un peu plus longues, ont la même coloration.

Habite l'Asie mineure, d'où elle a été rapportée par Olivier et Carcel ; elle aurait aussi été prise en Morée par M. Alexandre Lefebvre, d'après M. Brullé ?

B.

Ce groupe pourrait former un genre sous le nom de *H*ʋ*lter ;* les femelles ont les yeux et les ailes souvent beaucoup plus petits.

5. NEMOPTERA PALLIDA, *Olivier* (pl. 8, fig. 4.).

De la taille de la *Lusitanica*, mais ayant les ailes antérieures beaucoup plus étroites. Tête très-grosse, ayant les yeux gros, beaucoup plus rapprochés l'un de l'autre que chez la *Lusitanica ;* entièrement jaune ; antennes aussi longues au moins que les ailes supérieures, brunes, jaunes à la base. Thorax jaune varié de rougeâtre en dessus, où il est un peu velu. Abdomen varié de jaune et de noirâtre. Pattes jaunes. Ailes supérieures transparentes ; ayant le réseau pâle un peu obscur, les deuxième et troisième nervures jaunes ; les postérieures très-longues et étroites, jaunâtres, avec une tache noire avant l'extrémité qui est grêle et allongée, un peu dilatée à la partie noire. Femelle plus petite, jaune. Tête beaucoup plus petite et yeux moins rapprochés, plus petits ; antennes brunes. Prothorax bien moins élevé à son bord antérieur. Ailes antérieures un peu moins transparentes, un peu obscures, les postérieures beaucoup plus courtes, de la même couleur, plus dilatées à la partie noire.

Trouvée par Olivier dans le désert, à 15 lieues nord-ouest de Baghdad·

6. NEMOPTERA ALBA, *Olivier.*

Oliv., *Encycl. méth.*, VIII, p. 179, n° 6.

Sept ou huit lignes d'envergure. Corps blanc, sans taches. Yeux noirs. Ailes incolores, avec les nervures blanches; les postérieures sétacées, d'un blanc obscur. (Texte d'Olivier.)

Prise à Baghdad par Olivier; elle entre le soir dans les maisons, attirée par la lumière.

7. NEMOPTERA ALGIRICA, *mihi.*

Plus petite que la *Pallida*; jaune variée de brun rougeâtre. Tête petite, ayant une bande rougeâtre sur le bec. Ailes antérieures transparentes, ayant le bord antérieur teint de brun roussâtre pâle; deuxième et troisième nervures jaunes, les autres brunes; les postérieures brunes, deux fois dilatées avant l'extrémité, avec deux taches à l'extrémité, jaunâtres; les dilatations brunes, la première large, la seconde beaucoup moins et donnant à l'extrémité la forme d'un fer de lance. Pattes jaunes, un peu brunes vers l'extrémité.

Habite l'Algérie.

8. NEMOPTERA EXTENSA, *Olivier.*

Oliv., *Encycl. méth.*, VIII, p. 178, n° 4. — Dumer. *Consid. gen.*, pl. 27, fig. 7.

Quatre centim. et demi d'envergure; jaune. Tête ayant le bec jaune, tachée au front de brun roux. Thorax taché en dessus de la même couleur, qui forme trois lignes sur le prothorax. Abdomen ayant une bande noirâtre, irrégulière de chaque côté. Pattes jaunes. Ailes antérieures oblongues, arrondies à l'extrémité, un peu sinueuses postérieurement avant le sommet, transparentes; espace costal, ayant une très-large nuance roussâtre, surtout au milieu; nervures et réseau bien marqués, avec les aréoles du disque presque toutes quadrilatères; postérieures courtes, n'ayant pas quatre centim. de long; largement dilatées à leur sommet, avant lequel il y a une plus forte dilatation, d'un blanc jaunâtre obscur; les parties dilatées noires, séparées par une tache couleur du fond.

Se trouve aux environs de Baghdad; collection de M. Serville.

II.

9. NEMOPTERA OLIVIERI , *mihi.*

Oliv., *Encycl. méth.*, VIII , p. 178, n. 3. *Nemoptera Halterata* (1).
— Leach , *Zool. misc.*, II. p. 74, pl. 85 , fig. infer. *Nemopteryx
Africana ?* Descript. de l'Égypte , *Névropt.*, pl. 2, fig. 13, 14.

De la taille de l'*Extensa*, mais ayant les ailes plus étroites. D'un
jaune sale, marquée de brun roux et de noirâtre qui forment trois lignes
sur tout le corps. Tête ayant à peine la bouche plus avancée que dans les
Hemerobius. Pattes ayant les tarses longs. Ailes antérieures assez
étroites, obtuses, à peine sinuées postérieurement avant le sommet,
transparentes, avec l'espace costal d'un roussâtre obscur, le sous-costal
jaune, ce qui ne se voit bien que vers sa partie externe : les postérieures
très-longues dans le mâle, légèrement et insensiblement élargies avant
l'extrémité, mais non subitement dilatées, d'un brun roussâtre pâle, surtout vers l'extrémité, avec deux éclaircies blanchâtres, dont la première
plus grande commence avant l'élargissement, et l'autre avant l'extrémité,
souvent peu visible. Femelle ayant les ailes moitié plus petites, plus
étroites ; les postérieures beaucoup plus courtes, plus obtuses.

Habite l'Égypte. Cette espèce s'éloigne des autres par la brièveté de
sa bouche, et pourrait former un genre particulier, sous le nom de
Brachystoma.

---

(1) La *N. Halterata* de Forskahl me paraît être une espèce différente , puisqu'il la décrit comme ayant trois dilatations aux ailes postérieures ; elle se trouve en Arabie. L'*Africana* de Leach n'est peut-être
pas la même , car il l'a décrit d'après des individus de pays très-différents ; les uns de Sierra-Leone, et les autres reçus de M. Savigny et
qui doivent être d'Égypte, pourraient être l'*Oliveri* , mais d'après lesquels a-t-il décrit? Il ne note pas la couleur brun roussâtre du bord
costal.

MYRMÉLÉONTIDES.

Cette famille se distingue bien des autres par ses antennes renflées à l'extrémité.

Elle peut être considérée comme une tribu qui se divise naturellement en deux petites familles comprenant les deux genres *Ascalaphus* et *Myrmeleo* des auteurs ; elles ne diffèrent que par les antennes, plus longues chez les premiers et se terminant brusquement en un bouton, tandis qu'elles sont courtes et s'épaississent insensiblement chez les seconds. La tête est grosse, avec les yeux gros, arrondis ou oblongs, et alors divisés par un sillon ; le premier article des antennes est très-épais, quelquefois comme vésiculeux. Le prothorax est tantôt étroit et en forme de selle, tantôt allongé. L'abdomen est plus ou moins long, et les arceaux supérieurs et inférieurs sont souvent séparés, surtout vers le milieu, par une partie membraneuse très-large ; il est souvent muni de deux appendices variables pour la longueur, souvent nuls, existants quelquefois chez les femelles, mais plus courts. Les pattes sont assez courtes, fortes ; le tarse est composé de cinq articles, dont le premier et le dernier sont les plus longs, et celui-ci presque toujours plus long que le premier, muni de deux onglets très-forts, à la base desquels il y a inférieurement une saillie seulement garnie de deux soies chez les Ascalaphes, hérissée d'épines au milieu desquelles on aperçoit deux soies chez les Myrméléons ; les ergots des tibias sont bien prononcés, souvent courbés, variables pour la longueur. Les ailes sont grandes, allongées, ayant quelques rapports avec celles des Libellulides. Elles ont un réseau serré et un certain nombre de nervures longitudinales ; ce système de nervures est à peu près le même chez les Némoptérides et les Nymphides, et diffère peu chez les Hémérobides et même chez les Mantispides. Il est indispensable de pouvoir les désigner, pour les descriptions et les caractères, mais de la manière la plus simple. Le bord costal est formé par une nervure qui porte le même nom ; l'espace qui vient après, et qui est traversé par un assez grand nombre de nervules presque toujours simples, prendra aussi le nom d'*espace costal*; on doit le considérer comme se terminant au ptérostigma, qui est ici fort mal circonscrit ou pas du tout, aussi je le désigne souvent par les mots de *tache ptérostigmatale*; cet espace est borné postérieurement par une *seconde* nervure qui, derrière le ptérostigma, s'unit avec la suivante ou la *troisième*, constamment dans cette famille, dans les Némoptérides les Nymphides, les Mantispides et dans quelques Hémérobides. Cette seconde nervure conservera le nom de *sous-costale* qu'on lui a déjà donné dans d'autres tribus ; pour la troisième et les suivantes, je crois qu'il est plus simple de les désigner numériquement, cette troisième avant son milieu, fournit postérieurement un rameau qui se ramifie en beaucoup d'autres ramuscules ; ce rameau est constant dans les familles qui ont le plus de rapport avec celle-ci ; mais dans les Nymphides il remonte presque jusqu'à la base; dans les Ascalaphides il part souvent du côté interne de la base de ce rameau un petit ramuscule récurrent qui se dirige vers la base, je ne le désigne que par le nom de *rameau* de la troisième nervure, quelquefois il y en a deux (*Palpares manicatus*); les quatrième et cinquième nervures sont assez rapprochées ; placées au milieu de l'aile, elles s'en vont parallèlement se terminer en se courbant sur la marge postérieure; la cinquième fournit postérieurement, aux ailes antérieures, deux rameaux qui peuvent offrir des caractères de spécialité et de division, l'un *basilaire*, et qui conservera ce nom, n'est constant que dans les Ascalaphes et quelques Myrméléons, chez les autres il n'est que rudimentaire; il est quelquefois rameux, comme chez la plupart des espèces du G. *Ascalaphus* (simple chez le *Lacteus*) et va souvent au devant du second, formant assez souvent avec lui une grande aréole réticulée ; le second, qui naît vers la fin du premier tiers interne de l'aile, prendra le nom de rameau *transverse*, parce qu'il se rend à la marge postérieure ; mais dans quelques *Myrméléons* il est longitudinal dans une certaine étendue ; aux ailes postérieures, le rameau basilaire ne part presque jamais de la cinquième nervure, mais de la base de l'aile. Dans le genre *Palpares*, ce rameau sur les ailes inférieures fournit à son extrémité un ramuscule récurrent qui coupe l'extrémité du rameau transverse, qui paraît souvent aussi le fournir, et se continue quelquefois parallèlement avec la cinquième nervure ; il peut conserver le nom de *ramuscule récurrent*; après le rameau basilaire se trouve une, deux ou trois nervures fort courtes, quelquefois assez allongées, le plus souvent fort peu importantes ; la base de l'aile offre un rameau oblique, qui partant de la naissance de la cinquième nervure, traverse la quatrième et vient aboutir à la troisième. Ce rameau, qui caractérise cette famille, se voit encore chez les Nymphides.

Les larves de ces insectes sont généralement mal connues, à l'exception de celles des *Myrm. formicarius* et *tetragrammicus*; elles sont ovoïdes, déprimées, avec le prothorax rétréci. La tête est presque quadrilatère, armée de deux grandes mandibules creuses, qui leur servent de suçoirs et de pinces pour saisir les autres insectes ; les antennes sont assez longues, presque sétiformes, composées de beaucoup d'articles ; les yeux consistent en une saillie sur laquelle il y a plusieurs stemmates (six), comme sur la tête des chenilles, mais plus serrés. L'abdomen et les deux dernières divisions du thorax, qui ne s'en distinguent pas, ont sur les côtés de petits tubercules et de petites touffes de poils ; la partie postérieure est hérissée d'épines rangées par lignes, et quoiqu'on ait prétendu qu'elles n'avaient pas d'ouverture anale, il est cependant facile de la distinguer avec une forte loupe. Les pattes sont composées d'une hanche longue et qu'on prendrait pour cuisse si elle ne portait un trochanter, de celle-ci, d'un tibia et d'un tarse d'un seul article long ; à l'exception des dernières qui n'ont pas de tarse. Tout le monde connaît les mœurs des deux espèces que j'ai citées, et qui sont souvent confondues.

J'ai trouvé plusieurs fois dans le midi de la France, en Corse et en Espagne, dans le sable des dunes, une larve deux ou trois fois plus grosse que celle du Formicarius, mais ne formant pas d'entonnoir pour tendre un piége aux insectes ; elle est un peu plus déprimée, un peu plus longue, et blanchâtre ou grise ; je suppose qu'elle produit le *Palpares Libelluloïdes*; j'ai une autre larve du midi de la France, hérissée de poils très-courts, plus épais à l'extrémité, ayant des tubercules sur les côtés, très-saillants, fortement hérissés ; l'anus pointu, hérissé, mais sans rangées d'épines ; les pattes très-courtes, les intermédiaires pas plus longues, n'ayant toutes qu'un tarse qui n'est même pas articulé. La tête excavée, et la partie qui porte les yeux lisses, très-saillante ; serait-ce la larve d'un *Ascalaphus ?*

PREMIÈRE DIVISION.

ASCALAPHIDES.

ASCALAPHUS, *auctorum.*

Antennes longues, filiformes, terminées brusquement en un bouton épais, pyriforme, ou en forme de toupie, quelquefois allongé.

Cette petite famille pourrait à la rigueur ne former qu'un genre, et j'étais moi-même dans l'intention de n'adopter que le genre *Ascalaphus,* malgré des différences caractéristiques très-notables, mais surtout faute de matériaux suffisants, si je n'eusse pris connaissance du travail tout récent de M. Lefebvre, qui, en publiant dans le Magasin de M. Guérin une espèce nouvelle d'Ascalaphide, en a profité pour donner une distribution de cette petite famille en onze genres (1).

____

(1) Ce travail me fait regretter que M. Lefebvre ne soit point encore disposé à faire paraître la Monographie qu'il nous promet depuis longtemps sur les Ascalaphides.

J'aurais bien désiré adopter tous les genres de M. Lefebvre ; mais malheureusement, n'ayant pas tout à fait la
même manière de voir, il est arrivé que des espèces, qui
chez cet auteur se trouvent dans le même genre, ont été
séparées par moi dans deux divisions ; de sorte qu'il m'était
impossible de savoir quelle était l'espèce typique de son
genre ; ainsi, dans celui qu'il appelle Suphalacsa , le *Macrocerus* et le *Surinamensis* forment pour moi deux divisions, et, avec le *Senex* , se trouvent dans trois genres différents.

A.

Première coupe. — Yeux divisés en deux parties par un sillon

Ascalaphus, *Burmeister*. Schizophthalmi , *Lefebvre*.

†. Ailes entières.

I. Espace costal des ailes antérieures dilaté à la base et rétréci
dans son milieu. . . . . G. *Ascalaphus*.

II. Espace costal des ailes antérieures non dilaté, ni rétréci sensiblement.

    X. Première division des yeux au moins deux fois aussi
    longue que la seconde.

        V. Mâles ayant des appendices.
                G. *Theleproctophylla*.
        VV. Mâles sans appendices. . G. *Puer*.

    XX. Yeux ayant la première division un peu plus longue
    ou de la même longueur que la seconde, mais toujours
    moins de deux fois aussi longue.

        α. Ergots des tibias postérieurs ne dépassant pas
        ou dépassant à peine le premier article des
        tarses. . . . . G. *Bubo*.

        αα. Ergots des tibias postérieurs à peu près de la
        longueur des quatre premiers articles des
        tarses.

        β. Ailes postérieures nullement dilatées.
                G. *Ulula*.

    ββ. Ailes postérieures dilatées. G. *Cordulecerus*.

†† Ailes échancrées à la marge postérieure, au moins
    des inférieures. . . . . : G. *Colobopterus*.

AA.

Deuxième coupe. — Yeux entiers.

Haploglenius, *Burmeister*. Olophthalmi, *Lefebvre*.

A. Abdomen uni; ailes larges, ni échancrées,
ni appendiculées. . . . . G. *Byas*.
B. Abdomen uni ; ailes évidées et appendiculées
à la base. . . . . G. *Haploglenius*,
C. Abdomen gibbeux. . . . . G. *Azesia*.

Genre ASCALAPHUS, *Fabricius*.

Antennes ayant à l'extrémité un bouton presque sphérique ou
en toupie (il se déprime et se creuse par la dessiccation); premiers palpes maxillaires médiocrement longs et épais, ayant le
troisième et le cinquième article plus longs que les autres, celui-ci
cylindrique, un peu atténué à l'extrémité ; les seconds (division
externe des mâchoires) cylindriques, paraissant composés de trois
articles, dont le premier peu distinct, le second le plus long,
épaissi à l'extrémité, le troisième grêle, accompagné de quelques soies ; les labiaux au moins aussi longs ou plus longs que les
maxillaires, ayant le premier article beaucoup plus court que les
deux autres qui sont presque égaux ; lèvre inférieure large, presque arrondie ou un peu cordiforme, ayant ses côtés repli ésen
dedans et garnis de poils courts, légèrement échancrée, avec les
côtés de l'échancrure ciliés ; mâchoires minces, larges à la base,
fortement ciliées ; mandibules épaisses, presque triangulaires à
leur côté interne, où elles présentent trois fortes dents en comptant l'extrémité. Pattes courtes ; éperons des tibias postérieurs ne
dépassant jamais le premier article des tarses.

Les yeux sont divisés par un sillon très-courbé, avec la division supérieure ovoïde plus longue que la seconde ; les antennes
sont toujours complétement glabres, et leur premier article est
vésiculeux, un peu comprimé ; la face et le sommet de la tête
sont entièrement couverts de poils mous, touffus. Les appendices
des mâles sont simples, formant, par leur réunion, une espèce
de pince, presque semblable dans toutes les espèces. La dernière
pièce de l'abdomen, au-dessous des appendices, est toujours tri-

fide ou trilobée. Les pattes ont le premier article court, près de moitié moins long que le dernier, les autres très-courts ; les tibias sont toujours jaunes, et les tarses presque toujours noirs, au moins dans la première division. Les ailes sont toujours élargies au bord postérieur, surtout les secondes, ou ce bord forme un angle très-large et très-obtus ; elles ont des aréoles nombreuses ; leur couleur est toujours variée de noir ou de brunâtre et de jaune ou de roussâtre, avec la base des postérieures noire ou brune ; le rameau basilaire de la cinquième nervure est d'abord parallèle avec cette nervure et ensuite avec le rameau transverse, et ils laissent entre eux des aréoles ayant à peu près la même largeur ; le basilaire est souvent bifide ou trifide. Le corps entier est toujours très-velu.

Ce genre comprend la plus grande partie des Ascalaphides européens dont je décris 12 espèces ; les *Pupillatus*, *Oculatus* et *Hungaricus*, pourraient bien être des variétés et ne former qu'une seule espèce ; les autres sont tous bien distincts. Ils peuvent se diviser en deux groupes.

a. Taches jaunes ou blanches, toujours opaques ; réseau serré. *Asc. Meridionalis*, Charpentier (7 espèces).

b. Couleur jaune roussâtre, ou fuligineuse, ou roussâtre, ne formant point de taches bien tranchées, incomplétement opaques ; réseau très-serré. *Asc. Longicornis*, Linné (5 espèces).

* 1. ASCALAPHUS MERIDIONALIS , *Charpentier.*

Charp.,*Hor. Ent.*, p. 57, tab. 2, fig. 8. — Latr,, *Gen. Crust. et Ins.*, III, p. 194, n° 3. *A. Italicus* — Burm., *Handb. der Ent.*, II, p. 1003, n° 17. — Oliv., *Encycl. méth.*, I, p. 245, n° 1. *Asc. Barbarus.*

Près de six centim. d'envergure et un peu plus de deux de long. Noir. Tête très-velue, ayant les poils de la face roussâtres, et ceux de l'occiput cendrés, noirs sur le vertex ; yeux bordés antérieurement, par une partie saillante, lisse et glabre, jaunes ; antennes noires, ayant les articulations saillantes, avec la massue large, orbiculaire. Thorax noir, velu, ayant une ligne antérieure et quatre points jaunes à peu près cachés par les poils ; poitrine noire avec deux points jaunes qui se touchent au-dessous de l'attache des premières ailes. Abdomen velu, noir, oblong dans la femelle, assez grêle chez le mâle ; appendices assez longs, cylindriques, connivents à l'extrémité qui est un peu renflée, peu velus, noirs. Pattes noires, ayant l'extrémité des cuisses et les tibias, l'extrémité exceptée, jaunes. Ailes larges, brunâtres, avec une tache stigmatale plus obscure ; les supérieures ayant la partie interne de l'espace costal, qui se prolonge en s'obscurcissant un peu jusqu'au ptérostigma, une grande tache basilaire postérieure, qui s'avance jusqu'au tiers de l'aile, jaunes, ces deux taches séparées par une partie brune qui est noire à la base ; inférieures plus larges, se dilatant postérieurement en un angle obtus, ayant la base largement noire, couleur qui s'étend le long du bord interne, jusque vers l'angle ; milieu occupé par une très-large tache trifide, allant jusqu'à l'angle, mais quelquefois ne touchant pas le bord, avec une autre ovoïde un peu avant le sommet, jaunes ; le reste brun , le jaune du milieu s'étend souvent un peu le long du bord interne, entre la partie noire qui se prolonge de la base ; d'autres fois, au contraire, cette partie noire s'étend postérieurement, et se joint , sur le bord postérieur, à la teinte brune ; quelquefois la couleur jaune est blanchâtre.

Habite surtout le midi de la France , mais ne paraissant pas dépasser les Pyrénées, ni s'avancer beaucoup en Italie.

* 2. ASCALAPHUS BÆTICUS , *Rambur*.

Ramb. , *Faune de l'Andalousie*, II , pl. 9, fig. 3.

Ressemblant au *Meridionalis* et ayant à peu près la même forme et la même taille. Poils du devant de la tête et de l'occiput cendrés. Thorax n'ayant qu'un point jaune près de l'attache des ailes supérieures, et les deux du dessous plus visibles. Abdomen semblable ; appendices un peu plus courts, très-obtus et arrondis à l'extrémité, et ayant postérieurement à leur face externe plusieurs épines. Couleurs des ailes disposées de même aux supérieures, mais le jaune étant un peu plus étendu, et l'espace qui sépare les deux taches, marqué de petites taches jaunes , qui se voient un peu chez le *Meridionalis ;* les inférieures , ayant le noir de la base beaucoup plus court, presque arrondi extérieurement , et ne se prolongeant pas en angle le long du bord interne ; partie jaune envahissant presque le reste de l'aile , à l'exception du sommet qui est bordé de brun ; tache ptérostigmatale à peu près nulle. Couleur jaune des cuisses et des tibias un peu plus étendue ; le jaune des ailes devient quelquefois blanchâtre , surtout extérieurement.

Habite les parties montagneuses de l'Andalousie ; dans les environs de Grenade.

* 3. ASCALAPHUS LACTEUS, *Brullé*.

Brull. *Expédit. scient. de Morée*, zool. , pl. 32 , fig. 3. — Burm. *Handb. der Ent.* II , p. 1004, n° 18. — Kze, in Germ. , *Faun. Ins. Europ.* Fasc. 21, tab. 21. *Ascalaphus Ottomanus.*

Ressemblant au *Meridionalis* et de la même taille ; ailes ayant à peu près la même forme , mais la teinte jaune est blanche. Ailes supérieures presque transparentes extérieurement, ayant dans leur milieu une nuance plus brune en forme de large bande ; parties blanches un peu plus étendues, et

la partie qui sépare les deux taches, envahie par la couleur blanche ;
rameau basilaire de la cinquième nervure simple dans toute sa longueur ;
postérieures un peu moins larges ; noir de la base coupé presque carrément
et ne se prolongeant pas le long du bord interne ; partie blanche du milieu n'étant pas divisée par du brun postérieurement et antérieurement,
se prolongeant en angle vers le pterostigma ; tache du sommet bordée antérieurement par une teinte brune, plus uniforme, et qui s'étend un peu
à ses dépens, traversée par des lignes brunes ; noir de la base quelquefois
réticulé de petites taches roussâtres ; dessous du ventre ayant des poils
un peu blanchâtres ; je possède un individu chez lequel la tache du sommet
des ailes postérieures est presque entièrement oblitérée.

Habite la Grèce et la Russie méridionale.

* 4. ASCALAPHUS ITALICUS, *Fabricius.*
(Pl. 9, fig. 3. Par erreur, *Petagnæ.*)

Fabr,, *Ent. syst.*, II, p. 95, n° 2. — Charp., *Hor. Ent.,* p. 57, pl. 2,
n° 9. — Petagn. *Specim. Ins. ult. Calabr.* fig. 22. *Myrm. Barbarum.*

Ressemblant encore au *Meridionalis*, mais plus près du *Lacteus,* dont il
diffère peu. Abdomen à peu près semblable, ainsi que les appendices, qui
sont un peu plus courbés. Ailes supérieures à peu près transparentes, les
deux taches jaunes comme chez le *Meridionalis* ; rameau basilaire de la
cinquième nervure divisé en deux ; inférieures moins larges que chez
les précédents, ayant la tache de la base plus petite que dans aucune
autre espèce, un peu anguleuse ; tache du sommet oblitérée, recouverte
par six lignes longitudinales régulières, dont la première est la plus longue, laissant entre elles de petites aréoles jaunes ; ces lignes forment un
angle sur la couleur jaune du milieu et la rendent fortement bifurquée ;
bord postérieur finement brun. Thorax marqué de huit points fauves,
dont six bien visibles.

Habite l'Italie. A l'exemple de M. de Charpentier, j'ai rapporté l'*Italicus* de Fabricius à cette espèce, parce qu'il l'avait reçu d'Italie, où le
Meridionalis ne paraît pas se trouver ; du reste, sa description ne se
rapporte pas plus à l'un qu'à l'autre. La figure porte par erreur le nom
de *Petagnœ.* M. Burmeister le confond avec le *Lacteus.*

* 5. ASCALAPHUS PUPILLATUS, *mihi.* (Pl. 10, fig. 7.)

Plus petit que le *Meridionalis* ; noir ; tête grosse, ayant les poils de la face
et de l'occiput d'un cendré un peu roussâtre. Thorax ayant le bord postérieur du prothorax et quatre points jaunes. Appendices supérieurs plus
courbés que chez le *Meridionalis*, formant une sorte de pince ; appendices inférieurs un peu saillants. Ailes supérieures transparentes extérieurement, blanches intérieurement et sur l'espace costal avec les nervures
jaunâtres ; ayant à la base une petite tache bifide noire, une tache brune

réticulée de jaunâtre, sur le milieu, et entre celle-ci et le sommet, les rudiments d'une autre taché brune; inférieures beaucoup moins larges que chez le *Meridionalis;* ayant au moins le tiers interne noir, s'avançant un peu plus postérieurement, milieu entièrement d'un blanc jaunâtre; sommet noir sur lequel il y a une tache blanc jaunâtre, entièrement entourée de noir, couleur qui intérieurement s'avance un peu en dedans sur celle du milieu de l'aile; ptérostigma noir, poils du dessous de l'abdomen un peu cendrés. Pattes presque comme chez le *Meridionalis,* mais le jaune envahit à peu près tout le tibia.

Habite la Russie méridionale.

* 6. ASCALAPHUS KOLYVANENSIS, *Laxmann.*

Laxm., *Nov. comm. Acad. scienc. imp. Petropol.*, XIV, p. 1, p. 599, n° 10, tab. 25, fig. 9. *Myrm.* — Brull., *Exp. scient. de Morée,* zool., pl. 32, fig. 2. *A. Oculatus.* — Borkh., *Scrib., Beytr.*, tab. 2, fig. 4. *A. Longicornis*, var. — Charp., *Hor. Ent.*, p. 56, tab. 2, fig. 7. — Burm., *Handb. der Ent.*, II, p. 1003, n° 16. — Scopol., *Ent. Carniol.*, p. 168, n° 446. *Papilio Macaronius?*

Ressemblant extrêmement au *Pupillatus*, mais ayant les ailes jaunes; petite tache noire de la base des premières beaucoup plus obtuse; tache du milieu peu ou pas réticulée, grande mais ne touchant pas les marges; une autre tache brune assez grande après le bord antérieur avant le ptérostigma, dépassant à peine la moitié de la largeur de l'aile; nervures des parties transparentes jaunes; sommet et marge postérieure bordés de brunâtre, peu ou pas sensible, jusqu'à la tache jaune de la base; ailes postérieures presque entièrement semblables à celles du *Pupillatus*, mais le noir de l'extrémité s'avance davantage sur le jaune du milieu qui est plus étroit, et la tache qui se trouve au milieu, est plus arrondie, plus largement bordée de noir, mais aussi le jaune du milieu s'avance beaucoup plus vers la base sur le bord costal. Appendices anals ayant à l'extrémité un faisceau d'épines plus fortes.

Habite la Hongrie, la Dalmatie, l'Illyrie, la Grèce, la Turquie et le nord de l'Asie, jusque dans les monts Altaï. On ne peut douter que ce soit à cette espèce, ou à une autre bien proche, que se rapporte le *Macaronius* de Scopoli, mais non au *Longicornis*, qui ne se trouve probablement pas dans ces régions.

* 7. ASCALAPHUS HUNGARICUS, *mihi.* (Pl. 10, fig. 6.)

Ressemblant beaucoup au *Kolyvanensis;* poils de toute la face et de l'occiput roussâtres. Thorax marqué de deux lignes et de huit points fauves, la plupart très-apparents. Abdomen ayant les poils du dessous d'un blanc grisâtre. Ailes supérieures presque comme chez le *Kolyvanensis;* tache du milieu moins grande, réticulée de jaune, celle avant le ptérostigma galement plus petite presque divisée; ptérostigma brun; inférieures également presque semblables, mais le sommet est jaune et la grande tache noire circulaire est réduite à un croissant très-épais dans son milieu, mais presque interrompu avant de toucher le bord postérieur; teinte jaune un peu plus pâle.

* 8. ASCALAPHUS LONGICORNIS, *Linné.*

Linn., *Syst. Nat.*, II, p. 914, n° 2. *Myrm.* — Ejusd., *Mus. Ulr.*, p. 402.—Latr., *Hist. nat.*, XIII. p. 28. —Borkh. *Scrib.*, *Beytr.* tab. 11, fig. 3, — Fabr., *Ent. sys.*, II, p. 95, n° 1. *Asc. Barbarus.*, Burm. *Handb. der Ent.*, II, p. 1002, n° 15. — Latr., *Gener. Crust. et Ins.*, III, p. 194, n° 2. — *Asc. V-nigrum.* — Dum. *Consid. Gener.*, pl. 26, fig. 2. *Asc. Italicus.* — Oliv., *Encyc. méth.*, I, p. 345, n° 2.

Noir; ailes d'un jaune roussâtre. Poils de la face et de l'occiput roussâtres; antennes très-longues. Points fauves du thorax bien marqués. Abdomen ayant des poils blanchâtres en dessous; appendices à peu près comme chez les précédents. Ailes supérieures ayant une tache qui part de la base et s'avance en se dilatant, jusqu'au delà du tiers de l'aile, et une petite sur la base de l'espace costal, brunes, reticulées de jaune; une ligne semblable, après la troisième nervure, partant du milieu de l'aile jusqu'au ptérostigma qui est noir; au-dessous de cette ligne on voit souvent les rudiments d'une autre tache; postérieures ayant une grande tache basilaire, et une sorte de croissant qui cerne l'extrémité de l'aile, noirs.

Habite surtout le midi de la France et une partie de l'Espagne. Il se propage jusque dans le nord de la France; je l'ai rencontré à Fontainebleau, près Paris, et dans des parties froides du Limousin. Les individus de ces dernières contrées sont plus grands (près de six centim. d'envergure), plus pâles, et le croissant noir des ailes postérieures plus étendu, très-mince, quelquefois interrompu avant de toucher le bord postérieur; chez ceux de Madrid, au contraire, la tache basilaire des ailes antérieures se dilate dans presque toute la largeur de l'aile, et touche quelquefois la ligne qui se rend au ptérostigma; le croissant devient aussi épais que dans le *Kolyvanensis* et tend à faire le tour du bout de l'aile.

* 9. ASCALAPHUS BARBARUS, *Latreille* (Pl. II, fig. 4.)
(Par erreur *Ictericus.*)

Latr., *Gener. Crust. et Ins.* III, p. 194, n° 1. — Charp., *Hor. Ent.*, p. 59. *Asc. Ictericus.* — Germ., *Faun. Europ. Fasc.* 21, tab. 22. — Burm., *Handb. der Ent.*, II, p. 1002, n° 14. — Descript. de l'Égypte, *Nevr.*, pl. 3, fig. 1, var. ?

D'une taille un peu plus petite que le *Longicornis*, et d'un jaune un peu plus roussâtre et presque fuligineux; antennes plus courtes, ayant une tache jaune au côté externe du premier article. Corps à peu près semblable. Ailes supérieures ayant à la base une tache anguleuse et irrégulière plus ou moins grande, d'un brun roux, ainsi que la tache ptérostigmatale qui est petite ; postérieures ayant une tache basilaire très-grande, s'avançant surtout postérieurement ; une autre sur le sommet touchant le bord costal et postérieur, mais laissant une légère éclaircie à partir du ptérostigma jusqu'au commencement du bord postérieur ; cette éclaircie est quelquefois peu sensible, mais s'aperçoit toujours un peu, et l'extrémité du bord costal n'est pas ordinairement brune. Cuisses et tibias presque entièrement jaunes ; tarses noirs.

Assez commun dans l'extrême midi de la France, aux environs d'Hyères ; habitant aussi l'Algérie.

* 10. ASCALAPHUS SICULUS, *mihi*.

Tenant le milieu entre le *Barbarus* et le *Corsicus*, mais paraissant former une espèce distincte. De la taille du dernier. Poils de la face jaunâtres, brunâtres sur l'occiput et autour des antennes ; celles-ci blanchâtres ou jaunâtres à la base, d'un roux pâle dans les autres parties, et annelées de noir ; massue en toupie, épaisse, pas plus foncée ; yeux ne différant pas sensiblement de ceux du *Corsicus* ; couleur noire du bord postérieur de la tête plus largement échancrée par le jaune. Thorax d'un noir bleuâtre, ayant les points jaunes mieux marqués ou plus jaunes, légèrement couverts de poils grisâtres un peu jaunâtres. Abdomen à peu près comme chez le *Corsicus* (l'extrémité manque chez mon individu). Pattes entièrement jaunes, ayant très-peu de noir à la base des cuisses et à l'extrémité des tibias. Ailes présentant des différences notables ; réseau un peu plus serré, surtout aux postérieures, ou il tend à devenir parfois confluent ; plus pâles et beaucoup plus transparentes ; les parties brunes de la base des deux ailes à peine marquées ; les antérieures ayant la nervure costale et la sous-costale jaunes, comme chez le *Barbarus* (brunes, excepté à la base chez le *Corsicus*) ; le réseau brunâtre de la marge postérieure et du sommet à peu près comme chez le *Barbarus*, mais beaucoup moins étendu que dans le *Corsicus*, et l'espace costal ayant les nervules presque toutes entièrement jaunâtres ; enfin la tache de l'extrémité des postérieures à peu près comme chez le *Barbarus*, mais très-peu marquée, et n'étant point terminée sur le milieu de l'aile d'une manière régulière et longitudinalement comme chez le *Corsicus*, mais s'avançant davantage vers le bord antérieur. Cette espèce, par la couleur des pattes et de la base des antennes, ressemble au *Corsicus*, tandis que par la couleur des ailes elle se rapproche du *Barbarus*.

Habite la Sicile.

* 11. ASCALAPHUS CORSICUS, *mihi*. (Pl. II, fig. 3.)

Bien distinct du *Barbarus*, quoique extrêmement ressemblant. Poils de la tête à peu près semblables ; antennes noires, jaunes à la base, avec le premier segment noir. Thorax marqué de la même manière. Abdomen ayant les derniers segments plus sensiblement bordés de jaune. Pattes

jaunes ainsi que les tarses (noirs chez le *Barbarus*), qui sont légèrement
annelés de noirâtre et un peu obscurcis par des poils noirs. Ailes supérieures un peu plus pâles , la troisième nervure et la costale dans ses deux
tiers externes noires ; nervures brunes de la marge postérieure plus nombreuses , et s'avançant beaucoup plus sur le disque , renfermant plus d'a-
réoles transparentes ; postérieures ayant les parties claires plus pâles , la
base semblable, mais l'extrémité au lieu d'être presque entièrement brune,
ne présente qu'une bande longitudinale qui se dirige vers le bord postérieur , un peu au-dessous du sommet extrême, en laissant entre elle et le
ptérostigma une large bande de la couleur du fond.

* 12. ASCALAPHUS HISPANICUS , *mihi.* (Pl. 9, fig. 4.)

De la taille du *Barbarus*, et lui ressemblant un peu, mais bien différent ;
noir. Poils de la face et de l'occiput blanchâtres, ceux du vertex noirs ,
nombreux ; bord postérieur de la tête noir supérieurement (jaune chez
le *Barbarus*), avec une tache jaune. Thorax ayant seulement six points
jaunes antérieurs. Abdomen ayant le bord postérieur des segments bordés
de jaune sur les côtés seulement , couvert de poils noirs , quelques-uns en
dessous blanchâtres. Ailes brunâtres, mais non jaunes et fuligineuses , les
supérieures ayant le réseau de la base qui est plus brune, jaunâtre, surtout
postérieurement, s'étendant un peu sur le disque , plus brunes dans cette
partie ; inférieures ayant la partie saillante du bord postérieur sensiblement plus anguleuse et moins arrondie, offrant presque le même dessin que
chez le *Meridionalis*; c'est-à-dire une très-grande tache noirâtre à la base
qui s'étend jusque sur la partie saillante du bord postérieur, où elle est séparée par une bande jaunâtre, d'une tache brune triangulaire qui s'avance
en angle au devant de celle de la base , séparée elle-même par une autre
bande blanchâtre moins sensible, d'une grande tache brune un peu rayée
qui couvre le sommet ; les deux bandes jaunâtres ne sont que le prolongement d'une grande tache de la même couleur , et trifide , un peu obscure
dans son milieu , se prolongeant vers le ptérostigma ; réseau , à l'exception
de l'extrémité , en grande partie jaunâtre ou blanchâtre ; bande jaunâtre
des secondes ailes qui s'avance sur l'angle du bord postérieur, n'étant
produite que par des nervures confluentes. Pattes jaunes, avec la base des
cuisses et les tarses noirs.

Habite les environs de Madrid , où il a été découvert par le docteur
Graells.

GENRE THELEPROCTOPHYLLA.

DELEPROCTOPHYLLA (1), *Lefebvre.*

Lèvre inférieure large , courte , un peu saillante à son bord su-

---

(1) C'est sans doute par erreur que M. Lefebvre a écrit *Dele*, pour

périeur, qui a de chaque côté quelques cils droits ; palpes maxillaires ayant les troisième et cinquième articles plus longs que le
quatrième, à peu près égaux, les deux premiers très-courts ; les deux
derniers des labiaux longs, à peu près égaux ; le dernier un peu plus
court ; mâchoires larges, très-fortement ciliées ; division supérieure
des yeux deux fois aussi longue que la seconde ; antennes terminées
en toupie, courtes, un quart moins longues que les ailes. Abdomen
du mâle ayant quatre appendices anals, dont les deux supérieurs
beaucoup plus grands, cornus ; pièce du dessous, trifide ; celui de
la femelle ayant aussi deux appendices courts et simples, et deux
lanières membraneuses caduques. Ergots des tibias postérieurs
plus courts que le premier article des tarses. Ailes courtes, les
inférieures près d'un quart plus courtes, réseau très-lâche.

* THELEPROCTOPHYLLA AUSTRALIS, *Fabricius*.

Fabr., *Ent. syst.*, II, p. 96, n° 5. — Linn., *Syst. Nat.*, II, p. 911,
n°5 ? Klug., *Symb. phys.*, dec. 4, tab. 360, n° 11. *M. Variegatus*, var. ?

D'un roux obscur. Tête jaune ayant la face couverte de poils un peu
roussâtres, devenant blanchâtres à la base des antennes, et un peu brunâtres sur l'occiput. Thorax jaune, taché de noir, couvert de poils brunâtres
peu épais. Abdomen jaune ou roux, peu velu, ayant chez la femelle deux
appendices verticaux dont la base est supérieure, obtus, jaunes, hérissés
de poils noirs, ressemblant complétement à ceux des mâles du genre *Myrmeleon* ; et en outre, deux appendices membraneux assez longs, blanchâtres, qui disparaissent facilement ; la même partie chez le mâle munie
de quatre appendices, dont les supérieurs grands presque en forme de
pince, un peu renflés à l'extrémité qui est saillante en dedans, ayant dans
leur milieu, en dedans, une corne saillante, les autres inférieurs et latéraux un peu obtus. Pattes jaunes, les tarses annelés de noir. Ailes transparentes, médiocrement larges, quelquefois un peu roussâtres, surtout à
'extrême base, ainsi que les deuxième et troisième nervures ; ptérostigma
d'un roux obscur, le plus souvent accompagné d'une tache de la même
couleur qui s'étend plus ou moins sur le disque.

Habite le midi de la France, la Corse et la Sardaigne, d'où M. Géné
me l'a communiqué. Les individus de ce dernier pays, ont les ailes
quelquefois teintes de roussâtre, et la tache des inférieures beaucoup
plus large.

Thele, puisqu'il le fait venir de Θήλια, femelle ; car son nom de genre
se trouve avoir une signification toute différente de celle qu'il voulait
lui donner.

Genre PUER, *Lefebvre*.

Lèvre inférieure presque quadrilatère, ayant les bords latéraux rentrés en dedans légèrement ciliés, son bord supérieur ne portant point de pinceau de soies roides et courbées, à peine échancré ou déprimé dans son milieu; les deux derniers articles des palpes labiaux à peu près égaux; maxillaires ayant le premier et le second très-courts, le troisième et le cinquième plus longs que le quatrième, presque égaux; mâchoires très-larges à la base, où elles ont des soies qui atteignent presque la hauteur du sommet, fortement ciliées; antennes courtes, ayant l'extrémité en toupie, épaisse; yeux ayant la division supérieure au moins le double plus longue que l'inférieure. Ergots des tibias postérieurs moins longs que le premier article des tarses. Ailes courtes, peu larges, à réseau très-clair, les postérieures un tiers plus courtes; premier rameau de la cinquième nervure ne s'unissant pas avec le basilaire, n'ayant entre eux qu'une seule rangée d'aréoles. Corps entier assez fortement velu. Abdomen ayant sur les côtés du ventre des pinceaux de poils noirs. Mâles n'ayant pas d'appendices sensibles.

* PUER MACULATUS, *Olivier*. (Pl. 9, fig. 2. Par erreur, *Niger*.)

Oliv., *Encycl. méth.*, I, p. 246, n° 7. — Borkh., *Scrib. Beytr.*, tab. 11, fig. 2. *A. Niger.*—Burm., *Handb. der Ent.*, II, p. 1002, n° 13.

Noirâtre; poils de la face blancs, les autres et ceux du corps cendrés ou blanchâtres; antennes d'un jaune roux ayant le bouton jaune en dedans, noir extérieurement. Abdomen ayant de chaque côté une série de pinceaux de poils noirs. Ailes transparentes à réseau très-clair et roussâtre un peu varié de jaunâtre, ayant une petite tache noire à la base, bordée aux supérieures par une petite tache rousse; espace costal traversé par des nervules qui forment chacune une ligne en forme de I renversé plus ou moins marquée, et le ptérostigma noirs; quatre ou cinq taches aux postérieures surtout placées à l'extrémité, d'un brun roux; ces ailes sont petites, près d'un tiers plus courtes que les supérieures. Pattes jaunes, ayant les cuisses à l'exception de l'extrémité, une bande à la face inférieure des tibias, et les poils de la face inférieure des tarses noirs.

Habite le midi de la France; rare. M. Blisson m'a communiqué un individu pris aux environs d'Hyères.

Genre BUBO, *mihi*.

Antennes un peu variables pour la longueur, ayant le bouton en toupie ou pyriforme; palpes et lèvres à peu près comme dans le genre Ascalaphus; ergots des tibias postérieurs moins longs que les deux premiers articles. Ailes pas sensiblement dilatées postérieurement, ayant le réseau large. Mâles avec ou sans appendices.

Ce genre n'est pas très-homogène, et réunit des espèces qui semblent un peu s'éloigner les unes des autres; toutefois je n'ai pas trouvé de caractères suffisants pour les séparer, n'ayant pas toujours pu voir les deux sexes en bon état.

A. Appendices cornus.

*** 1. BUBO AGRIOIDES, *Rambur*.**

Ramb., *Faune de l'Andalousie*, II, pl. 9, fig. 2.

Un peu plus petit que l'*Hamatus* et lui ressemblant beaucoup, surtout pour la forme; d'un brun grisâtre. Tête petite, légèrement couverte de poils gris, un peu plus bruns sur l'occiput; yeux très-larges, ayant la portion supérieure un peu plus grande que l'inférieure; antennes d'un brun roussâtre, un peu velues à la base, un quart moins longues que les ailes. Thorax légèrement couvert de poils d'un blanc grisâtre, plus blancs en dessous, brun, marqué de taches roussâtres en dessus, dont six plus sensibles; poitrine brunâtre, tachée de jaune sur les côtés. Abdomen presque glabre, légèrement velu à la base, d'un brun cendré; appendices longs, ayant deux courbures en sens inverse, la première en dedans, après laquelle il y a un espèce de coude saillant et épais, tourné en dedans et en haut, placé au milieu, qui les divise en deux portions; la seconde se courbant légèrement en dehors et un peu renflée en massue très-obtuse, fortement hérissée en dedans ainsi que le coude; avant celui-ci en dessous il y a un petit prolongement obtus, cylindrique; pièce du dessous peu saillante, étroite. Pattes d'un jaune roussâtre obscur, noirâtres sur une grande partie des cuisses, sur les tarses et la face interne des tibias; ergots des tibias postérieurs à peu près aussi longs que les deux premiers articles des tarses. Ailes étroites, ayant les bords presque parallèles et le réseau médiocrement serré; nervures noires; espace sous-costal roussâtre, et l'extrême base des quatre; nervules de l'espace costal aux inférieures très-légèrement bordées de la même couleur; ptérostigma d'un brun roux; bord postérieur formant un peu avant la base, aux supérieures, un petit angle arrondi, un peu

plus rapproché de la base que chez l'*Hamatus* et le rameau de la cinquième nervure, aux inférieures se rapprochant un peu plus du rameau
basilaire.

J'ai pris un seul individu mâle de cette espèce dans le midi de l'Espagne, à la base de la Sierra-Prieta.

2. BUBO HAMATUS, *Klug.*

Klug. *Symb. Phys.*, déc. 4. pl. 36, fig. 2. — Descrip. de l'Egypte,
Névrop. p. 3, fig., 2? (1).

De la taille du *Meridionalis* ou plus grand, d'un brun gris; tête couverte
de poils blanchâtres, mêlés de noirâtre sur l'occiput; yeux larges, portion
supérieure plus grande que l'inférieure; antennes médiocrement longues,
un quart plus courtes que les ailes, rousses ou roussâtres, avec l'extrémité
en toupie épaisse, plus obscure. Thorax brun, marqué en dessus de larges
taches jaunes, couvert de poils d'un gris blanchâtre, blanc sur la poitrine.
Abdomen a peu près glabre, brun, marqué sur la partie postérieure des
segments d'une double tache jaune; appendices du mâle longs, un peu
courbés en dehors vers l'extrémité, ayant une petite pointe dans leur milieu en dessous. Ailes étroites, transparentes, ayant une partie des nervules d'un brun roussâtre; nervure costale en grande partie d'un jaune
roussâtre; la sous-costale d'un brun un peu roussâtre par endroits, la troisième noire, le rameau qui part de celle-ci postérieurement, brun, avec sa
branche antérieure jaune, la quatrième jaune, la cinquième noire, celles
qui viennent après jaunes, rameau de la cinquième nervure à peine sensible, ne s'unissant pas avec le rameau basilaire, laissant entre eux une
seule rangée d'aréoles; base des quatre d'un jaune roussâtre près du corps;
ptérostigma jaune ou d'un jaune un peu obscur, bord postérieur des premières, à la base, ayant un petit angle arrondi.

D'Égypte et de Baghdad. Collection du Musée.

B. Appendices simples; antennes ayant des poils verticillés
à la base.

3. BUBO CAPENSIS, *Fabricius.*

Fabr., *Ent. syst.*, II, p. 96, nº 3. — Burm., *Handb. der Ent.*, II,
p. 1002, nº 12, et p. 1001, nº 11. *A. Annulicornis?*

Plus grand que le *Meridionalis*, gris; antennes courtes, jaunes, anne-

---

(1) Les appendices, dans la figure de l'ouvrage sur l'Égypte, sont
différents de ceux de l'espèce de M. Klug, quoique mon insecte paraisse
s'y rapporter complétement; serait-ce l'*Hamatus* qui différerait de mon
espèce.

lées de noir ; massue jaune ; face couverte de poils blanchâtres, au milieu
desquels il y a une tâche brune ; ceux du vertex noirâtres, ceux de tout le
corps d'un gris blanchâtre, plus pâles sur la poitrine. Thorax varié de
gris et de jaunâtre. Abdomen gris, médiocrement velu, ayant comme
une série de petits tubercules de chaque côté en dessus. Appendices presque linéaires, à peine courbés. Pattes jaunes, les cuisses ayant un anneau,
les tibias deux, et les poils du dessous des tarses, noirs. Ailes transparentes
assez larges, à réseau noir bien marqué, un peu bordé de brun roussâtre
pâle, vers le bord potsérieur des inférieures, en approchant de la base ;
nervules costales plus foncées que les autres, un peu bordées de brun.

Habite le Cap.

4. BUBO RHODIOGRAMMUS, *mihi.*

Ressemblant un peu au *Capensis*, mais ayant un peu plus d'envergure. Tête petite, couverte de poils d'un gris blanchâtre ; divisions des
yeux à peu près égales ; antennes plus courtes que chez le Capensis, ayant
à la base, des verticilles de poils rouges avec le bouton pyriforme, noirâtre, jaune à l'extrémité, un peu plus du quart moins longues que les
ailes. Thorax d'un brun roussâtre, ayant une tache jaunâtre sur le milieu,
légèrement couvert de poils d'un brun grisâtre, un peu blanchâtres en dessous. Abdomen d'un rougeâtre obscur un peu jaunâtre vers la base en
dessus (couleurs qui paraissent altérées), avec des taches en forme
de fer à cheval, d'un noir velouté ; pubescent (quoique l'individu
paraisse être un mâle, il n'a pas d'appendices, mais je pense qu'il doit
en avoir, comme le *Capensis* près duquel il se place). Pattes d'un rouge
un peu obscur, jaunâtres à l'articulation fémoro-tibiale ; ergots des tibias
postérieurs un peu plus longs que le premier article des tarses. Ailes assez
longues, légèrement évidées vers la base, avec un angle arrondi assez saillant au bord postérieur des antérieures avant la base ; nervures brunes, la
deuxième et la troisième rougeâtres, avec l'espace qu'elles comprennent
et le ptérostigma roses, couleur qui s'étend un peu, en devenant a peine
visible, après la troisième nervure ; espace costal offrant aussi une teinte
à peine visible, ou seulement des taches sur les nervules d'un rose obscur ;
une seule rangée d'aréoles entre le rameau basilaire et le transverse de la
cinquième nervure, comprenant huit aréoles.

Du Cap

C. Antennes glabres à la base.

5. BUBO JAVANUS, *Burmeister.*

Burm., *Handb. der Entom.*, II, p. 1001, n° 10.

Au moins six centim. et demi d'envergure et un peu plus de trois de

longueur. Fauve ou d'un jaune roux. Tête petite, entièrement roussâtre,
ayant sur la face des poils peu épais, jaunâtres, mêlés de quelques-uns qui
sont brunâtres ; yeux très-larges, ayant les deux divisions presque égales,
ou la supérieure un peu plus grande que l'inférieure, presque triangulaire ; antennes longues, à peu près un cinquième plus courtes que les
ailes, d'un roux s'obscurcissant insensiblement vers l'extrémité qui est
noire, pyriforme. Thorax roux, marqué de noir en dessus avec une bande
jaune médiane , et une autre transverse sur le milieu des côtés, bordée de
brun. Abdomen glabre, fauve marqué de noir de chaque côté en dessus,
avec les deux pénultièmes segments presque entièrement de la même couleur ; appendices du mâle simples, en forme de pince, très-obliques de haut
en bas et d'avant en arrière, cylindriques, avec l'extrémité très-obtuse, un
peu épaissie, légèrementhérissés, fauves ; pièce du dessous grande, presque pointue, entière, ayant un sillon à sa base. Pattes ferrugineuses avec
les tarses noirâtres ; ergots des tibias postérieurs un peu plus longs que le
premier article des tarses. Ailes médiocrement larges, les antérieures un
peu plus, surtout avant l'extrémité , mais non dilatées, plus ou moins colorées de roussâtre , quelquefois seulement à la marge antérieure , ou seulement sur l'espace sous-costal et à l'extrême base ; ptérostigma grand ,
d'un brun roux, les deux nervures qui suivent la costale, rousses, celles
qui viennent après noirâtres ; réseau assez large ; bord postérieur aux antérieures, formant avant la base un petit angle arrondi ; rameau de la cinquième nervure s'unissant presque avec le rameau basilaire , enfermant un
espace étroit où il n'y a qu'une seule rangée d'aréoles.

D. Appendices nuls.

6. BUBO FESTIVUS, *mihi.*

Six centim. et demi d'envergure , jaune. Tête grosse ; poils de la face
blanchâtres ; antennes d'un roux obscur finement annelées de noir, avec le
bouton osbscur, un tiers moins longues que les ailes ; yeux larges, ayant
la division supérieure à peu près triangulaire, un peu plus grande que
l'inférieure. Thorax peu velu , ayant en dessus deux larges bandes noires
longitudinales. Abdomen jaune, varié de noir, ou ayant seulement, surtout
chez le mâle, deux bandes qui font suite avec celle du thorax, et une troisième en dessous ; ces bandes sont tachées de jaune ; poitrine couverte de
poils blanchâtres , avec une bande jaune sur les côtés. Pattes jaunes. Ailes
transparentes, ayant le réseau large, d'un roux un peu obscur, les deuxième
et troisième nervures d'un roux plus clair ; ptérostigma brunâtre.

Habite le Sénégal et Madagascar.

7. BUBO FLAVIPES, *Leach.*

Leach., *Zool. Misc.*, I. p. 48. t. 20.

Corps jaune varié de brun ; antennes noirâtres, jaunâtres à la base et avant la massue ; pattes jaunes ; tarses obscurs ; ailes transparentes, réseau noir, ptérostigma et base au bord postérieur jaunes, ptérostigma des inférieures brun à la base. (Texte de Leach.)

Très-commun en Australasie. N'ayant pas vu cet insecte, je ne suis pas certain qu'il appartienne à ce genre.

Genre ULULA, *mihi.*

Lèvre inférieure presque quadrilatère, ayant à son bord supérieur, de chaque côté, un pinceau de soies courbées à leur extrémité, épaisses, ressemblant presqu'à des épines ; dernier article des palpes labiaux un peu sinueux et inégal vers son extrémité ; antennes variables pour la longueur, avec la massue pyriforme, solide, ayant des verticilles de poils à leur base. Ergots des tibias postérieurs aussi longs que les quatre premiers articles des tarses. Ailes étroites, à réseau assez lâche ; appendices des mâles courts, épais, hérissés, à peine saillants.

Je crois que les espèces de ce genre doivent se réunir en une seule très-variable.

1. ULULA SENEX, *Burmeister.*

Burm., *Handb. der Ent.*, II, p. 1001, n° 7, et n° 8. *Asc. Limbatus*, et n° 9, *Asc. Quadripunctatus?* — Guild., *Transact. soc. Lin. Londr.*, XIV, p. 140, tab. 7, fig. 11, *Asc. Macleayanus?*

De la taille du *Meridionalis*, roux. Tête petite, ayant des poils blanchâtres et bruns ; yeux un peu resserrés dans leur milieu, ayant la division supérieure un peu plus grande et surtout plus longue que l'inférieure ; antennes assez longues, près d'un quart moins longues que les ailes, un peu velues à la base où elles sont jaunes, d'un rouge obscur dans le reste de leur longueur, et annelées de noirâtre, avec l'extrémité pyriforme, non déprimée, jaune à sa face interne, noirâtre à l'externe. Thorax roux avec quelques marques noirâtres. Abdomen paraissant avoir été jaune (couleurs altérées), ayant en dessus une ligne noire de chaque côté sur chaque segment, l'extrémité paraissant aussi marquée de noir. Pattes jaunes, ayant une tache à la face externe des cuisses, l'extrémité des tibias et des articles des tarses, noirs ; ergots des tibias postérieurs, au moins aussi longs que les trois premiers articles des tarses. Ailes transparentes, assez étroi-

tes, ayant les nervures rousses et le ptérostigma jaune ; réseau lâche, rameau transverse de la cinquième nervure ne s'unissant pas avec le rameau
basilaire , mais fortement rapprochés avant le bord postérieur, n'ayant
entre eux qu'une seule rangée d'aréoles.

Habite les Antilles, où elle paraît très-commune , ainsi que dans le midi
de l'Amérique septentrionale. Variant beaucoup , même pour la longueur des antennes, mais surtout pour les taches des ailes, comme
dans la variété *Limbata* , je crois que celle-ci et probablement le
Quadripunctatus de M. Burmeister, et celles que j'ai appelées *Microcephala* et *Vetula* ne sont que la même espèce, qu'on reconnaîtra de
suite à la longueur des éperons des tibias postérieurs.

2. ULULA VETULA, *mihi*.

Malgré les différences qui semblent la distinguer de la *Senex*, je crois
qu'elle n'en est qu'une variété; ayant à peu près la même taille. Tête très-
petite, ayant la face couverte de poils d'un blanc sale; yeux à peu près sem
blables ; antennes presque aussi longues que les ailes, a peu près un quart
plus longues que dans la variété *Limbata* , rousses, annelées de noir avec
l'extrémité noirâtre. Thorax brun , en partie roussâtre en dessus, couvert
de poils d'un blanc ou d'un gris roussâtre. Abdomen velu à la base et un
peu en dessous, noir en dessus, ayant sur les 3, 4, 5 et 6e segments une
tache latérale bilobée, fauve ; côtés des suivants , le dessous et le dessus du
septième d'un fauve plus ou moins obscur. Pattes velues, longuement hérissées, jaunes, rousses sur les cuisses ; éperons des tibias postérieurs au
moins aussi longs que les quatre premiers articles des tarses. Ailes absolument organisées , comme celles de la *Senex*, ayant les nervures jaunes ou
rousses, la sous-costale tachée alternativement de brun ; nervules de l'espace costal brunes, bordées de roussâtre très-pâle, surtout aux inférieures dont le tiers externe est roussâtre ; ptérostigma d'un jaune roussâtre pâle ; je n'ai vu que le mâle. Je rapporte à cette espèce, à cause de la
longueur de ses antennes, une variété dont les ailes sont incolores, et chez
laquelle la nervure sous-costale n'est pas tachée de brun.

Collection du Muséum , avec une étiquette sur laquelle il y a écrit :
« Campos-Geraes, partie méridionale; » pays qui probablement fait
partie des Antilles ; la variété , indiquée de ces îles.

3. ULULA LIMBATA , *Burmeister*.

Burm., *Handb. der Ent.*, II, p. 1001, n° 8.

Plus grand que l'*Asc. longicornis ;* brun , varié de jaune. Tête petite ;
antennes d'un roux obscur, annelées de noir, avec la massue obscure ; poils
de la face et de tout le corps d'un blanc grisâtre. Abdomen noir, jaune
en dessus, où il est varié de linéaments noirs. Cuisses d'un jaune obscur,

avec les tibias et les tarses noirâtres. Ailes transparentes, assez étroites, à réseau médiocrement marqué, d'un roux obscur, les nervules de l'espace costal plus brunes; les deuxième et troisième nervures noires; les secondes ayant la marge postérieure et une bande avant l'extrémité, qui est transparente, d'un brun roux; ptérostigma noirâtre.

Habite le Brésil. Quoique M. Burmeister décrive cette espèce comme ayant l'extrémité des ailes postérieures brune, je crois cependant qu'il a voulu désigner mon insecte.

4. ULULA MICROCEPHALA, *mihi.*

De la taille de l'*Asc. longicornis*; d'un roussâtre un peu obscur. Tête très-petite; poils de la face blanchâtres, ceux du front un peu brunâtres à l'extrémité, ceux du corps d'un blanc grisâtre; antennes jaunes finement annelées de noir, avec la massue un peu obscure. Thorax roussâtre, un peu varié de noirâtre. Ailes étroites, à bords presque parallèles, lisses, brillantes, à réseau très-peu marqué, d'un roussâtre pâle, la troisième nervure plus foncée; ptérostigma un peu roussâtre. Pattes rousses, les tarse un peu annelés de brun.

Habite la Havane.

Genre CORDULECERUS, *mihi.*

Lèvre inférieure un peu en cœur, très-mince, ayant ses bords latéraux fortement repliés en dedans, ciliés de soies épaisses, serrées, unis avec le bord supérieur, qui s'abaisse en dedans en forme de capuchon; son extrémité supérieure échancrée ou excavée, ses angles portant une touffe de soies assez longues, très-fortes, courbées, ressemblant presque à des épines; dernier article des palpes labiaux plus long que le précédent, les maxillaires ayant le premier et le second très-courts, le troisième et le cinquième plus longs que le quatrième, presque égaux; mâchoires larges à la base où elles ont des soies plus longues; antennes assez longues, plus courtes que les ailes, ayant l'extrémité en massue, oblongue; yeux avec les divisions à peu près égales. Ergots des tibias postérieurs aussi longs que les deux premiers articles. Ailes larges, dilatées postérieurement, surtout les inférieures, assez serrées; rameau transverse de la cinquième nervure, formant avec le basilaire, un espace bien circonscrit, étroit, n'ayant qu'une rangée d'aréoles, dont une ou deux souvent traversées par une nervule. Tête et thorax très-velus; abdomen à peu près glabre. Mâle n'ayant pas d'appendices.

CORDULECERUS SURINAMENSIS, *Fabricius.*

Fabr., *Ent. syst.*, suppl. p. 207, n° 4-5.—Beauv., *Ins. Afr. et Am.*
Nevr., Pl. 7, fig. 4, p. 86. *A. Villosulus.*—Guer., *Icon. du règn. anim.*
Pl. 62. *Asc. Brasiliensis.* — Burm. *Handb. der Entom.*, II , p. 1000,
n°7. Asc. *Alopecinus*, et p. 1001, n°6, Asc. *Vulpecula ?*

Sept à huit centim. d'envergure. Tête couverte antérieuremeut de poils
d'un noir roussâtre ou roux; divisions des yeux à peu près égales, l'inférieure
un peu plus large; antennes un cinquième moins longues que les ailes,
d'un roux obscur, fauves à la base et sur la face inférieure de la massue.
Thorax couvert de poils fauves ou roux, quelquefois presque noirâtres ,
noirs à la naissance des ailes et surtout des premières. Abdomen presque
glabre, velu sur les côtés à la base, noirâtre avec des taches fauves, obscur
en dessus. Pattes d'un testacé pâle, hérissées de poils longs et raides. Ailes
larges, tantôt transparentes, tantôt teintes d'une légère nuance de jaune
roussâtre, ou légèrement fuligineuse, quelquefois plus foncée à la marge
antérieure , ou à l'espace sous-costal; les inférieures marquées à la base
d'une large tache fuligineuse plus sensible postérieurement, pouvant disparaître; sommet, des postérieures surtout, légèrement fuligineux; ptérostigma fuligineux; bord postérieur des inférieures sinueux au sommet et
un peu dilaté avant; espace entre le rameau transverse et le basilaire de la
cinquième nervure, ayant une rangée d'aréoles dont une ou deux souvent
divisées, les deux rameaux très-rapprochés ou se touchant souvent avant
le bord de l'aile.

Genre COLOBOPTERUS, *mihi.*

Tête petite ; antennes aussi longues que les ailes, qui elles-
mêmes sont longues et étroites, très-grèles, et ayant des poils
verticillés à la base ; troisième article des premiers palpes maxillaires, à peu près aussi long que le dernier, plus long que les
autres; second des labiaux plus épais à l'extrémité , le dernier
plus grèle ; lèvre inférieure un peu cordiforme , ayant ses bords
latéraux largement repliés en dedans , ciliés de petites soies
courtes, très-nombreuses et serrées , bord supérieur fortement abaissé et formant une large excavation dont les angles
portent un pinceau de soies épaisses , assez longues , ressemblant
à des épines. Pattes grèles, ayant des cils très-longs ; les deux
soies placées entre les onglets aussi longues qu'eux ; ergots des
tibias postérieurs au moins aussi longs que les trois premiers articles des tarses. Ailes étroites, les inférieures largement échan-

crées avant la base postérieurement, celle-ci formant une petite
saillie assez large.

1. COLOBCPTERUS LEPTOCERUS, *mihi.*

De la taille de l'*Ul. senex ;* varié de jaune et de noir. Tête petite ; antennes très-longues, jaunes, finement annelées de noir, avec des verticilles de poils vers la base, ayant la massue très-allongée, blanche en
dessous, un peu obscure en dessus ; poils du corps d'un gris brunâtre,
variés de jaune et de noir. Abdomen noir, ayant de chaque côté, en dessus,
des taches, et le dessous jaunes ; poitrine jaune un peu marquée de brun.
Pattes jaunes un peu brunâtres sur les tarses et les tibias, fortement hérissées ; premier article des tarses à peu près de la longueur des deux suivants.
Ailes étroites ayant leurs marges presque parallèles, transparentes, à réseau d'un roux obscur, antérieures avant leur attache, ayant le bord postérieur fortement rentré, les secondes ayant avant la base une grande
et profonde échancrure à leur marge postérieure, qui à la base forme
un angle saillant obtus ; ptérostigma brunâtre.

Habite le Brésil ?

2. COLOBOPTERUS NEMATOCERUS, *mihi.*

Burm., *Handb. der Ent.* II, p. 1000, n° 3. *Asc. Macrocerus ?*

Tout à fait semblable au *Leptocerus*, jaunâtre, taché de brun (couleurs très-altérées). Antennes un peu plus longues, aussi longues que les
ailes, jaunâtres, annelées de brun, roussâtres ou obscurcies dans une certaine étendue avant la massue, celle-ci bien sensiblement moins longue et
plus petite, jaunâtre d'un côté, obscure de l'autre. Thorax et abdomen
jaunâtres, tachés de brun (en mauvais état), le dernier surtout vers l'extrémité. Pattes jaunes, les tibias noirâtres à l'extrémité et sur une partie de
leur surface aux antérieures ; tarses noirs. Ailes tout à fait comme celles
du *Leptocerus*, mais ayant l'échancrure postérieure beaucoup moins sensible, et la partie saillante de la base, plus large et plus arrondie ; paraissant être un mâle.

Collection du Musée.

Genre BYAS, *mihi.*

Caractères de la bouche à peu près semblables à ceux des *Ascalaphus* ; yeux pas tout à fait sphériques ; antennes très-courtes, à
peine moitié aussi longues que les ailes (1), ayant la massue oblon-

____

(1) *Le* seul individu que j'ai sous les yeux, paraissant être une fe-

gue. Ergots des tibias postérieurs à peine plus longs que le premier article des tarses. Ailes larges, à réseau très-clair ; antérieures ayant le rameau basilaire de la cinquième nervure anastomosé avec le rameau transverse avant la marge postérieure et formant une grande aréole ; aux inférieures la nervure correspondante à ce rameau disposée de même.

BYAS MICROCERUS, *mihi.*

Très-grand, plus de neuf centim. d'envergure ; roussâtre taché de brun (couleurs très-altérées). Antennes jaunes, avec la massue obscurcie à sa base et dans une grande partie de sa surface. Thorax roussâtre, marqué de brun, paraissant avoir été assez velu. Abdomen d'un roux obscur, marqué de brun sur les côtés (peut-être était-il jaune). Pattes jaunes, les quatre premières un peu obscurcies à leur face antérieure ; tarses noirâtres, jaunes à la base des articles, ayant des poils courts et noirs. Ailes larges, à réseau très-clair ; grande aréole formée par les rameaux de la cinquième nervure contenant huit aréoles ; nervures d'un brun roussâtre ; ptérostigma grand, jaunâtre, rayé de lignes plus foncées.

Habite les Antilles.

GENRE HAPLOGLENIUS, *Burmeister.*

PTYNX, *Lefebvre.*

Tête petite, ayant les yeux tout à fait sphériques. Antennes ayant le premier article non renflé ; troisième article des premiers palpes maxillaires à peine aussi long ou plus court que le dernier ; lèvre inférieure presque quadrilatère, ayant les bords repliés en dedans, frangés de poils courts. Pattes courtes et épaisses ; éperons forts, aussi longs que les trois premiers articles des tarses ; onglets grands, les deux soies placées entre eux beaucoup plus courtes. Ailes évidées à la base, les premières ayant un petit appendice étroit (serait-ce seulement un caractère de sexe ?) ; réseau assez serré.

Quoique les yeux soient très-différents, ce genre a presque les mêmes caractères que le genre Ascalaphus, je n'ai vu qu'un seul individu qui me paraît être une femelle.

---

melle, il pourrait se faire que le mâle eût les antennes un peu plus longues.

HAPLOGLENIUS APPENDICULATUS (1), *Fabricius.*

Fab., *Ent. syst.*, II, p. 96, n° 4.—Burm., *Handb. der Ent.*, II, p. 1000, n° 1, *Asc. Costatus*, et n° 2, *Asc. Subcostatus?*.

Je crois que le *Costatus* de M. Burmeister n'est que l'*Appendicula-tus* de Fabricius, et peut-être aussi son *Subcostatus*, qui n'est peut-être qu'un sexe différent.

Un des plus grands de la famille, ayant huit centimètres et demi d'envergure; gris ou brunâtre. Antennes (d'après Fabricius) reusses avec la massue allongée, brune. Thorax brun, légèrement velu, marqué de taches jaunâtres. Abdomen légèrement hérissé, d'un brunâtre cendré, ayant en dessous sur chaque segment trois lignes longitudinales, ne touchant pas le bord postérieur ni le bord antérieur, à l'exception de la médiane, et en dessus, postérieurement de chaque côté, deux taches allongées, transverses, un peu dilatées inférieurement, après lesquelles il a un trait jaunâtre ou blanchâtre, et sur la partie moyenne une tache peu marquée, qui tend à aller joindre la postérieure, noires. Pattes hérissées, ayant les ergots des postérieurs au moins aussi longs que les deux premiers articles des tarses, jaunes, un peu rousses ou obscures à la face antérieure des quatre premières, avec les tarses d'un brun ferrugineux. Ailes longues, très-évidées et fortement rétrécies à la marge postérieure, comme dans le genre *Agrion*, mais la marge n'a pas disparu; les premières ayant à la base, postérieurement, un petit appendice en forme de dent, étroit, arrondi à l'extrémité, un peu courbé par en bas; les secondes ayant au même endroit une petite saillie large et peu prononcée, transparentes, à réseau serré, surtout au sommet; nervures d'un brun roussâtre, avec quelques rameaux jaunes ; le rameau basilaire de la cinquième nervure s'unissant avec le rameau transverse ; espace costal un peu obscur, surtout vers le ptérostigma qui est de la même couleur, le sous-costal d'un roussâtre pâle obscur.

Collection de M. Serville, et indiqué de l'Amérique septentrionale? ; par M. Burmeister, de Bahia et du Brésil.

---

(1) M. Lefebvre, dans le mémoire sur les Ascalaphes qu'il vient de publier dans le Magasin de zoologie de M. Guérin, applique le nom de Fabricius à un autre insecte, ayant les yeux divisés, et dont il fait le genre *Ophne*, qu'il caractérise ainsi : « Ailes appendiculées; antennes plus longues que les ailes. » Ne serait-ce pas une espèce de mon genre *Colobopterus?*. Je ne sais pourquoi il change le nom d'*Haploglenius*, de M. Burmeister en *Haplogenius*.

Genre AZESIA, *Lefebvre*.

Yeux sphériques. Abdomen gibbeux ; appendices saillants, simples. Ailes entières, étroites, à bords presque parallèles ; réseau assez serré, très-serré à l'extrémité.

AZESIA NAPOLEO, *Lefebvre*.

Lefebvre, *Magas. de Zool.* de Guerin, ann. 1842. Ins., Pl. 92.

Plus grand que l'*Hapl. Appendiculatus*, noirâtre. Thorax légèrement velu, ayant une tache jaune en dessus, de chaque côté du prothorax. Abdomen ayant en dessus deux gibbosités, et de chaque côté une série de taches jaunes, donc les trois premières plus grosses ; appendices courts, larges, lanceolés, hérissés, jaunes. Ailes transparentes, à réseau serré vers l'extrémité, entières, ayant aux premières l'espace sous-costal et le bout, aux secondes, les deux premiers espaces et le bout, bruns ; ptérostigma jaune (d'après M. Lefebvre).

Se trouve le long de la rivière des Cygnes, à la Nouvelle-Hollande.

DEUXIÈME DIVISION.

MYRMÉLÉONTIDES.

MYRMELEON, *Linné*, *Fabricius*, *Latreille*, MYRMECOLEON, *Burmeister*.

Les insectes de cette famille diffèrent surtout des précédents par la forme des antennes, qui sont beaucoup plus courtes, ne se renflant pas brusquement, mais s'épaississant insensiblement vers l'extrémité qui est souvent amincie.

Cette division a les plus grands rapports avec les Ascalaphides, soit par le système alaire, soit par la forme des appendices des mâles, celle des pattes, etc. Il paraît que leurs larves ont aussi de grands rapports. M. Lefèvre donne pour caractère que, les larves de cette famille vont à reculons, et celles des Ascalaphides en avant ; je crois que ces habitudes ne sont pas réelles ; les larves de Myrméléontides creusant un entonnoir dans le sable, pour tendre un piége à leur proie, doivent aller à reculons, puisque c'est ainsi qu'ils creusent l'entonnoir ; mais celles qui n'en forment pas, et c'est le plus grand nombre, doivent nécessairement aller en avant à la recherche des petits animaux qui doivent les nourrir.

GENRE PALPARES, *mihi.*

Lèvre inférieure quadrilatère, légèrement échancrée ; mâchoires peu larges à la base, ciliées de poils très-serrés, avec les seconds palpes maxillaires terminés par un article plus grêle ; les premiers palpes maxillaires ayant le pénultième article plus court que le dernier, celui-ci s'élargissant un peu vers l'extrémité qui est brusquement tronquée, un peu déprimée, presque échancrée ; les labiaux beaucoup plus longs, ayant le second article quelquefois au moins aussi long que les précédents, grêle ; le dernier grêle, en massue peu épaisse à l'extrémité. Ergots de l'extrémité des tibias, toujours plus longs que le premier article des tarses, droits ou légèrement courbés, mais non fléchis; les quatre premiers articles des tarses très-courts, en forme de grains, à peu près d'égale longueur, n'étant pas plus longs réunis que le dernier. Ailes inférieures chez les mâles, ayant à leur articulation, postérieurement, une petite dilatation, munie à son extrémité d'une petite pelote composée de poils, formant une masse compacte et s'appliquant dans une cavité latérale de la partie postérieure du métathorax; les quatre presque toujours couvertes de taches plus ou moins grandes, souvent nombreuses; espace costal n'ayant qu'une seule rangée d'aréoles; les inférieures paraissant toujours plus fortement et plus largement tachées que les supérieures.

1. PALPARES GIGAS, *Dalman.*

Dalm., *Analect. Entom.*, pag. 88 (annot.), n° 1.—Burm., *Handb. der Entom.* II, p. 998, n° 25. — Drur., *Exot. Ins.*, III, pl. 41. *M.Libelluloïdes*, var.

Ayant à peu près 17 centim. d'envergure; d'un jaune roux. Tête et thorax ayant une bande noire dorsale qui s'arrête au métathorax et reparaît sur l'abdomen, où, de chaque côté de laquelle, on voit un point noir postérieur sur chaque segment. Pattes ayant une paire de fortes épines à l'extrémité des tibias, et aux postérieures, une autre à l'extrémité de la cuisse. Antennes minces, élargies à l'extrémité; palpes maxillaires très-longs avec le dernier article un peu en massue. Ailes très-grandes, légèrement et inégalement lavées de roussâtre, sinuées postérieurement avant l'extrémité, réticulées de noir, marquées de grandes taches d'un brun roux, ainsi disposées, savoir : aux antérieures la première avant la base, étroite irrégulière, la seconde et la troisième avant le milieu, formant deux bandes transverses qui ne touchent pas à la côte; la quatrième antérieure, mais ne touchant pas à la côte, plus large; et quatre avant l'extrémité, dont deux antérieures et deux postérieures, les deux externes tendant à se toucher; aux postérieures une antérieure courte, la seconde presque médiane très-large, la troisième très-grande, comprenant la largeur de l'aile, et faite en forme de K, un peu irrégulier, et les deux dernières allongées vers le sommet, dont la postérieure borde la marge postérieure; il y a en outre quelques petites taches et une partie des nervures de l'espace costal bordées de la même couleur. (Femelle)

Décrit d'après la figure de Drury (1), qui l'indique de la Jamaïque.

____

(1) J'ai préféré décrire d'après les figures, sans me servir des des-

* 2. PALPARES LIBELLULOIDES , *Linné.*

Linn., *Syst. nat.*, II, p. 913, n° 1. — Drur. , *Exot. Ins.* , II , pl. 46 ,
fig. 1. — Rossi, *Faun. Etrusc.* , édit. Illig. , II, p. 14. —Description de
l'Égypte, *Névr.*, pl. 3, fig. 4. — Dalm., *Analect. Ent.* , p. 88 (annot.),
n° 2.—Charp., *Hor. Ent.*, p. 51, 52.—Burm., *Handb. der Ent.* , II ,
p. 998, n° 24.—Klug., *Symb. phys.*, dec. 4, n° 2, pl. 35, fig. 2. *M. Pa-
pilionoïdes* ♀ ?.

Douze centimètres d'envergure et six de long , avec les appendices du
mâle. Jaune, varié de noir ; deuxième article des palpes labiaux plus long
à lui seul que les palpes maxillaires (excellent caractère pour distinguer
cette espèce), ceux-ci, le dernier article des maxillaires, les antennes ,
le front et une bande du vertex noirs. Thorax garni d'un duvet
plus ou moins épais, quelquefois comme laineux , ayant en dessus
une bande dorsale, une autre vers l'attache des ailes, et une grande
partie de la poitrine noires. Abdomen pubescent , surtout à la base ,
ayant le dessous, une bande dorsale et une latérale noirs ; étant chez le
mâle beaucoup (appendices exceptés) plus court que l'aile inférieure ;
appendices supérieurs un peu variables pour la longueur (à peu près
un centim.) , hérissés, cylindriques, arrondis et obtus à l'extrémité ,
ayant un petit renflement et un peu courbés avant leur milieu , également un peu courbés vers l'extrémité ; appendice inférieur presque
triangulaire , excavé , très-obtus , ayant les bords redressés ; région anale
de la femelle ayant en dessous deux petites saillies, dont la postérieure ,
ainsi que les deux valves anales, hérissées d'épines courtes. Pattes rouges,
avec les tarses noirs. Ailes très-grandes et très-larges, un peu sinuées au
bord postérieur avant l'extrémité, transparentes, molles et duveteuses
au toucher, légèrement colorées, surtout vers les extrémités, d'un jaunâtre sale, tachetées, surtout vers la marge, de petites marques brunes, très-
nombreuses aux supérieures, souvent presque en étoile, nulles sur le disque
des inférieures, dont quelques-unes plus grandes vers l'extrémité et le
bord postérieur, d'autres réunies formant trois taches sur le disque, variables pour la forme, dont la première , petite , souvent nulle aux supérieures , placée vers l'extrémité du premier tiers de l'aile ; la seconde
oblongue , la plus constante pour la forme, un peu au delà du milieu , la
troisième à la naissance du dernier tiers , plus grande aux inférieures, où
elle est en croissant, quelquefois décomposée ou divisée en trois ; l'extrémité des supérieures offre aussi deux marques plus grandes que les
autres, et qui peuvent se réunir , quelquefois les petites marques au bord

---

criptions , car je me suis aperçu que Drury était meilleur peintre que
descripteur , et qu'en général ses figures sont d'une grande exactitude,

postérieur des ailes inférieures forment des bandes courtes assez larges ; une petite tache jaunâtre à l'endroit du ptérostigma.

Variété A. Ne différant que par le dessin de l'abdomen ; les côtés au lieu d'une bande noire ayant des taches qui ne comprennent que la moitié du segment, et vont s'unir avec la bande dorsale et la ventrale, à l'exception du deuxième segment où elle est à peu près nulle, et du troisième où elle est courte et ne touche la bande dorsale que par une partie étroite, étant marquée d'une tache jaune à sa partie antérieure, tache qui paraît un peu sur le quatrième segment. Les taches se raccourcissent de moitié en s'élargissant, ce qui change tout à fait le dessin ; mais je n'ai pu trouver d'autres différences et on rencontre des passages. Thorax, ordinairement plus velu, souvent couvert d'un duvet laineux très-épais.

Il se trouve dans tout le midi de l'Europe, dans les îles de la Méditerranée, et jusqu'aux environs de Constantinople. La var. A, bien caractérisée, de l'Andalousie et du cap de Bonne-Espérance.

3. PALPARES CEPHALOTES , *Klug.*

Klug, *Symb. phys.*, 4ᵉ dec., n° 1, pl. 35, fig. 1.

Plus grand que le *Libelluloïdes* (14 à 14 ½ centimètres d'envergure). Tête beaucoup plus grosse, jaunâtre avec une bande sur le vertex noirâtre, se dilatant quelquefois en forme de T ; palpes labiaux ayant le deuxième article un peu plus court et plus épais, à peu près de la même longueur que les palpes maxillaires, le dernier plus long, un peu courbé, s'épaississant vers l'extrémité en une massue allongée, d'un roux obscur ; antennes noires. Thorax avec une bande dorsale, des taches vers l'attache des ailes, et une grande partie de la poitrine noirâtres, couvert d'un duvet d'un blanc un peu grisâtre. Abdomen d'un gris roussâtre, s'obscurcissant sur les côtés et en dessous vers l'extrémité, quelquefois presque entièrement brunâtre, légèrement velu à la base chez la femelle, couvert surtout en dessus, chez le mâle, dans près de sa moitié antérieure, d'un duvet long, médiocrement serré, se tenant droit ; long chez le mâle, mais plus court que l'aile inférieure. Appendices supérieurs moitié moins longs que chez le *Libelluloïdes*, un peu en forme de massue, velus, noirâtres, ayant en dedans une brosse de poils courts, épais, noirs sur leur moitié postérieure ; inférieur très-court, peu visible ; région anale de la femelle hérissée d'épines beaucoup plus longues que chez le *Libelluloïdes*. Pattes d'un roux obscur. Ailes très-grandes, moins dilatées et proportionnément plus longues que chez ce dernier ; les supérieures ayant à peine une légère teinte, aspergées d'atomes souvent carrés, en forme de stries nombreuses vers la base, dans leur milieu ; nervules costales le plus souvent, seulement tachées à leur base, ou à leur extrémité, ou dans leur longueur ; espaces sans taches, les deux taches externes seulement visibles, très-finement réticulées de plus clair, souvent divisées; inférieures transparentes, achetées.à la marge postérieure, traversées par quatre grandes taches brunes ou bandes, touchant souvent les petites taches de la marge; la dernière seulement couvrant le bord costal, les deux dernières souvent confluentes en forme de K, et deux taches sur le bout, dont une longitudinale sur le milieu du sommet.

Habite le Sénégal.

4. PALPARES RADIATUS, *mihi*. (Pl. 11 , fig. 1).

Ayant le port du *Cephalotes*, mais un peu plus mince. Palpes labiaux pâles, plus courts que chez le *Libelluloïdes*, avec la massue du dernier article plus longue, d'un roux obscur en dessus; tête jaunâtre, plus grosse avec les yeux très-gros, ayant une bande brune sur le vertex. Thorax jaunâtre avec une bande dorsale et des taches noirâtres, couvert d'un duvet blanchâtre. Abdomen long, atténué vers l'extrémité, ayant des poils courts peu visibles, d'une couleur testacée pâle, avec une bande latérale et une autre en dessous à l'extrémité, noires. Appendices cylindriques de la même grosseur dans leur longueur, arrondis à l'extrémité, hérissés de poils courts, roussâtres, obscurs en dedans à l'extrémité; ayant de sept à huit millimètres de long. Pattes jaunâtres; tarses d'un brun rougeâtre. Ailes longues, légèrement jaunâtres, surtout vers la base postérieurement, ayant des lignes brunes, presque toutes courbes, sur les nervures et une qui longe le bord postérieur en forme de frange, deux taches allongées au sommet, une petite derrière le ptérostigma aux inférieures; les lignes suivent un peu le réseau et sont un peu confluentes aux inférieures, aux nervures sous-costale et médiane, la base des nervules du côté antérieur de l'une et du côté postérieur de l'autre, sont un peu brunes.

Habite le Sénégal. La femelle m'est inconnue.

5. PALPARES PAPILIONOIDES, *Klug*.

Klug., *Symb. phys.*, déc. 4, pl. 35, f. 3 ♂.

Ce mâle ne paraît pas se rapporter à la femelle représentée figure 2, et qui ne semble pas différer du *Libelluloïdes;* s'il n'est pas une variété très-petite du *Cephalotes*, ou de l'espèce que je nomme *Radiatus*, il constitue une espèce particulière: voici la description, faite surtout, d'après la figure que je crois très-exacte (1). Palpes paraissant au moins aussi longs et plus épais que dans le *Libelluloïdes;* et la tête plus grosse. Thorax jaunâtre avec une ligne médiane noire, qui sur la tête ne couvre que la moitié du vertex; mésothorax ayant en outre une ligne de chaque côté. Abdomen jaune

---

(1) C'est surtout dans les espèces de Myrméléontides que les figures de cet ouvrage présentent une grande perfection.

avec trois bandes noires dont une dorsale (s'il est exactement rendu, cette couleur le distingue tout à fait du *Cephalotes* et du *Radiatus*), un peu plus court que les ailes inférieures. Appendices linéaires, sensiblement plus courts que chez le *Libelluloïdes*, n'étant pas plus longs que le dernier segment (1) (M. Klug veut probablement désigner le huitième). Ailes comme salies, un peu brunâtres aux extrémités ; les supérieures ayant la cinquième nervure brune, interrompue au milieu, accompagnée de quelques portions de réseau, avec deux taches brunes placées l'une après l'autre avant le milieu de l'aile ; en avant de l'extrémité de cette nervure on voit une portion d'une autre, accompagnée d'un peu de réseau et ayant une ramification, et le bout marqué de quelques petites taches dont deux ou trois plus grandes peu sensibles brunes, et avant la marge postérieure une bordure brune commençant vers l'extrémité et allant presque jusqu'à la base ; base des nervules costales brune, celles après la troisième nervure ayant la base bien marquée ; inférieures ayant au milieu une petite tache avant la base , une autre allongée avant le milieu , après le milieu une troisième sur la côte touchant à un point qui est après, et au delà vers le milieu , une autre plus grande, longitudinale allongée, et encore au delà un point ; marge postérieure moins longuement bordée qu'aux supérieures, et sur la marge elle-même, quelques petites marques ainsi que sur le sommet, où il y a deux petites taches.

Habite l'Arabie.

6. PALPARES SPECIOSUS, *Linné.*

Linn., *Syst. Nat.*, II., p. 912. — Rœsel., *Ins.*, III, tab. 21, fig. 1. —Charp. *Hor. Entom.*, p. 51 (2).—Burm. *Handb., der Ent.*, II, p. 908, n° 23. — Geer, Mém., III, pl. 27, fig. 9. *M. Maculatum.* — Dalm. *Analect. Ent.*, p. 89 (Annot.), n° 3. *M. Leopardus.*

Ressemblant un peu au *Libelluloïdes*, et à peu près de la même taille. Tête plus petite ; palpes labiaux près de trois fois moins longs ; le dernier article en forme de fuseau aminci à l'extrémité ; antennes plus brusquement dilatées à l'extrémité ; front et vertex noirs. Thorax jaune, taché de

---

(1) On compte neuf segments dans cette famille ; le neuvième, chez les mâles, est composé d'un segment très-court et de la base des appendices.

(2) M. de Charpentier se donne tant de peine pour séparer de la précédente cette espèce, cependant si distincte au premier coup d'œil, qu'on peut douter que ce soit bien elle qu'il ait voulu décrire, car il garde le silence sur les caractères principaux. C'est cependant une de celles qui s'éloignent le plus du *Libelluloïdes*. Le même auteur prétend que les palpes sont très-longs, et cependant ils sont très-courts proportionnément à ceux du *Libelluloïdes*.

noir, couvert d'un duvet d'un blanc grisâtre. Abdomen beaucoup plus long que l'aile inférieure chez le mâle, près du double plus long que chez le *Libelluloïdes*, en ne comprenant point les appendices, plus étroit, presque cylindrique, atténué vers l'extrémité, ayant des poils courts et peu nombreux, d'un jaune roux plus ou moins foncé ou testacé, avec l'extrémité en dessous et sur les côtés, et même en dessus chez le mâle, et quelquefois tout le dessous, noirs. Appendices supérieurs quatre fois plus courts que le 8e segment (deux millim. de long, dix chez le *Libelluloïdes*, chez celui-ci le 8e segment a deux millim. de long, huit chez le *Speciosus*), velus, courts, divariqués, ayant en dedans après leur base une saillie épaisse, arrondie, hérissée d'épines ou de soies épaisses courtes; inférieur presque triangulaire, très-obtus, velu à la base; région anale de la femelle hérissée d'épines. Pattes entièrement noires. Ailes supérieures jaunâtres, à peine transparentes, aspergées de petites taches brunes arrondies, plus rares sur le disque, ayant un aspect tout différent de celles du *Libelluloïdes*; bord costal marqué de beaucoup de lignes brunes confluentes sur la côte; nervures et nervules jaunes; tache ptérostigmatale plus large; postérieures un peu plus étroites, transparentes, presque incolores, ayant les deux grandes taches externes courbes, la moyenne de même que la dernière traversant toute l'aile à l'exception du bord costal, taches du bord postérieur plus ou moins confluentes.

Habite le cap de Bonné-Espérance.

7. PALPARES ZEBRATUS, *mihi*.

A peine de la taille du *Libelluloïdes*, et ayant les ailes plus étroites et un peu plus obtuses. Palpes labiaux (en mauvais état), très-longs; le second article paraissant égaler les maxillaires, jaunes, tachés de noir. Thorax jaune, ayant trois bandes noires longitudinales en dessus. Abdomen d'un jaune roussâtre, un peu obscur à l'extrémité. Pattes jaunes, avec les tarses noirs, et les cuisses postérieures obscurcies extérieurement. Ailes petites, n'ayant pas de marques sur le disque; la cinquième nervure accompagnée d'un peu de réseau bifurqué, un point après la base sous la troisième nervure; deux bandes transverses étroites partant de la même nervure, deux ou trois taches avant l'extrémité, deux sur celle-ci qui est marquetée et un cordon de petites marques longeant le bord postérieur bruns; marge costale tachée sur les nervules, dont une partie avant la base, seulement aux extrémités, brunes; les postérieures très-peu marquées sur les marges, ayant cinq taches transverses qui peuvent être interrompues, dont les trois moyennes plus grandes et la dernière sur le sommet souvent divisée; bord postérieur et sommet des quatre un peu brunâtre.

Collection du Musée, et indiqué de Pondichéri. Je ne connais pas le mâle.

8. PALPARES MANICATUS, *mihi*.

Un peu plus grand que le *Libelluloïdes* avec les ailes plus allongées. Palpes jaunes ; les labiaux plus de moitié plus courts que chez le *Libelluloides* ; dernier article un peu en fuseau, noirâtre dans son tiers externe ; le dernier des maxillaires noir ; face jaune ; vertex jaune ayant une tache supérieure et la partie inférieure noires. Thorax peu velu, jaune, ayant une tache transverse et postérieure prolongée antérieurement sur le prothorax, une bande dorsale et une tache antérieure de chaque côté sur le mésothorax, noirâtres, taché de noir sur la poitrine. Abdomen jaune (en partie détruit) paraissant taché de noirâtre. Pattes jaunes, hérissées de poils noirs et courts, avec une large bande d'un brun rouge à la face antérieure des intermédiaires, l'extrémité des tibias, une grande partie de leur face interne et les tarses, noirs. Ailes étroites vers la base, presque aussi larges que chez le *Libelluloïdes*, ayant à peine une très-légère teinte grisâtre, marquetées de points et de petite tachés noirâtres dont quelques-unes plus grandes ; aux supérieures la tache basilaire a disparu, la médiane à peine marquée, divisée en deux portions dont l'antérieure touche la troisième nervure, l'externe oblique en forme de virgule, avec de petites taches sur quelques nervules qui se trouvent après ou qui tendent à s'y réunir, et deux au sommet dont l'antérieure marginale et l'autre presque médiane, et de plus un grand nombre de stries courtes ou de points placés sur les nervules dans la longueur de certaines nervures rameaux ou ramuscules, d'abord sur une grande partie des nervules costales, très-courtes vers la base où elles disparaissent, prolongées sur l'espace sous-costal, quelques-unes plus grandes sur une partie des nervules qui partent du côté postérieur de la troisième nervure, excepté à la base et à l'extrémité ; une série au milieu de l'aile sur les nervules du bord antérieur de la quatrième nervure et qui font presque toutes partie de la tache moyenne, sur les nervules des deux côtés de la cinquième nervure dans la moitié interne de l'aile, et sur celles de son rameau transverse; enfin de plus petites sur les nervules des ramuscules longitudinaux qui partent du rameau transverse de la cinquième nervure, et un certain nombre qui sont après jusqu'à la tache moyenne du bout, et de petits points sur la partie interne du bord postérieur, excepté à la base ; aux postérieures une tache avant la base très-petite, une médiane, deux externes dont la postérieure arrondie et deux du sommet, touchant la marge ; un groupe assez nombreux sur un peu plus du tiers moyen et postérieur, et la moitié externe de la marge postérieure des quatre; ptérostigma jaunâtre. D'après une femelle qui doit être un peu plus tachée que le mâle.

Collection de M. Serville ; sans indication de patrie.

9. PALPARES COGNATUS, *mihi*.

Ressemblant un peu au *Zebratus*, mais les ailes un peu plus larges et un peu plus allongées et tachées différemment. Palpes d'un rouge brunâtre, plus obscur à l'extrémité ; les maxillaires ayant le premier article jaune, les labiaux peu longs, moitié moins que chez le *Libelluloïdes ;* front d'un noir rougeâtre. Thorax jaune, velu, ayant une bande dorsale noire qui s'étend sur le vertex. Abdomen testacé, noirâtre postérieurement. Pattes rouges avec l'extrémité des tibias et les tarses noirs. Ailes un peu colorées de roussâtre sale ; les supérieures très-peu marquetées sur le disque, mais à la base, sur la cinquième nervure et son rameau transverse et sur quelques nervules qui lui sont antérieures ; ensuite quelques marques dans sa longueur sur le milieu de l'aile et sur le bord postérieur avant la marge, puis les grandes taches placées comme chez le *Libelluloïdes,* quelques atomes postérieurement sur des nervures courbes à l'extrémité desquelles il y a quelques lignes, brunâtres pâles, deux taches allongées se touchant sur la marge avant l'extrémité et une sur l'extrémité qui vient de la marge antérieure ; celle-ci ayant des taches serrées sur les nervules, dont quelques-unes ne sont pas marquées : sur les postérieures trois taches ; celle avant la base séparée en deux, dont une antérieure et l'autre postérieure ; la médiane large ; celle, avant le sommet, divisée en deux ou trois, quelques petites postérieurement médianes ; d'autres sur le bord postérieur qui est brun dans ses deux tiers externes, avec quatre ou cinq petites taches allongées, qui y aboutissent, dont une au sommet ; les marques des espaces costaux et celles de la base plus foncées que les autres.

Collection du Musée, et sans indication de patrie.

10. PALPARES FURFURACEUS, *mihi*.

Un peu plus grand que le *Libelluloïdes*, ou de la même taille. Tête un peu plus grosse, ayant le vertex beaucoup plus gonflé, presque vésiculeux ; palpes rougeâtres, les labiaux près de moitié plus courts, ne dépassant pas de beaucoup les maxillaires, ayant leur dernier article en massue amincie à l'extrémité, avec une petite tache noirâtre sur la partie gonflée. Thorax velu, d'un jaune roussâtre, ayant une bande dorsale noire qui s'étend un peu, en s'amincissant, sur le vertex. Abdomen brun, plus foncé en dessous, ayant sur les côtés une bande jaunâtre plus ou moins visible. Pattes rouges. Ailes larges, un peu sinuées postérieurement avant l'extrémité, couvertes de marques nombreuses et de taches pâles, roussâtres, disposées à peu près comme chez le *Libelluloïdes* aux supérieures, où il y en a plus de petites sur le disque ; aux postérieures plus nombreuses sur le milieu et deux assez grandes au sommet ; réseau varié de blanc et de roussâtre.

Collection du Musée, où il est indiqué du Sénégal.

11. PALPARES LATIPENNIS, *mihi.*

Plus grand que le *Libelluloïdes*, et ayant les ailes plus larges et plus minces; d'un jaune roussâtre. Palpes labiaux longs, mais un peu moins que chez le *Libelluloïdes*, terminés en une massue courte, non amincie à l'extrémité, noirs, ainsi que les antennes. Thorax velu, jaune, ayant une bande dorsale et une autre le long des ailes, noirâtres. Abdomen d'un testacé clair. Pattes jaunes, ayant l'extrémité des tibias et les tarses noirs. Ailes grandes, très-larges; les supérieures très-obtuses, parsemées de petites taches un peu moins serrées que chez le *Libelluloïdes*, postérieurement, plus sensibles sur le milieu, moins en forme d'étoile et plus régulières, avec deux plus grandes, placées sur le disque, qui peuvent être interrompues, celles de l'espace costal plus sensibles, placées sur les nervules, mais sur le tiers moyen, laissant alternativement une nervule sans la couvrir, peu nombreuses sur les postérieures, où l'on voit quatre à cinq petites marques avant la base, une assez grande tache médiane, une très-grande avant l'extrémité, qui peut être divisée, et dont la partie postérieure, qui est la plus grande, a la forme de la lettre K, quelques petites taches allongées sur le bord postérieur, et deux ou trois un peu plus grandes au sommet ; les grandes taches sont réticulées d'aréoles plus claires.

Collection du Musée, et indiqué du Sénégal. Je ne connais pas le mâle.

12. PALPARES TIGRIS, *Dalman.*

Dalm., *Analect. Ent.*, p. 88, n° 99. *Myrmeleon Tigris.*

Ailes ayant des points et des taches interrompues brunes.
De la taille du *Libelluloïdes*, mais ayant les ailes plus étroites et lancéolées, dont la marge postérieure est brune, non ponctuée ; les supérieures ayant quelques taches en forme de stries. Tête jaune, noire entre les antennes, avec un point de la même couleur sur le vertex. Pattes jaunes, ayant les tarses noirs (traduction de Dalman).
Indiqué de Sierra-Leone.

13. PALPARES HYÆNA, *Dalman.*

Dalm., *Analect. Ent.*, p. 89, n° 100. *Myrmeleon Hyæna.*

Ayant les ailes plus longues, beaucoup plus étroites et lancéolées que dans le *Libelluloïdes*. Tête jaune, avec une bande noire entre les yeux; vertex ponctué de brun ; antennes, bouche et palpes noirs. Prothorax jaune avec une bande dorsale et les côtés noirs ; mésothorax et métathorax noirâtres, ponctués de jaune. Abdomen noir. Pattes épaisses, noires, Ailes blanchâtres, mais aspergées de points bruns très-nombreux et réticulées de nervures variées de brun et de blanc, tachées sur le bord costal de marques brunes plus distinctes ; enfin paraissant presque entièrement d'un brun nébuleux, ayant vers le sommet deux stries plus obscures, dont une costale et l'autre placée au milieu ; les postérieures ayant en outre une strie brune avant le bord interne (texte de Dalman).

De Sierra-Leone. Il pourrait bien appartenir à mon genre *Acanthaclisis*.

14. PALPARES TESSELLATUS, *mihi*.

De la taille du *Libelluloïdes*. Tête plus grosse, jaune, un peu obscure sur le vertex ; palpes labiaux près de moitié plus petits, jaunes ; le second article courbé, le dernier renflé vers l'extrémité presque en forme de toupie, et un peu pointu à l'extrémité, ayant une tache noirâtre sur cette partie. Thorax varié de jaune et de brun rougeâtre, n'ayant que quelques poils rares. Abdomen beaucoup plus gros au milieu qu'à la base, glabre, beaucoup plus court que les ailes inférieures (les appendices exceptés), d'un brun rougeâtre, avec une ligne dorsale et deux bandes latérales jaunes, couleurs qui sont un peu irrégulières ; appendices supérieurs du mâle, jaunes, atténués vers l'extrémité, ayant près de douze millim. de long, formant plus du tiers ou près de la moitié de la longueur de l'abdomen, jaunes, très-finement hérissés, presque droits ; l'inférieur court. Pattes jaunes, rousses à la face antérieure et interne des cuisses. Ailes transparentes, à peine colorées, les premières ayant une tache sur la plupart des nervules costales et quelques-unes sur celles au-dessous de la nervure médiane, le bout, une portion avant la base, des lignes sur le bord postérieur, comme marquetées, deux taches sur le disque réticulées d'aréoles transparentes, brunes ; les postérieures ayant trois taches aréolées, de petites taches sur la marge postérieure et au sommet, et des points sur les nervules costales. Antennes plus dilatées à l'extrémité que chez le *Libelluloïdes*, noires, jaunes à la base.

Du Sénégal. La femelle communiquée par M. Marchal.

15. PALPARES PARDUS, *mihi*.

De la taille du *Libelluloïdes*, et lui ressemblant un peu. Palpes labiaux près de trois fois plus courts que chez le *Libelluloïdes*, ayant le troisième article un peu en fuseau avant l'extrémité, roux ; tête jaune. Thorax pubescent, jaune, varié de brun. Abdomen roussâtre avec le dessus des deux premiers segments, le dessous et l'extrémité bruns, quelquefois en grande partie brunâtre, légèrement villeux, beaucoup plus court que l'aile inférieure chez le mâle ; appendices supérieurs cylindriques assez grêles, ayant à peu près cinq millim. de long, un peu courbés en haut, jaunes,

hérissés, ayant à leur face interne des épines ou soies épaisses peu serrées,
assez longues ; l'inférieur médiocrement long, triangulaire, obtus. Ailes
larges, ayant une légère teinte d'un jaunâtre sale; les premières marquetées
presque uniformément de petites taches brun roux, dont quatre ou cinq
plus grandes et antérieures avec une espèce de bande en zigzag à l'extrémité, et onze à treize petites bandes régulières sur l'espace costal et un
peu plus foncées; postérieures ayant les taches peu nombreuses, plus
larges ; chez la femelle la bande en zigzag du sommet, en s'unissant avec
la bordure extrême de celui-ci, renferme deux petites taches transparentes ; l'attache des supérieures est roussâtre.

De Bombay.

16. PALPARES SPECTRUM, *mihi*.

Plus petit que le *Libelluloides*, noirâtre. Tête petite, noirâtre avec une
tache jaune sur la partie supérieure du labre ; palpes labiaux plus longs
que les supérieurs, avec le dernier article épaissi avant son extrémité, qui
est amincie. Thorax d'un brun un peu roussâtre, à peine pubescent. Abdomen noirâtre, ayant avant la base en dessus, une grande tache roussâtre, avec le bord postérieur des quatre ou cinq avant-derniers segments
jaune ; appendices médiocrement longs, allant en épaississant vers le sommet qui est arrondi, un peu courbés, pubescents, d'un jaune obscur.
Pattes noires. Ailes noires ou noirâtres, ayant aux premières, deux bandes
transverses, divisant l'aile en trois parties inégales, dont l'interne ne touche pas la côte ; un certain nombre de points ou petites taches, dont trois
sur la marge postérieure, plusieurs sur l'espace costal, dont ceux de la
base très-petits; trois ou quatre sur le disque, presque au milieu, et une
sur le sommet ; aux secondes, la base largement, à l'exception de l'espace
costal ; trois petites taches sur le milieu, dont deux postérieures, une bande
transverse avant le sommet, et une petite tache sur celui-ci, quelques points sur l'espace costal, blancs jaunâtres, un peu plus jaunes sur
les premières; en outre, la teinte noirâtre est plus ou moins réticulée de
marques claires ou jaunâtres très-sensibles à la base des premières, surtout postérieurement, et l'espace entre la dernière bande et la petite tache
du sommet est très-finement aspergée d'atomes jaunâtres, nuls sur les
marges.

17. PALPARES VENOSUS, *Burmeister*.

Burm., *Handb. der Entom*, II, p. 998. n° 22.

Plus petit que le *Spectrum* et ayant surtout les ailes plus courtes, dont
les supérieures presque ovales; noir. Tête noire; labre et deux petites lignes sur le front, jaunes. Parties membraneuses qui unissent la tête au
thorax, le prothorax avec le mésothorax, celles de l'attache des ailes anté-

rieurement et des hanches, jaunes ; thorax pubescent, noir. Abdomen noir,
ayant le bord postérieur des 5, 6, 7, 8 et 9ᵉ segments, jaune, peu sensible chez la femelle ; appendices du mâle médiocrement longs, en massue.
Pattes noires. Ailes supérieures transparentes, ayant les nervures, leurs
rameaux et ramuscules bordés d'une couleur jaune d'ocre, confluente sur
la marge postérieure, et à l'extrémité, s'étendant quelquefois sur les nervules transverses, la plus grande partie de celles-ci bordées de noir, ce qui
rend l'aile couverte de petites stries très-nombreuses de cette couleur ; les
plus longues et les mieux marquées, placées sur l'espace costal, sur celui
qui se trouve après la troisième nervure, et qui est fortement dilaté entre
les deux rameaux de la cinquième nervure ; la troisième et la quatrième,
renflées avant leur jonction (femelle) ; postérieures d'un jaune d'ocre pâle,
traversées par deux bandes confluentes chez la femelle, rameuses postérieurement, dont l'interne ne va pas sur l'espace costal, et marquées de
petites taches nombreuses à l'extrémité, en forme de stries sur le milieu
vers la base, dont quelques-unes sur l'espace costal avant la base, noirs.

Il se trouve dans le midi de l'Afrique et au Cap. De la collection
de MM. Dejean et Serville.

18. PALPARES PARDALINUS, *Burmeister.*

Burm., *Handb., der Ent.*, II, p. 997, n° 20.

Un peu plus petit, et ayant tout à fait l'apparence du précédent (la tête
manque); thorax noir varié de jaune. Abdomen noir avec les six derniers
segments bordés de jaune. Appendices peu longs, noirs, obtus, velus,
hérissés d'épines en dedans surtout à l'extrémité qui est un peu épaissie.
Pattes noires. Ailes larges, courtes, moins larges que dans le *Venosus;* les
supérieures d'un jaune roux, mais un peu obscur (comme pulvérulentes à
la loupe), couvertes d'un grand nombre de petites taches d'un brun
pruineux, formant quelquefois des stries, placées transversalement sur une
partie des nervules, moins nombreuses antérieurement que postérieurement ; les inférieures d'un jaune pâle, traversées par trois bandes presque
maculaires, dont l'interne plus courte, la moyenne bifide postérieurement;
quelques petites taches au sommet et sur l'espace costal, ou quelques
stries au milieu avant la base, partie qui est un peu transparente, noires
ou noirâtres. Chez la femelle, que je ne connais pas, les bandes doiven
être plus larges, plus irrégulières, peut-être confluentes.

Collection de M. Serville, où il est indiqué du Cap.

19. PALPARES CONSPURCATUS, *Burmeister.*

Burm., *Handb. der Ent.*, II, p. 997 n°21.

Corps noir ; marge du prothorax jaune. Ailes antérieures fauves ayant

les nervules transverses brunes (peut-être bordées de brun) les postérieures jaunes, tachées de brun (traduction de Burmeister).

Indiqué du sud de l'Afrique.

Genre ACANTHACLISIS, *mihi.*

Lèvre inférieure cordiforme; palpes maxillaires ayant le pénultième article plus court que le dernier, celui-ci cylindrique, un
peu atténué vers l'extrémité; les labiaux beaucoup plus longs,
ayant le second article quelquefois à lui seul aussi long que les
maxillaires; le dernier également très-long, en massue à l'extrémité. Pattes courtes, ayant les ergots de l'extrémité des tibias
échancrés vers leur milieu en dedans, puis fléchis presque à angle
droit, toujours beaucoup plus longs que les deux premiers articles des tarses; onglets ayant une dilatation saillante et arrondie
à leur base, fortement courbés. Ailes inférieures ayant à leur
base, postérieurement, un petit prolongement muni d'une pelote.
Ailes peu ou pas tachées, seulement variées par la coloration
différente des nervures; les inférieures toujours moins marquées
que les supérieures.

* 1. ACANTHACLISIS OCCITANICA, *Villers.*

Vill., *Ent. Linn.*, III, p. 63, n° 9, tab. 7, fig. 10. — Rossi., *Faun.*
Etrusc., II, p. 14, tab. 9, f. 8? — Panz. *Faun. Germ.*, p. 59, n° 4?
— Latr., *Gener. Crust. et Ins.*, III, p. 191, n° 1? — Descript. de
l'Égypte, *Névr.*, pl. 3, fig. 9? (Si cette figure représente l'*Occitanica*, elle
n'est pas exacte.)

De la taille du *Libelluloïdes*, mais ayant les ailes beaucoup plus
étroites. Face jaune, couverte de poils blancs supérieurement; palpes d'un
brun rougeâtre, les labiaux ayant le deuxième article plus court que les
maxillaires, épais, renflé à son extrémité, le troisième en massue allongée,
velu noirâtre, aminci à l'extrémité qui est roussâtre; vertex d'un brun
roux, ayant une tache plus clair de chaque côté, velu; antennes d'un brun
roussâtre obscur. Thorax d'un roussâtre un peu rosé, ayant en dessus
une double ligne noire longitudinale dont les deux parties s'écartent
davantage postérieurement; prothorax ayant une autre ligne fine plus
en côté, et une bande latérale de la même couleur se continuant au-
dessus des ailes sur le reste du thorax; les diverses parties du mésothorax cernées de noir de manière à laisser des taches roussâtres assez
larges, au nombre de huit, dont six plus visibles, et celles du milieu
plus larges; métathorax ayant aussi deux taches; ces deux divisions du
thorax chargées de poils noirâtres et blanchâtres, disposés par parties

et par touffes; poitrine d'un roussâtre brunâtre entièrement recouverte
de poils blanchâtres. Abdomen noir, glabre, un peu pubescent à la
base en dessous et sur les côtés, ayant en dessus le bord postérieur
des 2, 3, 4 et 5e segments d'un blanc jaunâtre, sur les suivants une
ligne dorsale pâle; ces taches sont plus ou moins visibles, le bord
postérieur du 7e divisé; appendices larges à la base, atténués vers
l'extrémité où ils sont très-obtus, un peu plus longs que les 7 et 8e segments réunis, ayant un peu après leur milieu une portion interne saillante, hérissée d'épines; un peu flexueux, roussâtres en dedans, noirs
en dehors, hérissés de poils noirs parmi lesquels il y en a de blancs. Pattes
fortement hérissées de poils blanchâtres parmi lesquels il y en a de noirâtres, marquetées de petites taches brunes sur les tibias; tarses noirs;
ergots à peu près courbés à angle droit. Ailes lancéolées, un peu sinueuses
postérieurement avant l'extrémité, transparentes, ayant les nervures et
nervules variées de blanc jaunâtre et de noirâtre, avec la cinquième nervure, à partir de la base, alternativement marquée d'une manière plus
visible, surtout à la base, de cinq lignes, dont celle de la base plus longue, avec deux ou trois petites traces vers son extrémité, une petite tache
au côté interne du ptérostigma, et un peu plus loin et plus intérieurement, une petite série de rameaux, noirâtres; la membrane de l'aile est
en outre tachetée de blanchâtre, surtout aux supérieures; espace costal,
ayant deux rangées d'aréoles.

Je n'ai pas vu la femelle. Habite le midi de la France et la Hongrie
en juillet et août.

* 2. ACANTHACLISIS BÆTICA, *mihi*.

De la taille de l'*Occitanica*, et lui ressemblant beaucoup; tête plus
petite; palpes maxillaires, ainsi que la face jaunes; troisième article des
palpes labiaux bien sensiblement plus long, plus grêle, renflé en massue
seulement vers l'extrémité, qui est pointue; antennes visiblement annelées de blanchâtre. Dessin du thorax presque semblable, mais la bande
noire plus large, et l'autre couleur, qui est un peu plus rougeâtre, formant
plutôt des lignes que des taches. Abdomen noirâtre, n'ayant pas de marques jaunâtres bien sensibles, quelquefois à peine visibles chez le mâle,
non glabre mais revêtu de poils très-courts, blanchâtres, à peine visibles,
qui rendent le noir moins vif; appendices plus de moitié plus courts
que le huitième segment, jaunes, épais, arrondis à l'extrémité,
hérissés de poils noirs épais, n'ayant point de tubercule, avec la base
très-saillante en-dessus. Pattes un peu plus marquetées de noir; ergots
moins courbés. Ailes ayant la membrane presque entièrement blanchâtre,
avec des marques un peu plus obscures à peine visibles, beaucoup moins
variées de brun ou seulement sablées d'atomes, dont quelques-uns for-

ment de petits linéaments rarement transvorses; espace costal contenant deux rangées d'aréoles, dont une plus large que chez l'*Occitanica*.

Je l'ai prise en Andalousie à la fin de l'été, dans les environs de Malaga.

3. ACANTHACLISIS DISTINCTA , *mihi*.

Ressemblant à l'*Occitanica* , et à peu près de la même taillé , mais un peu plus épais. Antennes plus longues, moins épaisses, un peu annelées de blanchâtre ; troisième article des palpes labiaux plus long , plus grêle, et la massue plus courte vers l'extrémité qui est en pointe. Bandes noirâtres du thorax plus larges, plus régulières, peu foncées, les parties claires formant des lignes d'un gris blanchâtre; poils qui le couvrent d'un gris brunâtre , seulement blanchâtres postérieurement , et entre l'attache des ailes. Abdomen d'un gris obscur, un peu velu à la base (à moitié tronqué), ayant sur la partie antérieure du deuxième segment, deux petites marques , et sur celle du troisième, deux taches oblongues jaunâtres. Pattes d'un gris roussâtre, marquetées de noir sur les tibias, ayant aux antérieures des poils plus longs que sur les autres; ergots des tibias moins courbés. Ailes supérieures moins lancéolées, plus obtuses ; les quatre nuancées de blanchâtre et de plus obscur, réticulées un peu différemment; bord costal n'ayant qu'une seule rangée d'aréoles; la troisième nervure et les deux suivantes , à partir de la base, alternativement marquées de brun , réseau varié de brun et de jaunâtre, mais d'une manière peu apparente.

Du Sénégal. M. Marchal m'a communiqué une femelle de Maurice , dont la teinte générale est beaucoup plus pâle, et dont les bandes et lignes noirâtres sont plus etroites; les petites taches jaunâtres de l'abdomen forment deux bandes qui s'étendent jusque sur le quatrième segment; les ailes sont aussi plus pâles.

4. ACANTHACLISIS AMERICANA , *Drury*.

Drur., *Ins. Exot.*, I , pl. 46, fig. 1. — Burm., *Handb. der Ent.*, p. 996, n° 17.

Noire ou noirâtre, ayant le dessus de la tête et du thorax jaunes, avec une ligne dorsale noire dilatée dans son milieu , après lequel elle présente un petit prolongement de chaque côté ; antennes allant à peine en grossissant vers l'extrémité , noires. Abdomen noirâtre. Ailes ayant des lignes longitudinales presque aussi longues qu'elles, et un certain nombre de petites marques plus nombreuses, aux supérieures , d'un brun roussâtre ; extrémité finement striée par les nervules.

De la Nouvelle-York (décrite d'après la figure de Drury); indiquée par Burmeister dans le midi de la Caroline.

5. ACANTHACLISIS BRACHYGASTER, *mihi.*

Un peu plus grande que le *M. Formicarius*, mais beaucoup plus petite que l'*A. occitanica*, et lui ressemblant un peu. Palpes maxillaires assez longs (les labiaux manquent) ; antennes médiocrement dilatées, d'un gris brunâtre plus obscur à l'extrémité ; face jaune ; vertex gris. Thorax velu, d'un gris roussâtre, avec des marques et des lignes sur le prothorax, brunes. Abdomen brun, varié de roussâtre en dessus, court ; appendices supérieurs courts, un peu déprimés, très-obtus, divariqués, très-hérissés, à peine moitié aussi longs que le neuvième segment, qui égale le huitième, jaunes. Pattes très-velues, d'un gris roux, marquées de brun ; tarses noirâtres, ayant le dernier article plus long que les quatre autres ; ergots fléchis à angle droit. Ailes beaucoup moins variées que dans l'*Occitanica*, les supérieures surtout un peu plus obscures ; les principales nervures un peu variées de brun et de roussâtre ; tache ptérostigmatale d'un blanchâtre sale ou un peu obscure, n'étant pas bornée par une marque noire à son côté interne

Collection du Musée.

6. ACANTHACLISIS LONGICOLLIS, *mihi.*

De la taille du *M. Formicarius*. Antennes d'un cendré un peu roussâtre, plus larges que chez les autres espèces à l'extrémité, qui a la forme d'une cuiller ; palpes labiaux ne dépassant pas en longueur les maxillaires, ayant le troisième article en entier, en forme de fuseau, épais dans son milieu ; yeux très-gros. Prothorax plus longs et plus étroit que dans les autres espèces, d'un cendré roussâtre, avec quatre lignes en dessus et une bande de chaque côté, brunes ; mésothorax de la même couleur, varié de brun, ayant deux lignes brunes bien marquées sur les deux parties saillantes médianes, et sur la postérieure ; le thorax entier n'ayant que quelques poils blanchâtres. Abdomen brun, pubescent, ayant en dessus, de chaque côté, deux bandes roussâtres peu marquées ; se prolongeant sur la partie postérieure du dessus des derniers segments ; appendices à peu près droits, assez épais, très-obtus, jaunes, hérissés de longs poils, dont quelques-uns très-longs à l'extrémité, sans aucune saillie, presque aussi longs que les 8 et 9e segments réunis. Pattes d'un gris roussâtre avec les tarses plus obscurs, peu velues ; les antérieures ayant sur la partie antérieure des cuisses, une bordure régulière de longs poils blanchâtres qui enveloppent la partie inférieure de la tête comme une espèce de collerette. Ailes transparentes à peine sensiblement nuancées ; réseau varié de brun et de jaunâtre ; cinquième nervure un peu plus marquée alternativement que les autres ; espace costal n'ayant deux rangées d'aréoles que dans sa moitié interne.

Du Sénégal. La femelle m'est inconnue. Cette espèce s'écarte un peu

des autres par la forme des palpes labiaux ; la petite pelote de la base
des ailes postérieures est très-simple.

7. ACANTHACLISIS LONGICORNIS, *mihi.*

De la taille du *Myr. Formicarius*, mais ayant les ailes plus larges ;
gris. Tête ayant la face d'un roussâtre pâle ; palpes labiaux plus grands
que les maxillaires, pâles, ayant le dernier article renflé avant l'extrémité
qui est fortement amincie ; antennes finement annelées, pâles à la base, un
peu brunâtres surtout à l'extrémité, au moins aussi longues que la tête et
le thorax réunis ; prothorax long, traversé par deux sillons, brun en dessus, ainsi que le reste du thorax, finement varié de jaunâtre. Abdomen jaunâtre en dessous, brun en dessus, avec des taches fauves, très-profondément bifides postérieurement, et prolongées sur les côtés. Pattes pâles,
marquetées de brunâtre, fortement hérissées et velues ; ergots des tibias
courbés à angles obtus. Ailes médiocrement longues, les antérieures assez
larges et obtuses, transparentes, un peu nuancées de blanc jaunâtre, ayant
deux rangées d'aréoles à l'espace costal, excepté à la base, avec les nervures
et nervules variées de brun ou de jaunâtre, marquées d'une bande brune
courte, oblique, formée par le réseau, partant de l'extrémité de la cinquième nervure avant le sommet, ne dépassant pas la moitié antérieure de
l'aile ; quelques groupes de nervules postérieurement, les deuxième et troisième nervures, et l'espace qu'elles bornent, finement striés de brun dans
près de leur moitié interne, ensuite ayant des taches brunes séparées par
des espaces jaunâtres, plus longs qu'elles ; rameau de la troisième nervure,
et la cinquième alternativement tachés de brun ; espace entre le rameau
transverse de la cinquième nervure, et la nervure qui vient après (rempla-
çant le rameau basilaire qui est ici tout à fait rudimentaire), réticulé dans
son milieu ; les postérieures seulement tachées de brun sur la deuxième et
troisième nervure.

D'après une femelle de la collection de M. Šerville, et sans indica-
cation de patrie.

* Genre MYRMELEON, *Fabricius.*

Palpes labiaux plus longs ou étant à peu près de la même longueur que les maxillaires, ayant le deuxième article quelquefois
presque aussi long à lui seul que les maxillaires, le dernier ordinairement en fuseau, très-épais dans son milieu, quelquefois en
massue. Corps presque glabre ; ergots de l'extrémité des tibias à
peu près droits ou légèrement courbés, mais non fléchis ; onglets
non dilatés à la base ; premier article des tarses beaucoup plus
long que les trois suivants, pris séparément, quelquefois au moins

aussi long que le dernier, ou les trois autres réunis; onglets très-longs, peu fléchis. Ailes inférieures ayant très-rarement une pelote à la base postérieurement, chez les mâles, ordinairement assez [étroites, à nervures variées, rarement largement tachées; espace costal n'ayant ordinairement qu'une seule rangée d'aréoles, les inférieures étant presque toujours moins tachées que les supérieures.

Ce genre étant très-nombreux en espèces, j'ai été obligé d'établir des divisions et subdivisions; mais non-seulement elles ne sont que relatives aux espèces que je décris, mais encore elles ne sont pas encore très-rigoureuses; ainsi les subdivisions β et ʃ se confondent presque, l'une étant la fin, et l'autre le commencement de deux divisions; j'ai laissé le *Submaculosus* dans la subdivision *qq*, quoiqu'il appartienne aussi bien à la division β à cause dela forme du premier rameau de la cinquième nervure qui ne permet pas de le séparer de l'*Ægyptiacus*, *V-nigrum*, etc. Plusieurs espèces détériorées, ou que je n'ai pas vues sont placées d'une manière douteuse, telles que le *Lineosus*, *Clavicornis*, *Aspersus*, etc.

   ✕. Antennes en massue allongée. Deuxième ou troisième article des tarses toujours beaucoup plus court que le premier.

K. Ailes n'étant ni largement tachées, ni marquées de taches bien prononcées.

 + Palpes labiaux n'étant pas plus de deux fois aussi longs que les maxillaires.

  A. Espace costal ayant deux rangées d'aréoles, ou réticulé, ou les nervules qui le traversent souvent fourchues.

    I. Une petite pelote à la base des secondes ailes des mâles postérieurement; nervules de l'espace costal souvent bifides. *M. Fallax* (1 espèce).

    II. Espace costal réticulé ou ayant deux rangées d'aréoles; pelote nulle. *M. Longicaudus* (3).

  B. Espace costal traversé par des nervules simples, ou n'ayant qu'une seule rangée d'aréoles.

   †. Ailes inférieures notablement plus longues que les supérieures. . . . . *M. Insignis* (2).

   ††. Ailes égales ou les inférieures plus courtes.

    α. Ergots ou éperons des tibias antérieurs aussi
    longs que les quatre premiers articles des
    tarses, ou au moins aussi longs que les trois
    premiers, plus ou moins courbés.

        q. Premier rameau de la cinquième
        nervure se rendant obliquement
        à la marge postérieure.
                M. Annulatus (6).

        qq. Premier rameau de la cinquième
        nervure presque longitudinal et
        restant pendant un certain espace,
        parallèle avec la nervure.
                M. Ægyptiacus (5).

    β. Ergots au moins aussi longs que les deux
    premiers articles des tarses, peu courbés.
        b. Premier article des tarses plus court que
        le dernier. .   *M. Appendiculatus* (2).
        bb. Premier article des tarses au moins aussi
        long que le dernier. *M. Nigrocinctus* (1).

    γ. Ergots à peu près de la longueur du premier
    article, ou à peine aussi longs que les deux
    premiers, presque droits; premier article à
    peine aussi long que le dernier ou plus petit.

        f. Ergots à peine aussi longs que les deux
        premiers articles. .   *M. Flavus* (4).
        ff. Ergots à peine aussi longs que le pre-
        mier article, ou ne le dépassant pas.
        p. Dernier article des palpes labiaux
        en massue pointue; le deuxième à
        peu près aussi long que les maxil-
        laires. . . .   *M. Formicarius* (1).
        pp. Le troisième des labiaux en fuseau
        pointu ou conoïde; le deuxième
        beaucoup plus court que les maxil-
        laires. . . . .   *M. Notatus* (12).

KK. Ailes largement tachées de noir, ou marquées de taches bien
    prononcées.

        V. Ailes largement tachées de
        noir, au moins sur les posté-
        rieurs; prothorax brun ou
        gris. .   *M. Roseipennis* (2).

VV. Ailes ayant des taches en
forme de gros points; prothorax rouge.

M. Erythrocephalus, 2.

+ +. Palpes labiaux trois ou quatre fois aussi longs que les
maxillaires. . . . .   *M. Elegans*, 1.

XX. Antennes en massue presque sphérique(1). Deuxième
ou troisième article des tarses toujours beaucoup
plus court que le premier. . .   *M. Clavicornis.* 1.

XXX. Antennes en massue allongée; deuxième ou troisième article des tarses plus grand que le premier.

Genre MEGISTOPUS.

X . K. +. A. I.

1. MYRMELEON FALLAX, *mihi*.

Cette espèce fait le passage du genre *Acanthaclisis* à celui de *Myrmeleon*; elle a complétement le port des espèces du premier, et un peu les caractères par ses pattes très-courtes, velues, et par la présence de la pelote
qui se trouve à l'angle postérieur de l'attache des secondes ailes du mâle;
égalant au moins par l'envergure, le *Libelluloïdes*, mais quelquefois plus
petit; roussâtre, varié de brun. Antennes à peu près de la longueur des
deux premières divisions du thorax, peu dilatées vers l'extrémité, jaunâtres, annelées de noir avec l'extrémité de cette couleur; face jaune, noire
à la base des antennes; palpes jaunes, les labiaux beaucoup plus longs
que les maxillaires, avec le dernier article en massue vers l'extrémité qui
est amincie; massue marquée de brun roussâtre. Thorax pubescent, roussâtre, jaune en dessous, varié et rayé de brun. Abdomen brun en dessus,
avec quelques taches, les côtés et le dessous jaunes, d'autres fois obscur
(mutilé). Pattes velues, jaunes ou jaunâtres, marquées de brun; ergots courbes (mais ni échancrés ni fléchis en angle); égalant presque aux antérieures,
les quatre premiers articles. Ailes grandes, bien plus larges que dans l'*Ac.
occitanica*, ayant l'espace costal très-large, un peu dilaté vers la base; les
antérieures larges à l'extrémité, les postérieures dilatées, puis très-sinuées
avant l'extrémité, qui est presque aiguë, largement variées de blanchâtre; nervures variées de brun et de jaunâtre; réseau légèrement bordé par
endroits de brunâtre, ce qui rend les ailes comme un peu tachetées, sur-

---

(1) Je n'ai pas vu l'insecte compris dans cette division, et il se pourrait que la massue des antennes étant roulée en dessous, eût fait croire à
Latreille qu'elle était en bouton; quoi qu'il en soit, le nom de l'insecte
n'exprime pas bien cette forme d'antennes.

tout à l'extrémité des 4 et 5e nervures et vers le bout; ptérostigma d'un jaunâtre un peu obscur; nervules de l'espace costal souvent bifurquées, tendant à former deux rangées d'aréoles.

Habite la Guyane; collection du Musée.

II.

2. MYRMELEON LONGICAUDUS, *Burmeister.* (Pl. 12, n° 3.)

Burm., *Handb. der Entom.*, II, p. 994, n° 8.

A peu près cinq centim. d'envergure, brun. Tête brunâtre un peu variée de roussâtre; antennes épaisses, très-longues, bien sensiblement plus longues que la tête et le thorax réunis, peu dilatées à l'extrémité, brunes, roussâtres avant la dilatation, ou sur le milieu de celle-ci; palpes labiaux pas plus longs que les maxillaires, ayant le dernier article presque en fuseau court. Prothorax étroit, varié de brun et de roussâtre, ainsi que le reste du thorax. Abdomen velu, près du double aussi long que l'aile inférieure, linéaire, un peu plus épais postérieurement avant l'extrémité, brun, plus pâle, ou un peu roussâtre en dessus, dans près de sa moitié antérieure; ayant sur le milieu des segments une double tache roussâtre, à peine visible, insensible sur la plupart; appendices courts, droits, comprimés, plus larges à la base, hérissés, noirâtres. Pattes hérissées de poils épais, peu nombreux, roussâtres, ayant les cuisses surtout sablées de petits points noirs, aux tibias une tache à chaque bout et une troisième presque médiane, le quatrième article des tarses et l'extrémité du cinquième noirs; ergots des tibias moins longs que les deux premiers articles des tarses. Ailes transparentes, assez petites, finement réticulées, à réseau serré, ayant les nervures brunes, variées de jaunâtre, ciliées, la deuxième et la troisième nervure alternativement marquées de brun et de jaunâtre, un certain nombre de nervules légèrement bordées de brun roussâtre, dont quelques-unes plus largement et formant de petites marques, dont plusieurs sur les nervules, entre la quatrième et la cinquième nervure au milieu, et deux ou trois derrière celle-ci avant la marge postérieure, une à l'extrémité des mêmes nervures, où elles s'anastomosent avec un ramuscule du rameau de la troisième nervure; postérieures sans taches; deux rangées d'aréoles dans l'espace contenu entre la cinquième nervure, son rameau transverse et la nervure qui vient après aux supérieures; ptérostigma jaunâtre, un peu cerné de brun, plus oncé à son bord interne. La femelle m'est inconnue.

Collections du Musée et de M. Serville, et indiqué de l'Amérique septentrionale.

3. MYRMELEON CONSPERSUS, *mihi*.

Burm., *Handb. der Entom.*, II, p. 995, n° 11. *M. Irroratus?* (1).

De la taille du *Longicaudus;* brun. Tête pâle, noire entre les antennes et sur l'occiput ; palpes labiaux un peu plus longs que les maxillaires, le dernier à peine renflé vers la base, un peu aminci vers son extrémité. Antennes épaisses, s'épaississant insensiblement de la base à l'extrémité où elles sont à peine dilatées, noirâtres, hérissées de poils très-courts. Thorax noirâtre, taché de jaune. Abdomen pubescent noirâtre, ayant sur chaque segment une double tache jaune. Pattes comme chez le *Longicaudus*, mais les deux premiers articles des tarses ayant le sommet noir, et les deux suivants entièrement noirs. Ailes courtes, assez larges, en partie transparentes, un peu nuancées de blanchâtre, ayant le réseau serré, varié de blanchâtre ou jaunâtre et de brun, elles-mêmes variées de taches et de marques brunes ; les taches irrégulières, disposées longitudinalement dans la longueur de la troisième nervure et de la cinquième, au nombre de quatre ou cinq, et une autre sur le milieu de la marge postérieure, avec une grande quantité de petites marques, surtout vers la marge postérieure au sommet, où elles deviennent confluentes transversalement, et y forment deux ou trois lignes sinueuses plus ou moins distinctes ; il y a aussi un certain nombre de nervules bordées de brun, et formant de petites stries, surtout entre les deux rangées de taches ; ailes inférieures moins marquées que les supérieures. Je ne connais que la femelle.

Collection de M. Serville, et indiqué de l'Amérique septentrionale. Malgré les différences qui le distinguent du *Longicaudus*, il n'est peut-être que sa femelle.

4. MYRMELEON NEBULOSUS, *mihi*.

Ressemblant aux deux précédents, mais un peu plus petit, et taché différemment ; d'un gris roussâtre. Tête ayant le vertex très-saillant, presque gibbeux ; antennes roussâtres, obscurcies avant l'extrémité, qui est assez dilatée ; palpes labiaux pas plus longs que les maxillaires ; le dernier article peu épais, un peu aminci vers son extrémité, peu long. Thorax nuancé de brun et de roussâtre. Abdomen pubescent, roussâtre (en partie détruit). Pattes jaunes, hérissées de poils noirs, ayant une marque à l'extrémité des tibias, et l'extrémité des articles des tarses, surtout du dernier, noires ; ergots des tibias antérieurs presque aussi longs que les deux premiers articles

---

(1) Lors même que cette espèce serait celle de M. Burmeister, on ne pourrait conserver son nom, puisqu'il y a deux espèces nommées ainsi par Olivier et M. Klug.

des tarses. Ailes transparentes à nervures et bords ciliés; les supérieures marquées de taches d'un jaune roussâtre, ayant un reflet doré, arrondies, assez grandes, disposées à peu près comme chez le *Conspersus*, avec de petites marques assez nombreuses, surtout sur les marges et au sommet où elles tendent à produire des lignes; les inférieures n'ayant que de petites marques, surtout à l'extrémité et aux marges.

Collection de M. Serville, et indiqué de l'Amérique septentrionale.

B. †.

5. MYRMELEON INSIGNIS, *mihi.* (Pl. 11, n° 2.)

De la taille du *Formicarius*, mais ayant les ailes plus larges; d'une teinte pâle. Antennes plus longues que le thorax, noires, avec un anneau jaunâtre avant l'extrémité; palpes maxillaires ayant le dernier article un peu en fuseau, très-aminci à l'extrémité; face pâle, marquée de noir entre les antennes; vertex très-saillant. Mésothorax marqué antérieurement de quatre points noirs moyens, et bordé de chaque côté par une ligne bifide postérieurement; métathorax ayant deux points de chaque côté et quelques autres marques noires. Abdomen noirâtre en dessous, roussâtre en dessus, avec une ligne dorsale brune (les derniers segments sont détruits). Pattes longues, ayant le premier article aussi long que le dernier, noires, annelées de blanchâtre; les ergots jaunes, très-longs, un peu courbés vers l'extrémité, dépassant le deuxième article. Ailes transparentes, les supérieures s'élargissant après le tiers interne, larges à l'extrémité, variées de lignes, d'atomes et de nuances d'un brun roussâtre, qui les rendent comme marbrées, avec deux points postérieurs bien marqués avant l'extrémité; deux des lignes plus marquées s'avancent de chaque marge vers le milieu obliquement, l'antérieure sinueuse se prolonge sur le disque; deux nuances principales se voient sur la marge postérieure, où elles sont séparées à la partie la plus saillante; postérieures plus étroites, bien plus longues, fortement évidées vers le bout qui est allongé, presque aiguës et peu variées sur le tiers externe qui est divisé par une ligne brune aboutissant au sommet; extrémité des quatre un peu blanchâtre; nervure sous-costale noire dans sa moitié interne.

6. MYRMELEON ANOMALUS, *mihi.*

De la taille du *Formicarius*, mais ayant les ailes plus grandes. Antennes longues, beaucoup plus longues que le thorax, jaunâtres, annelées de noir, pas tout à fait jusqu'à l'extrémité, qui est noire; palpes blanchâtres, à peu près égaux; les labiaux ayant le deuxième article en massue; le troisième en massue renversée, le gros bout du côté de l'articulation. Thorax gris, varié de jaunâtre. Abdomen (en mauvais état) gris, avec des taches jaunâtres. Pattes variées de jaunâtre et de brun; tarses

noirs, velus, le premier article jaune, beaucoup plus court que le dernier,
qui est très-long ; ergots très-longs , au moins aussi longs que les trois derniers articles des tarses. Ailes grandes, les supérieures larges, plus courtes
que les inférieures, légèrement aspergées d'atomes bruns, placés surtout
à l'extrémité , sur le bord postérieur de la troisième nervure, sur la cinquième et les rameáux qui vont vers la marge postérieure, et une petite
strie sur le milieu de cette marge; les inférieures n'en ayant qu'à l'extrémité ; tache stigmatale jaunâtre, assez large, nullement marquée de
brun.

De la Colombie; collection de M. Marchal.

†† . a. q.

* 7. MYRMELEON ANNULATUS , *Klug.*

Klug., *Symb. phys.* , déc., 4, tab. 36, fig. 7, n° 13.

Plus petit que le *Formicarius* , varié de roussâtre et de brun roussâtre ; antennes d'un gris roussâtre , annelées, aussi longues au moins que
le thorax ; palpes jaunâtres , les labiaux un peu moins longs que les maxillaires ; leur dernier article en fuseau très-épais , ayant une grande tache
brune. Prothorax assez long, varié, ainsi que le reste du thorax, de jaune
roussâtre et de brun roussâtre , glabre. Abdomen d'un brun roussâtre , revêtu d'un duvet clair , ayant sur la plupart des segments une grande tache
d'un jaune roussâtre, qui couvre le premier. Pattes courtes, d'un jaune roussâtre, tachées de brun; premier article beaucoup plus court que le dernier ;
ergots plus courbés que dans la plupart des autres espèces, aussi longs que
les quatre premiers articles aux antérieures. Ailes transparentes, courtes ;
les inférieures un peu plus courtes; réseau varié de jaune roussâtre et
de brun, légèrement cilié , taché de petits atomes peu nombreux qui les
font paraître comme pulvérulentes , surtout les premières ; tache ptéro
stigmatale peu visible , un peu roussâtre , marquée d'un peu de brun.

Je l'ai pris en Andalousie. Je ne connais que la femelle.

8. MYRMELEON LINEOSUS , *mihi.*

Plus petit que le *Formicarius* , jaune marqué de noir (l'individu que
je décris est tout à fait mutilé , de sorte que je ne suis pas sûr qu'il appartienne à ce groupe). Thorax jaune , ayant une bande noire médiane.
Abdomen jaune , avec une bande dorsale et une autre latérale , presque
interrompue à chaque segment , noires. Ailes courtes, les inférieures
un peu plus courtes, assez larges, transparentes, variées de petites
marques brunes , dont quelques - unes formant deux lignes ; réseau
varié de jaunâtre et de brun; deuxième et troisième nervure alternativement marquées de jaunâtre et de brun formant des taches plus longues

sur la troisième; leur extrémité noire à leur jonction, couleur qui s'é-
tend davantage sur la seconde; cinquième nervure ayant dans sa longueur une série de petites marques plus larges que sur les précédentes;
vers son extrémité, part une ligne irrégulière, se dirigeant vers le sommet, et avant lui, plus antérieurement, une petite marque isolée; rameau
transverse de la cinquième nervure, un peu marqué, aboutissant au ramuscule transverse qui forme une petite ligne brune, moins longue et
moins large que la précédente, vers la marge postérieure en allant vers le
sommet; sur celui-ci, antérieurement après le ptérostigma, il y a un
grand nombre de petites marques en forme de ◄, dont l'ouverture est vers
le sommet, et qui tendent à former des lignes; il y a aussi quelques nervules
transverses, brunes; ptérostigma jaunâtre, borné à son côté interne par une
tache brunâtre; ailes inférieures très-peu marquées.

Collection de M. Serville, et indiqué d'Égypte.

9. MYRMELEON SUBPUNCTATUS, *mihi.*

De la grandeur du *Formicarius*, varié de brun et de roussâtre. Tête
ayant la face jaune, noire derrière les antennes, rousse ou rouge sur le
vertex, qui est marqué de lignes noires; antennes à peu près aussi longues
que la tête et le thorax réunis, pâles, ayant l'extrémité d'un brun roux,
jaunâtre au milieu; palpes labiaux un peu plus longs que les maxillaires,
ayant le dernier article presque en fuseau, tronqué à la base, aminci dans son
tiers externe, marqué d'un point noir. Prothorax assez long, brunâtre,
avec une ligne dorsale et une bande de chaque côté, jaunes, peu sensibles;
le reste du thorax varié de jaune et de brun. Abdomen d'un brun roussâtre
très-pâle, ayant le bord postérieur des segments roussâtre vers l'extrémité.
Pattes d'un jaunâtre testacé, variées d'atomes et de marques brunes; les
quatre premiers articles des tarses d'un brun rouge, le dernier, qui est plus
long que ceux-ci réunis, pâle, avec un anneau brun avant sa partie extrême
qui est roussâtre; ergots des tibias courbés, un peu plus longs que les
quatre premiers articles. Ailes transparentes, égales, assez larges, presque
aiguës; les inférieures un peu évidées postérieurement, vers le sommet,
lancéolées, ayant le réseau varié de jaunâtre et de brun; deuxième et
troisième nervure ponctuées de noir, d'une manière insensible vers l'extrémité, et sur la moitié externe de la troisième, ayant un point sur leur
jonction et deux autres ayant le sommet sur la nervure qui les continue;
cinquième nervure et son rameau ponctués d'une manière plus large que
sur les précédentes, insensible sur la moitié externe de celle-là, formant
à l'extrémité de celui-ci une petite tache plus sensible, son ramuscule récurrent ayant un point à peine sensible à son extrémité sur la marge postérieure, une petite marque plus sensible que les autres sur l'anastomose
de l'extrémité des quatrième et cinquième nervures, avec un ramuscule
du rameau de la troisième, une série de très-petites marques en ◄ avant la

marge postérieure, dans la moitié externe de l'aile, formant un cordon qui
se dirige vers le sommet; postérieures ayant de plus une série de stries
après la marque de l'anastomose des quatrième et cinquième nervures.

Une variété un peu plus grande a les ailes un peu plus fortement
ponctuées, avec les nervures et les nervules variées de rose en place de jaunâtre, la série de stries des postérieures confluente, et formant une tache
allongée presque réticulée; ptérostigma rose, bien marqué aux supérieures.
Pattes plus pâles moins marquées de brun. Ailes inférieures dans cette espèce au moins aussi longues que les supérieures.

Collection du Musée, et indiqué d'Afrique. D'après deux individus
qui me paraissent être des femelles.

10. MYRMELEON BISTRIGATUS, *mihi.*

De la taille du *Formicarius*, mais ayant les ailes plus allongées, surtout les postérieures, qui sont étroites, lancéolées, un peu plus longues
que les supérieures. Gris, un peu varié de roussâtre et de brun. Tête,
bouche et palpes, comme chez le *Subpunctatus*. Prothorax brun, rayé
de roussâtre ou de jaune ; les autres divisions du thorax variées de brun
et de roussâtre, dont une ligne dorsale de cette couleur, qui n'est que la
continuation de celle du prothorax. Abdomen brun, ayant le bord postérieur d'une partie des segments un peu jaune; anus très-hérissé, sans appendices saillants. Pattes d'un jaune roussâtre, pâles, tachées de brun roussâtre, conformées comme celles du *Subpunctatus*. Ailes longues, surtout
les postérieures, qui sont un peu plus longues, transparentes; réseau varié
de brun et de roussâtre peu sensible ; la seconde nervure finement ponctuée
de noir, la troisième ayant à peine quelques marques et sa jonction avec la
précédente, brunes; les autres nervures ayant des marques plus longues et
moins nombreuses, surtout la cinquième, qui est assez fortement ponctuée,
une petite marque vers l'extrémité de la quatrième, quelques petites
marques en ◁ peu sensibles vers le sommet, un peu rangées en lignes,
et aux inférieures une bande postérieure se rendant au sommet, brune,
non formée par le réseau, occupant le quart externe de l'aile.

Habite l'île de Taïti; collection du Musée.

* 11. MYRMELEON TETRAGRAMMICUS, *Pallas.*

Latr., *Gener. Crust. et Ins.*, III, p. 192, n° 2. — Fabr., *Ent. syst.*,
suppl., p. 205, 3 et 4. — Burm., *Handb. der Ent.*, II, p. 995, n° 14.

Ressemblant tellement au *Formicarius*, à la première vue, qu'on pourrait les confondre tous les deux, mais très-différent par certains caractères organiques ; à peu près de la même taille, ayant les ailes plus allongées et plus aiguës à l'extrémité. Antennes plus longues, au moins aussi

longues que le thorax , brunes, annelées de jaunâtre , aplaties à l'extrémité plutôt qu'excavées ; palpes jaunes, les labiaux pas sensiblement plus
longs que les maxillaires , leur dernier article en fuseau très-épais, très-
aminci à l'extrémité, marqué d'une grande tache noire ; tache noire de la
face peu ou pas sensible. Thorax à peu près semblable. Abdomen un peu
plus velu vers la base, noir, ayant le bord des segments jaunâtre , surtout
postérieurement , avec deux taches arrondies de la même couleur sur
la partie antérieure des 5 et 6e et quelquefois sur le 7e ; ces taches
sont toujours bien visibles. Appendices supérieurs du mâle très-courts ,
très-obtus, fortement hérissés, l'inférieur jaune, un peu plus court, large,
ressemblant à une écaille concave. Pattes très-différentes , plus velues,
jaunâtres , aspergées de noir ; tarses annelés de jaunâtre et de noir ; premier article beaucoup plus court que le dernier ; les trois suivants très-
courts ; ergots des tibias à peu près aussi longs que les trois premiers articles. Ailes plus longues, à peu près égales, ayant le réseau varié de jaunâtre
et de brun d'une manière différente , un peu moins marquées de petites
taches brunes dont on ne voit que trois principales aux supérieures ,
une postérieure, une autre près du ptérostigma qui n'est pas double ,
la troisième oblique avant le sommet, plus longue, plusieurs petites
marques et stries sur le disque et surtout sur le sommet , et trois ou
quatre nervules bordées de brunâtre après la quatrième nervure ; les
postérieures ont la tache du ptérostigma et une autre assez grande sur la
marge opposée , toutes les quatre ont une marque ptérostigmatale blanchâtre.

Commun pendant l'été aux environs de Paris , surtout à Fontainebleau. M. Kindermann me l'a envoyé de Hongrie.

12. MYRMELEON PULVERULENTUS , *mi hi.*

Un peu plus petit que le *Formicarius ;* brun taché de jaune. Tête
noire , ayant la face et deux lignes postérieures jaunes ; palpes jaunes , les
labiaux pas plus longs que les maxillaires , ayant le dernier article
peu épaissi et à peine aminci vers son extrémité , un peu marqué de brunâtre ; antennes presque de la longueur de la tête et du thorax réunis,
assez fortement renflées à l'extrémité , brunes , marquées de jaune au côté
externe de la massue. Abdomen brun, pubescent. Pattes jaunes, hérissées,
ayant les articles des tarses bruns à l'extrémité ; ergots des tibias antérieurs, de la longueur des trois premiers articles. Ailes peu allongées,
assez larges , de la même longueur, ayant le réseau varié de jaunâtre ou
de roussâtre et de brun ; les supérieures finement sablées de petites
marques brunâtres , surtout placées aux extrémités des nervules , moins
nombreuses sur le milieu, dans la moitié externe de l'aile, à l'exception du sommet ; deuxième nervure fortement ponctuée , la troisième marquée de petits traits plus allongés , ainsi que les autres nervures , noirs

la jonction des deuxième et troisième, et leur continuation noires ; ptéro-stigma roussâtre, nullement marqué de brun ; les postérieures à peine marquées, excepté vers l'extrémité.

Habite le Bengale.

qq.

13. MYRMELEON ÆGYPTIACUS, *mihi.*

Descript. de l'Égypte, *Névropt.*, pl. 3, fig. 10, 11 ?

De la taille du *Formicarius*, mais ayant les ailes un peu plus étroites et un peu plus allongées ; brun varié de jaune. Tête ayant la face jaune, noirâtre entre les antennes et supérieurement, où elle est variée de jaune ; palpes jaunes, les labiaux un peu moins longs que les maxillaires, ayant le dernier article épais et renflé dans plus de sa moitié interne, fortement aminci dans l'externe, taché de noirâtre. Prothorax jaune, rayé en dessus par cinq bandes noirâtres, quelquefois un peu confluentes ; les deux autres divisions du thorax brunes, un peu tachées de jaune. Abdomen pubescent, brun. Pattes jaunes, ayant de petits poils blanchâtres ou jaunâtres, hérissées d'autres poils noirs beaucoup plus grands, peu nombreux, un peu marquetées de noirâtre, avec les articles des tarses un peu bruns à l'extrémité ; ergots des tibias antérieurs au moins aussi longs que les trois premiers articles. Ailes transparentes ou très - légèrement opaques, les supérieures un peu plus longues, ayant les nervules roussâtres ou jaunâtres un peu variées de brun roussâtre ; presque toutes les nervules non tachées ; première nervure ponctuée, excepté à la base et à sa partie externe, marquée à sa jonction avec la troisième ; celle-ci ponctuée dans un certain espace avant la base, ensuite ayant plusieurs autres taches, plus éloignées les unes des autres, dont quatre correspondent, une à son rameau, dont la base est brune, et trois autres nervules obliques aussi épaisses que le rameau, brunes, plus ou moins bordées de brunâtre, surtout à leurs extrémités, traversant l'espace qui se trouve après le sous-costal, dans le milieu de l'aile ; la continuation de la deuxième et de la troisième nervure un peu tachée à son extrémité ; cinquième nervure assez fortement tachée ainsi que sa bifurcation ; une petite tache sur l'anastomose de la quatrième, à son extrémité ; une autre petite un peu en avant et quelques nervules ; ramuscule récurrent brun, avec une petite marque à son extrémité antérieure ; la continuation de la cinquième nervure et les deux principaux ramuscules du rameau de la troisième nervure plus ou moins tachés sur le milieu de l'aile ; nervules qui traversent le ptérostigma noirâtres dans leur milieu ; postérieures pas sensiblement marquées.

Collection du Musée, et indiqué d'Égypte. Cette espèce et les quatre suivantes, qui constituent ce groupe, ont de tels rapports qu'on pourrait croire qu'elles ne forment qu'une seule espèce, et il eût peut-être mieux valu les réduire.

* 14. MYRMELEON, V-NIGRUM, *mihi.*

Burm., *Handb. der Ent.*, II, p. 994, n° 9. *M. Nemausiensis?*

Un peu plus petit que le *Formicarius*, auquel il ressemble, d'un brun cendré. Antennes plus longues, dilatées à l'extrémité, d'un cendré obscur, finement annelées de roussâtre. Palpes blanchâtres, les labiaux pas sensiblement plus longs que les maxillaires, leur dernier article en fuseau épais et court, marqué d'une tache brune; face jaune avec deux taches brunes à la base des antennes. Vertex jaunâtre, ayant quatre bandes brunes dont les postérieures sont maculaires. Prothorax varié de brun et de jaune roussâtre, les autres divisions du thorax plus obscures. Thorax presque glabre. Abdomen d'un brun cendré, revêtu d'un duvet très-fin, blanchâtre, ayant le bord des segments et deux taches sur la partie antérieure des 4, 5, 6ᵉ, plus ou moins grandes, plus ou moins visibles, plus apparentes chez la femelle, jaunâtres; chez le mâle aussi long que l'aile inférieure; appendices supérieurs jaunes, hérissés, non saillants, l'inférieur presque triangulaire, jaune, plus saillant. Pattes jaunâtres, sablées et les tarses annelés de brun; premier article beaucoup plus court que le dernier; ergots des tibias antérieurs un peu plus longs que les trois premiers articles. Ailes plus pointues que chez le *Formicarius*, presque égales, ayant la membrane blanchâtre et les nervures variées de brun et de jaunâtre, avec quelques atomes bruns vers l'extrémité, les deuxième et troisième nervures plus sensiblement variées, une nervure en forme de V, dont un des côtés, plus court (ramuscule récurrent), à la marge postérieure, brune; tache ptérostigmatale blanchâtre, accompagnée intérieurement d'un peu de brun.

Je l'ai découvert en Andalousie, dans les environs de Malaga.

* 15. MYRMELEON PALLIDIPENNIS, *mihi.*

Brull., *Exp. scient. de Morée.* Ins., n° 557, pl. 32, fig. 1. *M. Plombeus?*

De la taille du *Formicarius*, et ayant les ailes beaucoup plus aiguës mais aussi larges. Antennes brunes, au moins aussi longues que le thorax, fortement dilatées à l'extrémité, surtout chez la femelle. Palpes labiaux pâles, de la longueur à peu près des maxillaires, grêles, ayant le dernier article en fuseau peu épais, aminci vers son extrémité, marqué d'une légère tache brune; face jaune; vertex brun antérieurement, jaune en arrière. Prothorax jaune, ayant une large bande médiane qui ne va pas jusqu'au bout, peu marquée et une autre de chaque côté d'un brun violâtre ; le reste du thorax varié de brun violâtre et de jaune, glabre. Abdomen quelquefois un peu plus long que les ailes chez le mâle, couvert d'un duvet fin à peine visible, d'un brun cendré, ayant souvent le bord postérieur des segments un peu jaunâtre ; appendices du mâle comprimés, ayant une direction verticale, à peine saillants à l'extrémité, qui est hérissée d'une touffe de poils noirs ; partie anale de la femelle en grande partie jaune, hérissée de poils noirs, courts et roides. Pattes jaunâtres nuancées et sablées de brunâtre ; tarses un peu annelés de brun ; premier article n'étant pas du double plus long que le second, aux antérieures où les ergots ont la longueur des trois premiers. Ailes presque égales, un peu sinuées postérieurement avant leur extrémité, très-évidées dans cette partie aux postérieures, transparentes, luisantes, ayant le réseau et les nervures d'un roussâtre pâle, ou rougeâtres, plus ou moins variés de brunâtre, qui peut complétement disparaître ; quelquefois la plupart des nervures sont assez fortement marquées de brun, la cinquième surtout, à l'exception de la seconde qui l'est à peine : dans ce cas il y a une petite marque sur l'anastomose de l'extrémité des quatrième et cinquième ; la jonction des troisième et quatrième est brune, et l'on voit un certain nombre de nervules transverses et de petites marques sur l'extrémité, brunes ; postérieures très-pointues, souvent un peu brunâtres à l'extrémité postérieurement ; tache ptérostigmatale d'un jaunâtre un peu obscur.

Très-commun en Espagne, surtout dans l'Andalousie ; se trouvant aussi dans le midi de la France.

16. MYRMELEON AFRICANUS, *mihi.*

Ressemblant beaucoup au *Pallidipennis*, et n'en étant peut-être qu'une variété. Antennes d'un roux obscur, presque aussi longues que le thorax ; palpes pâles, à peu près d'égale longueur, ou les labiaux un peu plus longs, ayant le dernier article en fuseau, marqué d'une ligne roussâtre ; face jaune, ainsi que les deux premiers articles des antennes ; vertex d'un noir roussâtre avec une ligne transverse sur le milieu, et quatre taches postérieures jaunes. Prothorax jaune, ayant une ligne dorsale et deux transverses, souvent presque nulles, d'un brun rougeâtre ; le reste du thorax d'un brun rougeâtre, varié de jaune. Abdomen noirâtre, légèrement velu. Pattes d'un jaune un peu roussâtre, avec quelques atomes bruns ; tarses légèrement annelés de brun ; ergots des tibias antérieurs égalant à peu près la longueur des trois premiers articles. Ailes à réseau jaunâtre, presque égales ; les supérieures assez larges, légèrement évidées postérieurement, avant l'extrémité ; postérieures plus étroites, largement évidées et presque échancrées à la marge postérieure, avant l'extrémité qui est étroite ; tache ptérostigmatale d'un blanchâtre un peu obscur.

Je possède un individu venant du cap de Bonne-Espérance qui en diffère un peu par les ailes plus étroites, un peu plus roussâtres, et chez lequel le prothorax présente une bande brune de chaque côté et une médiane ; l'espèce habite le Sénégal.

* 17. MYRMELEON SUBMACULOSUS, *mihi.*

A peu près de la taille du *Formicarius* ou un peu plus petit, ayant les ailes un peu plus allongées à l'extrémité, et ressemblant beaucoup au *V-Nigrum.* Antennes au moins aussi longues que le thorax, d'un brun rougeâtre ; palpes jaunâtres, les labiaux à peine aussi longs ou moins longs que les maxillaires, ayant le dernier article en fuseau allongé vers son extrémité, très-court du côté de son articulation, avec une grande tache noirâtre ; face jaune ; vertex et mésothorax d'un brun rougeâtre, variés de jaune ; le reste du thorax à peine taché de jaune, presque glabre. Abdomen d'un brun un peu rougeâtre, couvert d'un duvet clair et très-fin. Pattes d'un gris roussâtre, tachetées de brun, couvertes d'un duvet court et blanchâtre ; tarses annelés de brun, avec le premier article beaucoup plus court que le dernier ; ergots des tibias aussi longs que les deux ou trois premiers articles. Ailes presque égales, transparentes ; les supérieures ayant des séries longitudinales de très-petites taches brunâtres, placées sur les nervures, surtout sur celles du milieu, et quelques-unes formant une strie interrompue et oblique avant le sommet, presque nulles aux inférieures ; réseau varié de jaunâtre et de brun ; tache ptérostigmatale blanchâtre, peu saillante, ayant une petite tache brune à son côté interne.

J'ai pris cette espèce dans les environs de Malaga.

β. b.

18. MYRMELEON CONFUSUS, *mihi.*

Un peu plus petit que le *Formicarius ;* d'un jaune sale, pâle. Tête ayant les yeux gros, très-saillants ; face jaune, marquée de noiratre au devant des antennes ; vertex et partie postérieure jaunâtres, variés de lignes et de marques d'un brun roussâtre ; palpes blanchâtres, à peu près égaux, dernier des maxillaires en fuseau tronqué à la base ; antennes roussâtres, plus obscures après la base, et à l'extrémité qui est médiocrement élargie, un peu moins longues que la tête et le thorax réunis. Thorax jaune, ayant de chaque côté, en dessus, une ligne interrompue et une bande plus inférieure d'un brun roux. Abdomen roux, ayant la moitié postérieure du troisième segment, le quatrième, le tiers postérieur des 6, 7 et 8ᵉ, en dessus et en dessous noirs, dessous des autres roussâtre ; appendices non saillants, hérissés ; pièce du dessous un peu saillante. Pattes d'un jaune roussâtre, marquetées, et ayant des atomes d'un brun roussâtre ; tarses annelés de cette couleur ; ergots des tibias antérieurs, de la longueur des deux premiers articles.

Ailes ayant une légère teinte un peu roussâtre à peine sensible, avec les nervures et le réseau noirs, variés de blanchâtre ou de jaunâtre, une grande partie des nervules bordées de brun roussâtre pâle, trois lignes de petites marques ou nervules, se rendant postérieurement vers le sommet où il y en a quelques autres, les 2, 3 et 5e nervures fortement ponctuées de noir, l'extrémité des 2 et 3e rougeâtre, ainsi que la nervure qui les continue, et les nervules du ptérostigma un peu noires au milieu; celui-ci d'un rosé obscur très-pâle; postérieures un peu plus longues, aiguës, étroites, n'ayant de petites marques qu'au sommet.

Habite l'Afrique; collection du Musée.

* 19. MYRMELEON APPENDICULATUS, *Latreille.*

Latr., *Gener. Crust. et Ins.*, III, p. 193, n° 5.—Burm., *Handb. der Ent.*, II, p. 994, n° 7. — Klug, *Symb. phys.*, dec. 4, n° 7, tab. 36, fig. 1. *Myr. Linearis.*

Plus petit que le *Formicarius.* Antennes à peu près aussi longues que le thorax, d'un brun roux avec une tache jaune sur la partie externe du renflement; face et premier article des antennes, jaunes; sommet du front noir; palpes pâles, à peu près d'égale longueur; dernier article des maxillaires en fuseau, court et épais, avec une grande tache d'un brun rougeâtre. Thorax glabre, jaune, avec trois bandes d'un brun violâtre; côtés de la poitrine de cette couleur, avec le dessous jaune. Abdomen au moins aussi long ou plus long que les ailes, pubescent, d'un brun violâtre avec une bande jaune de chaque côté, interrompue postérieurement; appendices du mâle très-longs, simples, filiformes, hérissés, d'un brun roussâtre, jaunes à la base, plus longs que le huitième segment. Hanches entièrement jaunes; pattes jaunâtres, sablées et tachées de brun; ergots des tibias antérieurs presque aussi longs que les trois premiers articles des tarses; ceux-ci annelés de brun; le premier article beaucoup plus court que le dernier. Ailes assez larges, à peu près égales, peu aiguës, avec le réseau clair bien visible, presque entièrement brun, un peu varié de jaune, quelquefois très-varié et comme sablé d'atomes; membrane finement crispée; tache ptérostigmatale petite, jaunâtre; les individus des pays chauds ont les bandes obscures du thorax souvent en partie oblitérées.

Je l'ai pris en Andalousie et dans le département des Landes. M. Graells me l'a envoyé de Madrid. Je possède un individu plus grand de la Russie méridionale, dont les ailes sont sablées d'atomes (petits points dans le réseau), et presque un peu jaunâtres, mais qui ne paraît pas constituer une espèce. Habite aussi l'Arabie.

20. MYRMELEON NIGROCINCTUS, *mihi*.

Un peu plus petit que le *Formicarius*; jaunâtre. Antennes longues,
d'un roussâtre obscur (mutilées), noirâtres à la base; palpes maxillaires
ayant le dernier article en fuseau, les labiaux pas sensiblement plus longs,
leur dernier article en fuseau épais, allongé et aminci à l'extrémité; face
jaune, avec le front noirâtre. Thorax jaunâtre, ayant une large bande dorsale
noirâtre sur les deux derniers segments, et la poitrine entourée par une bande
noire. Abdomen noirâtre avec le bord postérieur des segments en dessus
et la partie anale, jaunâtres (couleurs altérées). Pattes grêles, longues, ciliées,
noires; les antérieures ayant l'extrême base des cuisses, et une tache à
l'extrémité antérieure des tibias, les intermédiaires à peine la base des
cuisses, les postérieures, la base des cuisses et un anneau avant l'extrémité, leurs tibias, à l'exception d'une tache aux extrémités, noirs; la base
des mêmes tarses et les ergots très-longs, pâles ou jaunâtres; premier
article des tarses postérieurs au moins aussi long que le dernier. Ailes
transparentes, les supérieures avec l'extrémité ovale, à peine aussi longues
que les inférieures, qui sont beaucoup plus étroites, ayant l'espace costal
très-large, avec quelques nervules bifurquées, marquées de petites taches
brunes, dont une en croissant au milieu de la marge postérieure, plusieurs
vers l'extrémité de l'aile, dont quelques-unes, réunies en une sorte de bande,
plus grandes que les autres; les inférieures en ont quelques-unes vers l'extrémité, dont deux assez grandes placées près du bord antérieur, l'une
avant, et l'autre presque sur le sommet.

Collection du Musée.

$$\gamma. \int.$$

* 21. MYRMELEON FLAVUS, *mihi*.

De la taille du *Formicarius*, mais ayant les ailes plus larges et un
peu plus obtuses; jaune. Antennes bien sensiblement plus courtes que le
thorax, d'un roux brunâtre, plus obscur à l'extrémité; palpes jaunes,
les maxillaires longs, ayant le dernier article noirâtre, et les troisième
et quatrième quelquefois un peu marqués de cette couleur; les labiaux
un peu plus longs, ayant le dernier article en fuseau, avec une grande
tache noirâtre; front marqué d'une tache noire entre les antennes, qui
s'étend quelquefois plus bas; vertex ainsi que le thorax, qui est un peu
velu, ayant trois lignes plus ou moins larges et interrompues d'un brun
rougeâtre, quelquefois à peine sensibles, et une ligne semblable sur
les côtés de la poitrine. Abdomen légèrement velu, ayant une bande dorsale, une latérale et deux en dessous presque confluentes, d'un noirâtre
rougeâtre. Partie anale de la femelle offrant deux saillies obtuses conti-

guës, velues, et deux appendices inférieurs assez grêles, velus, se dirigeant vers les premières. Pattes jaunes; tarses ayant une tache noire à
l'extrémité du dernier article; premier article aux antérieures plus court
que les deux suivants; ergots des mêmes tibias un peu plus courts que
les deux premiers articles des tarses. Ailes larges, obtuses, jaunâtres;
inférieures un peu plus courtes; réseau un peu roussâtre; tache ptérostigmatale grande, blanchâtre.

Je ne possède pas le mâle avec l'abdomen en bon état; je l'ai pris
assez communément en Andalousie dans les environs de Malaga Il
habite aussi l'Italie.

22. MYRMELEON ATOMARIUS, *mihi.*

Plus petit que le *Formicarius*; 'jaune. Antennes un peu moins longues que le thorax; palpes pâles, les labiaux un peu plus longs que les
maxillaires, leur dernier article en fuseau allongé, pas très-aminci à son
extrémité. Tête jaune, avec quatre marques sur le vertex. Thorax glabre,
jaune, ayant en dessus trois lignes très-interrompues. Abdomen jaune,
revêtu d'un léger duvet, avec une bande dorsale et deux latérales très-
inférieures, et se touchant sous une partie du ventre, d'un brun rougeâtre;
chez le mâle 6 et 7ᵉ segments ayant en dessus, à leur bord postérieur, une
paire d'appendices très-singuliers, recourbés vers la base à angle aigu, re-
couverts de longs poils qui forment un pinceau mince et aigu; appendices
anals non saillants, hérissés; région anale de la femelle ayant deux
saillies arrondies et deux petits appendices inférieurs, grêles, un peu hérissés, dressés vers les saillies supérieures. Pattes entièrement jaunâtres;
ergots dépassant à peine le premier article aux postérieures. Ailes assez
larges, courtes, les postérieures un peu plus courtes, jaunâtres, ayant
la marge, surtout vers l'extrémité, une ligne longitudinale au sommet, une
grande quantité d'atomes disséminés sur la surface, dont une série antérieure plus marquée, bruns; réseau et tache ptérostigmatale large, jaunâtres.

Habite le Sénégal.

23. MYRMELEON ANGUSTICOLLIS, *mihi.*

Moitié plus petit que le *Formicarius*; noir. Tête noire, ayant la bouche
jaune; palpes jaunâtres, le dernier des labiaux en fuseau court, marqué
de noir sur son milieu; vertex inégal; antennes rousses, annelées de noir.
Thorax noir, ayant quelques poils épais disséminés; prothorax étroit,
presque cylindrique, marqué d'une tache jaune de chaque côté antérieurement (l'abdomen manque). Pattes longues, hérissées, jaunâtres;
cuisses antérieures, noirâtres à la face externe, les intermédiaires et les
postérieures noirâtres, à l'exception des extrémités; tibias ayant l'extrémité et une tache circulaire avant la base noirâtres; tarses longs, avec l'ex-

trémité noirâtre ; ergots des tibias antérieurs un peu plus longs que les deux premiers articles. Ailes petites, à peu près égales, courtes, ciliées, ayant le réseau très-clair, cilié, varié de brun et de blanchâtre, avec les ramuscules de l'extrémité bien moins nombreux que chez les autres espèces, ayant des taches d'un brun roussâtre, dont une série sur l'espace sous-costal, une autre série moins nombreuse sur l'espace qui vient après, placées sur les nervules ; enfin une troisième série entre la quatrième et la cinquième nervure dont la dernière sur leur anastomose avec un ramuscule du rameau de la troisième nervure, une tache isolée au milieu de la marge postérieure, et quelques petites marques, surtout à l'extrémité ; l'espace costal présente quelques nervules bifides ; inférieures à peine tachées sur l'espace sous-costal et à l'extrémité.

Collection de M. Serville où il est indiqué de Bombay.

* 24. MYRMELEON VARIEGATUS, *Klug*.

Klug., *Symb. phys.*, dec. 4, tab. 30, fig. 4.

Près de moitié plus petit que le *Formicarius*. Tête jaune, ayant deux bandes sur la partie supérieure et postérieure, et le front d'un brun roussâtre ou noirâtre ; palpes labiaux courts, jaunes, le premier article un peu épaissi, et formant un petit angle avant son articulation en dedans ; le troisième court, très-épais, en forme de toupie, subitement aminci avant son extrémité qui forme une pointe. Thorax varié de brun et de jaune ; prothorax étroit ayant plus de jaune. Ailes petites, transparentes, largement variées de jaune et de noirâtre ; ramuscule récurrent bordé de brun jusque sur le bord postérieur, et formant une ligne de cette couleur, une autre ligne semblable, mais un peu plus large, partant de l'anastomose des 4 et 5e nervures, interrompue après le milieu de l'aile, et se continuant vers la marge antérieure, en partie irrégulière et sinueuse, un cordon de petites marques en ⋖ contournant le sommet, et se continuant postérieurement presque jusqu'au ramuscule récurrent, une petite ligne entre celui-ci et la précédente, et quelques petites marques isolées au sommet ; 2, 3 et 5e nervures plus fortement marquées ; ptérostigma jaunâtre, bordé extérieurement et surtout antérieurement par une tache et des nervules noirâtres. Je ne sais s'il appartient à ce groupe.

D'après un individu en partie détruit, et qui m'a été, je crois, envoyé du midi de la France par M. de Fonscolombe. Habite aussi l'Arabie.

ƒƒ. p.

* 25. MYRMELEON FORMICARIUS, *Linné*.

Linn., *Syst. Nat.* II, p. 914, n° 3 ? — Fabr., *Ent. Syst.* II, p. 93, n° 5. — Latr., *Gener. Crust. et Ins.*, III, p. 191, n° 2. — Panz.,

Faun. Germ., p. 95 , n° 11. — Rocz. , *Ins.* , III , tab. 20, fig. 25-26. — Burm. , *Handb. der Ent.* , II , p. 996 , n° 15. — Geoffr. , *Ins* , II , p. 258, pl. 14 , *le Fourmilion*.

Ayant six à six et demi centim. d'envergure. D'un brun noirâtre. Antennes plus courtes que le thorax, dilatées vers l'extrémité, excavées, d'un brun roussâtre ; palpes maxillaires très-grêles , d'un brun roussâtre, jaunes à la base ; palpes labiaux ayant le deuxième article presque aussi long que les maxillaires, jaunâtre, le troisième au moins aussi long que le précédent, en massue avant l'extrémité, qui est pointue , d'un brun roussâtre ; face jaune, avec une tache noire au milieu ; front noir ; vertex varié de noir et de jaune. Thorax brun , avec les bords et les sutures plus ou moins jaunâtres, ayant trois lignes jaunes sur le prothorax. Abdomen presque glabre, brun, avec le bord des segments en dessus un peu jaunâtre, surtout postérieurement ; région anale épineuse, légèrement et très-finement velue. (Je ne connais pas le mâle.) Pattes longues , portant quelques poils roides , ayant le premier article des tarses presque aussi long que le dernier, plus long que les ergots des tibias ; cuisses noires, jaunâtres à leurs extrémités , à la face antérieure des premières et à la face postérieure de celles-ci et des intermédiaires ; tibias variés de brun et de jaunâtre ayant seulement l'extrémité et la face antérieure noires ; tarses noirs, roussâtres à la base ; onglets rougeâtres. Ailes égales, transparentes, avec le réseau brun, varié de blanchâtre, les antérieures ayant six marques brunes , plus sensibles , dont trois longitudinalement sur le milieu de l'aile , une postérieure moyenne, les deux autres vers la marge antérieure, dont celle près du ptérostigma double ; postérieures ayant seulement les deux antérieures ; outre ces marques, il y en a deux autres plus pétites et quelques atomes vers le sommet ; deuxième et troisième nervures marquées de lignes brunes ; tache ptérostigmatale blanchâtre.

Habite les environs de Paris ; c'est l'espèce que Geoffroy et Burmeister décrivent ; mais il est difficile de savoir si c'est à celle-ci ou au *Tetragrammicus* , que se rapporte le *Formicarius* de Linné et de Fabricius.

pp.

26. MYRMELEON LANCEOLATUS, *mihi.*

De la taille du *Formicarius*, ou un peu plus grand , et ressemblant à l'*Africanus*, mais ayant les ailes plus allongées ; jaune, varié de brun. Tête noire autour des antennes et postérieurement où elle est variée de roux ; face rousse ; labre échancré , ayant une double excavation ; palpes maxillaires très-grêles, les labiaux ayant le dernier article très-renflé, très-aminci à l'extrémité , noir sur une grande partie de sa face interne. Antennes courtes, beaucoup moins longues que la tête et le thorax réunis, assez dilatées à l'extrémité, d'un roux obscur, plus pâle vers la base. Thorax jaune, varié de brun. Abdomen (la plus grande partie manque), d'un brun roussâtre. Pattes jaunes, peu hérissées, ayant les tarses un peu annelés de brun roussâtre, longs, avec le premier article aux postérieurs presque aussi long que le dernier ; ergots des tibias moins longs que le premier article des tarses, beaucoup moins aux postérieures. Ailes longues, presque égales, peu larges, un peu évidées postérieurement, vers le sommet, transparentes, ayant les nervures et le réseau roussâtres ou jaunes, non tachées, 2, 3 et 5ᵉ nervures surtout offrant l'apparence de petites marques brunâtres, à peu près insensibles sur les 2 et 3ᵉ ; ptérostigma peu visible.

Collection du Musée, et rapporté d'Afrique par Delalande.

* 27. MYRMELEON NOTATUS, *mihi.*

Plus petit et plus grêle que le *Formicarius.* Palpes très-pâles, grêles, les labiaux un peu plus longs que les maxillaires, leur dernier article en forme de fuseau, très-allongé du côté de l'extrémité ; antennes au moins aussi longues que le thorax, d'un gris rougeâtre, annelées de plus pâle ; face jaune, ayant deux petites taches noires sur le front ; vertex jaune rayé de noir. Prothorax allongé, d'un jaune obscur, ayant deux lignes de chaque côté, et une marque au milieu, noirâtres ; reste du thorax brun, un peu varié de roussâtre, presque glabre. Abdomen chez le mâle beaucoup plus long que les ailes, grêle, brun, couvert d'un léger duvet ; bord des segments un peu jaune postérieurement ; appendices jaunes, allongés, formant une fourche, obtus, hérissés de gros poils peu nombreux. Pattes longues, ayant quelques grands poils d'un jaunâtre un peu grisâtre, avec les cuisses aspergées d'atomes noirâtres très-pressés ; tarses très-longs, légèrement annelés, bruns ; premier article de la longueur du dernier ; ergots grêles, n'atteignant pas l'extrémité du second article ; onglets non écartés, contigus. Ailes à peu près égales transparentes, très-étroites ; réseau varié de jaune et de noirâtre, les supérieures ayant une petite tache brune sur le milieu de la marge postérieure, qui ne touche pas au bord, oblique, une autre en forme de point près de la même marge, ayant l'extrémité, le bord postérieur marqué d'une série d'atomes souvent plus grands entre les deux taches, et formant de petites taches ; une petite marque au ptérostigma, et quelques atomes vers l'extrémité ; postérieures ayant à peine quelques atomes ; tache ptérostigmatale un peu roussâtre, marquée de brun.

Je l'ai pris dans les environs de Malaga, et M. Marchal me l'a communiqué du Sénégal.

* ? 28. MYRMELEON LINEOLA, *mihi.*

Ressemblant beaucoup au *Notatus,* et n'en étant peut-être qu'une variété femelle. Tête à peu près semblable ; palpes labiaux, ayant le dernier article renflé à la base , puis aminci , avec un point noir sur la partie renflée, le second aussi épais à son extrémité. Thorax pâle ou grisâtre en dessus, ayant la première division un peu hérissée, avec une bande latérale double , et l'apparence de deux autres lignes brunes ; les deux autres divisions brunes sur les côtés. Abdomen brun , pubescent , ayant le bord postérieur des segments bien sensible sur tous , et une tache sur le troisième jaunes. Pattes d'un testacé très-pâle, sablées de noir, hérissées et velues, ayant les tarses longs, velus, annelés de noirâtre ; le premier article à peu près aussi long que le dernier, celui-ci hérissé d'épines en dessous ; éperons des tibias longs, droits, de la longueur du premier article (cet article est très-long) ; onglets non écartés, contigus. Ailes très-étroites, longues , à peu près égales, semblables à celles du *Notatus*, mais tachées différemment ; tache de l'anastomose de l'extrémité des 4 et 5ᵉ nervures plus petite ; celle placée sur le ramuscule récurrent du rameau de la cinquième moins large , mais plus longue et allant sur le bord ; ce rameau, qui est ici moins oblique que dans la plupart des autres (excepté dans le groupe de l'*Ægyptiacus*, etc.), un peu plus oblique que dans le *Notatus*, ou plus divergent, et les aréoles qui sont au côté externe , disposées un peu différemment ; bord postérieur des premières ailes non taché, mais le bout présente davantage de petites nervules brunes.

Collection de M. Serville ; sans indication de patrie. Le *Lineola* et le *Notatus*, par la conformation de leurs tarses, et surtout de leurs onglets, forment un groupe à part qui mériterait peut-être de constituer un genre.

29. MYRMELEON OBSCURUS , *mihi*.

Plus petit que le *Formicarius* ; varié de brun et de jaune roussâtre. Antennes d'un brun roussâtre, à peu près de la longueur du thorax ; palpes labiaux pâles , un peu plus que les maxillaires , le dernier article en fuseau épais , aminci à l'extrémité, brun. Prothorax long , jaune roussâtre , ayant trois bandes un peu irrégulières , brunes, le reste du thorax noirâtre , bordé de jaune. Abdomen noirâtre, ayant sur la partie antérieure des segments une large tache d'une jaune roussâtre qui s'étend un peu sur le bord postérieur du précédent. Pattes testacées, un peu marquées de brun ; ergots des tibias antérieurs ne dépassant pas le premier article des tarses. Ailes transparentes , assez obtuses à l'extrémité , les inférieures un peu plus courtes ; réseau varié de noir et de jaune plus sensible sur la troisième nervure ; nervules transverses très-finement ponctuées de noir ; tache ptérostigmatale assez bien marquée, blanchâtre.

Habite l'île Maurice ; communiqué par M. Marchal.

30. MYRMELEON CAPENSIS, *mihi.*

A peu près de la taille du *Formicarius*; noirâtre. Tête ayant les yeux petits; front entièrement noir ; occiput roussâtre, marqué de trois bandes noires ; bouche et épistôme jaunes; antennes assez courtes, d'un roux obscur. Prothorax court, traversé par deux sillons noirâtres , avec quatre bandes jaunes, plus ou moins interrompues ou envahies par le noir, qui devient confluent; les autres divisions du thorax noirâtres , à peine tachées de jaune. Abdomen noirâtre, pubescent (en grande partie détruit). Pattes variées de jaune et de noir; ergots des tibias antérieurs à peine aussi longs que le premier article des tarses; celui-ci assez long , mais bien plus court que le dernier. Ailes assez longues , étroites ; les supérieures un peu plus longues que les inférieures , transparentes; réseau noir , finement varié de jaunâtre ; 2 et 3e nervures fortement tachetées, la deuxième moins largement et presque ponctuée , peu marquée à sa partie externe; les deux , noires à leur jonction , celle-ci dans un espace plus long, leur continuation jaune dans l'étendue du ptérostigma , ensuite noire ; cinquième nervure finement marquée de jaunâtre ; nervules costales très-finement ponctuées, ainsi que quelques autres ; aucune tache brune ni sur le ramuscule récurrent ni sur l'anastomose des 4 et 5e nervures ; marge postérieure ayant beaucoup d'aréoles, et l'espace après la cinquième nervure réticulé ; ptérostigma assez marqué , jaunâtre, presque quadrilatère , membrane de l'aile un peu bombée dans cette partie.

Collection de M. Serville , et indiqué du Cap.

31. MYRMELEON OCHRONÉVRUS, *mihi.*

De la taille du *Formicarius* ou un peu plus grand , et ayant les ailes plus longues ; ressemblant au *Pallidipennis.* Tête ayant la face jaunâtre, d'un brun roussâtre dans son milieu, avec le front noir, et l'occiput jaune, taché de noire ; palpes jaunes, les labiaux plus grands que les maxillaires, ayant le deuxième article très-long, courbé, le troisième très-épais , fortement aminci à ses extrémités, surtout à l'externe, en grande partie noir; antennes très-courtes, pas sensiblement plus longues que les deux premières divisions du thorax , assez dilatées à leur extrémité. Prothorax jaune, ayant une large bande noirâtre , sinuée sur les côtés ; les deux autres divisions du thorax variées de jaune et de noirâtre. Abdomen pubescent, noirâtre, ayant le bord postérieur des segments jaune en dessus dans la plupart. Pattes jaunes, avec les tarses un peu annelés de roussâtre, longs; ergots des tibias sensiblement plus courts que le premier article des tarses, qui est lui-même plus court que le dernier. Ailes longues , médiocrement larges, assez aiguës ; les postérieures un peu plus courtes, transparentes, ayant les nervures et le réseau roussâtres, avec une

tache noirâtre, très-légère et à peine sensible, placée au milieu, avant l'extrémité, seulement produite par des ramuscules et nervules bruns, sans que
la membrane y participe ; la deuxième nervure, la cinquième et le rameau
de la troisième, légèrement tachés de brunâtre, la troisième non tachée,
d'un roux obscur antérieurement ; nervure de la marge postérieure
brune, ciliée de poils bruns, la costale un peu brunâtre ; pas de ramuscule récurrent sensible ; aréoles avant la marge postérieure, nombreuses ;
espace après la cinquième nervure réticulé.

Collection de M. Serville, et indiqué du Cap.

32. MYRMELEON PUNCTULATUS, *mihi.*

De la taille du *Formicarius ;* jaune. Antennes plus courtes que le thorax, d'un brun roussâtre ; palpes jaunâtres, les maxillaires plus courts que
les labiaux, ayant l'extrémité du dernier article noire, le même des labiaux, en fuseau, avec une grande tache noirâtre ; sommet du front et
une tache sur le labre noirs ; vertex et thorax ayant trois lignes noires plus
ou moins interrompues. Abdomen velu, ayant une bande dorsale, une latérale et deux en dessous presque confluentes, d'un brun bleuâtre ; sixième
segment paraissant avoir à l'extrémité des appendices comme chez l'*Ato-
marius*, les autres manquent. Pattes jaunes, un peu marquées et sablées
d'atomes noirâtres ; tarses légèrement annelés, ayant le premier article au
moins aussi long que les deux suivants ; ergots des tibias un peu plus
courts que lui. Ailes larges, obtuses, un peu jaunâtres, ayant le réseau varié de jaune et de brun grisâtre, plus fortement marqué sur les principales nervures ; tache ptérostigmatale large, jaunâtre.

Communiqué par M. Marchal, et indiqué du Bengale.

33. MYRMELEON TENUIPENNIS, *mihi.*

Un peu plus petit que le *Formicarius ;* brun. Antennes presque aussi
longues que le thorax, brunes ; palpes à peu près égaux, le dernier des
labiaux en cone allongé et aminci à l'extrémité, obscur ; tête noire supérieurement jusqu'à l'épistome, le reste et deux taches sur le vertex jaunes. Prothorax brun, avec une ligne dorsale et les côtés jaunes ; le reste
du thorax glabre, bordé de jaune postérieurement à ses deux divisions.
Abdomen brun, un peu pubescent, ayant un peu de jaune sur les côtés.
Pattes jaunes, un peu sablées et les tarses un peu annelés de brun : premier article des antérieures au moins aussi long que les deux suivants ;
ergots des mêmes tibias, à peine aussi longs que lui. Ailes étroites, longues ; les inférieures paraissant un peu plus longues que les supérieures,
qui sont un peu obtuses ; réseau un peu roussâtre, très-légèrement varié,
par des poils brunâtres et par de petites marques brunes sur les principales nervures.

Communiqué par M. Marchal, et indiqué de Bombay.

* 34. MYRMELEON INNOTATUS, *mihi.*

A peu près de la taille du *Formicarius*, ou un peu plus grand ; presque entièrement d'un brun obscur. Antennes plus courtes que le thorax ; palpes labiaux un peu plus longs que les maxillaires avec le dernier article en fuseau, noirs, pâles aux articulations; front et vertex noirs. Thorax noir, marqué de jaune sur les côtés du prothorax et à son bord postérieur. Abdomen noir, un peu jaune postérieurement sur le bord des segments, ayant chez la femelle deux appendices supérieurs assez grêles, peu saillants, noirâtres, hérissés, et deux inférieurs placés entre eux, formant deux petites saillies un peu plus épaisses. Pattes jaunes, ayant les cuisses vers l'extrémité, la face externe des tibias antérieurs, l'interne des postérieurs et les tarses d'un noir rougeâtre; ergots des tibias à peine aussi longs que le premier article des tarses, qui lui-même est beaucoup plus court que le dernier ; tout le corps couvert d'un duvet très-léger et très-court, peu visible. Ailes un peu plus larges que dans le *Formicarius*, transparentes, sans taches ; ayant le réseau brun, un peu varié de jaunâtre; tache ptéro-stigmatale bien visible, d'un blanc jaunâtre, ayant un peu de brunâtre, à peine sensible du côté interne.

Je l'ai reçu de M. Kindermann, comme ayant été pris en Hongrie ; je ne connais que la femelle.

* 35. MYRMELEON INCERTUS, *mihi.*

De la taille de l'*Inconspicuus*, et lui ressemblant complétement, mais le mâle n'a pas de pelote à la base des ailes inférieures. Tête ayant la partie postérieure entièrement noire ; antennes brunes, courtes; palpes labiaux bien sensiblement plus longs, dépassant de beaucoup les maxillaires, ayant le dernier article noir, épais, aminci à sa base et très-fortement à son sommet, un peu jaune à ses extrémités. Thorax semblable, brun, ayant les bords de ses trois divisions et une ligne dorsale oblitérée jaunes. Abdomen brun, avec le bord des segments un peu jaune postérieurement; appendices verticaux, épais, non saillants, jaunes, ayant une large tache brune sur le côté externe ; pièce inférieure plus courte. Pattes d'un testacé un peu obscur, avec les tarses assez longs, noirs. Ailes tout à fait semblables, ayant le réseau noir, varié de jaunâtre, plus marqué sur les 2, 3 et 5e nervures; fortement réticulées vers leur marge postérieure ; ptérostigma jaunatre, bordé à son côté externe par une marque brune.

Décrit d'après un mâle dont je ne connais pas la patrie, mais qui a été pris, je crois, dans le midi de la France.

* 36. MYRMELEON INCONSPICUUS, *mihi.*

De la taille du suivant, et quoique paraissant bien différent au

premier coup d'œil, lui ressemblant cependant beaucoup par sa forme.
Antennes et palpes à peu près semblables. Prothorax noirâtre, avec une
ligne médiane et deux taches jaunes, le reste du thorax un peu plus
noir. Abdomen ayant le bord postérieur des segments un peu jaune,
mais comme chez le *Distinguendus*, n'étant pas toujours sensible ;
appendices à peu près semblables, un peu bordés de noir. Pattes semblables, les ergots des tibias paraissant un peu plus longs et dépassant un
peu le premier article aux antérieures. Ailes ayant à peu près la même
forme, réseau bien sensiblement nuancé de brun et de jaunâtre ; les principales nervures assez marquées de jaunâtre ; tache ptérostigmatale blanchâtre, accompagnée de brun intérieurement ; la nervure qui suit la réunion des deuxième et troisième nervures, noire après cette tache ; une pelote.

Je possède trois individus de cette espèce, qui viennent, je crois,
du midi de la France.

* 37. MYRMELEON DISTINGUENDUS, *mihi.*

Moitié plus petit que le *Formicarius ;* brun, varié de jaune. Antennes
plus courtes que le thorax, d'un roux obscur, brunes à l'extrémité ; palpes
jaunâtres, les inférieurs un peu plus longs que les supérieurs, ayant le
dernier article en cone, un peu aminci à la base, fortement à l'extrémité,
un peu courbé, noir ; face jaune vers la bouche, avec le front noir, et souvent une tache obscure sur l'épistôme, le noir du front quelquefois
échancré par du jaune ; vertex jaune, avec une bande médiane et quatre
taches noirâtres. Prothorax jaune, ayant une ligne dorsale et deux autres
de chaque côté, transverses, partant de la dorsale, brunes ; quelquefois
ces lignes sont interrompues ; reste du thorax brun, bordé postérieurement de jaune à ses deux divisions. Abdomen noir, légèrement velu ;
bord postérieur des segments légèrement jaunâtre en dessus, chez le
mâle, un peu plus court que l'aile inférieure ; appendices supérieurs à
peine saillants inférieurement, verticaux, coupés carrément, très-larges
ressemblant à deux valves, ou différant à peine d'un segment, jaunes, hérissés, surtout inférieurement ; l'inférieur assez long, ressemblant à un
onglet ou écaille un peu recourbée ou creusée, divariqué, jaune, hérissé
extérieurement. Pattes assez longues, jaunâtres, nuancées de brunâtre,
brunes à la face postérieure des dernières cuisses et à la face inférieure des
mêmes tibias ; tarses annelés de brun, le premier article aux antérieurs de
la longueur des deux suivants, un peu plus long que les ergots. Ailes blanchâtres ou très-légèrement jaunâtres, lisses et brillantes, ayant le réseau
roussâtre, pas sensiblement varié de brunâtre ; tache ptérostigmatale insensible.

Je l'ai pris communément dans les environs de Malaga ; il se trouve
aussi au Sénégal.

KK. V.

38. MYRMELEON ROSEIPENNIS, *Burmeister*. (Pl. 12 , fig. 2.)

Burm., *Handb. der Ent.*, II, p. 995, n° 13.

Huit cent. et demi au moins d'envergure, noir. Tête petite, noirâtre, avec quelques marques jaunes; yeux peu saillants; palpes d'un noir roussâtre, les labiaux, moins longs que les maxillaires, leur dernier article court, presque en fuseau ou en cône, grêlé ; antennes longues, à peine épaissies vers l'extrémité. Thorax noir, avec quelques marques et une ligne dorsale jaunes ; prothorax long, étroit. Abdomen d'un brun un peu roussâtre ou noirâtre (en partie détruit), ayant un duvet très-court et peu épais. Pattes très-longues, d'un roux foncé obscur, blanchâtres à la base des cuisses en dessous et sur la face externe des tibias postérieurs, non hérissées, ayant quelques poils ; éperons des tibias, longs, grêles, courbés à l'extrémité , aussi longs que les deux premiers articles des tarses, le premier à peu près aussi long que le dernier ; celui-ci hérissé de poils épais en dessous. Ailes grandes , larges, transparentes, ayant l'extrémité d'un blanc jaunâtre, rosé aux supérieures, borné par une grande tache noirâtre, irrégulière, paraissant être quelquefois divisée en deux aux supérieures, plus grande aux inférieures , partant de la côte et s'unissant sur les premières postérieurement à trois taches marginales plus pâles , pouvant être réunie à une seule, d'un côté aux inférieures et de l'autre atteignant la marge : il y a en outre un ou deux points et l'extrême sommet obliquement bruns ; les premières ont de plus , postérieurement, une tache presque médiane et une ou deux marques avant la grande tache marginale ; les 2 , 3 et 5ᵉ nervures., les deuxième et troisième espaces tachés de brun ; réseau des taches noirâtres , très-serré , plus saillant ; ramuscules de l'extrémité extrêmement nombreux et serrés.

Ce beau Myrmeleon appartient à M. Serville , et habite l'Amérique septentrionale.

39. MYRMELEON PULCHELLUS , *mihi*.

A peu près de la taille du *Formicarius;* corps ayant quelques poils noirs, obscurément varié , ainsi que l'abdomen, de brun et de roussâtre. Palpes à peu près d'égale longueur, dernier article des labiaux en fuseau , aminci et très-prolongé vers l'extrémité, raccourci du côté de l'articulation. Pattes longues, roussâtres, nuancées et marquées et les tarses annelés de brun ; ergots de la longueur des deux premiers articles des tarses aux postérieures. Ailes supérieures larges, obtuses, à peu près transparentes, ou un peu roussâtres par endroits, fortement variées d'atomes et de marques brunes , dont une tache plus large sur la marge antérieure au

commencement du tiers externe, avec quelques autres plus petites, ayant
le réseau brun postérieurement ; transparentes dans leur moitié interne,
blanchâtres dans l'autre moitié, sur laquelle il y a deux larges taches ou
bandes transverses noirâtres, avec des atomes sur l'extrémité.

D'après un individu en assez mauvais état, venant de la Nouvelle-
Hollande.

VV.

40. MYRMELEON ERYTHROCEPHALUS, *Leach*.

Leach., *Zool. misc.*, I, p. 70, tab. 30.

A peu près de la taille du *Formicarius*, mais ayant les ailes plus larges ; noirâtre. Tête, prothorax, hanches et les quatres cuisses antérieures rousses ou rouges ; antennes ayant la massue allongée. Ailés transparentes, brunâtres à la marge postérieure et vers le sommet, ayant sur les
antérieures deux séries de gros points (10-12), dont la première va presque jusqu'au sommet, la seconde un peu plus courte, et un ou deux
points postérieurs sur la marge ; les inférieures ayant seulement deux ou
trois points avant le sommet, qui a une petite marque brune, et quelquefois deux autres en face de ceux-ci près de la marge postérieure.

Je n'ai vu qu'un seul individu très-détérioré. Collection du Musée.

41. MYRMELEON GUTTATUS, *mihi*.

Ressemblant au précédent, mais ayant les ailes un peu plus larges ; les
antérieures avec trois rangées de points plus gros, disposés différemment ;
première rangée quelquefois interrompue, composée de points plus gros,
(6-7) moins nombreux, dont les deux ou trois premiers géminés ou prolongés ; ceux de la seconde, plus gros, moins nombreux (5-7) ; la troisième
postérieure composée aussi de points plus gros, (2-3) ; sommet des postérieurs et un seul point noirs ; ces points paraissent varier beaucoup pour
le nombre, puisqu'ils varient sur le seul individu que j'ai sous les yeux
et qui n'a guère conservé que ses quatre ailes.

Collection du Musée.

42. MYRMELEON ELEGANS. *Perty*.

Pert., *Delect. anim. art.*, p. 125, tab. 25.

A peu près de la grandeur du *Formicarius*. Tête jaune, variée de
brun roux ; yeux bruns. Thorax d'un jaune roux. Abdomen d'un brun
roux, ayant sur les côtés une bande jaune. Ailes transparentes, très-luisantes, marquées de taches brunes, formant presque des bandes inter-

rompues, dont quatre partent de la nervure costale aux supérieures et
une petite sur le sommet (taches au nombre de huit). Antennes noires,
ferrugineuses à la base; palpes jaunes, les labiaux quatre fois aussi longs
que les maxillaires. Pattes d'un testacé sale, avec les épines noires. (D'après
la figure et la description de l'auteur.)

×　×

43. MYRMELEON CLAVICORNIS , *Latreille.*

Latr., *Règne animal* de Cuvier, III, p. 438, n° 5, pl. 19, fig. 6.

De la grandeur du *Formicarius* , mais ayant les ailes plus larges. Antennes beaucoup plus courtes que le thorax, terminées par un bouton
arrondi. Thorax pâle, ponctué de noir , ainsi que le vertex. Abdomen
pâle. Ailes supérieures variées d'une grande quantité de points et de lignes noires, irrégulièrement placés et mélangés sur le disque, les premiers
surtout placés sur l'espace costal et sur le disque , les lignes isolées et
transverses, sur le bord postérieur , quelques-unes confluentes un peu
avant le milieu; les postérieures ayant deux ou trois marques antérieurement avant la base , une tache médiane assez grande, une bande bifide
postérieurement et trois traits sur le sommet, dont un antérieur et deux
postérieurs, touchant au bord qui est aussi marqué de noir à l'extrémité
antérieure.

Du Sénégal, où il a été découvert par M. Dumolin , commissaire de
la marine (d'après la figure et la description). Je n'ai point vu cette
espèce remarquable , qui pourrait bien constituer un genre.

×　×　×

Genre MEGISTOPUS , *mihi.*

Antennes grêles , longues , dilatées en massue à l'extrémité , ne
différant pas pour la forme de celles des Ascalaphes , mais beaucoup plus courtes. Pattes ayant une conformation singulière,
longues, mais surtout le tarse , dont le premier article aux antérieures (les autres pattes manquent chez l'insecte) est long, mais
un peu plus court que le deuxième et troisième qui sont à peu
près égaux; le quatrième, le plus court; le cinquième, le plus
long , fortement hérissé en dessous de poils roides; ces articles
ayant une légère flexion, ce qui rend le tarse sinueux; onglets
longs, droits, rabattus sur le tarse, distants l'un de l'autre à la

base ; ergots des mêmes tibias grêles, un peu courbés vers l'extrémité, un peu plus longs que le premier article des tarses.

J'ai formé ce genre sur un insecte en très-mauvais état, et qui a tout à fait le faciès des autres Myrmeleons. La forme des antennes est un peu différente, mais la conformation de ses tarses est une véritable anomalie dans cette famille.

*? MEGISTOPUS BISIGNATUS, *mihi*.

Plus petit que le *M. Formicarius* ; d'un brun roux, taché de jaune. Antennes d'un brun roux, ayant la massue, le dessous et la base jaunes; face jaune. Thorax d'un brun roux, taché de jaune; prothorax étroit. Pattes d'un testacé pâle, sablées de brun, peu hérissées, les tarses couverts de poils couchés. Abdomen jaune, la moitié antérieure des segments formant un large anneau noir dilaté en dessous (la plus grande partie manque). Ailes courtes, médiocrement larges, transparentes, à réseau brun, un peu varié de jaunâtre, n'ayant pas les nervures ponctuées ; les antérieures ayant le sommet comme légèrement obscurci, mais d'une manière presque insensible (peut-être est-ce accidentel), avec le ptérostigma jaunâtre, un peu noté de brun au côté interne, et une tache brune placée sur le milieu de la marge postérieure : ces ailes un peu plus longues que les inférieures ou presque égales.

Collection de M. Serville et indiqué de Montpellier ?, mais je crois qu'il est exotique.

QUATRIÈME FAMILLE.

NYMPHIDES.

Antennes filiformes au moins aussi longues que le thorax, avec les articles du milieu un peu plus épais ; palpes maxillaires ayant le dernier article un peu plus long que le précédent, cylindrique, obtus ; le même des labiaux un peu plus long que le précédent, en fuseau court, fortement aminci à son extrémité (absolument comme dans le genre *Myrmeleon*); lèvre échancrée au milieu; ocelles nulles. Tibias postérieurs ayant une paire d'ergots presque insensibles ; tarse de cinq articles courts, plus court que le tibia ; onglets simples courbés, munis d'une pelote en forme de deux lanières larges presque aussi longues qu'eux. Système alaire à peu près comme dans les Myrmélontides, et se rapprochant un peu de celui des Hémérobides. Ailes antérieures ayant les deuxième et troisième nervures réunies avant l'extrémité, et à la base une petite nervure transverse, qui, partant de les troisième nervures, aboutit à la cinquième, comme dans les Myrméléontides.

Cette famille ne contient qu'un seul genre, qui établit le passage des Myrméléontides aux Hémérobides.

Genre NYMPHES, *Leach.*

Le seul insecte qui a servi de type à ce genre présente un aspect anomal, comme la plupart de ceux qui se rencontrent dans la Nouvelle-Hollande ; mais je crois qu'il tient encore plus à la famille précédente qu'à la suivante, cependant la pelote qui accompagne les onglets des tarses le sépare de suite des Ascalaphides.

NYMPHES MYRMELEONIDES, *Leach.*

Leach. , *Zoolog. Misc.* I , p. 102, pl. 45. — Burm. , *Handb. der Ent.*, II, p. 983. *N. Myrmecoleontoïdes* (1).

De la taille du *M. Formicarius* ; pubescent. Antennes noires, rous-

---

(1) M. Burmeister accorde à cet insecte des tarses antérieurs très-

ses au sommet. Thorax et pattes roux : côtés du thorax et poitrine jaunes ;
prothorax étroit, assez long. Abdomen atténué à la base (femelle ?),
épaissi à l'extrémité, en forme de massue, binucroné en dessous à l'extrémité, d'un jaune roussâtre, avec une bande dorsale et une ligne latérale
noires. Pattes courtes, surtout les antérieures ; tarses courts, ayant le
dernier article le plus long, ensuite le premier ; le pénultième le plus
court ; onglets très-courbés, avec une pelote divisée en deux lanières
larges, presque aussi longues qu'eux. Ailes transparentes, ayant presque
toutes les aréoles quadrilatères, avec le sommet et la partie du bord antérieur, qui comprend le ptérostigma, d'un brun roux, marqué d'une
grande tache blanche en forme de virgule renversée ; cette partie striée
de nervules très-nombreuses, extrêmemenl fines et peu visibles.

---

longs et une pelote presque nulle, c'est tout le contraire ; et il est difficile de comprendre ce qui a pu ainsi l'induire en erreur.

CINQUIÈME FAMILLE.

HÉMÉROBIDES.

Ils n'ont presque jamais d'ocelles, un seul genre excepté. Antennes plus ou moins filiformes, jamais renflées. Pattes n'ayant pas d'ergots bien sensibles. Bouche un peu saillante,

Elle se compose de six genres, dont voici le tableau (1) :

Genres.

HÉMÉROBIDES.

Trois ocelles. Osmylus.

Ocelles nulles.

— Onglets des tarses, simples.

—— Dernier article des palpes maxillaires moins long que les deux précédents.

——— Dernier article des maxillaires au moins aussi long que les deux précédents. . . . . Sisyra.

——— Dernier article des palpes maxillaires n'ayant pas une pointe comme articulée.

———— Bord antérieur des premières ailes rétréci à la base. Micromus.

———— Bord antérieur des premières ailes fortement dilaté à la base. . . . Megalomus.

——— Dernier article des palpes maxillaires ayant une sorte de pointe allongée très-mince et comme articulée. . . . . Mucropalpus.

— Onglets des tarses dilatés. . . . . Hemerobius.

Genre OSMYLUS, *Latreille.*

Hemerobius, *Fabricius.*

Dernier article des palpes à peu près de la longueur du précédent, en fuseau ; antennes moniliformes, assez longues, presque filiformes ; trois ocelles sur le front. Prothorax médiocrement long. Hanches antérieures des mâles, munies d'une sorte de corne crochue ; tarses de cinq articles, le premier au moins aussi long que le dernier ; onglets simples, accompagnés d'une pelote.

---

(1) Je ne connais pas le genre *Polystœchotes* de M. Burmeister.

Ailes ayant des nervures nombreuses; espace costal large, mais très-rétréci à la base.

* 1. OSMYLUS MACULATUS, *Fabricius.*

Latr., *Gener. Crust. et Ins.*, III, p. 197, n° 1. — Burm., *Handb. der Ent.*, p. 983, n° 1. — Fabr., *Ent. syst.*, II, p. 83, n° 7. *Hem.* — Rœs., *Ins. Bel.*, III, tab. 21, fig. 8.

Près de cinq centim. d'envergure et ressemblant un peu à un *Myrmeleon*; noirâtre. Antennes noires; tête rousse; vertex bossu. Pattes jaunâtres. Ailes transparentes, réticulées dans leur moitié interne; les supérieures ayant la marge antérieure et la postérieure, l'antérieure des secondes ailes avant le sommet, tachées de brun et de jaunâtre; quelques petites marques sur le disque brunes; nervures variées de jaunâtre et de brun; nervures de l'espace costal assez rarement bifides.

Se trouve dans le mois d'août, dans les prairies, le long des fossés.

* 2. OSMYLUS STRIGATUS, *Burmeister.*

Burm., *Handb. der Ent.*, II, p. 984, n° 2.

Noir. Tête et cuisses rousses. Ailes antérieures noires, ayant des stries transversales à la base, une arquée à la marge postérieure et deux grandes taches, sur la marge antérieure jaunes; postérieures jaunes, ayant une large bande noire avant le sommet. (Traduit du texte de M. Burmeister.)

Genre SISYRA, *Burmeister.*

Hemerobius, *Fabricius.*

Palpes maxillaires, ayant le dernier article très-grand, à peu près aussi grand que les trois précédents, comprimé, aplati, avec un bord très-mince et comme membraneux, pointu; les labiaux petits, peu visibles; antennes filiformes, un peu amincies à l'extrémité, moniliformes. Prothorax très-court. Premier article des tarses beaucoup plus long que les autres, le dernier à peu près de la longueur du second; onglets très-grêles, simples, ayant entre eux une pelote saillante. Ailes ayant des nervures assez nombreuses et très-peu de nervules transverses.

La larve de cette espèce est aquatique, et l'insecte se trouve le long des mares, ce qui l'éloigne beaucoup, pour les mœurs, des suivants.

*SISYRA FUSCATA, *Fabricius.*

Burm., *Handb. der Ent.*, II, p. 976, n° 1. — Fabr., *Ent. syst.*, II, p. 84, n° 11. *Hemer. Fuscatus.*—Geer., *Mem.* II, p. 22, fig. 8-11.

Onze à treize-centim. d'envergure ; noire ou noirâtre. Bouche d'un roux obscur ; antennes noires, couvertes d'un duvet assez épais. Extrémité abdominale du mâle ayant un appendice courbé en haut en forme de crochet. Pattes d'un jaune grisâtre. Ailes brunâtres, assez larges, arrondies à l'extrémité, là troisième nervure aux supérieures, ne fournissant aucun rameau après la base, derrière le milieu de cette même nervure, aux inférieures une grande aréole fournissant par son côté externe quatre rameaux, quelques nervules transverses avant le milieu de l'aile, aucune au delà du milieu, excepté deux ou trois vers le sommet; marge costale n'ayant pas les nervules fourchues.

Commune le long des fossés et des mares, au printemps.

GENRE MICROMUS, *mihi.*

HEMEROBIUS, *Leach, Burmeister, Linné, Fabricius.*

Palpes grands, le dernier plus grand que les autres, comprimé, aplati, pointu; antennes filiformes, moniliformes; ocelles nulles. Prothorax court. Pattes ayant cinq articles aux tarses, le premier beaucoup plus long que le dernier, qui est plus épais; onglets non dilatés. Ailes comme chez les *Mucropalpus*, l'espace costal large, mais fortement rétréci ou échancré à la base.

*1. MICROMUS LINEOSUS, *mihi.*

Un peu plus grand que le *Mucropalpus lutescens* et lui ressemblant un peu ; d'un roussâtre un peu obscur. Antennes d'un jaune roussâtre, pas sensiblement amincies à l'extrémité. Thorax un peu hérissé ; prothorax ayant antérieurement une très-profonde dépression transverse et une beaucoup moins sensible postérieurement, avec une ligne enfoncée médiane, qui partage la partie saillante du milieu en deux portions élevées; les deux autres divisions tachées de brunâtre. Pattes roussâtres, ayant les tibias postérieurs très-longs. Ailes presque comme chez le *M. lutescens*, mais un peu plus larges, marquées de bandes brunâtres, dont quelques-unes plus sensibles se coupent dans leur direction, et deux transverses obliques, passant sur les lignes de nervules ; ces lignes ayant la première, sur le milieu composée de cinq nervules, non interrompue; la deuxième avant le sommet dé six, dont une séparée postérieurement ; en outre il y a une nervule isolée un peu plus en dedans et au-dessus de cette dernière, et cinq ou

six autres isolées sur la surface ; trois autres lignes qui, du bord postérieur,
avant le sommet, viennent couper celles-ci, passent sur l'extrémité de
trois nervules plus foncées que les autres ; bord entier de l'aile finement
ponctué ; espace costal fortement rétréci à sa base , ayant des nervules bifides ou trifides.

* 2. MICROMUS VARIEGATUS, *Fabricius.*

Fabr., *Ent. syst.*, p. 85, n° 18.—Burm., *Handb. der Ent.*, II, p. 974,
n° 2.

Plus de moitié plus petit que le précédent ; d'un jaune roussâtre pâle,
varié de brun. Antennes jaunâtres , longues ; face d'un brun roussâtre,
noire entre les antennes et au-dessus ; vertex jaune , avec une ligne élevée. Prothorax ayant une partie élevée, transverse dans son milieu, avec
une impression transverse antérieurement et postérieurement, où il y a sur
les côtés une petite dilatation en forme de tubercule ; reste du thorax marqué de brun. Abdomen en grande partie brunâtre. Pattes d'un jaune pâle,
ayant les tibias un peu renflés. Ailes plus étroites que dans le précédent ,
lancéolées, obtuses, velues ; les supérieures aspergées de petites taches brunâtres, dont quelques-unes plus larges ; réseau varié de brun et de blau-
châtre ; nervules transverses presque disséminées, ne formant plus de lignes
transverses sensibles ; bordure finement ponctuée ; espace costal presque
échancré à la base ; postérieures un peu tachées sur leur tiers externe à
l'extrémité et sur la marge.

Découvert par M. Gené dans l'île de Sardaigne.

* 3. MICROMUS TENDINOSUS , *mihi.*

Ayant l'aspect des *Megalomus ;* de la taille du précédent, mais ayant les
ailes plus larges ; d'un brun roux. Tête rousse, un peu obscure sur la face ;
antennes rousses. Prothorax velu , divisé en trois par deux impressions
longitudinales bien marquées, obscur à l'extrémité. Pattes roussâtres ,
ayant les cuisses postérieures un peu renflées , amincies à la base. Ailes
larges, velues, à moitié transparentes, ayant des nervures très-épaisses, qui
leur donnent la couleur, traversées par des lignes brunâtres peu visibles,
dont trois et quelques marques sur le bord postérieur plus sensibles ; ces
lignes passent sur des rangées de nervules , dont la première avant le
sommet composée de sept, les deux dernières interrompues ; sur celles-ci,
la ligne brune se courbe à angle droit pour atteindre le bord postérieur ;
celle du milieu composée de cinq, et une petite plus en dedans , une des
deux lignes interrompue avant la base, et à la base trois ou quatre nervules
non brunies.

Commun partout, mais indéterminable dans les auteurs. M. Gené
me l'a communiqué de Sardaigne.

Genre MEGALOMUS, *mihi.*

Hemerobius et Drepanopteryx (1), *Leach, Burmeister.*

Palpes maxillaires plus grands que les inférieurs; le dernier article des quatre au moins aussi long que les autres, comprimé et élargi un peu en lame de couteau, pointu; antennes filiformes, un peu moniliformes, médiocrement longues; pas d'ocelles. Prothorax court. Pattes ayant cinq articles aux tarses; le premier un peu plus long que le dernier; celui-ci épaissi, avec des onglets très-courbés, non dilatés, mais ayant leur base saillante, et accompagnés d'une pelote. Ailes antérieures striées par une grande quantité de nervures longitudinales ou obliques; nervules transverses formant seulement deux ou trois lignes; les inférieures ayant peu de nervules sur le disque, munies antérieurement à leur base d'une nervure saillante, formant une échancrure au bord de l'aile, et portant plusieurs soies; elle est l'analogue du frein qui existe chez les Lépidoptères nocturnes.

* 1. MEGALOMUS PHALÆNOIDES, *Linné.* (Pl. 9, fig. 6.)

Linn., *Faun. Suec.*, n° 1508. — Ejusd., *Syst. Nat.*, II, p. 912, n° 5. *Hemerobius phalænoïdes.* — Fabr., *Ent. syst.*, II, p. 83, n° 8.—Schæff., *Icon. Ins. Ratisb.*, I, tab. 3, fig. 11, 12.—Géer, *Mem.*, II, pl. 22, fig. 12, 13. — Burm., *Handb. der Ent.*, p. 975. *Drepanopteryx phalænodes.*

Plus de trois centim. d'envergure et à peu près un de long. D'un roux plus ou moins obscur. Antennes d'un brun roux. Prothorax velu, ayant une strie enfoncée de chaque côté, demi-circulaire, formant deux impresions plus sensibles à ses extrémités; mésothorax velu en dessus, obscur. Extrémité de l'abdomen d'un roux un peu jaunâtre. Ailes antérieures rousses, sinuées et falquées, postérieurement à l'extrémité, ce qui les rend pointues, striées d'une immense quantité de nervures longitudinales ou obliques, excessivement serrées sur l'espace costal qui est très-large et forme une très-forte saillie, arrondie à sa base, ayant une ligne brune longitudinale, qui aboutit au sommet et qui coupe presque à angle droit deux autres lignes un peu sinuées, transverses, presque parallèles à l'échancrure, couvrant des nervules transverses, et qui, en regardant avec une loupe, présentent des atomes transparents; espace costal traversé par une

---

(1) Ce genre ayant été formé exclusivement, d'après sa signification, pour l'*H. phalænoïdes*, je n'ai pu l'adopter, y faisant entrer d'autres espèces qui n'offrent pas le caractère exprimé par ce mot.

quantité de petites lignes sinueuses, assez nombreuses aussi sur le reste
de l'aile, mais peu sensibles; les postérieures transparentes, à peine falquées, bordées de roussâtre, ayant des nervures un peu disposées comme
dans le genre *Hemerobius*; la quatrième des principales nervures formant
une bifurcation, dont les rameaux, et surtout l'antérieur qui est plus long,
sont au moins aussi épais qu'elle. Dans le repos l'insecte tient les ailes
conniventes supérieurement (non croisées) et en toit très-aigu.

Habite les bois, où on le rencontre toute l'année, mais assez rarement.

* 2. MEGALOMUS TORTRICOIDES, *mihi.*

Beaucoup plus petit que le précédent et ayant moins de deux centim.
d'envergure, n'offrant pas le même aspect, mais lui ressemblant complétement pour l'organisation; roux. Tête ayant le front noirâtre et une
bande semblable sur le vertex, velue postérieurement. Prothorax velu,
ayant deux stries transverses enfoncées bien marquées; mésothorax légèrement velu, nuancé, ainsi que le métathorax, de parties brunes. Pattes
pâles. Ailes antérieures larges, courtes, arrondies à l'extrémité, nullement
sinuées ni échancrées, très-fortement dilatées à la base du bord costal,
ayant deux lignes de nervules transverses, un peu brunies, dont l'une
avant le sommet est presque parallèle à son contour, la seconde, presque
au milieu, transverse, un peu sinuées; quelques lignes brunes, peu sensibles surtout vers l'extrémité et postérieurement vers la base, et des marques
semblables sur les bords; inférieures transparentes, un peu bordées de brunâtre et à l'extrémité, avec deux marques semblables sur la marge postérieure; nervures fortement ciliées.

Habite les environs de Bude, en Hongrie, d'où je l'ai reçu de M. Kindermann.

* 3. MEGALOMUS PYRALOIDES, *mihi.*

De la taille du précédent et lui ressemblant; roux obscur ou un peu
noirâtre en dessus. Ailes supérieures roussâtres, un peu transparentes,
un peu moins que chez le *Tortricoïdes*, moins arrondies à l'extrémité,
et ayant les nervures un peu plus serrées et un peu plus épaisses, couvertes d'un grand nombre de lignes transverses plus obscures, à peine
visibles, laissant sur les nervures un point plus foncé, qui les rend
ponctuées; ayant deux lignes transverses de nervules, placées presque
comme chez le précédent, mais l'externe un peu plus oblique, moins circulaire, et s'avançant un peu plus sur l'aile; la seconde lui étant presque
parallèle, plus oblique, ne se continuant pas en une ligne brune; les inférieures manquent,

Habite les environs de Paris,

* 4. MEGALOMUS TINEOIDES, *mihi*.

Un des plus petits de la famille, et ressemblant un peu au *Pyraloïdes;* noirâtre, varié de roussâtre. Tête roussâtre, tachée de plus obscur; dernier article des palpes labiaux très-aigu, ayant sa pointe longue; antennes assez longues, roussâtres. Prothorax ayant deux stries longitudinales fortement enfoncées, et la partie entre elles saillante et comme divisée en deux tubercules; reste du thorax noirâtre taché de jaune roussâtre. Abdomen d'un brun un peu rougeâtre. Ailes à peu près comme dans le *Pyraloïdes,* ayant la marge antérieure également dilatée à la base; roussâtres et peu transparentes, couvertes d'atomes et de marques un peu plus foncés, avec les marges striées de brun; des deux lignes transverses, celle avant le sommet courte, placée au milieu, la seconde près du milieu interrompue, un peu brunâtre; réseau velu; les inférieures comme chez le *Tortricoïdes,* mais plus pâles et ayant moins de nervures; bord costal un peu dilaté à l'endroit de la tache ptérostigmatale.

J'ai rapporté cette espèce du midi de l'Espagne.

Genre MUCROPALPUS, *mihi*.

HEMEROBIUS, *Fabricius*, *Leach*, *Burmeister*.

Palpes maxillaires plus grands que les labiaux, le dernier article plus long que les précédents, subitement aminci vers l'extrémité, qui est prolongée, pointue, et semble articulée; antennes filiformes, ou un peu plus minces vers l'extrémité, moniliformes; pas d'ocelles. Prothorax médiocrement long ou court. Pattes ayant cinq articles aux tarses, le premier plus long que le dernier, celui-ci un peu plus épais; onglets non dilatés, ayant leur base un peu saillante, accompagnés d'une pelote. Ailes antérieures ayant des nervures assez nombreuses, avec deux ou trois lignes de nervules transverses; espace costal assez large, mais non dilaté à la base, les inférieures ayant presque autant de nervures, avec une nervure saillante à la partie antérieure de leur base, portant quelques soies.

* 1. MUCROPALPUS LUTESCENS, *Fabricius*.

Fab., *Ent. syst.*, II, p. 84, n° 12. *Hem.*

Un peu moins de deux centim. d'envergure, jaune. Antennes moniliformes, assez longues, jaunes, un peu amincies vers l'extrémité, qui est souvent un peu obscure. Tête jaune, un peu tachée de ferrugineux sur les côtés de la bouche; dernier article des palpes beaucoup plus long que les autres, ayant l'extrémité allongée, mince, comme articulée. Prothorax

jaune , ayant de chaque côté une bande d'un brun roux, se continuant
sur le reste du thorax , et un petit tubercule arrondi. Abdomen nuancé
de jaune et de brun, roussâtre; partie anale du mâle ayant deux appendices un peu hérissés, fourchus, avec les branches supérieures opposées et munies au sommet de deux épines , dont une très-courte. Pattes
blanchâtres; tibias un peu dilatés ou enflés. Ailes antérieures grisâtres ,
transparentes , ayant des lignes transverses sinuées, peu visibles, qui rendent les nervures ponctuées; deux ou trois points plus larges ou plus marqués postérieurement avant la base; l'apparence d'une bande transverse ,
sinueuse après le milieu, et d'une autre interrompue avant le sommet, qui
est un peu marqué; nervules tranverses sur ces bandes, disposées en deux
lignes interrompues, la première après une nervule et composée de 6-7 ;
la seconde très-sinueuse, alternativement interrompue , composée de sept
nervules; on voit en outre une série de trois nervules un peu obscurcies
sur le milieu de la marge postérieure, qui paraît faire suite à la première
série, et une nervule avant la base traversant deux espaces; quelquefois les
ailes ne sont pas brunies, les points des nervures et les nervules noirâtres,
sont seuls visibles; d'autres fois l'insecte est presque entièrement jaunâtre,
ainsi que les ailes qui ne sont ni ponctuées ni tachetées; espace costal
assez large à la base , la plupart de ses nervules fourchues à la côte , où
elles ont un point entre la fourche; réseau fortement cilié; troisième nervure produisant trois rameaux dans sa longueur , après la base.

Commun dans les bois dans presque toute l'Europe.

* 2. MUCROPALPUS DISTINCTUS , *mihi.*

Ressemblant beaucoup au précédent, mais un peu plus grand, jaunâtre,
varié de noir. Front et trois lignes sur le vertex noirs. Prothorax ayant
une ligne dorsale et une bande de chaque côté qui s'étendent sur le reste du
thorax noirs; celui-ci un peu hérissé. Abdomen noirâtre. Pattes pâles; les
quatre tibias antérieurs, ayant deux taches extérieurement et l'extrémité des
tarses bruns; tibias postérieurs très-longs, le double des antérieurs, un peu
courbés. Ailes antérieures variées de brunâtre et ponctuées , ressemblant
beaucoup à celles du *Lutescens,* mais il n'y a que cinq nervules à la rangée
externe ; celle avant le milieu bien moins sinueuse et paraissant former
une ligne brune irrégulière presque droite, ayant une tache assez marquée
à sa partie inférieure ; celle de la marge postérieure composée de quatre
nervules, couverte par une tache brune plus large ; la nervule avant la base
qui traverse deux espaces, ayant sa partie antérieure beaucoup plus longue que l'autre, ce qui est le contraire dans le précédent ; base des ailes
plus large postérieurement et traversée par des rameaux ; nervules de l'espace costal, souvent trifides ; troisième nervure fournissant trois rameaux
dans sa longueur après la base.

Je l'ai pris dans le midi de l'Espagne.

* 3. MUCROPALPUS PARVULUS, *mihi*.

Ressemblant un peu au *Lutescens*, mais beaucoup plus petit et plus obscur, d'un noirâtre varié de jaune roussâtre. Bouche noirâtre ; palpes noirs à l'exception du petit prolongement de l'extrémité qui est blanchâtre. Antennes brunes ; vertex roussâtre. Prothorax ayant une ligne dorsale jaunâtre. Abdomen d'un brun jaunâtre. Ailes antérieures un peu transparentes, ayant des bandes sinuées, peu visibles, mais davantage sur la marge postérieure, rendant les nervules un peu ponctuées ; quelques stries brunes, formées par des nervules ainsi disposées : une rangée médiane de trois avant le milieu, dont une plus inférieure, une autre rangée de cinq à peu près au milieu, dont l'antérieure séparée par deux espaces, une troisième de trois avant le sommet , dont l'antérieure séparée par un espace et rapprochée de l'extrémité ; les bords finement et entièrement ponctués ; nervures ciliées, la troisième ne produisant que deux rameaux après la base. Pattes pâles ; les tibias un peu enflés.

Pris dans l'île de Sardaigne par M. Gené.

* 4. MUCROPALPUS FALLAX , *mihi*.

De la grandeur du *Lutescens*, mais ressemblant beaucoup aux derniers *Hemerobius ;* velu , jaune, taché de roux obscur en dessus. Antennes jaunâtres. Pattes pâles. Ailes antérieures transparentes ; les nervures un peu roussâtres, traversées par trois rangées de nervules bordées de noir, qui forment comme autant de petits traits noirs ; nervules de l'espace costal simples, non bifurquées; noires ; quelques rameaux postérieurs bordés de noir à la base ; réseau et bord des ailes fortement ciliés, celui-ci nullement ponctué de petits rudiments de nervures ; troisième nervure ne produisant qu'un seul rameau après sa base.

Cette espèce s'éloigne un peu des autres par l'organisation de ses ailes. Communiqué par M. Gené , qui l'a rapporté de l'île de Sardaigne.

* 5. MUCROPALPUS PYGMÆUS, *mihi*.

Très-petit ; d'un brun rougeâtre , quelquefois un peu roussâtre. Tête noirâtre. Pattes pâles ; les tibias un peu renflés ; l'extrémité des tarses brunâtre. Ailes antérieures un peu grisâtres ou jaunâtres , brunes en dessus, tachetées de brunâtre très-pâle, surtout vers la marge postérieure et sur le tiers externe de l'aile ; ces marques semblent produites par des bandes transverses peu visibles ; on voit en outre deux ou trois rangées de nervules transverses un peu bordées de brun, ainsi disposées : une avant le sommet, de quatre placées par paires ou pas tout à fait sur la même ligne ; une médiane composée de cinq, interrompue par deux espaces après la première; une autre de quatre avant la base, et une ou deux nervules près de la base; nervures ciliées; bord finement ponctué; nervules de l'espace costal rarement bifides ou trifides; troisième nervure ne produisant que deux rameaux après la base.

Habite le midi de le France.

* 6. MUCROPALPUS OBSCURUS, *mihi*.

Tellement semblable à la *Sisyra fuscata*, que je l'avais d'abord confondu avec elle, mais en différant beaucoup par les caractères; un peu plus grand, d'un roussâtre obscur. Tête noirâtre antérieurement; antennes brunes, finement annelées. Thorax d'un roux un peu obscur en dessus. Pattes d'une couleur testacée, un peu obscure. Ailes larges, un peu luisantes, d'un brunâtre uniforme, sans aucune tache; les nervules très-finement ponctuées de noirâtre et un peu plus fortement sur tout le bord, légèrement ciliées; les antérieures ayant une ligne de nervules transverses après le milieu, de six, dont la première séparée par deux espaces, une autre avant l'extrémité de cinq, dont la première séparée par trois espaces et la dernière par deux.

Habite les environs de Paris.

Genre HEMEROBIUS, *Linné*.

Hemerobius, *auctorum*. Chrysopa, *Leach*, *Burmeister*.

Dernier article des palpes maxillaires aminci à l'extrémité, un peu comprimé, plus long que le précédent; bouche un peu saillante; antennes longues, sétiformes; point d'ocelles. Pattes ayant cinq articles aux tarses, dont le dernier est le plus large; les deux extrêmes presque d'égale longueur, les trois moyens très-courts; onglets petits, très-écartés l'un de l'autre, dilatés en dessous, avec une échancrure entre l'extrémité et la dilatation, ayant une pelote entre eux. Ailes à nervures peu nombreuses, mais ayant des nervules nombreuses, disposées par rangées longitudinales; transparentes, luisantes ou couleur de perle, rarement tachées; leur réseau cilié.

Ces insectes ont une métamorphose complète; leurs larves, armées de grandes mandibules, se trouvent sur les végétaux, où elles saisissent les insectes mous qu'elles rencontrent. Pour se métamorphoser, elles filent une coque presque arrondie. Les filières sont situées à l'extrémité anale, ce qui les rapproche de celles des Myrméléontides dont elles ont encore la forme.

* 1. HEMEROBIUS PERLA , *Linné.*

Linn., *Faun. Suec.*, n° 1504. — Ejusd.. *Syst. Nat.*, II, p. 911, n° 2.
Fabr., *Ent. Syst.*, II, p. 82, n° 2. — Rœs. , *Ins.*, III , tab. 21, fig. 5. —
Schæff., *Icon. Ins. Rat.*, I, tab., 5, fig. 7. — Geoffr., *Ins.*, II, pag. 253,
n° 1. (Sa figure paraît se rapporter à mon *Dubius.*) — Burm. , *Handb.
der Ent.*, II, p. 980, n° 4. — Linn., *Faun. Suec.*, n° 1506? — Ejusd.,
Syst. Nat., II, pag. 911, n° 3. *H. Albus?* — Fabr., *Ent. syst.*, II, p. 82,
n° 4. — *Scop. Carn.*, n° 709?

Un peu moins d'un centim. de longueur et trois d'envergure ; jaune ou
d'un jaune verdâtre, ou même roussâtre. Yeux d'une belle couleur d'or,
pendant la vie ; vertex renflé, bossu, un peu déprimé dans son milieu ;
antennes presque contiguës, ayant le premier article très-épais, presque
aussi longues que les ailes, un peu obscurcies dans leur tiers externe,
côtés de la bouche tachés de roux. Prothorax à peu près aussi long que
large, ou un peu plus court, plus étroit antérieurement, ayant le bord et
les angles antérieurs arrondis , traversé dans son milieu par une côte élevée, après laquelle il y a un petit sillon, largement déprimé à sa base, dépression qui est entourée par un bord élevé, demi-circulaire, marqué
dans son milieu d'une petite ligne enfoncée. Abdomen ayant sur les côtés
une bande verte, qui quelquefois est roussâtre, et les segments en dessus
quelquefois aussi tachés de la même couleur ; d'autres fois le thorax et la
tête sont variés de roux ou de rougeâtre. Ailes transparentes, luisantes ,
ayant les nervures et le réseau entièrement verdâtres ou jaunâtres, ciliés ;
taches ptérostigmatales très-légèrement marquées.

Très-commun dans toute l'Europe.

* 2. HEMEROBIUS PRASINUS, *Burmeister.*

Burm., *Handb. der Ent.*, II, p. 981. n° 14. *Chrysopa Prasina.*

On a souvent dû confondre cette espèce avec la précédente, à laquelle elle
ressemble extrêmement, mais dont elle est distincte. Dernier article des
palpes, la base du troisième, souvent celle du quatrième, noirs ; un trait
sous les yeux et un point entre les antennes noirâtres. Prothorax plus
déprimé, plus court, plus large ; partie antérieure légèrement excavée ;
la dépression postérieure étroite ; ayant de chaque côté en dessus deux
petits traits qui tendent à former une ligne et une ou deux marques sur
les côtés. Ailes ayant les nervures verdâtres ou jaunâtres ; les nervules transverses, les unes en grande partie noires, les autres seulement à une extrémité ou aux deux ; cils des nervures sensiblement plus courts.

Aussi commun que le précédent, et habitant à peu près toute l'Europe.

*.3. HEMEROBIUS PALLENS, *mihi.*

Ressemblant aussi au *Perla*, mais près du double plus grand. D'un roux jaune, un peu verdâtre, pâle, ayant deux points de chaque côté de la face et un entre les antennes, noirs; premier article des antennes court. Prothorax beaucoup plus court que chez le *Perla*. Ailes ayant les nervures jaunâtres, une partie des nervules tachées de noir, à peu près comme chez l'espèce précédente, et ciliées de la même manière.

J'ai pris un seul individu de cette espèce dans le midi de l'Espagne, aux environs de Malaga.

* 4. HEMEROBIUS PROXIMUS, *mihi.*

Burm., *Handb. der Ent.*, II, p. 981, n° 13. *Chrysopa Alba?* (1).

Au moins aussi grand que le précédent, et lui ressemblant tellement que je les avais d'abord confondus ensemble; d'un jaune un peu verdâtre. Premier article des antennes beaucoup plus long, aussi épais; pas de points noirs sur la face. Prothorax à peu près semblable. Abdomen brunâtre à la base en dessous. Onglets des pattes bien sensiblement plus dilatés; bord de la dilatation se trouvant de niveau avec la pointe, c'est-à-dire que la pointe ne la dépasse pas à son extrémité. Ailes semblables, un peu blanchâtres. Extrémité abdominale du mâle velue en dessous, ayant deux petits appendices opposés, et une sorte d'écaille plus longue qu'eux, rétrécie à l'extrémité, qui est presque crochue, presque en forme de cuiller; extrémité des trois garnie d'une touffe de poils courts, serrés et blanchâtres.

Se trouve dans les bois moins communément que le *Perla*.

5. HEMEROBIUS MAURICIANUS, *mihi.*

Ressemblant beaucoup au *Perla*, mais plus grand; d'un vert jaunâtre pâle. Vertex moins élevé; face ayant de chaque côté trois points et un autre entre les antennes, noirs; celles-ci roussâtres. Prothorax ayant après le milieu, qui est un peu élevé, une strie enfoncée transverse, bien sensible, dont les angles sont fléchis subitement vers la base avant d'atteindre les

---

(1) Si l'espèce de M. Burmeister est la même que la mienne, ce ne peut être l'*Albus* de Linné, qui écrit: *venis ciliatis*, puisque le *Proximus* a les nervures moins ciliées que le *Perla*. Je crois que l'*Albus* de Linné est la variété de *Perla* à corps un peu roussâtre, et dont les ailes sont blanchâtres et paraissent plus velues que dans l'espèce ordinaire: Linné eût noté la différence de taille.

côtés; ceux-ci un peu marqués de noir antérieurement. Ailes à peu près comme chez le *Proximus*, mais les cils du réseau un peu plus longs.

Habite Maurice. M. Marchal m'a communiqué un individu qu'il a pris lui-même dans cette île.

6. HEMEROBIUS AFFINIS, *mihi*.

Ressemblant au *Perla*, mais plus grand; d'un vert jaunâtre pâle. Tête proportionnément plus grosse, ayant deux petits traits en avant des antennes, et deux autres sur le vertex noirs; vertex peu saillant; antennes épaisses et beaucoup plus longues, dépassant de beaucoup la longueur des ailes, obscures; articles basilaires très-grands, se touchant presque; yeux très gros, un peu moins saillants; extrémité buccale bien moins saillante, ointue. Prothorax un peu plus court, plus large, surtout postérieurement, à peu près fait de même, ayant avant la base une ligne noire interrompue qui, avant les côtés, se fléchit à angle obtus et se continue vers les angles postérieurs. Ailes transparentes luisantes; nervures d'un vert jaunâtre pâle; nervules en grande partie brunâtres; cils beaucoup plus courts que dans le *Perla*. Pattes plus courtes, onglets non dilatés dans leur moitié externe.

Je ne connais pas la patrie de cet insecte, qui est exotique.

7. HEMEROBIUS HYBRIDUS, *mihi*.

Ressemblant tout à fait à la variété de *Perla* qui est en grande partie roussâtre ou rougeâtre, et dont seulement la tête et le milieu du thorax sont jaunes; pour le reste tout à fait semblable au *Prasinus*, mais n'ayant pas les palpes tachés. Ailes pâles, étant comme chez le *Prasinus* pour les cils et la couleur des nervules transverses; ayant un reflet violet.

Insecte exotique, dont j'ignore la patrie.

8. HEMEROBIUS CONFORMIS, *mihi*.

Ressemblant extrêmement à l'*Affinis*. Tête un peu plus petite, ayant le vertex assez saillant avec une dépression transverse postérieure bien marquée; n'étant point tachée de noir; bouche peu saillante; antennes plus longues que les ailes, d'un brun roussâtre, avec l'article basilaire très-grand, jaune. Prothorax plus rétréci antérieurement, plus bombé dans le milieu, avec la dépression postérieure plus étroite, non marqué de lignes noires. Ailes transparentes, très-luisantes, un peu blanchâtres, ayant les nervures d'un roussâtre très-pâle, et les nervules comme chez l'*Affinis*, mais teintes de brun roussâtre; poils rares, un peu plus longs, mais plus courts que dans le *Perla*. Pattes plus longues;

onglets dilatés d'une manière bien apparente, ayant la pointe longue, mais parallèle à la dilatation; dans l'*Affinis* ils semblent à peine dilatés à la base, et l'extrémité n'est pas fléchie.

De la Colombie; communiqué par M. Marchal.

9. HEMEROBIUS BREVICOLLIS, *mihi*.

De la taille du *Perla* auquel il ressemble extrêmement. Tête ayant le vertex moins saillant; antennes beaucoup plus épaisses, au moins aussi longues que les ailes, obscurcies; les palpes et une tache au-dessous des yeux, bruns. Prothorax très-court, large, rétréci en avant, d'un roux obscur sur les côtés. Ailes un peu blanchâtres; réseau d'un jaune verdâtre très-pâle, ayant quelques nervules à peine sensiblement obscurcies postérieurement vers la base, avec des cils moins longs que dans le *Perla*, mais plus nombreux; il se distingue aussi du *Prasinus* par l'épaisseur des antennes; les palpes uniformément brunâtres, mais non tachés de noir, et par les nervules pâles et leurs cils plus nombreux.

Rapporté de l'île de France par M. Marchal.

* 10. HEMEROBIUS ELEGANS, *Burmeister*.

Burm., *Handb. der Ent.*, II, p. 981, n° 9.

Ressemblant au *Chrysops*, mais plus petit, d'un jaune verdâtre. Tête et thorax marqués de trois lignes, dont une moyenne et deux latérales; palpes et antennes noirs. Mésothorax réticulé de noir avec une tache latérale et une semblable sur le métathorax de la même couleur. Abdomen annelé de noir en dessous. Tibias noirâtres à leur face externe, ou à la base seulement, et les cuisses postérieures à l'extrémité de la même face. Ailes un peu blanchâtres, ayant le réseau complétement noir, cilié de poils rares et très-courts, et les nervures principales jaunâtres à leur partie interne; tache ptérostigmatale grande, un peu jaunâtre.

Rare dans les environs de Paris au printemps; il m'a aussi été envoyé de Château-du-Loir par M. Graslin.

* 11. HEMEROBIUS CHRYSOPS, *Linné*.

Linn., *Faun. Suec.*, n° 1505.—Ejusd., *Syst. Nat.*, II, p. 912, n° 4. — Fab., *Ent. syst.*, II, p. 83, n° 6. — Roesel., *Ins. Bel.*, III, tab. 21, fig. 4. — Schæff., *Icon. Ins. Rat.*, I, tab. 5, fig. 7, 8. — Géer, *Mem.*, II, tab. 22, fig. 1-4. — Burm., *Handb. der Ent.*, II, p. 980, n° 8. *Chrysopa Reticulata* (1).

Un peu plus grand que le *Perla*, et surtout les ailes plus larges; noir,

----

(1) Je n'ai pas adopté, comme M. Burmeister, le changement opéré

varié de jaune, ou jaune varié de noir. Bouche et base des antennes entourées de noir ; vertex largement entouré de la même couleur, qui laisse
une tache médiane d'une jaune verdâtre, varié de ces deux couleurs sur
le reste du corps. Ailes transparentes, ayant les grandes nervures et une
partie de leurs rameaux verts, le reste noir, un peu varié de verdâtre,
assez fortement cilié.

Commun en Europe, surtout dans les montagnes. M. Gené me l'a
aussi communiqué de Sardaigne.

12. HEMEROBIUS NEVRODES, *mihi*.

De la taille de l'*Italicus*, et lui ressemblant un peu, jaunâtre. Antennes noires. Prothorax comme chez l'*Italicus*, un peu plus rétréci
antérieurement, bordé de noir ; les autres divisions du thorax non sensiblement tachées. Abdomen jaune, ayant une tache noire de chaque côté
et en dessous sur le bord postérieur des segments. Pattes jaunes, avec un
anneau avant l'extrémité des cuisses, la base des tibias, un anneau avant
leur milieu et un autre avant l'extrémité, noirs. Ailes plus petites que
chez l'*Italicus*, ayant le réseau beaucoup plus prononcé, noir varié de
vert jaunâtre très-pâle, avec la partie du ptérostigma obscurcie, ainsi que
l'espace qui vient après, traversés par quelques nervures, plus épaisses
et plus foncées.

Collection de M. Serville, et indiqué du Cap.

* 13. HEMEROBIUS ERYTHROCEPHALUS, *mihi*. (Pl. 9, fig. 5.)

Ressemblant tout à fait pour les couleurs à l'*Italicus*, mais un peu
plus petit. Tête ayant le front et le vertex rouges, et la bouche jaune ;
antennes d'un brun roux, plus pâle à la base. Prothorax quadrilatère pas,
sensiblement rétréci antérieurement, coloré de même ; les autres divisions
du thorax ayant la partie jaune plus étroite et la poitrine plus brune.
Abdomen semblable, mais ayant quelques taches jaunes sur la partie dorsale. Pattes jaunes, avec les cuisses et les tarses obscurcis. Ailes très-
luisantes, ayant le réseau noir, cilié de poils moins nombreux (presque
entièrement verdâtre chez l'*Italicus*), avec les deux ou trois premières
nervures verdâtres.

Collection de M. Serville, et indiqué du midi de la France.

---

par Leach, non-seulement parce que le nom d'*Hemerobius* a principalement été créé pour ces insectes, mais surtout parce qu'il est très-fâcheux
de changer le nom d'une espèce pour en faire un nom de genre, les
noms spécifiques étant bien plus importants que les noms génériques.

*14. HEMEROBIUS ITALICUS, *Rossi.*

Ross., *Faun. Etrusc.*, II, p. 12, n° 694, tab. 10, fig. 12. — Burm., *Handb. der Ent.*, p. 981, n° 12. *Chrysopa Italica.* — Oliv., *Encycl. meth.*, VII, p. 61, n° 10, pl. 96, fig. 8. *H. lateralis.* — Ramb., *Faun. Ent. de l'Andal.*, II, pl. 9, fig. 6. Var. *H. Grandis.*

Le plus grand de nos Hémérobes, ayant plus de cinq centim. d'envergure ; jaune. Antennes épaisses, d'un roux obscur, excepté le premier segment. Thorax ayant de chaque côté une bande d'un roux obscur ; abdomen d'un roux obscur, avec l'extrémité et une bande latérale jaunes ; ailes luisantes, transparentes ; nervules tachées de noir, comme chez le *Prasinus*, ciliées de poils courts.

Habite l'Italie, l'Espagne, la Corse. M. Gené me l'a communiqué de Sardaigne.

*15. HEMEROBIUS STIGMATICUS, *Rambur.*

Ramb., *Faun. Ent. de l'Andalousie*, II, pl. 9, fig. 8.

A peu près de la taille du précédent, d'un jaune roussâtre. Antennes noires. Ailes ayant le réseau jaunâtre ou un peu roussâtre, pas sensiblement varié ; quelques nervules de l'espace costal à la base, et trois séries de petites taches, placées sur les nervules ; la première commençant avec le troisième espace après la base, la seconde sur le milieu, presque à la base, la troisième au tiers interne, sur l'espace postérieur, et deux points vers la base sur l'espace sous-costal noirs ; nervures médiocrement ciliées ; tache ptérostigmatale d'un jaunâtre un peu obscur.

Se trouve sur les collines sèches, aux environs de Malaga, à la fin de l'été.

16. HEMEROBIUS LEPTALEUS, *mihi.*

De la taille de l'*Italicus*, mais beaucoup plus mince et ayant les ailes plus larges ; d'un jaune testacé pâle. Antennes jaunes, avec le premier article très-long. Prothorax long, roux sur les côtés, marqué postérieurement de chaque côté d'une petite tache d'un noir foncé ; les autres divisions du thorax grêles. Abdomen grêle, un peu nuancé sur les côtés, postérieurement, de roussâtre obscur. Pattes longues, pâles. Ailes grandes, larges, surtout les antérieures, excessivement minces et légères, ayant l'espace costal arrondi à la base, extrêmement large, nullement rétréci dans sa longueur ; disque de l'aile offrant quatre ou cinq rangées d'aréoles (seulement trois dans les autres), irrégulières : les inférieures ayant au milieu une ligne transverse de nervules (toujours oblique ou longitudinale dans les autres), marquée d'une tache oblongue d'un brunâtre luisant et un peu doré, avec trois ou quatre petites marques de la même couleur aux supérieures après le milieu, peu visibles; nervures et réseau verdâtres, excessivement déliés, ciliés de poils obscurs assez longs.

Collection de M. Serville, et indiqué du Cap. Cette espèce est remarquable par la forme des ailes et la disposition du réseau, et pourrait constituer un genre; mais l'individu étant en mauvais état et ayant la tête détruite, je n'ai pu étudier ses caractères.

* 17. HEMEROBIUS VENOSUS, *Rambur.*

Ramb., *Faun. de l'Andalousie*, II, pl. 9, fig. 7.

De la taille du *Perla*, mais plus épais, et ayant la tête beaucoup plus large; jaune varié de roux obscur. Tête ayant deux bandes sur le vertex, la face supérieure de la base des antennes, deux taches sur les côtés de la face, les palpes et quelques marques autour de la bouche d'un brun roux. Antennes un peu obscures, finement annelées de plus clair. Prothorax large, court, presque réticulé de roux obscur. Ailes transparentes; réseau noir, cilié et varié de jaunâtre; tache ptérostigmatale roussâtre.

J'ai pris cet insecte dans le midi de l'Espagne, aux environs de Grenade; il se trouve à la fin de l'été sur les rochers non exposés au soleil.

* 18. HEMEROBIUS GENEI, *mihi.*

Un peu plus petit que l'*Elegans*, et ressemblant beaucoup au *Venosus*, jaunâtre; palpes bruns, ayant l'extrémité du dernier article très-aiguë, ce qui lui donne la forme d'un fuseau allongé et tronqué. Thorax très-court, brunâtre sur les côtés. Abdomen ayant une ligne un peu brunâtre sur les côtés. Pattes longues, blanchâtres; les tibias postérieurs très-longs, un peu dilatés. Ailes transparentes; les nervures verdâtres, un peu tachées de brunâtre; les nervules presque toutes brunâtres, souvent tachées de verdâtre, ce qui rend le réseau varié de brun et de verdâtre; nervules peu nombreuses, et réseau large, assez fortement cilié.

Cette petite espèce, qui est bien distincte, a été découverte par M. Gené dans l'île de Sardaigne. Les *H. venosus* et *Genei* diffèrent des précédents par leurs onglets simples, non dilatés à la base, et ils pourraient peut-être former un genre particulier.

MANTISPIDES.

Les insectes qui la composent se distinguent de suite par leurs pieds antérieurs en forme de pinces, comme dans les Mantides.

Genre MANTISPA, *Illiger.*

Tête excavée entre les yeux, qui sont très-gros; bouche saillante, ayant le dernier article des palpes, surtout des inférieurs, beaucoup plus long que les autres; antennes assez courtes, filiformes; points d'yeux lisses. Prothorax cylindrique, très‑long (non comme chez les Raphidies où les bords sont roulés), constituant un tube évasé à la partie antérieure pour l'insertion des hanches antérieures et de la tête; les mêmes pattes très-éloignées des autres, ayant le tibia renflé, muni d'une rangée d'épines, qui, avec le tarse qui lui est opposé, forme un organe de préhension; cinq articles aux tarses; onglets presque cylindriques, non dilatés, dentelés à l'extrémité, ayant entre eux une pelote large. Ailes ayant les trois premières nervures plus épaisses que toutes les autres, la seconde venant toucher la première sur le milieu', puis s'écartant ensuite pour former le ptérostigma; réseau disposé en trois séries d'aréoles longitudinales, dont la médiane plus large.

Ce genre se rapproche plus des Hémérobes que des Raphidies, avec lesquelles on a composé une famille hétérogène, simplement basée sur l'allongement du prothorax.

* 1. MANTISPA PAGANA. *Fabricius.*

Illig., *Käff. Pruss.*, p. 499.—Latr., *Gener. Crust. et Ins.*, III, p. 93, n° 1. — Charp., *Hor. Ent.*, p. 92. — Burm., *Handb. der Ent.*, II, p. 967, n° 1. — Linn., *Syst. Nat.*, II, p. 916, n° 2. *Raphidia Mantispa.* — Scopol., *Ent. Carniol.*, n° 712. — Vill., *Ent. Linn.*, III, p. 67, tab. 8, fig. 13. — Fabr., *Ent. syst.*, II, p. 25, n° 51. *Mantis Pagana.*—Schr. *Enum.*, p. 241. *Mantis Pusilla.* Stoll. *Mant.*, pl. 2, fig. 6.

Très-variable pour la taille, pouvant acquérir jusqu'à trois centim.

et demi d'envergure et deux et demi de long ; d'un jaune plus ou moins
varié de roux. Antennes courtes. Prothorax un peu nuancé de roux, ayant
une petite saillie tuberculeuse au sommet de l'évasement antérieur, et deux
petits tubercules après cet évasement ; saillies postérieures des deux autres pièces du thorax très-apparentes. Abdomen long, jaune, ayant trois
bandes rousses un peu irrégulières dont la dorsale maculaire. Face
interne des tibias en grande partie d'un brun roux, épines assez fortes,
dont deux plus grandes vers le milieu. Ailes transparentes ou très-légèrement teintes de jaunâtre, jaunes à la base ; deuxième espace sous-costal
jaune, devenant roux à l'extrémité qui se confond avec le ptérostigma ;
celui-ci d'un roux un peu obscur. Abdomen de la femelle très-épais ;
extrémité anale du mâle ayant deux appendices courts, obtus presque
coniques.

Habite une grande partie de l'Europe ; elle se trouve surtout pendant
l'été, dans les branches des arbres et des plantes élevées.

* 2. MANTISPA PERLA. *Pallas.*

Burm., *Handb. der Ent.*, II, p. 967, n° 2. — Pall., *Spic. zool.*, fasc.
9, p. 16, tab. 1, fig. 8. *Mantis Perla.* — Charp., *Hor. Ent.*, p. 23.
Mantispa Christiana.

A peu près de la taille de la précédente et lui ressemblant, mais plus
épaisse ; jaune varié de brun roux. Antennes plus longues, noirâtres ;
vertex d'un brun roux avec une large tache jaune au milieu. Prothorax
plus épais, proportionnément plus court, d'un brun roux en dessus avec
trois taches antérieures et une bande dorsale d'un jaune roux ; reste du
prothorax coloré de la même manière. Pattes jaunes, les tibias antérieurs
noirâtres à leur face interne. Ailes un peu jaunâtres surtout à la base ;
espace sous-costal jaune ; tache ptérostigmatale beaucoup plus allongée,
d'un roux obscur ; réseau du milieu jaune, roussâtre postérieurement.

Se trouve communément dans la Russie méridionale, la Grèce, etc.

3. MANTISPA PUSILLA. *Pallas.*

Burm., *Handb. der Ent.*, II, p. 967, n° 3. — Pall., *Spic. zool.*,
fasc. 9, p. 17, tab. 1, fig. 9, *Mantis Pusilla.* — Fab., *Ent. syst.*, II,
p. 25, 51. — Stoll., *Mant.*, tab. 1, fig. 3. — Géer., *Mem.*, 7, p. 620,
tab. 46, fig. 9, 10. *Mantis Brevicornis.*

De la taille des petits individus de la *Pagana*, d'un brun roux taché
de jaune ; vertex d'un roux obscur, noirâtre près des antennes avec une
ligne jaune en forme de T. Prothorax moins grêle que chez la *Pagana*,
moins dilaté antérieurement, avec deux lignes jaunes sur les côtés et un
croissant jaune sur la partie antérieure du mésothorax. Tibias antérieurs

ayant extérieurement une ligne longitudinale d'un brun roux. Ailes roussâtres, avec le ptérostigma allongé, d'un brun rouge.

Habite le Cap.

4. MANTISPA GRANDIS. *Guérin.*

Guér., *Voy. de Duperrey.*, Ins. Atl., pl. 10, fig. 4.—Burm., *Handb. der Ent.*, II, p. 967, n 4.

De la taille de la *L. flaveola.* Corps noir, avec le prothorax sillonné en travers ; antennes et tibias antérieurs d'un roux obscur, ainsi que les quatre autres pattes. Ailes d'un jaune roussâtre, très-foncé dans près de la moitié interne du bord costal, transparentes au milieu et un peu postérieurement.

5. MANTISPA VIRESCENS, *mihi.*

De la taille des petits individus de la *Pagana*, grêle, légèrement pubescente ; entièrement d'un jaune verdâtre pâle. Antennes un peu plus longues que chez la *Pagana*, roussâtres, obscures vers l'extrémité. Prothorax un peu moins grêle ; tibias antérieurs plus courts, plus larges, non obscurcis. Ailes transparentes, un peu blanchâtres ; les nervules et le réseau ciliés, d'un jaune verdâtre pâle ; ptérostigma de la même couleur, très-allongé, un peu velu sur sa surface ; rangée longitudinale médiane d'aréoles ayant leurs nervures latérales très-sinuées.

Patrie inconnue.

6. MANTISPA GRACILIS, *mihi.*

De la taille de la *Pagana*, mais plus grêle ; d'un roussâtre un peu obscur. Tête ayant les yeux plus gros, beaucoup plus rapprochés antérieurement ; plus excavée derrière les antennes avec le milieu plus saillant ; une ligne noire sur la face ; antennes noirâtres, plus pâles à la base. Prothorax pas plus long, plus grêle, plus bossué, moins dilaté antérieurement où la petite saillie supérieure est plus sensible ; les autres pièces du thorax obscures en dessus. Abdomen d'un brun cendré un peu nuancé de jaune. Pattes blanchâtres ; tibias antérieurs un peu roussâtres, plus courts, finement et irrégulièrement striés antérieurement avec une marque obscure à leur face interne. Ailes transparentes ; nervures et réseau jaunâtres ; ce dernier un peu varié de brun ; ptérostigma presque comme chez la *Pagana*, un peu plus étroit.

Habite, dans la Colombie, les environs de Santa-Fé-de-Bogota.

7. MANTISPA SEMIHYALINA, *Serville.* (Pl. 10, fig. 5) (1).

Grande ; d'un bleu obscur un peu métallique. Tête noirâtre. Prothorax dilaté antérieurement. Abdomen court. Pattes d'un roux obscur à l'extrémité des tarses ; cuisses antérieures ayant des dentelures fines, et quatre ou cinq autres plus grandes, terminées par une très-grande épine. Ailes d'un brun roux obscur, violet à la marge antérieure ; transparentes dans un peu plus du tiers externe de la partie postérieure.

Collection de M. Serville, où elle est indiquée du Brésil sous le nom que je lui ai conservé.

---

(1) La figure, qui est une de celles que M. Serville a fait faire, est inexacte en ce qu'elle représente les ailes à moitié transparentes.

CINQUIÈME SECTION.

TRIBU DES

SEMBLIDES.

Elle se compose d'insectes assez différents les uns des autres par la forme, mais qui ont entre eux des caractères communs ; ils ont presque tous des yeux lisses, et ceux qui n'en ont pas, ont le quatrième article des tarses dilaté ; ils n'ont jamais la bouche saillante ou prolongée en museau ou bec ; les mâles n'ont pas de corne aux hanches antérieures ; ils ont cinq articles aux tarses, dont le dernier n'est pas plus épais que les autres.

Cette tribu ne forme ici qu'une famille à cause du petit nombre d'espèces connues, mais par la suite et avec plus de matériaux, elle pourra se diviser en trois ou quatre autres.

Genres.

SEMBLIDES. { Articles des tarses entiers, ou le quatrième dilaté, jamais presque nul. { Trois ocelles. { Troisième article des tarses bilobé, le quatrième presque nul. . . . . RAPHIDIA.

Mandibules petites ou assez grandes et à peu près égales dans les deux sexes. { Mandibules très-allongées chez les mâles. . . . . CORYDALIS.

Antennes simples chez les mâles. . . . . NEVROMUS.

Antennes pectinées chez les mâles, mais alors à dents serrées. . . . . CHAULIODES,

Antennes pectinées, à dents éloignées les unes des autres. . . . . DILAR.

Ocelles nulles. . . . . SEMBLIS.

GENRE RAPHIDIA (1) *Linné.*

Tête très-grande, subitement rétrécie à sa base en une espèce de cou ; mandibules assez grandes, fortement dentées ; antennes

---

(1) Tous les auteurs écrivent *Raphidia*, M. Burmeister *Rhaphidia* ;

médiocres, filiformes ; trois ocelles sur le front. Prothorax très-long,
cylindrique, ce qui tient à ce que les bords sont roulés en cornet
en dessous ; insertion des cuisses antérieures tout à fait à la base
de ce prothorax. Femelle ayant un long oviducte. Tarses de cinq
articles, le premier grand, épais, le troisième bilobé, contenant
entre ses lobes le quatrième, qui est à peine visible, le cinquième
grêle ; onglets dilatés dans les deux tiers internes, sans pelote apparente. Ailes réticulées, à nervures peu nombreuses ; réseau
lâche ; espace costal dilaté.

Ces insectes sont peut-être les plus difficiles à distinguer spécifiquement parmi ceux de toute cette section, d'autant plus que la
tête semble varier pour la forme, et que le prothorax, qui doit sa
forme cylindrique à ses bords roulés, pourrait bien aussi varier
en épaisseur. Il est presque impossible de reconnaître les espèces
dans les auteurs, qui, presque toujours, les ont confondues
sous le nom d'*Ophiopsis*. J'ai adopté ce dernier nom d'après
M. Burmeister, ayant cru qu'il s'appliquait à une de mes espèces.
Il en est de même de la *Notata* ; mais on ne peut être certain
que ce soient bien les véritables espèces des premiers auteurs.

* 1. RAPHIDIA NOTATA, *Fabricius.*

Fabr., *Mant. Ins.* I, p. 251, n° 1. — Schumm. Beitr., *Zur Ent.*
p. 13, n° 3. — Perch., *Mém. sur les Raph.*, n° 2, fig. 2. — Burmeist.,
Handb. der Ent., II, p. 964, n° 5.

Près de trois centimètres d'envergure ; noire ou d'un noir un peu verdâtre. Tête grosse, large postérieurement et presque d'égale largeur
avant d'être rétrécie en cou, longue ; ayant de légères stries transverses,
assez fortement ponctuée et un peu rugueuse ; partie rétrécie un peu dilatée postérieurement, presque lisse, ayant postérieuremeut une bande
rouge placée sur une surface lisse ; bord du labre d'un roux un peu
obscur ; mandibules d'un jaune roux ; antennes brunes, d'un jaune roux
dans leur tiers inférieur ; yeux assez larges, peu saillants. Prothorax beaucoup plus court que la tête, à peu près moitié plus étroit, presque cylindrique, un peu renflé postérieurement, un peu hérissé, ponctué, ayant
des rides transverses, à peu près entièrement noir ; partie postérieure des
deux autres segments du thorax ayant un renflement saillant dans son

---

peut-être est-ce plus correct ; cependant les Latins écrivaient *Rapa*,
Raphanus, et non *Rhapa*, *Rhaphanus.*

milieu. Abdomen ayant sur les côtés des segments une petite marque et
le bord postérieur presque en entier des deux derniers jaunes; appendice de la femelle noir, très-long. Pattes jaunes, devenant d'un
brun roux, surtout sur les cuisses postérieures. Ailes un peu roussâtres
vers la base, légèrement colorées; nervures d'un brun roux, légèrement
ciliées, la costale jaunâtre à la base; tache ptérostigmatale grande, d'un
roux obscur, allongée et pointue extérieurement, bordée par une ligne
transverse, droite intérieurement, traversée aux supérieures par deux
nervules; celle qui la borde extérieurement ayant à son sommet une bifurcation à peine visible qui renferme un point transparent; aux inférieures
traversée par une seule nervule, qui quelquefois se bifurque ; du reste un
peu variable pour la forme et pour la grandeur, et quelquefois traversée par
trois nervules aux supérieures, et par deux aux inférieures ; espace costal
très-large, ayant des nervules assez nombreuses (12-14), la plupart des
rameaux qui se rendent au sommet et au bord postérieur bifurqués ; disque
des antérieures ayant une rangée transverse de cinq aréoles avant l'extrémité ; aréole qui se trouve après le ptérostigma ne lui étant contiguë
que dans la moitié externe de sa longueur au plus.

Habite la France, les Alpes, etc.

* 2. RAPHIDIA BÆTICA, *mihi.*

Ressemblant à la précédente, mais ayant la tête plus courte, plus rétrécie postérieurement; la partie rétrécie en cou, plus longue, moins
épaisse ; taille un peu moindre; d'un noir un peu verdâtre. Tête
large, plus fortement ponctuée, rugueuse; bande postérieure rouge et
lisse, peu sensible, une petite bande semblable sur le côté, près du rétrécissement peu sensible; partie en cou fortement ponctuée et rugueuse,
surtout à l'extrémité qui est un peu dilatée; partie inférieure du front,
épistome et labre un peu obscurci, roux; base des antennes d'un jaune
roussâtre ; yeux beaucoup plus saillants. Prothorax plus grêle, ponctué
fortement, rugueux et ayant des rides transverses, dilaté avant son extrémité et présentant en dessus dans cet endroit une sorte de gibbosité,
un peu plus étroit avant son extrémité antérieure et un peu plus épais
postérieurement; ayant le bord antérieur et la partie inférieure des côtés
et le dessous, jaunes; reste du thorax un peu taché de jaune; partie médiane et postérieure de ces deux divisions médiocrement saillante, surtout la première. Pattes d'un jaune pâle. Ailes à peu près transparentes,
plus étroites que chez la précédente, surtout à l'espace costal dont le
bord ne forme pas une saillie dans son milieu; réseau plus clair; tache
ptérostigmatale étroite, longue, aiguë extérieurement, traversée dans
son milieu par une seule nervule, semblable sur les quatre ailes, roussâtre ainsi que les principales nervures; une rangée transverse de quatre

aréoles seulement avant l'extrémité; seconde nervure se terminant bien avant le ptérostigma; nervules de l'espace costal peu nombreuses (8-9); grande aréole qui se trouve après le ptérostigma, et qui lui est contiguë. commençant avant, et se terminant au dernier quart de sa longueur.

J'ai pris cette espèce dans le midi de l'Espagne.

* 3. RAPHIDIA COGNATA, *mihi*.

Ressemblant beaucoup à la précédente, mais un peu plus petite. Tête beaucoup moins large, un peu plus allongée avant le rétrécissement, plus courte à sa partie antérieure; fortement ponctuée; bande postérieure et une sur les côtés quelquefois bifide, rouges. Tête légèrement rétrécie après les yeux; yeux aussi larges, mais beaucoup moins saillants. Prothorax plus court, moins rugueux, moins renflé postérieurement en dessus; saillie postérieure du dernier segment du thorax beaucoup plus sensible que celle du moyen; côté inférieur du prothorax et son bord postérieur, une partie assez étendue des antennes et les mandibules d'un jaune pâle. Ailes ayant les principales nervures et un peu la base roussâtres, ainsi que la tache ptérostigmatale qui est pâle comme chez la précédente; seconde nervure ne se terminant pas loin du ptérostigma; espace costal un peu plus large, traversé par sept à huit nervules; rangée transverse de quatre aréoles avant l'extrémité; ptérostigma ayant après lui une grande aréole parallèle presque aussi longue que lui, et commençant juste au même point.

* 4. RAPHIDIA HISPANICA, *mihi*.

Ressemblant beaucoup à la *Cognata*, mais paraissant distincte; un peu plus grande. Tête un peu plus renflée avant le rétrécissement, un peu plus large, et paraissant un peu plus courte, ayant la ponctuation bien plus fine et plus serrée, surtout à la partie antérieure; labre et épistome noirâtres; mandibules d'un jaune pâle, d'un rouge obscur à l'extrémité; une bande rouge transverse avant les antennes, une petite tache semblable, un peu en lunule, avant les ocelles; bande postérieure marquée d'une ligne enfoncée large; bande latérale bifide; entre ces deux bandes, deux petites taches; dessous marqué d'un assez grand nombre de taches presque confluentes, rouges. Prothorax long, fortement rugueux, ridé transversalement, un peu renflé en dessus avant son extrémité, avec une petite dépression après le renflement, sur lequel il y a trois bandes rousses, dont la médiane plus courte, un peu enfoncée, et quelques autres marques d'un jaune roussâtre, en dessous, et sur la partie inférieure des côtés, plus jaune postérieurement; saillie postérieure du mésothorax assez sensible, ayant une tache jaune, avec une seconde plus large sur la partie postérieure. Ailes ayant le ptérostigma comme dans les précédentes, roussâtre, ainsi que la base des principales nervures; aréole qui se trouve derrière le ptérostigma, lui étant contiguë dans un peu plus de la moitié de sa longueur, de la même longueur que lui; rangée de quatre aréoles discoïdales, avant l'extrémité. Pattes jaunes, avec une bande brunâtre sur la face externe des cuisses. Cette espèce est bien distincte par la ponctuation de sa tête, ses bandes et celles du prothorax.

Habite les montagnes de la Sierra-Nevada, aux environs de Grenade, dans le midi de l'Espagne.

* 5. RAPHIDIA OPHIOPSIS, *Geer*?

Geer, *Mém.*, II, pl. 25, fig. 49. — Schumm., *Beitr. zur. Ent.*, p. 10, n° 1. — Burm., *Handb. der Ent.*, II, p. 963, n° 2.

Ressemblant aux précédentes, assez petite; d'un noir verdâtre un peu métallique. Tête assez fortement rétrécie après les yeux, n'étant pas subitement rétrécie en cou postérieurement, peu ponctuée, un peu rugueuse; ayant une bande rouge un peu enfoncée dans son milieu; partie rétrécie pas très-étroite, ni subitement rétrécie; tout le dessus et les côtés de la bouche, presque immédiatement après les antennes, celles-ci devenant brune à l'extrémité; les pattes et le dessous du prothorax, jaunes; celui-ci médiocrement long, ponctué, ayant des rides transverses antérieurement, peu renflé avant son extrémité, non déprimé après le renflement; une large tache jaune en avant du mésothorax, dont la saillie postérieure n'est pas très-élevée, jaune. Ailes transparentes; les nervures jaunâtres; le réseau d'un brun roussâtre; tache ptérostigmatale plus courte que chez les autres, traversée par une nervule, d'un roussâtre obscur, un peu éclaircie à son bord interne; aréole qui se trouve derrière beaucoup plus longue qu'elle, contiguë avec elle dans la moitié, ou un peu moins de sa largeur, et juste dans la longueur de son bord postérieur, et le dépassant un peu.

Habite la France.

* 6. RAPHIDIA CRASSICORNIS, *Schummel*.

Schumm., *Beitr. zur Entom.*, p. 15, fig. 4. — Perch., *Mém. sur les Raph.*, pl. 66, fig. 4.

Noirâtre. Tête courte, dilatée postérieurement, rétrécie entre les yeux; partie rétrécie en cou, courte, marquée postérieurement de taches roussâtres, dont deux supérieures longues et deux ou trois autres latérales; antennes longues, beaucoup plus épaisses que dans les autres espèces. Prothorax court, large, ayant un dessin rougeâtre. Abdomen noir, ayant sur une partie des segments en dessus une double tache jaune. Ailes transparentes, avec l'espace costal peu large; ptérostigma d'un roux obscur, médiocrement long, n'étant traversé par aucune nervule; aréole qui lui est parallèle, commençant un peu avant et finissant un peu après. Je n'ai vu que le mâle.

De Sardaigne; communiquée par M. le professeur Gené. Cette espèce s'éloigne un peu des autres par son organisation.

Genre CORYDALIS, *Latreille*.

Tête grande, munie chez le mâle de mandibules très-longues, simples; beaucoup plus courtes, et dentelées chez les femelles; ocelles réunies en un point sur le milieu du front; antennes longues, simples; palpes maxillaires courts, composés d'articles très-courts, surtout les deux derniers; la division externe des mâchoires aussi longue qu'eux, au moins, en forme de lanière élargie, membraneuse, beaucoup plus grande que les mâchoires qui sont presque linéaires, un peu ciliées; palpes labiaux ayant le dernier article plus long que les deux autres, très-large à la base, articulé dans une direction horizontale, le moyen triangulaire très-court, placé entre les deux autres en forme de coin. Prothorax étroit. Tarses cylindriques, de cinq articles, les deux extrêmes les plus longs; onglets simples, sans pelote apparente. Ailes grandes, ayant des nervules transverses assez nombreuses, et l'espace costal très-large.

Ce genre renferme les géants de la tribu; les grandes mandibules des mâles ne peuvent leur être d'aucun usage pour la nourriture ou la défense, peut-être leur servent-elles à s'accrocher aux végétaux. Linné avait suivi les rapports naturels en plaçant ces insectes parmi les Raphidies, mais plus tard Fabricius les mit à tort parmi les Hémérobes.

1. CORYDALIS CORNUTA, *Linné*.

Beauv., *Ins. Afr. et Am.*, Nevr. pl. 1, fig. 1.—Latr., *Gener. crust. et Ins.*, III, p. 199, n° 1. — Burm., *Handb. der Ent.*, II, p. 950, n° 1. — Linn., *Syst. Nat.*, II, p. 916, n° 3. *Raphidia Cornuta.*—Geer., *Ins.*, III, pl. 27, fig. 1. — Fabr., *Ent. syst.*, II, p. 81, n° 1. *Hemerobius Cornutus.*

Le mâle atteignant jusqu'à 13 centim. de longueur, y compris les mandibules jusqu'à l'extrémité des ailes, et pouvant acquérir jusqu'à 17 centim. d'envergure; d'un gris roussâtre. Tête près de deux fois large comme le prothorax chez le mâle, plus petite chez la femelle. Prothorax déprimé, presque cylindrique, plus étroit vers le milieu, plus large postérieurement. Antennes tendant à devenir pectinées d'un seul côté. Ailes dépassant l'abdomen de plus de la moitié de leur longueur ; antérieures d'un gris roussâtre, nuancées de plus obscur et de plus pâle, aspergées de petits points blanchâtres ; nervures rousses ; les nervules transverses noirâtres, à l'exception de celles de l'espace costal qui sont nombreuses, obscures à la partie antérieure. Mandibules du mâle ayant au moins trois centim. de long, aiguës, courbes ; celles de la femelle plus courtes que la tête ; épistome trifide. Variant de près de moitié pour la taille.

Se trouve communément dans presque toute l'Amérique septentrionale ; les grands individus que je décris, viennent de la Colombie, et m'ont été communiqués par M. Marchal.

2. CORYDALIS CEPHALOTES, *mihi*.

Burm., *Hanbd der Ent.*, II, p. 951, n° 2. *C. Affinis ?*

11 à 12 centim. d'envergure. Tête très-grande, d'un rouge obscur, rugueuse ; mandibules ayant quatre dents, dont la dernière très-courte et la première la plus longue. Prothorax de la même couleur, plus long que large, nullement varié dans sa rugosité qui est très-fine et composée de stries transversales très-fines ; un peu plus large postérieurement ; reste du corps roussâtre avec deux taches noires sur le mésothorax. Pattes jaunes. Ailes d'un brun roussâtre très-pâle, ayant les nervules un peu plus foncées avec de petites taches blanchâtres, médiocrement nombreuses, peu visibles sur les inférieures.

Collection du comte Dejean , et indiquée du Brésil.

Genre NEVROMUS, *mihi*.

Antennes simples ; mandibules semblables dans les deux sexes ; angles du menton médiocrement saillants ; épistome peu ou pas échancré, un peu arrondi sur les côtés ; palpes labiaux de quatre articles, le premier assez grand, les trois derniers courts ; les maxillaires de six articles (1), dont les trois derniers très-courts ; division externe des mâchoires plus courte qu'eux, épaisse, garnie de poils serrés dans une partie de sa longueur ; mâchoires com-

---

(1) Peut-être le dernier article des palpes ne paraît-il double que parce que l'extrémité est rentrée en dedans.

primées, très-peu avancées, naissant dans la longueur du second
article du maxillaire, et pas seulement à l'extrémité. Pénultième
article des tarses un peu plus court que le précédent, le premier
et le dernier les plus longs.

1. NEVROMUS TESTACEUS, *mihi*. (Pl. 10, fig. 1.)

Sept centim. d'envergure ; roussâtre. Antennes non pectinées, noires,
rousses à l'extrémité ; une tache noire entre les ocelles. Prothorax assez
étroit, un peu plus long que large, ayant de chaque côté en dessus un
point antérieur et un trait postérieur noirs. Abdomen terminé par quatre
appendices dont deux supérieurs, minces, assez larges et assez longs, et
deux inférieurs, de deux articles, cylindriques vers l'extrémité, ayant au
côté de la base un petit tubercule sphérique. Pattes ayant une tache noire
sur la base des tibias, une marque à l'extrémité ainsi qu'à celle des deux
premiers tarses, et le dessus des autres noirâtres. Ailes transparentes
avec les nervures jaunâtres ou roussâtres, et les nervules transverses aux
supérieures, à l'exception de celles du bout de l'aile et des postérieures,
brunes ; on en voit à peine quelques-unes aux inférieures.

Collection de **M. Serville**, et indiquée de Java.

2. NEVROMUS HIEROGLYPHICUS, *mihi*.

Ressemblant beaucoup au *Testaceus*, mais plus petit ; d'un jaune testacé. Tête plus petite, surtout plus étroite, avec les yeux plus petits,
plus saillants ; antennes jaunes, obscures à l'extrémité ; mandibules plus
fortement dentées, seulement noires à l'extrémité ; une tache entre les
ocelles et une petite marque de chaque côté de la base, noires. Prothorax plus étroit, un peu rétréci dans son milieu, avec quatre petites marques noires, dont les deux postérieures plus courtes. Extrémité anale
ayant quatre appendices articulés velus, dont les inférieurs plus courts,
terminés par une petite pointe un peu courbe. Pattes d'un jaune blanchâtre, sans taches. Ailes un peu plus courtes, plus obtuses, transparentes ; les supérieures comme un peu jaunâtres, ayant le réseau varié de
jaunâtre et de brun, avec une certaine quantité de petites marques brunes, souvent linéaires, tantôt transverses, tantôt longitudinales, disposées presque en deux bandes transverses, avec une série sur le bord postérieur ; un peu plus de nervules brunes ou plus foncées, surtout vers
l'extrémité.

Collection de M. Serville, et indiquée de Cayenne.

3. NEVROMUS MACULATUS, *mihi*. (Pl. 10, fig. 2.)

Fab., *Ent. Syst.*, II, p. 72, n° 3 ? et p. 73, n° 5 ?

Quatre à cinq centim. d'envergure ; tout brun. Tête noirâtre, ayant postérieurement et derrière les yeux une place lisse et rougeâtre, traversée par une strie et quelques points semblables ; antennes denticulées. Thorax noirâtre, à peu près aussi long que large. Pattes d'un cendré obscur. Abdomen brun, terminé par une grande pièce épaisse, convexe, excavée en dessous, où l'on voit le bord vulvaire prolongé, étroit, creusé en gouttière. Ailes brunes, ayant chacune deux bandes de taches blanchâtres dont une au milieu, plus marquée sur les supérieures, et l'autre, avant le sommet, plus marquée aux inférieures.

Collection de M. le comte Dejean, indiquée de Philadelphie.

4. NEVROMUS RUFICOLLIS, *mihi.*

Plus de six centimètres d'envergure et trois de long. Tête noire, rugueuse, ponctuée, ayant postérieurement une partie lisse traversée par une strie ; mandibules n'étant pas plus longues que la moitié de la largeur de la tête, ayant deux dentelures ; antennes moniliformes (sexe inconnu). Prothorax un peu plus long que large, déprimé, un peu échancré postérieurement où il n'est pas sensiblement plus large, très-légèrement atténué dans son milieu, roux ; reste du corps brun. Pattes d'un brun rougeâtre. Ailes brunes, ayant la base des inférieures, la partie postérieure des supérieures et un certain nombre de taches arrondies, dont quelques-unes sont confluentes, d'un blanc sale un peu jaunâtre.

Collection du comte Dejean, et indiquée de Batavia.

Genre CHAULIODES, *Latreille.*

Antennes simples, pectinées d'un seul côté, courtes ; palpes courts ; les derniers articles très-courts ; le dernier des maxillaires n'étant pas aussi long que le premier ; mandibules non saillantes ; ocelles bien prononcées, réunies en groupe. Prothorax plus étroit que la tête ; tarses de cinq articles, les deux extrêmes les plus longs ; onglets simples, sans pelote apparente. Ailes assez grandes ; nervures médiocrement nombreuses ; peu de nervules transverses, excepté sur l'espace costal qui est très-grand.

J'ai placé dans le genre précédent toutes les espèces qui ne m'ont pas paru avoir de grandes mandibules, et dont les antennes ne sont pas pectinées, et dans celui-ci les espèces dont les antennes sont pectinées. Il vaudrait peut-être mieux ne faire qu'un seul genre, mais la bouche présente des différences très-notables.

1. CHAULIODES PECTINICORNIS, *Linné.*

Beauv., *Insect. Afr. et Amer.*, Névr., pl. 1, fig. 2. — Latr., *Gener. Crust. et Ins.*, III , p. 198. — Burm., *Handb. der Ent.*, II, p. 950, n° 3. — Linn., *Syst. Nat.*, II , p. 911 , n° 1. *Hemerobius Pectinicornis.* — Geer, *Mém.*, III., pl. 27, fig. 33. — Drur., *Exot. Ins.*, I , pl. 46, fig. 3.

Huit centim. d'envergure; d'un gris roussâtre. Tête plus large que le prothorax , ayant les yeux saillants , et des espèces de cicatrices comme les *Semblis*, dont deux dorsales basilaires , deux derrière les yeux assez grandes, et entre les premières et celles-ci deux ou trois petites , roussâtres ; antennes plus longues que le thorax , assez fortement pectinées , les dents non ciliées. Prothorax finement strié , aussi long que large , légèrement plus large postérieurement, d'un brun roussâtre ; ayant un sillon dorsal postérieur large ; trois ou quatre marques de chaque côté, jaunes, lisses ; reste du thorax brunâtre en dessus , taché de jaune. Abdomen brun en dessus , jaune en dessous , ainsi que la poitrine et les pattes ; région anale du mâle ayant deux appendices , larges à la base , étroits à l'extrémité , qui est un peu courbe. Ailes supérieures à peine légèrement teintes de roussâtre ; les nervures variées de brun et de roussâtre , ce qui les fait paraître ponctuées.

De Philadelphie.

2. CHAULIODES RASTRICORNIS , *mihi.*

Ressemblant beaucoup au *Pecticornis*, et ayant la même taille. Tête plus étroite , ovoïde , d'un roux obscur, ayant des cicatrices oblongues, noirâtres, placées ainsi : deux derrière les yeux, presque confluentes, dont une interrompue , deux autres derrière les ocelles, et quatre postérieures basilaires , dont deux médianes ; les rudiments de quelques autres entre les premières paires, et une bifide sur les côtés en dessous ; antennes courtes, denticulées, noirâtres (femelle) ; yeux plus petits. Prothorax plus étroit , ayant la partie supérieure plus large que l'antérieure, d'un roussâtre obscur , avec quelques marques noirâtres sur les côtés postérieurement ; les autres pièces du thorax d'un jaune roussâtre , marquées de plus obscur. Abdomen d'un jaune roussâtre obscur , nuancé de noirâtre (couleurs altérées). Pattes sensiblement plus courtes, jaunes, ayant deux petites marques à la base, et la partie externe des tibias , ainsi que l'extrémité des tarses , noirâtres. Ailes presque complétement semblables , un peu plus étroites, avec les nervures jaunâtres , plus épaisses, ponctuées de brun d'une manière un peu différente , ayant l'espace costal sensiblement plus étroit, contenant beaucoup moins de nervules transverses ;

premier ramuscule du deuxième rameau de la troisième nervure , ayant la
base plus épaisse , brune.

Cette espèce , qui au premier coup d'œil semble se confondre avec la
précédente , s'en distingue bien par les caractères que je viens d'énu-
mérer. Elle habite le même pays , et fait partie de la collection de
M. Serville. Je n'ai pas vu le mâle.

3. CHAULIODES ORNATUS , *Drury.*

Drury, *Exot.* I, pl. 46, fig. 2. *Hemerobius Ornatus.*

De la taille de la *Libellula vulgata* ; d'un vert foncé. Tête ayant antérieurement deux petites saillies ; antennes courtes , plumeuses. Thorax
bordé de noir avec une ligne dorsale de la même couleur, n'allant pas
sur le métathorax. Abdomen épais, ayant les segments finement bordés de
noir avec un double point blanc sur leur marge antérieure en dessus. Ailes
médiocrement larges, ayant le réseau assez serré avec la marge antérieure
légèrement obscurcie vers l'extrémité ; les antérieures marquées de deux
lignes postérieures obliques et transverses, rousses, dont l'une placée
avant le milieu et l'autre après, ne touchant pas le bord postérieur.

Habite la Virginie (décrit d'après la figure de Drury). Cette belle
espèce n'est peut-être pas un *Chauliodes.*

Genre DILAR , *Rambur.*

Palpes extrêmement courts ; bouche à peine saillante. Antennes
des mâles assez longues , molles , ayant des dents très-longues et
molles, distantes les unes des autres, placées d'un seul côté seulement, denticulées chez les femelles ; trois ocelles éloignées les unes
des autres ; les deux postérieures très-grosses, opaques. Prothorax
court. Pattes ayant cinq articles aux tarses ; le premier beaucoup
plus long que les autres, le dernier un peu plus court que le second. Onglets simples , très-grêles , ayant entre eux une pelote
bien saillante. Extrémité anale munie d'un long oviducte très-grêle
chez la femelle ; nervures assez nombreuses ; nervules transverses
rares, excepté à l'espace costal qui est assez long.

Cet insecte s'éloigne de tous les Névroptères européens connus,
et paraît devoir se rapprocher un peu des *Corydalis.*

DILAR NEVADENSIS , Rambur. (Pl. 10, fig. 3, 4.)

Ramb., *Faune de l'Andalousie*, II, pl. 9, fig. 4, 5.

Variable pour la taille ; les grands individus ayant trois centim. d'envergure ; d'un roux obscur ou un peu noirâtre, velu. Tête testacée, lisse, ayant le vertex renflé ; antennes brunes. Prothorax très-étroit, rugueux, tuberculeux ; le reste du thorax d'un jaune roussâtre taché de brun roux. Abdomen brun, jaune à l'extrémité et à la base. Pattes longues, d'un jaunâtre un peu brunâtre. Ailes larges, oblongues, arrondies à l'extrémité, ayant des nervures fines assez nombreuses et des nervules transverses disséminées, peu nombreuses ; couvertes de stries transverses très-nombreuses, souvent interrompues, brunes, nulles sur la partie postérieure des inférieures avec un point central plus marqué ; stries plus marquées à la base et à la marge antérieure ; femelle généralement plus obscure, ayant les ailes moins développées, brunâtres, avec les stries moins nombreuses, mais plus larges et plus marquées, devenant confluentes sur une grande partie de la marge des supérieures.

J'ai rencontré assez communément ce curieux Névroptère, aux environs de Grenade, dans les petits bois des parties élevées de la Sierra-Nevada, pendant l'été.

Genre SEMBLIS (1), *Fabricius*.

SEMBLIS, *Latreille* (Olim.); SIALIS, *Latreille, Pictet, Burmeister*.

Palpes filiformes, grêles, à articles presque égaux ; antennes assez longues, sétiformes ; point d'ocelles. Les deux dernières divisions du thorax formant en dessus des anneaux très-saillants, la moyenne brusquement élevée au-dessus du prothorax. Pattes assez grandes, ayant cinq articles aux tarses, dont le pénultième court, fortement dilaté en forme de cœur, à peine sensiblement échancré ; onglets simples, n'ayant pas de pelote apparente. Ailes à nervures très-marquées, médiocrement nombreuses ; nervules transverses au nombre de trois ou quatre rangées.

---

(1) Latreille a commencé, en 1797 (*Caract. gener.*), à démembrer le genre *Semblis* de Fabricius, en créant les genres *Nemoura* et *Chauliodes* ; mais en réservant le genre *Semblis* pour la *Lutaria*, il rétablit aussi le genre *Perla* de Geoffroy ; plus tard, dans son *Genera*, il détruisit entièrement le genre *Semblis* pour le remplacer par celui de *Sialis*, et il ne respecta même pas le nom de l'espèce qui lui avait servi de type, et l'appela *Niger*. Ce qu'il y a de singulier, c'est qu'il conserva la famille des Semblides, quoiqu'il eût éliminé le genre qui lui avait donné son nom. Je n'adopte pas la manière de voir de M. Burmeister, qui remplace le nom de *Nemoura* par celui de *Semblis*, car ce dernier n'était pas détruit lorsque l'autre a été créé : il est plus juste de faire disparaître le nom de *Sialis*.

1. SEMBLIS AMERICANUS, *mihi.*

Ressemblant au *Lutarius*, et à peu près de la même taille, noirâtre. Corps plus étroit. Tête rousse antérieurement ; cicatrices rousses , presque entièrement semblables, les deux médianes en forme de bandes, étranglées dans leur milieu. Mésothorax et métathorax tachés de roux. Ailes d'un brun roussâtre, un peu différentes dans leurs nervures ; bord costal beaucoup moins saillant, et plus étroit; ligne externe de nervules transverses beaucoup moins oblique ; celle qui est plus interne presque droite , et non en zigzag, bien plus éloignée de la précédente. Pattes d'un brun roussâtre avec les cuisses jaunes ou roussâtre.

Habite l'Amérique septentrionale ; collection de M. Serville.

* 2. SEMBLIS LUTARIUS , *Linné.*

Fab., *Ent. syst.*, II, p. 74, n° 10. — Pict., *Ann. des sc. nat.*, V, p. 8, pl. 3, fig. 1, 4.—Burm., *Handb. der Ent.*, II, p. 947, n° 2. *Sial.*— Linn., *Faun. Suec.*, n° 1513 ? — Ejusd. *Syst. Nat.*, II , p. 913, n° 14. *Hemerobius Lutarius.* — Geoffr. *Ins.*, II , p. 255, n° 3. *L'Hemerobe aquatique.* — Ræs. II, *Aq.* 2 , tab. 13. — Schœff. *Icon. Ins. Ratisb.*, tab. 37, fig. 9, 10.—Geer., *Mém.*, II, pl. 22, fig. 14,15, et pl. 23, fig. 1-15. — Latr. , *Gen. Crust. et Ins.*, III , p. 200. *Sialis Niger.* — Burmeist., *Handb. der Ent.*, II, p. 947, n° 1. *S. Fuliginosa ?* an *Var ?*

Trois à trois et demi centim. d'envergure ; noir , légèrement pubescent. Tête de la largeur du thorax, comme tronquée antérieurement , déprimée , un peu convexe , noire, ayant comme de petites cicatrices rousses, lisses, ainsi disposées : deux longues en forme de bande à la base, séparées par une ligne dorsale fine ; plus extérieurement une rangée de trois, puis ensuite une de deux ponctiformes ; derrière l'œil deux ovales , après lesquelles il y en a deux autres , puis deux autres plus allongées, plus intérieurement ; deux ou trois entre les antennes , dont deux sont doubles, et en avant des yeux, et un peu derrière, une marque jaune ; antennes noires, un peu velues, plus courte que le corps dans la femelle, plus longue chez le mâle ; une dépression sur le front, et une ligne dorsale enfoncée; les poils enlevés, la tête paraît chagrinée ; chez le mâle, les cicatrices rousses sont moins bien marquées. Prothorax demi-circulaire, plus du double large qu'il n'est long, ayant quelques petites cicatrices, et les rudiments d'une ligne médiane enfoncée ; roux, légèrement chagriné , avec les angles antérieurs arrondis , un peu rebordés , et un sillon avant le bord postérieur ; les deux autres divisions du thorax formant deux segments épais et élevés. Extrémité abdominale du mâle terminée par une espèce de coque tronquée , convexe en dessus , concave en dessous. Pattes noirâtres.

Ailes très-légèrement brunâtres, presque transparentes, plus brunes vers la base, surtout aux supérieures et vers l'extrémité du champ costal. Le mâle est souvent moitié plus petit que la femelle, et le front est parfois profondément déprimé ; l'abdomen offre souvent au devant de la partie tronquée et excavée de l'extrémité un lobe large et grand, qui souvent aussi se trouve replié. M. Pictet a figuré et décrit une séconde espèce, *Sialis fuligineus*, qui diffère, selon lui, par une teinte plus brune des ailes, par les cicatrices de la tête, qui sont brunes, etc. Ces caractères paraissent bien légers, n'étant point tirés de l'organisation, ils laissent des doutes sur l'authenticité de l'espèce. M. Burmeister reproduit aussi cette espèce et note des différences dans les cicatrices de la tête ; si elles étaient constantes, ce serait une espèce, mais est-ce bien la même que celle de M. Pictet ?

Cette espèce est très-commune pendant tout le printemps ; elle dépose ses œufs par plaques sur les plantes des fossés. Habite toute la France.

SIXIÈME SECTION.

TRIBU DES

PERLIDES.

SEMBLIS, *Fabricius.* — PHRYGANEA, *Linné.*

Tête plus ou moins aplatie, ayant des mandibules
et des mâchoires ; quatre palpes ; antennes sétiformes.
Ailes à nervures peu réticulées, pliées autour du corps
et croisées, de manière à donner à l'insecte une forme
linéaire, déprimée. Tarses de trois articles ; onglets
ayant entre eux une pelote bilobée.

Se distinguant bien des Phryganides par la manière
dont les ailes sont pliées et roulées, et par les tarses,
qui les séparent aussi des Semblides avec lesquels ils
ont quelques rapports. Les larves sont aquatiques et
vivent à nu.

La forme déprimée ou linéaire de ces insectes, dont
les ailes sont pliées et roulées à peu près comme dans
la famille de Lépidoptères appelée Botydes, les fait de
suite reconnaître : les antennes sont longues ; la tête
est tantôt très-déprimée (*Perla*), tantôt courte et un
peu arrondie (*Nemura*).

GENRE PTERONARCYS, *Newman.*

Palpes courts ; les maxillaires sétiformes, ayant le premier
article court, et les trois suivants dilatés extérieurement ; mandibules très-petites, obtuses ; mâchoires courtes. Ailes antérieures
très-réticulées, ainsi que les postérieures à l'extrémité. Abdomen
ayant des filets.

PTERONARCYS PROTÆUS, *Newman.*

Pict., *Hist. Nevropt.*, Perlides, p. 128, n° 1, pl. 6, fig. 1.

Grand ; brun. Antennes noirâtres, ainsi que la tête ; celle-ci un peu

variée de jaune. Prothorax quadrilatère, largement rebordé postérieurement sur les côtés, qui sont enfoncés, avec les angles un peu saillants;
à peine plus étroit antérieurement avec les angles un peu saillants; ayant
des hiéroglyphes saillants; bord postérieur un peu saillant dans son
milieu; une bande dorsale jaune, rétrécie au milieu, qui se prolonge
sur le mésothorax. Abdomen étant en dessus d'un fauve orangé un
peu obscur et brun, surtout sur le milieu des segments; extrémité
anale ayant supérieurement deux appendices cylindriques, et inférieurement une large pièce bifide (femelle?). Pattes d'un noir un peu roussâtre. Ailes antérieures étroites, un peu fuligineuses, surtout le long du
réseau; fortement réticulées, surtout à l'extrémité; les inférieures larges,
un peu fuligineuses au bord costal et sur le tiers externe qui est fortement
réticulé; le reste transparent, avec quelques nervules transverses.

Collection de Serville, et indiqué de l'Amérique septentrionale.

Genre PERLA, *Geoffroy.*

Ce genre conserve surtout les caractères de la famille.

* 1. PERLA PARISINA, *mihi.*

Burm., *Handb. der Ent.*, II, p. 878, n° 2. *P. Bicaudata ?* — Latr.,
Regn. an. de Cuvier, V, p. 158. — Geoffr., *Ins.*, II, p. 231, n° 1, pl. 13,
fig. 2. *La Perle brune à raie jaune.*

Trois à quatre centim. d'envergure; noire. Antennes noirâtres, très-finement pubescentes; tête ayant à la base une tache jaune ou rouge qui
fait suite à la bande du thorax, fortement étranglée à la base ou même
séparée en deux parties, dont l'antérieure est ovale, la postérieure souvent en grande partie cachée par le prothorax, et sur laquelle on aperçoit une ligne enfoncée; quelquefois une partie de l'épistome est jaunâtre;
il y a en avant des yeux et plus en côté un petit tubercule qui paraît
comme géminé, et plus en avant une ligne élevée presque en forme de V,
dont l'ouverture est en avant et dont la pointe, qui est un peu divisée,
se trouve au-devant de l'ocelle antérieure. Prothorax marqué d'une
bande jaune dorsale, qui se continue sur le mésothorax, mais ne passe
pas sur le bord postérieur, carré, un peu plus large que long, paraissant
quelquefois un peu plus large postérieurement; les deux bords antérieurs et postérieurs un peu élevés, séparés par un sillon qui s'élargit sur
les côtés à ses extrémités, divisé dans son milieu par une ligne enfoncée
fine, bordée par deux bandes étroites un peu élevées et qui sont elle-mêmes
séparées sur les côtés par un petit sillon; les deux parties latérales sont en
partie remplies par des sortes d'hiéroglyphes en relief; poitrine tachée
de jaune en dessous et sur les côtés. Abdomen ayant le dernier segment
en dessus, entier et un peu prolongé au milieu; une grande partie du

dessous du ventre, plus ou moins obscurci, et le dessous de la tête, jaunes ;
femelle ayant une large plaque vulvaire qui recouvre les deux derniers
segments ; chez le mâle, dessous de l'abdomen presque entièrement noir,
à l'exception des derniers segments ; filets d'un jaune obscur, annelés
de noir. Ailes dépassant l'abdomen à peu près de la moitié de leur longueur, un peu plus courtes chez le mâle, n'étant pas complétement transparentes, ayant une très-légère teinte un peu roussâtre, plus sensible sur
le bord costal , avec une légère tache roussâtre, quelquefois nulle sur la
nervule transverse, qui part de là troisième nervure après le milieu de
l'aile. Pattes brunes, souvent jaunâtres sur les cuisses et les tibias.

Cette espèce se trouve dès les premiers jours du printemps, par milliers,
le long des quais de Paris ; c'est la seule espèce que j'aie rencontrée ayant
une bande jaune dorsale , aussi est-ce certainement à tort que M. Pictet
rapporte l'espèce de Geoffroy à sa *Microcephala*.

* 2. PERLA PROXIMA, *mihi.*

Ne différant presque en rien de la *Parisina* , et n'en étant peut-être
qu'une variété. Abdomen entièrement noir, même le dernier segment en
dessus ; nervules de l'espace costal plus nombreuses surtout après l'anastomose de la seconde nervure , la troisième se continuant plus loin.

D'après un seul individu mâle pris en Provence.

* 3. PERLA DISPAR, *mihi.*

Burm., *Handb. der Ent.*, II, p. 878, nº 4. *P. Microcephala?* — Pict.,
Hist. Nevr. Perlides, pl. 8, fig. 12, p. 158. *P. Microcephala* , var.

Mâle ressemblant à un individu avorté de la *Parisina* , mais formant
cependant une espèce bien distincte ; même couleur et même taille, mais un
peu plus large. Tête plus large ; tubercules et surtout la ligne en forme de
V, beaucoup moins sensibles ; antennes un peu épaissies après leur base,
bien sensiblement plus épaisses et plus longues ; yeux plus gros, beaucoup
plus saillants ; bande fauve étranglée s'unissant à la base à une bande transverse qui s'élargit sur les côtés de manière à produire trois taches basilaires ; la ligne enfoncée qui se trouve sur la tache moyenne est ici beaucoup plus longue. Prothorax à peu près aussi large dans son milieu, mais
bien plus étroit sur les côtés à cause de la courbure du bord postérieur
qui s'arrondit un peu sur les côtés ; les deux bords plus saillants ; hiéroglyphes moins distincts, s'avançant moins sur les côtés ; traversé par une
bande fauve. Jambes plus longues dans leurs cuisses, tibias et tarses ,
dessous de la tête, hanches et quelques parties de la poitrine jaunes.
Abdomen noir ; filets plus épais, plus longs, à segments plus longs, dernier
segment en dessus très-différent, élevé postérieurement presque en forme
de demi-cercle, nullement sinueux, pas plus velu que les autres. Ailes in-

férieures ne dépassant pas la moitié de l'abdómen, les antérieures un peu
plus courtes, ayant quelques aréoles avant l'extrémité.

Se trouve dans Paris, sur les quais, au premier printemps, mêlée à
la *Parisina*, mais peu commune. Je ne connais pas la femelle. M. Pictet, en disant que M. Burmeister lui a envoyé cette espèce comme
le mâle de sa *Bicaudata*, a probablement mis un nom pour un autre,
car M. Burmeister, en écrivant pour le mâle de sa *Microcephala*, *alis
brevissimis*, paraît désigner cette espèce.

* 4. PERLA HISPANICA, *mihi*.

Ressemblant à la *Parisina*, mais ayant les ailes beaucoup plus petites,
quoique un peu plus grosse. Tête plus large; tubercules et ligne élevée
surtout, peu sensibles; tache jaune également étranglée en deux parties,
la basilaire se joint de chaque côté sur la base avec une tache qui se trouve
de chaque côté de la base et qui se continue un peu autour de l'œil et
même avec la couleur du dessous de la tête; dernier article des palpes plus
grêle, tout à fait filiforme. Prothorax marqué d'une bande dorsale jaune,
passant sur le bord postérieur, à peu près aussi large, mais ayant le bord
antérieur un peu arrondi, le postérieur un peu plus élevé sur les côtés qui
sont courbés en avant, ce qui rend le corselet plus étroit sur les côtés et
les angles obtus au lieu d'être droits comme chez la *Parisina*; sa partie
moyenne un peu avancée en dedans, plus lisse; les hiéroglyphes moins
sensibles; partie antérieure du mésothorax plus courte, abaissée brusquement et presque à angle droit; dessous de la tête, une partie de la poitrine
et les hanches jaunes; dessous, pattes et abdomen, même en dessus, d'un
brun jaunâtre; tarses plus longs, surtout le dernier article. Ailes plus
ourtes, réticulées différemment; seulement trois ou quatre nervules sur
l'espace costal avant l'anastomose de la deuxième nervure qui est plus
courte; deuxième espace après le milieu de l'aile interrompu par des nervules ou aréoles irrégulières; cinquième espace du milieu de l'aile n'ayant
que d'une à trois nervules entières, le sixième n'ayant que trois ou quatre
nervules; la réticulation sur cette espèce plus variable que dans la *Parisina*.

Se trouve à Madrid, d'où elle m'a été envoyée par M. le professeur
Graells. Je ne connais que la femelle.

* 5. PERLA INTRICATA, *Pictet*.

Pict., *Hist. des Névropt.*, Perl., p. 152, n° 1, pl. VII, fig. 1-8.

Plus grande que la *Parisina* et ressemblant un peu à l'*Hispanica*;
noire. Tête ayant trois taches rouges à la base, une sur le milieu et une
antérieure bifide; tubercules en avant des ocelles assez visibles; ligne
élevée nulle. Prothorax ayant une bande rouge dorsale, interrompue avant

le bord antérieur, plus courte que chez la *Parisina* ; un peu rétréci sur les côtés par la courbure du bord antérieur et surtout du postérieur ; paraissant un peu plus large postérieurement ; bord postérieur aminci et prolongé postérieurement avec deux taches rouges de chaque côté sur cette partie ; partie antérieure du mésothorax assez déclive. Ventre un peu jaunâtre en dessous vers l'extrémité ; plaque vulvaire moins grande que chez la *Parisina*. Ailes antérieures ayant le second espace, vers l'extrémité, rempli par des nervules et des aréoles.

Je ne connais que la femelle. Habite la vallée de Chamounix.

* 6. PERLA DUBIA, *mihi*.

De la taille de la *Parisina* ou un peu plus grande ; noire. Tête ayant une tache fauve de chaque côté, à la base, près des yeux, noire en dessous ; tubercule en avant des ocelles très-rapproché de celles-ci. Thorax plus large que long, rétréci postérieurement ; bord antérieur mince, peu élevé ; le postérieur très étroit, un peu arrondi vers les côtés ; angles postérieurs un peu arrondis ; ligne longitudinale enfoncée assez marquée, peu rugueuse, ayant quelques impressions. Abdomen fauve, un peu obscurci sur les côtés et à l'extrémité. Appendices d'un roux obscur, légèrement annelés de brun. Pattes brunes ; tibias d'un jaune cendré. Ailes grandes, roussâtres.

Il se trouve dans les environs de Paris.

* 7. PERLA MALACEENSIS, *mihi*.

Un peu plus petite, ou de la taille de la *Parisina*. Tête jaunâtre à la base et à l'extrémité ; tubercules en avant des yeux et ligne élevée en forme de V, peu sensibles. Thorax d'un brun roussâtre, surtout sur les côtés et en avant, carré, court, beaucoup plus large que long ; sillons marginaux assez prononcés ; ligne médiane enfoncée, assez prononcée, divisant une bande élevée assez saillante ; hiéroglyphes en relief, bien marqués ; bord postérieur légèrement arrondi vers les côtés ; angles antérieurs à peu près droits, les postérieurs arrondis, se confondant avec les côtés qui, postérieurement, s'abaissent et s'arrondissent en faisant suite au bord postérieur, rebordés ; partie antérieure du mésothorax fortement déclive, coupée presque à pic ; dessous de la tête d'un jaune obscur. Pattes brunes ; arrangement des nervures à peu près comme chez la *Parisina*, mais moins nombreuses, surtout celles qui se rendent à l'extrémité.

Je l'ai prise en Espagne, dans les environs de Malaga.

* 8. PERLA ANGUSTATA, *mihi*.

Ressemblant à la *Dubia*, pour la forme ; plus étroite et plus allongée que la *Parisina*, et à peu près de la même taille; noire, largement variée de jaune. Tête assez lisse, jaune sur les côtés et en avant; yeux lisses, supérieurs beaucoup plus rapprochés l'un de l'autre que chez la *Parisina*, formant avec le troisième un triangle, placés tout à fait à la base de la tête, saillants; tubercules en avant des yeux lisses et ligne élevée en forme de V, bien prononcés; yeux très-saillants; second article des antennes pas sensiblement plus épais que les suivants; menton noir, presque aussi long que large. Prothorax presque carré, un peu plus large en avant, ayant les bords légèrement arrondis; sillons bien prononcés; ligne enfoncée peu marquée; hiéroglyphes peu en relief; angle postérieur un peu obtus; mésothorax très-peu déclive, taché de jaune antérieurement de chaque côté. Abdomen jaune, noir dans sa moitié antérieure en dessus; filets contournés par un appendice court qui, en dessus, vient toucher celui du côté opposé, divisé en deux parties à son extrémité, dont une plus épaisse, l'autre inférieure grêle, en forme de corne; verticillés de poils clairs, inégaux. Pattes jaunes, avec la face antérieure des cuisses et les tarses noirâtres. Ailes ayant l'espace costal, à l'exception de l'extrémité, traversé par de nombreuses nervures : je ne connais que le mâle.

Se trouve au printemps le long de la Seine.

* 9. PERLA GRANDIS, *mihi.*

La plus grande des espèces qui me sont connues; ayant six centim. et demi d'envergure; nuancée de jaune obscur et de brun roussâtre. Tête courte, lisse, fauve, brune sur les côtés; ocelles supérieures tout à fait à la base; yeux touchant le prothorax; tubercules presque sur la même ligne que les ocelles, ayant un large sillon entre les branches de la ligne en V; premier article des antennes très-épais et grand, peu dépassé par le bord de l'épistome. Prothorax carré, moins long que large; sillon antérieur s'élargissant en une dépression vers les angles antérieurs, ceux-ci un peu relevés, presque saillants; bord postérieur étroit et très-déprimé; angles postérieurs droits; ligne enfoncée plus sensible postérieurement; nuancé de brun et de jaunâtre, avec une ligne longitudinale noire dans son milieu, n'ayant pas sur sa surface d'hiéroglyphes saillants, bien sensibles; mésothorax médiocrement déclive en avant. Abdomen brun en dessus, ayant le bord postérieur du dernier segment prolongé dans son milieu, cette partie presque échancrée; filets ayant une petite saillie en dedans à leur base; tout le dessous du corps y compris la tête, jaunâtre en dessous. Pattes brunâtres, en partie jaunâtres sur les cuisses. Ailes ayant le réseau, presque comme chez la *Parisina.*

Habite les Alpes, vallée de Chamounix.

* 10. PERLA BARCINONENSIS, *mihi.*

De la taille de la précédente, mais un peu plus étroite, jaune, un peu roussâtre sur la tête et le thorax. Tête courte, ayant les tubercules et lignes élevées, assez visibles; ocelles noires. Prothorax assez étroit, plus étroit postérieurement, un peu plus large que long à son bord antérieur, ayant de chaque côté une dépression assez forte qui se fait un peu sentir sur les côtés; sillons médiocres; ligne enfoncée du milieu, élargie vers le bord postérieur; bord antérieur un peu courbe, le postérieur beaucoup plus court, un peu sinueux, courbe sur les côtés, très-fortement prolongé postérieurement, surtout dans son milieu; côtés ayant une partie rabattue, assez large, arrondie, rebordée; hiéroglyphes épais, bien visibles. Ailes jaunâtres, surtout antérieurement, ressemblant pour le réseau à celles de la *Parisina*. Pattes un peu obscures. Bord postérieur du dernier segment de l'abdomen saillant dans son milieu, pointu, un peu convexe.

Habite les environs de Barcelone, où elle a été prise par le professeur Graells.

* 11. PERLA MADRITENSIS, *mihi*.

Plus petite que la précédente; jaune, marquée de brunâtre. Tête courte, plus large que le thorax, à la base, nuancée de jaune et de roux; la première couleur, surtout à la base de chaque côté; ocelles postérieures pas très rapprochées du thorax. Prothorax carré, un peu plus large antérieurement, un peu plus large que long, ayant le bord antérieur déprimé, noirâtre; côtés rabattus postérieurement; partie rabattue large, arrondie; bord postérieur un peu courbe vers les angles, qui sont un peu obtus, ayant une large dépression de chaque côté avant les angles postérieurs, ce qui rend les côtés sinueux ou courbes dans cette partie; hiéroglyphes bien marqués; d'un jaunâtre obscur, noirâtre sur la circonférence; mésothorax assez déclive antérieurement, d'un brun rougeâtre, ainsi que le métathorax. Abdomen et dessous du corps complétement jaunes; bord postérieur du dernier segment un peu saillant dans son milieu; partie anale ayant deux saillies courtes, épaisses entre les filets. Pattes d'un jaunâtre obscur. Ailes presque semblables à celles de la *Parisina*, jaunes à la base de la marge costale.

Habite les environs de Madrid, d'où elle m'a été envoyée par le professeur Graells.

* 12. PERLA BÆTICA, *mihi*.

De la taille de la précédente; d'un jaune roussâtre un peu brun en dessus. Tête large, jaune à la base; une fossette entre l'ocelle postérieure et le petit tubercule qui est en avant et en côté; ocelles placées en avant; base ayant derrière celles-ci une saillie, empreinte d'un léger sillon. Prohorax plus large que long, assez fortement rétréci postérieurement; bord anté-

rieur épais , un peu courbé, un peu avancé dans son milieu, noirâtre ; sillons prononcés, surtout le postérieur ; bord postérieur très-mince, étroit,
moins élevé que le disque, un peu arrondi sur les côtés ; ceux-ci un peu
abaissés , un peu sinués, ayant une portion rabattue assez large, placée
d'une manière égale sur la longueur du côté, plus large au milieu , arrondie ; ligne enfoncée du milieu large postérieurement, quelquefois se
confondant avec la bande élevée antérieurement ; sillon qui est à côté
large et bien marqué ; angles antérieurs presque saillants, un peu épaissis ; hiéroglyphes très-marqués et très-saillants ; mésothorax assez déclive , d'un brun roux sur les côtés , un peu obscur en dessus où il est
annelé de jaune. Bord postérieur du dernier segment de l'abdomen en
dessus non prolongé. Ailes ayant leur réseau à peu près comme chez
la *Parsiina*, mais avec plus de nervules sur le champ costal.

J'ai pris cette espèce en Espagne , dans les environs de Malaga.

* 13. PERLA PENNSYLVANICA , *mihi*.

De la taille des précédentes , jaune , étant un peu d'un roux obscur en
dessus. Tête large, avec les tubercules assez marqués. Prothorax carré,
un peu plus étroit postérieurement , plus large que long , ayant de chaque
côté postérieurement une large dépression ; bords très-déprimés et minces, l'antérieur et le postérieur un peu courbes vers les angles ; sillons
assez marqués ; angles antérieurs presque saillants et pointus, un peu abaissés , les postérieurs un peu obtus ; partie rabattue des côtés médiocrement large, plus large et arrondie postérieurement, rebordée ; ligne du
milieu assez visible ; hiéroglyphes larges bien visibles ; métathorax saillant. assez déclive. Dessous de l'abdomen ayant de chaque côté une série
de taches brunes, annelé en dessus, de la même couleur qui devient plus
pâle sur le milieu du bord de chaque segment ; filets jaunes et verticillés
de poils clairs ; antennes et pattes jaunes ; ces dernières ayant une tache
noirâtre sur l'extrémité des cuisses. Réseau de l'aile à peu près comme
chez la *Parisina*, mais les nervules de l'espace costal nombreuses ; les
espaces qui , après le milieu, se rendent au bout de l'aile, sont aussi traversés par des nervules, ce qui rend cette partie aréolée.

De Philadelphie.

* 14. PERLA VIRIDELLA, *mihi*.

Plus petite que la *Malaceensis ;* nuancée de brun et de jaune. Antennes pâles à la base ; tête brune, ayant le dessus jaune sur ses bords. Thorax
sinueux, presque carré , à peu près le double plus long que large, paraissant un peu plus étroit postérieurement, convexe ; sillons assez prononcés, existant aussi sur les côtés dont le bord est saillant ; brun, ayant une

bande jaune sur le milieu et sur ses côtés ; bord antérieur assez large , le postérieur courbé , surtout vers ses côtés; angles antérieurs un peu obtus , les postérieurs presque arrondis ; ligne enfoncée du milieu , fine , marquée de brun ; hiéroglyphes médiocrement marqués. Filets bruns à segments très-longs. Pattes longues , pâles. Ailes d'un vert jaunâtre pâle.

Habite la vallée de Chamounix.

* 15. PERLA CHLORELLA, *mihi,*

Plus petite que la précédente, et ne présentant pas de différences bien sensibles. Prothorax un peu plus long, plus carré ; bord postérieur un peu plus droit. Abdomen entièrement jaune en dessous ; mais un caractère qui la sépare de suite, c'est d'avoir les filets proportionnément plus longs , et à articles plus courts. L'insecte dans toutes ses parties est presque tout à fait jaune et moins nuancé de brun. Ailes jaunâtres , les 5e et 6e espaces du milieu ayant plus de nervules. Je possède une variété dont les ailes ne sont pas sensiblement jaunâtres.

Cette espèce se trouve répandue partout ; j'ai reçu la variété de M. Graells , des environs de Madrid ; je l'ai aussi rencontrée dans le midi de l'Espagne.

* 16. PERLA TENELLA , *mihi.*

De la taille de la précédente , mais plus étroite et bien distincte ; roussâtre, plus ou moins nuancée de brun. Thorax un peu plus large que long, rétréci postérieurement, mais surtout après son milieu ; sillons médiocrement marqués ; bords un peu courbés, l'antérieur beaucoup plus long que le postérieur ; bande élevée du milieu bien sensible , mais la ligne enfoncée à peine visible ; côtés un peu concaves ; angles antérieurs presque dilatés ; d'un roux obscur , jaune sur le milieu et les côtés ; reste du thorax noirâtre en dessus. Abdomen d'un brun roux , surtout sur les côtés, annelé de plus clair en dessus, jaune en dessous ; filets longs, à articles longs. Pattes d'un jaune cendré.

Habite la France.

Genre LEPTOMERES , *mihi.*

Pénultième article des palpes maxillaires très-long ; le dernier presque nul, très-grêle.

* 1. LEPTOMERES RUFEOLA, *mihi.*

17 à 18 millim. d'envergure, et 10 de long, les ailes fermées ; d'un jaune roussâtre. Antennes noires, jaunes à la base ; palpes brunâtres ; yeux

et ocelles noirs , celles-ci très-rapprochées les uns des autres, surtout les
deux postérieures. Prothorax beaucoup plus large que long, formant
un disque arrondi , mais rétréci d'avant en arrière, et presque ovale
transversalement, un peu plus large antérieurement que postérieurement,
de sorte que les angles antérieurs sont moins arrondis que les postérieurs
qui ont disparu ; sillon faisant tout le tour; bord assez épais et saillant,
un peu moins sur les côtés ; fond du sillon au bord postérieur et antérieur,
ainsi que celui de la ligne enfoncée, noirs ; hiéroglyphes assez marqués ; par
tie antérieure du mésothorax roussâtre en dessus, le reste et le métathorax
bruns. Les deux tiers antérieurs de l'abdomen en dessus noirâtres ; filets à
articles très-longs. Pattes jaunes, avec les tarses bruns. Ailes jaunâtres,
les supérieures ayant quelques nervules sur les 5e et 6e espaces du milieu
de l'aile.

Habite les environs de Paris.

* 2. LEPTOMERES FLAVEOLA , *mihi.*

Plus petite que la précédente ; d'un jaune un peu roussâtre , mais sans
marques brunes. Antennes brunes , jaunes dans leur tiers interne ; yeux
et ocelles noirs ; celles-ci beaucoup moins rapprochées les unes des autres
que chez la précédente. Thorax arrondi , mais moins transverse , un peu
plus long et un peu moins large ; sillons peu sensibles, mais bords saillants
élevés , un peu plus étroits postérieurement. Filets et leurs articles très-
longs. Pattes ayant les tarses un peu brunâtres. Ailes jaunâtres, n'ayant
qu'une ou deux nervules sur le 5e et 6e espaces du milieu.

Se trouve pendant l'été dans les lieux humides.

* 3. LEPTOMERES PALLIDELLA , *mihi.*

Ressemblant beaucoup à l'espèce précédente, mais plus grêle et d'une
couleur plus pâle. Prothorax bien plus étroit, presque circulaire, plus
long, un peu plus étroit postérieurement ; côtés moins arrondis , amincis,
noirs ; ayant plusieurs stries longitudinales dans son milieu, rebordé ; bord
postérieur large, un peu dilaté vers les côtés. Articles des filets longs. Ailes
à peine jaunâtres.

Se trouve avec la précédente.

* 4. LEPTOMERES ALBELLA , *mihi.*

De la taille de la *Pallidella*, et lui ressemblant presque entièrement ;
teinte générale et antennes plus pâles. Article des filets beaucoup moins
longs. Ailes et pattes blanches.

Dans les prairies en été.

Genre NEMURA, *Latreille*.

Labre très-apparent; palpes ayant le dernier article cylindrique, presque aussi épais ou aussi épais que les précédents, quelquefois presque ovoïde. Premier article des tarses plus long que le dernier; le moyen tantôt presque aussi long que le dernier, tantôt très-court. Filets de l'extrémité anale du ventre nuls, ou presque nuls.

Ce genre, dont on ne connaît encore que très-peu d'espèces, formera sans doute plus tard une petite famille distincte des Perlides, dont quelques espèces cependant se rapprochent beaucoup. La tête plus petite, plus épaisse, le labre bien visible, la longueur du premier article des tarses, et le manque souvent absolu de filets abdominaux les distinguent facilement des Perles.

* 1. NEMURA NEBULOSA. *Linné.*

Latr., *Gen.. Crust. et Ins.*, III., p. 210, nº 1.—Linn., *Faun. Suec.*, nº 1499. — Ejusd. *Syst. Nat.*, II, p. 903, nº 4, *Phryganea Nebulosa.* —Pict., *Ann. des scienc. nat.*, XXVI, p. 379, nº 3, pl. 15, fig. 7. 8?—. Fabr., *Ent. syst.*, III, p. 74, nº 9. *Semblis Nebulosa.*—Burm., *Handb. der Ent.*, II, p. 875, nº 4? — Geoffr., *Ins.*, II, p. 232, nº 3. — Geer, *Mém.*, II, pl. 23, fig. 16, 17, et VII, pl. 44, fig. 17, 18.

Quoique je doute que cette espèce soit bien celle décrite par *Linné*, je lui ai conservé ce nom parce qu'elle est la plus commune. Plus de trois centimètres d'envergure, pubescente, noire. Antennes d'un brun roussâtre obscur, un peu plus courtes que les ailes; front ayant entre les yeux une dépression transverse plus ou moins sensible. Prothorax à peu près aussi long que large, plus large postérieurement, abaissé sur les côtés, ayant antérieurement un sillon transverse large, un autre avant les côtés, et un postérieur peu marqué; ces sillons se confondent avec quatre dépressions, dont deux antérieures et deux postérieures, quelquefois à peine marquées, d'autres fois bien sensibles et séparées par une ligne dorsale et une ligne transverse plus élevées, formant une sorte de croix; angles antérieurs un peu obtus; côtés un peu élargis avant l'angle postérieur, celui-ci tout à fait arrondi; bord postérieur un peu élevé et redressé dans son milieu, l'antérieur s'élevant pour envelopper la base de la tête; il y a sur le milieu une ligne longitudinale enfoncée plus marquée sur les bords, mais quelquefois confondue avec la partie dorsale élevée; dessus couvert d'un duvet très-court et très-fin, cendré et marqué de chaque côté de la ligne dorsale élevée, d'une sorte de cicatrice rugueuse, plus ou moins sensible ; partie antérieure du mésothorax très-élevée, très-déclive. Filets très-courts, mais bien sensibles. Pattes d'un brun roux ; tibias jaunâtres extérieurement. Ailes longues, dépassant l'abdomen de plus de la moitié de leur longueur, d'un brun roussâtre, pâle, un peu nuancées de plus pâle, le plus souvent d'une manière insensible, quelquefois formant deux ou trois larges bandes transverses.

Excessivement commune à Paris pendant le printemps. Parmi un grand nombre d'individus, les femelles et les mâles ont les ailes à peu près d'égale longueur, et un des individus qui ressemble le plus à la figure de M. Pictet, est précisément un mâle. Cette figure représenterait-elle un individu avorté ? Elle est au moins fautive, car il n'est pas représenté les ailes croisées, et si l'insecte vivant était ainsi, c'est qu'il n'était pas développé. M. Pictet a peut-être confondu deux espèces, car il prétend que ce mâle a le corselet plus long, ce qui est tout à fait contraire à l'analogie ; il est fâcheux qu'il n'ait pas examiné les parties génitales.

* 2. NEMURA MINUTA, *mihi.*

De la taille de la précédente, mais plus courte, noirâtre. Tête un peu rugueuse, ayant quelques tubercules et un sillon entre les yeux ; antennes beaucoup plus longues que les ailes, d'un brun pâle. Prothorax ressemblant beaucoup à celui de la *Nebulosa*. Mâle ayant un peu avant l'extrémité de l'abdomen, en dessous, un petit appendice qui paraît être le pénis sorti accidentellement. Pattes roussâtres ayant les cuisses marquées de brunâtre à leur extrémité et à leurs faces antérieures et postérieures ; tarses bruns. Ailes à peine un peu roussâtres, plus courtes que chez les précédentes, ne dépassant pas l'abdomen de la moitié de leur longueur ; nervures roussâtres.

Se trouve l'été dans les environs de Paris.

* 3. NEMURA SOCIA, *mihi.*

Ressemblant beaucoup à la *Nebulosa*, mais plus petite, noire. Antennes noires, au moins aussi longues que les ailes ; tête ayant une fossette sur le milieu du front ; celui-ci rugueux supérieurement. Prothorax comme chez la *Nebulosa*, mais ayant les côtés un peu plus sinueux et un peu plus dilatés avant les angles postérieurs. Abdomen ayant à l'extrémité, chez la femelle, une grande écaille en cornet, canaliculée en dessous, dépassant l'anus, et qui distingue de suite cette espèce ; extrémité anale du mâle étant aussi fort différente. Pattes et antennes à peu près semblables. Les filets paraissent nuls.

Habite les environs de Paris.

* 4. NEMURA LUNATA, *mihi.*

Pict., *Ann. des scienc. nat.* XXVI, *N. Variegata?*

Très-variable pour la taille, mais toujours plus petite que la *Nebulosa*, et surtout plus courte; ayant les ailes plus larges postérieurement lorsqu'elles sont pliées; noirâtre. Tête luisante, ayant une fossette entre les stemmates postérieurs; antennes à peu près de la longueur des ailes; yeux très-saillants; palpes beaucoup plus épais que chez la *Nebulosa*. Thorax plus large que long, un peu arrondi sur les côtés antérieurement, ayant, avant le bord antérieur, un sillon profond et large; sillon postérieur peu sensible, le même bord très-mince, moins élevé que le disque; bord antérieur un peu élevé et couvrant la base de la tête; angles antérieurs un peu arrondis, les postérieurs un peu rabattus; toute la surface en dessus finement chagrinée, avec quelque tubercules plus gros, quelquefois les atomes élevés s'unissent et le rendent strié de nombreuses lignes élevées et sinuées, souvent jaunes sur les côtés et un peu au milieu. Bord vulvaire chez la femelle, formé par une écaille étroite, un peu convexe; la même partie chez le mâle munie de deux appendices, qui, à leur extrémité, ont une petite pointe crochue, formant aussi une petite saillie aiguë du côté opposé. Pattes d'un jaunâtre un peu roussâtre; les deux derniers articles des tarses bruns. Ailes plus courtes que chez la *Nebulosa*, d'un brun roussâtre pâle; la nervule transverse qui se trouve vers les deux tiers de l'aile, bordée de brunâtre, de sorte que les ailes étant pliées elles paraissent avoir un croissant brunâtre; en outre la partie antérieure de cette nervule forme, avec l'extrémité de la seconde nervure un triangle sur l'espace costal, et la partie postérieure, qui est longue, est fortement oblique en dedans, tandis qu'elle est presque droite dans la *Nebulosa*, chez laquelle elle ne traverse pas l'espace costal. Cette disposition, le prothorax chagriné et les appendices du mâle, empêche de confondre cette espèce avec aucune autre: est-ce la *Variegata* de M. Pictet? mais il ne mentionne aucun de ces caractères.

Assez commune dans les environs de Paris. Je l'ai aussi prise à Limoges et à Bayonne; elle m'a été envoyée de Château-du-Loir par M. Graslin.

* 5. NEMURA GENEI, *mihi.*

De la grandeur de la précédente et lui ressemblant, mais bien distincte; noire. Prothorax arrondi sur les côtés antérieurement, avec les angles antérieurs obtus, mais non arrondis; non chagriné, mais ayant des rugosités ou verrues, inégales et souvent confluentes, disséminées sur sa surface. Pattes, extrémité de l'abdomen et la partie postérieure en dessous jaunes, le reste d'un roux plus ou moins obscur; parties génitales du mâle terminées par deux appendices crochus, plus épais et plus larges, et à cro-

chets, beaucoup plus épais. Ailes incolores, un peu plus courtes, ayant la
nervule transverse, disposée de même , avec le triangle un peu plus large ,
et la partie postérieure oblique, un peu plus longue , cette nervule un peu
bordée de brun , mais d'une manière à peine sensible. Elle se distingue
facilement de la précédente par son thorax non chagriné et la teinte des
ailes; les nervules sont aussi plus apparentes.

Habite la Sardaigne ; communiquée par M. Gené.

* 6. NEMURA PYGMÆA, *mihi*.

La plus petite que je connaisse ; noire, luisante. Tête ayant une petite
fossette entre les ocelles postérieures ; sommet du front rugueux. Prothorax ressemblant à celui des Perles, plus large que long, plus large antérieurement ; partie linéaire élevée du milieu, ayant une ligne enfoncée et
sur ses côtés un sillon assez marqués ; les deux côtés du disque rugueux
et couverts de petites élévations irrégulières ; partie antérieure du mésothorax ayant une portion médiane divisée en deux tubercules lisses. Pattes
noires. Ailes médiocrement longues ; nervules transverses des supérieures, commençant sur l'espace costal et formant une ligne en zigzag, qui
traverse l'aile sans paraître interrompue , comme chez la *Nebulosa*.

* 7. NEMURA FONSCOLOMBII, *mihi*.

Plus petite que la *Nebulosa*, et ayant l'apparence d'une Perle , surtout par le prothorax ; variée de jaune et de noirâtre. Tête jaune ou d'un
jaune roussâtre , rugueuse. Prothorax plus large que long, plus étroit
postérieurement, d'un jaune roussâtre, un peu brunâtre postérieurement ;
bord antérieur un peu courbé ; côtés sinueux et amincis, assez lisses ;
angles antérieurs presque saillants, arrondis, concaves ; bord postérieur
dilaté dans son milieu, séparé par une ligne enfoncée, courbée, faisant
presque un angle en avant, presque lisse ou très-finement rugueux dans
un espace comprenant le quart de la largeur, régulièrement séparé , un
peu plus large à ses deux extrémités , élevé au centre où il est divisé par
une ligne enfoncée bien visible; les deux parties latérales du disque isolées
par un bord régulier plus élevé, rugueuses et inégales ; partie antérieure
du prothorax, qui est noirâtre en dessus, ayant une pièce médiane divisée
en deux tubercules. Pattes jaunes. Ailes roussâtres ; nervules transverses
plus rapprochées du milieu de l'aile que dans la *Nebulosa*; seconde
nervure finissant sur la côte , au point d'où part la première de ces nervules.

Envoyée d'Aix par M. de Fonscolombe.

LES TRICHOPTÈRES (TRICHOPTERA),
Kirby.

Ils diffèrent des précédents par leurs tarses de cinq articles, leurs ailes en toit, un peu croisées, toujours plus ou moins velues et frangées. Leur bouche est toujours imparfaite.

Ils ne composent qu'une seule famille.

LES PHRYGANIDES.

Phryganea, *Linné*, *Fabricius*. Plicipennia, *Latreille*.

Ces insectes se distinguent au premier coup d'œil de tous les autres Névroptères, et semblent par leur forme se rapprocher un peu des Lépidoptères (1). La tête est petite, plus ou moins hérissée de poils placés souvent sur des tubercules et comme fasciculés; les yeux sont sphériques, saillants, gros, et placés latéralement; entre eux sont deux ocelles plus ou moins grosses, la troisième se trouve entre les antennes; celles-ci, souvent très-rapprochées à leur base, ont ordinairement le premier article très-long; elles sont au moins aussi longues que le corps, quelquefois deux ou trois fois aussi longues ou plus, presque toujours sétacées, formées d'un grand nombre d'articles; les palpes maxillaires, toujours composés de cinq articles dans les femelles, présentent

---

(1) Les rapports qu'ils paraissent avoir avec les Lépidoptères ne sont qu'apparents, et ils s'en distinguent par des caractères bien tranchés; leurs palpes maxillaires sont toujours bien sensibles et bien développés; le plus souvent presque nuls ou rudimentaires dans les Lépidoptères, où les labiaux, au contraire très-développés, protégent seuls la spiritrompe. Les poils écailleux qui couvrent leurs ailes ont une organisation particulière, qui n'existe pas chez les Phryganides; celles-ci ont de commun avec les autres de n'avoir point de mandibules, et, chez les espèces le mieux organisées, d'avoir un labre allongé qui, en s'appliquant sur une rainure de la lèvre inférieure, qui se prolonge un peu en dehors, tend à former un rudiment de trompe, mais les mâchoires ne se prolongent presque pas.

souvent chez les mâles une anomalie singulière dans la di-
minution du nombre de leurs articles, qui varient de deux à
quatre, disposition qui n'a été reconnue que dans ces derniers temps, et qui a été surtout signalée par M. Pictet;
(je pense qu'il se trompe quelquefois sur le nombre
des articles); leur forme est également très-variable; ils
peuvent être presque glabres ou très-velus ou hérissés.
Les labiaux sont de trois articles et conservent presque toujours à peu près la même forme, mais ils deviennent plus
grands lorsque les maxillaires perdent quelques-uns de
leurs articles. Les mandibules sont nulles, et les mâchoires
sont réduites à une sorte de lobe mince, large, peu allongé,
placé sur les côtés de la lèvre. L'abdomen est court, assez
épais, ayant ordinairement en dessous, chez les femelles,
avant l'extrémité, une assez grande excavation qui sert à
loger les œufs qui se présentent sous la forme d'un paquet
plus ou moins arrondi, enveloppé d'une matière glutineuse; l'insecte les porte ainsi en volant. La partie anale
dans ce sexe présente souvent plusieurs petites saillies très-
variables selon les espèces, et qui peuvent offrir des caractères certains pour les reconnaître; elles se composent
surtout de deux pièces supérieures et un peu latérales, tantôt presque arrondies et excavées, tantôt allongées, ou en
forme de styles; au-dessous se voient deux autres pièces
également variables pour la forme, et entre ces quatre
pièces, une cinquième plus ou moins allongée, tantôt très-
étroite, tantôt épaisse, ressemblant à un tube, souvent saillante quand les autres ne le sont pas, plus ou moins échancrée ou divisée à son extrémité qui est écailleuse; je l'appelle *pièce tubulaire*. La partie inférieure offre souvent
aussi une pièce trifide appliquée contre elle. Les mêmes
parties dans le mâle sont au contraire ordinairement moins
variables et moins caractéristiques; elles consistent surtout
en deux espèces de petites valves inférieures plus ou moins
allongées, quelquefois presque linéaires, entre lesquelles se
trouve le pénis, et en deux pièces supérieures très-varia-

bles ; entre celles-ci existent souvent deux pointes divariquées. Le pénis, qui est ordinairement grêle et allongé, est
souvent épineux ou accompagné de deux pointes fines et
aiguës ; toutes ces pièces dans les deux sexes sont tellement
variables qu'on a souvent de la peine à les reconnaître ;
tantôt n'étant pas sensiblement saillantes, tantôt très-saillantes, comme dans les mâles des séricostômes (1). Les
pattes sont assez longues, avec des tarses de cinq articles,
allant en décroissant de la base à l'extrémité, à l'exception
du dernier qui est souvent plus long que le précédent,
tantôt plus ou moins hérissées d'épines, tantôt inermes ; ayant à l'extrémité des tibias une paire d'éperons
plus ou moins sensible, et souvent une autre avant le milieu
des quatre tibias postérieurs. Les onglets sont courts, courbés ; ils ont entre eux une pelote médiocrement saillante ,
de chaque côté de laquelle naît un petit prolongement membraneux ; les tibias antérieurs sont beaucoup plus courts
que les cuisses, les intermédiaires ordinairement presque
aussi longs, les postérieurs beaucoup plus longs, courbés.
Les ailes sont allongées, ovalaires vers l'extrémité, avec un
certain nombre de nervures non réticulées, mais dont plusieurs s'anastomosent un peu au delà du milieu, pour former deux ou plusieurs aréoles allongées très-grandés, en
triangle dont la base regarde le sommet, et dont souvent deux
au milieu, comme dans les genres *Phryganea*, *Limnephila*,
et qui peuvent s'appeler *aréoles discoïdales* ; elles émettent à
leur extrémité six rameaux dont les deux externes naissent
souvent un peu avant, et peuvent aider à caractériser les es-

---

(1) M. Pictet, dans son ouvrage sur les Phryganides, figure (pl. III,
fig. 8) les parties génitales externes de la *Phr. striata* mâle. Je ne sais
si son espèce est différente de la mienne , mais sa figure ne représente
nullement les parties génitales de ma *Striata* , ni même d'aucune des
espèces que j'ai examinées ; ici le pénis n'est pas saillant, il est accom-
gné de deux pointes aiguës ; la partie supérieure offre deux petites valves excavées inférieurement , entre lesquelles se trouvent deux pointes
un peu courbées à leur extrémité.

pèces ; ces rameaux partent de différents points selon les genres ; quelquefois ils sont fourchus, et alors deviennent moins nombreux ; G. *mytacides*. L'aréole antérieure est plus courte que la postérieure qui s'étend jusqu'à la base. Dans plusieurs genres, les nervures sont plus minces, et les anastomoses peu visibles, mais elles disparaissent rarement complétement postérieurement ; dans les mêmes genres, on voit partir avant l'extrémité de l'aréole postérieure, une nervure transverse et oblique, qui coupe les nervures postérieures et ferme leurs espaces ; elle existe presque toujours et forme avec les anastomoses précédentes, une *nervure transverse* un peu en zig-zag, laissant libres les deux marges antérieure et postérieure ; mais il existe souvent postérieurement une petite nervure transverse sur la seconde marge, placée en sens opposé du zig-zag et sur une partie blanchâtre, mais peu visible ; sur la marge antérieure, avant l'extrémité, se trouve une partie oblongue circonscrite par une nervure, et au côté interne de laquelle une autre nervure, la sous-costale vient s'unir à la costale ; cette partie est le ptérostigma, très-peu visible ici, mais qui doit être noté, à cause de la nervure qui le circonscrit et qui, à son angle interne, se trouve fortement fléchie, quelquefois un peu épaissie ; cette courbure est caractéristique et varie selon les espèces, quelquefois elle est nulle quoique la nervure soit plus épaissie ; G. *mystacides*. Plusieurs des nervures étant souvent très-saillantes, les espaces entre elles se trouvent enfoncés : souvent elles sont hérissées de poils plus grands et plus épais que ceux qui couvrent la membrane ; ces poils sont ordinairement courbés ou couchés et disposés comme des cils dans une seule série ; d'autres fois ils sont droits, et disposés sur la même nervure en deux séries ; ces nervures sont rugueuses ou plus ou moins tuberculeuses ; quelques-unes, dès la base, sont rameuses ou s'anastomosent en formant une ou plusieurs aréoles basilaires ; l'une, plus constante et variable pour la forme, est placée près du bord postérieur et peut aider à caractériser les espèces ; je l'appellerai *aréole basilaire pos-*

térieure ; elle est bordée en avant par une autre qui n'est qu'une partie d'une plus grande, et qui disparaît souvent. Il en existe souvent aussi une autre, à peu près médiane, touchant la précédente, et qui peut prendre le nom de *médiane ;* enfin l'espace costal est divisé tout à fait à la base, à angle droit, par une nervule transverse épaisse, et forme une petite aréole qui peut prendre le nom d'*antérieure*, mais peu variable pour la forme (1) ; ces ailes ont à la base, postérieurement, une partie dilatée, membraneuse et blanchâtre, plus ou moins arrondie ou anguleuse qui peut offrir des caractères génériques. Les inférieures sont ordinairement un peu différentes, fortement dilatées, et plissées dans la flexion postérieurement ; leur partie antérieure est presque entièrement semblable aux supérieures ; mais la postérieure semble être une portion de plus, ou sur-ajoutée ou simplement une dilatation ; elles sont ordinairement transparentes ou peu velues. Assez souvent aussi les ailes sont très-étroites et quelquefois à peu près semblables ; dans ce dernier cas, les nervures se simplifient et disparaissent en partie ; mais alors les franges des ailes prennent un grand développement comme dans la sous-famille des Mistacidides, où les inférieures diminuent selon les espèces d'une manière tellement insensible qu'il est à peu près impossible de fixer la démarcation entre celles qui sont encore plissées et celles qui ne le sont plus. La coloration des ailes est très-souvent produite par les poils ; mais quelquefois aussi la membrane est colorée, comme chez l'*O. reticulata*, et les poils sont rares ou presque nuls ; cette différence doit être considérée comme caractéristique, aussi n'ai-je point mis cette espèce dans le même genre que la *Grandis.* Les larves des Phryganides sont toutes aquatiques

---

(1) Le système de nervures mieux étudié pourrait aider beaucoup à la classification, à cause des différences nombreuses qu'il présente dans ses détails, selon les genres et même selon les espèces. Je n'ai pas voulu désigner les nervures en particulier, désirant seulement noter ce qui pouvait aider à la classification et à la description des espèces.

et vivent renfermées dans des étuis mobiles ou immobiles, et fixés à des corps solides, composés de différents débris, ou de sable, etc., ou même dans des conduits qu'elles construisent sur les pierres immergées (1). Ces larves sont pour la plupart polyphages; elles absorbent l'air à l'aide d'appendices filiformes, creux, disposés isolément ou par paquets; quelques-unes cependant respirent par des stigmates.

Les Phryganides, par leur organisation, constituent une tribu bien distincte de toutes les autres, et si je ne la considère que comme une famille, c'est faute de matériaux, et parce que les espèces qui la composent ne sont encore qu'imparfaitement connues, et les exotiques nullement; quoique dans ces derniers temps il ait paru d'importants travaux sur ces insectes. M. Stephens, dans son Catalogue des Insectes d'Angleterre, en nomme un très-grand nombre, mais ce ne sont que des noms, qui ne s'appliquent peut-être pas tous à des espèces authentiques. M. Pictet est celui de tous qui a avancé le plus leur histoire, malheureusement son travail est local et circonscrit. Elle se divise naturellement en deux parties, d'après le nombre d'articles des palpes maxillaires des mâles.

Le tableau suivant offre les principaux caractères des sous-familles et des genres; mais les premières ne sont pas toujours bien circonscrites.

---

(1) On peut consulter l'ouvrage de M. Pictet (*Recherches pour servir à l'histoire des Phryganides*), où un très-grand nombre de larves ont été figurées et étudiées sous tous les rapports.

PHRYGANIDES.

Palpes maxillaires des mâles de deux à quatre articles.

De trois à quatre articles grêles, presque glabres beaucoup plus longs que les labiaux. — **LIMNEPHILIDES.**

Deux paires d'éperons aux quatre tibias postérieurs.
- Ailes très-velues. . . . . — PHRYGANEA.
- Ailes presque glabres. . . . . — ...GOTRICHA.

Un seul éperon à la partie moyenne des tibias intermédiaires. . . . . — LIMNEPHILA.

Une seule paire aux quatre tibias postérieurs. . . . . — ENOICYLA.

Un seul éperon à la partie moyenne des quatre tibias postérieurs. . . . . — MONOCENTRA.

De deux à trois articles hérissés ou velus et renflés; plus courts que les labiaux ou à peine plus longs. — **TRICHOSTOMIDES.** Deux paires d'éperons aux quatre tibias postérieurs.

Moins de deux paires d'éperons.
- Un seul éperon en place de la paire moyenne aux tibias postérieurs. . . . . — POGONOSTOMA.
- Une seule paire aux quatre tibias postérieurs. . . . . . — DASYSTOMA.

Palpes maxillaires hérissés de poils épaissis, non recourbés sur la tête. . — TRICHOSTOMA.

Palpes hérissés de poils non épaissis. . . . . — LASIOSTOMA.

Palpes et ailes ayant des écailles. . . . . — LEPIDOSTOMA.

Palpes très-renflés, ayant une excavation interne . . . . — SERICOSTOMA.

Palpes maxillaires des mâles de cinq articles.

Antennes sétiformes.

Antennes filiformes. . . . . **HYDROPTILIDES.** . . . . — HYDROPTILA.

Palpes maxillaires glabres; le premier article très-court; le deuxième long, ayant une touffe de poils: le troisième au moins aussi long que le dernier. . **CHIMARRHIDES.** . . . . — CHIMARRHA.

Peu velus; le cinquième article ordinairement très-long. Antennes ne dépassant pas beaucoup, le plus souvent, la longueur de l'insecte avec ses ailes. — **HYDROPSYCHIDES.**

Les quatre premiers articles presque de la même longueur; le dernier de la longueur des deux précédents. . . . . — PSYCHOMIA.

Le cinquième à peine plus long que le troisième; premier et deuxième très-courts. . . . . . . — RHYACOPHILA.

Très-velus, les deux premiers très-petits, le dernier à peine plus long que le précédent. . . — NAIS.

Premier et deuxième très-courts, troisième plus grand que le quatrième, le dernier très-long. — PHILOPOTAMUS.

Les 2, 3 et 4° à peu près égaux, le dernier au moins aussi long que les autres réunis. . . . — HYDROPSYCHE.

Les 2, 3 et 4° à peu près égaux; 5° beaucoup plus long que les autres réunis. Antennes très-longues. — MACRONEMA.

Très-velus, très-longs; le dernier article un peu plus court ou pas plus long que le précédent; antennes deux à quatre fois longues comme l'insecte. — **MYSTACIDIDES.**

Ailes inférieures sensiblement plissées. . . . . . . — MYSTACIDA.

Ailes inférieures non plissées, très-étroites. . — SETODES.

PREMIÈRE DIVISION.

Palpes maxillaires des mâles ayant moins de cinq articles.

Je n'ai pas cru devoir considérer ces deux divisions comme
des familles; j'ai préféré appeler sous-familles les petits
groupes de genres qu'elles contiennent; du reste, on ne
pourra faire de classification complète sur ces insectes que
lorsque les exotiques seront eh grande partie connus.

Première Sous-Famille.

LIMNEPHILIDES.

Palpes supérieurs des mâles de trois à quatre articles nus;
ceux des femelles également nus. Les larves se construisent
toutes des étuis mobiles et ont leurs sacs respiratoires libres.

Genre PHRYGANEA, *Linné*.

Palpes maxillaires de quatre articles chez les mâles, dont le premier très-court, les suivants presque de la même longueur, médiocrement longs; deuxième et troisième articles chez les femelles plus
longs que les deux derniers; le premier très-court; les labiaux très-
courts, le second article presque triangulaire, arrondi à l'extrémité;
le dernier ovoïde, oblong, un peu plus long; antennes assez épaisses,
plus courtes que les ailes. Les quatre tibias postérieurs ayant deux
paires d'éperons plus longs que les épines, qui sont petites et rares.
Ailes très-garnies de poils; anastomoses des aréoles discoïdales peu
prononcées ou presque nulles, n'émettant chacune qu'un seul rameau qui part à peu près de leur milieu; nervure antérieure de
la première aréole émettant un rameau avant la fin de celte aréole;
couleurs produites par des poils nombreux.

Ce genre me paraît bien caractérisé; M. Burmeister y place
aussi la *Reticulata*, la *Phalœnoïdes* et plusieurs autres qui me
sont inconnues; la première m'a présenté des caractères suffisants pour former un genre.

* 1. PHRYGANEA GRANDIS, *Linné*.

Linn., *Syst. Nat.*, II, p. 909, n° 7. — Ejusd. *Faun. Suec.*, n° 1485. —
Fabr., *Ent. syst.*, II, p. 76, n° 9.—Rœsel., *Ins. Bel.*, II, Aq. 2, tab. 17.
—Geer., *Mém.*, II, pl. 13, fig. 1.—Burm., *Handb. der Ent.*, II, p. 934,
n° 3.

Plus de trois centim. de long, les ailes fermées, et cinq d'envergure.

Corps d'un brun roussâtre , pâle , un peu hérissé sur le thorax. Ailes d'un gris blanchâtre , ayant une ligne maculaire longitudinale médiane , interrompue , souvent dilatée, noire , à l'extrémité de laquelle il y a un point blanc; quelques autres stries avant le sommet antérieurement, et une marque à la base postérieurement noires; ces marques disparaissent souvent en partie. Mâle plus petit, gris, varié, à peine marqué de noirâtre, ayant toujours le point blanc avant l'extrémité antérieurement. Pattes ayant l'extrémité des tibias et des anneaux aux tarses , bruns.

Se trouve l'été le long des étangs.

* 2. PHRYGANEA VARIA , *Fabricius.*

Fabr., *Ent. syst.*, II , p. 77, n° 10. — Fourcr., *Ent. Par.*, II , p. 357, n° 13. — Pict., *Rech. Phryg.*, p. 160, n° 31. — Vill., *Ent. Linn.*, III, p. 44, n° 60, *Phr. Variegata.* — Oliv., *Enc. méth.*, p. 58 n° 16, *Phr. Annularis.*

Moitié plus petite que la précédente , mais lui ressemblant tellement, qu'on pourrait la prendre pour une variété mâle; grise. Ailes ayant une tache noire, oblongue sur la marge postérieure avant la base , une autre plus grande et moins foncée sur le milieu touchant une tache blanchâtre ; après le milieu , une nuance brune qui se divise sur la côte qui est un peu blanchâtre; marge postérieure variée de blanchâtre; un point blanc comme chez la *Grandis* , un autre un peu en avant et en dedans, un troisième moyen avant le milieu. Antennes et pattes plus sensiblement annelées.

Au mois de juin , le long des étangs. Je ne possède que le mâle qui m'a été envoyé de Château-du-Loir par M. Graslin. D'après M Pictet, la larve se construit un étui avec des débris de végétaux liés en spirale.

* 3. PHRYGANEA TORTRICEANA , *mihi.*

Au moins moitié plus petite que la précédente , et lui ressemblant un peu. Corps roux, brunâtre en dessus. Antennes brunes , annelées de jaune. Partie antérieure du thorax fortement hérissée. Ailes supérieures d'un gris un peu doré, aspergées de jaunâtre ou de blanchâtre, ayant comme trois bandes très-larges, plus brunes , la dernière bordée avant l'extrémité, qui forme aussi presque une bande brune , par une ligne anguleuse jaunâtre ; un trait sur le milieu, un autre avant l'extrémité , une ligne sinuée à la base de la marge antérieure, noires ; trois marques principales jaunâtres sur la marge postérieure, qui s'avancent sur l'aile en forme de bandes ; franges annelées de jaune et de brun. Pattes roussâtres ; les quatre tibias antérieurs ayant une tache noire; cuisses obscures , aux faces antérieures et postérieures ; tarses ayant une petite tache à l'extrémité de la face supérieure.

Je ne connais que la femelle que j'ai prise dans les environs de Bordeaux.

Genre OLIGOTRICHA , *mihi*.

Antennes, épaisses, courtes ; palpes maxillaires larges, courts,
le dernier article à peine plus long que le précédent. Pattes très-
courtes, ayant les éperons très-prononcés; deux paires aux quatre
postérieures ; très-peu épineuses, surtout les antérieures qui n'ont
qu'une seule rangée peu sensible d'épines antérieurement. Ailes
courtes, ayant les nervures presque disposées comme chez le genre
Phryganea ; leur membrane presque glabre ; couleurs n'étant pas
produites par les poils ; aréoles discoïdales fermées par une nervure bien sensible (femelle). Mâle ayant quatre articles aux palpes
maxillaires (d'après M. Burmeister).

J'ai formé ce genre avec la *Phr. reticulata* de Linné , qui ne
peut rester avec la *Grandis*, surtout à cause de ses ailes presque
glabres ; malheureusement je n'ai pas vu le mâle. J'y ai aussi
placé la *Chloronevra* des Alpes , dont je ne connais que la femelle, la *Phalænoïdes* de Linné, que je n'ai plus sous les yeux
et dont je ne puis vérifier les caractères ; et enfin, la *Strigosa* ,
dont le mâle a le premier article des palpes maxillaires très-
court et les trois suivants à peu près égaux , un peu velus ; les
labiaux sont courts.

* 1. OLIGOTRICHA RETICULATA, *Linné.*

Linn., *Syst. Nat.*, I , p. 908, n° 4. *Phryg.* — Fabr., *Ent. syst.*, II ,
p. 75, n° 1. — Burm., *Handb. der Ent.* , II, p. 935, n° 7.

Épaisse et courte, noire ; de la taille de la *Varia* , mais ayant les ailes
plus larges. Palpes courts, noirs; antennes épaisses, très-courtes. Pattes
presque sans épines, surtout les premières, noires, avec les deux tiers externes des tibias postérieurs jaunes. Ailes courtes, larges, d'un jaune roux
un peu fuligineux , les antérieures entièrement couvertes de stries transverses irrégulières, formant presque un réseau d'un brun roux , dont une
bande qui part de la base, et une tache sur la marge postérieure plus larges,
plus foncées ; postérieures ayant des marques sur le bord antérieur, et sur
le bord postérieur extérieurement, une bande courte ou tache médiane de
la même couleur.

Habite le nord de l'Europe.

* 2. OLIGOTRICHA PHALÆNOIDES , *Linné.*

Linn. , *Syst. Nat.*, I , p. 908 , n° 3. *Phryg.* — Fisch., *Ent. Russ.*, I,
p. 52, Névr., tab. 2 , fig. 1. — Guér. et Perch., *Gener.*, liv. 4, n° 9 ,

Névr., pl. 3. — Fabr., *Ent. syst.*, II, p. 73, n° 6. *Semblis Phalœnoïdes.*
— Burm., *Handb. der Ent.*, II, p. 935, n° 8. *Phr. Phalœnodes.*

Six et demi à sept centim. d'envergure. Tête noire, transverse, courte ;
antennes noires, plus longues que le corps ; les trois derniers articles des
palpes maxillaires à peu près d'égale longueur, le dernier un peu plus
long ; dernier des labiaux près du double du précédent. Prothorax ayant
quelques poils épais, reste du corps noirâtre. Pattes d'un cendré obscur,
un peu roux. Ailes un peu roussâtres ; les antérieures marquées d'un grand
nombre de taches ; les postérieures ayant la marge postérieure et trois ou
quatre taches sur le bord costal, d'un noir violet.

Collection du comte Dejean, et indiquée de Russie.

* 3. OLIGOTRICHA CHLORONEVRA, *mihi.*

Grande ; de la taille de la *Reticulata*, mais ayant les ailes plus longues ; noire. Antennes courtes. Prothorax formant en dessus deux tubercules verts, ayant des poils fauves en dessous ; les deux autres divisions du thorax épaisses, la première ayant un tubercule vert de chaque
coté, antérieurement avec quelques poils. Abdomèn noirâtre, large à l'extrémité, qui est munie de quatre appendices obtus presque linéaires,
dont deux supérieurs beaucoup plus en dedans, plus petits, grêles.
Pattes à peine épineuses, d'un noir un peu roussâtre, presque rousses
sur les cuisses ; les postérieures ayant les tibias à l'exception du sommet,
verts. Ailes d'un verdâtre très-pâle et un peu obscur, sans aucune tache,
ayant des poils très-courts et peu visibles, et les nervures vertes.

Habite la vallée de Chamounix.

* 4. OLIGOTRICHA STRIGOSA, *mihi.*

Taille moyenne, d'un roussâtre très-pâle. Tête courte, large, ayant les
yeux gros, très-saillants ; roussâtre en dessus, où elle est couverte de
poils d'un jaune pâle. Antennes roussâtres. Prothorax hérissé de poils,
fauves ; mésothorax d'un roux un peu obscur. Abdomen brun en dessus,
jaunâtre en dessous ; extrémité anale ayant les valves prolongées en une
longue pointe, atteignant presque la hauteur du bord supérieur, ciliées,
entourant le pénis, qui est très-long, avec le petit appendice, qui part de
leur base, très grêle et très-long, se contournant au-dessus d'elles ;
pièces supérieures insensibles, mais le bord du dernier segment cilié supérieurement d'une rangée de poils serrés, épais, droits et très-longs.
Pattes d'un fauve très-pâle. Ailes d'un fauve très-pâle, ayant des poils
peu nombreux, courts, d'un fauve un peu doré, striées par les nervures,
qui sont épaisses, brunâtres et tranchent sur la couleur de l'aile ; celles
des inférieures également brunâtres vers l'extrémité.

Habite les environs de Paris.

Genre LIMNEPHILA, *Leach.*

Phryganea, *Pictet.*

Dernier article des palpes maxillaires bien sensiblement plus long que le précédent, plus étroit, grêle, cylindrique, aussi long au moins que le second; le dernier des labiaux large, oblong, plus long que le précédent; les deux derniers articles des palpes maxillaires du mâle très-longs, de la même longueur, le premier beaucoup plus court. Pattes assez épineuses; les quatre tibias postérieurs ayant une paire d'éperons à l'extrémité et un seul vers le milieu. Ailes grandes; anastomoses des aréoles discoïdales bien sensibles, émettant chacune deux rameaux; poils médiocrement nombreux, courts.

* 1. LIMNEPHILA LINEOLA, *Schrank.*

Schr., *Enum. Ins. Austr.*, p. 307, n° 613. — Fab., *Ent. syst.*, II, p. 78, no 15, var. *Phr. Atomaria?*

Grande, entièrement d'un jaune roussâtre pâle. Les deux derniers articles des palpes maxillaires du mâle très-longs, le dernier très-légèrement en massue; chez la femelle, le dernier assez long, grêle, cylindrique, beaucoup plus long et plus étroit que le précédent; antennes moins longues que l'insecte avec ses ailes fermées; tête et thorax hérissés; celui-ci brun, surtout sur les côtés en dessus. Abdomen un peu brunâtre en dessus; extrémité anale du mâle, ayant les pièces supérieures fourchues, et entre elles deux pointes divariquées, comprimées, concaves, larges, obtuses, un peu plus longues qu'elles; les deux valves inférieures conniventes, hérissées à l'extrémité, fourchues avec la division supérieure en forme d'épine courbe; leur base émettant un petit appendice, supérieur grêle, obtus. Dessous de tout le corps plus roux. Ailes, longues, médiocrement larges et arrondies, lisses et minces, plus ou moins sablées d'atomes fins, noirâtres, surtout vers la marge postérieure, quelquefois presque nuls sur la surface, d'autres fois très-nombreux et bien marqués (*Phr. atomaria*, Fabr.); les postérieures transparentes et vitrées antérieurement, un peu colorées à l'extrémité qui est marquée d'une ligne longitudinale, brune. Pattes longues, roussâtres.

Habite la France, l'Italie. Commune dans les environs de Paris à la fin du printemps.

* 2. LIMNEPHILA SUBMACULATA, *mihi.*

Grande, rousse. Antennes moins longues que l'insecte, avec les ailes fermées; les deux derniers articles des palpes maxillaires du mâle, longs, le dernier grêle, un peu plus mince que le précédent; tête et thorax légèrement hérissés; celui-ci quelquefois un peu brunâtre en dessus. Abdomen d'un jaune verdâtre; extrémité anale du mâle ayant les pièces supérieures très-larges, concaves, échancrées, denticulées à leur bord supérieur, qui est noir ; les valves inférieures droites, pointues, et au-dessous d'elles un petit appendice filiforme qui part de leur base. Pattes longues d'un jaune roussâtre. Ailes longues, médiocrement larges et arrondies, lisses et minces, d'un jaune roussâtre testacé, pâle, ayant quelques taches allongées peu ou pas sensibles dont deux ou trois vers la base, quelques autres en continuant vers l'extrémité, et une en forme de ligne un peu plus sensible qui aboutit juste à l'extrémité; elles sont produites par des poils brunâtres; les secondes sans taches.

Habite les environs de Montpellier. Je n'ai pas vu la femelle.

*3. LIMNEPHILA ASPERSA, *mihi.*

Ressemblant beaucoup à la *Striata*, mais plus petite; ayant les ailes un peu moins larges, et paraissant plus obtuses ; bien distincte par la forme de ses parties génitales ; d'un jaune roussâtre. Antennes un peu moins longues que l'insecte avec les ailes pliées ; palpes du mâle longs, avec le deuxième article un peu plus long que le troisième, plus grêle. Tête et thorax hérissés de quelques poils roides, celui-ci ayant sur le mésothorax de chaque côté, une bande et un trait postérieur, noirs. Abdomen noirâtre en dessus ; partie anale de la femelle ayant au dessous de la pièce tubulaire une crête saillante, et plus inférieurement une pièce trifide, dont la division médiane est elle-même bifide (simple dans la *Striata*). Pattes légèrement épineuses Ailes allongées, les supérieures d'un gris roussâtre, couleur qui est produite par une teinte brune, sablée de petite marques roussâtres ou jaunâtres très-nombreuses, et qui pourraient presque être également prises pour la couleur du fond ; nervures roussâtres, tachées de noirâtre, une médiane presque entièrement noire, marquée avant l'angle rentrant des nervures transverses d'une tache blanc jaunâtre, après laquelle la nervure forme un trait plus foncé ; après cette tache on voit la trace d'une autre sur la marge postérieure ; inférieures pâles.

Habite le midi de la France.

* 4. LIMNEPHILA FULVA, *mihi.*

Ressemblant à la *Striata*, mais moitié plus petite ; d'un fauve un peu obscur. Antennes fauves, annelées de plus obscur, ayant le premier article velu ; palpes un peu pubescents, le premier des maxillaires (individu mâle) hérissé de quelques poils noirs en dedans ; tête et mésothorax hérissés de poils jaunes. Thorax un peu obscur sur les côtés et les hanches. Abdomen un peu obscur en dessus, ayant le bord postérieur des segments pâle ; dernier segment en dessus, prolongé postérieurement dans son milieu, en une saillie obtuse arrondie, à son extrémité qui est courbée en dessous, couverte d'un duvet court, noirâtre; au-dessous d'elle se voient deux valves concaves arrondies, ayant les bords un peu rentrés en dedans, noirs, denticulés, et entre elles plus profondément, deux pointes divariquées, comprimées, et plus inférieurement, deux petits appendices presque coniques, obtus, peu visibles, à peu près cachés par les poils qui bordent l'arceau inférieur du dernier segment. Pattes un peu hérissées de poils noirs. Ailes supérieures assez étroites, allongées, un peu sinueuses à leur côté externe avec l'angle postérieur un peu saillant; fauves, ayant des poils d'un jaune un peu doré, peu nombreux, avec la moitié antérieure à l'exception de la base et de l'extrémité, jaunâtre, plus transparente et plus pâle surtout avant et après l'extrémité des aréoles discoïdales, marquées surtout vers le sommet, l'angle et la marge postérieurs, d'atomes nombreux, plus ou moins confluents, d'un roux un peu brunâtre qui se fondent presque avec la teinte de l'aile; nervures un peu hérissées à la base et à la partie postérieure, bord externe ayant quelques macules peu sensibles.

Habite la France. Je n'ai vu qu'un seul individu mâle.

* 5. LIMNEPHILA IMPURA, *mihi*.

Ressemblant à la *Fulva*, mais un peu plus pâle, et ayant les ailes plus courtes et plus larges, de la même taille. Tête, thorax et abdomen à peu près semblables; extrémité anale du mâle presque complétement semblable, ayant la partie saillante du dernier segment plus courte, plus courbée; la même partie chez la femelle offre une pièce tubulaire saillante, échancrée supérieurement, accompagnée de chaque côté d'un petit appendice obtus, comprimé, qui la dépasse à peine. Ailes un peu moins marquées d'atomes, moins sinuées à l'extrémité, où les macules sont souvent plus sensibles au bord externe; atomes d'un brunâtre moins roux, et rendant l'aile un peu grise, quelquefois peu marqués, et l'aile ayant une teinte générale rousse.

Se trouve au mois de juin aux environs de Paris; elle m'a aussi été envoyée de Château-du-Loir par M. Graslin. Quoique la forme des ailes soit différente, peut-être n'est-elle qu'une variété de la *Fulva*; mais, pour s'en assurer, il faudrait voir les parties génitales de la femelle de cette dernière.

* 6. LIMNEPHILA FLAVIDA, *mihi*.

Plus petite que la *Fulva*, et lui ressemblant un peu; d'un roussâtre testacé. Antennes rousses, annelées de plus pâle; tête et thorax assez fortement hérissés de poils d'un jaune fauve. Abdomen verdâtre, ayant la partie antérieure des segments plus verte; parties génitales ressemblant un peu à celles de la *Fulva* (individu mâle); bord postérieur du dernier segment en dessus, prolongé dans son milieu, mais beaucoup moins saillant, la partie saillante plus large, courbée en dessous, ayant des poils excessivement courts; les deux valves qui se trouvent en dessous bien plus saillantes, presque triangulaires, un peu concaves, brunes à leur bord postérieur en dedans; appendices qui se trouvent plus inférieurement triangulaires, à peu près aussi saillants que les valves. Pattes d'un jaune testacé, ayant des épines noires. Ailes antérieures longues, étroites, obtuses, fauves, ayant des poils d'un jaune fauve, en partie transparentes dans leur milieu, plus foncées postérieurement; cette teinte s'avançant sur l'aréole discoïdale postérieure, où l'on remarque une tache blanchâtre, peu visible; extrémité des aréoles un peu blanchâtre.

Cette espèce, dont les couleurs sont un peu effacées, m'a été envoyée de Barcelone par le professeur Graells.

* 7. LIMNEPHILA OBSOLETA, *mihi.*

Petite; roussâtre ou d'un fauve pâle. Antennes annelées d'une teinte plus pâle; palpes ayant les deux derniers articles à peu près de la même longueur, et le premier beaucoup plus court; dernier article des labiaux au moins aussi long que les deux autres. Pattes de la couleur du thorax, avec des épines noires. Ailes antérieures d'un gris roussâtre, avec de petites taches peu visibles, brunâtres; il y a vers le milieu de l'aile une partie un peu plus pâle près de la nervure transverse, et en suivant cette nervure près du bord postérieur, deux très-petites taches blanchâtres peu visibles; postérieures blanchâtres et transparentes, un peu colorées à l'extrémité par des poils roussâtres. Abdomen brun avec une ligne latérale, et le bord postérieur des segments en dessus blanchâtres; ayant en dessous quelques bandes transverses rousses.

J'ai pris cette espèce dans les montagnes de la Sierra Nevada. C'est la seule que j'aie rapportée d'Espagne.

* 8. LIMNEPHILA NEBULOSA, *mihi.*

Petite; d'un roux brunâtre. Antennes d'un roux un peu obscur, annelées de plus clair, ayant le premier article brunâtre, légèrement velu; tête et thorax un peu hérissés; mésothorax un peu obscur en dessus de chaque côté; poitrine et côtés du thorax d'un roux brunâtre. Abdomen brunâtre; dernier segment en dessus, un peu saillant à son bord postérieur qui est un peu rabattu, finement hérissé, au-dessous duquel on voit deux petites pointes divariquées, écailleuses, et plus inférieurement deux appendices peu saillants, tournés par en haut, larges à la base, presque en spatule à l'extrémité qui est arrondie, très-velue, ciliés sur leur bord externe, entourant les autres pièces des parties génitales. Pattes d'un jaunâtre testacé, les quatre postérieures assez fortement hérissées d'épines noires. Ailes supérieures longues, étroites, d'un jaunâtre testacé, assez fortement hérissées sur la partie dorsale et à la base (sur les nervures), légèrement velues, un peu transparentes sur le milieu et au bord antérieur, tachées

de petites marques d'un brun roussâtre, plus foncées, et formant une ligne interrompue de chaque côté de la partie dorsale après la base, jusqu'au
delà du milieu, produisant une tache à peu près sur le milieu, et un peu
postérieurement, précédée d'une marque blanchâtre ; très-nombreuses sur
l'extrémité, surtout antérieurement, et dont la partie postérieure et externe
n'est quelquefois pas marquée ; d'autres fois confluentes sur l'extrémité,
qu'elles rendent brunâtre, marquetée de petites taches arrondies plus ou
moins confluentes, d'un jaunâtre testacé.

Se trouve dans les environs de Paris au mois de septembre ; elle m'a
aussi été envoyée de Château-du-Loir par M. Graslin. Je ne connais
que le mâle.

* 9. LIMNEPHILA STRIOLATA, *mihi.*

Petite, roussâtre. Tête et prothorax assez fortement hérissés de poils
longs, épais, roussâtres ; le reste du thorax moins hérissé. Abdomen un
peu obscur en dessus, avec le bord postérieur des segments pâle ; partie
anale un peu saillante dans son milieu, chez la femelle, sans appendices ;
ayant supérieurement deux petites lames un peu saillantes, conniventes,
et arrondies à leur extrémité chez le mâle. Pattes d'un jaune roussâtre,
avec des épines noires. Ailes antérieures peu larges, un peu lancéolées à
l'extrémité, obtuses, complétement couvertes de poils courts d'un jaune
roussâtre, hérissées sur la partie dorsale qui est plus obscure ; les nervures brunâtres, mais inégalement et comme un peu tachetées, légèrement ciliées de poils courts noirâtres, faisant paraître l'aile un peu striée
de brunâtre ; les postérieures blanchâtres, luisantes.

Cette espèce étant très-commune, doit être déjà décrite, mais je
n'ai pu la reconnaître ; elle se trouve au mois de mai dans les prairies
marécageuses, et se tient cachée sous l'herbe.

* 10. LIMNEPHILA TESSELLATA, *mihi.*

Très-grande, rousse. Antennes beaucoup plus courtes que l'insecte avec
ses ailes pliées, légèrement annelées de brunâtre ; dernier article des palpes maxillaires du mâle, long, grêle, plus long que le précédent un peu
déprimé ; yeux très-saillants ; premier article des antennes et tête presque
glabres, marqués de brunâtre en dessus. Mésothorax glabre marqué de
chaque côté, en dessus, d'une large tache d'un brun rougeâtre, plus pâle au
milieu, où l'on voit deux petites séries de trois à quatre tubercules très-
petits ; poitrine et pattes roussâtres. Abdomen brun ; appendices anals
supérieurs du mâle non saillants ; les inférieurs saillants, se prolongeant
par en haut en une corne dont le bord externe est sinué et cilié. Ailes supérieures grandes, très-larges, assez arrondies, d'un roussâtre très-pâle,
avec toute la surface variée de brunâtre ; les nervures bien marquées, et
légèrement ciliées, en sont bordées, et les rendent comme striées surtout

vers l'extrémité ; le brun pourrait être aussi bien pris pour la couleur du fond ; les inférieures seulement un peu marquées vers l'extrémité.

Elle m'a été donnée par mon ami M. Graslin, qui l'a prise dans les environs du Château-du-Loir ; elle se trouve dans les prairies au mois de novembre.

* 11. LIMNEPHILA STRIATA, *Pictet.*

Burm., *Handb. der Ent.*, II, p. 933, n° 16. — Pict., *Rech. Phryg.*, p. 132, n° 1, pl. 6, fig. 1. *Phryg.* — Geoffr., *Ins.*, II, p. 246, n° 1. *La Frigane de couleur fauve.*

Très-grande, rousse ; tête et prothorax hérissés. Thorax un peu taché de brun sur les côtés. Ailes très-grandes, les supérieures moins larges que dans la précédente, un peu arrondies à l'extrémité, marquetées d'une grande quantité d'atomes plus ou moins confluents, brunâtres à peine visibles, plus sensibles vers la marge postérieure, où la dernière nervure est un peu hérissée, quelquefois assez marqués, et aidant avec les nervures à faire paraître la partie externe de l'aile striée ; il y a souvent une espèce de tache ou d'éclaircie à la nervure transverse ; membrane glabre, un peu rugueuse ; les inférieures non tachées. Pattes et antennes plus foncées que les ailes.

Commune en France, à la fin de l'été. Selon M. Pictet, la larve arrivée à sa grosseur a un étui formé de petites pierres, qu'elle enfonce dans la vase pour se métamorphoser.

* 12. LIMNEPHILA RADIATA, *mihi.*

Très-grande, rousse. Antennes plus courtes que l'insecte avec ses ailes pliées ; les deux derniers articles des palpes maxillaires chez le mâle, longs, presque égaux, le dernier un peu déprimé ; base des antennes, dessus de la tête et du thorax un peu brunâtres, un peu hérissés. Dessus de l'abdomen brunâtre, annelé de roussâtre ; appendices supérieurs divisés, ayant une petite saillie externe obtuse ; les inférieurs se prolongeant fortement par en haut en une branche étroite, dont l'extrémité se termine en une très-petite pointe extérieure, tendant à former une pince par leur réunion, très-velus à leur bord postérieur. Ailes grandes, larges, arrondies ; les supérieures d'un brun roux pâle, marquées sur les espaces entre les nervures, de taches jaunâtres, allongées ou linéaires, dont quelques unes vers la base, une série transverse au milieu, et une autre avant l'extrémité, formant comme une série un peu courbée de rayons dont quelques-uns presque interrompus ; nervures un peu velues, surtout vers le bord postérieur.

Je ne connais que le mâle, dont j'ai pris un seul individu à Argélès dans les Pyrénées-Orientales.

* 13. LIMNEPHILA RUFESCENS, *mihi.*

Plus petite et plus courte que les précédentes, rousse. Palpes très-

longs ; premier article des inférieurs beaucoup plus long que le précédent ;
tête et prothorax hérissés. Les quatre ailes roussâtres, larges, assez arrondies à l'extrémité, légèrement pubescentes, sans aucune tache ni marque ;
aréole basilaire postérieure bien plus allongée que chez la *Striata.*

Habite, je crois, le midi de la France.

* 14. LIMNEPHILA DISCOLORA, *mihi.*

D'une grandeur moyenne, rousse ; tête en dessus dans les deux tiers
externes brunâtre. Prothorax et base des ailes un peu hérissés, le reste
du thorax un peu obscur en dessus. Abdomen brun en dessus ; extrémité
anale marquée en dessus, dans le mâle, d'une tache d'un noir foncé, et
ayant quatre appendices peu allongés dont les supérieurs, comprimés,
arrondis à l'extrémité, presque en spatule, ciliés ; les inférieurs presque
triangulaires, ciliés. Extrémité des tarses brunâtre. Ailes médiocrement
larges, les antérieures médiocrement arrondies, roussâtres, quelquefois
d'un roux foncé vers la base, et la marge postérieure, légèrement couvertes
de poils roux peu visibles ; légèrement pubescentes, nullement tachées ;
aréole basilaire postérieure très-petite, en losange ; bord postérieur de la
base de l'aile formant une saillie arrondie très-prononcée ; inférieures très-
légèrement brunâtres, un peu roussâtres au bord antérieur.

Habite la vallée de Chamounix.

* 15. LIMNEPHILA CHRYSOTA, *mihi.*

Presque complétement semblable à la *Discolora* dont elle diffère par
les ailes plus jaunes, ayant des poils très-courts, d'un jaune doré, par la
première aréole discoïdale, plus longue et dont le rameau, qui part de son
côté antérieur, est plus rapproché de la base, et la nervure qui borde
le ptérostigma beaucoup moins fléchie ; par les appendices génitaux, dont
les supérieurs, au lieu d'être entiers, sont échancrés ou sinués avant
leur sommet, et les inférieurs plus courts, plus larges ; enfin par le corps,
qui est plus obscur.

Habite aussi la vallée de Chamounix.

* 16. LIMNEPHILA NIGRITA, *mihi.*

Ressemblant un peu aux précédentes, mais plus petite, noirâtre. Antennes noires ; palpes presque noirâtres, un peu roussâtres à l'extrémité ;
tête et thorax ayant quelques poils jaunâtres. Extrémité anale très-obtuse,
comme tronquée, arrondie, sans appendices sensibles. Pattes très-longues,
d'un jaune roussâtre avec les cuisses et les tarses en grande partie obscurcis ou presque noirâtres. Ailes légèrement couvertes de poils brunâtres,
(ils sont presque complétement enlevés), ayant les nervures disposées
un peu différemment que dans les autres espèces ; seconde aréole discoïdale
n'étant pas terminée carrément à son extrémité, de sorte que son dernier

rameau naît bien avant cette extrémité ; le cinquième rameau, parmi ceux qui partent des deux aréoles, longuement bifide.

Habite la vallée de Chamounix. Je n'ai vu que le mâle.

* 17. LIMNEPHILA RHOMBICA, *Linné.*

Burm., *Handb.*, *der Ent.*, p. 932 , n°. 1. — Linn., *Faun. Suec.*, n° 1486. — Ejusd., *Syst. Nat.*, II, p. 909, n° 8. — Fabr., *Ent. Syst.*, II, p. 77 , n° 13. — Rœsel., *Isect. Bel.*, II , aq. 2, tab. 16. — Pict., *Recher. Phryg.*, p. 148 , n° 19 , pl. 9, fig. 1.

D'une taille au-dessus de la moyenne, rousse. Palpes longs ; tête et antennes d'un roux foncé ; vertex, prothorax, épaules et base des ailes , deux lignes longitudinales du mésothorax et la partie antérieure du prothorax hérissés ; mésothorax d'un brun rougeâtre. Ailes antérieures médiocrement larges ,. roussâtres, ayant des parties plus claires et obscures ainsi disposées : toute la partie antérieure jusqu'à la base et presque jusqu'à l'extrémité se prolongeant au milieu jusque vers le bord postérieur , très-peu foncée, presque transparente ; partie postérieure ou interne plus obscure , marquée d'atomes brunâtres vers l'extrémité , et de trois ou quatre taches brunes plus ou moins sensibles, dont une à la base , deux autres et les plus visibles placées de chaque côté du prolongement presque transparent, l'autre immédiatement après et qui n'est qu'une nuance. Abdomen pas sensiblement obscur en dessus.

Assez commune en France pendant l'été.

* 18. LIMNEPHILA LUNARIS , *Pictet.*

Burm., *Handb. der Ent.*, p. 931, n° 5. — Pict., *Rech. Phryg.*, p. 152, n° 21, pl. 9, fig. 3.

Plus petite que la précédente et lui ressemblant ; rousse , hérissée de la même manière. Mésothorax un peu brunâtre. Ailes supérieures étroites, comme tronquées ou presque échancrées au bord postérieur près de l'extrémité, roussâtres, variées de brun roux, et de taches transparentes ; marge antérieure pâle, à l'exception d'une tache brune, sur la partie du ptérostigma ; une tache médiane transparente comme chez la *Rhombica* , mais plus étroite, plus longue, et un peu sinuée , bordée de chaque côté par une tache brune ; plusieurs petite taches contiguës et transparentes, avant et après la ligne de nervules transverses, dont une , située postérieurement, enveloppée d'une nuance brune qui couvre l'extrémité, à l'exception d'une tache marginale plus claire , qui échancre la couleur brune.

Très-commune au printemps ; parmi un grand nombre de femelles je n'ai pas vu de mâle.

* 19. LIMNEPHILA VITREA, *mihi*.

Ressemblant beaucoup à la *Rhombica* ou à la *Lunaris*, et surtout aux individus très-marqués de la *Flavicornis*, dont on pourrait la croire une variété ; de la taille de cette dernière, et ayant la tête, le corps et les pattes à peu près semblables. Abdomen un peu moins vert, avec les parties génitales toutes différentes (femelle), ayant seulement supérieurement, deux petites saillies presque coniques, comprimées (longues, grêles, un peu épaisses à l'extrémité, dans la *Flavicornis*), entre lesquelles il y a deux petites pointes comprimées. Ailes à peu près transparentes antérieurement et dans leur milieu, les autres parties rousses, avec des taches plus marquées, un peu tachetées de plus pâle, ou presque réticulées, formant dans le milieu deux taches brunes, séparées par une tache transparente comme chez la *Lunaris*, mais ne s'avançant pas autant vers le bord antérieur ; l'extrémité des aréoles discoïdales et une large tache à la suite transparentes ; nervures de l'extrémité des aréoles brunes, extrémité comme chez la *Lunaris*; mais en place du croissant ayant seulement une partie un peu plus claire vers le milieu de la marge externe.

Se trouve dans les environs de Paris. Le mâle m'est inconnu.

* 20. LIMNEPHILA VARIEGATA, *mihi*.

De la taille de la *Vitrea*, et lui ressemblant un peu ; d'un gris roussâtre foncé, surtout sur les ailes. Antennes d'un brun roux, annelées de plus clair ; dessus de la tête et du mésothorax noirâtres, ce dernier un peu roux dans son milieu ; prothorax fortement hérissé de poils noirs et roux, les premiers beaucoup plus longs ; côtés du thorax noirâtres. Abdomen noir, ayant une bande latérale et le dessous du ventre d'un jaune roussâtre ; extrémité anale de la femelle ayant supérieurement de chaque côté, un petit appendice linéaire obtus, comprimé, au-dessous duquel il y a une sorte de valve triangulaire, et entre ces pièces, une pièce tubulaire quadrifide, et inférieurement une autre pièce divisée en trois, non saillante, dont la médiane en forme de languette, les autres triangulaires, non croisées ; la même partie, dans le mâle, ayant supérieurement deux petites valves arrondies, sinuées, entre lesquelles il y a deux petites pointes courtes, écailleuses, sinuées à leur bord postérieur, et plus intérieurement, deux petits appendices obtus, courts, un peu courbés en dedans. Pattes rousses, un peu annelées de brun. Ailes assez étroites, très-obtuses, variées de brun ou de noirâtre, et d'atomes et de taches blanchâtres ; celles-ci formant une bande transverse et oblique sur le milieu de l'aile, divisée par les nervures ; deux autres placées sur l'extrémité des aréoles discoïdales et après, plus ou moins marquées, divisées, la première souvent en grande partie oblitérée, et une petite allongée vers la base, quelquefois nulle ; la partie postérieure présente, surtout vers la base, des lignes interrompues noires ou noirâtres ; nervures, dans les mêmes endroits, fortement hérissées de poils noirs, celles de l'extrémité des aréoles brunes. Deux individus du midi de la France ont les ailes plus étroites, très-peu variées, avec les taches blanches presque oblitérées, mais les parties génitales ne présentent pas de différences bien notables.

Assez commune en France.

* 21. LIMNEPHILA OBSCURA, *mihi*.

De la taille de la *Flavicornis*, ressemblant beaucoup à la *Fuscata*. Antennes rousses, annelées de jaune ou de roussâtre ; dessus de la tête nuancé de noir ou de roux, fortement hérissé, ainsi que le prothorax, qui est roux. Mésothorax noir, avec deux lignes rousses ; côtés du thorax bruns. Abdomen noirâtre, un peu roux sur les côtés et sous le ventre ; extrémité anale de la femelle offrant supérieurement, de chaque côté, un petit appendice presque linéaire, obtus, pubescent, et au milieu la pièce tubulaire très-mince, très-grêle, bifide, et en dessous des petits appendices, une petite valve de chaque côté, arrondie, moins saillante qu'eux ; chez le mâle, le bord postérieur du dernier segment dans son milieu forme une saillie déprimée, large, presque ovalaire, noire, au-dessous de laquelle on voit deux appendices en forme de pointes conniventes assez saillantes, et de chaque côté une petite valve oblongue plus courte qu'eux, ayant ses bords repliés en dedans ; petits appendices inférieurs non saillants. Ailes ressemblant à celles de la *Fuscata*, grises, ayant une tache pâle un peu oblique sur le milieu, avant et après l'extrémité des aréoles discoïdales ; plus ou moins sensible, quelquefois presque oblitérée ; marque ptérostigmatale souvent plus brune, mais beaucoup moins que dans la *Nebulosa*.

Commune dans les environs de Paris. Se trouve depuis le mois de mai jusque dans le mois d'octobre.

* 22. LIMNEPHILA FUSCATA, *mihi*.

Plus petite que la *Lunaris*, brune ou grise. Antennes d'un brun un peu roussâtre, annelées de jaune ou de roussâtre ; dessus de la tête noirâtre, un peu hérissé, ainsi que le prothorax et le mésothorax ; celui-ci noirâtre, comme rayé de blanc. Abdomen d'un brun un peu testacé, plus pâle sur les côtés et en dessous ; partie anale de la femelle ayant la pièce tubulaire écailleuse très-grande, saillante, comprimée, échancrée postérieurement, fendue antérieurement, ses bords largement échancrés sur les côtés ; la même partie, chez le mâle, ayant le bord postérieur du dernier segment presque saillant dans son milieu, un peu

élevé, épaissi, noir, et en dessous, deux valves saillantes, comme un
peu tronquées obliquement, concaves, avec le bord supérieur un peu
rabattu en dedans, légèrement échancré, presque bimucroné, noir;
plus inférieurement, deux petits appendices à peine saillants, noirs,
ayant quelques poils noirs. Pattes fauves, un peu annelées de noirâtre,
et les quatre tibias antérieurs un peu tachés extérieurement. Ailes grises,
couleur produite par du brun varié de petites marques jaunâtres très-
pâles dont une plus large, formant une tache vers la marge postérieure,
un peu au delà du milieu; il y en a aussi souvent d'un peu plus larges
à l'extrémité des aréoles discoïdales, et vers la marge extérieure; partie
brune plus foncée, surtout postérieurement et avant la base; nervures
hérissées, surtout postérieurement et vers la base.

Se trouve aux environs de Paris dans les mois de mai et de septembre; elle m'a aussi été envoyée de Château-du-Loir par M. Graslin.
Cette espèce paraîtrait-elle deux fois, ou continuerait-elle à se montrer
pendant toute la belle saison, comme la *Flavicornis?*

* 23. LIMNEPHILA FLAVICORNIS, *Fabricius.*

Burm., *Handb. der Ent.*, II, p. 932, n. 10. — Fabr., *Ent. syst.*, II,
p. 77, n. 12. — Pict., *Rech. Phryg.*, p. 151. pl. 9, fig. 2. — Latr., *Hist.
nat.*, t. 13, p. 88. — Oliv., *Encycl. méth.*, p. 41, n° 13.

De la taille de la *Lunaris* et lui ressemblant beaucoup; d'un roux un
peu grisâtre, pâle. Tête et thorax hérissés; la première rousse, le second
d'un brun cendré sur ses deux dernières divisions, ainsi que le ventre en
dessus. Ailes comme chez la *Lunaris,* mais un peu plus arrondies au bord
postérieur avant le sommet; parties claires ou transparentes, disposées
comme chez la *Lunaris,* mais plus larges, et les parties brunes moins marquées, aspergées de plus pâle, quelquefois presque entièrement transparentes, seulement un peu mouchetées de brun sur le bord postérieur ou
interne, avec quelques mouchetures, très-pâles vers le sommet où l'on ne
voit pas la marque lunulée plus pâle qui se trouve sur la *Lunaris.* Abdomen vert; extrémité anale présentant deux appendices supérieurs en forme
d'écailles larges, presque carrées, un peu échancrées à l'extrémité, ayant
de petites dentelures à leur bord tournées en dedans; plus intérieurement
et entre eux se voient deux autres appendices divariqués en forme de
styles.

La plus commune de toutes dans les environs de Paris, surtout dans
les étangs; paraissant toute l'année, Son étui est formé de pierres, de
coquilles, de bois, ou de débris, en général d'une seule de ces substances à la fois; tantôt les brins de bois sont gros, épais; tantôt ils
sont minces, plus ou moins placés en travers; ce qu'il y a de très-sin-
gulier, c'est que dans un espace très-restreint, un ou deux mètres, on

en trouve qui sont faits avec toutes ces substances, quoique rien n'indique que la larve ait été contrainte de choisir une substance plutôt qu'une autre.

* 24. LIMNEPHILA PELLUCIDA.

De la taille de la précédente et lui ressemblant un peu, mais d'une teinte différente; grise. Antennes légèrement annelées. Dessus du corp brun, dessous roux, un peu obscur sur l'abdomen. Ailes antérieures un peu comme chez la précédente, mais les taches transparentes plus larges, confluentes et s'étendant sur la marge antérieure; une tache du milieu, une en lunule avant l'extrémité et une autre avant la base postérieuremen t noirâtres; se reconnaissant de suite à l'échancrure du bord postérieur avant l'extrémité, qui est tachetée de brun; postérieures tachées de brun à l'extrémité. Tarses un peu annelés de brun. Ailes de la femelle ayant à peine de petites marques transparentes, et souvent entièrement d'un gris roussâtre : on les reconnaît à l'échancrure de la marge.

Très-commune au printemps dans une grande partie de l'Europe.

* 25. LIMNEPHILA GUTTATA, *mihi.*

Petite ; brune ou noirâtre. Antennes noirâtres, annelées de roussâtre ; tête et prothorax un peu hérissés ; mésothorax ayant une bande et les côtés roux. Abdomen brun, roussâtre ou d'un jaune roux en dessous ; partie anale du mâle ayant deux petits appendices supérieurs obtus, inférieurement deux autres longs, très-grêles, redressés par en haut, et les deux valves très-larges à l'extrémité, qui est fortement échancrée ; même partie chez la femelle, ayant une pièce tubulaire cylindrico-conique, avec son bord extrême, presque crénelé, noirâtre. Pattes d'un jaune fauve. Ailes médiocrement larges, assez allongées, très-obtuses, d'un fauve obscur, ayant une tache sur le milieu comme chez la *Lunaris*, mais plus courte et plus étroite, trois ou quatre autres sur l'extrémité des aréoles discoïdales, une série après la nervure transverse, divisée par les nervures, pâles ou jaunâtres ; ces taches sont plus ou moins marquées, quelquefois presque nulles; nervure postérieure et une partie de celles de la base hérissées ; membrane peu velue ; franges peu sensibles.

Commune au mois de septembre dans les environs de Paris.

* 26. LIMNEPHILA VITTATA , *Fabricius.*

Burm., *Handb. der Ent.*, II, p. 931, n° 3.—Fabr., *Ent. syst.*, suppl., p. 201, n° 16-17.—Pict., *Rech. Phryg*, p. 157, n° 27, pl. 10, fig. 3.

Taille au-dessous de la moyenne ou petite ; d'un fauve roussâtre un

peu obscur. Antennes et tête fauves, hérissées, ainsi que le prothorax,
mais surtout ce dernier ; côtés du thorax d'un roux un peu brunâtre.
Abdomen fauve , un peu brun en dessus, plus brun chez le mâle ; partie
anale de celui-ci ayant les deux valves prolongées en une pointe, la même
partie chez la femelle ayant deux petites pièces supérieures mucronées.
Pattes d'un jaune fauve, hérissées d'épines noires. Ailes antérieures longues, étroites, obtuses, d'un fauve roussâtre , traversées dans leur longueur
par une ligne brune ou noirâtre , interrompue à la nervure transverse par
une tache jaunâtre, sinuée avant l'extrémité, commençant après la base;
quelques nervures un peu hérissées ; membrane ayant des poils à peine
visibles ; frange peu sensible.

Se trouve dans les environs de Paris au mois de juillet ; elle m'a aussi
été envoyée du Mans par M. Graslin.

* 27. LIMNEPHILA ELEGANS. *Pictet.*

Burm. , *Handb. der Ent.*, II , p. 981 , n° 2. — Pict., *Rech. Phryg.*,
p. 157 , n° 26 , pl. 10 , fig. 3.

Un peu plus petite que la *Vittata* et lui ressemblant beaucoup ; un peu
plus brune. Tête et antennes à peu près semblables. Thorax d'un brunâtre cendré. Abdomen de la même couleur, un peu jaunâtre en dessous ; parties génitales du mâle ne paraissant pas différentes. Pattes semblables. Ailes ayant à peu près la même couleur, mais la ligne brune est en
grande partie effacée, laissant une trace souvent plus marquée au milieu ,
derrière les aréoles discoïdales, se confondant tout à fait vers l'extrémité
avec une teinte d'un brun roussâtre, non uniforme, formée d'atomes
confluents.

Dans les environs de Paris pendant l'été. J'ai trouvé très-communément l'étui de cette espèce dans les mares de Fontainebleau ; il est cylindrico-conique, allongé (M. Pictet le représente trop grêle, trop aminci
d'un côté, trop courbé), non courbé, formé de parcelles de grès for-
tément liées avec de la soie ; la larve le fixe sur les pierres d'une manière
perpendiculaire ; il s'y trouve souvent réuni en groupes nombreux. Je
crois que cette espèce, et même celle que j'ai appelée *Flava* , ne sont
que des variétés de la *Vittata.*

* 28. LIMNEPHILA FUSCICORNIS, *mihi.*

Taille moyenne, d'un brun roussâtre. Antennes épaisses, moins longues
que les ailes, d'un brun obscur, plus obscur en dessus ; tête et thorax
hérissés de poils noirs épais. Thorax noirâtre en dessus, roux sur les côtés
et sur le métathorax. Abdomen brun en dessus , d'un roussâtre obscur en
dessous et sur le premier segment. Pattes d'un jaune roussâtre ainsi que
les ergots, un peu brunâtres sur la face externe des tibias et des tarses,

assez fortement hérissées d'épines noires. Ailes assez larges, obtuses, brunâtres, ou d'un roussâtre obscur avec le bord postérieur jusqu'à la nervure transverse, où il y a une petite tache blanchâtre, brun ou noirâtre, formant une ligne tranchée sur l'aile; ayant les nervures d'un jaune roussâtre, excepté les deux postérieures, qui sont noirâtres; quelques-unes hérissées postérieurement à la base; aréole postérieure basilaire allongée presque en losange; surface couverte de poils courts, clairs, noirs; postérieures un peu jaunâtres vers l'extrémité, où elles sont à peine velues. Partie anale du mâle ayant supérieurement deux pièces saillantes, oblongues, excavées inférieurement, et l'extrémité des valves très-obtuse, échancrée supérieurement; les quatre noirâtres dans leur partie excavée ou échancrée; même partie chez la femelle ayant la pièce tubulaire très-large, avec les côtés épais, trigones, et les bords tranchants à l'extrémité échancrés postérieurement, fendus antérieurement.

Se trouve dans les environs de Paris, au bord de la Seine, dans les mois d'avril et de mai; pendant le jour elle se tient cachée sous l'écorce des vieux saules ou sous les feuilles qui sont au pied.

*29. LIMNEPHILA FUSCA, *Linné?*

Linn., *Syst. Nat.*, II, p. 210, nº 20? — Pict., *Rech. Phryg.*, p. 153, nº 22, pl. 10, fig. 1.

Tout à fait semblable à la *Fuscicornis*, et de la même taille; même couleur. Antennes plus foncées, noirâtres. Ailes un peu plus roussâtres, moins velues et plus lisses (un peu chagrinées dans la *Fuscicornis* par la base des poils), ayant les poils plus fins, roussâtres, et les nervures à peine hérissées, avec l'apparence sur le milieu d'une tache pâle, bornée par la nervure transverse, plus sensible postérieurement, plus ou moins grande, toujours plus visible que dans la précédente, et d'une petite marque après la nervure; bord postérieur à peine plus foncé, formant, quand les ailes sont pliées, une gouttière plus large et plus courte; aréole basilaire postérieure beaucoup plus courte, en losange; l'extrémité un peu moins obtuse; les postérieures un peu fauves, plus claires sur le disque. Partie anale du mâle ayant les pièces supérieures plus saillantes, plus larges, moins obtuses, noirâtres, et entre elles deux pointes comprimées plus saillantes (tout à fait enfoncées, obtuses, un peu crochues supérieurement dans la *Fuscicornis*); l'extrémité des valves plus saillante, beaucoup plus grêle, cylindrique, obtuse, beaucoup moins tournée par en haut; celle de la femelle n'ayant pas de pièce tubulaire sensible, ou remplacée par deux pièces transverses contiguës, déprimées ou excavées supérieurement, mucronées à leur extrémité en dedans.

Je l'ai vue très-communément le long des étangs et des rivières, dans les environs de Paris, pendant les mois de septembre et d'octobre. C'est bien la *Fusca* de M. Pictet, mais il est fort douteux que ce soit celle de Linné. M. Burmeister paraît aussi avoir décrit une autre espèce sous ce nom.

*? 30. LIMNEPHILA SCABRIPENNIS , *mihi*.

D'une taille au-dessus de la moyenne ; rousse. Antennes rousses ; yeux très-saillants ; dessus de la tête et partie antérieure du thorax hérissés de poils d'un roux obscur. Abdomen roux en dessus, jaune en dessous. Pattes d'un jaune roussâtre. Ailes larges, peu allongées, obtuses ; les supérieures roussâtres ou d'un jaune pâle fuligineux, sablées d'atomes d'un brun roussâtre, inégaux, confluents sur certaines parties, le long de quelques nervures, sur l'extrémité des aréoles discoïdales et sur le bout ; membrane irrégulièrement et inégalement chagrinée, très-finement et régulièrement sur le bord postérieur ; presque glabre ; les postérieures jaunâtres, surtout à l'extrémité, finement rugueuses.

Collection de M. Serville. Je ne sais si cette espèce est européenne.

Genre ENOICYLA , *mihi*.

Les quatre tibias postérieurs n'ayant qu'une paire d'éperons, celle de l'extrémité ; antennes peu amincies à l'extrémité, presque filiformes, de la longueur des ailes ; celles-ci ayant les deux nervures postérieures des aréoles discoïdales, réunies en un seul rameau qui se divise après un certain espace ; presque glabres.

J'ai formé ce genre sur une petite espèce qu'on ne rencontre que dans les bois, et dont les caractères de la bouche ne diffèrent pas de ceux du genre *Limnephila*.

* ENOICYLA SYLVATICA , *mihi*.

Très-petite ; noire. Antennes noires, pubescentes, ayant le premier segment assez grand ; palpes roux, avec le dernier article noir, excepté à la base. Partie anale ayant supérieurement deux pointes comprimées, divergentes, redressées, et deux valves inférieures larges, arrondies, ciliées. Pattes jaunes, avec la plus grande partie des cuisses, l'extrémité des tibias et celle des tarses, noirâtres, et quelquefois la plus grande partie des tibias. Ailes assez longues, médiocrement larges, ciliées plutôt que frangées, ayant une légère teinte jaunâtre, avec des nervures épaisses, brunes, un peu ciliées ; membrane presque glabre.

Se trouve assez communément dans les bruyères et les herbes des bois, pendant les mois d'octobre et de novembre, et souvent si loin des lieux aquatiques, qu'il est difficile de comprendre comment une si petite espèce peut s'y transporter. Parmi un grand nombre d'individus, je n'ai pas vu de femelles.

Genre MONOCENTRA, *mihi*.

Les quatre tibias postérieurs n'ayant qu'un seul éperon vers le milieu de leur longueur. Ailes légèrement couvertes de poils et d'écailles entremêlés.

Les autres caractères sont les mêmes que ceux du genre *Limnephila*, aux espèces duquel l'insecte qui m'a servi de type ressemble complétement, soit pour les palpes supérieurs, soit pour la disposition des nervures des ailes.

* MONOCENTRA LEPIDOPTERA, *mihi*.

Taille un peu au-dessous de la moyenne ; d'un noir fuligineux. Bouche assez fortement hérissée de poils noirs, ainsi que le dessus de la tête et du thorax. Abdomen un peu roussâtre, surtout à l'extrémité en dessous ; extrémité anale ayant les pièces supérieures non saillantes, tronquées, paraissant réunies en une seule, offrant deux excavations, d'un noir foncé. Pattes ayant une grande partie des cuisses d'un jaune un peu obscur, ainsi que les quatre tibias antérieurs et la moitié interne des postérieurs, l'externe étant brune ; tarses d'un jaune obscur, surtout en dessus et à l'extrémité. Ailes d'un brun fuligineux ou noirâtres, ayant la membrane rugueuse couverte sur les quatre, de petites écailles noires entremêlées de poils.

Cette curieuse espèce m'a été communiquée par M. Géné, qui l'a découverte dans l'île de Sardaigne.

Deuxième Sous-Famille.

TRICHOSTOMIDES.

Palpes maxillaires chez les mâles moins grands que les labiaux ou à peine plus grands, de deux ou trois articles ; le dernier redressé, grand, épaissi, hérissé ou très-dilaté, convexe, et alors recouvrant la face en forme de masque.

Genre POGONOSTOMA, *mihi*.

Palpes labiaux des mâles à peu près aussi longs que les supérieurs, ayant le premier article court, les deux autres assez longs, le dernier un peu élargi ; maxillaires allant jusque entre la base des antennes, recourbés sur la tête, de trois articles bien distincts, dont

le premier beaucoup plus court, le deuxième un peu plus long
que le dernier, très-fortement hérissés de poils serrés extérieurement; chez la femelle les labiaux courts, à articles presque égaux;
les maxillaires grêles, ayant le premier article court, le second un
peu plus long que les autres. Antennes éloignées l'une de l'autre
à leur insertion, avec le premier article médiocrement long.
Pattes n'ayant pas d'épines sensibles, les tibias munis d'éperons
courts, dont une seule paire aux tibias intermédiaires et un seul
en place de la première paire aux postérieurs. Ailes couvertes de
poils médiocrement serrés, ayant les aréoles discoïdales fermées
par des nervules bien sensibles.

* POGONOSTOMA VERNUM, *mihi*.

De taille moyenne ou petite, noirâtre. Antennes un peu moins longues
que les ailes, assez épaisses, noirâtres, un peu roussâtres vers l'extrémité
et obscurément annelées chez la femelle; tête large, ayant en dessus des
poils jaunâtres ou blanchâtres ainsi que la partie antérieure du thorax.
Abdomen un peu roussâtre sur les côtés et en dessous chez la femelle,
ayant vers l'extrémité une très-grande excavation pour recevoir le paquet
d'œufs. Pattes ayant les cuisses noirâtres, avec l'extrémité finement, les
tibias et les tarses d'un jaune un peu cendré. Ailes supérieures brunes, un
peu lancéolées chez la femelle, ayant des poils courts peu serrés, marquées
de taches assez grandes et nombreuses allongées, plus ou moins sensibles
formées par des poils d'un jaunâtre doré, placées sur les espaces entre les
nervures, plus nombreuses sur la partie moyenne de l'aile qu'elles envahissent quelquefois presque entièrement, plusieurs petites sur le bord
postérieur à l'extrémité, et deux assez visibles sur la marge postérieure;
franges brunes, assez larges; les inférieures brunâtres ayant le bord antérieur d'un jaunâtre doré, et quelquefois la frange bordée intérieurement
de la même couleur.

Commune au printemps, sur les parapets qui bordent la Seine dans
l'intérieur de Paris. La femelle porte à l'extrémité de son ventre un
paquet d'œufs presque ovoïde, enveloppé d'une matière glutineuse
verdâtre; les antennes, chez le mâle, paraissent un peu denticulées
en dedans, surtout vers l'extrémité : les individus de ce sexe sont quelquefois moitié plus petits que les femelles.

Genre DASYSTOMA, *mihi*.

A peu près les mêmes caractères que dans le genre *Pogonostoma*; mais n'ayant qu'une paire d'éperons aux tibias postérieurs.
Antennes denticulées.

* DASYSTOMA PULCHELLUM , *mihi*.

Petit, surtout les individus mâles. Antennes d'un brun un peu roussâtre, denticulées ; poils des palpes, de la tête et de la partie antérieure du thorax jaunâtres ; corps noir. Abdomen ayant une ligne latérale et le bord postérieur des segments jaunâtres. Pattes d'un jaune un peu cendré. Ailes supérieures ayant des poils assez serrés, d'un jaune un peu doré, plus ou moins pâle, quelquefois très-pâle, marquées de taches brunes surtout au milieu et à l'extrémité, s'anastomosant par les nervures ; quelquefois plus nombreuses et plus larges et paraissant même former la couleur du fond ; inférieures brunâtres ; franges des quatre très-larges, surtout aux inférieures. Femelle portant à l'extrémité du ventre un paquet d'œufs enveloppés d'une matière glutineuse un peu roussâtre, ou verdâtre. Parties génitales du mâle composées de deux prolongements latéraux convergents, très-ciliés intérieurement, entre l'extrémité desquels s'avance le pénis ; ils sont surmontés d'une pièce triangulaire bifide.

Je l'ai pris dans le midi de l'Espagne, aux environs de Grenade.

Genre TRICHOSTOMA, *Pictet.*

Palpes labiaux des mâles plus longs que les supérieurs, à peine velus, ayant le premier article très-court, les deux autres longs ; les maxillaires très-courts, n'atteignant pas la base des antennes, de deux articles, dont le premier court, le second assez long, épaissi, chargé de poils distants les uns des autres, épaissis à l'extrémité ou presque en massue ; chez les femelles, les maxillaires de cinq articles, dont les trois derniers plus longs ; premier article des antennes long. Pattes n'ayant pas d'épines sensibles, les quatre postérieures ayant deux paires d'éperons aux tibias, grands. Ailes couvertes de poils roux assez longs, peu serrés, n'ayant pas les nervures des supérieures hérissées ; inférieures, outre les poils ordinaires, portant sur les nervures un certain nombre de poils différents, épaissis à l'extrémité ; supérieures ayant deux aréoles discoïdales fermées par des nervules fines, peu sensibles.

* 1. TRICHOSTOMA PICICORNE, *Pictet.*

Pict., *Rech. Phryg.*, p. 174, n° 2, pl. 13, fig. 9.

Taille au-dessous de la moyenne ; noir. Tête légèrement hérissée, ainsi que le prothorax, de poils noirâtres ; antennes noires, un peu rougeâtres à la base, où elles sont velues. Abdomen noirâtre. Cuisses brunes, ayant l'extrémité, les tibias et les tarses jaunâtres, un peu obscurcis aux antérieures. Ailes brunes, les antérieures un peu roussâtres, d'une couleur uniforme, couvertes de poils; franges larges, brunâtres.

D'après un individu mâle pris par M. Graslin, aux environs de Château-du-Loir, dans le mois de mai.

* 2. TRICHOSTOMA RUFESCENS, *mihi*.

Plus petit que le *Picicorne*, auquel il ressemble beaucoup et dont n'est peut-être qu'une variété; roussâtre. Antennes d'un jaune fauve, ayant le premier article semblable. Thorax roux, un peu brunâtre sur les côtés de la poitrine. Abdomen brunâtre, jaunâtre vers l'extrémité. Ailes roussâtres ou fauves, ayant les nervures disposées de même, mais la nervure transverse plus sensible.

Habite la Sardaigne; communiqué par M. Gené.

Genre LASIOSTOMA, *mihi*.

Palpes labiaux des mâles plus longs que les supérieurs, ayant le premier article très-court, les deux autres longs, à peu près égaux; les maxillaires courts, atteignant à peine la base des antennes, de deux articles, dont le premier court, le second assez long, épais, hérissé, ayant une touffe de poils à l'extrémité. Femelle ayant les labiaux longs, dont le premier article court, le dernier plus long que le second; les maxillaires ayant les deux premiers articles courts, les trois autres assez longs, presque égaux, presque glabres; premier article des antennes long, hérissé. Pattes n'ayant pas d'épines sensibles, avec les éperons bien prononcés. Ailes couvertes de poils serrés, n'ayant pas d'aréoles discoïdales fermées.

* LASIOSTOMA FULVUM, *mihi*.

D'une taille un peu au-dessous de la moyenne; roux ou roussâtre. Palpes et antennes d'un jaune roussâtre, le premier article de celles-ci couvert de poils d'un jaune doré; tête et partie antérieure du thorax couvertes de poils roussâtres. Thorax roux, un peu brunâtre sur les côtés de la poitrine. Abdomen roussâtre, ayant le bord postérieur des segments plus pâle; extrémité anale de la femelle ayant la pièce tubulaire très-saillante, longuement bifide; les mêmes parties, chez le mâle, présentant plusieurs pièces saillantes, grêles, dont trois supérieures linéaires, la médiane plus longue, et plus inférieurement le pénis, qui est le plus long, accompagné de quatre pièces dont les deux valves, et deux en forme d'épine aiguë, plus intérieures. Ailes supérieures médiocrement larges, ovalaires à l'extrémité, fauves, sans taches; coloration qui est produite par des poils de cette couleur; inférieures étroites, brunes, ayant les franges bordées de fauve, surtout vers le sommet.

Se trouve communément dans les environs de Paris, le long des rivières, pendant les mois de mai et de juin.

Genre LEPIDOSTOMA, *mihi*.

Palpes labiaux des mâles plus longs que les maxillaires, grêles; le premier article court, le second assez long, le troisième plus long très-grêle; les supérieurs appliqués contre la bouche, comme dans le genre *Trichostoma*, paraissant seulement composés de deux articles, dont le dernier grand, large, excavé ou concave en dedans où il est couvert de petites écailles nombreuses; légèrement hérissé en dehors; terminé par une sorte de pointe. Femelle (je ne suis pas sûr qu'elle soit du même genre), ayant le premier article des labiaux court, le second peu long, le troisième au moins aussi long que les deux autres; premier article des antennes très-long, très-velu. Pattes n'ayant pas d'épines bien sensibles, mais des éperons très-prononcés, dont quatre aux tibias postérieurs. Ailes supérieures ayant des poils peu serrés, et les nervures de la partie antérieure de la base hérissées d'une double rangée de longs poils; aréoles discoïdales n'étant pas fermées par des nervures sensibles; franges larges.

Ce genre se rapproche beaucoup des Trichostomes, mais il s'en distingue bien par la forme des palpes labiaux et par les écailles qui couvrent la partie interne et supérieure des palpes maxillaires, etc.; je l'ai formé d'après un seul individu mâle, et j'y ai rapporté deux autres individus femelles, qui me paraissent y appartenir, mais je ne puis en être complétement certain.

* 1. LEPIDOSTOMA SQUAMULOSUM, *mihi.*

Taille petite; d'un cendré fauve. Antennes d'un jaunâtre un peu fauve, très-légèrement pubescentes, avec le premier article velu, hérissé de poils plus grands, hérissé en dessous de petites épines noirâtres; palpes supérieurs noirâtres en dedans, les autres d'un fauve pâle; dessus de la tête et partie antérieure du thorax fortement hérissés de poils fauves, un peu obscurs sur ce dernier. Thorax roussâtre. Abdomen un peu cendré, ayant les parties génitales entourées de poils fauves serrés. Pattes d'un fauve pâle ou un peu jaunâtre, ayant les éperons épais, assez grands. Ailes d'un gris de souris un peu fauve, ne présentant aucune trace de nervure transverse; les autres nervures très-saillantes, et les intervalles entre elles enfoncés; la plupart des nervures, à la base, hérissées d'une double rangée de poils serrés et redressés, entre lesquels elles paraissent glabres, et une partie des espaces et la base au milieu, glabres et transparents; deux des nervures divisées vers le milieu, dont une bifide et l'autre trifide; bord costal saillant, épais et très-velu dans sa moitié interne, un peu replié en dedans; avant l'extrémité et avant ce bord on remarque une très-forte excavation; surface de l'aile couverte de petites écailles oblongues, brunâtres, entremêlées de petits poils fauves; les inférieures presque semblables, pas sensiblement plissées, mais paraissant un peu croisées, ayant un peu plus d'écailles et de poils que les supérieures, et d'une couleur un peu plus fauve, très-velues à la base du bord costal; les supérieures ayant la gouttière dorsale, quand elles sont pliées, très-profonde à sa base; franges assez larges, très-claires.

Cette curieuse espèce m'a été envoyée par M. Graslin, qui l'a découverte dans les environs de Château-du-Loir.

* 2. LEPIDOSTOMA VILLOSUM, *mihi*.

De la taille du *Squamulosum*; roux. Tête hérissée, ayant les antennes d'un fauve pâle, annelées de roux, avec le premier segment très-long, couvert de poils fauves et hérissé de poils noirâtres plus longs. Pattes d'un jaune fauve pâle. Ailes supérieures d'un fauve pâle presque doré, couvertes de poils d'un fauve doré, peu serrés, avec les nervures hérissées de poils fauves et de poils noirs, souvent disposés sur deux rangs, dont un certain nombre très-longs; bord costal très-velu dans son tiers interne; quelques nervures saillantes vers la base antérieurement et un espace très-enfoncé avant la côte, mais pas d'espaces complétement transparents, excepté une petite partie vers la marge postérieure avant la base; les inférieures peu velues, hérissées au bord costal, fauves à l'extrémité; les quatre n'ayant aucune écaille parmi les poils; franges très-larges.

Habite les environs de Paris pendant l'été.

* 3. LEPIDOSTOMA SERICEUM, *mihi*.

Un peu plus petit que le précédent et lui ressemblant beaucoup. Base des antennes à peu près aussi longue. Ailes supérieures couvertes de poils roux, peu hérissées sur les nervures qui n'ont pas de poils noirs.

Je ne connais pas sa patrie.

Genre SERICOSTOMA, *Latreille*.

Palpes labiaux des mâles de trois articles à peu près égaux, peu velus, à peu près de la longueur des maxillaires; ceux-ci de deux

articles, dont le premier court, le second grand, large, concave
en dedans, convexe en dehors, contigu avec celui du côté opposé,
formant une sorte de casque qui recouvre la tête jusqu'à la base
des antennes et s'avançant un peu entre, contenant ordinairement (peut-être toujours) dans sa cavité une sorte de duvet roussâtre, quelquefois très-épais; velus extérieurement; tête dilatée
derrière les yeux, de sorte qu'ils sont un peu tournés en devant,
ayant en dessus des parties élevées et des sillons, et une partie
saillante derrière les yeux, les faisant paraître comme divisés en
deux portions. Chez la femelle, les labiaux courts, n'atteignant
pas l'extrémité du deuxième article des maxillaires; ceux-ci longs,
velus, un peu redressés, avec le second article plus long que
les autres. Antennes ayant le premier article très-court, ne se
distinguant pas bien des autres. Pattes sans épines sensibles, mais
ayant les éperons bien prononcés. Ailes couvertes de poils serrés;
aréoles discoïdales fermées par des nervures presque insensibles,
bien visibles aux inférieures.

Ce genre est très-remarquable par la conformation de ses palpes supérieurs; il a été fondé surtout sur les espèces chez lesquelles les mêmes palpes forment un véritable masque, et dont
l'extrémité, qui est nue et amincie, est reçue entre la base des
antennes. Ce masque est souvent très-convexe en dehors, laissant en dedans une forte excavation remplie de duvet. Ce duvet,
chez les espèces qui en ont peu, n'est peut-être pas entièrement
produit à l'époque de l'apparition de l'insecte, car on trouve des
individus qui en ont et d'autres chez lesquels il n'est pas visible:
ce genre semble passer à d'autres d'une manière tellement insensible, qu'il semble très-difficile de fixer le nombre des espèces qui
doivent y entrer, et il est indispensable pour cela de s'aider d'autres caractères que ceux des palpes supérieurs. Je l'ai restreint
à peu près aux espèces qu'il est impossible de séparer du type
qui a servi à Latreille. Du reste, si l'on ne considérait que les palpes supérieurs, on passerait facilement par des nuances peu
sensibles du premier des Trichostomes au type des Séricostomes.

* 1. SERICOSTOMA GALEATUM, *mihi*.

D'une taille moyenne; brun fauve. Antennes d'un brun fauve clair;
palpes supérieurs d'un brun un peu roussâtre, velus, formant par leur
réunion sur la face, une sorte de masque très-saillant, ayant autant d'épaisseur que la tête, simulant une espèce de casque, renfermant dans sa con-

cavité un paquet de duvet épais, jaunâtre. Thorax et abdomen noirs.
Pattes d'un jaune fauve avec les cuisses obscurcies. Ailes supérieures d'un
jaune fauve un peu roussâtre, un peu luisantes, sans taches ; les inférieures peu larges, un peu plus obscures.

Habite le midi de la France. C'est probablement l'espèce qui a servi
de type à Latreille pour la création de ce genre. Je n'ai pas vu la
femelle.

* 2. SERICOSTOMA MULTIGUTTATUM, *Pictet.*

Pict., *Rech. Phryg.*, p. 178, n° 2, pl. 14, fig. 2.

Taille moyenne ou un peu au-dessus ; noir. Antennes noirâtres, un peu
annelées de jaune sur les côtés ; dessus de la tête et du prothorax couverts de poils dorés, un peu plus obscurs sur celui-ci. Pattes jaunes avec
les antérieures, les cuisses et quelquefois l'extrémité des tarses en dessus, brunes. Ailes supérieures allongées, d'un brun fauve un peu doré,
ayant une tache sur le bord costal avant l'extrémité, une autre sur le bord
opposé, plus large et comprenant la frange, et une troisième sur le même
bord avant la précédente, jaunâtres ; inférieures brunes. D'après plusieurs femelles.

Habite la vallée de Chamounix. Cette espèce se rapproche beaucoup
du *Collare*. Je n'ai pas vu le mâle.

* 3. SERICOSTOMA LATREILLII, *Gené.*

Presque complétement semblable au précédent ; parties génitales de la
femelle ayant une pièce supérieure courbée avec un sillon à l'extrémité,
plus élevée, beaucoup plus étroite à l'extrémité. Ailes d'un brun fauve,
plus doré, ayant, outre les taches marginales, un certain nombre d'autres
taches peu marquées, formant presque l'apparence de trois bandes transverses irrégulières, pouvant presque entièrement disparaître chez les
mâles. Palpes ayant en dedans un duvet jaune, peu épais.

J'ai pris cette espèce en Provence, et M. Gené me l'a communiquée de
Sardaigne, avec le nom que je lui ai conservé.

* 4. SERICOSTOMA COLLARE. *Schrank.*

Pict., *Rech. Phryg.*, p. 176, n° 1, pl. 14, fig. 1. Burm., *Handb. der
Ent.*, II, p. 228, n° 2. — Schr., *Enum.*, n° 605. *Phryg.*

Ressemblant presque complétement au *Latreillii* et au *Multigutta-
tum*, et n'en différant que par les ailes, qui le plus souvent sont sans
taches et moins dorées ; parties génitales de la femelle ne paraissant pas
différer de celles de la *Latreillii*.

Habite la France. Je crois que le *Latreillii* n'est qu'une variété de la
Collare mieux marquée.

* 5. SERICOSTOMA VITTATUM, *mihi*.

Un peu plus petit que le *Collare*. Antennes épaisses, avec le premier article peu allongé ; palpes supérieurs velus ; appliqués au devant de la tête en forme d'écailles bombées comme dans le *Collare*, mais ne contenant pas intérieurement une masse de poils soyeux ; inférieurs redressés; poils de la tête et du cou noirâtres. Ailes d'un brun un peu roussâtre, ayant une bande moyenne qui n'atteint pas la base et se termine avant l'extrémité, et deux petites lignes postérieurement avant le sommet qui sont d'un jaune doré. Abdomen marqué d'une ligne latérale roussâtre; parties génitales très-compliquées, se composant de deux pièces latérales étroites à leur base, qui se dilatent fortement vers l'ex-trémité supérieure en une sorte de palette, au-dessus desquelles latéra-lement on aperçoit deux petits prolongements comprimés, dilatés à l'extrémité, et au-dessus on voit sortir le pénis, qui, s'abaissant, vient saillir vers l'extrémité inférieure des grandes pièces latérales entre les-quelles il passe ; son extrémité est tronquée obliquement et pointue ; on voit en outre inférieurement deux filets grêles plus courts que les pièces latérales, naissant sur les côtés d'une pièce large, étroite, dont le milieu fait saillie entre elles.

J'ai pris deux individus mâles de cette espèce dans des pentes maré-cageuses et herbeuses, de la Sierra-Nevada, aux environs de Grenade. Il paraît l'été.

* 6. SERICOSTOMA FESTIVUM, *mihi*.

De la taille du *Collare*, ou un peu plus petit. Tête couverte de tous côtés, ainsi que les palpes maxillaires et la partie antérieure du thorax, de poils dorés. Pattes d'un jaune doré, à l'exception de la plus grande partie des cuisses et de l'extrémité des tarses, qui sont bruns. Ailes anté-rieures d'un brun un peu violacé, où noirâtres, marquées de taches d'un jaune doré formant comme trois ou quatre bandes plus ou moins divisées, laissant trois taches assez larges avant l'extrémité, qui est aussi un peu marquée de la même couleur, touchant aussi les bords et occupant une étendue à peu près aussi grande que le fond, et qui, chez la femelle, doit être encore plus considérable; postérieures brunes avec le bord antérieur doré; frange des quatre non tachée.

J'ai reçu cette belle espèce de M. le professeur Graells, qui l'a décou-verte dans les environs de Madrid.

* 7. SERICOSTOMA ATRATUM, *Fabricius*.

Pict., *Rech. Phryg.*, p. 178, n° 3, pl. 14, fig. 5. — Burm., *Handb.*

der Ent., II, p. 927, n° 1. — Fabr., *Ent. syst.*, II, p. 78, n° 17. *Phryg.
Atrata.* — Coq., *Ill. Icon.*, tab. 1, fig. 6.

De la taille des précédents ; noir. Tête et prothorax hérissés de poils
noirs ; antennes noires paraissant un peu denticulées (ce qui se voit aussi
un peu dans d'autres espèces.) Pattes noirâtres avec les tibias postérieurs
et les premiers articles des mêmes tarses, jaunes. Ailes supérieures rugueuses, peu couvertes de poils noirs, plus velues vers la marge postérieure
et à la base, brunes, sablées dans leur partie antérieure, surtout vers la
marge, de petites marques blanchâtres arrondies ; postérieures plus pâles.
Femelle portant un paquet d'œufs, jaunâtre.

Se trouve très-communément au bord des ruisseaux, dans les environs de Paris, et se montre dès le mois de mars.

DEUXIÈME DIVISION.

Palpes maxillaires de cinq articles dans les deux sexes.

Troisième Sous-Famille.

CHIMARRHIDES.

Palpes presque glabres ; le cinquième article des maxillaires peu allongé, plus court ou pas plus long que le
deuxième et le troisième. Antennes médiocrement longues.

Genre CHIMARRHA, *Leach.*

Palpes labiaux du mâle assez longs, ayant les trois articles
presque égaux ; les maxillaires assez longs, dont le premier article très-court ; le deuxième long, avec un pinceau de poils à
l'extrémité ; le troisième un peu plus long ; le quatrième court ;
le cinquième grêle, plus long que le précédent ; femelle ayant le
dernier un peu plus long, presque aussi long que le troisième ;
antennes très-écartées à leur insertion, avec le premier segment
court. Pattes non épineuses, ayant de forts éperons, deux paires
aux quatre tibias postérieurs ; tarses intermédiaires légèrement
dilatés chez les femelles. Ailes couvertes d'un duv et peu serré.

* CHIMARRHA MARGINATA, *Linné.*

Curt., *Brit. Ent.* XII, pl. 561.—Burm., *Handb. der Ent.*, II, p. 910.
—Linn., *Syst. Nat.*, II, p. 910, n. 14, *Phr.*—Fabr. *Ent. syst.* II, p. 79,
n. 22.

Petite ; noire. Antennes noires ; front et dessus de la tête couverts de poils dorés. Pattes d'un jaune un peu cendré, obscurcies sur les cuisses et les tarses et un peu sur les tibias antérieurs. Ailes noirâtres peu velues, ayant le bord antérieur, une ligne un peu oblique longitudinale, une partie du bord postérieur et des nervures de la base, jaune doré ; cette couleur, qui est un peu visible au bord costal des inférieures, est produite par des poils nombreux placés sur plusieurs nervures ; antérieures ayant trois nervures bifides.

Se trouve pendant l'été dans les environs de Paris ; elle m'a aussi été envoyée du Mans par M. Blisson.

Quatrième Sous-Famille.

HYDROPTILIDES.

Antennes courtes, nullement amincies vers l'extrémité. Ailes semblables.

Cette sous-famille est mal circonscrite et pourrait peut-être être réunie aux Hydropsychides.

Genre HYDROPTILA, *Dalman.*

Palpes maxillaires de cinq articles dans les deux sexes, le dernier très-grêle ; antennes courtes, filiformes ou aussi grosses à l'extrémité qu'à la base, étant beaucoup plus courtes que les ailes supérieures. Ailes très-étroites, semblables, pointues, hérissées de poils, très-largement frangées.

D'après la figure de Dalman, les palpes maxillaires sont terminés par un article très-grêle, mais M. Pictet prétend qu'il est ovoïde : on peut douter alors qu'il ait décrit de vrais *Hydroptila.* Pour Dalman, il est à regretter qu'il n'ait pas donné plus de détails sur les palpes, et qu'il ait négligé d'observer les différences sexuelles.

* HYDROPTILA TINEOIDES, *Dalman.*

Ressemblant à une petite Tinéide; brune. Vertex couvert de poils crépus blancs, avec le front noir ; antennes pâles un peu brillantes, brunes au sommet, composées d'à peu près 26 articles égaux. Thorax gris, velu. Abdomen pâle, un peu brillant. Pattes blanchâtres, avec les cuisses antérieures brunes ; tibias antérieurs ayant une paire d'ergots au sommet, les postérieurs, droits avec une frange de poils et deux paires d'éperons.

Ailes brunes, avec les nervures peu visibles, étroites, aiguës, très-velues, la côte et surtout la marge postérieure longuement ciliées ; les antérieures ayant deux bandes séparées par un point et le sommet blancs ; ces bandes sont quelquefois maculaires.

Habite la Suède. (Traduction de Dalman.)

Cinquième Sous-Famille.

HYDROPSYCHIDES.

Dernier article des palpes maxillaires plus long que les précédents, souvent plus long que les quatre autres réunis ; le plus souvent un peu velus. Antennes assez longues, quelquefois très-longues.

Genre PSYCHOMIA, *Latreille.*

Palpes maxillaires velus , avec le dernier article beaucoup plus long que les précédents, plus grêle ; légèrement épaissi vers l'extrémité ; le dernier des labiaux, ayant la même forme, au moins aussi long que les deux précédents ; antennes épaisses, assez longues , pas très-amincies vers l'extrémité. Les quatre tibias postérieurs , ayant deux paires d'éperons, grands, épais, larges, bien différents des épines ordinaires ; sans épines. Ailes étroites , les inférieures plus étroites ; frange postérieure des quatre très-large.

* PSYCHOMIA ANNULICORNIS , *Pictet.*

Pictet , *Rech. Phryg.*, p. 222, n° 1, pl. 20, fig. 7.

Très-petite ; d'un roussâtre obscur. Antennes épaisses, blanches, annelées de brun roussâtre ; dessus de la tête couvert de poils jaunâtres. Thorax d'un roussâtre obscur. Abdomen obscur, avec les segments bordés postérieurement de roussâtre ; pâle en dessous ; partie anale du mâle ayant supérieurement deux appendices en spatule. Ailes supérieures d'un cendré fauve ; inférieures plus claires, un peu cendrées.

Commune dans les environs de Paris , au bord des rivières , dans les mois de mai et de juin.

Genre RHYACOPHILA , *Pictet.*

Palpes courts , à peine velus ; les maxillaires ayant les deux premiers articles très-courts, à peu près égaux, le troisième plus long que le suivant, et le dernier plus grêle, à peu près égal au troisième, ou un peu plus long ; les labiaux avec les deux premiers articles courts, le troisième presque aussi long qu'eux ; antennes médiocrement longues. Pattes intermédiaires ayant les tarses dilatés chez les femelles ; les quatre tibias postérieurs munis de deux paires d'ergots, médiocrement longs, assez épais. Ailes ayant la nervure transverse peu ou pas sensible ; les inférieures plissées.

La seule espèce de ce genre que je connaisse a beaucoup de rapport avec le genre *Philopotamus*, et en particulier avec le *P. flavomaculatus*, duquel on a peine à la distinguer ; mais les palpes sont différents et les éperons plus petits. Il paraît que ces espèces habitent surtout les montagnes, car M. Pictet en figure et décrit un grand nombre ; mais leurs couleurs sont tellement confuses, et les descriptions si courtes, qu'il sera toujours impossible d'en déterminer la plus grande partie. Il ne paraît pas avoir connu l'espèce que je décris. D'après M. Pictet, leurs larves se construisent des étuis immobiles ; je crois que celle-ci doit être une de celles qui n'ont pas de sacs respiratoires.

* RHYACOPHILA IRRORELLA, *mihi*.

Petite ; noirâtre. Antennes jaunes, avec les deux premiers articles noirâtres ; tête large, couverte, ainsi qu'une partie du thorax, de poils d'un jaune doré. Thorax et abdomen noirs. Pattes jaunes, avec les cuisses en partie brunes. Ailes supérieures grises, ou d'un brun roussâtre pâle, aspergées de petites taches d'un fauve doré plus ou moins nombreuses, avec des endroits en partie couverts de poils de la même couleur ; inférieures beaucoup plus claires.

La différence des palpes entre le *Ph. flavomaculatus* et cette espèce tiendrait-elle seulement à une aberration? Elle se trouve pendant l'été dans les environs de Paris.

Genre PHILOPOTAMUS, *Leach*.

Hydropsyche (*s*) *Pictet*.

Palpes maxillaires grands ; les deux premiers articles très-petits, surtout le premier ; le troisième beaucoup plus grand que le quatrième qui est un peu dilaté ; le cinquième grêle, aussi grand ou presque aussi grand que les quatre premiers ; le dernier des labiaux grêle, plus grand que les deux premiers réunis. Les quatre

tibias postérieurs ayant deux paires d'éperons très-grands, dont
la paire du milieu aux intermédiaires a les éperons inégaux; les
mêmes tarses quelquefois dilatés chez la femelle. Ailes ayant la
nervure transverse peu ou pas sensible et quelques nervures
bifides; les inférieures médiocrement larges, plissées.

M. Pictet avait fait avec raison une division de ce groupe de
ses Hydropsychés; il mérite certainement de faire un genre qui
me paraît plus rapproché de ses Rhyacophiles que de l'autre division de ses Hydropsychés. Leurs larves n'ont pas de sacs respiratoires, mais de simples stigmates; il est donc nécessaire que
leur corps soit enveloppé d'une couche d'air : elles forment des
étuis immobiles.

* 1. PHILOPOTAMUS VARIEGATUS, *Fabricius.*

Burm., *Handb. der Ent.*, II, p. 915, nᵒ 1. — Fabr., *Ent. syst.*, II,
p. 79, no 23, *Phryg.* — Pict., *Rech. Phryg.*, p. 210, nᵒ 12, pl. 18, fig.
5, *Hydropsyche Montana*, et p. 208, nᵒ 11, pl. 18, fig. 4, *H. Variegata?*
— Vill., *Ent. Linn.*, III, p. 37, nᵒ 32, tab. 7, fig. 5.

Taille moyenne; noirâtre ou noir. Antennes brunes ou noirâtres, quelquefois un peu annelées.; palpes bruns; front, dessus de la tête et partie
antérieure du thorax, couverts de poils d'un jaune doré. Abdomen noiratre, ayant à l'extrémité anale du mâle deux appendices presque spatulés,
creusés en cuiller en dedans. Pattes jaunes, ayant les cuisses brunes,
quelquefois en grande partie obscurcies. Ailes supérieures d'un brun un
peu roussâtre ou fuligineux, aspergées d'un grand nombre de petites
taches arrondies, d'un jaunâtre testacé; membrane peu velue; postérieures
brunâtres.

Habite la France, surtout les parties montagneuses. Communiqué
de Sardaigne par M. Gené.

* 2. PHILOPOTAMUS FLAVOMACULATUS, *Pictet.*

Pict., *Rech. Phryg.*, p. 220, nᵒ 29. — Schr., *Faun. Boïc.*, II, p. 184,
nᵒ 1916.

Très-petit; noirâtre. Antennes d'un brun roussâtre, annelées de jaune;
tête et partie antérieure du thorax couvertes de poils d'un jaunâtre un
peu doré, parmi lesquels il y en a de noirâtres. Abdomen brun, d'un jaunâtre obscur en dessus. Pattes d'un jaune un peu cendré; les tarses intermédiaires dilatés dans les femelles. Ailes supérieures, d'un brun un peu

fauve, aspergées de petites taches plus ou moins nombreuses, d'un jaune doré ; les inférieures brunâtres.

Se trouve dans les environs de Paris. M. Pictet l'indique dans les mois de septembre et octobre.

* 3. PHILOPOTAMUS DUBIUS, *mihi.*

Absolument semblable au *Flavomaculatus*, mais le dernier article des palpes est plus d'un tiers moins long, et les tarses intermédiaires chez les femelles ne sont pas bien sensiblement dilatés.

Se trouve dans les environs de Paris au mois de juin.

* 4. PHILOPOTAMUS TENELLUS, *mihi.*

De la taille du *Ph. flavomaculatus*, mais plus petit et ayant les ailes plus étroites et plus pointues; d'un roux obscur. Antennes plus courtes que les ailes, pas très-amincies à l'extrémité, d'un jaune pâle, finement annelées de noir ; tête et prothorax couverts en dessus de poils d'un gris fauve, un peu crépus. Abdomen un peu obscur en dessus. Pattes pâles, ayant les tibias intermédiaires un peu dilatés, et les tarses peu ; éperons des mêmes tibias très-inégaux. Ailes étroites, les inférieures à peine aussi larges que les supérieures ; celles-ci étroites, presque lancéolées, peu obtuses, d'un gris pâle, couleur qui est produite par un mélange de brun un peu fauve et de jaune doré ; poils qui les couvrent longs, pas très-serrés, plus nombreux à la base ; postérieures beaucoup moins velues, à peine brunâtres, ayant une nervure plus épaisse que les autres, fourchue avant son extrémité ; frange des quatre très-grande, surtout postérieure-ment.

Il a été pris par M. Blisson dans les environs du Mans. Cette petite espèce s'éloigne un peu des autres par la forme des antennes, des tibias intermédiaires et des ailes, dont les inférieures ne paraissent pas sensi-blement plissées. Le deuxième article des palpes labiaux est un peu plus court que le précédent.

* 5. PHILOPOTAMUS URBANUS? *Pictet.*

Pict., *Rech. Phryg.*, p. 215, n° 20, pl. 19, fig. 13, *Hydrops.*

Grêle, très-petit; brun. Antennes d'un brun fauve, annelées de jaunâtre, courtes. Tête et partie antérieure du thorax couvertes de poils touffus d'un gris fauve. Thorax brun, d'un roussâtre pâle en dessous. Abdomen brun, un peu jaunâtre en dessous. Pattes d'un jaune fauve, avec les tibias et les tarses intermédiaires peu dilatés. Ailes supérieures étroites, longues, d'un fauve un peu doré, sans taches bien sensibles, mais paraissant avoir de petites marques plus pâles vers le milieu et sur l'extrémité ; les inférieures brunâtres, ayant des poils bruns ; franges larges, brunâtres.

Se trouve dans les environs de Paris. Je ne suis pas bien certain que ce soit le véritable *Urbanus* de M. Pictet.

* 6. PHILOPOTAMUS LONGIPENNIS, *mihi.*

Un peu plus grand que le *Flavomaculatus*, et ayant les ailes plus longues; noirâtre. Tête étroite ayant les yeux très-gros; antennes d'un brun roux, un peu denticulées, courtes, assez grêles; palpes bruns, les maxillaires ayant le deuxième article presque aussi long que le quatrième et le cinquième, pas beaucoup plus long que le troisième; dessus de la tête et partie antérieure du prothorax, couverts de poils d'un gris fauve. Thorax brun. Addomen brun, d'un roussâtre obscur en dessous. Pattes d'un jaune fauve. Ailes longues, étroites; les supérieures couvertes de poils d'un jaune doré, peu serrés, avec les nervures brunâtres, bien visibles; les inférieurs à peine brunâtres; franges larges, brunâtres.

Habite les environs de Paris. Cette espèce s'éloigne un peu des autres; la longueur du second article des palpes maxillaires semble la rapprocher des Hydropsychés; mais elle s'éloigne aussi de ces dernières par la brièveté du dernier article.

GENRE NAIS, *mihi.*

Antennes ne paraissant pas plus longues que les ailes. Palpes très-velus, les supérieures ayant les deux premiers articles petits, le troisième assez long, le quatrième et le cinquième plus longs, à peu près égaux, le cinquième un peu plus long; le premier des labiaux court, les deuxième et troisième presque égaux, dont le dernier plus large. Les quatre tibias postérieurs ayant deux paires d'éperons, petits.

Ce genre paraît devoir faire partie du genre *Rhyacophila* de M. Pictet; il tient à la fois des genres *Hydropsyche* et *Mystacida*, mais il rompt un peu les rapports naturels.

* NAIS PLICATA, *mihi.*

D'une taille un peu au-dessus de la moyenne; rousse. Antennes d'un fauve obscur, légèrement annelées de plus obscur, avec le premier segment assez grand, fauve; dessus de la tête noirâtre, hérissé, ainsi que la partie antérieure du prothorax, de poils d'un jaune fauve. Thorax roux, un peu brunâtre sur les côtés. Abdomen brun en dessus, d'un roux obscur en dessous, jaune à l'extrémité. Pattes d'un jaune fauve. Ailes supérieures très-étroites, plissées, d'un fauve doré, avec les nervures et quelques parties brunes, dont une tache antérieure sur l'extrémité des aréoles discoïdales, et une bordure à l'extrémité; inférieures très-légèrement fauves, à peine velues.

Se trouve dans les environs de Paris. Elle paraît avoir rapport avec la *Rhyacophila vulgaris* de M. Pictet.

Genre HYDROPSYCHE, *Pictet*.

Palpes maxillaires ayant le premier article court, le second plus long que les deux suivants, séparément, le dernier très-long, atténué, égalant à peu près les quatre autres ; les labiaux ayant les deux derniers articles dilatés ; antennes grêles, plus ou moins longues. Ailes minces. Pattes sans aucune épine, à l'exception des éperons, dont il y a deux paires aux quatre tibias postérieurs ; nervure transverse des ailes mince, mais visible.

* 1. HYDROPSICHE ATOMARIA, *Pictet*.

Pict., *Recherch. Phryg.*, p. 201, pl. 17, fig. 1, 2, 3 ? 4, 5.

D'une taille moyenne ; noirâtre. Tête large, ayant les yeux petits, très-éloignés les uns des autres ; couverte en dessus, ainsi que le prothorax, de poils grisâtres ; antennes très-grêles, au moins aussi longues que l'insecte, avec les ailes pliées, d'un gris roussâtre, annelées de lignes brunes placées obliquement. Mésothorax noir, ayant dans son milieu des poils très-courts ; métathorax et abdomen noirâtres, celui-ci ayant sur les côtés une bande cendrée, et le dessous quelquefois de la même couleur ; souvent aussi les segments sont annelés de cendré. Pattes cendrées, les intermédiaires, chez les femelles, frangées, avec les tarses très-comprimés, dilatés. Ailes grises, mélangées de brun et de jaune un peu doré, peu brillant, ces deux couleurs entremêlées de petites taches dont quelques-unes plus grandes, souvent confluentes ; le brun domine surtout à la marge antérieure et à la partie externe de la postérieure ; il y a aussi quelques taches brunes assez grandes, dont une sur la marge postérieure, séparée d'une autre qui se trouve après par une tache jaune assez grande, deux sur le disque séparées par des parties jaunes ; ces taches sont souvent marquetées de jaune, et le brun forme souvent une sorte de réseau autour du jaune qui est en manière de gouttelettes entourées de brun.

Cette espèce semble varier beaucoup pour la grandeur et la teinte, et je pense que M. Pictet a donné la même sous plusieurs noms, d'autant plus qu'il ne sépare ses espèces que d'après les couleurs.

* 2. HYDROPSYCHE OPHTHALMICA, *mihi*.

De la taille de l'*Atomaria*, et lui ressemblant beaucoup, mais s'en distinguant de suite par la grosseur de ses yeux ; ayant à peu près les mêmes couleurs. Antennes un peu plus grêles et moins longues, d'un jaune plus pâle, annelées de même. Yeux le double plus gros que dans le

mâle de l'*Atomaria*, et la tête moitié plus étroite entre les yeux.
Abdomen plus pâle, d'un brun jaunâtre en dessus, plus pâle en dessous, ayant les valves génitales à peu près semblables. Pattes d'un
jaunâtre-testacé. Ailes à peu près colorées de même, un peu plus variées,
la teinte brunâtre n'étant pas répandue d'une manière aussi uniforme,
mais formant plusieurs taches plus marquées; les petites taches jaune
doré nombreuses dont elle est aspergée, plus nombreuses, confluentes
par endroits, plus pâles; les taches brunes plus marquées, deux ou
trois se trouvent sur la marge postérieure, deux sur le milieu à peu près,
et une presque à l'extrémité, plus large.

Elle habite la France; mais elle est beaucoup moins commune que la
précédente; elle m'a aussi été envoyée de Madrid par M. le professeur
Graells. Je n'ai pas reconnu cette espèce parmi celles décrites par
M. Pictet.

* 3. HYDROPSYCHE VARIA, *mihi*.

Petite; ressemblant encore à l'*Atomaria*; brune. Tête un peu plus
étroite, couverte, ainsi que le prothorax, de poils fauves; antennes
semblables; quatrième article des palpes maxillaires à peine aussi long que
le précédent,(un peu plus long dans l'*Atomaria*). Thorax noir, ayant
des touffes de poils d'un jaune doré un peu obscur. Abdomen noir,
jaunâtre en dessous; valves génitales, dans le mâle, dépassant à peine le
bord postérieur du dernier segment en dessus. Pattes d'un roussâtre un
peu obscur, ayant les tarses intermédiaires dilatés chez les femelles.
Ailes supérieures assez allongées, médiocrement larges, brunâtres, variées
de jaune fauve ou doré, non répandu par petites taches, mais par nuances
plus ou moins larges, en se confondant plus ou moins avec l'autre teinte;
cette couleur jaune couvrant en grande partie le tiers interne de l'aile,
puis formant une large tache sur la marge postérieure, une autre encore
plus grande avant le sommet antérieurement, et plusieurs petites taches
sur le bord postérieur près du sommet; poils de ces ailes assez épais; les
inférieures brunâtres.

Elle n'est pas rare dans les environs de Paris.

* 4. HYDROPSYCHE ASPERSA, *mihi*.

Plus grande que la *Varia* et lui ressemblant; ressemblant aussi à
l'*Atomaria*, noire. Antennes plus obscures que chez l'*Atomaria*, annelées, un peu denticulées; yeux plus éloignés les uns des autres que
dans la *Varia*; tête et partie antérieure du prothorax couvertes de poils
d'un jaune doré. Thorax noir. Abdomen brun en dessus, d'un roussâtre
obscur en dessous, avec une bande latérale blanchâtre; partie anale du
mâle ayant des valves presque semblables à celles de l'*Atomaria* en

forme de pince, tournées par en haut et dépassant bien sensiblement le niveau du dernier segment en dessus; pénis bien saillant, droit, épaissi dans son milieu, tronqué à l'extrémité, qui est canaliculée. Pattes d'un jaune fauve, ayant de forts éperons. Ailes d'un brun un peu fauve ou roussâtre, ou presque d'un brun fuligineux, aspergées de petites taches d'un jaune doré plus ou moins visibles, quelquefois peu nombreuses, d'autres fois un peu confluentes.

Se trouve dans les environs de Paris. Je ne sais si la femelle a les tarses intermédiaires dilatés.

Genre MACRONEMA, *Pictet*.

Antennes deux ou trois fois longues comme l'insecte avec ses ailes ; le premier article assez grand, épais. Palpes maxillaires ayant le premier article court, les trois suivants presque égaux, le cinquième beaucoup plus grand que les quatre autres réunis ; les labiaux avec les deux derniers articles très-dilatés, presque arrondis. Les quatre derniers tibias munis d'éperons très-développés. Ailes n'étant pas sensiblement velues, membrane maculée.

Ce genre unit aux caractères très-prononcés des Hydropsychés, les longues antennes des Mystacides. J'ai adopté le genre de M. Pictet, sans être bien certain que mes espèces s'y rapportent complétement.

1. MACRONEMA SCRIPTUM, *mihi*.

Taille moyenne; d'une couleur testacée. Antennes paraissant devoir être à peu près trois fois longues comme les ailes, rousses, noirâtres avant la base, avec les deux premiers articles roux. Mésothorax marqué en dessus d'une bande de chaque côté et d'une tache sur le milieu, noires, pouvant devenir confluentes. Abdomen roussâtre. Pattes fauves. Ailes glabres ; les supérieures d'un testacé pâle ou jaunâtre, marquées de taches et de bandes, dont quatre se réunissent par paires sur le milieu de l'aile, et l'extrémité d'un brun roussâtre; inférieures pâles, un peu brunes à l'extrémité. Cet insecte paraît presque entièrement glabre, même sur les palpes ; mais je pense que ses poils ont disparu accidentellement.

Habite Madagascar.

2. MACRONEMA AURIPENNE, *mihi*.

Antennes trois fois longues comme l'insecte avec ses ailes pliées ; palpes terminés par un article filiforme très-long. Tête et thorax noirs, couverts de

poils jaune doré ; face, poitrine et pattes roussâtres. Abdomen noir en
dessus, varié en dessous de noirâtre et de roussâtre. Ailes supérieures d'un
jaune doré ; les inférieures d'un roussâtre obscur.

.. De la collection de M. le comte Dejean, et indiquée du Brésil.

Sixième Sous-Famille.

MYSTACIDIDES.

Palpes très-longs, très-velus ; le dernier article plus
court ou à peine aussi long que le précédent. Antennes beaucoup plus longues que les ailes. Une seule paire d'éperons
aux quatre tibias postérieurs.

Genre MYSTACIDA, *Latreille.*

Antennes beaucoup plus longues que l'insecte avec ses ailes
pliées (deux ou trois fois); palpes maxillaires très-longs et très-
velus ;. ayant le premier article médiocrement long, les deux suivants longs ; à peu près égaux, ou tantôt l'un, tantôt l'autre plus
long, le quatrième de la longueur du précédent quand il est le
plus court, le cinquième grêle et un peu plus court. Les quatre
dernières pattes n'ayant qu'une seule paire d'éperons. Ailes
velues, ayant la partie antérieure de la nervure transverse
très-rapprochée de l'extrémité ; variables pour la largeur ; franges
larges.

* 1. MYSTACIDA VENOSA, *mihi.*

Taille moyenne; noire. Antennes noires, blanches sur la face externe
qui est annelée de noir; yeux très-saillants; poils du dessus de la tête et
de la partie antérieure du thorax d'un brun grisâtre; deuxième article
des palpes plus grand que le troisième. Pattes d'un brun grisâtre ou un
peu jaunâtre, pubescentes. Ailes étroites; les supérieures couvertes de
poils d'un jaune pâle un peu fauve, peu serrés, qui donnent à l'aile une
teinte d'un jaunâtre fauve, plus ou moins fauve, plus ou moins blanchâtre; striées par les nervures qui sont brunes ou noirâtres, ordinairement assez fortes, formant trois aréoles discoïdales, produisant deux
rameaux bifides, dont le postérieur souvent trifide. Quelquefois les nervures sont minces, à peine obscures, et l'aile à peine colorée par des

poils rares; inférieures un peu plus claires que les supérieures, assez fortement plissées.

Elle se trouve assez communément, pendant l'été, dans les environs de Paris, le long de la Seine. Je ne crois pas que les différences dans les nervures, dans le nombre des poils, etc., puissent être des caractères spécifiques.

* 2. MYSTACIDA ALBIMACULA, *mihi*.

De la taille de la précédente, mais un peu plus grêle; noire. Antennes très-fines, plus de deux fois longues comme les ailes, brunes, annelées de blanc en dedans, blanches, finement annelées de brun extérieurement; poils de la tête et de la partie antérieure du thorax d'un brun grisâtre; deuxième article des palpes maxillaires plus long que le troisième. Pattes d'une couleur cendrée. Ailes supérieures étroites, brunâtres ou d'un gris brunâtre un peu fauve, un peu velues à la base, ayant des poils clairs un peu dorés, mêlés de quelques-uns qui sont noirs, et sur le bord postérieur, avant l'extrémité, une tache d'un blanc jaunâtre, dont l'une se réunit à celle du côté opposé pour n'en former qu'une quand les ailes sont fermées; après cette tache la frange est plus obscure et noirâtre; nervures peu visibles, dont deux à l'extrémité bifides; quelquefois l'aile paraît un peu variée, à cause des poils dorés plus nombreux par endroits; les inférieures, brunâtres, assez fortement plissées. Je possède une variété dont les ailes supérieures sont d'un fauve roussâtre; les antennes fauves, annelées de blanc extérieurement; je ne pense pas qu'elle puisse former une espèce.

Se trouve avec la précédente dès le mois de mai.

* 3. MYSTACIDA FULVA, *mihi*.

De la taille des précédentes; ressemblant à la *Venosa*, mais les ailes supérieures sont couvertes de poils d'un fauve un peu roussâtre; nervures rousses; une bifide et une autre trifide vers l'extrémité. Pattes fauves. Antennes blanchâtres, très-finement annelées de brun. Corps d'un roux obscur. Yeux beaucoup plus petits que dans les précédentes; deuxième article des palpes maxillaires plus long que le suivant.

Habite les environs de Paris.

* 4. MYSTACIDA OBSOLETA, *mihi*.

Ayant la forme de l'*Albimacula* et à peu près la même taille; rousse ou d'un roux obscur. Antennes au moins trois fois longues comme les ailes, d'un jaune fauve, pas sensiblement annelées; palpes maxillaires très-velus, ayant le deuxième article plus court que le suivant; poils de la tête et du thorax fauves. Pattes fauves. Ailes supérieures fauves, d'une couleur uniforme, ayant la nervure transverse du milieu un peu élevée, formant une ligne un peu sinueuse, leur frange plus large que dans les précédentes; postérieures pâles.

Habite les environs de Paris.

* 5. MYSTACIDA RUFINA, *mihi.*

Pict., *Rech. Phryg.*, p. 166, n° 5, pl. 13, fig. 3. — Burm., *Handb. der Ent.*, II, p. 920, n° 8.—Linn., *Syst. Nat.*, II, p. 910, n° 16. *Phryg.*

Un peu plus petite que les précédentes et ayant la même forme; noirâtre. Antennes au moins deux fois aussi longues que les ailes, d'un fauve un peu obscur, annelées de blanc, un peu plus largement extérieurement; deuxième et troisième article des palpes maxillaires égaux; poils de la tête, du thorax et de la base des ailes fauves. Thorax et abdomen noirs, celui-ci ayant une ligne latérale blanche. Pattes d'un fauve brunâtre, avec les tarses un peu annelés de plus clair. Ailes supérieures d'un fauve rougeâtre obscur, quelquefois d'un fauve pâle ou jaunâtre, n'ayant pas la nervure transverse apparente ni saillante, les autres également peu sensibles, dont deux bifides vers l'extrémité, marquées d'une tache à peine sensible, plus pâle ou jaunâtre sur la marge postérieure un peu avant la partie la plus dilatée, et une autre plus petite et également peu ou pas visible entre la première et la base; ces taches sont souvent tout à fait nulles, d'autres fois on en aperçoit deux autres sur la marge antérieure, et l'apparence d'une bande transverse, la frange est souvent aussi tachetée de plus pâle.

Une des plus communes dans les environs de Paris.

* 6. MYSTACIDA ALBIFRONS, *Linné.*

Pict., *Rech. Phryg.*, p. 168, n° 8, pl. 13, fig. 5. — Linn., *Syst. Nat.*, p. 910, n° 18. *Phryg.* — Ejusd. *Faun. Suec.*, n° 1495. — Oliv., *Encycl. méth.*, p. 547, n° 36.

Un peu plus petite que les précédentes; noirâtre. Antennes à peu près deux fois longues comme les ailes, brunes, annelées de blanc. Deuxième et troisième article des palpes maxillaires à peu près égaux. Tête ayant une grande partie des poils du vertex blancs. Pattes d'un cendré fauve, avec les tarses un peu annelés de brun; les intermédiaires ayant les tibias, une partie des cuisses et les tarses blancs, ces derniers ayant l'extrémité des articles noirâtre. Ailes d'un brun fauve avec un trait sur la marge postérieure avant la base, une ligne transverse après le milieu, interrompue dans son milieu, dont la portion postérieure en croissant, une ligne antérieure oblique avant le sommet, blanches.

℥ Se trouve pendant l'été dans les environs de Paris ; elle m'a aussi été envoyée de Château-du-Loir par M. Graslin.

* 7. MYSTACIDA GENEI, *mihi*.

Ressemblant un peu à l'*Albifrons*, mais bien différente ; d'une taille un peu plus grande, noire. Antennes un peu plus longues, à peu près deux fois longues comme les ailes ; dessus de la tête n'ayant pas de poils blancs, deuxième article des palpes maxillaires aussi long que le troisième ; corps noir. Pattes d'un brun fuligineux, avec les tarses un peu annelés. Ailes supérieures bien plus foncées que chez l'*Albifrons*, d'un noirâtre fuligineux, marquées, comme chez cette dernière, mais les linéaments sont plus larges, moins réguliers, d'un blanc sale un peu fauve, et l'on aperçoit une marque entre la dernière et les deux traits qui sont avant, et quelquefois plusieurs atomes, et un peu le bord antérieur à l'extrémité.

Découverte par M. Gené, dans l'île de Sardaigne.

* 8. MYSTACIDA NIGRA, *Linné*.

Pict., *Rech. Phryg.*, p. 169, n° 10, pl. 12, fig. 5. —Burm., *Handb. der Ent.*, II, p. 919, n° 5. — Linn., *Syst. Nat.*, II, p. 909, n° 11, *Phryg. Nigra.*—Fabr., *Ent. Syst.*, II, p. 19, n° 20. — Geer., *Mém.*, II, pl. 15, fig. 21-23.

Petite ; d'un noir bleu. Antennes près de trois fois aussi longues que l'insecte, noirâtres, annelées de blanc dans la femelle, obscures, à peine annelées chez le mâle. Pattes brunes, tarses intermédiaires jaunâtres, annelés de brun ; les postérieurs un peu jaunâtres. Ailes brunes, les antérieures fléchies en dedans avant l'extrémité, plus foncées, avec un reflet d'un bleu violet qui ne se voit pas sur le milieu et l'extrémité, velues, assez largement ciliées. Yeux du mâle beaucoup plus gros et plus rapprochés l'un de l'autre que chez la femelle.

Commune pendant l'été, en France, le long des ruisseaux, des rivières, etc.

* 9. MYSTACIDA QUADRIFASCIATA, *Fabricius*.

Fabr., *Ent. syst.*, II, p. 80, n° 28. *Phryg.*

De la taille de la *Nigra*, et lui ressemblant par l'organisation ; noirâtre. Antennes un peu moins de deux fois longues comme les ailes, d'un blanc jaunâtre, annelées de noir, ayant le premier article assez épais ; deuxième article des palpes un peu moins long que le troisième ; yeux du mâle plus gros que dans la *Nigra*, très-rapprochés l'un de l'autre ; tête et thorax ayant des poils d'un jaune doré. Thorax noirâtre ou d'un brun roussâtre. Abdomen brun. Pattes jaunâtres, ayant les tibias postérieurs brunâtres. Ailes supérieures assez étroites, d'un fauve doré, marquées par trois bandes transverses larges, souvent irrégulières et quelquefois le sommet noirâtres ; frange brunâtre ; inférieures brunâtres. La femelle porte à l'extrémité de son ventre un paquet d'œufs verts.

Commune en été, le long des étangs, dans les environs de Paris.

* 10. MYSTACIDA FERRUGINEA, *mihi*.

Petite ; d'un brun roussâtre. Antennes (cassées) ayant le premier article très-long, presque cylindrique, fauve. Tête large, avec les yeux petits, couverte, ainsi que la partie antérieure du thorax, de poils d'un jaune fauve ; palpes maxillaires fauves, ayant le deuxième article un peu plus long que le suivant. Pattes d'un jaune fauve. Ailes supérieures étroites, d'un fauve roussâtre, couvertes de poils assez serrés, avec la nervure transverse légèrement saillante ; franges larges d'un brunâtre un peu roussâtre.

Se trouve dans les environs de Paris.

* 11. MYSTACIDA FURVA, *mihi*.

Ressemblant complétement à la précédente pour les couleurs, mais ayant les palpes plus pâles et plus longs ; le premier article des antennes un peu moins long, un peu moins cylindrique, et la nervure transverse des ailes supérieures formant une ligne oblique, brunâtre.

* 12. MYSTACIDA VETULA, *mihi*.

A peu près de la taille des deux précédentes et leur ressemblant beaucoup. Antennes annelées de blanc et de brun, ayant le premier article beaucoup plus court ; tête hérissée de poils gris ainsi que les palpes ; ceux-ci ayant le deuxième article plus long que le troisième. Thorax d'un roussâtre un peu brun en dessus. Abdomen vert. Pattes d'un fauve pâle avec les tarses un peu blanchâtres, légèrement annelées de brunâtre. Ailes supérieures étroites, fauves ; les inférieures à peine brunâtres ; franges larges.

Se trouve pendant l'été dans les environs de Paris, le long des rivières.

* 13. MYSTACIDA LEUCOPHÆA, *mihi*.

De la taille des précédentes. Antennes brunes, annelées de blanc, ayant le premier article long, assez mince ; deuxième et troisième article des palpes maxillaires égaux; poils de la tête et du prothorax gris. Thorax brunâtre en dessus. Abdomen jaune ayant une bande brunâtre dorsale. Ailes supérieures grises, ou variées de brunâtre et de blanchâtre, avec deux marques plus blanches sur le bord antérieur, séparées par une portion brune, dont la première s'étend sur l'aile en forme de bande, et la seconde se continue avec un large espace blanchâtre occupant une grande partie de l'aile avant le sommet, qui est un peu brunâtre et dont la frange est un peu tachée de blanchâtre; en face de la partie brune du bord antérieur, se voit aussi sur le bord postérieur, une portion plus brune; les inférieures à peine brunâtres. Pattes grisâtres avec les tarses blanchâtres, annelés de brun.

Se trouve pendant l'été, le long des rivières, dans les environs de Paris.

* 14. MYSTACIDA SUBTRIFASCIATA, *mihi.*

Ressemblant beaucoup à la *Leucophœa,* et n'en étant peut-être qu'une variété, plus grande et mieux marquée. Antennes n'étant pas deux fois aussi longues que les ailes, noirâtres, annelées de blanc, avec le premier article long, médiocrement épais; tête obscure, couverte de poils gris; deuxième et troisième articles des palpes égaux. Thorax brun. Abdomen roussâtre. Pattes cendrées, ayant les tarses blanchâtres, annelés de brun. Ailes supérieures brunâtres, un peu aspergées de jaune blanchâtre, avec trois bandes de la même couleur, à peu près placées comme chez l'*Albifrons,* la première traversant toute l'aile, celle après le milieu interrompue, la troisième, large, n'atteignant pas la marge postérieure.

* 15. MYSTACIDA SUBFASCIATA, *mihi.*

Ressemblant beaucoup à la *Leucophœa* pour le dessin des ailes, mais plus étroite. Antennes un peu plus longues, brunâtres, annelées de blanc, qui, en dessous, est plus étendu que le brun, avec le premier article beaucoup plus épais; deuxième et troisième article des palpes maxillaires égaux; poils de la tête blanchâtres. Thorax et pattes semblables. Abdomen vert. Ailes supérieures ayant presque absolument la même couleur que chez la *Leucophœa,* mais plus étroites et plus aiguës, variées de brunâtre et de blanc jaunâtre, avec trois bandes de cette dernière couleur, placées comme chez la *Subtrifasciata,* dont la première peu visible ou interrompue, la moyenne large postérieurement, presque insensible antérieurement, l'externe se confondant presque avec la teinte de l'extrémité de l'aile qui est à peu près de la même couleur, et un peu striée par les nervures; inférieures un tiers plus étroites que dans les deux précédentes, ayant les franges larges.

Commune pendant l'été sur les bords de la Seine.

* 16. MYSTACIDA CONSPERSA, *mihi.*

De la taille de la *Rufina ;* roussâtre. Antennes deux fois longues comme les ailes, blanchâtres, à peine annelées de brunâtre, ayant le premier article long, médiocrement épais; yeux très-saillants, très-gros; palpes très-velus, d'un cendré blanchâtre, ayant le deuxième article plus court que le troisième; tête et prothorax couverts de poils d'un cendré blanchâtre un peu fauve. Mésothorax très-long, d'un roux obscur, cendré sur le milieu. Abdomen d'un roussâtre pâle. Pattes d'un cendré pâle un peu fauve, brunes sur la face supérieure des tibias et tarses antérieurs, les autres tarses un peu annelés. Ailes supérieures très-étroites et longues, ayant des poils assez longs et serrés, d'un fauve pâle un peu blanchâtre, finement aspergées de brun ; les inférieures brunâtres, surtout à l'extrémité, proportionnément plus larges que les supérieures, plissées; frange des quatre large, formée de poils nombreux, brunâtre avec un liseré fauve à son bord interne.

Pendant l'été, au bord de la Seine, dans les environs de Paris.

* 17. MYSTACIDA RUFA, *mihi.*

De la taille d'une petite Tinéide ; d'une couleur jaune d'ocre. Antennes jaunes, annelées de brun; leur premier article, grand, médiocrement épaissi; deuxième article des palpes maxillaires un peu plus court que le suivant; poils de la tête et du thorax jaunes. Abdomen jaune. Pattes d'un jaune pâle. Ailes antérieures, étroites, d'un jaune d'ocre foncé uniforme, ayant un petit point sur le milieu de la marge postérieure et trois ou quatre atomes avant l'extrémité noirs, pouvant manquer ; franges larges, brunâtres à l'angle postérieur ; inférieures brunes, plus larges que les supérieures, aiguës, ayant les franges plus étroites qu'elles; paraissant encore un peu plissées.

Se trouve pendant l'été dans les environs de Paris; elle m'a aussi été envoyée du Mans par M. Blisson.

* 18. MYSTACIDA NOTATA, *mihi.*

Cette espèce, plus étroite que les autres, a les ailes inférieures à peine plissées; fauve. Antennes à peu près deux fois longues comme les ailes, fauves, à peine sensiblement annelées, avec le premier article grand, assez épais; palpes maxillaires ayant le second article plus court que le troisième, légèrement velu; poils de la tête et du thorax cendrés. Abdomen cendré. Pattes d'un fauve très-pâle. Ailes antérieures lancéolées, très-étroites, presque transparentes, ayant des poils peu serrés, et les nervures fortement hérissées de poils serrés, crépus; fauves, marquées

de plusieurs petits points, dont deux sur le milieu de la marge antérieure et la nervure transverse, et la frange postérieurement vers l'extrémité, bruns; postérieures peu velues, mais ayant les nervures, surtout vers l'extrémité, fortement hérissées de poils brunâtres; frange très-
large, brunâtre.

Se trouve pendant l'été le long de la Seine, dans les environs de
Paris; elle m'a aussi été envoyée de Château-du-Loir par M. Graslin.
Cette espèce et la *Rufa*, pourraient tout aussi bien appartenir au genre
suivant, et établissent complétement le passage entre ces deux genres.

Genre SETODES, *mihi.*

Antennes deux ou trois fois longues comme l'insecte, ayant le
premier article très-épais, grand. Ailes très-étroites, les inférieures non plissées, ayant la frange aussi large qu'elles; l'insecte
avec les ailes pliées étant tout à fait linéaire.

Ce genre ne se distingue pas nettement du précédent; les
espèces qui le composent sont petites, très-étroites; leurs palpes
sont comme chez les *Mystacida;* elles n'ont de même qu'une
paire d'éperons à l'extrémité des quatre tibias postérieurs. Elles se
rencontrent communément le long des rivières, où elles se tiennent cachées pendant le jour dans les buissons et sur les feuilles
des arbres. Il paraît que M. Pictet n'a rencontré aucune de ces
espèces dans les environs de Genève. Quoique je n'en décrive
que cinq, je suis persuadé qu'elles sont beaucoup plus nombreuses.

* 1. SETODES RESPERSELLA, *mihi.*

De la taille d'une petite Tinéide; brune. Antennes brunes, annelées
de blanc, ayant le premier article grand, épais; poils du devant de la
tête d'un gris fauve, ceux du dessus et du thorax blancs. Pattes blanchâtre. Ailes à peu près de la même largeur, les inférieures plus aiguës,
les supérieures d'un blanchâtre un peu jaunâtre, avec une partie plus
obscure, presque en forme de bande longitudinale; aspergées d'atomes
noirs, plus marqués à l'extrémité où ils sont disposés sur la nervure;
quelques-uns plus gros sur le bord antérieur où ils alternent avec des
points; un trait moyen plus ou moins marqué avant l'extrémité; quelques
parties de nervures également noires.

Pendant l'été dans les environs de Paris, le long des rivières.

* 2. SETODES PUNCTATELLA, *mihi.*

De la taille de la précédente et lui ressemblant; d'un roux brunâtre. Antennes un peu plus de deux fois longues comme les ailes, d'un jaunâtre pâle, à peine annelées, leur premier article long, assez épais; deuxième article des palpes maxillaires un peu moins grand que le suivant; poils de la tête et du thorax d'un gris blanchâtre. Pattes d'un jaunâtre très-pâle. Ailes à peu près de la même largeur, aiguës; les supérieures cendrées, ayant quelques petites marques brunes, dont une au milieu et les autres surtout après et à l'extrémité, dont les bords sont un peu ponctués, et quelques petites écailles noires; frange brunâtre.

Se trouve avec la précédente; très-commune.

* 3. SETODES ASPERSELLA, *mihi.*

De la taille des précédentes et leur ressemblant. Ailes supérieures d'un gris un peu fauve, aspergées, surtout sur les nervures, d'atomes bruns; deuxième article des palpes maxillaires à peu près égal au troisième.

Se trouve avec les précédentes.

* 4. SETODES PUNCTATA. *Fabricius.*

Fabr., *Ent. Syst.*, II, p. 80, n° 29; *Phryg.* — Burm., *Handb. der Ent.*, II, p. 919, n° 7; *Mystacides.*

De la taille des précédentes; d'un roussâtre pâle. Antennes blanches, annelées de brun. Abdomen verdâtre. Pattes blanchâtres. Ailes supérieures jaunes, nuancées de parties pâles ou presque transparentes, ayant des séries longitudinales de points d'un blanc presque argenté, et quelquefois plusieurs points bruns sur la marge postérieure; inférieures presque blanches.

Se trouve très-communément avec les précédentes.

* 5. SETODES PUNCTELLA, *mihi.*

De la taille des précédentes. Antennes blanches, annelées de brun; poils de la tête et du thorax blanchâtres. Corps jaune. Pattes blanches. Ailes supérieures d'un fauve pâle, blanchâtres sur la marge postérieure, où il y a une rangée longitudinale de petits points bruns et deux ou trois autres sur l'extrémité. Ailes inférieures blanchâtres.

Se trouve avec les précédentes; peut-être n'est-elle qu'une variété de la *Punctata.*

TABLE ALPHABÉTIQUE

DES AUTEURS CITÉS DANS CET OUVRAGE.

Beauv. ou Palis. Beauv. — Palisot de Beauvois, *Insectes recueillis en Afrique et en Amérique.*

Blanch. — Blanchard, *Histoire des Insectes.*

Boisd. — Boisduval, partie entomologique du *Voyage de l'Astrolabe*, par d'Urville.

Borkh. — Borkhausen, *Scriba's Beyträge zur Insekten-geschichte.*

Brull. — Brullé, partie entomologique de l'ouvrage sur l'*Expédition scientifique de Morée.*

Burm. — Burmeister, *Handbuch der Entomologie*, tom. 2.

Charp. — Charpentier (Toussaint de), *Horæ Entomologicæ.*

Coqueb. — Coquebert, *Illustratio iconographica Insectorum*, quæ in Museis Parisinis observavit Fabricius.

Curt. — Curtis, *British Entomology.*

Dal. — Dale, *London's Magazine*, vol. 7.

Dalm. — Dalman, *Analecta Entomologica.*

Descript. — Description de l'Égypte, atlas des *Insectes.*

Donov. — Donovan, *The natural History of British Insects. An Epitome of the natural history of the Insects of India.*

Drur. — Drury, *Illustrations of natural history.*

Dum. — Duméril, *Considérations générales sur la classe des Insectes.*

Fabr. — Fabricius, *Entomologia systematica emendata et aucta. Supplementum Entomologiæ systematicæ. Mantissa Insectorum.*

Fisch. — Fischer de Waldheim, *Entomographia imperii Russici.*

Fonscol. — Fonscolombe (Boyer de), *Libellules des environs d'Aix*, dans les *Annales de la Société entomologique de France*, 1837-8-9.

Fourc. — Fourcroy, *Entomologia Parisiensis.*

Fuessl. — Fuessly, *Verzeichnifs der Schweizerischen Insekten.*

Geer. — De Geer, *Abhandlungen zur geschichte der Insekten.*

Geoffr. — Geoffroy, *Histoire abrégée des Insectes.*

Guér. — Guérin, *Voyage de la Coquille*, par M. Duperrey, atlas des Insectes. *Iconographie du règne animal. Magasin de zoologie*, Insectes.

Guild. — Guilding, dans les *Transactions de la Société Linnéenne de Londres.*

Hansem. — Hanseman, dans le *Zoologisches magazin* de Wiedman.

Harr. — Harris, *An Exposition of English Insects.* Société orelian.

Klug. — Klug, *Symbolæ physicæ.*

Kyrb. — Kyrby et Spence, *An Introduction to entomology. Transactions de la Société Linnéenne.*

Latr. — Latreille, *Genera Crustaceorum et Insectorum. Histoire naturelle des Crustacées et des Insectes*, dans le Buffon de Sonnini. *Précis des caractères génériques des Insectes* (1796).

Leach. — Leach, *Zoological miscellany*. Article *Entomologie*, de l'En-
  cyclopédie d'Édimbourg.
Lefebvr. — Lefebvre, dans le *Magasin zoologique* de Guérin.
Linn. — Linné, *Systema Naturæ. Amœnitates Academiæ. Museum
  Ludovicæ Ulricæ reginæ. Fauna suecica.*
Müll. — Müller, *Faunæ fridrichsdahliana.*
Newm. — Newmann, dans l'*Entomological Magazine.*
Oliv. — Olivier, *Encyclopédie méthodique*, partie des Insectes (les
  Libellules n'ont point été faites par lui, mais par une per-
  sonne qui s'est bornée à copier les descriptions de Linné,
  Fabricius, etc.).
Perch. — Percheron, *Mémoire sur les Raphidies*, dans le Magasin
  de Guérin. — Avec Guérin, *Genera* des insectes.
Pall. — Pallas, *Spicilegia zoologica.* Voyage dans plusieurs pro-
  vinces de l'empire de Russie.
Panz. — Panzer, *Faunæ germanicæ initia.*
Pert. — Perty, *Delectus animalium articulatorum.*
Pet. — Petagna, *Specimen insectorum ulterioris Calabriæ.*
Pict. — Pictet, *Recherches pour servir à l'histoire et à l'anatomie des
  Phryganides*, et plusieurs mémoires, dans les Annales des
  Sciences naturelles, et les Mémoires de la Société des
  Sciences physiques et Histoire naturelle de Genève.
Ramb. — Rambur, *Faune entomologique de l'Andalousie* (il en a
  paru quatre cahiers, et un cinquième tiré à part pour les
  Lépidoptères).
Réaum. — Réaumur, *Mémoires pour servir à l'histoire des insectes.*
Roem. — Roemer, *Genera insectorum.*
Roes. — Roesel, *Insecten Belustigungen.*
Ross. — Rossi, *Fauna Etrusca.*
Schæff. — Schæffer, *Icones Insectorum circa Ratisbonam indigenorum.*
Schr. — Schrank, *Enumeratio Insectorum Austriæ indigenorum. Fauna
  Boïca.*
Scop. — Scopoli, *Entomologia Carniolica.*
Seba. — Seba, *Locupletissimi rerum naturalium thesauri accurata
  descriptio.*
Sel. — De Selys Longchamps, *Monographie des Libellulides d'Europe.*
Steph. — Stephens, *Catalogue des Insectes d'Angleterre* (ouvrage in-
  diquant des espèces européennes qui ne s'y trouvent pas,
  et de plus des exotiques). *Illustration of British entomology.*
Stoll. — Stoll, *Représentation exactement coloriée d'après nature des
  Mantes.*
Swamm. — Swammerdam, *Biblia Naturæ.*
Vanderl. — Vander-Linden, *Monographiæ Libellulinarum europæa-
  rum specimen. Agriones Bononienses. Æshnæ Bonono-
  nienses.*
Vill. — De Villers, *Caroli Linnæi Entomologia.*
Walck. — Walckenaer, *Faune Parisienne.*
Wesm. — Wesmaël, dans le *Bulletin de l'Académie des Sciences et
  Belles-Lettres de l'Académie de Bruxelles.*
Westv. — Westvood, dans les *Transactions de la Société Linnéenne.*

FIN DE LA TABLE DES AUTEURS.

TABLE ALPHABÉTIQUE

DES SECTIONS, TRIBUS, FAMILLES,

GENRES ET ESPÈCES.

SECTIONS.

TRIBUS ET FAMILLES.

Nota. Plusieurs sections n'étant que des tribus, et plusieurs tribus n'étant aussi que des familles, je n'ai pas cru nécessaire de les répéter.

GENRES ET ESPÈCES.

Nota. Les noms en italique ne sont pas adoptés par l'auteur.

FIN DE LA TABLE ALPHABÉTIQUE.

COLLABORATEURS.

MM.

AUDINET-SERVILLE, ex-président de la Société Entomologique, Membre de plusieurs Sociétés savantes, nationales et étrangères. (ORTHOPTÈRES, NÉVROPTÈRES ET HÉMIPTÈRES).

AUDOUIN, Professeur-Administrateur du Muséum, Membre de plusieurs Sociétés savantes nationales et étrangères. (ANNELIDES).

BIBRON, Aide-Naturaliste au Muséum, collaborateur de M. Duméril pour les Reptiles.

BOISDUVAL, Membre de plusieurs Sociétés savantes, nationales et étrangères, auteur de l'Entomologie de l'Astrolabe, de l'Icones des Lépidoptères d'Europe, de la Faune de Madagascar, etc. etc. (LÉPIDOPTÈRES).

DE BLAINVILLE, Membre de l'Institut, Professeur-Administrateur du Muséum d'Histoire Naturelle, Professeur à la Faculté des Sciences, etc. (MOLLUSQUES).

DE BRÉBISSON, Membre de plusieurs Sociétés savantes, auteur des Mousses et de la Flore de Normandie. (PLANTES CRYPTOGAMES).

A. DE CANDOLLE, de Genève. (BOTANIQUE).

CUVIER (Fr.), Membre de l'Institut. (CÉTACÉS).

DEJEAN (le comte) Lieut. général, Pair de France. (COLÉOPTÈRES).

DESMAREST, Membre correspondant de l'Institut, Professeur de Zoologie à l'École vétérinaire d'Alfort. (POISSONS).

MM.

DUMÉRIL, Membre de l'Institut, Professeur-Administrateur du Muséum d'Histoire Naturelle, Professeur à l'École de Médecine, etc. etc. (REPTILES).

LACORDAIRE, Naturaliste-voyageur, Membre de la Société Entomologique, etc. (INTRODUCTION A L'ENTOMOLOGIE).

* HUOT, GÉOLOGIE.
* BRONGNIART | MINÉRALOGIE.
* DELAFOSSE |

LESSON, Membre correspondant de l'Institut, Professeur à Rochefort, etc. (ZOOPHYTES ET VERS).

MACQUART, Directeur du Muséum de Lille, auteur des Diptères du Nord de la France, etc. etc. (DIPTÈRES).

MILNE-EDWARS, Professeur d'Histoire Naturelle, Membre de diverses Sociétés savantes, etc. etc. (CRUSTACÉS).

LE PELETIER DE SAINT-FARGEAU, Président de la Société Entomologique, auteur de la Monographie des Anthrodies, etc. etc. (HYMÉNOPTÈRES).

SPACH, Aide-Naturaliste au Muséum. (PLANTES PHANÉROGAMES).

WALCKENAER, Membre de l'Institut, travaux sur les Arachnides, etc. etc. (ARACHNIDES ET INSECTES APTÈRES).

CONDITIONS DE LA SOUSCRIPTION.

Les Suites à Buffon *formeront 55 volumes in-8 environ, imprimés avec le plus grand soin et sur beau papier; ce nombre paraît suffisant pour donner à cet ensemble toute l'étendue convenable. Chaque auteur s'occupant depuis long-temps de la partie qui lui est confiée, l'éditeur sera à même de publier en peu de temps la totalité des traités dont se composera cette utile collection.*

A partir de janvier 1834, il paraîtra à peu près tous les mois un volume, accompagné de livraisons d'environ 10 planches noires ou coloriées.

Prix du texte, chaque volume (1) 5f 00

Prix de chaque livraison
{ *noire* 3
{ *coloriée* 6

Nª *Les personnes qui souscriront pour des parties séparées paieront chaque volume* 6f.

Un petit nombre d'exemplaires seront imprimés sur grand papier vélin, dont le prix sera double.

ON SOUSCRIT, SANS RIEN PAYER D'AVANCE,
A LA LIBRAIRIE ENCYCLOPÉDIQUE DE RORET,
RUE HAUTEFEUILLE, Nº 10 bis, A PARIS,
AU COIN DE CELLE DU BATTOIR.

(1) *L'Éditeur ayant à payer pour cette collection des honoraires aux auteurs, le prix des volumes ne peut être comparé à celui des réimpressions d'ouvrages tombés dans le domaine public et exempts de droits d'auteur, tels que Buffon, Voltaire.*

* *N'ont pas été compris dans la première souscription les ouvrages de MM.* BRONGNIART, DELAFOSSE, HUOT.

MATÉRIEL

DES

ÉTABLISSEMENTS HOSPITALIERS

RELIGIEUX — MILITAIRES — MARITIMES
PÉNITENTIAIRES — ÉTABLISSEMENTS D'INSTRUCTION
LYCÉES — COLLÈGES, ETC.

PAR

FERNAND DEHAITRE

Constructeur-Mécanicien
Chevalier de la Légion d'Honneur
Membre de la Société de Médecine Publique et d'Hygiène Professionnelle
Membre du Jury International à l'Exposition Universelle de 1889

DEUXIÈME ÉDITION
Entièrement refondue et considérablement augmentée
avec 165 figures dans le texte

PARIS
LIBRAIRIE VINCENT JAMATI
7, Boulevard St-Martin, 7
1894

MACHINES ET APPAREILS

POUR

ÉTABLISSEMENTS HOSPITALIERS

RELIGIEUX — MILITAIRES — MARITIMES

PÉNITENTIAIRES

ÉTABLISSEMENTS D'INSTRUCTION

LYCÉES, COLLÈGES, Etc., Etc.

MATÉRIEL

DES

ÉTABLISSEMENTS HOSPITALIERS

RELIGIEUX — MILITAIRES — MARITIMES
PÉNITENTIAIRES — ÉTABLISSEMENTS D'INSTRUCTION
LYCÉES — COLLÈGES, ETC.

PAR

FERNAND · DEHAITRE

CONSTRUCTEUR-MÉCANICIEN

Chevalier de la Légion d'Honneur

Membre de la Société de Médecine Publique et d'Hygiène Professionnelle
Membre du Jury international à l'Exposition Universelle de 1889

DEUXIÈME ÉDITION

Entièrement refondue et considérablement augmentée
avec 165 figures dans le texte

PARIS

LIBRAIRIE VINCENT JAMATI

7, Boulevard St-Martin, 7

1894

AVANT-PROPOS

— Mens sana in corpore sano. —

Après les admirables découvertes qui resteront la gloire de notre siècle, après les progrès géants réalisés dans toutes les sciences, dans tous les arts, il était impossible, à une époque où l'on dépense sans compter pour l'art de détruire, qu'on ne dépensât pas avec libéralité pour l'art de conserver la vie, pour améliorer les conditions d'existence de la jeunesse des écoles et des armées.

C'est avec une louable émulation que dans tous les pays, que dans toutes nos cités, dans toutes les localités même les plus pauvres, les esprits les plus éclairés se sont mis résolument à l'œuvre pour étudier les questions d'hygiène et rechercher, sans distinction de partis ni de classes, les voies et moyens de perfectionner tous les services des établissements hospitaliers, religieux, militaires, maritimes, pénitentiaires, établissements d'instruction de toute nature.

On a cherché à rendre ces établissements aussi parfaits, aussi sains que possible, non seulement au point de vue médical, mais à les doter généreusement de tout le matériel, de tous les appareils répondant aux progrès du jour.

Nous avons cru intéressant et utile, pour ceux qui s'occupent de ces questions, de grouper dans ce modeste ouvrage les appareils et les machines pouvant contribuer à une bonne *installation. Nous ne présentons ici que des machines et appareils d'une construction défiant toute critique impartiale, ayant fait leurs preuves, ayant à leur actif la sanction de l'expérience et dont les nombreuses applications ont consacré la valeur indiscutable.*

La première édition de ce livre a été accueillie avec une faveur marquée, c'est ce qui nous a engagé à en faire une deuxième édition que nous avons complétée en la mettant à la hauteur des progrès réalisés. Nous tenons à remercier ici tous ceux qui nous ont aidé de leurs conseils et de leurs lumières et aussi de leurs critiques. Persuadé que tout est perfectible nous accueillerons toujours avec reconnaissance les observations et les critiques que l'on voudra bien nous présenter pour l'amélioration des machines et appareils dont il est question dans cet ouvrage et dont nous nous occupons spécialement depuis de très longues années.

Si nous avons été utile, nous serons récompensé de nos efforts.

Fernand DEHAITRE

Paris, Décembre 1893.

Table Analytique par Chapitres

CHAPITRE PREMIER

CHAUFFAGE ET VENTILATION

Chauffage par l'air chaud.

Foyers à plans inclinés, système Albert Robin (b.s.g.d.g.).
Note sur le chauffage des églises, établissements hospitaliers, etc., par les foyers à plans inclinés.
Note sur le chauffage et la ventilation des casernes.
Références et applications de foyers à plans inclinés.
Calorifères continus avec foyer à cône, système Albert Robin (b.s.g.d.g.).
Cloches en fonte. — Transformation des anciens calorifères par l'application des foyers à plans inclinés, système A. Robin.
Poêles rationnels à circulation d'air.

Chauffage par la vapeur.

Chauffage à haute pression. — Tuyaux à ailettes.
Chauffage à basse pression.

Chauffage par l'eau chaude.

Chaudière à eau chaude avec foyer à plans inclinés.
Chaudière à eau chaude avec foyer à cône.
Thermo-siphon.

Ventilation. — Ventilateurs.

CHAUFFAGE et VENTILATION

Le chauffage et la ventilation des établissements publics de toute nature : hospitaliers, religieux, pénitentiaires, militaires, maritimes ou d'instruction, sont devenus avec raison une des préoccupations des architectes, des ingénieurs et des directeurs de ces établissements.

Cette préoccupation se double d'une question économique, car si le premier point est de rechercher, pour l'appliquer, le meilleur mode de chauffage, le plus hygiénique en tous temps, il faut aussi faire entrer sagement en ligne de compte, le prix de revient et d'entretien du système choisi et proportionner la dépense aux résultats à obtenir et aux ressources budgétaires des établissements.

On ne peut songer aux cheminées et au feu de bois qui seraient onéreux et absolument insuffisants, on ne peut s'arrêter davantage aux poêles, du moins aux anciens poêles, qui, bien qu'ayant un rendement calorifique plus grand que les cheminées, présentent, tout le monde en conviendra, des inconvénients multiples : l'hygiène pas plus que l'économie ne sauraient y trouver leur compte

La nécessité s'impose donc d'avoir recours :

1° Soit *au chauffage par de l'air chaud* répandu dans les locaux et produit par des calorifères, système dit par l'air chaud.

2° Soit à *la vapeur* circulant dans des tuyaux à haute ou à basse pression.

3° Soit à *l'eau chaude* produite par des appareils spéciaux et circulant dans les locaux à chauffer par une canalisation disposée à cet effet.

Nous allons passer successivement en revue ces trois modes de chauffage.

La ventilation naturelle est certainement la meilleure, mais elle n'est pas toujours réalisable : tous les locaux ne s'y prêtent pas, surtout ceux de construction ancienne.

Il faut alors avoir recours à la ventilation dite artificielle et dans l'étude d'un chauffage pour un établissement public les calculs doivent être établis de telle sorte que l'air vicié trouve des canaux d'évacuation suffisants pour être complétement expulsé au dehors ; souvent même pour aider à cette évacuation, il est nécessaire d'avoir recours à des engins mécaniques : ventilateurs, aspirateurs, etc.

L'air expulsé devant s'échapper par des orifices *ad hoc*, il est indispensable que cet air n'ait pas une trop grande vitesse afin de ne pas donner naissance à des courants dont l'effet serait pernicieux.

La ventilation des locaux est soumise à des règles absolument certaines et bien connues. Dans l'application, elle exige une étude spéciale à chaque problème à résoudre : telle, par exemple, la ventilation des hôpitaux, théâtres, lieux de réunion, écoles, etc., etc.

CHAUFFAGE PAR L'AIR CHAUD

CHAUFFAGE

PAR FOYERS A PLANS INCLINÉS A. ROBIN

Le chauffage par l'air chaud, saturé d'une quantité d'eau convenable, se trouve réalisé dans les meilleures conditions par l'emploi des foyers à plans inclinés système A. Robin.

Par l'examen de ces ingénieux appareils, on reconnaîtra que la première place leur appartient sans conteste.

Elle leur appartient doublement, car au point de vue économique les foyers à plans inclinés système A. Robin procurent le maximum d'économie dans la production de l'air chaud.

Comme on le verra plus loin, ils permettent, en effet, de brûler des combustibles pauvres ou pulvérulents, qui se trouvent délaissés parce qu'on ne peut les employer dans les appareils ordinaires de chauffage.

Le charbon, comme le coke, comme le bois, ne peut brûler dans les appareils courants, qu'autant qu'il circule entre ses parties une quantité d'air suffisante à la combustion ; à l'état pulvérulent, il ne brûle plus.

Cet état nécessaire du combustible influe grandement sur son prix de revient, c'est pourquoi on trouve partout des combustibles pulvérulents à bas prix, parce qu'ils sont sans emploi quand on n'a pas le moyen de les utiliser.

C'est à le recherche de la solution de ce problème qu'est dû le foyer à plans inclinés système A. Robin.

CALORIFÈRE

AVEC FOYER A PLANS INCLINÉS (Système A. ROBIN)

On recherche toujours les appareils permettant d'utiliser pour le chauffage, les charbons en poussière, tels que poussière de coke, menus d'anthracite ou fines de charbon maigre, etc., etc.

Le foyer à plans inclinés est le dernier perfectionnement aux appareils employés pour la combustion de ces menus.

Fig. 1. — Foyer à plans inclinés, système A. Robin, *coupe transversale.*

Ce calorifère se compose de soles en terre réfractaire superposées, et légèrement inclinées. Des fentes longitudinales tantôt à droite, tantôt à gauche, permettent de faire passer le combustible d'une sole sur la sole immédiatement inférieure, à l'aide d'un simple mouvement latéral de l'outil. Le combustible descend dans la fente par son propre poids et prend la position qu'il doit occuper jusqu'au prochain chargement.

Le combustible neuf est toujours chargé sur la sole supérieure, et descend progressivement jusqu'au cendrier, d'où on le retire complétement incinéré.

Ce mode de combustion par surface est déjà utilisé par d'autres appareils fondés sur le même principe. Mais les avantages de ce nouveau mode de montage sont de plusieurs sortes :

1° La manœuvre du combustible est facilitée, et le chargement exige un temps très court, 6 à 15 minutes pour un foyer de grandes dimensions.

2° Les chargements peuvent se faire toutes les 12 ou 24 heures, suivant l'allure qu'on a besoin de donner à la combustion.

3° Une particularité fort importante est que les soles sont constituées par des pièces réfractaires de faible portée, solidement encastrées dans la maçonnerie qui forme l'enveloppe du foyer, et présentant une très grande résistance à la casse. La durée de ces foyers est beaucoup plus grande que celle des foyers analogues construits jusqu'à ce jour.

4° L'alimentation du combustible, de sole en sole, se fait pour ainsi dire en continu, et le combustible en descendant maintient une température constante dans toute la hauteur, et graduelle à mesure de l'incinération.

5° Suivant les cas, ces foyers se font à 2, 3, 4 et 5 compartiments permettant de faire varier leur puissance.

Pour utiliser la chaleur produite par ces foyers, on doit les munir de surfaces de chauffe. Celles-ci peuvent être construites soit en tôle, soit en fonte, soit en surfaces réfractaires.

De nombreuses expériences ont été faites, et ont prouvé que ces appareils bien installés étaient absolument salubres et hygiéniques.

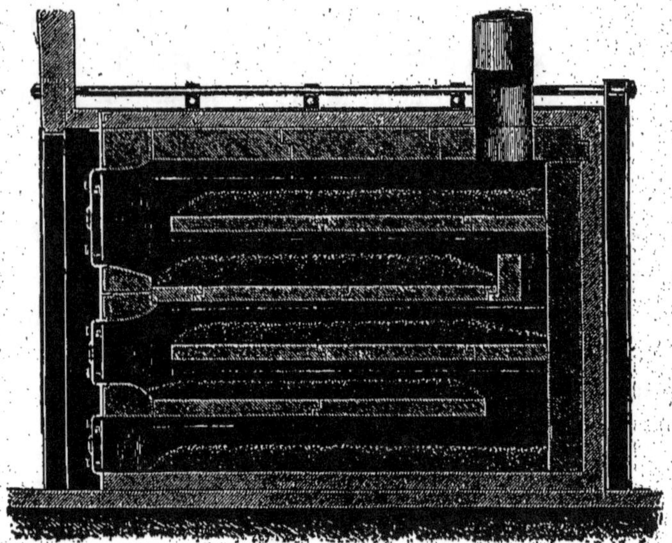

Fig. 2. — Foyer à plans inclinés, système A. Robin, *coupe longitudinale*.

Ce mode de combustion trouve son application rationnelle et économique dans beaucoup de cas, où d'autres chauffages seraient onéreux et irréguliers.

Nous pouvons citer comme applications réalisées ;

1° De nombreux chauffages d'églises, de cathédrales, chapelles, orphelinats, couvents.

2° Hospices, lycées, écoles, casernes.

3° Châteaux, maisons d'habitation et maisons de rapport.

4° Enfin dans l'industrie : séchoirs (1), étuves et concentrations de tous genres, chauffage de l'eau, etc.

Nous donnons ci-après des listes d'installations, et des lettres de références qui donneront une idée des applications de ces intéressants appareils.

NOTE SUR LE CHAUFFAGE

DES

GRANDES SALLES, ÉGLISES, ÉTABLISSEMENTS HOSPITALIERS, ETC.

On remarquera que le chauffage des églises, de même que celui de toutes les salles à plafond très élevé, doit se faire dans des conditions particulières.

En effet, dans les salles ordinaires à plafond élevé seulement de 3 mètres, tous les modes de chauffage produisent rapidement une augmentation de température ; l'extinction du foyer pendant la nuit ne donne pas d'inconvénient bien sérieux, le foyer rallumé le lendemain matin fournit presque immédiatement la chaleur nécessaire.

Il en est tout autrement dans les églises et les établissements hospitaliers, salles d'hôpitaux, etc., etc. ; l'air chaud produit, au lieu de se trouver arrêté par un plafond élevé de 3 mètres, par exemple, s'élève et gagne les régions hautes ; il subit là aussi un refroidissement notable, par suite

---

(1) Voir au chapitre Blanchissage leur application aux séchoirs à linge.

des parties vitrées et autres joignant fort mal ; l'air froid, plus lourd, descend au fur et à mesure qu'il se trouve remplacé par l'air chaud et ce n'est que lorsque la plus grande partie de l'air de l'édifice est chauffée que la chaleur peut faire sentir ses effets bienfaisants dans la partie inférieure de l'édifice, c'est-à-dire dans la seule partie où elle soit utile.

La combustion lente qui se développe dans le foyer à plans inclinés, la continuité de sa marche qui vient parer d'une manière efficace au refroidissement nocturne, et la facilité du réglage, le désignent tout spécialement pour le chauffage des grands édifices et notamment des églises, qui présentent à l'action extérieure des surfaces considérables, tant par les murs que par les grandes verrières.

L'air chaud est d'ailleurs parfaitement respirable, n'étant pas dans ces appareils en contact avec des surfaces métalliques chauffées au rouge.

APPLICATION

DES FOYERS A PLANS INCLINÉS (Système **A. ROBIN**)

(B. S. G. D. G.)

AU CHAUFFAGE DES ÉGLISES

On vient de voir que les appareils *continus* sont indispensables pour le chauffage de ces édifices, et que seuls, ils permettent d'avoir dès les premières heures de la matinée une température convenable.

Le calorifère à plans inclinés, appareil continu, trouve donc là une de ses meilleures applications ; il fonctionne jour et nuit et ne nécessite cependant que deux chargements par 24 heures pendant les froids les plus rigoureux.

En présence de l'économie de 50 °/₀ que ce foyer réalise tous les jours sur les meilleurs systèmes de chauffage connus, bien peu hésiteront à profiter des avantages de cet appareil qui ramènera vite dans le budget de la fabrique l'argent qu'il en aura momentanément retiré, d'autant plus qu'à l'économie du combustible vient s'ajouter l'économie réalisée sur le chauffeur indispensable avec tout autre mode de chauffage, et qui devient inutile avec le foyer à plans inclinés, lequel, comme nous l'avons dit plus haut, ne demande que deux chargements par 24 heures.

Un grand nombre d'églises sont actuellement chauffées par des calorifères à plans inclinés système A. Robin.

Beaucoup d'établissements religieux : couvents, orphelinats, hospices, communautés, asiles, cercles, lycées, collèges, écoles, institutions, ne disposant que d'un budget modeste, ont adopté exclusivement ce mode de chauffage : c'est le plus économique et le plus rationnel.

On verra ci-après la liste de quelques-unes de ces applications dont le nombre s'augmente tous les jours.

ATTESTATIONS RELATIVES AU CHAUFFAGE

DES ÉGLISES PAR LES FOYERS A PLANS INCLINÉS

Système A. ROBIN (b. s. g. d. g.)

ÉVÊCHÉ
D'ORLÉANS

Orléans, le 28 janvier 1891.

Monsieur Albert Robin,

MONSIEUR,

Je reçois à l'instant de Monsieur l'Archiprêtre de la Cathédrale, les détails que je dois présenter vendredi à notre conseil de fabrique.

Je sais qu'ils peuvent vous être utiles, dans les entreprises qui vous seraient demandées à Paris, et je m'empresse de vous les faire parvenir.

Je dis comme Monsieur l'Archiprêtre, la satisfaction est générale ; cela dit tout.

Veuillez agréer, Monsieur, l'expression de notre gratitude.

Signé : PIERRE,
† Evêque d'Orléans.

NOTE

de Monsieur l'Archiprêtre de la Cathédrale d'Orléans

Pendant les mois de novembre et décembre 1890, le minimum de chaleur obtenu a été de 9° 1/2 dans le transept, et de 8° aux extrémités de la Cathédrale, la température extérieure étant alors à moins 13°.

Depuis les derniers jours de novembre, les dix foyers ont été constamment allumés et pleinement chargés deux fois le jour.

Auparavant, quatre foyers, puis six, avaient suffi pour donner 11° 1/2 à 12° dans le transept, et 10° à 10 1/2 aux extrémités de l'édifice.

Le combustible que nous employons est la poussière de coke.

La consommation moyenne, durant ces deux mois a été de 2mc,400 par 24 heures.

La chaleur est distribuée par quatre bouches, situées près des quatre gros piliers du transept ; à 0^m,30 de la grille, on n'en est pas incommodé.

Nous n'avons jamais eu, à l'intérieur, ni fumée ni odeur.

Le tirage, même pendant les plus violentes tempêtes, a été régulier.

La satisfaction est générale.

Certifié véritable,

Ce 28 janvier 1891

Signé : PIERRE,

† Evêque d'Orléans.

NOTE

Relative au chauffage de la Cathédrale d'Orléans par les foyers à plans inclinés (système A. Robin)

Pour l'intelligence de la note ci-contre de Monsieur l'Archiprêtre de la Cathédrale d'Orléans, nous donnons ci-après les conditions dans lesquelles est installé cet important service de chauffage :

Le cube de la cathédrale d'Orléans est de 100.000 mètres cubes.

Les surfaces vitrées sont de 2.500 mètres carrés.

Le poussier de coke pèse de 500 à 550 kilog. le mètre cube, et son prix à Orléans est en moyenne de 3 francs la tonne.

La consommation moyenne indiquée de $2^{mc},400$ correspond donc à 1.200 kilog. par 24 heures, soit une dépense de 3 fr. 60 par jour.

Les résultats de cette installation sont d'ailleurs confirmés par ceux obtenus dans d'autres installations de chauffages d'Eglises, Chapelles, etc., comme on le verra par les attestations qui suivent.

Eglise St-LEU, à PARIS

Je soussigné, curé de St-Leu, à Paris, déclare que M. l'Ingénieur Robin, a installé, dans notre église, au mois de novembre 1888, trois appareils destinés à la chauffer, avec ses dépendances.

Que ces appareils, dont deux seulement ont été utilisés pendant les deux hivers de 1888-89, 1889-90, ont produit d'excellents résultats, la température n'étant jamais descendue au-dessous de 15 degrés dans les jours ordinaires, et de 13 degrés dans les jours des grands froids. *(Notre église cube 15,000 mètres).*

Qu'ils ont fonctionné régulièrement, sans aucun trouble ni embarras, sans qu'aucune réparation ait dû intervenir, qu'ils sont d'ailleurs d'un maniement facile pour un chauffeur entendu.

Que la dépense du combustible, pour l'hiver qui se termine, ne dépassera pas 720 francs *(Sept cent vingt).* (Les deux appareils mis en feu le 28 octobre, ont fonctionné sans interruption, nuit et jour, jusqu'à ce moment, et ne seront éteints qu'après les fêtes de Pâques).

Je déclare, enfin, que le conseil de fabrique de St-Leu, se félicite de la mesure qu'il a prise en confiant le chauffage de son église à M. l'Ingénieur Robin, et que les fidèles s'applaudissent chaque jour des résultats obtenus.

En foi de quoi, j'ai signé le présent écrit.

Paris, le 22 mars 1890.

Signé: PINAT,

Curé de St-Leu.

Eglise St-SPIRE et Eglise St-GERMAIN, à CORBEIL

Je soussigné Laroche, architecte de l'arrondissement de Corbeil (S.-et-O.), certifie que M. Robin, a installé, sous ma direction, en 1882 et 1883, dans l'église de Corbeil et dans celle de St-Germain-les-Corbeil, un calorifère qui fonctionne dans d'excellentes conditions ; j'en ai toujours été très-satisfait et constate le peu d'entretien, une grande économie de combustible et une continuité constante de chaleur.

En foi de quoi, je lui délivre le présent certificat pour servir à qui de droit.

Corbeil, le 23 janvier 1888.

Signé : LAROCHE.

Eglise St-GERVAIS, à ROUEN

Je puis attester que le calorifère, établi dans notre église de St-Gervais, par M. Robin, remplit toutes les conditions que nous avons désirées, et fonctionne régulièrement, à la grande satisfaction de notre Conseil de fabrique et de tous nos paroissiens.

Il n'y a eu pendant tout l'hiver aucun arrêt dans son fonctionnement.

Pour la dépense, nous avons traité à forfait, et payé 3 francs chaque jour, tout compris, chauffage et chauffeur, qui, deux fois par jour, veille à l'entretien du combustible.

Rouen, le 21 mars 1890.

Signé : MORIN.

Chan. Hon. Curé de St-Gervais.

Eglise St-JEAN-BAPTISTE, à ROUBAIX

Les calorifères installés par les soins de M. Robin, Ingénieur à Paris, dans l'Eglise St-Jean-Baptiste, à Roubaix, marchent à mon entière satisfaction.

Les feux sont allumés depuis la fête de Noël, le combustible employé est le poussier de coke, la dépense s'élève à 1 fr. 60 environ par 24 heures. La température est constante et suffisamment élevée.

C'est donc en toute sincérité, que je recommande ce mode d'installation pour les édifices publics.

Roubaix, le 22 mars 1890.

Signé : Georges HEYNDRICKX.

Eglise St-EUSÈBE, à AUXERRE

Monsieur Robin, a posé, au mois d'octobre dernier, un calorifère dans mon Eglise ; je certifie que cet appareil fonctionne bien.

Nous avons obtenu de 12 à 15 degrés de chaleur.
La dépense de combustible coûte, chaque jour, entre 1 fr. 80 et 2 francs.

Auxerre, le 24 mars 1890.

Signé : GUIGNIPIED,

Curé Doyen de St-Eusèbe.

Eglise de l'ISLE-ADAM (S.-et-O.)

Je soussigné, Curé de l'Isle-Adam (Seine-et-Oise), certifie que le calorifère (système Robin) établi dans notre église depuis trois années, nous a donné pleine satisfaction, tant sous le rapport de la chaleur obtenue, que sous celui de l'économie réalisée pour le combustible.

L'Eglise de l'Isle-Adam, édifice de plus de 9,000 mètres cubes, était à la fois très-froide et très-humide. Grâce au Calorifère Robin, elle est complètement assainie.

Nous avons un double foyer, mais ils ne brûlent tous les deux que dans les grands froids. Un seul suffit lorsque la saison n'est pas très froide, pour assurer à notre église une température des plus agréables.

J'ajoute que la manœuvre de l'appareil est des plus faciles et qu'elle n'exige, chaque jour, que très-peu de temps, le feu ne s'éteignant jamais et n'ayant besoin d'être alimenté qu'une fois par jour.

L'Isle-Adam, ce 20 mars 1890.

Signé : A. PORTIER,

Curé de l'Isle-Adam.

COUVENT de la MISÉRICORDE, à ROUEN

Je soussigné, certifie que le calorifère destiné à chauffer la chapelle de la Miséricorde, à Rouen, construit d'après les ordres de M. Robin, Ingénieur-Constructeur à Paris, fonctionne très bien depuis la fin d'octobre 1887.

La dépense du combustible est de 0 fr. 50 à 0 fr. 55 en 24 heures.

Signé : Sr S. XAVIER,

Sup^{re} Générale de la Miséricorde.

Rouen, le 22 janvier 1888.

ORPHELINAT des Sts-ANGES

Je certifie que le calorifère de M. A. Robin, ne laisse rien à désirer. Depuis quatre ans qu'il est installé dans l'Orphelinat des Sts-Anges, il a pu y être apprécié.

Sa dépense est de 116 fr. par an, sa chaleur peut facilement se régler et chauffe une chapelle et deux appartements, depuis le commencement de l'hiver sans interruption.

Signé : C. BRY,

Directrice.

Rouen, le 17 juin 1887.

COUVENT des Sœurs AUGUSTINES-HOSPITALIÈRES,

à VERSAILLES

Monsieur,

Je serais heureuse, si le témoignage de notre entière satisfaction, relativement à votre système de chauffage, peut vous être utile.

Depuis deux ans que votre calorifère est installé dans notre chapelle, nous avons pu en apprécier les avantages.

Allumé au commencement de l'hiver, il ne s'est pas éteint jusqu'à ce jour, et nous a continuellement donné une bonne chaleur.

L'alimentant uniquement avec du poussier de charbon de terre, la consommation est de 80 à 100 kilog. par jour, ce qui fait une dépense de 1 fr. 30 à 1 fr. 50 par jour.

Veuillez agréer, Monsieur, mes bien respectueuses salutations.

Mère Ste-EUGÉNIE,

Supérieure.

Versailles, le 20 mars 1888.

Pour compléter ces références nous donnons ci-après une liste des principales installations faites avec les foyers A. Robin, dans les églises, chapelles, etc.

PRINCIPALES APPLICATIONS AU CHAUFFAGE

DES ÉGLISES, CHAPELLES ET COMMUNAUTÉS RELIGIEUSES

NOMS	LOCALITÉS	APPAREILS
Église Saint-Leu	Paris	3 calorifères
— Saint-Gervais	Rouen	2 —
— Saint-Joseph	—	1 —
— Saint-Nicaise	—	1 —
— Saint-Léon	Nancy	2 —
— Saint-Joseph	Le Havre	2 —
— Saint-Joseph	Nancy	2 —
— Saint-Thibault	Joigny	1 —
— Saint-Pierre	Auxerre	2 —
— Saint-Eusèbe	—	2 —
— Saint-Spire	Corbeil	1 —
— Saint-Vincent-de-Paul	Le Havre	2 —
— Saint-Michel-les-lions	Limoges	2 —
— Saint-Pierre	Neuilly	2 —
— de Pussay	Seine-et-Oise	1 —
Cathédrale de	Tours	7 —
Église Notre-Dame-de-Lorette	Paris	3 —
— Saint-Nicolas-des-Champs	—	4 —
— Saint-Étienne-du-Mont	—	4 —
— de Jouy-en-Josas	Seine-et-Oise	1 —
— de Taverny	—	1 —
— de l'Isle-Adam	—	1 —
— de Chatou	—	1 —
— d'Ermont	—	1 —
— d'Argenteuil	—	2 —
— de Saint-Germain-les-Corbeil	—	1 —
— de Baccarat	Meurthe-et-Moselle	2 —
— de Montceau-les-Mines	Saône-et-Loire	2 —
— de Nouvion-en-Thiérache	Aisne	1 —
— de Déville-les-Rouen	Seine-Inférieure	1 —
— des Hautes-Buttes	Ardennes	1 —
Cathédrale d'Orléans	Loiret	10 —
Notre-Dame, Châlons-sur-Marne	Marne	3 —
Église de Vimoutiers	Orne	2 —
— Toussaint	Rennes (Ille-et-Vil.)	1 —
Chapelle de la Compassion	Rouen	1 —
— — Miséricorde	—	1 —
Dames Augustines	Versailles	2 —
Chapelle d'Ernemont	Rouen	1 —
— des Saints-Anges	—	1 —
— Saint-Vincent-de-Paul	Soissons	1 —

NOMS	LOCALITÉS	APPAREILS	
Notre-Dame-du-Rancher	Sarthe	1	calorifères
Cathédrale d'Aarhus	Danemark	6	—
Église Saint-Paul, Aarhus	—	2	—
Notre-Dame, Aarhus	—	2	—
Cathédrale de Viborg, etc., etc.	—	6	—
— du Mans	Sarthe	6	—
Église Saint-Albin	Chalons-s./-Marne	2	—
— Saint Maclou	Pontoise	2	—
— Saint-Marc	Orléans	1	—
— Notre-Dame-des-Victoires	Roanne	2	—
— Notre-Dame-de-Clignancourt	Paris	2	—
— de Luzarches	Seine-et-Oise	1	—
— Saint-Germain	Amiens	2	—
Chapelle du Petit Séminaire	Boulogne-sur-Mer	1	—
— des Filles de la Croix	Orléans	1	—
Église Saint-Étienne	Nevers	1	—
— Notre-Dame	Tonnerre	1	—
— de Goncelin	Isère	1	—
— de Saint-Just-en-Chavalet	Loire	1	—
— Saint-Aignan	Orléans	2	—
— de Notre-Dame-de-Bondeville	Seine-Inférieure	1	—
— Saint-Paul	Orléans	2	—
— de Rosny-sur-Seine	Seine-et-Oise	1	—

Si nous avons commencé par le chauffage des églises et si nous nous sommes étendus sur cette application spéciale, c'est que tout le monde sait que ces édifices sont généralement difficiles à chauffer et le sont souvent fort mal ou pas du tout.

Nous donnons maintenant comme références les chauffages exécutés dans les établissement publics d'autres genres et les résultats ont été aussi satisfaisants.

PRINCIPALES APPLICATIONS

DES FOYERS A. ROBIN

DANS LES

HOPITAUX, LYCÉES, ÉCOLES, THÉATRES, ÉDIFICES PUBLICS

NOMS	LOCALITÉS	APPAREILS	
Hôpital du Perpétuel secours ...	Levallois-Perret...	2	calorifères
Asile de Vieillards............	L'Isle-Adam....	1	—
Asile Albert Brandenburg......	Bordeaux......	1	—
Asiles de nuit.............	Lyon..........	2	—
Hospices Civils.............	Rouen.........	6	—
— —	Soissons......	7	—
Dispensaires...............	Rouen........	3	—
Hospice civil...............	Vitré.........	2	—
Hospice et Hôpital...........	Redon.......	4	—
Hôpital suburbain...........	Montpellier.....	29	—
Petites Sœurs des Pauvres......	Paris.........	2	—
Hôpital..................	Argenteuil.....	2	—
Hospices Civils............	Lyon.........	3	—
Hôpital..................	Aarhus (Danemark).	4	—
Pensionnat Saint-Euverte......	Orléans........	2	—
— Join-Lambert........	Rouen........	1	—
Hospice Petit-Quevilly........	—	1	—
Hôtel de Ville..............	Beauvais......	1	—
Hôtel des Postes............	Reims........	2	—
Mont-de-Piété (Bureaux).......	Paris........	10	—
Palais du Commerce..........	Rennes........	2	—
École Saint-Jacques........ ...	Beauvais......	1	—
— Saint-André............	—	1	—
Écoles..................	Le Creusot.....	4	—
Écoles..................	Clermont-Ferrand .	3	—
Casernes Sainte-Catherine......	Briançon.......	12	—
Nouveau Cirque............	Paris........	4	—
Piscine Rochechouart.........	—	4	—
Gymnase Nautique..........	—	2	—
Casino de Paris............	—	6	—
Théâtre.................	Troyes........	2	—
Trésorerie générale..........	Bordeaux......	1	—

NOMS	LOCALITÉS	APPAREILS	
Collège	Chalons-s./-Marne	2 calorifères	
Institution Saint-Étienne	—	1	—
— Sainte-Geneviève	Asnières	1	—
Lycée de filles	Reims	3	—
— —	Charleville	8	—
École de Pharmacie	Montpellier	1	—
Couvent Saint-Marc	Orléans	1	—
Asile d'Aliénés	Tours	8	—
Hôpital	Copenhague	8	—
Hospices	Clermont-Ferrand	2	—
Compagnie d'assurances l'Urbaine	Paris	17	—
Société des Téléphones	Calais	2	—
Écoles	Argenteuil	3	—
Chemin de fer de l'Etat	Tours	1	—
Asile Clocheville	Tours	1	—
Condition des soies	Lyon	6	—
— —	Saint-Étienne	2	—
— laines	Tourcoing	2	—
Hospices	Saint-Brieuc	1	—
Splendide Taverne	Paris	1	—
Hospice Saint-Brice	Chartres	8	—
Crédit Lyonnais	Amiens	1	—
École de chimie	Mulhouse	3	—
Hôpital international du Dr Péan	Paris	4	—

Parmi les établissements publics, les casernes et établissements militaires sont ordinairement dotés d'un système de chauffage fort rudimentaire, nous verrons par la note suivante qu'il y a moyen d'assurer à ces établissements, par l'emploi de l'air chaud, un mode de chauffage à la fois économique et satisfaisant aux lois de l'hygiène.

NOTE

SUR LE CHAUFFAGE ET LA VENTILATION DES CASERNES

PAR LES FOYERS A ÉTAGES MULTIPLES

Système A. Robin.

Nous empruntons à la *Revue du Génie Militaire* (année 1891) une très intéressante étude du capitaine de génie Dubois, sur le chauffage des nouvelles casernes de Briançon.

Cette étude donnera une idée pratique des avantages de l'application des foyers A. Robin au chauffage des casernes et édifices militaires.

« Le chauffage des bâtiments par l'air chaud, appliqué aux nouvelles casernes de Briançon, a donné d'excellents résultats, tant au point de vue hygiénique qu'au point de vue économique.

« Ce mode de chauffage consiste à prendre l'air extérieur dans un endroit relativement pur, à le chauffer dans des calorifères, et à le distribuer pour l'envoyer dans les différents locaux que l'on veut chauffer. Cet afflux d'air chaud dans les chambres entretient leur chaleur, en même temps que l'air vicié par la respiration des hommes est extrait par une série de cheminées d'appel, au fur et à mesure qu'il se refroidit. Ce système de chauffage consiste donc à mettre les hommes habitant les chambres dans une atmosphère d'air chaud constamment renouvelée.

« Le chauffage de l'air a été réalisé, aux nouvelles casernes de Briançon, au moyen de foyers économiques à étages installés par M. A. Robin, qui permettent d'utiliser les combustibles pauvres pulvérulents, et notamment le charbon du pays qui est de l'anthracite plus ou moins pur à l'état pulvérulent et dont la tonne revient à 10 ou 11 francs.

« Les appareils Robin, employés à Briançon, assurent un chauffage normal et régulier, jour et nuit, presque sans surveillance, puisque les chargements ne se font que toutes les 12 ou 24 heures. Cette émission constante de chaleur, qui évite le réallumage de tous les matins, et, par suite, le refroidissement nocturne des locaux, procure non-seulement une économie sur le combustible, mais aussi une régularité de température, fort appréciée au point de vue hygiénique. D'un autre côté, l'étanchéité de toutes les parties des calorifères empêche toute infiltration de fumée, ou, ce qui serait plus grave, d'oxyde de carbone. Enfin, la disposition des surfaces de chauffe, empêchant le métal d'être porté au rouge, même dans le cas de négligence, assure en tout temps la salubrité à l'air chauffé et aussi l'absence de réparations.

« Pour faciliter et régulariser la distribution de l'air chaud dans toutes les pièces d'un même étage et surtout d'étages différents, chaque gaine de chaleur est indépendante et munie, à sa sortie de la chambre de chauffe, d'un registre qui permet de régler la distribution d'air chaud et de supprimer même la distribution de cet air dans les pièces qu'on ne veut pas chauffer.

« A leur débouché, au niveau des planchers des chambres, les gaines de chaleur sont munies de *bouches de chaleur* fermées par un grillage en fil de fer galvanisé pour empêcher les hommes de jeter des objets pouvant obstruer les conduits. En fermant plus ou moins la porte de chaque bouche, on peut compléter le réglage de la distribution d'air chaud : une vis de pression, convenablement disposée, empêche ensuite tout mouvement de la porte dont la manœuvre est ainsi soustraite à la curiosité ou à la malveillance des hommes.

« A chaque gaine de chaleur correspond une cheminée d'appel extrayant l'air vicié de la chambre et venant aussi en aide au tirage de cette gaine. Le tirage de la cheminée d'appel peut, en effet, si les orifices des portes et fenêtres de la pièce sont suffisamment bien clôturés, produire appel dans le conduit de chaleur dont le tirage est insuffisant, comme cela se produit pour les pièces du rez-de-chaussée éloignées de la chambre de chaleur.

« Les cheminées d'appel qui sont nécessaires, au point de vue hygiénique, pour enlever l'air vicié (lorsque les fenêtres sont fermées, la nuit par exemple), viennent encore en aide, d'une autre façon, au système de chauffage par l'air chaud. En effet, le réseau des gaines de chaleur d'un groupe de calorifères, aspirant continuellement l'air chaud de la chambre de chaleur de ce groupe, par suite du tirage des parties verticales de ces gaines, une contre-pression pourrait s'établir dans les chambres dont tous les orifices sont bien clos, ce qui serait de nature à arrêter et même renverser le tirage des gaines; mais le réseau des cheminées d'appel vient empêcher, par son aspiration continuelle, l'établissement de cette contre-pression. Avec les cheminées d'appel, on est donc assuré que le chauffage fonctionnera en tout temps et aussi que le tirage des gaines de chaleur se produira toujours dans le bon sens.

« L'extraction de l'air vicié se fait à la partie inférieure de la chambre pendant l'hiver, et à la partie supérieure pendant l'été. A cet effet, chaque cheminée d'appel est prolongée jusqu'au plancher de la chambre et comporte (pour les chambres d'hommes seulement) deux orifices, munis de registres semblables aux bouches de chaleur, l'un au niveau du plancher et l'autre au niveau du plafond. Le registre de ce dernier orifice doit être fermé pendant l'hiver, sinon la pièce ne pourrait se chauffer, puisque l'air chaud, à son arrivée au niveau du plancher, s'élevant de suite vers le plafond, serait aspiré par l'orifice du haut sans chauffer la pièce.

« Pour produire, dans de bonnes conditions, le chauffage du bâtiment, les bouches et gaines de chaleur ont été disposées vers le milieu des murs de refend du bâtiment, de façon que les conduits horizontaux, qui raccordent la chambre de chaleur avec les conduits verticaux de chaleur, soient les plus courts possibles, le mouvement de l'air chaud étant très difficile à produire dans les parties horizontales.

« Les orifices d'évacuation de l'air vicié ont été placés sur le mur de refend opposé aux bouches de chaleur et du côté des façades, de sorte que l'air chaud, qui arrive vers le milieu d'une grande chambre d'hommes (de chaque côté de la porte centrale), *balaie en diagonale* chaque moitié de cette chambre.

« Cette disposition est rationnelle, car l'air chaud monte d'abord vers le plafond et se trouve naturellement attiré vers les façades, par suite du refroidissement de l'air de la pièce sur ces murs et du courant d'air descendant qui en résulte. L'air refroidi s'alourdit, descend et se trouve extrait par la bouche de ventilation qui se trouve, au niveau du plancher, du côté des façades. L'air vicié est entraîné en même temps par ce courant d'air, et il y a constamment afflux d'air chaud nouveau dans la pièce qui se trouve ainsi chauffée et ventilée.

« L'air de la chambre est disposé en couches qui sont d'autant plus chaudes qu'elles sont plus hautes. Ces couches, descendent au fur et à mesure de leur refroidissement, et sont toujours remplacées par des couches

plus chaudes venant du haut ; elles ont aussi un mouvement vers les murs de façade. Les hommes se trouvent donc placés dans un air tiède constamment en mouvement et continuellement renouvelé.

« Chaque grand bâtiment, destiné au casernement d'un bataillon de 700 hommes, comporte trois escaliers divisant ce bâtiment en quatre parties égales ayant chacune, en plan, deux grandes pièces de 6^{m}50 sur 16 m. La hauteur de toutes les pièces est de 4 m.

« Ce bâtiment présente, en gros, comme surfaces de refroidissement : 1° pour les murs, 1,750 m²; 2° pour les fenêtres, 600 m², dont 250 m² pour les parties vitrées ; 3° pour le plafond du 3° étage et le sol du rez-de-chaussée, 2,000 m².

« La capacité des locaux à chauffer, défalcation faite de la place occupée par l'ameublement, la literie et les effets des hommes, peut être estimée à 15,000 m³.

« Il a été constaté qu'il fallait, pour assurer le chauffage d'un bâtiment de 700 hommes, six grands appareils réunis en deux groupes, chauffant chacun une moitié du bâtiment ; chaque groupe est placé vers le milieu de chaque moitié du bâtiment et de façon que le développement des conduits les plus longs ne dépasse pas 25 m. limite pratique admise pour une bonne distribution d'air chaud. A chaque groupe de calorifères correspond naturellement : une prise d'air extérieur, une chambre de chaleur unique et un réseau de gaines de chaleur distribuant l'air chaud aux pièces de la moitié du bâtiment.

« Il a été brûlé par jour, pendant l'hiver 1890-91, pour le chauffage de chacun des grands bâtiments des nouvelles casernes de Briançon, une moyenne de 950 kg. de charbon et l'on a obtenu dans les chambres, du 1er au 11 décembre, une température de $+ 16°,6$, et de $+ 15°$ pendant les grands froids (mois de janvier).

« Pendant ces grands froids, la dépense en combustible n'a été que de 1,200 kg. par jour.

COMPARAISON DU CHAUFFAGE A AIR CHAUD ET DU CHAUFFAGE AVEC POÊLES.

« Comparons maintenant les deux modes de chauffage, avec air chaud et avec poêles, au point de vue de la dépense.

« Nous admettons en principe que dans les deux cas, les gaines verticales dans les murs ont la même importance : il y a lieu, avec les poêles comme avec les calorifères, de ventiler les chambres.

« L'installation des calorifères de Briançon, pour chaque grand bâtiment, gaines horizontales comprises , a coûté 18,100 fr., dont 10,000 fr. pour les appareils spéciaux de chauffage. Cherchons à déterminer ce que l'installation des poêles aurait coûté.

« La Note ministérielle du 21 août 1889 dit que « la répartition des poêles est faite, jusqu'à concurrence du nombre total existant dans les magasins de la place », ce qui semble indiquer qu'il y a tendance à donner un poêle par chambre d'hommes ou de sous-officier. C'est d'ailleurs ce qui se fait en pratique dans les régions froides, et les procès-verbaux dressés par les sous-intendants militaires et les chefs du génie pour constater les droits des corps, sont très larges à ce sujet.

« D'un autre côté, pour faire une comparaison rationnelle, il y a lieu de supposer un poêle dans toutes les pièces où se trouvent une ou deux bouches de chaleur. Cela revient à admettre qu'un grand bâtiment, contenant environ 60 pièces chauffées, doit avoir 60 poêles. En admettant ces bases et en remarquant qu'un poêle avec ses accessoires coûte 64 fr., on aura $64 \times 60 = 3,840$ fr. pour l'achat et l'installation des poêles.

« La dépense paraît beaucoup moins forte dans ce dernier cas, mais il faut observer qu'un poêle avec ses accessoires ne dure généralement que 10 ans et demande des réparations nombreuses, tandis que les calorifères ont des durées pour ainsi dire indéfinies et n'exigent que des réparations peu importantes.

« L'examen, pendant une période de 15 ans, des achats de poêles avec leurs accessoires, des remises au Domaine correspondantes, comparés au nombre de poêles mis en service chaque année, a permis de constater que le remplacement d'un poêle (accessoires compris) revenait à 6 fr. par an. D'après le relevé des dégradations imputées aux corps et des inscriptions aux dépenses annuelles et entretiens courants, l'entretien d'un poêle (accessoires et ramonage de sa cheminée compris) revient à 4 fr. par an. De sorte que la dépense annuelle s'élève à 10 fr. par poêle ; au taux de 3,50 p. 100, cette somme représente un capital de 286 fr. ; l'installation d'un poêle coûtant 64 fr., chaque poêle représente un capital de 350 fr.

« La dépense avec les poêles coûterait donc $60 \times 350 = 21,000$ fr. par bataillon.

« En estimant à 80 fr. la dépense annuelle (ramonage de 4 cheminées, des appareils et menues réparations) pour l'entretien des calorifères d'un bâtiment, on obtient, pour le capital correspondant, 2,800 fr. qui, ajoutés aux 18,100 fr. d'installation, portent la dépense totale avec les calorifères à 20,900 fr.

« De sorte qu'en fait la dépense est la même dans les deux cas. Mais la dépense en combustible est moindre avec les calorifères qu'avec les poêles, comme nous allons le faire ressortir.

« La ration collective de chauffage est, dans les régions très froides, de 6 kg. de charbon par poêle et par jour. Avec les 60 poêles, on a donc une dépense de 360 kg. et, l'indemnité représentative de charbon étant en moyenne de 3,75 fr., la dépense en deniers est de 13,50 fr. par jour.

« Avec les calorifères, cette dépense a été, à Briançon, de $950 \times 0,011 = 10,45$ fr., la tonne de charbon de pays revenant au plus à 11 fr., soit une économie de 3 fr. par jour et de 540 fr. pour les six mois de chauffage.

« Si, enfin, l'on compare les conditions hygiéniques avec les deux modes de chauffage, on est frappé des nombreux inconvénients inhérents aux poêles.

« 1° *Manque de salubrité et malpropreté des chambres.* — Les poêles, étant placés dans la pièce à chauffer, dégagent de l'acide carbonique et de l'oxyde de carbone, qui se mélangent avec l'air ambiant et donnent, après quelque temps, de l'air dangereux à respirer. Cet inconvénient est d'autant plus grand qu'il y a moins de poêles par compagnie, puisque tous les hommes se portent dans les chambres chauffées et rendent bientôt l'air irrespirable. De plus, le foyer des poêles est le plus souvent porté à la température rouge; l'air se décompose au contact des parois et devient, par là même, impropre à la respiration. Enfin, il n'est pas besoin d'insister sur la malpropreté résultant, dans les chambres, de la présence des poêles.

« 2° *Mauvaise répartition du chauffage.* — La plus grande quantité de chaleur fournie par les poêles (placés forcément vers le milieu des pièces) est obtenue par rayonnement; les parties les plus éloignées du foyer sont forcément moins chaudes que celles qui sont auprès : quelques hommes peuvent seuls se chauffer.

« 3° *Absence de chauffage et manque de ventilation.* — La ration étant de 6 kil. par poêle et par jour, il n'y a pas à insister sur l'insuffisance évidente de cette ration, surtout les jours où il fait — 15° de froid (comme cela arrive dans les régions froides) ; aussi les hommes sont-ils obligés, pour ne pas trop souffrir du froid, d'acheter du charbon de leurs propres deniers.

« D'un autre côté, est-il besoin de faire remarquer que, dans ces conditions, les hommes s'ingénient à boucher tous les orifices et toutes les fissures pour empêcher la déperdition de la chaleur qu'ils ont tant de peine à obtenir ? Que devient alors la ventilation ? Toute cheminée d'évacuation pour l'air vicié, qui ne peut fonctionner qu'avec appel *d'air froid* extérieur, sera malgré toutes les consignes inévitablement bouchée, la nuit, par les hommes, c'est-à-dire au moment où la ventilation est surtout nécessaire, puisque les rentrées d'air par les ouvertures fréquentes des portes n'existent plus.

« Avec les poêles et les allocations actuelles de chauffage, il est impossible d'assurer la ventilation des chambres de troupe dans les régions froides.

« Les calorifères à air chaud, au contraire, rendent *efficace* et *régularisent* la ventilation naturelle produite par le tirage des cheminées d'appel. Ce système très simple de ventilation, fonctionnant spontanément, grâce à la différence de température entre l'intérieur et l'extérieur, est toujours dans les mêmes conditions, la température des chambres restant constante.

« Il est, du reste, facile de voir que le tirage des gaines verticales de chaleur produit un certain afflux d'air chaud qui amène forcément l'évacuation d'un volume d'air correspondant par les gaines d'aérage ; or, cet effet vient en aide au tirage de ces gaines, résultant de la différence des températures, tirage qui est très fort dans les pays froids, puisque l'air y atteint la vitesse de 1,60 m (vitesse plus que suffisante pour résister aux refoulements), et qui est d'ailleurs régularisé, comme nous l'avons déjà dit, par la température uniforme et constante des chambres. Enfin, l'air vicié évacué étant remplacé par de *l'air chaud,* les hommes ne cherchent pas à boucher les orifices d'évacuation.

« En résumé, il est à désirer qu'étant donnés les avantages hygiéniques et économiques nombreux des calorifères à air chaud, ce mode de chauffage soit de plus en plus employé pour le casernement des hommes dans les régions froides et très froides.

« Pour conclure, nous ferons observer que, d'une part, l'air confiné, malsain et nauséabond des chambres, dans le cas des poêles, ne peut qu'être nuisible à la santé des hommes ; que, d'autre part, avec les calorifères, la ventilation par l'air chaud, qui est la *seule efficace,* peut empêcher la fixation et le développement des germes morbides, et que, dans ces conditions, il n'y a pas à hésiter entre les deux modes de chauffage.

« On peut donc dire en toute certitude qu'avec des installations de chauffage et de ventilation comme celles de Briançon, l'hygiène des casernes se trouvera considérablement améliorée et cela, non seulement sans aucune augmentation de dépense, mais encore avec le bénéfice d'un chauffage réel et permanent des chambres. »